西太平洋 Argo 实时海洋调查研究文集

许建平　主编

海洋出版社

2017 年 · 北京

内 容 简 介

本文集是国家科技基础性工作专项“西太平洋 Argo 实时海洋调查”重点项目，以及近些年国内涉及 Argo 的部分国家重点基础研究发展计划、国家海洋公益性行业科研专项经费项目、国家科技支撑计划和国家自然科学基金等项目所取得的调查研究成果的汇编。内容涉及区域 Argo 实时海洋观测网建设、Argo 数据质量控制技术、Argo 衍生数据产品研发及其应用、Argo 数据共享管理和剖面浮标技术研制等多个方面。

本文集可供从事海洋事业的科研、教学和管理人员以及研究生阅读和参考。

图书在版编目（CIP）数据

西太平洋 Argo 实时海洋调查研究文集/许建平主编. —北京：海洋出版社，2017. 7
ISBN 978-7-5027-9888-8

Ⅰ.①西… Ⅱ.①许… Ⅲ.①西太平洋-海洋监测-文集 Ⅳ.①P715-53

中国版本图书馆 CIP 数据核字（2017）第 197252 号

责任编辑：朱 林 高 英
责任印制：赵麟苏
海洋出版社 出版发行
http：//www. oceanpress. com. cn
北京市海淀区大慧寺路 8 号 邮编：100081
北京朝阳印刷厂有限责任公司印刷 新华书店发行所经销
2017 年 8 月第 1 版 2017 年 8 月北京第 1 次印刷
开本：787mm×1092mm 1/16 印张：29.25
字数：630 千字 定价：128. 00 元
发行部：010-62132549 邮购部：010-68038093 总编室：010-62114335

前 言

由国家海洋局第二海洋研究所牵头、国家海洋环境预报中心和浙江大学共同参与申报的2012年度科技部科技基础性工作专项“西太平洋Argo实时海洋调查”重点项目，于2012年4月经科技部组织专家评审，并获得批准，起止时间为2012年5月至2017年5月。这是继2007—2011年国家重点基础研究发展计划项目“基于全球实时海洋观测计划（Argo）的上层海洋结构、变异及预测研究”后，由科技部资助的又一个实施“中国Argo计划”的重大项目。希望通过该项目的实施，能进一步提高我国在国际Argo计划中的显示度，其总体目标是要在西太平洋海域分批布放35个自动剖面浮标，补充和维持我国Argo大洋观测网，使之具备大范围、实时监测深海大洋环境的能力；通过与国际上各国Argo资料中心的网络联接，实现业务化浮标资料采集能力；利用建立的Argo资料海上定标和实验室校正处理系统，以及Argo资料实时/延时处理模式，提高Argo资料的观测精度和可靠性，并有能力自动、快速检验和处理来自全球海洋上3 000多个浮标的观测资料；研制Argo网格化数据产品和其他衍生产品，为国内Argo用户提供种类更多、信息更丰富的基础资料；建成Argo资料管理及其共享服务系统，发布Argo实时/延时数据资料，形成业务化运行能力，为国家相关项目提供高质量、高分辨率和高可信度的现场调查资料，更加快速、方便地为国内外用户（包括海洋、气象业务预报部门和科研单位，以及海洋渔业和海洋运输等从事海洋活动的单位、部门和团体等）提供Argo信息和资料服务。

项目执行期间，按照科技部有关科技基础性工作专项重点项目需成立项目专家组的管理要求，首先成立了以中国科学院海洋研究所胡敦欣院士和国家气候中心丁一汇院士任正、副组长，刘秦玉教授（中国海洋大学）、王彰贵研究员（国家海洋环境预报中心）、朱江研究员（中国科学院大气物理研究所）、齐义泉研究员（中国科学院南海海洋研究所）、张韧教授（解放军理工大学）、韩桂军研究员（国家海洋信息中心）和许建平研究员（国家海洋局第二海洋研究所）等9人组成的项目专家组，并成立了项目管理办公室，以加强与项目专家组和项目组成员之间的联系与沟通；同时还利用“中国Argo实时资料中心网站”和《Argo简讯》等媒介，作为项目主管部门、依托部门和单位领导检查和监督项目进展的“平台”，以及成为密切与其他重大科学计划项目联系的“纽带”和便于广大用户、公众了解 Argo 的“窗口”。该项目自从2012 年9 月在杭州启动至今，分别于2013 年11 月在舟山、2015 年1 月在北京和2016 年3 月在杭州举行了4 次项目专家组会议，每次年会项目主管部门、依托部门和单位都委派主管领导莅临会议进行现场监督指导，专家组对项目组提供的项目年度工作进展报告进行认真审议，并对项目的工作进度和下一年度工作计划等，提出指导性意见和建议；同时，还对项目遇到的重大问题及解决措施以项目专家组名义向项目主管部门、依托部门和单位提交书面建议报告。如针对年度科研经费拨款迟缓，提出了“有关加强科技基础性工作专项西太平洋 Argo 实时海洋调查重点项目支持力度”的建议；针对由我国布放的自动剖面浮标观测资料需借道法国上传全球通讯系统（GTS）的问题，提出了“积极争取国家气象管理部门的支持，早日将我国的浮标观测资料通过北京的 GTS 接口与世界气象组织（WMO）成员国及时共享，进一步提升我国在国际合作计划中的地位和显示度”的建议，以及针对国际 Argo 计划的发展态势和南海 Argo 区域海洋观测网建设现状，提出“将还未采购的 12 个浮标（应以国产北斗剖面浮标为主）布放在西太平洋的典型边缘海——南海海域”的建议，并呼吁国家科技和海洋主管部门给予中国 Argo 计划持续支持，不断提高自动剖面浮标观测资料的质量及扩大应用研究的范围，尽快研究制定涉及中国 Argo 实时海洋观测网建设及资料质量控制与应用的相关标准等意见建议。

近五年来，在项目主管部门、依托部门和单位的重视和支持，以及项目专家组全程监督、指导和全体项目组成员的共同努力下，已经按计划任务书的要求和考核指标完成全部外业调查和内业研究工作。期间，中国 Argo 计划在太平洋、印度洋、地中海和南海等海域累计布放了 234 个（包括本项目 36 个）自动剖面浮标，共获得了约 4 万条温、盐度剖面；收集的其他 Argo 成员国布放在全球海洋上的4 521 个浮标观测的剖面约62 万条。自 2012 年以来，项目组已连续发布了五版“全球海洋 Argo 网格资料集（BOA_Argo）”。2015 年 10 月，由项目组开发的“Argo 资料共享服务平台”也已安装在中国 Argo 实时资料中心网站（http：//101.71.255.4：8090/flexArgo/out/argo.html）上，正式向用户提供全球海洋 Argo 数据查询、浏览、可视化显示、统计分析和下载等服务，并于 2016 年实现业务化运行。随着全球 Argo 资料集版本的更新，观测参数由早先的 3 个（温度、盐度和深度）增为 5 个（温度、盐度、溶解氧、叶绿素和深度），目前则为 6 个（温度、盐度、溶解氧、叶绿素、硝酸盐和深度），同时还增加了国产北斗剖面浮标的观测资料，资料集版本由 1.0 升级为 2.0，目前则已经升级到 2.1 版本。为此，项目组及时对 Argo 资料分布式数据库进行了扩展与完善，并对数据管理系统进行优化与升级，适时将新版本数据和北斗剖面浮标资料入库与更新，以确保国内用户能获得最新版本的 Argo 资料集。与此同时，项目组还通过科技部国家遥感中心的国家综合地球观测数据共享平台（http：//www. chinageoss. org/dsp/sciencedata/sciencedata_ list. action），发布由项目收集的历史 Argo 数据和制作的 Argo 网格数据集及其衍生数据产品。

在中国气象局气象信息中心和浙江省气象局的支持、协助下，项目组开启了与浙江省气象局的 FTP 通道，并于 2015 年 10 月实现了中国布放的自动剖面浮标观测资料通过 WMO 的北京 GTS 节点上传、且与 WMO 成员国共享的目标。这些数据也已获得日本气象厅（JMA）专业技术人员的验证，并可通过 JMA 网站（http：//ds. data. jma. go. jp/gmd/argo/data/bfrdata/repBeijing. html）查阅。

在国际 Argo 信息中心和中国船舶重工集团公司第 710 研究所的技术支持下，项目组在杭州建成"北斗剖面浮标数据服务中心"，并于 2015 年 10 月完成北斗卫星接收设备安装调试、剖面浮标观测资料接收与解码软件联机测试等准备工作，开始接收我国首批布放在西太平洋海域的 HM2000 型剖面浮标观测资料；2016 年 9—11 月期间，项目组还在西太平洋的典型边缘海——南海海域布放了一批国产 HM2000 型剖面浮标，正式拉开了由我国主导建设"南海 Argo 区域海洋观测网"的序幕。其中部分观测资料已经通过互联网与其他 Argo 成员国共享；同时还具备了通过北京 GTS 接口上传由我国布放的北斗剖面浮标观测资料的能力。由此，北斗剖面浮标数据服务中心（中国杭州）已经成为继 Argos 卫星地面接收中心（法国图卢兹）和 Iridium 卫星地面接收中心（美国马里兰）后，第三个为全球 Argo 实时海洋观测网提供剖面浮标观测数据传输服务的国家平台。

随着我国 Argo 实时海洋观测网建设的不断完善和国际 Argo 计划的长期维持，这些源源不断的、覆盖全球海洋的实时、高质量 Argo 资料及其衍生数据产品，不仅已直接用于海洋和大气科学领域的基础研究中，而且也已应用于海洋和天气/气候业务化预测预报中，并有望大幅提高我国海洋和天气/气候预测预报的精度，因而有着不可估量的经济和社会效益。据国际 Argo 计划办公室的一份统计材料表明，自 1998 年以来世界上 35 个国家的科学家在全球 20 种主要学术刊物（包括 JGR、GRL、JPO、JC 等）上累计发表了 2 662 篇与 Argo 相关的学术论文，其中由中国学者发表的论文就达 370 篇，仅次于美国（约 780 篇），排名第二。由此可见，Argo 资料已经成为我国海洋科研、海洋教育、海洋管理，以及海洋交通运输和海洋渔业等资源开发领域的基础和应用研究中不可或缺的重要数据源。

在项目实施过程中，来自国家海洋局第二海洋研究所、国家海洋环境预报中心和浙江大学的科研人员陆续撰写并公开发表了一批研究论文和技术分析报告，以及申请获得了多项软件著作权登记和发明专利。现将部分调查研究成果汇编成册，谨以此向关心、帮助和支持该项目的各级领导和专家、同行表示衷心感谢！

本文集汇编的28篇论文，主要来自执行国家科技基础性工作专项“西太平洋 Argo 实时海洋调查”重点项目期间取得的部分调查研究成果，还有一部分来自承担国家重点基础研究发展计划、国家海洋公益性行业科研专项、国家科技支撑计划、国家发改委卫星高技术产业化示范工程、中国科学院战略性先导科技专项、测绘地理信息公益性行业科研专项和一批国家自然科学基金项目中涉及 Argo 资料应用研究的成果。内容涉及区域 Argo 实时海洋观测网建设、Argo 数据质量控制技术、Argo 衍生数据产品研发及其应用、Argo 数据共享管理和剖面浮标技术研制等多个方面。

中国 Argo 计划实施得到了国家科技部、国家自然科学基金委员会、国家海洋局、中国气象局、中国科学院等部门、单位的高度重视和大力支持。

本文集由国家科技基础性工作专项“西太平洋 Argo 实时海洋调查”重点项目（项目编号：2012FY112300）资助出版。

中国 Argo 计划首席科学家

国际 Argo 指导组成员

2017 年 3 月 28 日于杭州

目 次

全球 Argo 海洋观测十五年

Stephen C. Riser[1], Howard J. Freeland[2 *], Dean Roemmich[3], Susan Wijffels[4], Ariel Troisi[5], Mathieu Belbéoch[6], Denis Gilbert[7], Jianping Xu[8], Sylvie Pouliquen[9], Ann Thresher[4], Pierre-Yves Le Traon[10], Guillaume Maze[9], Birgit Klein[11], M. Ravichandran[12], Fiona Grant[13], Pierre-Marie Poulain[14], Toshio Suga[15], Byunghwan Lim[16], Andreas Sterl[17], Phillip Sutton[18], Kjell-Arne Mork[19], Pedro Joaquín Vélez-Belchí[20], Isabelle Ansorge[21], Brian King[22], Jon Turton[23], Molly Baringer[24] and Steve R. Jayne[25]

1. 华盛顿大学海洋学院，Seattle，Washington 98195，USA（美国）
2. 加拿大渔业与海洋部海洋科学研究所，North Saanich，British Columbia V8L 4B2，Canada（加拿大）
3. 斯克里普斯海洋研究所，9500 Gilman Drive，0230，La Jolla，California 92093-0230，USA（美国）
4. 澳大利亚联邦科学与工业研究组织天气和气候研究中心，Hobart，Tasmania 7004，Australia（澳大利亚）
5. 阿根廷海军航道测量局，A. Montes de Oca 2124，Buenos Aires C1270 ABV，Argentina（阿根廷）
6. 海洋学及大洋气象学联合委员会，BP 70，Plouzané 29280，France（法国）
7. 加拿大渔业与海洋部 Maurice-Lamontagne 研究所，Mont-Joli，Quebec G5H 3Z4，Canada（加拿大）
8. 国家海洋局第二海洋研究所，No. 36 Baochubei Road，Hangzhou，Zhejiang 310012，China（中国）
9. 法国海洋开发研究院，BP70，Plouzané，29280 France（法国）
10. 法国海洋开发研究院和 Mercator Océan，8-10 rue Hermes Parc Technologique du Canal，Ramonville St. Agne 31520，France（法国）
11. 德国联邦海洋与水文局，Bernhard-Nocht-str.，78，Hamburg 20359，Germany（德国）
12. 印度海洋信息服务中心，Hyderabad，Andhra Pradesh 500090，India（印度）
13. 海洋研究所国际项目部，Wilton Park House，Wilton Place，Dublin 2，Ireland（爱尔兰）
14. 意大利海洋与地球物理学研究所，Borgo Grotta Gigante，42/c，Sgonico，Trieste 20359，Italy（意大利）
15. 日本海洋科技厅和日本东北大学，Aramaki-Aza-Aoba 6-3，Aoba-Ku，Sendai，Miyagi 980-8578，Japan（日本）

---

* E-mail：Howard. Freeland@ dfo-mpo. gc. ca

16. 韩国气象厅国家气象研究所，33 Seohobuk-ro，Seogwipo-si，Jeju-do，63568，Korea（韩国）
17. 荷兰皇家气象研究所，PO Box 201，3730 AE de Bilt，The Netherlands（荷兰）
18. 新西兰国家水与大气研究所，301 Evans Bay Parade，Greta Point，Wellington 6021，New Zealand（新西兰）
19. 海洋研究所，PO Box 1870 Nordnes，5817 Bergen，Norway（挪威）
20. 西班牙海洋学研究所，Vía Espaldón，Dársena Pesquera，Parcela 8，38180 Santa Cruz de Tenerife，España（西班牙）
21. 开普敦大学海洋研究所海洋学系，7701 Rondebosch，South Africa（南非）
22. 南安普顿国家海洋中心，Empress Dock，Southampton，Hampshire S014 3ZH，UK（英国）
23. 英国气象局，FitzRoy Road，Exeter，Devon EX1 3PB，UK（英国）
24. 美国海洋大气局大西洋海洋与气象实验室，4301 Rickenbacker Causeway，Miami，Florida 33149，USA（美国）
25. 伍兹霍尔海洋研究所，Woods Hole，Massachusetts 02543，USA（美国）

摘要：从 1971 年至今，气候系统中积聚的热量有 90%以上储存在海洋中。因此，海洋在决定地球气候中扮演着重要角色。即使在最有利的条件下，观测海洋也并不容易。从历史看，利用船只开展的海洋调查，在广袤的海洋上依然留下了大量空白区域，特别是南大洋，在很长一段时间里都没有调查。在过去的 15 年中，随着由 Argo 剖面浮标组成的全球 Argo 海洋观测网的问世，才使得统一对全球 2 000 m 上层海洋进行时空同步观测成为现实。初期 Argo 计划的主要目标是建立一个系统的全球剖面浮标观测网，使其能与全球海洋观测系统（GOOS）中的其他观测平台形成一个整体。该观测网免费提供全球海洋 2 000 m 水深以上海水的温度和盐度资料。这些资料在收集后的 24 h 内向公众免费提供，被广泛应用于与季节至 10 年甚至数 10 年尺度的气候变化相关的研究中，以便改进海气耦合气候模式的初始场和海洋分析预报系统的边界条件等。

关键词：Argo 计划；Argo 浮标；全球海洋

20 世纪 90 年代末，由于没有系统的全球观测，在地球气候变化监测方面进展甚微，这是大家所公认的。于是，有一些海洋学家提出，利用现有的技术，并通过国际间的紧密合作，可以建立一个实时监测全球海洋的浮标观测网。Argo 计划也就应运而生。本文回顾了 Argo 计划过去 15 年所取得的进展，并对未来 10 年内可能发生的变化进行了展望。

1 Argo 观测网历史与现状

Argo 计划[1]是全球海洋观测系统[2]的重要组成部分，致力于监测全球海洋上层温、盐度的演变。观测网使用的剖面浮标长 2 m，通过改变自身浮力来调节深度并随海流自由漂移。在 Argo 计划中，大部分浮标被设置在 1 000 m 深度漂移（称为漂移深度）。Argo 浮标典型的工作循环过程如图 1 所示。浮标被布放在海面并下潜到漂移深度，漂移约 9 d 后，会自动下潜至 2 000 m 深度，随后上浮到海面，约需 6 h，并在上浮过程中测量海水温、盐度等要素。在海面，浮标通过卫星向地面接收站发送观测数据；数据发送完毕后，浮标又会自动下潜至漂移深度，准备下一个剖面的测量，如此往复循环。通常，每个浮标能在 5 年（或 5 年以上）期间重复 200 次以上每隔 10 d 的循环观测。自 Argo 计划实施以来，各成员国已经布放了超过 10 000 个浮标，目前仍有约 3 900 个浮标在海上正常工作。Argo 计划明确规定，所有数据准实时地发送给各国的天气预报中心及两个全球 Argo 资料中心（GDACs，位于美国和法国），并通过它们无条件免费向广大用户提供。

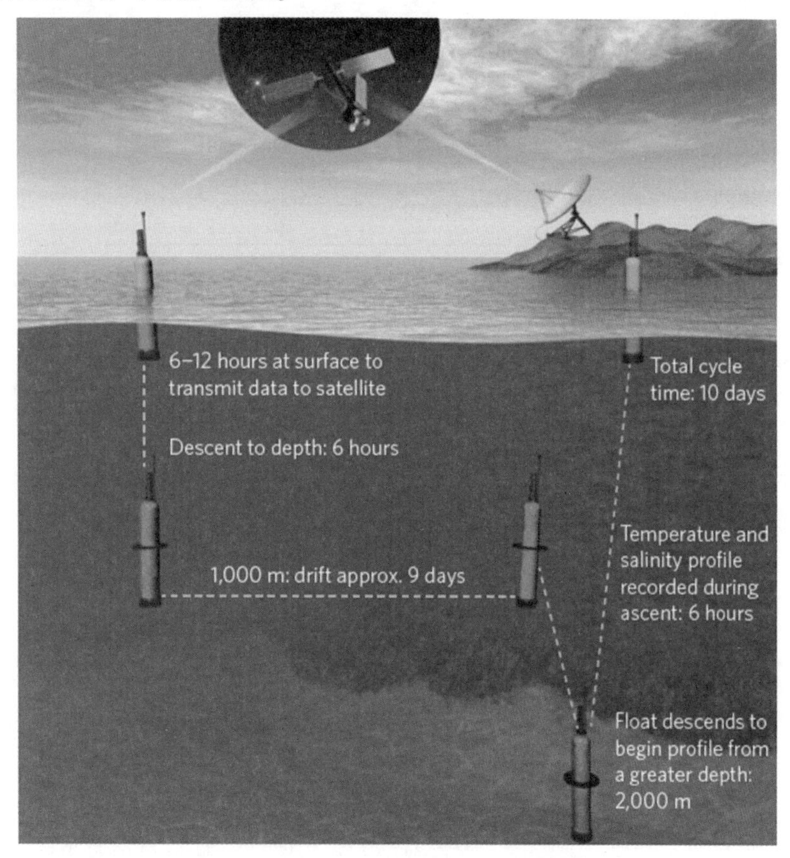

图 1　Argo 浮标典型的工作循环过程

浮标在海面开始下潜至 1 000 m（漂移深度），并在该深度停留 9~10 d。通常 9 d 后，浮标会自动下潜至 2 000 m 深度，启动自身携带的采样传感器，并在其上浮至海面过程中测量海水的温、盐度等海洋环境要素。当浮标到达海面后，会在海面漂浮足够长的时间，以便向 Argos 或铱卫星系统传输采集的数据。随后，浮标再次下潜到漂移深度，开始下一个循环。整个循环周期通常为 10 d。该图由美国斯克里普斯海洋研究所 Megan Scanderbeg 女士提供

Argo 浮标的布放始于 1999 年，开始的计划是在 2007 年年底之前建成由 3 000 个浮标组成的全球海洋观测网，2007 年 11 月该目标已经实现。现在，由 Argo 观测的资料比 20 世纪获取的观测资料总和还要多（图 2）。历史上，海洋观测的偏差多存在于那些更容易观测的海域，所以北半球和近海海域更具代表性。虽然 Argo 浮标无法在近海观测，但该计划已帮助我们有效消除了在空间上存在的偏差。Argo 还极大地改善了海洋（特别是极地海洋）调查中的季节性观测偏差。目前，Argo 每年在南大洋获得的冬季观测剖面已经超出过去 100 年获得的剖面数量总和。全球海洋数据库中在南大洋（30°S 以南）的温、盐度剖面大部分来自于 Argo。

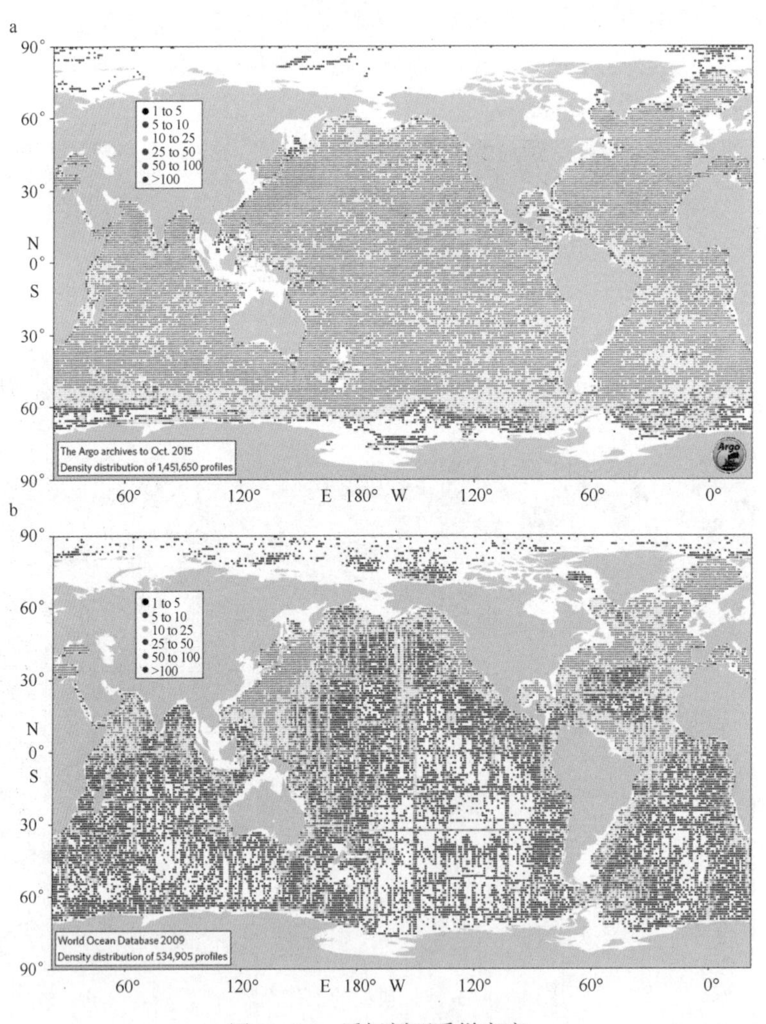

图 2　Argo 浮标剖面采样密度

a. 从 1999 年 1 月至 2015 年 10 月期间收集到了大约 150 万条剖面。数据来源于文献［57］；b. 收集到的几乎所有历史观测数据（过去上百年由船载仪器设备观测的 50 万条剖面数据），来源于世界海洋数据库 2009（WODB2009）[58]。采样密度是根据每个 1°×1°经纬度网格中收集的剖面总量统计得到的，并用色板表示相应的剖面数量。该统计分析仅包含不小于 1 000 m 深度、且同时具有温、盐度值的剖面政府间气候变化专门委员会（IPCC）第Ⅰ工作组提供的 2014 年第 5 次评估报告[3]，在第 3 章中包含了一个有关“评估海洋变化的可用数据”附件，其中显示了 1950—1955 年至 2005—2010 年期间每 5 年温、盐度剖面的分布，可见 2000 年以前（Argo 观测系统之前）的资料（包括北半球）相当缺乏。尽管该报告没有提到季节性观测偏差问题，但 Argo 之前的观测系统通常很少能获取冬季的观测资料。从该报告可以清楚地看到，由于近些年海洋观测系统的扩展，使得第 5 次评估报告明显与以前的报告有所不同[4]，而这种改变应归因于 Argo 观测网的出现。当然仍有一些问题需要得到解决。由于 Argo 浮标必须在海面传输观测数据，使原先的浮标无法在高纬度海域的部分冰覆盖区域工作。新的浮标已经能在南极季节性冰区正常工作[5—6]。虽然 Argo 在海洋中的覆盖并不均匀，但我们正努力提高那些低覆盖率海域的浮标数量，如西边界流区。

尽管 Argo 数据量已经轻而易举地超过通过传统方式获取的，但只有保证资料的高质量才能体现其最大的价值。Argo 计划当初提出的目标是温度、盐度和压力的测量精度分别为 0.005℃、0.01 和 2.5×10^4 Pa（相当于 2.5 m）。已有的结果表明，约 80%的原始剖面数据在经过很小的校正或不用校正，就能达到该精度标准，剩余 20%的数据使用过去 10 多年间开发的延时模式质量控制方法[7-9]校正后，同样也能满足该精度要求。开发业务化预报系统的机构需要及时获取数据，目前约 90%的 Argo 数据能在浮标观测后的 24 h 内进行发布。

2 最新成果与发现

Argo 计划的最大价值体现在其数据集的广泛应用：从 20 世纪 90 年代末 Argo 计划开始实施起，已经有近 2 100 篇相关科学论文使用了 Argo 数据，彰显了 Argo 观测网对有关海洋与气候基础科学的促进作用。早在 Argo 观测网实施前 1 个世纪，人类便开始了对这些全球海洋重要状态参数的观测（而流速通常采用推断方法获得）。20 世纪 80、90 年代期间开展的世界大洋环流实验（WOCE），沿着一系列横穿世界大洋的断面获得了 8 000 多条高质量的船载 CTD 剖面资料，这对认识和估算当时海洋状态提供了重要的数据源。然而，由于断面数量有限，使得 WOCE 对全球海洋的观测留下了大量空白区域，尤其在南大洋海域。为此，全球 Argo 海洋观测网的高时、空分辨率的采样及其高质量的观测数据，为人类进一步认识海洋环流提供了新的视角。

尽管科学家利用从 20 世纪 80 年代开始收集的成千上万条船载海洋温盐度资料，经过平均之后得到了全球海洋图集[10]，但正如前面提到的，这些图集受到观测密度和频次的影响，误差较大。随着 Argo 海洋观测网在全球绝大多数海域内获取的观测数据，无论是在表层还是次表层，在全球海洋还是局地海域，均可以得到前所未有的海洋温、盐度详细结构[11]，并可为估算一些气候指标（例如海洋热含量和海平面变化等）提供可靠的依据。利用 Argo 浮标漂移轨迹估算得到的全球海洋流场数据集[12]，已经开始应用到海洋内部流场验证的系统研究中[13—14]。Argo 资料也被用来改进对海洋复杂空间变化（尺度小于气候尺度）的研究[15—16]。虽然，Argo 计划启动之初并没有涉及到这些方面，但许多有关中尺度涡和重力内波的研究工作，也都开始使用 Argo 剖面资料[17]。

Argo 观测网为全球海洋观测系统中的其他组成部分提供了极大地补充，特别是卫星高度计。Argo 浮标的现场观测资料与卫星高度计反演的海表高度异常数据相结合，可以构建出时间序列的海洋环流动力学状态（如北大西洋的经向翻转流[18]和高分辨率的三维温度场[19]）。目前在一些海域，已有将卫星高度计资料和浮标轨迹资料结合计算得出相对于 1 000×10^4 Pa 的绝对地转流的方法[20—21]。Argo 资料和高度计资料已经在海洋分析与预测等领域开始系统应用。许多气候模式也都同化了 Argo 次表层温度资料，大大提高了模式对大气的季节内波动、季风活动以及海气相互作用（如 ENSO）等问题的预报能力[22]。

由于 Argo 观测资料可以全面反映海洋状态，从而为研究海洋年代际或更长时间尺度的变化提供了可靠依据。Argo 观测与 19 世纪下半叶开展的“挑战者”号考察对比，提供了一个极好的案例[23]。该项研究揭示了过去 135 a 中，海洋温度的增加值从表层的 0. 6℃逐渐减小到 1 000 m 处的 0℃（图 3）。另外，在 135 a 中 900 m 以上海洋温度平均增加了 0. 3℃。由气候模式获得的相似结果进一步证实了这种变化[24]。由于过去半个世纪对全球海洋仅有稀疏的观测数据，故当前揭示的海洋温度变化可能早就发生了。这也进一步强调了海洋在气候变化中的作用，以及长期维持全球观测系统的必要性。

通过将 2004—2008 年期间的 Argo 数据与 2001 年以前的船载 CTD 数据进行对比[25—26]，揭示了近数十年海洋 0~1 000 m 范围内温、盐度全球尺度的变化。对比结果表明，近 10 年大部分海洋近表层温度的升高都要比过去几十年大，一些海域甚至超过了 1℃。部分海域也存在下降的趋势（如从智利到阿拉斯加的东太平洋海域温度降低了 1℃）。从 20 世纪中叶开始，全球上层海洋平均温度升高 0. 2℃。近期的研究表明，截至 2013 年，这种上升趋势并没有改变[27]。

Argo 计划启动以前，海洋盐度资料比温度要少很多，20 世纪 80 至 90 年代的 WOCE 计划期间，只在一些重复断面上收集到了部分高质量盐度观测资料。随着 Argo 计划的启动，了解 0~2 000 m 范围内的盐度变化才成为可能。与温度一样，将 Argo 观测的盐度与早期收集的盐度资料进行对比后发现，盐度也存在年代际变化[28]。相关研究通过将 Argo 与历史资料对比，发现在每一个海盆中都存在一个上层海洋盐度变化的模式[29]，这一变化与表层海水增暖一致，导致冬季密度“露头”现象（密度锋）向极地迁移。由于在赤道与两极之间的海表面存在温、盐度水平梯度，导致在任意纬度上的海表水均下沉，并向赤道方向输运，随之在高纬度海域会产生一个低盐区。在中纬度海区，表层升温导致海水蒸发量增加，从而使得近表层盐度增加。盐度在表层和海盆尺度的变化存在正反馈机制[28—30]。也就是说，在盐度高的海区会持续

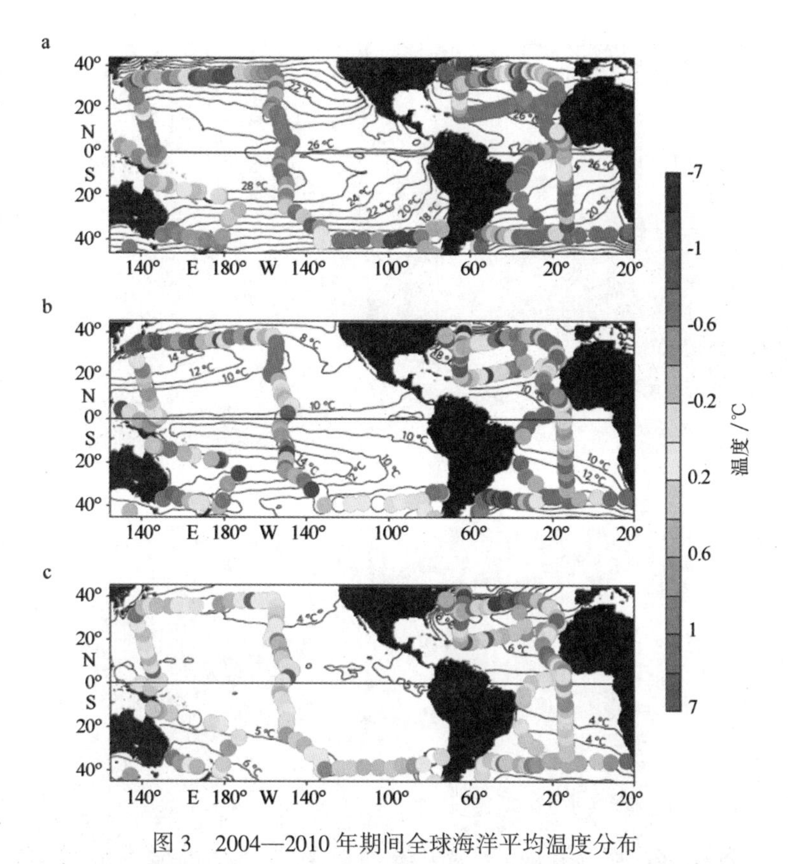

图 3　2004—2010 年期间全球海洋平均温度分布

a. 海表温度；b. 366 m 水深处温度；c. 914 m 水深处温度。带色的圆点代表 Argo 与“挑战者”号观测间的温度差，对应差值可参考色彩比例尺。该图由自然出版集团据文献［23］重绘

升高，而在盐度低的海区则会持续降低。这与通过大气进行输送的水汽净增量一致。这种现象同样呈现在使用近似克劳修斯-克拉贝隆（Clausius-Clapeyron）热力学方程的气候模式结果中[30]。

在较区域尺度更大的范围内，Argo 资料被用来研究海洋深层通风的自然变化，这对热量和气体进入次表层海洋起关键作用。这一过程主要发生在部分北大西洋与南极海域的高纬度地区，而由此产生的深海环流对世纪尺度的全球气候变化有着重要影响[31]。过去 10 年大量的观测资料（包括 Argo 资料、船载 CTD 资料和大气热通量等）表明，北大西洋高纬度地区的拉布拉多/伊尔明厄海域（Labrador/Irminger Sea）深层对流强度的年际变化与冬季大气状态之间存在很密切的联系[32]。该研究结果极大地体现了 Argo 对了解拉布拉多海（Labrador Sea）深层对流变化的观测能力，并呈现了自 2008 年以来，深层对流强度在 2014 年达到最大（图 4）[33]。

一些文献也涉及了近表层温、盐度变化的影响等更为具体的科学问题。例如利用 Argo 资料和历史 CTD 资料的对比发现，在北太平洋中央的热带与亚热带海域，上层海洋的盐度正在普遍下降，这可能与这一区域的源头海水（高纬度海域冬季混合层

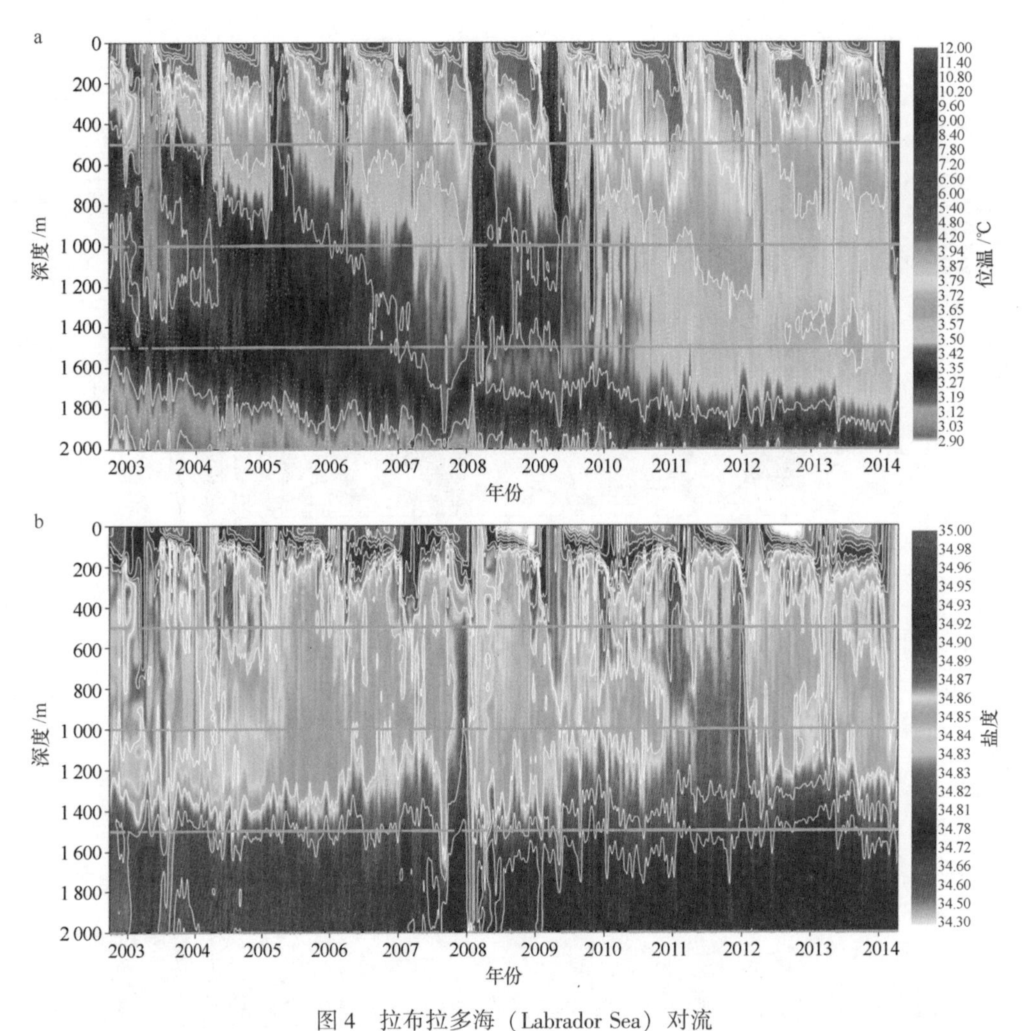

图 4　拉布拉多海（Labrador Sea）对流

2002—2014 年期间拉布拉多海（Labrador Sea）2 000 m 上层位温（a）和盐度（b）两周一次到年际的变化。数据来自质量控制后的 Argo 资料和船测剖面资料。该图由加拿大贝得福德海洋研究所 Igor Yashayaev 先生提供，并据文献［32—33］更新了数据

内的海水）的盐度正在降低有关[34—35]。而高纬度海域混合层内海水的淡化又与区域降水增加，以及区域增温导致的源头海水北移等两方面因素的共同影响有关。该区域的可用数据（包括 Argo 资料以及其他观测资料）已足够使研究者构建其真实的区域热量收支模型，结果表明，表层密度与盐度随时间的变化主要依赖于区域降水和冬季次表层水向混合层的输运。而从目前的数据来看，这些影响因子正随着气候的变化而变化。在北太平洋的其他海域也有相关研究，如源于温哥华岛的一条调查断面，从 20 世纪 50 年代开始就一直保持利用调查船进行定期考察，近年来 Argo 观测资料也覆盖了该断面。通过历史资料与 Argo 资料的对比发现，亚极地表层水正在变暖变淡，从而导致表层水密度降低且层化加强，进而降低了大气对海洋次表层的影响[36]。

如上所述，基于大量观测资料的众多研究表明，近几十年（时间可能更长）来全球范围内的上层海洋正在普遍变暖。而海洋储存热量（即温度的垂直积分）的变化可能与地球辐射的不平衡有直接关系[37—38]。目前，从过去 40 年的观测（包括历史资料与 Argo 资料）来看，全球海洋热量增加主要体现在 0~700 m 上层海洋的热含量增加，而地球气候系统中 90%的余热被存储在海洋中[39]。如果没有 Argo 观测资料，得到这一结论是不太可能的。Argo 数据也使得研究海洋热含量的时空变化成为可能[40]，研究表明，海洋热含量过去十年的增加主要发生在南大洋（Argo 计划以前观测资料较少）；再者，发生在赤道太平洋的 ENSO 变化也部分掩盖了全球表层海洋的变暖[41]。通过对 2006 年至今 3 个纬度带上 Argo 资料的分析，并研究了 0~2 000 m 范围内海洋热含量的变化，结果也证实了上述结论（图 5）。另外，Argo 计划启动以来，上层海洋的确是在变暖，特别是在 20°S 以南海域。图 5 展示了 1955—2010 年期间0~2 000 m 水深范围内的热含量异常[42]以及 2006—2014 年期间只用 Argo 资料计算的热含量异常，两者具有相同的变化趋势。而在 Argo 计划启动之前，要想研究海洋在气候变化过程中所起到的作用问题几乎无法做到。事实上，经过对海洋热含量详细而又系统的分析之后发现，在 Argo 计划启动之前，科学家低估了上层海洋热含量变化，这主要是由于南半球观测资料的匮乏所致[43]；随着 2004 年 Argo 资料的大量增加，并成为常态以来，这种估计得到了极大改善，并且和气候模式一致程度也有了大幅提高。

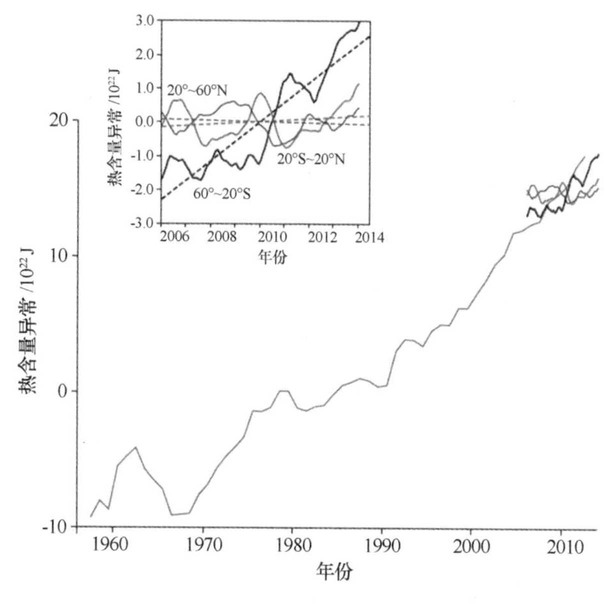

图 5　基于 Argo 资料估计的全球热含量异常[27]

黑色曲线为 60°S~20°S 区域的，红色曲线为 20°S~20°N，蓝色曲线为 20°~60°N，紫色曲线则为全球区域的）[42]。插图中给出的回归线（虚线），由自然出版集团根据文献［27］重绘

3 未来展望

当 20 世纪 90 年代末 Argo 出现时，由于所需的技术还处于萌芽阶段，加上需要的国际合作程度是海洋领域前所未有的，因此对该计划是否可在全球海洋上成功布放和维持一个由 3 000 个剖面浮标组成的观测网还是个未知数。如今，在 21 世纪的第 2 个 10 年，浮标技术已经取得了很大进展，并且已有超过 30 个国家参与该计划，是时候考虑 Argo 计划的进一步使命了。国际 Argo 指导组描绘了一张未来 10 年该计划发展和扩张的蓝图[44]，其中的一些发展计划已经通过试验布放或区域试点等方式在实施中。如在全球海洋的相关特殊区域，包括海水特别湍流区域（这对浮标信号分辨能力是个挑战）、海气相互作用特别强烈区域和气候影响剧烈区域，增加空间采样频度。同时，技术的改进也允许我们可以将 Argo 扩展到之前未布放浮标的区域，如边缘海和季节性冰区等，这与原先的计划相比体现了真正意义上的全球观测覆盖。

强西边界流（如墨西哥湾流和黑潮）是海洋环流中最显著的特征之一，通过携带热带和亚热带温暖的海水到高纬度地区，实现热量向极输送。在流路上会有相当一部分热量与大气进行交换，尤其是一些海流会从边界分离进入海洋内部或近岸海域，从而改变风暴的路径或会改善大陆性气候[45]。当利用 Argo 资料分析这些区域尺度海洋结构的逐月和季节性变化时，由于剧烈的海洋湍流、加上边界流的复杂环境，以及 Argo 观测网空间分辨率的不足，相比其他区域会产生相对大的分析误差。这限制了 Argo 的其中一个主要目标，也就是观测这些重要区域的大尺度海洋结构演化的过程。所以，Argo 指导组决定将更多的浮标布放在这些海域，且一些 Argo 成员国也已经在响应这一呼吁。如在毗邻西北太平洋的中国、韩国和日本等国已经对该海域的空间采样密度提高到 Argo 规定标准的近 3 倍。在西北大西洋哈特拉斯角（Cape Hatteras）和大西洋中脊之间，采样密度也同样提高到相似水平。通过这些项目的实施，是否有能力提高所有西边界流区域的采样密度还尚不清楚，但这些试点活动将有助于揭示所取得的成果，从而指导未来的采样标准。

同样，Argo 指导组也呼吁在近赤道海域增加采样密度，该区域剧烈的海气耦合效应会产生全球范围内的大气异常。例如在热带太平洋海域，也是 ENSO 现象的孕育地，其不规则的海洋变暖和变冷的“跷跷板”现象，通过强烈的耦合放大效应，会驱动全球气候变化，从而影响那些远离太平洋低纬度地区的经济发展。印度洋偶极子（IOD）就是这样一个影响印度洋周边国家的类似现象[46]。与这些现象相关的表层温度和盐度可以通过卫星监测得到，但次表层和深层信息只能依赖 Argo。Argo 数据连同现有的热带锚碇浮标阵资料，可以用于构建模型预测 ENSO 和 IOD 等现象，能很好地提高和改善对这些科学界感兴趣、且具有社会破坏性事件的发生及其强度的预测水平。

此外，国际 Argo 指导组也鼓励在边缘海，以及区域环境对自然资源和贸易重要的海区布放浮标。在 Argo 实施早期，由于存在浮标过早失效以及潜在的政治纷争等原因，会避开这些区域布放浮标。10 多年后，虽然其中一些问题依然存在，但鉴于 Argo 计划在科学领域的成功，一些研究团体在几个大洋边缘海区域实施了多个类似于 Argo 的项目。欧洲 Argo 计划是欧洲研究基础设施联合体为了支持 Argo 而倡议的一个区域观测项目，并成立了区域 Argo 中心；与此同时，地中海 Argo 区域中心则是自 2008 年以来在这些海域维持了一个由 50 多个剖面浮标组成的观测网，并计划进一步拓展。这项工作将有助于理清地中海水团形成的原因，并通过将剖面资料同化到环流数值模式中，从而可提高海盆尺度环流的预测水平。在东亚边缘海类似的 Argo 组织努力下，已经对该地区海洋和区域气候相互作用以及长期变化的原因等有了新的认识。除此以外，投放在墨西哥湾的浮标，获得的数据会提高对飓风的预测水平。

最初，因浮标在冰下无法发送数据，为了避开季节性冰覆盖海域，国际 Argo 计划仅覆盖了赤道至南北纬 60°范围以内的大洋海域；即使部分浮标在冰区可以上升到海面，但被浮冰毁坏的危险性也极高。在过去 10 年，国际 Argo 计划开发出了冬季可以显著提高浮标在冰区存活率的方法[47]，即基于近表层温度结构推测表层是否存在海冰。简单地说，如果浮标通过现场层结分析判断出其上方存在海冰，则其不会再尝试穿透海面（从而起到避冰效果），而是保存观测数据、继续下沉，以便执行下一个循环观测剖面。当春季来临海冰消退，浮标可以达到海面时，所有的冬季观测数据就可以通过卫星一次性传送给浮标用户，但没有轨迹信息。该方法起到了很好的作用[5—6]，使得浮标在季节性冰区的存活率与低纬度海区相当。鉴于全球海洋有不少位于南半球高纬度的区域，以及围绕南极的冰覆盖海域在经向翻转环流中的决定性作用，随着上述方法的试验成功，国际 Argo 指导组建议，可以在这些海域系统增加布放浮标的数量。好几个团队正着手在这些海域尝试投放浮标。

除了在新的海域布放浮标，以及更新浮标软件外，技术开发也已经展现出剖面浮标的新能力，这将使得大量科学问题得到验证。正如起初所设想的，Argo 是一个用来观测全球海洋温度、盐度和热含量，以及获取这些参数变化所体现出来的气候信号的计划。过去 10 年中，新传感器的问世，使得诸如溶解氧、硝酸盐、叶绿素和 pH 等生物地球化学要素同样可以通过 Argo 浮标获得观测。这些传感器的尺寸和能耗都比较小，且几乎不会降低浮标基本使命所需要的持续时间。因此，配备类似传感器的浮标可以提供一种展望，即可以从物理角度监测海洋环流对气候态关键生物地球化学过程的影响，比如生物地球化学中的碳循环、海洋缺氧和海水酸化等[48]。这些浮标观测结果还将有助于提高生物地球化学模式的模拟能力[49]，还可以将依靠海洋水色卫星观测到的海面生物地球化学特性扩展到水体的深层[50]。Argo 指导组赞同将这些新技术服务于国际 Argo 计划，同时也在谨慎地推动 Argo 数据系统在接纳和发布这些新的浮标数据方面取得更多的经验。预期未来几年生物地球化学 Argo 浮标的投放数量会急剧上升，几个与碳吸收有关的在关键海区投放 Argo 浮标的项目，会在设计全球尺度生物地球化学浮标项目方案之前先行实施。欧洲正在北大西洋海域进行类似项目的实施。同样，同时具备避冰能力和生物地球化学要素观测的浮标，造就了南大洋碳和气候观测及模拟（SOCCOM）项目的诞生，其目标是要研究承担全球海洋 40%碳吸收的南大洋中的碳循环机理[51—52]。

近些年，一系列研究[53—56]都提到 2 000 m 以下的深海大洋，在整个海洋热含量和热比容导致的海平面上升方面具有举足轻重的地位，尤其在南半球高纬度地区(当然不止是在这些区域)。许多研究表明，3 000 m 以下各层都在增暖，而此结论是基于 1980 年开始的稀疏、重复的高质量船舶温盐观测资料的分析得出的。然而，数十年的船舶观测所耗费的人力物力财力却是巨大的，一般为 35 000 美元/ d。因此，对于全球海洋观测而言，尽管 Argo 目前仅能观测 2 000 m 以浅的水层，但 Argo 仍不失为一个经济有效的观测计划。投放浮标所用的策略将决定是否需要额外增加支出，如果是利用机会船投放浮标，那就没有额外支出；但如果是在指定海区布放浮标，这就需要利用专门的调查船只，就得支付租用船只的额外费用。为了向深海大洋拓展，并能优化对深海域增暖的估计，国际 Argo 指导组自 2012 年就开始致力于开发用以观测 2 000 m 以深（可达 6 000 m）海域的浮标，且在 2015 年及其之后的数年里，加大深海浮标的投放力度。这是 Argo 计划自 20 世纪 90 年代末投放第一批 Argo 浮标以来的一个远大抱负，也是 Argo 计划的一项重要技术开发和挑战。目前，使用新技术的几个不同类型的浮标工程样机已经通过了海上测试，如欧洲和日本正在开发采用碳-环氧纤维缠绕材料壳体、且可以观测 0~4 000 m 水深的浮标，美国开发的 2 个由玻璃组成的壳体、且可观测 0~6 000 m 水深的浮标等。另一个需要关注的问题是，既然深海大洋的变化被认为比 2 000 m 以浅水层来得小，那么这些浮标上携带的温度、电导率和压力传感器必须比标准 Argo 浮标的更加准确。一种 4 000 m 深水型浮标的工程样机已经成功投放于北大西洋和北太平洋海域，另一种 6 000 m 深水型浮标工程样机已经于 2014 年年中在西南太平洋海域完成测试，以校正和确认新型超精度温度/电导率/压力传感器的测量性能。测试结果表明，无论是浮标本身，还是传感器，其性能都得到了优化和提升。尽管深海型浮标的成本要明显高于常规的 Argo 浮标，但仍希望到 2020 年能实现系统观测，使之在 Argo 观测网中占到约 30%的份额。未来，国际 Argo 计划对来自水文调查船的高质量深海数据仍有持续的需求，即使所有的深海浮标均布放到位，基于船舶的海上调查将与 Argo 一起，为深海大洋提供完备的全球观测数据，何况，船测资料还是 Argo 数据质量控制中必不可少的重要依据。

早有人预料，从现在开始的 10 年或者 20 年后，可能才会有科学团体逐渐意识到当时所制订的布放浮标策略、投放浮标或者执行 Argo 计划是何等的成功。为此，Argo 指导组建议，在未来数年持续实施该计划，并逐渐成为一个长期计划至关重要；同时，应通过改进在新的特殊海区投放浮标和增加新传感器，以及设计和测试深海浮标工作能力，使之朝着新的方向发展。其目标应是既能维持当前这个观测全球海洋的系统，又能进一步提高人们认知海洋在气候变化中的重要角色。

实施深海 Argo 是该计划发展的关键一步。过去十几年，当前的观测网在提供对全球海洋 2 000 m 上层热含量的估算中起到了至关重要的作用，但观测数据的显著增加，对基于全球热收支模式的预测还是不够的。一些研究[55—56]还指出，全球海洋的更深层（在当前 Argo 观测的底层之下）可能是一个储存增加热量的水域，故将全球热平衡边界封闭起来非常必要。开展深海 Argo 观测，以及能在其他新的发展方向上取得进步（如利用浮标观测海洋碳循环，帮助提高对 ENSO 和 IOD 的预报能力和探测边缘海的深度等），以便进一步提高人们对海洋环流的了解及其在气候方面的作用，这是对未来 Argo 领导者推动该计划发展和革新能力的一场挑战。

总之，重要的是要牢记我们的目的，即了解在自然变化和人类活动共同作用下海洋是如何变化的。也就是说，Argo 计划的确获得了重大成就，但它并不能独立于其他的观测系统。最近，海洋学与海洋气象学联合委员会（JCOMMOPS）办公室同时启动了 5 个调查项目，除 Argo 计划外，另外 4 个项目是：赤道锚碇浮标观测阵调查项目，OceanSites 计划中的单个锚碇浮标调查项目，以及 XBT 调查项目和 GO-SHIP 资助的调查船水文重复断面调查项目。这些项目的大部分数据会与 Argo 计划一样实时提供。现在所有这些提供海洋数据下运行的创新活动，正在经历一场深刻的转型。

致谢：本文利用的 Argo 数据由国际 Argo 计划和各国 Argo 计划收集并免费提供。Argo 计划是全球海洋观测系统（GOOS）的一部分。同时，要感谢 Igor Yashayaev 先生提供的图 4，以及他对加拿大渔业与海洋部牵头的大西洋离岸监测项目和国际 Argo 计划所做出的贡献。

参考文献：

[1] Argo Science Team *On the Design and Implementation of Argo-An Initial Plan for a Global Array of Profiling Floats* ICPO Report No.21（GODAE International Project office, Bureau of Meteorology, 1998).

[2] Intergovernmental Oceanographic Commission *Toward a Global Ocean Observing System: the Approach to GOOS* IOC-XVII/8（UNESCO, 1993).

[3] *Climate Change* 2014: *Synthesis Report*（eds Core Writing Team, Pachauri, R. K. & Meyer, L.) 151 (IPCC, 2014).

[4] *Climate Change* 2007: *Synthesis Report*（eds Core Writing Team, Pachauri, R. K. & Reisinger, A.) (IPCC, 2007).

[5] Wong, A.& Riser, S.Profiling float observations of the upper ocean under sea ice off the Wilkes Land coast of Antarctica. *J. Phys. Oceanogr.* 41：1102-1115（2011).

[6] Wong, A.& Riser, S.Modified shelf water on the continental slope north of Mac Robertson Land, East Antarctica. *Geophys. Res. Lett.* 40, 6186-6190（2013).

[7] Wong, A., Johnson G.& Owens, W.B.Delayed-mode calibration of autonomous CTD profiling float salinity data by theta-S climatology. *J. Atmos. Ocean. Technol.* 20, 308-318（2003).

[8] Owens, W.B.& Wong, A.An improved calibration method for the drift of the conductivity sensor on au-

tonomous CTD profiling floats by theta–S climatology, *Deep–Sea Res. Pt I* 56, 450–457 (2009).

[9] Gaillard, F. *et al.* Quality Control of Large Argo Datasets. *J. Atmos. Ocean. Technol.* 26, 337–351 (2009).

[10] Levitus, S. *Climatological Atlas of the World Ocean* NOAA Professional Paper 13 (US Government Printing Office, 1982).

[11] von Schuckmann, K., Gaillard, F. & Le Traon, P.–Y. Global hydrographic variability patterns during 2003–2008. *J. Geophys. Res.* 114, C09007 (2009).

[12] Ollitrault, M. & Rannou, J. P. ANDRO: An Argo–based deep displacement dataset. *J. Atmos. Ocean. Technol.* 30, 759–788 (2013).

[13] Ollitrault, M. & De Verdiere, C. The ocean general circulation near 1 000 m depth. *J. Phys. Oceanogr.* 44, 384–409 (2014).

[14] Gray, A. & Riser, S. A global analysis of Sverdrup balance using absolute geostrophic velocities from Argo. *J. Phys. Oceanogr.* 44, 1213–1229 (2014).

[15] Castelao, R. Mesoscale eddies in the South Atlantic Bight and the Gulf Stream recirculation region: vertical structure. *J. Geophys. Res.* 119, 2048–2065 (2014).

[16] Zhang, Z., Wang, W. & Qiu, B. Oceanic mass transport by mesoscale eddies. *Science* 345, 322–324 (2014).

[17] Hennon, T., Riser, S. & Alford, M. Observations of internal gravity waves from Argo floats. *J. Phys. Oceanogr.* 44, 2370–2386 (2014).

[18] Mercier, H. *et al.* Variability of the meridional overturning circulation at the Greenland––Portugal OVIDE section from 1993 to 2010. *Progr. Oceanogr.* 132, 250–261 (2015).

[19] Guinehut, S., Dhomps A., Larnicol, G. & Le Traon, P.–Y. High resolution 3–D temperature and salinity fields derived from *in situ* and satellite observations. *Ocean Sci.* 68, 845–857 (2012).

[20] Willis, J.K. & Fu, L.–L. Combining altimeter and subsurface float data to estimate the timeaveraged circulation in the upper ocean. *J. Geophys. Res.* 113, C12017 (2008).

[21] Willis, J.K. Can *in situ* floats and satellite altimeters detect long–term changes in Atlantic Ocean overturning? *Geophys. Res. Lett.* 37, L06602 (2010).

[22] Chang, Y., Zhang, S., Rosati, A., Delworth, T. & Stern, W. An assessment of oceanic variability for 1960–2010 from the GFDL ensemble coupled data assimilation. *Clim. Dynam.* 40, 775–803 (2013).

[23] Roemmich, D, Gould, W.J. & Gilson, J. 135 years of global ocean warming between the Challenger expedition and the Argo Programme. *Nature Clim. Change* 2, 425–428 (2012).

[24] Hobbs, W. & Willis, J. Detection of an observed 135 year ocean temperature change from limited data. *Geophys. Res. Lett.* 40, 2252–2258 (2013).

[25] Levitus, S. *et al.* Anthropogenic warming of earth's climate system. *Science* 292, 267–270 (2001).

[26] Roemmich, D & Gilson, J. The 2004–2008 mean and annual cycle of temperature, salinity, and steric height in the global ocean from the Argo Program. *Progr. Oceanogr.* 82, 81–100 (2009).

[27] Roemmich, D. *et al.* Unabated planetary warming and its anatomy since 2006. *Nature Clim. Change*, 5, 240–245 (2015).

[28] Durack, P. & Wijffels, S. Fifty–year trends in global ocean salinities and their relationship to broad–scale warming. *J. Clim.*, 23, 4342–4362 (2010).

[29] Hosoda, S., Suga, T., Shikama, N.& Mizuno, K. Global surface layer salinity change detected by Argo and its implication for hydrological cycle intensification. *J. Oceanogr.* 65, 579–586 (2009).

[30] Durack, P., Wijffels, S.& Matear, R. Ocean salinities reveal strong global water cycle intensification during 1950–2000. *Science* 336, 455–458 (2012).

[31] Manabe, S.& Stouffer, R. Multiple–century response of a coupled ocean–atmosphere model to an increase of atmospheric carbon dioxide. *J. Clim.* 7, 5–23 (1994).

[32] Yashayaev, I.& and Loder, J. Enhanced production of Labrador Sea Water in 2008. *Geophys. Res. Lett.* 36, L01606 (2009).

[33] Kieke, D., Yashayaev, I. Studies of Labrador Sea Water formation and variability in the subpolar North Atlantic in the light of international partnership and collaboration. *Prog. Oceanogr.* 132, 220 – 232 (2015).

[34] Ren, L.& Riser, S. Seasonal salt budget in the northeast Pacific Ocean. *J. Geophys. Res.* 114, C12004 (2009).

[35] Ren, L.& Riser, S. Observations of decadal–scale salinity changes in the thermocline of the North Pacific Ocean. *Deep Sea Res. Pt II* 57, 1161–1170 (2010).

[36] Freeland, H. Evidence of change in the winter mixed layer in the Northeast Pacific Ocean: a problem revisited. *Atmos. Ocean*, 51, 126–133 (2013).

[37] Hansen, J., Lacis, A.& Rind, D. in *Proc. Third Symp. Coast. Ocean Manage.* (eds Magoon, O.T & Converse, H.) 2796–2810 (ASCE, 1984).

[38] Palmer, M., McNeall, D.& Dunstone, N. Importance of the deep ocean for estimating decadal changes in Earth's radiation balance. *Geophys. Res. Lett.* 38, L13707 (2011).

[39] Rhein, M. *et al.* in *Climate Change* 2013: *The Physical Science Basis* (eds Stocker, T. *et al.*) Ch. 3 (IPCC, Cambridge Univ. Press, 2013).

[40] Sutton, P.& Roemmich, D. Decadal steric and sea surface height changes in the Southern Hemisphere. *Geophys. Res. Lett.* 38, L08604 (2011).

[41] Kosaka, Y.& and Xie, S.P. Recent global–warming hiatus tied to equatorial Pacific surface cooling. *Nature* 501, 403–407 (2013).

[42] Levitus, S. *et al.* World ocean heat content and thermosteric sea level change (0–2 000 m), 1955–2010. *Geophys. Res. Lett.* 39, L10603 (2012).

[43] Durack, P., Gleckler, P., Landerer, F.& Taylor, K. Quantifying underestimates of long – term upper ocean warming. *Nature Clim. Change* 4, 999–1005 (2014).

[44] Freeland, H. *et al.* Argo—a decade of progress. In *Proc. Ocean Obs'09* Vol. 2, WPP – 306 10.5270/OceanObs09.cwp.32 (ESA, 2010).

[45] Kwon, Y. O. *et al.* Role of Gulf Stream, Kuroshio-Oyashio, and their extensions in large-scale atmosphere–ocean interaction: a review. *J. Clim.* 23, 3249–3281 (2010).

[46] Saji, N., Goswami, B., Vinayachandran, P.& Yamagata, T. A dipole mode in the tropical Indian Ocean. *Nature* 401, 360–363 (1999).

[47] Klatt, O., Boebel, O.& Fahrbach, E. A profiling float's sense of ice. *J. Atmos. Technol.* 24, 1301 – 1308 (2007).

[48] Johnson, K. *et al.* Observing biogeochemical cycles at global scales with profiling floats and gliders: prospects for a global array. *Oceanography* 22, 216–225 (2009).

[49] Brasseur, P. *et al.* Integrating biogeochemistry and ecology into ocean data assimilation systems. *Oceanography* 22, 206–215 (2009).

[50] *Bio-Optical Sensors on Argo Floats* IOCCG Report No.11 (eds Claustre, H.) (IOCCG, 2011).

[51] Frolicher, T. *et al.* Dominance of the Southern Ocean in anthropogenic carbon and heat uptake in CMIP5 models. *J. Clim.* 28 862–886 (2015).

[52] Morrison, A., Frolicher, T. & Sarmiento, J. Upwelling in the Southern Ocean. *Phys. Today* 68, 27–29 (2015).

[53] Fukasawa, M. *et al.* Bottom water warming in the North Pacific Ocean. *Nature* 427, 825–827 (2004).

[54] Johnson, G., Purkey, S. & Bullister, J. Warming and freshening in the abyssal southeastern Indian Ocean. *J. Clim.* 21, 5351–5363 (2008).

[55] Purkey, S. & Johnson, G. Warming of global abyssal and deep Southern Ocean waters between the 1990s and 2000s: contributions to global heat and sea level rise budgets. *J. Clim.* 23, 6336–6353 (2010).

[56] Purkey, S. & Johnson, G. Antarctic Bottom Water warming and freshening: contributions to sea level rise, ocean freshwater budgets, and global heat gain. *J. Clim.* 26, 6105–6122 (2013).

[57] Argo Science Team *Argo Float Data and Metadata from Global Data Assembly Centre (Argo GDAC) – Snapshot of Argo GDAC as of September, 8th* 2015 (Ifremer, 2015); http://dx.doi.org/10.12770/ca035889-880d-463e-a523-10aabc3d6be3

[58] Boyer T. et al. *World Ocean Database* 2009 *NOAA Atlas NESDIS* (ed. Levitus, S.) 66 (US Government Printing Office, 2009).

Fifteen years of ocean observations with the global Argo array

Stephen C.Riser[1], Howard J.Freeland[2*], Dean Roemmich[3], Susan Wijffels[4], Ariel Troisi[5], Mathieu Belbéoch[6], Denis Gilbert[7], Jianping Xu[8], Sylvie Pouliquen[9], Ann Thresher[4], Pierre-Yves Le Traon[10], Guillaume Maze[9], Birgit Klein[11], M. Ravichandran[12], Fiona Grant[13], Pierre-Marie Poulain[14], Toshio Suga[15], Byunghwan Lim[16], Andreas Sterl[17], Philip Sutton[18], Kjell-Arne Mork[19], Pedro Joaquín Vélez-Belchí[20], Isabelle Ansorge[21], Brian King[22], Jon Turton[23], Molly Baringer[24] and Steven R. Jayne[25]

Abstract: More than 90% of the heat energy accumulation in the climate system between 1971 and the present has been in the ocean. Thus, the ocean plays a crucial role in determining the climate of the planet. Observing the oceans is problematic even under the most favourable of conditions. Historically, shipboard ocean sampling has left vast expanses, particularly in the Southern Ocean, unobserved for long periods of time. Within the past 15 years, with the advent of the global Argo array of profiling floats, it has become possible to sample the upper 2 000 m of the ocean globally and uniformly in space and time. The primary goal of Argo is to create a systematic global network of profiling floats that can be integrated with other elements of the Global Ocean Observing System. The network provides freely available temperature and salinity data from the upper 2 000 m of the ocean with global coverage. The data are available within 24 hours of collection for use in a broad range of applications that focus on examining climate-relevant variability on seasonal to decadal timescales, multidecadal climate change, improved initialization of coupled ocean-atmosphere climate models and constraining ocean analysis and forecasting systems.

Key words: Argo program; Argo float; global ocean

（原文刊于：Nature Climate Change, 2016, 6(2): 145-153）

中国 Argo 海洋观测十五年

刘增宏[1]，吴晓芬[1]，许建平[1*]，李宏[2]，
卢少磊[1]，孙朝辉[1]，曹敏杰[1]

1. 国家海洋局第二海洋研究所 卫星海洋环境动力学国家重点实验室，浙江 杭州 310012
2. 浙江省水利河口研究院，浙江 杭州 310020

摘要：中国 Argo 计划组织实施 15 年以来，在太平洋和印度洋等海域布放了 350 多个剖面浮标，建成了我国 Argo 大洋观测网，并建立了针对 Argo 剖面浮标的资料接收、处理和分发系统，利用 Argo 资料开发了多个数据产品，在一定程度上推动了国内海洋数据的共享进程。海量的 Argo 资料已成为我国海洋和大气科学领域基础研究及业务化应用的主要数据源，特别是在热带气旋（台风）、海洋环流、中尺度涡、湍流、海水热盐储量与输送、大洋水团，以及海洋、天气/气候业务化预测预报等方面取得了一批重要的研究及应用成果。随着国际 Argo 计划由“核心 Argo”向“全球 Argo”拓展，我国 Argo 大洋观测网的长期维护和持续发展面临巨大挑战，应紧紧抓住这一难得的机遇，利用国产北斗剖面浮标在南海及邻近我国的西北太平洋和印度洋海域建成 Argo 区域海洋观测网，为应对全球气候变化及防御自然灾害，更多地承担一个海洋大国的责任和义务。

关键词：Argo 计划；Argo 大洋观测网；Argo 资料；基础研究；业务化应用

1 引言

2000 年启动的国际 Argo 计划，在美国、日本、法国、英国、德国、澳大利亚和

基金项目：科技部科技基础性工作专项重点项目“西太平洋 Argo 实时海洋调查”（2012FY112300）；国家海洋公益性行业科研专项经费项目“印度洋海域海洋环境数值预报系统研制与示范”（201005033）；卫星海洋环境动力学国家重点实验室自主课题（SOEDZ1502）。

作者简介：刘增宏（1977—），男，江苏省无锡市人，副研究员，主要从事物理海洋学调查研究。E-mail：liuzenghong@ 139. com

*** 通信作者：**许建平（1956—），男，江苏省常熟市人，研究员，主要从事物理海洋学调查研究。E-mail：sioxjp @ 139. com

中国等 30 多个国家和团体的共同努力下，已经于 2007 年 10 月在全球无冰覆盖的开阔大洋中建成一个由 3 000 多个 Argo 剖面浮标组成的实时海洋观测网（简称“核心 Argo”），用来监测上层海洋内的海水温度、盐度和海流，以帮助人类应对全球气候变化，提高防灾抗灾能力，以及准确预测诸如发生在太平洋的台风和厄尔尼诺等极端天气/海洋事件等[1-2]。这是人类历史上建成的首个全球海洋立体观测系统。15 年来，各国在全球海洋布放的 Argo 浮标数量超过 12 000 个，已累计获得了约 150 万条温度和盐度剖面，比过去 100 年收集的总量还要多，且观测资料免费共享，被誉为“海洋观测技术的一场革命”。目前，国际 Argo 计划正从“核心 Argo”向“全球 Argo”（即向季节性冰覆盖区、赤道、边缘海、西边界流域和 2 000 m 以下的深海域，以及生物地球化学等领域）拓展，最终会建成一个至少由 4 000 个 Argo 剖面浮标组成的覆盖水域更深厚、涉及领域更宽广、观测时域更长远的真正意义上的全球 Argo 实时海洋观测网[3]。海量观测资料已经应用到世界众多国家的业务化预测预报和基础研究中，并在应对全球气候变化及防御自然灾害中得到广泛应用，取得了大批调查研究成果[4—8]（http：//www-argo. ucsd. edu/Bibliography. html）。

2 中国 Argo 大洋观测网

我国于 2002 年 1 月正式宣布加入国际 Argo 计划，成为继美国、法国、日本、英国、韩国、德国、澳大利亚和加拿大之后第 9 个加入该计划的国家。中国 Argo 计划的总体目标是在邻近的西北太平洋和印度洋海域建成一个由 100~150 个 Argo 浮标组成的大洋观测网，使我国成为 Argo 计划的重要成员国；同时能共享到全球海洋中的全部 Argo 剖面浮标观测资料，为我国的海洋研究、海洋开发、海洋管理和其他海上活动提供丰富的实时海洋观测资料及其衍生数据产品。同年，在国家科技部的资助下启动实施了“我国新一代海洋实时观测系统——Argo 大洋观测网试验”项目，正式拉开了实施中国 Argo 计划的序幕。在国家科技部、国家教育部、国家自然科学基金委员会、中国科学院和国家海洋局等部门的支持下，至 2015 年 12 月，中国 Argo 计划已在太平洋、印度洋和地中海等海域布放了 353 个剖面浮标（图 1），其中准 Argo 浮标（由国家科研项目出资购置布放，且其负责人同意观测资料与国际 Argo 成员国共享的浮标）183 个，已累计获取 38 000 余条温、盐度剖面和 6 000 多条溶解氧剖面，约占全球 Argo 剖面数量的 2.5%。

这些浮标由来自 7 个科研院所的 9 名项目负责人承担的国家科研项目资助布放，其中 APEX 型剖面浮标（美国 Teledyne Webb 研究公司）178 个、PROVOR 型剖面浮标（法国 NKE 和 Martec 公司、加拿大 Metocean 公司）159 个、ARVOR 型剖面浮标（法国 NKE 公司）10 个，以及 6 个 HM2000 型剖面浮标（中国船舶重工集团公司第 710 研究所），使用的通讯方式有 Argos，Iridium 和北斗（BDS）等卫星系统，分别占由我国布放全部浮标数量的 84%，14%和 2%，其中还包含 21 个加装溶解氧传感器的

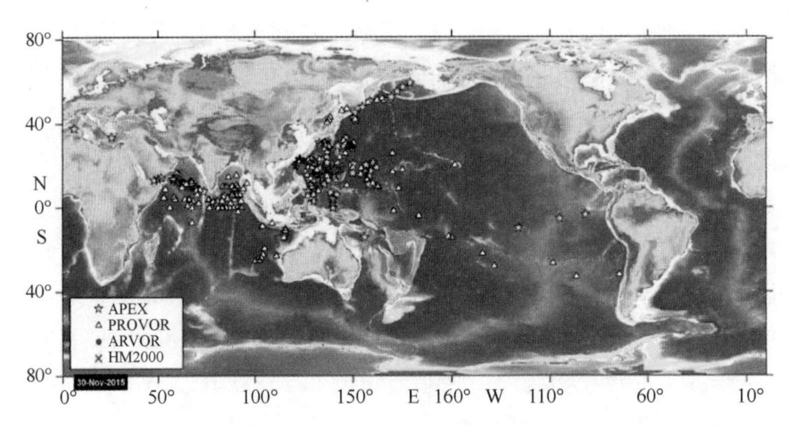

图 1　2002—2015 年由中国 Argo 计划布放的剖面浮标位置

剖面浮标。

中国 Argo 实时海洋观测网是我国海洋观测史上唯一以深海大洋观测为主，覆盖范围最大、持续时间最长，且建设资金投入最少的海洋立体观测系统。15 年中，中国 Argo 大洋观测网建设从西北太平洋起步，逐渐拓展到北印度洋和南太平洋海域，在全球 Argo 实时海洋观测网中布放剖面浮标的数量曾从排名第十，上升到第四位。截至 2015 年 12 月，仍有 164 个浮标在海上正常工作，排在美国（2 151 个）、澳大利亚（382 个）、法国（337 个）和日本（197 个）之后，退居第五。

3　Argo 资料处理、质量控制及其数据产品

3.1　Argo 资料处理流程

国际 Argo 计划的顺利实施主要依赖于各国 Argo 资料中心在浮标资料接收、处理和分发等方面的能力。早在中国 Argo 计划启动实施之初，我国在杭州建立了中国 Argo 实时资料中心（China Argo Real-time Data Center，简称 C－ARDC，http：//www. argo. org. cn/），着手建设针对不同类型剖面浮标的数据接收、处理和分发系统。经过 15 年的建设和完善，所有由我国布放的剖面浮标观测资料均能在解码和质量控制后，实时（24 h）提交到位于法国和美国的 2 个全球 Argo 资料中心，供用户下载使用。图 2 显示了 C-ARDC 的 Argo 数据处理流程，使用 Argos 卫星进行通讯的浮标通过该系统将观测数据以十六进制编码格式，发送至法国图卢兹的 Argos 卫星地面接收中心（Collect Localisation Satellites，CLS），随后由 C-ARDC 通过互联网准实时下载这些编码信息，并进行正确解码，再按照国际 Argo 资料管理组（Argo Data Management Team，ADMT）规定的实时质量控制过程[9]，对每条剖面进行质量控制，并为每个观测值给出质量控制标记，最后按 ADMT 规定的格式[10]提交给全球 Argo 资料中

心（Global Data Assembly Centers，GDACs）。对于铱（Iridium）卫星 Argo 剖面浮标，其资料处理过程与上述使用 Argos 卫星进行通讯的浮标基本相同，只是观测资料须通过美国马里兰州的 CLS America 转发，且资料的格式与前者略有不同。至于国产北斗剖面浮标的资料处理过程，则需要通过设在中国杭州的“北斗剖面浮标数据服务中心（BDS Profiling float Data Service Center，BDS-PDSC）”，直接使用专门设备接收、解码，并进行质量控制。

需要指出的是，世界气象组织（World Meteorological Organization，WMO）给每个 Argo 剖面浮标分配一个唯一的编号，作为浮标数据在全球通讯系统（Global Telecommunication System，GTS）和 GDACs 上共享的识别码。自 2015 年 10 月起，由我国布放的 Argo 浮标观测数据均已通过 WMO 设在中国气象局（China Meteorological Administration，CMA）的 GTS 接口上传，与 WMO 成员国共享；之前，则通过法国 CLS 上传至 GTS。

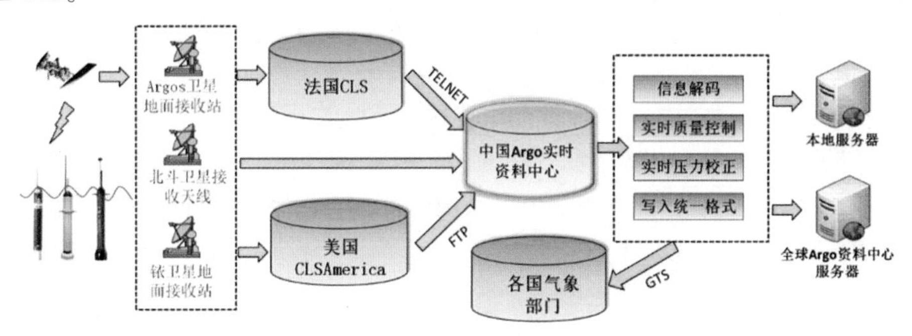

图 2　中国 Argo 实时资料中心数据处理流程

3.2　Argo 资料质量控制及交换共享

国际 Argo 计划的观测目标是能获取世界大洋中精确度分别为 0.005℃ 和 0.01 的海水温度和盐度资料。为了确保浮标观测资料的质量，该计划在实施之初就提出了利用历史船载 CTD 仪观测数据对浮标观测的温、盐度资料，特别是盐度进行延时模式质量控制的方法[11-13]。基于 OW 方法[13]，C-ARDC 已建立了一套 Argo 浮标盐度资料延时模式质量控制系统，并在实践中对早期提出的浮标观测资料质量控制方法进行了改进和完善[14-17]，进一步提高了资料的质量。我国也是 9 个有能力向全球 Argo 资料中心实时提交经质量控制的 Argo 观测资料的国家（包括美国、法国、英国、澳大利亚、日本、韩国、印度、加拿大和中国）之一。

为了在国内科研院所推广使用全球 Argo 海洋观测数据集，C-ARDC 不定期地从全球 Argo 资料中心下载其他 Argo 成员国布放的浮标资料，进行质量再控制后，以统一的、更易读取的文本格式向国内外用户免费提供。截至 2015 年 12 月，已收集和处理了 140 万条温、盐度剖面（部分含溶解氧和叶绿素剖面），并通过互联网

(ftp. argo. org. cn) 供用户下载使用。同时，还采用分布式数据库、Web Services 和 OpenGIS 等计算机技术，建立了 Argo 资料共享服务平台（http：//101. 71. 255. 4：8090/flexArgo/out/argo. html），以满足不同用户对 Argo 数据及其衍生数据产品快速查询、显示、绘图和有选择下载存储的需求。

3.3 Argo 数据产品

针对 Argo 资料时空分布不规则，以及早期 Argo 剖面还不够多、观测时间序列还不够长等问题，国内一些科研和业务单位结合历史观测资料（如 XBT，CTD，Argos 表层漂流浮标，部分锚碇浮标和潜标，以及卫星反演等）研制开发了多个网格化数据产品（表 1）[18-27]，供广大用户免费下载共享，极大地方便了人们的应用[28-37]。C-ARDC 则利用一种简单有效且易于操作的逐步订正法[23,38]，并结合一个混合层模型[39]（用来反推对应剖面上的表层温度和盐度，以弥补早期布放的 Argo 浮标无法观测离海面约 10 m 以浅深度内温、盐度资料的不足），仅利用 Argo 剖面浮标观测资料，构建了一套自 2004 年 1 月以来的全球海洋三维网格数据集（时间分辨率为 1 月、空间分辨率为 1°×1°、垂向 49 层），且每年更新，受到了国内用户的青睐，已被广泛应用于相关领域的科学研究[32-35]中。

中国 Argo 计划是我国海洋观测史上与国际社会合作密切、持续时间较长，且观测数据能得到无条件、及时免费共享的一个国际海洋合作调查项目，在一定程度上推动了国内海洋观测资料的共享进程。

4 Argo 资料基础研究与业务化应用

中国 Argo 通过与各 Argo 成员国之间交换资料，使得我国科学家能与各国科学家同步获得广阔海洋上丰富的海洋环境资料，并开展相关前沿科学研究。过去 15 年里，Argo 资料业已成为获取海洋气候态信息的主要来源，被广泛应用于海洋、天气/气候等多个学科领域中，研究内容涉及海气相互作用、大洋环流、中尺度涡和湍流，.以及海水热盐储量、输送，以及大洋海水的特性与水团等；同时，在这些领域的业务化预测预报中也得到了广泛应用。

4.1 热带气旋（台风）研究

我国是较早使用铱卫星 Argo 剖面浮标的国家之一，早在 2010 年 11 月就开始在西北太平洋海域布放该类型浮标。使用铱卫星高传输速率和双向通讯的优势，开展了台风季节西北太平洋海域 Argo 剖面浮标加密观测试验，获取了大量台风路径附近海域 0~500 m、间隔 2~3 d 的加密剖面资料，为研究上层海洋对台风的响应提供了丰富的现场观测数据。

表 1　国内开发的 Argo 网格资料集及其应用情况

范围	水平分辨率 垂向分辨率	时间分辨率	原始资料	初始场	方法	开发机构	更新情况	参考文献	应用情况
太平洋（58.5°S ~ 58.5°N，123°E~81.5°W）	3°×3°，0~2 000 × 10^4 Pa 不等 45 层	2002.1 至 2005.12，逐月	Argo	无	时空插值和经验正交函数法	C-ARDC	未更新，未见互联网共享	[18]	使用情况不详
太平洋（60°S ~ 60°N，120°E ~ 80°W）	3°×3°，垂向层数不详	月平均，2007.1 至 2007.12	Argo	无	克里格插值法	中国水产科学研究院东海水产研究所	未更新，未共享	[19]	使用情况不详
太平洋（90°S ~ 60°N，120°E ~ 90°W）	3°×3°，0~2 000 m 不等 36 层	2000.1.5 至 2008.12.31，逐周	Argo	无	时空插值和经验正交函数法	国家海洋局第二海洋研究所、解放军理工大学	未更新，互联网共享	[20]	热带太平洋障碍层变化分析[28]
全球海洋（59.5°S ~ 59.5°N，180°W ~ 180°E）	1°×1°，0~2 000 m 不等 26 层	2002.1 至 2009.12，逐月	Argo	气候态 Argo 资料	多尺度三维变分	国家海洋信息中心	未更新，互联网共享	[21]	混合层年际变化[29]、太平洋流场[30]、台湾以东海域海温与温跃层特征[31] 研究等
全球海洋（59.5°S ~ 59.5°N，180°W ~ 180°E）	1°×1°，0~1 950 m 不等 49 层	2004.1 至今，逐月	Argo	气候态 Argo 资料	逐步订正法	C-ARDC	每年更新一次，互联网共享	[22—25]	热带印度洋声场[32]、全球海洋最大混合层深度估算[33]、上层海洋季节和年际四维变化结构[34,35] 研究等
南海海域（0° ~ 25°N，105 ~ 122°E）	0.25°×0.25°，0 ~ 1 500 m 不等 24 层	月平均，起始年份不详	WOD 09，Argo	WOA98	多种统计分析方法等	中国科学院南海海洋研究所	准实时更新，未进行互联网共享	[26]	使用情况不详
太平洋（60°S ~ 60°N，120°E ~ 70°W）	1°×1°，0~2 000 m 不等 26 层	2004.1 至 2011.12，逐月	Argo	气候态 Argo 资料	最优插值	C-ARDC	未更新，互联网共享	[27]	太平洋海域温度[36]、盐度变化特征研究[37] 等

利用投放在西北太平洋海域的 Argo 剖面浮标观测资料，结合卫星资料和模式模拟，海峡两岸学者对台风过境海洋上层的响应过程都做了大量研究工作[40-49]。卫星观测资料主要用于描述海表面对热带气旋的响应，Argo 资料的优势则在于揭示上层海洋对热带气旋的响应过程。许东峰等[43]分析了西北太平洋暖池区夏季 Argo 浮标得到的次表层温盐剖面，发现大多数台风经过暖池区时，会引起海面盐度下降，认为热带气旋带来的淡水输入有利于盐度的下降。刘增宏等[44]对西北太平洋 Argo 浮标观测资料的统计分析结果显示，台风造成的混合层盐度变化在台风路径两侧基本呈对称分布；Liu 等[45]利用铱卫星 Argo 浮标加密观测资料对 2012 年 Bolaven 台风的分析结果显示（图 3），台风路径左右两侧海洋表层和次表层呈不同的温盐度变化过程；Pei 等[46]利用模式结合卫星和 Argo 观测资料的研究指出，台风作用下海洋上混合层深度会增加、并向大气释放潜热，以及台风中心出现强的冷水涌升等。Lin 等[47-49]在研究海洋热含量对于热带气旋强度及其对风暴潮影响的预测、建立新的“海洋耦合潜在强度指数（OC_ PI）”的热带气旋预报因子、次表层全球海洋增暖暂缓与超强台风“海燕”之间的联系等方面，也都使用到了台风过境海域的 Argo 现场观测资料。

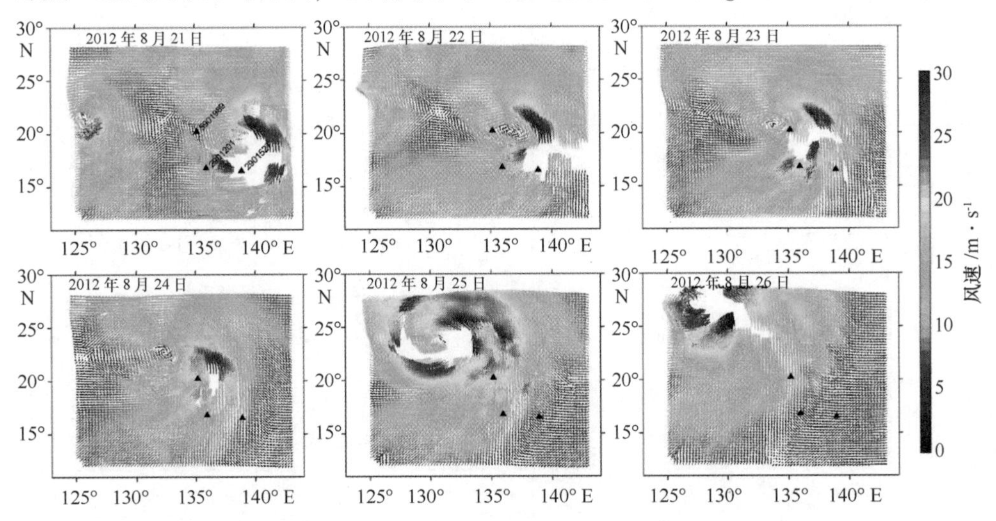

图 3 2012 年 8 月 21—26 日台风 Bolaven 期间的逐日风矢量分布[45]

彩色阴影为风矢量；黑色三角形为采取铱卫星双向通讯的 Argo 剖面浮标

4.2 大洋环流、中尺度涡和湍流研究

Yuan 等[50]使用 Argo 资料计算了太平洋海域的绝对地转流场，并以此揭示了北赤道流以下存在一支西传的地转流，命名为北赤道次表层流。Wu 等[51]同样使用 Argo 资料推算了西太平洋的地转流，并分析了进出暖池区域的暖水情况。陈亦德等[52]利用 Argo 浮标的定位信息估算并分析了赤道太平洋中层流场（棉兰老涡、赤道流、赤道逆流等）的季节、年际变化等。Xie 等[53]估算了全球海洋中层的绝对流场，并依

此对 NCEP 的中层流再分析产品进行了检验，发现除近赤道海域，NCEP 中层流要比 Argo 估算的结果小，二者之差为-2.3～-1.8 cm/s，且 NCEP 资料中纬向流占主导地位，所以一些涡旋不能被成功分辨出。Xie 和 Zhu[54-55]还利用 Argo 浮标漂移轨迹开发了一套全球海洋表层流数据集，并与热带大气与海洋观测阵（Tropical Atmoshphere Ocean，TAO）等资料进行了比较，结果表明通过 Argo 资料获取的表层流数据可以很好的补充大洋表层流资料库（图 4）。张韧等[56]则利用 Argo 资料推算了太平洋海域的三维流场，为获取大尺度海洋三维流场提供了有效途径。

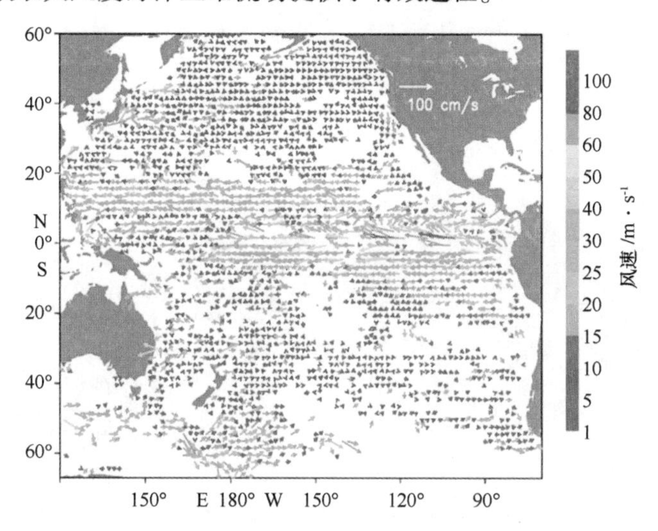

图 4　2001—2004 年由 Argo 浮标轨迹资料获取的太平洋海域表层平均流速（cm/s）分布[54]

北赤道流在菲律宾以东 13°N 附近分叉，形成南、北两支西边界流（即南向的棉兰老流和北向的黑潮）。棉兰老流区是连接热带和副热带环流的一个纽带，该区域的环流及涡旋形态对研究南北半球水团交换有着重要意义，然而该区域涡旋结构及环流形态变化复杂，无法通过一次或几次水文调查得到完整描述。自 2003 年以来，中国 Argo 计划将该海域作为重点，陆续布放了一批 Argo 浮标，其中一个浮标在棉兰老岛以东海域捕捉到了中层反气旋涡的迹象，是除了棉兰老岛以南的气旋式冷涡（棉兰老涡）和反气旋式暖涡（哈马黑拉涡）之外观测到的另一个涡旋。该涡旋位于温跃层以下，具有中层海洋特征[57]。周慧等[58]进一步分析棉兰老岛以东中层深度（1 000～2 000 m）上的中尺度环流特征发现，该区域的气旋式涡旋和反气旋式涡旋在 1 000 m 深度上平均切向速度约为 20 cm/s，随着深度增加速度有所减小，到 2 000 m 深度上速度约为 10 cm/s。Xu 等[59]通过对高、低分辨率海洋模式结果与 Argo 观测资料的对比研究，指出涡旋导致的潜沉发生在冬季黑潮延伸体海域深混合层池区南侧几百千米范围内，并提出了跨混合层深度锋面的涡旋平流可能是导致副热带西部模态水潜沉的新猜想。随后又利用 Argo 浮标对涡旋进行跟踪观测获得的长期资料，证实了跨混合层深度锋面的涡旋外围的位势涡度分布确实具有不对称性，并发现混合层中低位涡水潜沉发生在反气旋涡东侧的南向流处。

Wu 等[60]使用 Argo 浮标的观测结果研究了南大洋 2 000 m 上层的湍流混合（图 5），发现南大洋的混合存在明显的空间分布不均匀性，在地形平坦处，湍流混合相对较弱，而在地形粗糙的地方，混合明显加强；在地形平坦的地方，湍流混合还存在明显的季节变化，其变化信号可以一直向下延伸到 1 500 m 处。通过计算风生近惯性能量发现，该处混合主要是由风生近惯性能量维持，而相应的混合季节变化则是由风生近惯性能量的季节变化引起的；在地形粗糙的地方，湍流混合不存在明显的季节变化，原因是由提供混合能量的南极绕极流（Antarctic Circumpolar Current，ACC）无明显季节变化所致。

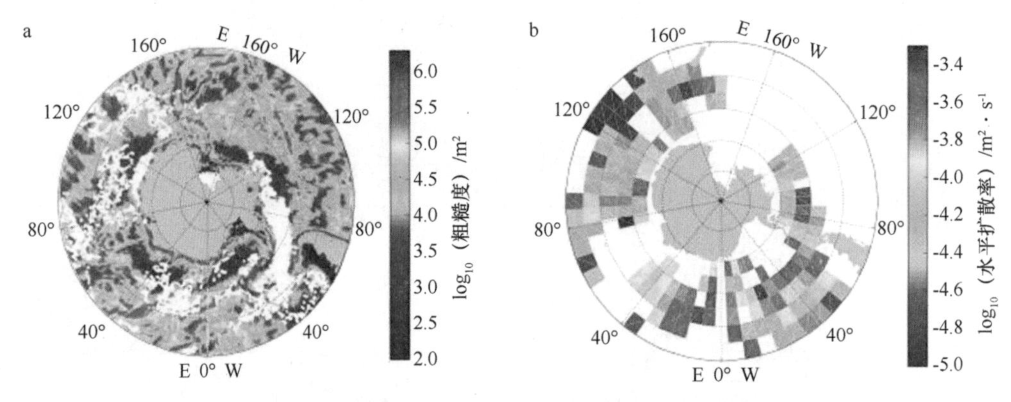

图 5　南大洋地形粗糙程度及湍流混合的水平分布[60]

a. 地形粗糙度及南大洋布放的高分辨率铱卫星 Argo 观测剖面位置分布（白点所示）；

b. 300~1 800 m 垂向积分所得的湍流混合水平分布

4.3　海水热盐储量/输送研究

Argo 观测网建立的目标之一是估算全球大洋热量和淡水储量的时间序列。其中，上层海洋热含量（Ocean Heat Content，OHC）是气候变化的一个重要指标，且对全球海平面上升有重要影响。Cheng 和 Zhu[61]研究指出，2001—2003 年 OHC 出现大的跳跃并不是事实，而是海洋观测网从船舶观测向 Argo 观测的巨大转变所带来的影响，属于样本误差。因此，气候态的选取以及数据的垂向分辨率对于 OHC 的准确估算有很大影响[62-63]。吴晓芬等[64]分析了热带西太平洋海域 OHC 的时空变化，发现除了众所周知的东—西反位相年际振荡外，OHC 距平场还存在一个负—正—负的三极子经向年际振荡模态。Zhang 等[65]基于高度计与 Argo 资料研究中尺度涡水体输送的文章，提出了中尺度涡通过在等密度面上形成闭合等位涡线携带水体一起运动的物理机制，并估计了中尺度涡在全球范围造成的西向水体输运量可以达到 30×10^6 ~ 40×10^3 m^3/s，其在量级上与大尺度的风生及热盐环流是可比的（图 6）。

Yang 和 Xu[66]分析了太平洋海域 15°N 断面的净经向热输送（Meridional Heat

Transport，MHT），指出 MHT 的变化集中在 0~800×10⁴ Pa 深度。Yang 等[67]分析了热带东南印度洋中尺度涡的热盐输送，认为气旋式涡旋（反气旋式涡旋）的经向热输送是向南（向北）的，而盐量输送是向北（向南），且主要的经向热盐输送都发生在 0~300×10⁴ Pa 深度范围内。

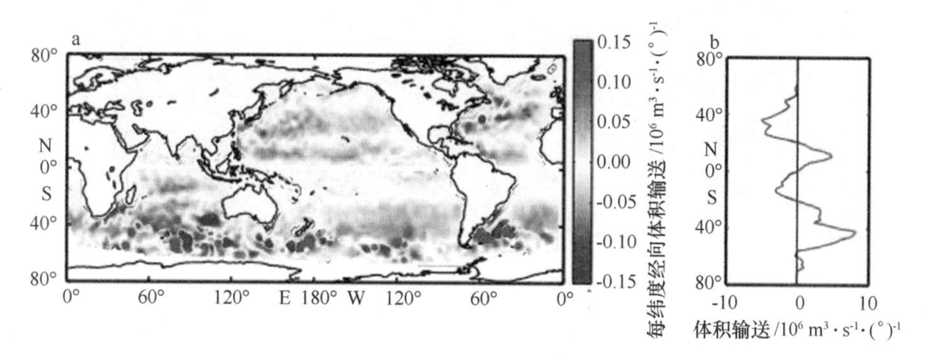

图 6 中尺度涡带来的经向输送的全球分布[65]

a. 流经纬向断面的涡致经向输送；b. 涡致经向输送的纬向积分

4.4 大洋海水特性和水团研究

Chen 和 Chen[34]使用 Argo 网格化温度资料分析了上层海洋年际变化的幅度、位相和周期等，提出在太平洋海域 10°S~1°N 存在一个“尼诺管道（Niño Pipe）”，其路径与太平洋赤道潜流（Equatorial Under Current，EUC）的路径非常一致（图 7）。Zheng 等[68-69]使用 Argo 资料分析了太平洋海域障碍层厚度（Barrier Layer Thickness，BLT）的年际变化以及盐度年际变化对 ENSO（厄尔尼诺-南方涛动，El Niño-Southern Oscillation）事件的影响，认为赤道太平洋海域 BLT 的年际变化在 ENSO 循环过程中呈纬向的“跷跷板”变化模态，而在赤道中太平洋海域，盐度通过调节混合层深度进而影响到 BLT 的年际变化。盐度还在调节热带西太平洋海域海面动力高度（Sea Surface Dynamic Height，SSDH）上扮演着非常重要的角色，且盐度对 SSDH 的影响程度和温度对 SSDH 的影响程度相当[70]。2015 年，Du 等[71]使用 Argo 和历史观测数据分析了热带印度洋—太平洋海域盐度的年代际（2004—2013 年）变化，指出热带西太平洋上层海洋盐度增加而热带东南印度洋盐度降低的变化趋势，与沃克环流（Walker Circulation）的增强有关。盐度数据还被广泛应用于评估 Aquarius 和 SMOS 等卫星在各海域对应的海表盐度产品精度[72-73]。

高时空分辨率的 Argo 剖面浮标资料还为准确估算全球各海区的混合层、温跃层、障碍层、海面高度及海洋声场等参数提供了非常便利的途径。安玉柱等[29]分别采用温度判据和密度判据计算了全球大洋混合层深度，并讨论了障碍层和补偿层对混合层深度计算的影响，认为赤道西太平洋、孟加拉湾、热带西大西洋是障碍层高发区域，

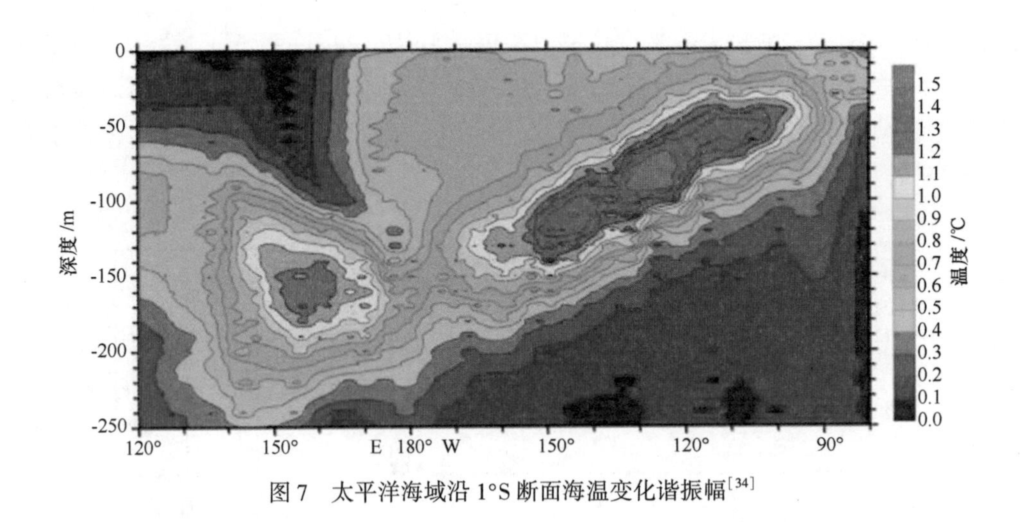

图 7　太平洋海域沿 1°S 断面海温变化谐振幅[34]

冬季的北太平洋副热带海区以及东北大西洋是补偿层发生的海区。Yi 等[74]采用 Argo、高度计等资料计算了 2010 年之后全球海洋平均海面高度（Global Mean Sea Level，GMSL）的增速，指出 GMSL 的升高与 ENSO 波动一致，其升高速度自 2010 年后加大。Argo 资料还被应用于菲律宾海[75]、台湾以东海域[76]和热带印度洋[32]等海区的声场分析中。

许建平[4]和 Sun 等[77]较早利用 Argo 资料分析了太平洋水的温、盐度分布特征及其水团特性，并给出了北太平洋热带水（North Pacific Tropical Water，NPTW）、北太平洋中层水（North Pacific Intermediate Water，NPIW）和北太平洋深层水（North Pacific Deep Water，NPDW）等主要水团的特征指标。刘增宏等[78]通过分析吕宋海峡附近海域的 Argo 资料发现，NPTW 入侵南海的程度冬季最强，而在 2003—2009 年却没有发现明显的 NPIW 进入南海，而南海中层水则可通过海峡流入太平洋，且强度在秋、冬季节达到最大。宋翔洲等[79]依据 Argo 资料所揭示的西北太平洋模态水核心区温、盐度季节变化，提出了一种判别模态水范围的盐度判别法，结合海平面高度异常变化，发现涡旋只能暂时性改变核心区模态水的温盐结构，之后模态水将基本恢复到正常状态。Yan 等[80]在模式模拟中发现吕宋岛以西的南海海域夏季出现双核低盐水，始于 7 月，9 月盐度达到最低值，10 月消失，与夏季风引起的降水有很大关系，而混合层深度的变化则是双核形成的主要因素。该结论得到了位于低盐水海域、时间分辨率为 4 d 的 Argo 浮标实测资料的证实。

4.5　业务化预测预报应用

数据同化技术已经能将众多常规的海洋观测资料（如船舶，XBT、CTD、TAO 和 Argo 等）及非常规的资料（如各种卫星遥感、雷达站等）融合进入海洋数值模型，构建资料同化系统，以期获取能真实反映海洋状态的各种物理变量（如温度、盐度、海面高度和流场等），这些海洋环境要素为大洋环流、海气耦合模式提供了更加准确的初始场和开边界条件，从而能提高对气候变化预测预报的水平。

早在 2004 年，Argo 资料就被应用于改进海洋资料同化和模式中的物理过程[81]，同时也用来提高 ENSO 和我国夏季降水的气候预测水平[82-83]（图 8）；Argo 在国家气候中心全球海洋资料四维同化系统（NCC-GODAS）中为短期气候预测系统提供了重要海洋异常状况的初始信号[84]，为全球气候预测业务模式系统及 ENSO 预报能力的提高发挥了重要作用。目前该同化系统已经发展到第二代[85-86]，其对热带太平洋海面高度的年际和十年际变化及 2 种类型的厄尔尼诺信号的捕捉能力明显优于第一代。

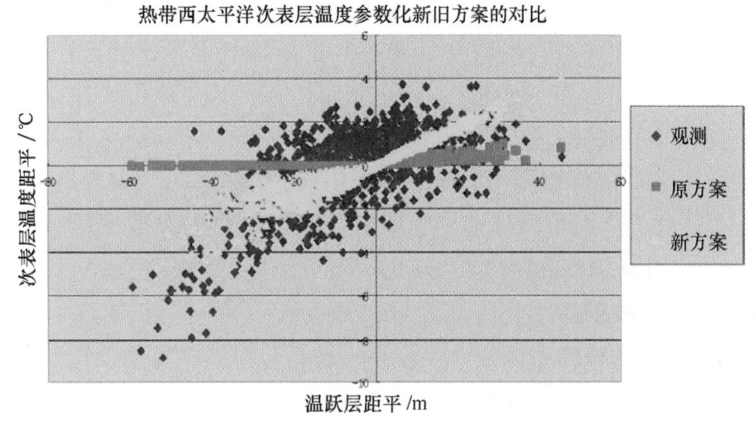

图 8　由 Zebiak-Cane 海洋模式中的次表层温度距平和海洋混合层深度参数化方案计算得到的热带西太平洋次表层温度距平与海洋混合层深度的关系及其与实况的对比[83]。黄色代表利用 Argo 资料改进后方案的计算结果

中国科学院大气物理研究所朱江带领的团队在国内率先开发了一个基于三维变分的海洋资料同化系统（Ocean Variational Analysis System，OVALS）[87]，能有效同化 Argo、TAO、XBT 及船舶报和高度计海面高度异常资料，同化后的温、盐度较非同化试验产生了显著的改善。OVALS 被成功应用于国家海洋环境预报中心的热带太平洋温、盐度同化业务化系统中，能实时发布热带太平洋海域温、盐度再分析产品，使中国成为继欧美发达国家之后具有发布热带太平洋温、盐度再分析产品能力的国家之一，为防灾减灾、大洋航线预报及突发性事件处理等提供有力保障。国家海洋信息中心利用多尺度三维变分并结合 POM 模型开发的中国海及其邻近海域资料同化系统（China Ocean Reanalysis，CORA）[88]，目前已经扩展到全球海洋[89]，明显提高了对热含量、大西洋经向翻转流和赤道太平洋次表层海流等的估算精度。

Argo 为海洋数据同化系统的建立提供了源源不断的、更是前所未有的数据源，同时，Argo 资料在同化系统以及业务化预测预报应用中也取得了一系列理论和实际应用成果。随着全球 Argo 海洋观测网的进一步拓展和长期维持，Argo 资料对改进同化方法、改善数值模型参数化方案、提高海洋和气候业务化预测预报水平方面将会发挥更重要的作用。此外，Argo 资料在海洋渔业领域也得到了较好的应用[90-91]。据国际 Argo 计划办公室的统计（http：//www-argo. ucsd. edu/Bibliography. html），自 1998 年以来世界上 42 个国家的科学家在全球 18 种主要学术刊物（包括 JGR，GRL，JPO 和 JC 等）上累计发表了近 2 300 篇与 Argo 相关的学术论文，其中由中国学者发表的论文就达 310 篇，仅次于美国（约 670 篇），排名第二。

5 挑战与展望

Argo 已经成为从海盆尺度到全球尺度物理海洋学研究的主要数据源，而且也已在海洋和大气等科学领域的基础研究及其业务化预测预报中得到广泛应用[92]。未来 Argo 计划的发展，也正如 2016 年初由 18 个沿海国家的 27 位作者在《Nature Climate Change》杂志联名发表的综述性文章“Fifteen years of ocean observations with the global Argo array（全球 Argo 海洋观测十五年）”[93]中所指出的那样，从现在开始的 10 年或者 20 年后，可能才会有科学团体逐渐意识到当时所制订的布放浮标策略、投放浮标或者执行 Argo 计划是何等的成功。为此，国际 Argo 指导组（Argo Steering Team，AST）建议，在未来数年持续实施该计划，并逐渐成为一个长期计划至关重要；同时，应通过改进在新的特殊海区投放浮标和增加新传感器，以及设计和测试深海浮标工作能力，使之朝着新的方向发展。其目标应是既能维持当前这个观测全球海洋的系统，又能进一步提高人们认知海洋在气候变化中的重要角色。同时，该文还进一步强调，实施深海 Argo 是该计划发展的关键一步。当前的观测网在提供对全球海洋 2 000 m 上层热含量的估算中起到了至关重要的作用，但对基于全球热收支模式的预测还是不够的。一些研究还指出，全球海洋的更深层（>2 000 m）可能是一个储存增加热量的水域，故将全球热平衡边界封闭起来非常必要。开展深海 Argo 观测，以及有望利用浮标观测海洋碳循环，帮助提高对 ENSO 和 IOD（印度洋偶极子，Indian Ocean Dipole）的预报能力，进一步提高人们对海洋环流的了解及其在气候方面的作用[93]。

展望未来，国际 Argo 计划仍将持续实施，Argo 实时海洋观测网建设也会从“核心 Argo”向“全球 Argo”的远大目标继续迈进，Argo 资料的应用虽然取得了一些成果，但与相关国际前沿领域的发展相比，我国还有不小的差距。如利用 Argo 浮标漂移轨迹估算全球海洋流场数据集[94]，并应用到海洋内部流场验证的系统研究[95—96]；利用 Argo 资料改进对海洋复杂空间变化（尺度小于气候尺度）的研究[97]，以及结合 Argo 浮标的现场观测资料与卫星高度计反演的海表高度异常数据，构建北大西洋的经向翻转流[98]和高分辨率的三维温度场[99]等时间序列的海洋环流动力学状态方面，我国学者还很少涉足。在国际上，近些年开发的许多气候模式都同化了 Argo 次表层温度资料，使得模式对大气季节内波动、季风活动以及海气相互作用（如 ENSO）等问题的预报能力[100]都有了明显提高。邻近我国的强西边界流——黑潮，可以通过携带热带和亚热带温暖的海水到高纬度地区，实现热量向极输送；在其流路上还会有相当一部分热量与大气进行交换，尤其是一些海流会从边界分离进入海洋内部或近岸海域，从而改变风暴的路径或会改善大陆性气候[101]等。当前，配备诸如溶解氧、硝酸盐、叶绿素和 pH 等生物地球化学要素传感器的浮标，可以从物理角度监测海洋环流对气候态关键生物地球化学过程（如碳循环[102]、海洋缺氧和海水酸化等）[103]的影响，而这些新颖浮标的观测结果还将有助于提高生物地球化学模式的模拟能力[104]。此外，近些年的一些研究成果[105-108]还涉及到 2 000 m 以下的深海大洋，尤其是在南半球的高纬度海域，在整个海洋热含量和热比容导致的海平面上升方面都具有举足轻重的地位。可见，我国在 Argo 资料的基础研究和业务化应用方面还面临着许多挑战。

在过去的 15 年中，我国虽已累计布放了 350 多个浮标，但在全球观测网中却仅占 3%左右，远远落后于美国、澳大利亚、法国和日本等国家，其中美国占了总数的 50%以上；国产剖面浮标虽已被国际 Argo 计划组织接纳，开始用于全球 Argo 海洋观测网建设与维护[109]，不过在当前运行的观测网中所占比例还不到 0. 03%。再环顾邻近的东南亚和印度洋沿海国家，虽然全球 Argo 实时海洋观测网已有 30 多个国家参与建设与维护，且观测资料免费共享，但对许多东南亚和印度洋沿海国家而言，尽管长期饱受台风（飓风）、风暴潮、海浪，甚至海啸等海洋灾害的侵袭和威胁，却由于种种原因至今尚未享受到该观测网所带来的“红利”。中国和印度虽较早加入了国际 Argo 计划并参与观测网建设，但两国在海上布放浮标的数量（在全球 Argo 观测网中仅占 5. 8%）至今也还十分有限，印度洋 Argo 观测网中的浮标数量与太平洋和大西洋相比要落后一截，至今仍未达到国际 Argo 计划提出的最低标准，尤其是南海的 Argo 区域观测网目前还是域外国家在建设和维护。可见，增加在印度洋海域的浮标数量、并由域内国家主持建设南海区域海洋观测网，促进观测资料在东南亚和印度洋沿海国家的推广应用已是迫在眉睫。

为此，我国应以成功研制北斗剖面浮标，以及国际 Argo 计划由“核心 Argo”向“全球 Argo”拓展为契机，通过建立的 BDS-PDSC，积极主动地建设北太平洋西边界流（台风源地）海域、西太平洋典型边缘海——南海的 Argo 区域海洋观测网，并逐步向印度洋孟加拉湾和阿拉伯海扩展，最终建成至少由 400 个剖面浮标（以国产北斗剖面浮标为主）组成的覆盖“海上丝绸之路”的区域 Argo 海洋观测网，使之成为“全球 Argo”的重要组成部分，以及增进与“海上丝绸之路”沿线国家交流与合作的纽带，进一步促进 Argo 资料在我国乃至沿线国家业务化预测预报和基础研究中的推广应用，让沿线国家和民众能够真切体验和更多享受到海上丝路建设带来的福祉，并为应对全球气候变化及防御自然灾害，更多地承担一个海洋大国的责任和义务。

参考文献：

[1] Argo Science Team.On the design and implementation of Argo: an initial plan for a global array of profiling floats[R].ICPO Report No.21.GODAE International Project office, Bureau of Meteorology, 1998.

[2] 许建平.阿尔戈全球海洋观测大探秘[M].北京:海洋出版社,2002.
[3] Freeland H J,Roemmich D,Garzoli S L,et al.Argo—A decade of progress[R].OceanObs'09 meeting,Venice,Italy,September,2009.
[4] 许建平.Argo 应用研究论文集[G].北京:海洋出版社,2006:240.
[5] 许建平.西太平洋 Argo 剖面浮标观测及其应用研究论文集[G].北京:海洋出版社,2010:344.
[6] 许建平.Argo 科学研讨会论文集[G].北京:海洋出版社,2014:368.
[7] 陈大可.Argo 研究论文集[G].北京:海洋出版社,2011:199.
[8] Chen D.Argo-China[J].Atmosphere-Ocean,2012,50 (Suppl.):145.
[9] Wong A,Keeley R,Carval T,et al.Argo Quality Control Manual[S/OL].(2014)[2016-04-10],http://dx.doi.org/10.13155/33951.
[10] Carval T,Keeley R,Takatsuki Y, et al.Argo user's manual V3.2[S/OL].(2015)[2016-04-10],http://dx.doi.org/10.13155/29825.
[11] Wong A P S,Johnson G C,Owens W B.Delayed-mode calibration of profiling float salinity data by historical hydrographic data[R].Fifth Symposium on Integrated Observing System, 14-19 January 2001,Albuquerque,NM.
[12] Böhme L.Quality Control of Profiling Float Data in the subpolar North Atlantic[D].Germany:Christian-Albrechts-Universität Kiel,2003.
[13] Owens W,Wong A.An improved calibration method for the drift of the conductivity sensor on autonomous CTD profiling floats by θ-S climatology[J].Deep-Sea Research,2009,56(3):450-457.
[14] 许建平,刘增宏.中国 Argo 大洋观测网试验[M].北京:气象出版社,2007.
[15] 童明荣,许建平,马继瑞,等.Argo 剖面浮标电导传感器漂移问题探讨[J].海洋技术,2004,23(3):105-116.
[16] 刘增宏,许建平,孙朝辉.Argo 浮标电导率漂移误差检测及其校正方法探讨[J].海洋技术,2007,26(4):72-76.
[17] 卢少磊,李宏,刘增宏.Argo 盐度资料延时质量控制的改进方法[J].解放军理工大学学报,2014,15(6):598-606.
[18] 王桂华,刘增宏,许建平.利用 Argo 资料重构太平洋三维温盐场和流场[G]// 许建平.Argo 应用研究论文集.北京:海洋出版社,2006:16-26.
[19] 杨胜龙,马军杰,伍玉梅,等.基于 Kriging 方法 Argo 数据重构太平洋温度场研究[J].海洋渔业,2008,30(1):13-18.
[20] 王辉赞,王桂华,张韧,等.Argo 网格化盐度产品(G-Argo)用户手册[S/OL].杭州:中国 Argo 实时资料中心,2010.
[21] 国家海洋信息中心.Argo 网格化产品用户手册[S].天津:国家海洋局信息中心,2011.
[22] 李宏,许建平,刘增宏,等.全球海洋 Argo 网格数据集(BOA_Argo)用户手册[S/OL].杭州:中国 Argo 实时资料中心,2012.
[23] 李宏,许建平,刘增宏,等.全球海洋 Argo 网格资料集及其验证[J].海洋通报,2013,32(6):108-118.
[24] 李宏,许建平,刘增宏,等.全球海洋 Argo 网格数据集(BOA_Argo)用户手册[S/OL].杭州:中国 Argo 实时资料中心,2014.

[25] 李宏,刘增宏,许建平,等.全球海洋 Argo 网格数据集(BOA_Argo)介绍[R].杭州:中国 Argo 实时资料中心,2015.

[26] 毛庆文,储小青,严幼芳,等.南海三维动态温盐场重构系统的设计与实现[J].热带海洋学报,2013,32(6):1-8.

[27] 张春玲,许建平,刘增宏,等.Argo 三维网格化资料(GDCSM_Argo)用户手册[S].杭州:中国 Argo 实时资料中心,2013.

[28] 姜良红,陈大可.热带太平洋障碍层厚度的时空特征分析[J].海洋学研究,2012,30(2):14-20.

[29] 安玉柱,张韧,王辉赞,等.全球大洋混合层深度的计算及其时空变化特征分析[J].地球物理学报,2012,55(7):2249-2258.

[30] 张伟涛,张韧,安玉柱,等.基于等密度面 P 矢量方法的太平洋三维流场估计[J].水动力学研究与进展,2013,28(1):72-80.

[31] 高飞,张韧,李璨,等.基于 Argo 网格产品资料的台湾以东海域海温场结构与温跃层特征分析[J].热带海洋学报,2014,33(1):17-25.

[32] 韩玉康,周林.基于 Argo 资料的热带印度洋上层声场分析[J].解放军理工大学学报(自然科学版),2015,16(2):180-187.

[33] Chen G,Yu F.An objective algorithm for estimating maximum oceanic mixed layer depth using seasonality indices derived from Argo temperature/salinity profiles[J].Journal of Geophysical Research,2015,120(1):582-595.

[34] Chen G,Chen H N.Interannual modality of upper-ocean Temperature:4D structure revealed by Argo data[J].Journal of Climate,2015,28(9):3441-3452.

[35] Chen G,Wang X.Vertical Structure of Upper-Ocean Seasonality:Annual and Semiannual Cycles with Oceanographic Implications[J].Journal of Climate,2016,29(1):37-59.

[36] 张春玲,许建平.基于 Argo 观测的太平洋温、盐度分布与变化(Ⅰ):温度[J].海洋通报,2014,33(6):647-658.

[37] 张春玲,许建平.基于 Argo 观测的太平洋温、盐度分布与变化(Ⅱ):盐度[J].海洋通报,2015,34(1):21-31.

[38] 李宏,许建平,刘增宏,等.利用逐步订正法构建 Argo 网格资料集的研究[J].海洋通报,2012,31(5):502-514.

[39] 赵鑫,李宏,刘增宏,等.基于混合层模型反推 Argo 表层温度和盐度[J].海洋通报,2016,35(5):532-544.

[40] Sun L,Li Y X,Yang Y J,et al.Effects of super typhoons on cyclonic ocean eddies in the Western Pacific:A satellite data-based evaluation between 2000 and 2008[J].Journal of Geophysical Research:Oceans,2014,119:5585-5598.

[41] Wang X D,Wang C Z,Han G J,et al.Effects of tropical cyclones on large-scale circulation and ocean heat transport in the South China Sea[J].Climate Dynamic,2014,43(12):3351-3366.

[42] Cheng L J,Zhu J,Sriver R L.Global representation of tropical cyclone-induced short-term ocean thermal changes using Argo data[J].Ocean Science,2015,11:719-741.

[43] 许东峰,刘增宏,徐晓华,等.西北太平洋暖池区台风对海表盐度的影响[J].海洋学报,2005,27(6):9-15.

[44] 刘增宏,许建平,朱伯康,等.利用 Argo 资料研究 2001—2004 年期间西北太平洋海洋上层对热带气旋的响应[J].热带海洋学报,2006,25(1):1-8.

[45] Liu Z H,Xu J P,Sun C H,et al.An upper ocean response to Typhoon Bolaven analyzed with Argo profiling floats[J].Acta Oceanologica Sinica,2014,33(11):90-101.

[46] Pei Y H,Zhang R H,Chen D K.Upper ocean response to tropical cyclone wind forcing:A case study of typhoon Rammasun(2008)[J].Science China Earth Sciences,2015,58(9):1623-1632.

[47] Lin I I,Goni G J,Knaff A,et al.Ocean heat content for tropical cyclone intensity forecasting and its impact on storm surge[J].Natural Hazards,2013,66(3):1481-1500.

[48] Lin I I,Black P,Price J F,et al.An ocean coupling potential intensity index for tropical cyclones[J].Geophysical Research Letters,2013,40(9):1878-1882.

[49] Lin I I,Pun L F,Lien C C."Categoty-6" supertyphoon Haiyan in global warming hiatus:Contribution from subsurface ocean warming[J].Geophysical Research Letters,2014,41(23):8547-8553.

[50] Yuan D L,Zhang Z C,Chu C P,et al.Geostrophic circulation in the tropical North Pacific Ocean based on Argo profiles[J].Journal of Physical Oceanography,2014,44(2):558-575.

[51] Wu X F,Zhang Q L,Liu Z H.Annual and interannual variations of the Western Pacific Warm Pool volume and sources of warm water revealed by Argo data[J].Science China Earth Sciences,2014,57(9):2269-2280.

[52] 陈亦德,张韧,蒋国荣.利用 Argo 浮标定位信息估算分析赤道太平洋中层流场状况[J].海洋预报,2006,23(4):37-46.

[53] Xie J P,Zhu J,Xu L,et al.Evaluation of mid-depth currents of NCEP reanalysis data in the tropical Pacific using Argo floats position information[J].Advances in Atmospheric Sciences,2005,22(5):677-684.

[54] Xie J P,Zhu J.Estimation of the surface and mid-depth currents from Argo floats in the Pacific and error analysis[J].Journal of Marine Systems,2008,73(1):61-75.

[55] Xie J P,Zhu J.A Dataset of Global Ocean Surface Currents for 1999-2007 Derived from Argo Float Trajectories:A Comparison with Surface Drifter and TAO Measurements[J].Atmospheric and Oceanic Science Letters,2009,2(2):97-102.

[56] 张韧,黄志松,刘巍,等.基于 Argo 浮标资料的太平洋三维流场估算[J].水动力学研究与进展,2012,27(3):256-263.

[57] 周慧,许建平,郭佩芳,等.棉兰老岛以东反气旋涡的 Argo 观测研究[J].热带海洋学报,2006,25(6):8-14.

[58] 周慧,袁东亮,郭佩芳,等.Argo 剖面浮标显示的棉兰老岛以东的中层环流中尺度信号特征[J].中国科学:地球科学,2010,40(1):105-114.

[59] Xu L,Li P,Xie S-P,et al.Observing mesoscale eddy effects on mode-water subduction and transport in the North Pacific[J].Nature Communications,2016:7,doi:10.1038/ncomms10505.

[60] Wu L X,Jing Z,Riser S,et al.Seasonal and spatial variations of Southern Ocean diapycnal mixing from Argo profiling floats[J].Nature Geoscience,2012,4(6):363-366.

[61] Cheng L J,Zhu J.Artifacts in variations of ocean heat content induced by the observation system changes[J].Geophysical Research Letters,2014,41(20):7276-7283.

[62] Cheng L J, Zhu J. Uncertainties of the ocean heat content estimation induced by insufficient vertical resolution of historical ocean subsurface observations[J]. Journal of Atmospheric and Oceanic Technology, 2014, 31(6): 1383-1396.

[63] Cheng L J, Zhu J. Influence of the choice of climatology on ocean heat content estimation[J]. Journal of Atmospheric and Oceanic Technology, 2015, 32(2): 388-394.

[64] 吴晓芬，许建平，张启龙，等.热带西太平洋海域上层海洋热含量的 CSEOF 分析[J].热带海洋学报，2011，30(6)：37-46.

[65] Zhang Z G, Wang W, Qiu B. Oceanic mass transport by mesoscale eddies[J]. Science, 2014, 345 (6194): 322-324.

[66] Yang T T, Xu Y S. Estimation of the time series of the meridional heat transport across 15°N in the Pacific ocean from Argo and satellite data[J]. Journal of Geophysical Research: Oceans, 2015, 120 (4): 3043-3060.

[67] Yang G, Yu W D, Yuan Y L, et al. Characteristics, vertical structure, and heat/salt transport of mesoscale eddied in the southeastern tropical Indian Ocean[J]. Journal of Geophysical Research: Oceans, 2015, 120(10): doi: 10.1002/2015JC011130.

[68] Zheng F, Zhang R H, Zhu J. Effects of interannual salinity variability on the barrier layer in the western central equatorial Pacific: A diagnostic analysis from Argo[J]. Advance in Atmospheric Sciences, 2014, 31(3): 532- 542.

[69] Zheng F, Zhang R H. Interannually varying salinity effects on ENSO in the tropical Pacific: a diagnostic analysis from Argo[J]. Ocean Dynamic, 2015, 65(5): 691-705.

[70] Zheng F, Zhang R H, Zhu J. Effects of interannual salinity variability on the dynamic height in the western equatorial Pacific as diagnosed by Argo[J]. Acta Oceanologica Sinica, 2015, 34(5): 22-28.

[71] Du Y, Zhang Y H, Feng M, et al. Decadal trends of the upper ocean salinity in the tropical Indo-Pacific since mid-1990s[J]. Scientific Reports, 2015, 5(16050): doi: 10.1038/srep16050.

[72] 王进，张杰，王晶.基于 Argo 浮标数据的星载微波辐射计 Aquarius 数据产品质量评估[J].海洋学报，2015，37(3)：46-53.

[73] Yang T T, Chen Z B, He Y J. A new method to retrieve salinity profiles from sea surface salinity by SMOS satellite[J]. Acta Oceanologica Sinica, 2015, 34(9): 85-93.

[74] Yi S, Sun W K, Heki K, et al. An increase in the rate of global mean sea level rise since 2010[J]. Geophysical Research Letters, 2015, 42(11): 3998-4006.

[75] 张旭，张永刚，张胜军，等.菲律宾海的声速剖面结构特征及季节性变化[J].热带海洋学报，2009，28(6)：22-34.

[76] 张旭，张永刚，张健雪，等.台湾以东海域声速剖面序列的 EOF 分析[J].海洋科学进展，2010，28 (4)：498-506.

[77] Sun Chaohui, Xu Jianping, Liu Zenghong, et al. The application of Argo data to water masses analysis in the northwest Pacific ocean[J]. Marine science Bulletin, 2008, 10(2): 1-13.

[78] 刘增宏，许建平，孙朝辉，等.吕宋海峡附近海域水团分布及季节变化特征[J].热带海洋学报，2011，30(1)：11-19.

[79] 宋翔洲，林霄沛，Myrtle-Rose P，等.基于 Argo 浮标资料的西北太平洋模态水的空间结构及年

际变化[J].海洋科学进展,2009,27(1):1-10.

[80] Yan Y W, Wang G H, Wang C Z, et al. Low salinity water off west Luzon island in Summer[J]. Journal of Geophysical Research: Oceans, 2015, 120, doi: 10.1002/2014JC010465.

[81] 张人禾,刘益民,殷永红,等.利用 Argo 资料改进海洋资料同化和海洋模式中的物理过程[J].气象学报,2004,62 (5):613-622.

[82] 张人禾,殷永红,李清泉,等.利用 Argo 资料改进 ENSO 和我国夏季降水气候预测[J].应用气象学报,2006,17(5):538-547.

[83] 张人禾,朱江,许建平,等.Argo 大洋观测资料的同化及其在短期气候预测和海洋分析中的应用[J].大气科学,2013,37 (2):411-424.

[84] 刘益民,李维京,张培群.国家气候中心全球海洋资料四维同化系统在热带太平洋的结果初步分析[J].海洋学报,2005,27(1):27-35.

[85] 吴统文,宋连春,刘向文,等.国家气候中心短期气候预测模式系统业务化进展[J].应用气象学报,2013,24(5):533-543.

[86] Zhou W, Chen M Y, Zhuang W, et al. Evaluation of the tropical variability from the Beijing Climate Center's real-time operational Global Ocean Data Assimilation System[J]. Advance in Atmospheric Sciences, 2016, 33(2): 208-220.

[87] 朱江,周广庆,闫长香,等.一个三维变分海洋资料同化系统的设计和初步应用[J].中国科学:地球科学,2007,37(2):261-271.

[88] Han G J, Coauthors. A regional ocean reanalysis system for coastal waters of china and adjacent seas [J]. Advance in Atmospheric Sciences, 2011, 28(3): 682-690.

[89] Han G J, Fu H L, Zhang X F, et al. A global ocean reanalysis product in the China Ocean Reanalysis (CORA) project[J]. Advance in Atmospheric Sciences, 2013, 30(6): 1621-1631.

[90] 张胜茂,杨胜龙.Argo 剖面数据在远洋金枪鱼渔业中的应用[M].北京:海洋出版社,2014.

[91] 杨胜龙,靳少非,化成君,等.基于 Argo 数据的热带大西洋大眼金枪鱼时空分布[J].应用生态学报,2015,26(2):601-608.

[92] 陈大可,许建平,马继瑞,等.全球实时海洋观测网(Argo)与上层海洋结构、变异及预测研究[J].地球科学进展,2008,23(2):1-7.

[93] Riser S C, Freeland H J, Roemmich D, et al. Fifteen years of ocean observations with the global Argo array[J]. Nature Climate Change, 2016, 6(2): 145-153.

[94] Ollitrault M, Rannou J P. ANDRO: An Argo-based deep displacement dataset[J]. Journal of Atmospheric and Oceanic Technology, 2013, 30(4): 759-788.

[95] Ollitrault M, De Verdiere C. The ocean general circulation near 1 000 m depth[J]. Journal of Physical Oceanography, 2014, 44(1): 384-409.

[96] Gray A, Riser S. A global analysis of Sverdrup balance using absolute geostrophic velocities from Argo [J]. Journal of Physical Oceanography, 2014, 44(4): 1213-1229.

[97] Castelao R. Mesoscale eddies in the South Atlantic Bight and the Gulf Stream recirculation region: vertical structure[J]. Journal of Geophysical Research, 2014, 119(3): 2048-2065.

[98] Mercier H, Lherminier P, Sarafanov A, et al. Variability of the meridional overturning circulation at the Greenland-Portugal OVIDE section from 1993 to 2010[J]. Progress in Oceanography, 2015, 132

(49):250-261.

[99] Guinehut S,Dhomps A,Larnicol G,et al.High resolution 3-D temperature and salinity fields derived from in situ and satellite observations[J].Ocean Science Discussion,2012,9(2):845-857.

[100] Chang Y,Zhang S,Rosati A,et al.An assessment of oceanic variability for 1960-2010 from the GFDL ensemble coupled data assimilation[J].Climate Dynamics,2013,40(3/4):775-803.

[101] Kwon Y O,Alexander A M,Bond A N,et al.Role of Gulf Stream,Kuroshio-Oyashio,and their extensions in large-scale atmosphere-ocean interaction:a review[J].Journal of Climate,2010,23(12):3249-3281.

[102] 黄鹏,陈立奇,蔡明刚.全球海洋人为碳储量估算及时空分布研究进展[J].地球科学进展,2015,30(8):952-959.

[103] Johnson K S,Berelson M W,Boss E,et al.Observing biogeochemical cycles at global scales with profiling floats and gliders:prospects for a global array[J].Oceanography,2009,22(3):216-225.

[104] Brasseur P,Gruber R,Barciela R,et al.Integrating biogeochemistry and ecology into ocean data assimilation systems[J].Oceanography,2009,22(3):206-215.

[105] Fukasawa M,Freeland H,Perkin R,et al.Bottom water warming in the North Pacific Ocean[J].Nature,2004,427(6977):825-827.

[106] Johnson G,Purkey S,Bullister J.Warming and freshening in the abyssal southeastern Indian Ocean[J].Journal of Climate,2008,21(20):5351-5363.

[107] Purkey S,Johnson G.Warming of global abyssal and deep Southern Ocean waters between the 1990s and 2000s:contributions to global heat and sea level rise budgets[J].Journal of Climate,2010,23(23):6336-6353.

[108] Purkey S,Johnson G.Antarctic Bottom Water warming and freshening:contributions to sea level rise,ocean freshwater budgets,and global heat gain[J].Journal of Climate,2013,26(23):6105-6122.

[109] 卢少磊,孙朝辉,刘增宏,等.COPEX 和 HM200 与 APEX 型剖面浮标比测试验及资料质量评价[J].海洋技术学报,2016,35(1):84-92.

Fifteen years of ocean observations with China Argo

LIU Zenghong[1], WU Xiaofen[1], XU Jianping[1], LI Hong[2],
LU Shaolei[1], SUN Chaohui[1], CAO Minjie[1]

1. *State Key Laboratory of Satellite Ocean Environment Dynamics, Second Institute of Oceanography, State Oceanic Administration, Hangzhou* 310012, *China*
2. *Zhejiang Institute of Hydraulics and Estuary, Hangzhou* 310020, *China*

Abstract: For 15 years since the beginning of China Argo project, China has deployed over 350 profiling floats in Pacific and Indian Ocean, and constructed China Argo ocean observing network. Moreover, we have setup the Argo data receiving, processing and distributing system, and developed various Argo data products using Argo observations which has promoted the progress of ocean data sharing in China. The abundant Argo data have become a main data resource in oceanic and atmospheric basic researches and operational applications. In especial, a batch of important achievements in basic research and operational application have been brought, e.g. in aspects of tropical cyclone (typhoon), ocean circulation, meso-scale eddy, turbulence, heat/salt storage and transport and water mass, as well as in ocean, atmosphere/climate operational forecasting and predicting. As the extension of the international Argo program from "Core Argo" to "Global Argo", we are faced with great challenges in the long-term maintaining and sustained developing of our Argo ocean observing network. It is suggested that we should take the opportunity to construct China regional Argo ocean observing network as soon as possible in adjacent northwestern Pacific and Indian Ocean using Chinese BeiDou profiling floats, which will make us to take responsibility and obligation of a big country for addressing global climate changes and preventing natural disasters.

Key words: Argo program; Argo ocean observing network; Argo data; basic research; operational application

（该文刊于：地球科学进展，2016，31（5）：445-460）

热带太平洋海域上层海洋热盐含量研究概述

杨小欣[1]，吴晓芬[2]，许建平[2]

1. 海军大连舰艇学院，辽宁 大连 116000
2. 国家海洋局第二海洋研究所 卫星海洋环境动力学国家重点实验室，浙江 杭州 310012

摘要： 本文着重回顾了近20年来国内外学者对热带太平洋海域上层海洋热盐含量场的时空分布、变异机制及其与ENSO之间的关系等问题的研究所取得的主要成果，以及存在的不足和问题，对Argo实时海洋观测网的广阔前景进行了展望，包括Argo观测网提供的高质量、高分辨率温、盐度剖面资料，在准确估算上层海洋热盐含量，深入研究ENSO事件的年际变化与热盐含量异常的关系及其海气相互作用过程等问题上的应用价值。

关键词： 热盐含量；热带太平洋；ENSO事件；Argo资料

1 引言

热带太平洋海域是全球大洋表层温度最高的区域，而西太平洋暖池又是该海域的重要特征之一。暖池海域海水与大气强大的热量输运决定了其成为全球大气运动的一个主要热源地，而且暖池的演变对全球大气和海洋变化都起着十分重要的作用。因此，对热带太平洋海域的研究越来越受到海洋和大气领域科学家的关注，并成为研究热点。为了对该海域上层海洋热盐含量的分布特征及其变化规律等有一个比较全面的认识，笔者查阅了近几十年来国内外针对热带太平洋海域有关上层海洋热盐含量分析研究的相关文献，并从海洋热盐含量时空分布及其变异机制，以及与ENSO事件的关系等角度进行了梳理和总结，客观评价了过去在估算上层海洋热盐含量中存在的问题和不足，同时对如何进一步分析和研究热带太平洋海域上层海洋热盐含量进行了展望。

基金项目： 卫星海洋环境动力学国家重点实验室自主项目（SOEDZZ1522）；国家自然科学基金委员会青年科学基金项目（41406022）。

作者简介： 杨小欣（1990—），男，辽宁省营口市人，助教，主要从事物理海洋学调查研究。E-mail：yangxiaoxin1@126.com

2 海洋热含量分布、变化及其与 ENSO 事件的关系

海洋热含量变化是评估气候变化的最重要指标之一。海洋热储量的变异会导致大气环流的异常，进而影响气候变化。研究表明[1]，1955—1996 年期间，地球上增加的热含量约有 80%储存在各大洋中。这是科学家首次对这一时期全球大洋变暖作出的量化估算，同时体现了海洋在全球地表温度变化中所扮演的重要角色。西太平洋暖池海域海-气相互作用非常强烈，为大气环流提供了大量的热量和充沛的水汽，在全球气候系统中占有重要地位，该海域热含量的异常变化会导致整个太平洋地区的大气环流和海洋环流变异，进而影响全球气候变化。此外，西太平洋暖池海域海洋环流系统濒临我国东南沿海，对于我国气候与海洋环境变化的预测都至关重要，作为海洋中的最大暖水区，其在各种时间尺度上的变化对东亚季风、ENSO 等气候现象的发生和发展及我国旱涝、冷暖（灾害）等重大气候灾害的形成具有极为重要的影响[2]。

2.1 热含量场的时空特征

对于热带太平洋海域上层海洋热含量分布和变化特征的研究，已经积累了较多的分析研究成果。于卫东和乔方利[3]曾根据 JEDAC 资料计算并绘制了热带太平洋 400 m 上层海洋的热含量在 4 个代表性月份（1、4、7 和 10 月）的气候平均态空间分布图，提出该海域热含量的南北分布明显呈不对称的马鞍形，且位置偏北，即马鞍的最低点常年位于 8°N 附近，在南北部各有一高值区，热含量以高值区为中心向四周放射状递减。南部热含量高值区在 17°S 附近，主轴走势呈现东南向倾斜，东西跨度可以达到 120°W；北部热含量高值区较小，主轴基本呈水平状态。随后，吴晓芬等[4]的研究发现，热带太平洋中西部海域 700 m 上层海洋的热含量分布与 400 m 上层略有不同，热含量基本呈纬向带状分布，且南北分布同样呈现不对称的结构，其位置明显偏北，其中心低值带（$<3.3\times10^{10}$ J/m^2）常年位于 8°N 附近。在 10°N 以南和 2°N 以北海域，热含量值逐渐增大（3.6×10^{10} J/m^2），到 16°N 以北和 13°S 以南区域达到最大值（$>4.1\times10^{10}$ J/m^2），赤道南侧海域热含量明显高于北侧。热带太平洋的热含量场还呈现明显的季节和年际变化特征，在 20°S~20°N，120°E~170°W 的范围内 700 m 上层总热含量在春（4 月）、秋季（10 月）高，夏（7 月）、冬（1 月）季低，最高热含量出现在春季，可达 7.39×10^{13} J/m^2，最低出现在夏季，其值仅为 7.26×10^{13} J/m^2。

在热带太平洋海域中，由于过多的降水使得盐度较低，密度相对较低，导致热带太平洋海域西部的“暖池”呈凸透镜状的水体漂浮在密度较大的水体上[5]。有研究表明[6]，暖池的形态具有明显的季节和年际变化，其范围大致呈双舌状分布于赤道南北两侧，冬季暖池的位置位于最南，分布范围最小，夏季暖池位于最北，分布范围最大。张启龙和翁学传[7]指出暖池海域多年月平均热含量具有明显的季节变化，冬季（1 月）最小、夏季（9 月）最大，且冬、夏季的季节变幅亦较大。而暖池西、

中、东部3个海域中的热含量季节变化则各具特色，其中西部海域热含量呈冬季（2月）最小、夏季（8月）最大，春秋季居中的季节变化特点；中部海域表现为春季（4月）最小、夏季（9月）最大，冬季较春季略大，而秋季又介于夏、冬季之间的变化特征；东部海域热含量却与西、中部迥然不同，其季节变化曲线呈现两个波峰，且春季（4月）的波峰值明显要比秋季（10月）高一些。

对热带太平洋海域热含量场进行的EOF分解得出，该区域热含量场主要包括年变化型、年际变化型和年代际变化型等3个模态，其主要变化周期依次为1.0 a、3.6 a和13.7 a。前3个特征向量场的方差贡献依次为34.11%、18.10%和11.13%。热带太平洋海域的热含量变化有东南—西北向的反位相年代际变化[8]。而Hasegawa和Hanawa[9]和Kutzbach[10]同样采用EOF分析，却得到了热带太平洋海域热含量变化只存在两种主要模态的结论，其中第一模态称为纬向倾斜模态，即东、西太平洋的热含量异常模态；第二模态称为经向倾斜模态，即南、北太平洋的热含量变化模态。第一模态的方差贡献约占48%或42%，第二模态约占18%或11%。张启龙和翁学传[7]利用EOF分解得到的第一模态分析表明，热带太平洋海域热含量场具有明显的反位相经向变化，即当热带太平洋海域北部热含量增多时，南部热含量将减少；反之亦然。进一步研究认为这种反位相变化主要是由太阳辐射变化引起的，反映了热带太平洋海域热含量场的季节变化特征。且时间系数的变化同样具有明显的谐波振动特征，振动周期约为12个月。最大熵谱分析结果也表明，时间系数的最大谱值出现在12个月周期上。EOF分解的第二模态显示[8]，热带太平洋海域热含量场还存在明显反位相的纬向变化，即当热带太平洋海域西部热含量增多时，东部热含量将减少；反之亦然。此外，该型时间系数出现峰值和谷值的年份分别与La Niña年基本对应。热带太平洋海域热含量场的这种纬向变化与热带太平洋大尺度海气系统的异常有较好对应。该型时间系数的最大熵谱分析结果表明，其主要周期为3.6 a，与ENSO周期相近。

2.2 热含量变异机制

热带太平洋海域中暖池形成和维持是海洋和大气过程共同作用的结果。这些过程主要包括海表温度的经向梯度和赤道信风之间的动力学正反馈过程、海表温度与潜热通量之间的热力学局地负反馈过程和海面温度与对流云及海面短波辐射通量之间的热力学负反馈过程，以及海洋平流的热输运效应等。耦合模式的敏感性试验结果表明，如果没有海洋平流热输运，单靠大气的外强迫过程将无法形成观测到的暖池[11]。

以往关于热带太平洋海域热含量的研究主要集中于海域中暖池基本的结构特点和对暖池上空大气环流的相互作用方面，其实暖池热力异常引起的影响远不止于此。巢纪平[12]研究提出，几乎所有的El Niño/La Niña的海温距平，都起源于暖池的次表层温跃层附近，在一定的大气条件下，在赤道沿着温跃层向东向上传输，到赤道东太平洋传到海洋表层，形成传统观点认为的El Niño/La Niña事件。且又相继提出北赤道流区域异常海温西传是导致暖池异常海温变化的重要机制和热带太平洋气旋式海温

"信号通道"的概念[13]。这些研究主要集中于对温跃层温度异常的讨论，但对暖池和 ENSO 事件之间的联系还缺乏详细的讨论，尤其是 ENSO 事件不同发展阶段以及年际尺度上 ENSO 循环过程中，暖池不同层次热含量及整层热含量的分布及其变异研究还未得到深入的探讨。Roemmich 通过对全球海洋温盐及位势高度的平均及年际循环研究指出，在 2008 年初至 2009 年末的 El Niño 期间，全球 $0\sim100\times10^4$ Pa 层得到了 3.3×10^{22} J 的热量，而在 $100\times10^4\sim500\times10^4$ Pa 层中则失去了等量的热量，这种与 ENSO 相关的热量垂直重构是由赤道太平洋温跃层的东西向倾斜造成的。进一步研究表明，海洋会在 El Niño 期间损失热量，而在 La Niña 期间获得热量[14-15]。

随着观测手段的改进与海洋资料的增加，关于暖池热含量变化特点和 ENSO 之间的关联研究逐渐增多。李崇银和穆明权[16]通过资料分析研究了 El Niño 事件的爆发与西太平洋暖池次表层海温正异常之间的联系，提出在 El Niño 事件发生的半年到两年之前，西太平洋暖池次表层海温就有明显的持续正距平出现，这种超前性可能成为预测 El Niño 的重要信号。Pu 等[17]研究结果表明，热带太平洋海域温跃层以浅的热含量在 ENSO 发生之前有明显的集聚，其变化领先于赤道东太平洋达数月之久，为热含量与 ENSO 之间的相关性以及利用热含量对 ENSO 的预报提供了可能性。还有研究[9]提出，热带太平洋海域热含量距平场都存在着纬向振荡和经向振荡两种模态：纬向模态主要以 170°W 为纵轴的"跷跷板"式振荡，而经向模态则以 5°N 为横轴的"跷跷板"式振荡，两种模态都有与 ENSO 主周期相近的年际变化。由于西太平洋暖池厚度的纬向振荡比热带太平洋海面高度和热含量的纬向振荡提前 1~2 个月，且比后两者的经向振荡提前约 1 a，因此认为西太平洋暖池的纬向振荡在带太平洋上层水体质量与热量异常变化中居于主导地位。

数十年来，热含量异常被广泛应用于揭示 ENSO 事件的动力过程中，并据此提出了几个著名的理论假设：Bjerknes[18]最早提出 ENSO 是热带太平洋海洋大气相互作用的结果，他认为赤道 SST 存在经向上的带状梯度是驱使热带太平洋东风带的主要因素，进而冷却了东太平洋的 SST 并使得温度带梯度得到加强，形成一种正反馈机制，这可以用来解释 SST 冷暖异常的维持现象。Wyrtki[19-20]分析指出，西太平洋暖水的蓄积发生在 ENSO 暖阶段之前，西太平洋热含量的增强是信风动力驱使的，累积的暖水以开尔文波的形式西向传播引起了 El Niño 现象。他还指出，在 ENSO 暖阶段赤道太平洋的暖水向高纬度迁移，而 El Niño 的持续时间则取决于暖水在西太平洋的蓄积情况。ENSO 暖阶段之后沿着赤道的等温线将会变浅，导致热含量减少，然而经过几年后赤道卡尔文波又有足够的能力将暖水东移到赤道，再引起下一次变暖。结合两者假设可以看出，ENSO 是一个热带太平洋海气系统中自发的海域风引起的震荡现象。其中，Suarez 和 Schopf[21]建立了"延迟振子模型"理论，认为伴随热含量异常的赤道 Rossby 波在 3°~7°N 纬度带向西传播，到达西边界以后向赤道传播并激发赤道 Kelvin 波，从而推动 ENSO 事件的发展；Weisberg 和 Wang[22]提出"西太平洋振子模型"，该理论则强调位于国际日界线以西 10°~20°N 纬度带的赤道外 Rossby 波以及赤道上向东传播的热含量异常；“平流-反射-震荡”理论强调带状流的聚集，海表面温度的带状水平流和赤道波在太平洋东、西边界的反射作用[23]。夏威夷大学 Jin[24-25]提出的“充放电振子模型”，则强调了赤道上由 Sverdrup 输送异常引起的热含量异常，以及赤道外风应力旋度异常等。该模型认为，在暖（冷）事件中，反气旋（气旋）风应力异常场出现于南北太平洋赤道外地区，从而带来向极地（向赤道）的 Sverdrup 运输，在充电理论中，赤道带和东太平洋 SST 的 OHC（海洋热容量）异常时间滞后是 ENSO 周期的 1/4。Wang[26]提出了一种“综合振子”模型，这种模型结合了以上 4 模型，在所有的理论中，西太平洋暖池海域的热含量异常在 ENSO 海洋动力过程中都起到了重要作用。

热带太平洋海域热含量的变化同样也会受到气候的影响。有研究指出[27]，赤道中太平洋海面纬向风应力异常是暖池纬向运移的一个非常重要的动力因素。该区纬向风应力异常对暖池纬向运移有约 2 个月的超前影响，即当赤道中太平洋海面盛行强西风异常约 2 个月后，暖池开始向东扩伸；当赤道中太平洋海面盛行强东风异常约 2 个月后，暖池则开始向西收缩。赤道西、中太平洋上层纬向流异常也是暖池纬向运移的一个重要的动力因素，且超前暖池纬向移动约 4~6 个月。当赤道西、中太平洋上层以东向流异常为主约 4~6 个月后，暖池开始向东扩展，而当赤道西、中太平洋上层盛行西向流异常约 4~6 个月后，暖池则开始向西收缩。

2.3 热含量与 ENSO 事件

热带太平洋海域是全球海气能量交换最大的区域，并且该海域的热含量变化与 ENSO 有着密切联系[6]。Fu 等[28]、Lukas 和 Webster[29]和 Ho 等[30]都认为，热带太平洋海域中暖池的纬向运移主要体现在其东界位置的纬向变动上，且其运移特征具有 ENSO 时间尺度。在早期对 ENSO 的研究中，人们都将 ENSO 视为赤道东太平洋发生的海温异常事件，后来逐渐认识到 ENSO 信号起源于热带太平洋海域下边界温跃层的变化。有研究表明，ENSO 海温异常中心也会发生在热带太平洋中部海域或者西太平洋暖池区域[31-32]。黄玮等[33]研究了 20℃等海温面与 ENSO 信号之间的关系，指出 20℃等海温面的准 3~7 a 振荡是除了年循环之外的最显著振荡周期，其大致特征为：在热带太平洋西边界的南、北纬 15°附近 20℃等海温深度距平信号向北、南方向传回到赤道附近，为东传做准备；之后在热带太平洋西界处的赤道附近区域，20℃等海温深度距平信号开始东传，沿赤道从西太平洋东传至赤道东太平洋海域，受大洋东岸地形的影响反射，成为向两极传播的 20℃等海温深度距平信号，当其向两极传至南、北纬 15 °附近海域后，又向西传播回到西太平洋海域，然后传回赤道，为下一次东传做准备，完成这一回路大致是 3~7 a。热带太平洋海域东西区热含量距平具有反位相年际变化，且热含量距平序列与 ENSO 循环有较好的对应关系。在 El Niño 期间，热带太平洋海域东区热含量均呈现为正距平，西区热含量为负距平；而在 La Niña 期间，热带太平洋海域东区热含量均为负距平，西区成正距平，东西区热含量间存在年际和年代际的反位相耦合振荡[4]。此外，Wyrtki[5]曾指出，西太平洋暖池从两个亚热带涡旋中获得水体，但更多暖水是从南太平洋的涡旋中获得的，逆流、印度尼西亚穿流和极向的亚热带涡旋使暖池流失水体，而位于赤道两侧的两大涡旋均存在周期为 4 a 的年际变化，与 ENSO 事件的变化周期相对应，El Niño 期间北涡流增强、南涡流变弱，逆流增强，暖池流失暖水；而在 La Niña 期间则相反，赤道南侧涡流增强、北侧涡流则变弱，逆流减弱，暖池堆积暖水。所以，要了解暖池的变动，一定要考虑到与两个涡旋的相互作用，而涡流的变化则与风的变化相关，尤其是东南贸易风的变动。

事实上，不仅 ENSO 事件与热含量场的时空分布与变化有密切关系，而且与南海夏季风爆发、热带气旋（TC）强度，甚至与我国旱涝分布等都有着紧密的联系。热带太平洋海域作为全球大气运动最主要的发源地，对其上空的气候变化有着很大的影响。有研究指出[34]，热带太平洋海域的暖池面积指数和副热带高压面积指数季节变化趋势基本一致，而暖池中心季节性移动的东西向变化基本上与副热带高压西伸脊的季节性变化相反，恰与 500 hPa 副热带高压脊的南北季节性移动一致；西太平洋副热带高压的年际变化则要落后于暖池的年际变化约 3 个月。热带太平洋西部暖池海域是引发南海夏季风爆发最明显的区域，该海域热含量升高时，南海季风爆发早，反之爆发晚，4 月份西太平洋暖池海域热含量的高低是预报南海夏季风爆发的一个很好指标，这与海洋热量变化所引起的上空大气的对流活动密切相关，由热含量变化所引起的大尺度季风环流和 Walker 环流的异常变化可能是影响南海季风爆发的重要动力机制[35]，在热带太平洋海域西部出现暖异常年份中，Walker 环流的上升支大幅度西移，而在冷异常年该上升支则会出现东移[36]。Huang 等[37]认为热带太平洋海域热含量就是通过影响西太平洋副高而影响印度洋的气旋对以及孟加拉湾、中印半岛的对流，最终影响南海夏季风爆发的早晚。

海洋的热状况如海洋的温度层结变化等对热带气旋（TC）强度也有较为显著的影响，尤其是热带太平洋海域上层海洋热含量对影响我国的台风生成和加强都有着十分重要的影响。Emanuel[38]采用一种新的热带气旋强度计算方法，比较了 30 年间上层海洋热含量与热带气旋强度之间的变化趋势，发现随着海表面温度的增加，热带气旋的强度和生存周期也在逐年增加。Lin 等[39]对热带气旋经过时海气相互作用的进一步研究表明，海洋上层热力结构对热带气旋的影响比海表面温度更重要，在热带气旋经过高温水域时，暖水层（26℃等温线以上水域）深的区域更容易增加热带气旋的强度，因为暖水层深的海域更能有效抑制海洋的负反馈机制，同时热带气旋的加强还依赖于其移动速度和暖水层深度之间的关系，较浅的暖水层需要热带气旋有更高的移动速度才能加强，而较深的暖水层则可以满足移动速度较慢的热带气旋加强。Pun 等[40]也指出由于近年来全球气候变暖，在西北太平洋主要热带气旋生成区的热含量有明显提升，而这是否意味着会引起更强的 TC 则不能确定，因为热带气旋的生成还要考虑大气条件的变化。

此外，黄荣辉和孙凤英[41]的研究还表明，以热带太平洋海域次表层的海温距平作为信号预测我国夏季旱涝分布，明显强于用表层海温距平作为信号。而翁传学等[42]则进一步揭示了冬季西太平洋暖池海域次表层热含量与我国东部汛期降水和西太平洋副高存在较好的相关关系，指出西太副高对冬季西太平洋暖池海域次表层热含量的变化存在3个月的滞后效应。可见，对西太平洋暖池海域上层海洋热含量场的时空分布与变化的研究无论是对全球气候变化还是东亚地区的气候变化都有着十分重要的意义。

3 海洋盐含量分布、变化及其与ENSO事件的关系

盐度是海水的另一个重要特征参数，其对决定海洋稳定性的海水密度的影响虽不如温度重要，但在局地海区，尤其是强蒸发和强降水区（还包括径流量及海冰季节变化明显区），盐度的影响则十分重要。而且，盐度在全球大洋水团分析中也是一个非常重要的特征因子，如地中海水（Mediterranean Water，MW）和副热带次表层水（Subtropical Underwater，STUW）等，都以高盐度著称[43]。海洋盐度很大程度上也受到海气相互作用的影响，尤其是发生在海气界面的降水和蒸发，但受水平和垂向平流的作用较小。因此，针对一定时间范围内表层盐度变化的分析，将有助于提高海气界面蒸发和降水的估计。在传统海洋数值模式中，仅仅模拟湍流混合引起的上层海洋营养盐输送不能与实测的营养盐耗损取得平衡，因为盐指（salt finger）变化产生的营养盐通量在数值上与湍流混合或中尺度涡的贡献相当，说明盐指对于气候变化的敏感性不同于传统的混合过程。此外，由于ENSO导致的降雨变化，热带太平洋海域盐度的年际变化与ENSO事件同样有着很强的相关性。因此，盐度资料的积累和应用大大弥补了人们仅从热储量的角度认识海洋的局限，盐含量是区别于热含量可以很好描述海洋状态的另一个“指针”。况且，大的盐含量变化还会导致经向环流（热盐环流）的显著变化，从而进一步影响到经向的热通量[44]。

3.1 盐含量（盐度）场的时空特征

国内外涉及西太平洋海域上层海洋盐含量的研究较少，但关于盐度收支的研究已经取得了相对丰硕的成果。海面盐度变化的主要因素可以分为内部（水平和垂直平流）和外部（蒸发、降水构成的海面淡水通量）两部分，即海洋的内部调整和外部强迫两部分。由于历史上盐度资料的缺乏，以往对盐度的研究还不是很充分，或者利用几个航次观测的数据来研究盐度的变化规律，或者在一个较小的区域里对盐度进行研究。近年来，随着海洋观测手段的改进和海洋观测资料的增加，包括海洋盐度卫星的成功发射，关于盐度的研究逐渐变得丰富起来。已有研究表明，热带太平洋的海面盐度（Sea Surface Salinity，SSS）变化主要集中在季节变化和年际变化两种时间尺度上。SSS季节变化主要体现在赤道辐合带（ITCZ）和南太平洋辐合带（SPCZ）海域，受季节性降水机制控制，年际变化主要体现在热带西太平洋暖池地区，受ENSO事件

控制[45]。

利用 EOF 方法对热带太平洋海域逐月盐含量距平进行分解，分离出了盐含量变化的 2 个最主要模态，方差贡献分别为 18.16%、14.56%。从空间分布可以看出，第一模态的主要变化区域有 3 个，分别位于热带西南太平洋（16°S~0°，140°E~175°W）、热带东南太平洋（26°~14°S，140°E~95°W）和赤道东太平洋（5°~10°N，130°~80°W），且热带西南太平洋区域和热带东南太平洋区域的盐含量异常符号与赤道东太平洋区域的盐含量异常的符号相反，即第一模态揭示的是热带太平洋盐含量变化的南北反相特点，这是盐含量第一个模态的空间分布特征[46]。采用 NODC 提供的 1903—1975 年期间的观测资料[47]，将热带太平洋中 10°S~36°N，130°~180°E 范围内的海域分为 4 部分，研究了该海域的盐含量分布特点，指出研究海域盐含量垂直结构，随地理纬度自北向南可划分为：北半球亚热带型、北半球热带型、赤道型、南半球热带型 4 种类型，而居于其间的海域均为过渡型。由于降水较多，西太平洋暖池盐度值偏低，其总的分布趋势是西太平洋暖池南北两侧较中心盐度值高，垂直方向上，表层盐度最低，自表层向下呈缓慢递增。西太平洋暖池盐度的季节变化较小，多数年份冬季盐度高于夏季，而西太平洋暖池盐度的年际变化较明显，并与 ENSO 相对应，在 El Niño 期间盐度值偏高而在 La Niña 期间盐度大都偏低[6]。有研究指出，极强的降雨量使西太平洋暖池成为全球大洋淡水通量最大的海域，并形成了独特的盐度结构，其中最明显的是存在西太平洋暖池区出现障碍层和盐度峰。障碍层是暖池热盐结构的显著特征之一，对西太平洋暖池热收支的影响十分重要，障碍层位于低盐度的上混合层与温跃层之间[48]，不仅将风应力、海面热通量等外强迫作用限制在浅薄的混合层内，使暖池 SST 对海面热通量的变化非常敏感，同时使表层暖水在风场的作用下纬向移动更加迅速[49-50]。

3.2 盐含量变异机制

由于大面积次表层盐度资料比较缺乏，关于上层海洋盐含量的分析主要基于有限的锚碇和走航观测资料。如 TOGA-COARE 期间，科学家在暖池范围内并围绕（2°S，156°E）站点对上层海洋及海气通量进行了强化观测（时间为 1992 年 11 月—1993 年 2 月），目的是为了研究海气相互作用过程，尤其是暖池区域西风爆发（WWB）情况下的海气作用。剧烈的 WWB（经向上几百千米，纬向上大于 1 000 km）足以激发赤道波动，并强烈影响热带地区的海气相互作用过程，同时也影响到上层海洋的热盐收支情况。进一步研究表明，WWB 导致的强降水使得研究海域 50 m 范围内盐含量降低，海洋内部响应 WWB 的平流效应（尤其是经向平流）对于盐含量的平衡起到了重要的作用。

利用 SODA 海洋同化数据分析显示，在热带太平洋海域，SSS 年际变化的最显著区域位于热带西南太平洋的 SPCZ 和赤道东太平洋的 ITCZ 处，且它们与 Niño3 指数的相关系数都很高，然而它们的影响因子有所不同，前者主要受海面的盐度平流影响，温跃层调整和海面净淡水通量（$E-P$）的作用次之，而后者的主要影响因子则是温跃层调整，反映了赤道东太平洋海洋上升运动，$E-P$ 和海面的盐度平流作用次之[51]。Dessier 和 Donguy[52]研究指出，在热带西太平洋，SSS 的空间分布和时间变化是由海面 $E-P$、平流和垂直混合共同决定的。大面积的次表层盐度收支分析主要还是基于同化资料或者模式输出结果。其中，SODA 的次表层盐度资料主要是通过表层资料同化而来，EOF 分析显示热带太平洋海域次表层（150 m 附近）盐度的最大变化中心位于热带东南太平洋和赤道中太平洋偏南区域，且呈反位相变化，其中前一区域盐度变化主要受上升流的影响，后一区域盐度变化则受下沉流的影响。对表层 SSS 的影响比较重要的 $E-P$ 因子在次表层就变得不重要了，这是由于 $E-P$ 在较浅的海洋表层就被海洋输送平衡掉了，因此水平平流和垂向输送的影响在次表层盐度变化中起重要作用[53]。

Delcroix 等[54]的研究表明，影响热带太平洋海域盐度季节性变化的因素主要有区域性降水、水平流和上升或下降流引起的垂向混合等因素，而其年际变化则与南方涛动指数有很强的相关性。热带太平洋海域的海面盐度变化主要集中在季节变化和年际变化尺度上[55]。海面盐度季节变化主要体现在赤道辐合带（ITCZ）和南太平洋辐合带（SPCZ）海域，受季节性降水控制，年际变化主要体现在西太平洋暖池海区，受 ENSO 过程控制。同时，洋流盐量输送也是影响全球盐含量分布的主要原因之一，厉萍等[56]研究指出，北太平洋盐量经向输送有着明显的季节和区域变化，在 6°15′~12°15′N 之间北太平洋主要向南送盐量，南向盐量输送最大值在 8°N 附近；而在 12°15′~40°N 之间则以向北输送盐量居多，其北向盐量输送最大值在 24°N 附近。在 14°N 以南海域盐量输送的季节变化较显著，在 5—11 月间北太平洋以向南输送盐量为主，而在其他月份则转为向北输送盐量；在 14°N 以北海域，北太平洋全年都向北输送盐量，但盐量输送的季节变化相对较小。而北太平洋净经向盐量输送的季节变化在很大程度上是由同一纬度上 Ekman 盐量输送和中、东太平洋经向盐量输送的季节变化引起的，西边界流区的贡献最小。

Johnson 等[57]对比纬向、经向和垂直的盐度散度，发现经向的盐度散度值最大，并且盐度辐合区范围和 ITCZ 区域的强降水区基本吻合。Ioualalen 等[58]用大气再分析资料的海面通量驱动海洋模式研究提出 ENSO 可能在西赤道太平洋盐度年际变化起主导作用。EOF 分析显示热带太平洋海域次表层（150 m 附近）盐度的最大变化中心位于热带东南太平洋和赤道中太平洋偏南海域，且成反位相变化，其中前一区域盐度变化主要受上升流影响，后一区域盐度变化则受下降流影响。对表层海面盐度的影响比较重要的海面淡水通量在次表层就变的不重要了，这是由于海面淡水通量在较浅的海洋表层就被海洋输送平衡了，因此水平平流和垂向输送的影响，在次表层盐度变化中起重要作用[59]。同时，ENSO 导致的降雨异常也会引起盐含量变化，而大的盐含量变化则会引起热盐环流的显著变化，势必会影响热通量的分布和变化，并造成显著的气候变化。有研究指出，在一定的温度范围内增加 1 g/L 盐含量对密度的影响相当于温度降低 3~4℃造成的影响[60]。对于盐含量的变化机制，研究表明在开阔的大洋内，亚热带海域较大的蒸发量以及两极海域较大的降水量会导致大洋盐含量的变化，同时在风、温度等因素影响下的海洋上层海流运动造成盐含量的水平运输，这种水平运输在上层几百米是十分迅速且显著的，因此蒸发、降水以及洋流运输都是造成大洋盐含量分布的主要因素[61]。

3.3 盐含量与 ENSO 事件

上层海洋盐含量分布、变化对 ENSO 事件同样起着重要作用。谢强等[46]利用 EOF 分解得到的热带太平洋海域盐含量第二模态的最主要变化区域有 2 个，分别位于赤道西太平洋（15°S~13°N，120°~168°E）和热带东南太平洋（28°~12°S，140°~90°W），且这 2 个区域的盐含量异常符号亦为相反，即第二模态揭示的是热带太平洋海域盐含量变化的东西反相特点。第二模态时间序列与 Niño3 指数的同期相关系数最高，达-0.56，说明盐含量的第二模态同样分离出了热带太平洋海域上层海洋盐含量中的 ENSO 信号，而且是东—西反位相的。李海洋等[51]运用 EOF 分析以及对盐度控制方程进行定量的分析的方法探讨了热带太平洋次表层（150 m）盐度变化的规律及其成因，发现在热带太平洋的海洋次表层和表层一样均有 ENSO 信号出现，所不同的是，表层的信号和 Niño3 指数的同期相关最好，而次表层的信号要滞后于 Niño3 指数大约 7 个月。异常的盐度水平输送对表层和次表层的盐度变化均有影响，在表层和次表层，异常的盐度水平平流的主要影响区域包括表层的热带西南太平洋区域、赤道东太平洋区域和次表层的热带中南、东南太平洋区域，而在这几个区域里，纬向平流异常的影响又要显著于经向平流异常的影响。海水的垂直运动对于表层盐度异常和次表层盐度异常都有不同程度的影响。总的说来，海水的垂直运动对次表层的盐度异常有着较大的影响，而在次表层又是对热带中南太平洋区域的影响最为显著，但是在表层，垂直运动对赤道东太平洋的影响相对西南太平洋的影响要强些，即是东部强于西部，这样，在表层和次表层，又存在着一对东西跷跷板型的模式。

Delcroix 和 Henin[62]利用航次资料描述了 1969—1988 年期间热带太平洋海域盐度的平均分布以及季节和年际变化，指出由于受到 ENSO 事件对海洋上空降水的影响，热带太平洋海域海表面盐度的年际变化主要体现了 ENSO 循环的年际变化，在 150°W 以西，8°N~8°S 之间的海域在 ENSO 发生期间盐度低于平均年份，而由南、北纬 8°向两极方向海域的盐度则高于平均年份，猜想这可能与 Walk 环流的上升支和 Hadley 环流受 ENSO 影响引起的降水变化导致，进一步研究[54]指出 1996 年 La Niña 和 1997 年 El Niño 期间，斐济岛附近海域太平洋的盐度峰值变化与 ENSO 事件有很大的相关性，而海面盐度的变化很大程度上归因于 1996—1997 年 ENSO 事件发生期间太平洋中部的动力高度异常。

热带太平洋海域的独特盐度结构，即障碍层的存在也对 ENSO 事件起着不可忽视的作用，障碍层位于热带太平洋暖池的东边界附近，深度在 15~25 m，障碍层的位置在 El Niño 期间出现向东移动，而在 La Niña 期间出现向西移动[63]。还有研究[50]指出，在暖池障碍层的阻隔作用下，暖池区的风应力、热通量等海表外部强迫作用被限制在了浅而稳定的混合层内部，因此暖池表层海水的热量积累的纬向运移受到障碍层的重要影响，而这两者的变异正是暖池对大气环流施加影响的主要途径；研究表明，障碍层决定了了海洋盐度混合层的下界深度，而较强大障碍层的出现会伴随着热带西太平洋海洋上层热含量的积累，而这种积累往往超前于 El Niño 事件约 1 年的时间；模式研究结果[64]显示，热带西太平洋热含量的积累是 El Niño 事件发生的条件之一，而障碍层对这种热含量积累的产生和维持起着关键的作用。此外，盐度峰与 ENSO 事件的发展十分密切，暖池盐度峰的纬向迁移年际变化信号与南方涛动指数基本一致，研究认为高盐水是在盐度峰位置潜沉至暖池表层淡水之下形成了障碍层，可见暖池的独特盐度结构在 ENSO 事件的发生与变异过程中起到了重要作用。

在以往的研究中，由于观测资料的缺乏，对盐度或盐含量与 ENSO 关系的研究主要依赖于小范围的断面观测，或是使用 SODA 等同化数据对大范围盐度变化进行分析，但其资料精度相对较低，对上层海洋盐含量分布、变化及其与 ENSO 之间的关系还有待进一步的研究。

4 准确估算海洋热盐含量面临严峻挑战

综上所述，虽然对热带太平洋海域上层海洋热盐含量的研究已经取得了一定的进展，但如何才能准确估算海洋热盐含量，却依然面临着严峻的挑战。目前，人们对上层海洋热盐含量的估计仍然存在较大的不确定性，其主要原因有三：一是历史上对深海大洋次表层观测少且时空分布极不均匀。早期的调查主要依赖船舶观测，对于海洋内部的观测主要集中于大西洋和太平洋的主要航线附近海域，海洋中存在大量未被观测的空白区域，尤其在分析海洋次表层温盐特征量的年或季节变化时，观测资料时空分布的差别尤为突出。由 Antonov 等[65]给出的一幅全球海洋 500 m 层盐度观测剖面数量的年分布图上可见，在分析 500 m 层盐度（温度处于同样的情况）的年变化时，全年有超过 30 个观测剖面的区域主要集中在北太平洋西边界区域和北大西洋海域，而在赤道及各大海盆的南部海域观测剖面非常稀少；况且，夏季观测获取的温盐剖面资料的数量要远超过冬季，这同样是受制于船舶观测的局限性。此外，海洋内部温、盐等要素的观测样本存在不均，迫使人们在计算全球海洋热盐含量时，不得不采用一些客观分析方法估算那些并无观测海区的热盐含量值，称为 mapping 方法；而不同的 mapping 方案会给全球海洋热盐含量的计算带来了非常大的不确定性。目前，国际上还没有就应该使用何种 mapping 方案达成一致意见，故其估算结果之间常存在差距，影响了人们对海气相互作用过程的正确认识。二是各种观测仪器间存在偏差，甚至系统误差。对于海洋次表层的观测从 1960 年以后才开始大规模进行，人们发明了多种多样的仪器设备用以测量海洋内部的温度，使得过去 50 年获得的海表以下的观测资料的精度或可靠性，由于不同仪器设备的性能和观测条件等的不同而有较大的差异，其中一些甚至有系统性偏差，这为热盐含量的估算同样带来了极大的不确定性，直接影响到对海洋热盐含量估计的准确程度。由美国大气海洋局海洋资料中心提供的一份统计资料表明[66]，通过 XBT 观测到的温度数据占 1966—2000 年所有海洋温度现场观测的 51%（1966 年以前则以 MBT 观测为主）。直到 2000 年以后，由于 Argo 观测的大量引入，XBT 数据逐渐减少。但正如 Gourestki 和 Koltermann 指出的[67]，XBT 数据偏差非常大，以致于能够使得对历史全球上层海洋热含量变暖率的估计偏小一半，并造成 1970—1980 年的虚假年代际信号。因此，2007 年以后，很多国家的资料中心开始提出必须对 XBT 资料进行订正。但如何对 XBT 资料进行有效的偏差订正至今依然未能寻找到合适的方法。此外，虽然船载 CTD（Conductivity Temperature Depth）是一种非常精确的海洋次表层温盐度测量仪器，但由于其体积较大，操作不方便，且须由科学考察船携带布放，其观测剖面的数量和分布都比较局限；而热带海洋监测阵列（MRB）仅在南、北纬 6°以内进行定点观测，其观测数据仍然十分有限。三是气候态的选择。探讨上层海洋热盐含量的变化，往往需要去掉气候态以进行有效的异常分析研究。比如分析 1966—2012 年期间的热盐含量变化，则希望全球每一个区域的热盐含量变化都是相对于 1966 年的状态。然而，由于 1966 年的观测非常稀少，况且过去几十年基于船舶观测数据的时空分辨率均不足以构造气候态。也就是说，由于观测系统的变化，需要重新选取气候态，才有可能正确评估上层海洋热盐含量的历史变化趋势。

此外，由于历史上大面积盐度剖面资料的匮乏，以往对盐含量研究大多采用 SODA 数据等数值同化结果或者采用时空分布不均匀的走航观测拟合所得[5,10]，而且目前人们对盐含量的研究中，也大多将盐度对体积的积分值近似为盐含量，而未考虑密度的影响。还有如利用热含量计算公式（$Q = \int_z^0 \rho C_p T \mathrm{d}z$）估算某一海区的热含量时，也往往将海水的定压比热容（C_p）和现场密度（ρ）近似地取为 1，显然会影响到热含量计算的准确性[68]。

在深海大洋中，大部分热含量变化都发生在海洋上层，而上层海洋热含量除了与海洋温度的高低有关外，还与混合层深度，甚至温跃层所处的深度和变化有关。目前人们在计算热盐含量时，往往受到观测资料的限制，尽管要求从某一相对深度的温度（或盐度）到海表的积分来代表上层海洋热含量（或盐含量），在实际分析计算中，只能根据资料的观测深度来确定积分的深度，普遍以 0～400 m 层积分[69-70]居多，甚至也有盐度对体积的积分近似为盐含量进行分析研究[46,71]的。近些年才出现积分深度达到 700 m，或者积分深度设为温跃层下界深度进行计算而获得的上层海洋热含量场。显然，与 400 m 层或者表层相比，无论是热含量的数值，还是时空分布和变化特征，都会有较大的差别。有研究指出，计算上层海洋热含量的最佳深度应该根据温跃层下界深度来确定，但考虑到简化和方便计算起见，对热带西太平洋而言，取 700 m

层或许能真实反映西太平洋上层热含量的分布和变化[68]。Lyman 等[72]利用 1955 年至 2002 年期间的观测资料计算的热含量结果表明，由于观测手段的提高，对热含量的不确定值从 2×10^{22}~4×10^{22} J 减小到了 6×10^{21} J，在 Argo 计划实施之后达到了最低值。

由此可见，以往的深海大洋观测数据往往存在深度不一、且观测精度不高等问题，而且国内外学者在计算上层海洋热盐含量时，也会因各自采用的计算方法不同，使得计算结果不尽相同，导致目前对上层海洋热盐含量的认识还比较粗浅。同样，由于受观测手段和观测区域的限制，以往研究西太平洋暖池与 ENSO 事件之间的联系，尤其是 ENSO 事件不同发展阶段和年际尺度上 ENSO 循环过程中的相互联系等，还没有得到充分揭示，暖池不同层次上的热含量和整层热含量的分布及其变异研究还并不多见。

5 海洋热盐含量研究展望

国际上于 1998 年发起的 Argo 计划，并在 2000 年开始建立的全球 Argo 实时海洋观测网，在很大程度上解决了深海大洋观测资料不足的问题。2007 年 11 月已经建成的由 3 000 个剖面浮标组成的“核心 Argo”海洋观测网，在过去 8 a 间，已经为国际社会提供了全球大洋 0~2 000 m 水深范围内的约 100 万条温盐度剖面。预计到 2018 年，随着“全球 Argo”海洋观测网的全面建成，观测剖面的总数可以达到 200 万条。而且 Argo 观测网有着比以往任何一个观测系统更好的空间、时间范围的一致分布[73]，无论从观测浮标的数量和观测覆盖的区域，还是从观测资料的代表性和应用价值等方面来看，该观测网都是前所未有的。它把以前集中在热带太平洋海域的观测系统扩展到了整个全球海洋，也使得准确估算全球海洋中的热储量和淡水通量等开始成为现实。

Argo 计划采取的全球统一实时、延时资料质量控制程序，确保了 Argo 资料的高质量，其温度测量精度可以达到±0.005℃，盐度测量精度为±0.01。Argo 浮标分布的时空均一性，以及观测资料的高质量，保证了气候态的选择，从而使得海洋热盐含量变化的估计误差可以降为较低值。Hosoda 等[74]利用 Argo 资料获得的初步结果表明，全球海洋高、低盐度间的差值在增大，从而推断出全球海洋水循环在过去 30 a 得到了增强；Chaigneau 等[75]使用 Argo 资料分析了秘鲁-智利环流系统内中尺度涡热含量的输运情况，发现热盐含量在中尺度涡内部不同深度的输运取决于涡的旋度，等等。

尽管利用 Argo 资料研究的成果还十分有限，且“核心 Argo”海洋观测网建成至今也还不足 10 年，但该观测网所提供的覆盖全球海洋的高质量、高分辨率温、盐度剖面资料，已经给人们呈现了更准确的海洋上层热盐含量估算值，以及为探讨不规则暖池热盐含量的季节和年际变化特征、深入研究年际尺度上 ENSO 事件与热含量异常的关系及其海气相互作用过程等问题提供了广阔的前景。

参考文献：

[1] Levitus S, Antonov J I, Wang J, et al. Anthropogenic warming of earth's climate system[J]. Science, 2001, 292(5515): 267-270.

[2] 林传兰. 1964—1982 年热带西北太平洋海洋上层热含量的变化特征[J]. 热带海洋, 1990, 9(2): 78-85.

[3] 于卫东, 乔方利. ENSO 事件中热带太平洋上层海洋热含量变化分析[J]. 海洋科学进展, 2003, 21(4): 446-453.

[4] 吴晓芬, 许建平, 张启龙, 等. 热带西太平洋海域上层海洋热含量的 CSEOF 分析[J]. 热带海洋学报, 2011, 30(6): 37-46.

[5] Wyrtki K. Some thoughts about the West Pacific warm pool[C]//Proceedings of the Western Pacific International Meeting and Workshop on TOGA-COARE, 1989: 99-109.

[6] 张启龙, 翁学传. 热带西太平洋暖池的某些海洋学特征分析[J]. 海洋科学集刊, 1997, 38: 31-38.

[7] 张启龙, 翁学传. 热带西太平洋暖池表层热含量分析[J]. 高原气象, 1999, 18: 584-589.

[8] 张启龙, 翁学传, 程明华. 西太平洋暖池海域热含量场的变异及其影响[J]. 海洋与湖沼, 2003, 34(4): 389-396.

[9] Hasegawa T, Hanawa K. Heat content variability related to ENSO events in the Pacific[J]. Journal of Physical Oceanography, 2003, 33(2): 407-421.

[10] Kutzbach J E. Empirical eigenvectors of sea-level pressure, surface temperature and precipitation complexes over north America[J]. Journal of Applied Meteorology, 1967, 6(5): 791-802.

[11] 王凡, 胡敦欣, 穆穆, 等. 热带太平洋海洋环流与暖池的结构特征、变异机理和气候效应[J]. 地球科学进展, 2012, 27(6): 585-602.

[12] 巢纪平. 对"厄尔尼诺"、"拉尼娜"发展的新认识[J]. 中国科学院院刊, 2001, 6: 412-417.

[13] 张人禾, 巢纪平. 对 ENSO 循环机理的一些新认识[J]. 热带海洋学报, 2003, 22(4): 56-61.

[14] Roemmich D, Gilson J. The 2004-2008 mean and annual cycle of temperature, salinity, and steric height in the global ocean from the Argo program[J]. Progress in Oceanography, 2009, 82(2): 81-100.

[15] Roemmich D, Gilson J. The global ocean imprint of ENSO[J]. Geophysical Research Letters, 2011, 38(13): L13606.

[16] 李崇银, 穆明权. 厄尔尼诺的发生与赤道西太平洋暖池次表层海温异常[J]. 大气科学, 1999, 23(5): 513-521.

[17] Pu Shuzhen, Yu Fei, Hu Xiaomin, et al. Spatial and temporal variability of heat content above the thermocline in the tropical Pacific Ocean[J]. Acta Oceanologica Sinica, 2003, 22(2): 179-190.

[18] Bjerknes J. Atmospheric teleconnections from the equatorial Pacific[J]. Monthly Weather Review, 1969, 97(3): 163-172.

[19] Wyrtki K. El Niño—the dynamic response of the equatorial Pacific Ocean to atmospheric forcing[J]. Journal of Physical Oceanography, 1975, 5(4): 572-584.

[20] Wyrtki K. Water displacements in the Pacific and the genesis of El Niño cycles[J]. Journal of Geo-

physical Research,1985,90(C4):7129-7132.

[21] Suarez M J, Schopf P S. A delayed action oscillator for ENSO[J]. Journal of the Atmospheric Sciences,1988,45(21):3283-3287.

[22] Weisberg R H,Wang C.A western Pacific oscillator paradigm for the El Niño- Southern Oscillation [J].Geophysical Research Letters,1997,24(7):779-782.

[23] Picaut J,Masia F,Du P Y.An advective-reective conceptual model for the oscillatory nature of the ENSO[J].Science,1997,277(5326):663-666.

[24] Jin F F.An equatorial ocean recharge paradigm for ENSO.part Ⅰ:Conceptual model[J].Journal of the Atmospheric Sciences,1997,54(7):811-829.

[25] Jin F F.An equatorial ocean recharge paradigm for ENSO.part Ⅱ:A stripped-down coupled model [J].Journal of the Atmospheric Sciences,1997,54(7):830-847.

[26] Wang C.A unified oscillator model for the El Niño-Southern Oscillation[J].Journal of Climate, 2001,14(1):98-115.

[27] 齐庆华,侯一筠,张启龙.赤道太平洋纬向风和流异常与西太平洋暖池纬向运移[J].海洋与湖沼,2010,41(3):469-476.

[28] Fu C,Diaz H,Fletcher J.Characteristics of the response of sea surface temperature in the central Pacific associated with warm episodes of the southern oscillation[J].Monthly Weather Review,1986, 114(9):1716-1739.

[29] Lukas R, Webster P. TOGA-COARE, Tropical Ocean Global Atmosphere Program and Coupled Ocean Atmosphere Response Experiment[J].Oceanus,1992,35:62-65.

[30] Ho C R,Yan X H,Zheng Q.Satellite observations of upper layer variabilities in the western Pacific warm pool[J].Bulletin of the American Meteorological Society,1995,76(5):669-679.

[31] Ashok K,Behera S K,Rao S A,et al.El Niño modoki and its possible teleconnection[J].Journal of Geophysical Research:Oceans (1978-2012),2007,112(C11):C1107.

[32] Kug J S,Jin F F,AN S I.Two types of El Niño events:cold tongue El Niño and warm pool El Niño [J].Journal of Climate,2009,22(6):1499-1515.

[33] 黄玮,曹杰,黄潇,等.热带太平洋海温等20℃深度面的演变规律及其与ENSO循环的联系[J].热带气象学报,2011,27(1):82-88.

[34] 李万彪,周春平.热带西太平洋暖池和副热带高压之间的关系[J].气象学报,1998,56(5):619-626.

[35] 陈永利,胡敦欣.南海夏季风爆发与太平洋暖池区热含量及对流异常[J].海洋学报,2003,25(3):20-25.

[36] 张立峰,何金海,许建平,等.西太平洋暖池海温异常年夏季东亚大气环流特征[J].东海海洋,2005,23(1):1-12.

[37] Huang R,Gu L,Zhou L,et al.Impact of the thermal state of the tropical western Pacific on onset date and process of the South China Sea summer monsoon[J].Advances in Atmospheric Sciences,2006, 23:909-924.

[38] Emanuel K.Increasing destructiveness of tropical cyclones over the past 30 years[J].Nature,2005, 436(7051):686-688.

[39] Lin I, Wu C C, Pun I F, et al. Upper-ocean thermal structure and the western north Pacific category 5 typhoons. part Ⅰ: Ocean features and the category 5 typhoons' intensification[J]. Monthly Weather Review, 2008, 136(9): 3288-3306.

[40] Pun I F, Lin I I, Lo M H. Recent increase in high tropical cyclone heat potential area in the western north Pacific Ocean[J]. Geophysical Research Letters, 2013, 40(17): 4680-4684.

[41] 黄荣辉,孙凤英.热带西太平洋暖池的热状态及其上空的对流活动对东亚夏季气候异常的影响[J].大气科学,1994,18(2):140-151.

[42] 翁学传,张启龙,颜廷壮.热带西太平洋暖池域次表层水热含量变化及其与我国东部汛期降水和副高的相关关系[J].海洋科学集刊,1996,37:1-9.

[43] Worthington L V. On the North Atlantic Circulation[M]. Baltimore, Maryland: The Johns Hopkins University Press, 1976: 110.

[44] Oschlies A, Dietze H, Kahler P. Salt-finger driven enhancement of upper ocean nutrient supply[J]. Geophysical Research Letters, 2003, 30(23): 2204.

[45] Gouriou Y, Delcroix T. Seasonal and ENSO variations of sea surface salinity and temperature in the South Pacific convergence zone during 1976-2000[J]. Journal of Geophysical Research: Oceans (1978-2012), 2002, 107(C12): SRF-12.

[46] 谢强,李海洋,王东晓.热带太平洋盐含量的年际变化[J].海洋科学进展,2009,27(2):155-165.

[47] 邹娥梅,王宗山,马成璞.西太平洋温盐分析[J].黄渤海海洋,1983,1(2):29-44.

[48] Lukas R, Lindstrom E. The mixed layer of the western equatorial Pacific Ocean[J]. Journal of Geophysical Research, 1991, 96: 3343-3357.

[49] Picaut J, Ioualalen M, Menkes C, et al. Mechanism of the zonal displacements of the Pacific warm pool: Implications for ENSO[J]. Science, 1996, 274(5292): 1486.

[50] Chen D. Upper ocean response to surface momentum and freshwater fluxes in the western Pacific warm pool[J]. Journal of Tropical Oceanography, 2004, 23(6): 1-15.

[51] 李海洋,王东晓,谢强.热带太平洋海面盐度年际变化的海洋同化数据分析[J].热带气象学报,2003,19(增刊):97-106.

[52] Dessier A, Donguy J R. The sea surface salinity in the tropical atlantic between 10°S and 30°N seasonal and interannual variations (1977-1989)[J]. Deep-Sea Research. Part Ⅰ: Oceanographic Research Papers, 1994, 41(1): 81-100.

[53] 李海洋,谢强,王东晓.1980—1999年热带太平洋次表层盐度年际变化同化数据分析[J].海洋学报,2006,28(6):5-11.

[54] Delcroix T, Gourdeau L, Henin C. Sea surface salinity changes along the Fiji-japan shipping track during the 1996 La Niña and 1997 El Niño period[J]. Geophysical Research Letters, 1998, 25(16): 3169-3172.

[55] Henin C, Du P Y, Ioualalen M. Observations of sea surface salinity in the western Pacific fresh pool: Large-scale changes in 1992-1995[J]. Journal of Geophysical Research: Oceans (1978-2012), 1998, 103(C4): 7523-7536.

[56] 厉萍,张启龙,刘洪伟,等.北太平洋经向盐量输送的季节变化[J].热带海洋学报,2012,31(4):

28-34.

[57] Johnson E S, LagerloeF G S, Gunn J T, et al. Surface salinity advection in the tropical oceans compared with atmospheric freshwater forcing: A trial balance[J]. Journal of Geophysical Research: Oceans (1978-2012), 2002, 107(C12): SRF-15.

[58] Ioualalen M, Wakata Y, Kawahara Y, et al. Variability of the sea surface salinity (SSS) in the western tropical Pacific: On the ability of an ogcm to simulate the SSS, and on the sampling of an operating merchant ship SSS network[J]. Journal of Oceanography, 2003, 59(1): 105-111.

[59] 王东晓，方国洪，王启.热带太平洋环流变异与海气相互作用[M].北京：海洋出版社，2009：286.

[60] Broecker W S. The great ocean conveyor[J]. Oceanography, 1991, 4(2): 79-89.

[61] Harvey H W. Recent Advances in the Chemistry and Biology of Sea Water[M]. Britain: Cambridge University Press, 1945: 164.

[62] Delcroix T, Henin C. Seasonal and interannual variations of sea surface salinity in the tropical Pacific Ocean[J]. Journal of Geophysical Research: Oceans (1978-2012), 1991, 96(C12): 22135-22150.

[63] Bosc C, Delcroix T, Maes C. Barrier layer variability in the western Pacific warm pool from 2000 to 2007[J]. Journal of Geophysical Research: Oceans (1978-2012), 2009, 114(C6): C06023.

[64] Maes C, Picaut J, Belamari S. Importance of the salinity barrier layer for the build up of El Niño[J]. Journal of Climate, 2005, 18(1): 104-118.

[65] Antonov J I, Locamini R A, Boyer T, et al. World Ocean Atlas 2005, Vol.2: Salinity[M]. Washington DC: US Government Printing Office 62, NOAA Atlas NESDIS, 2006: 182.

[66] Locarnini R A, Mishonov A V, Antonov J, et al. World Ocean Atlas 2009, Vol.1: Temperature[M]. Washington D C: US Government Printing Office, 2010: 184.

[67] Gouretski V, Koltermann K P. How much is the ocean really warming? [J]. Geophysical Research Letters, 2007, 34(1): L01610.

[68] 吴晓芬，许建平，张启龙.基于 Argo 资料的热带西太平洋上层热含量初步研究[J].海洋预报，2001，28(4)：76-86.

[69] 袁叔尧.1986—1987 年 El Niño 事件前后西太平洋热带海域的上层热力结构[J].热带海洋，1991，10(2)：18-25.

[70] Abraham J, Baringer M, Bindoff N, et al. A review of global ocean temperature observations: Implications for ocean heat content estimates and climate change[J]. Reviews of Geophysics, 2013, 51(3): 450-483.

[71] Levitus S. Annual cycle of salinity and salt storage in the world ocean[J]. Journal of Physical Oceanography, 1986, 16(2): 322-343.

[72] Lyman J M, Willis J K, Johnson G C. Recent cooling of the upper ocean[J]. Geophysical Research Letters, 2006, 33(18): L18604.

[73] 许建平，刘增宏，孙朝辉，等.全球 Argo 实时海洋观测网全面建成[J].海洋技术，2008，27 (1)：68-70.

[74] Hosoda S, Suga T, Shikama N, et al. Global surface layer salinity change detected by Argo and its implication for hydrological cycle intensification[J]. Journal of Oceanography, 2009, 65(4): 579-586.

[75] Chaigneau A, Le T M, Eldin G, et al. Vertical structure of mesoscale eddies in the eastern South Pacif-

ic Ocean: A composite analysis from altimetry and Argo profiling floats[J]. Journal of Geophysical Research: Oceans (1978-2012), 2011, 116(C11): C11025.

Review on the upper ocean heat and salt content in the western Pacific warm pool

YANG Xiaoxin[1], WU Xiaofen[2], XU Jianping[2]

1. *PLA Dalian Naval Academy, Dalian* 116000, *China*
2. *State Key Laboratory of Satellite Ocean Environment Dynamics, Second Institute of Oceangraphy, State Oceanic Administration, Hangzhou* 310012, *China*

Abstract: The tropical pacific has the maximum temperature in global ocean, it has the warm pool as its most important feature. The strong heat fluxes between the ocean and atmosphere makes warm pool be one of the most important heat source of atmospheric motion. The warm pool plays an important role in the change of ocean and atmospheric. These years researches on warm pool becomes the focus. In this paper there will be a review of the research on temporal and spatial distribution and the interannual variation of the heat and salt content of the warm pool and talk about the relationship between the warm pool and ENSO, we'll also talk about the significance of studying on warm pool.

Key words: heat and salt content; tropical Pacific; ENSO; Argo

台风海域实时海洋监测及其应用研究综述

曹敏杰[1,2]，刘增宏[1,2]，王振峰[3]，许建平[1,2*]，孙朝辉[2]

1. 卫星海洋环境动力学国家重点实验室，浙江 杭州 310012
2. 国家海洋局第二海洋研究所，浙江 杭州 310012
3. 上海海洋气象台，上海 201300

摘要：文章简要阐述了台风海域实时海洋监测及其对台风预测预报的重要意义，以及利用卫星跟踪的自动剖面浮标实时监测海洋环境要素的必要性和迫切性；同时也回顾了国内外学者利用少量来自海上的自动剖面浮标观测资料，在天气/气候领域的基础研究中所取得的初步成果，呈现了自动剖面浮标在台风海域组网实施实时海洋监测及其有望提高对台风强度和路径，乃至生成源地预测预报水平的广阔前景。

关键词：自动剖面浮标；实时海洋监测；海洋环境；台风；预测预报

1 引言

我国毗邻西北太平洋，该海域是全球热带气旋（台风）发生最为集中的区域。据世界气象组织统计，每年大概有占一半以上的热带气旋发生在北太平洋海域，其中约有80%热带气旋会发展成台风[1]。

台风是影响我国的主要灾害性天气之一，通常伴随有巨浪、暴雨、狂风和风暴潮，造成洪涝，冲毁水库，引发山体滑坡和泥石流，对经过地区的人民生命财产和生产活动造成巨大威胁，对海上作业、海洋渔业和海水养殖业等造成重大安全隐患和经济损失。如2015年，我国沿海共发生台风风暴潮过程6次，直接经济损失72.18亿元，死亡7人。随着沿海地带经济的迅速发展和全球气候变暖，台风灾害有愈演愈烈

基金项目：科技基础性工作专项（2012FY112300）；国家自然科学基金资助项目（41606003）；卫星海洋环境动力学国家重点实验室自主项目（SOEDZZ1514）。

作者简介：曹敏杰（1987—），男，浙江省宁波市人，助理研究员，主要从事物理海洋学研究分析。E-mail：caominjie@ sio. org. cn

*** 通信作者**：许建平（1956—），男，江苏省常熟市人，研究员，主要从事物理海洋学调查研究。E-mail：sioxjp@ 139. com

之势，已成为我国海洋经济可持续发展的一个制约因素[2-3]。

由此可见，台风对我国所造成的灾害和损失非常巨大，有必要加大对相关基础研究的投入，深化对台风生成与发展机理的认识，提高对台风的实时监测和预报能力，减少台风和风暴潮等气象和海洋灾害对我国沿海社会经济和人民生命财产带来的重大损失，无疑是国家防灾减灾的重大需要。

2 海洋与台风相互作用过程研究得到前所未有的重视

台风路径和台风强度预报是台风预报中的两个关键因子。过去几十年，随着卫星遥感技术、数值模拟和数据同化技术的发展，台风路径预报水平有了显著提高，但有关台风强度的预报水平仍相对发展缓慢，其原因在于台风强度变化不但与大气复杂的涡旋动力学、热力学过程紧密联系，而且与海气相互作用密切相关[4-6]。海洋内部不同动力过程对台风的响应将调制海面状态，从而影响海气界面交换，进而影响台风结构和强度变化。在台风影响下，海洋的中尺度环流会显著加强局地的动力和热力过程，通过将大量的机械能输入到海洋内部使得局地的海洋混合加强，从而改变温盐度结构；由埃克曼（Ekman）抽吸、夹卷和湍流混合引起的次表层冷水上翻，使海表温度降低，通过海气界面交换将抑制台风的增强。因此，加强对台风条件下上层海洋的认识，将有助于人们了解由台风引起的海洋夹卷、湍流混合及近惯性内波等不同尺度过程的机制。

无论对于海洋科学还是大气科学，海洋与台风的相互作用过程都是当前的研究热点和难点，也将是今后相当一段时间内的科学前沿问题。近年来国际海洋与大气科学界进行了一系列大规模的热带气旋研究计划。例如，美国科学家在北大西洋进行了“耦合边界层海气交换”（CBLAST）试验，目的是认识热带气旋与海洋的相互作用并改善预报模式，同时与台湾科学家合作在台湾以东实施了“太平洋台风对海洋影响”（ITOP）计划[7-8]。目前，我国对台风的监测主要针对台风的登陆过程，海上观测极为罕见。台风登陆后，主要利用沿海地区自动气象站、高空探测、沿海多普勒雷达以及特种观测设备（GPS/MET 水汽监测和边界层气象梯度探测）对台风进行监测。近年来，我国开展的有关台风的观测或科研项目主要有：2001 年实施的中国登陆台风试验（CLATEX）[9]；2009 年启动的国家重点基础研究发展规划（973 计划）项目“台风登陆前后异常变化及机理研究[10]”；2013 年启动实施了一个 973 计划项目“上层海洋对台风的响应和调制机理研究”[11]。这些研究计划或项目的一个重要特点是利用综合立体观测手段，试图了解上层海洋对热带气旋的响应机制和调制作用，并探讨利用海洋观测资料提高预报能力的可能性[11]。

长期以来制约台风研究和影响台风预报精度的根本原因，除了台风过程中气象资料的缺乏，还在于缺乏台风生成源地或路径附近海域长时间序列的实时海洋（次表层）观测资料，以及台风天气和恶劣海况下观测海洋环境要素的有效手段和方法，从而阻碍了人们对海洋与台风相互作用过程的深入了解和准确模拟，更无法获得台风预报所需要的、可靠的海洋初始场。

众所周知，台风路径附近上层海洋在台风过境后产生较为复杂的流场，导致台风路径两侧以及台风最大风速半径内外存在不同的响应过程，而且台风前海洋的初始状态不同也能导致不同的响应过程，因此，如果在台风路径附近能获取实时的、大面积范围内（300 km）的上层海洋观测资料，对研究上层海洋对台风的响应和调制机理，进而提高台风预报精度能起到重要作用。所以，有必要通过国家业务主管部门的支持，利用业已研制成功的、适合在恶劣环境下观测的新颖海洋仪器设备，以便能大范围、长时间、高分辨率和实时地获取台风天气条件下的上层海洋环境资料，为发展和完善海洋与台风相互作用的理论方法、耦合数值模式等相关基础研究提供充分的数据源，从而为提高我国对台风的研究及其预报水平奠定基础。

3 实施台风海域实时海洋监测已是水到渠成

过去，适合台风条件下海洋观测的手段主要有使用飞机投放的抛弃式温度测量仪（AXBT）和抛弃式海流剖面观测仪（AXCP）[12]。但这种通过飞机投放的观测设备，一方面投放成本非常大，另一方面其观测寿命比较短，无法获取长时间序列的资料。一些锚碇浮标的观测资料也被用于偶然经过的台风对海洋影响的研究，虽然这种浮标可携带多种海洋或气象传感器，但其成本和维护费用都相当大，且容易受到人为因素的破坏以及恶劣天气的影响，难以构建用来专门观测台风的阵列或观测网[12]。常规的船只走航或定点海洋观测，也只能在台风发生前或过境后实施，尤其是台风发生前的海洋调查，不是离台风生成日期或源地、路径太远，就是离台风太近，形成的大风大浪导致调查船无法实施观测，而且也十分危险。近年来，卫星遥感技术的发展似乎给恶劣天气下的海洋观测带来了曙光，其反演资料被广泛应用于热带气旋对海洋上层影响的研究[13-14]。但卫星遥感只能观测海洋表面的温、盐度等海洋环境要素，而无法获取人们更关心的上层海洋（如 1 000 m 水深以上）的环境要素资料。

于是，人们把眼光投向了 21 世纪初开始在全球海洋中构建的实时海洋观测网（核心 Argo）。国际 Argo 计划自 2000 年启动以来，已经于 2007 年 10 月在全球无冰覆盖的大洋上建成了一个由 3 000 多个 Argo 剖面浮标组成的观测网，每个浮标能每隔 10 d 自动观测 1 条 0~2 000 m 水深内的温、盐度剖面，并通过卫星将观测资料经地面接收站和数据处理中心及互联网传递给用户[15-16]。虽然，Argo 观测网中浮标的分布密度（约 300 km×300 km）、剖面观测周期（约 10 d），以及剖面测量过程和采样间隔等还不能完全满足海洋和大气科学家的要求，但也为人们观测台风作用下的海洋是如何变化的带来了希望和新思路[17-18]。早期的 Argo 浮标，大部分使用 Argos 卫星进行单向通讯，即无法在台风到达前或经过时能随时改变浮标的观测周期等技术参数实施对海洋的加密观测，以更多地获取台风路径附近海域上层海洋环境要素，而且数据传输速率较慢（<1 bytes/s），无法满足高分辨率观测数据的传输要求。于是，人们开始尝试使用具有双向通讯、高速率传输（180~300 bytes/s）功能的铱卫星（Iridium）通讯系统。目前，在全球海洋中约 40%的 Argo 浮标采用铱卫星传输数据，而我国也已经在西北太平洋海域布放了 51 个该型浮标，目前仍有约 9 个浮标在海上正常工作，在 2012—2015 年台风季节期间通过铱卫星双向通讯功能，获取了一批加密 Argo 剖面资料，并已应用到上层海洋对台风响应过程（图 1）的研究中。所以，Argo 剖面浮标将会是今后较长一段时间内有能力监测台风海域实时海洋环境的重要手段。

表 1 列出了上述各种观测仪器设备或观测系统的特点和优劣势对比。可以看到，使用卫星双向通讯功能的剖面浮标构建海洋观测阵，对台风作用下的海洋进行大范围、长期、连续、实时监测，将是一种最理想、最有效的观测手段。

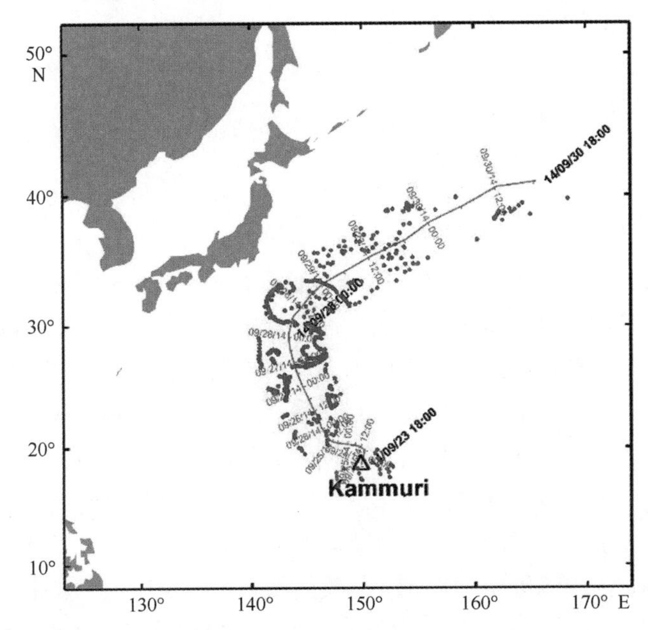

图 1　2014 年 Kammuri 台风路径（红色曲线）附近 Argo 浮标剖面位置（蓝色点）

在国外，除了美国早期开发的 APEX 型剖面浮标和法国研制的 ARVOR 型剖面浮标可以专门用于台风海域的实时海洋环境监测外，美国伍兹霍尔海洋研究所还成功开发出了一种专门用于台风观测的微型空投浮标（ALAMO），可以在台风来临之前利用飞机快速、准确地布放在台风海域，以便获取更大范围内的、更多的现场观测资料。

在国内，台风海域的实时海洋监测也越来越受到人们的广泛重视，除了相关的 973 计划项目和基础性工作专项等已在西北太平洋台风海域陆续布放了一批常规（利用 Argos 单向通讯）Argo 剖面浮标外，还布放了数十个可以双向通讯（利用铱卫星系统）的剖面浮标。需要指出的是，2015 年 9 月，由中国船舶重工集团公司 710 研究所自主研制的 HM2000 型剖面浮标，采用了我国的北斗卫星系统（BeiDou）定位与传输观测资料，并具备与铱卫星相同的双向通讯功能，同样可用于台风海域的实时海洋监测。第一批（6个）HM2000型剖面浮标已经由中国科学院海洋研究所率先布放在西北太平洋西边界流海域（吕宋岛以东），并得到了国际Argo信息中心（AIC）的认可。部分资料经过中国Argo实时资料中心严格质量控制后，已经通过全球通讯系统（GTS）和互联网（WWW、FTP），与世界气象组织（WMO）和国际Argo计划成员国共享。这标志着HM2000型剖面浮标已经走出国门，正式成为Argo剖面浮标大家庭中的一员，打破了长期以来Argo海洋观测网由欧美浮标一统天下的局面，从而实现了我国海洋观测仪器设备用于国际大型海上合作调查计划"零"的突破。同时期筹建的"北斗剖面浮标数据服务中心（中国杭州）"，也已成为继Argos卫星地面接收中心（法国图卢兹）和Iridium卫星地面接收中心（美国马里兰）后，第3个有能力为全球Argo实时海洋观测网提供剖面浮标观测数据传输的服务中心。

表1 台风天气条件下不同海洋观测方式比较

观测设备	观测要素	优点	缺点
AXBT、AXCP	温度、盐度、海流	价格便宜	投放成本大、使用寿命短，8级以上大风天气无法投放
锚碇浮标	温度、盐度、海流、风速、湿度和气温等	观测要素多	成本、维护费用大，易受人为破坏及恶劣天气的影响
船载CTD、ADCP仪	温度、盐度、海流	观测深度可超过2 000 m，采样间隔密集	8级以上大风天气无法观测
卫星遥感	海表温、盐度、风场、降水、水汽等	覆盖面广、可全天候观测	仅观测海表面
常规Argo剖面浮标	温、盐度（可加溶解氧、叶绿素等传感器）	成本低、观测深度达2 000 m，易于组成观测阵	使用国外卫星导航系统，定位、通讯受制于人，且只能单向通讯，数据传输速度较慢，剖面垂向分辨率不高
铱卫星Argo剖面浮标	温、盐度（可加溶解氧、叶绿素等传感器）	成本低、观测深度可达2 000 m，可双向通讯，剖面垂向分辨率高，易于组成观测阵	使用国外卫星导航系统，定位、通讯受制于人

4 自动剖面浮标观测资料在天气/气候学研究领域中的应用

4.1 热带气旋（台风）研究

早在2010年11月，我国就开始使用铱卫星Argo剖面浮标，在西北太平洋海域开展了台风季节 Argo 剖面浮标加密观测试验，获取了台风路径附近海域 0~500 m、间隔 2~3 d 的大量加密剖面资料，这些新颖的第一手现场观测资料为研究上层海洋对台风的响应提供了丰富的数据来源[19]。

国内外众多学者利用西北太平洋海域的 Argo 资料，开展了台风过境海洋上层响应过程的相关研究工作[12,20-28]。刘增宏等[12]通过对西北太平洋 Argo 浮标观测资料分析发现，由台风影响的混合层盐度变化在台风路径两侧分布对称；许东峰等[20]在研究了西北太平洋暖池区夏季 Argo 浮标观测资料后得到，台风经过暖池区时，往往会导致海面盐度的下降，其主要原因为热带气旋带来的淡水输入；Liu 等[25]通过铱卫星 Argo 浮标加密观测资料分析显示，2012 年 Bolaven 台风路径左右两侧海洋表层和次表层呈现不同的温盐度变化过程（图 2）；Pei 等[28]通过 Argo 观测资料结合卫星和模式的研究发现，海洋上混合层深度在台风作用下会增加，并向大气释放潜热；Lin 等[21—22,26]通过分析台风过境海域 Argo 现场观测资料，研究了海洋热含量对于热带气旋强度及其对风暴潮影响的预测，并建立了新的热带气旋预报因子。此外 McPhaden 等利用 Argo 和 RAMA（印度洋的热带锚系观测网）资料来研究 2008 年 Nargis 热带气旋的形成过程[29]。

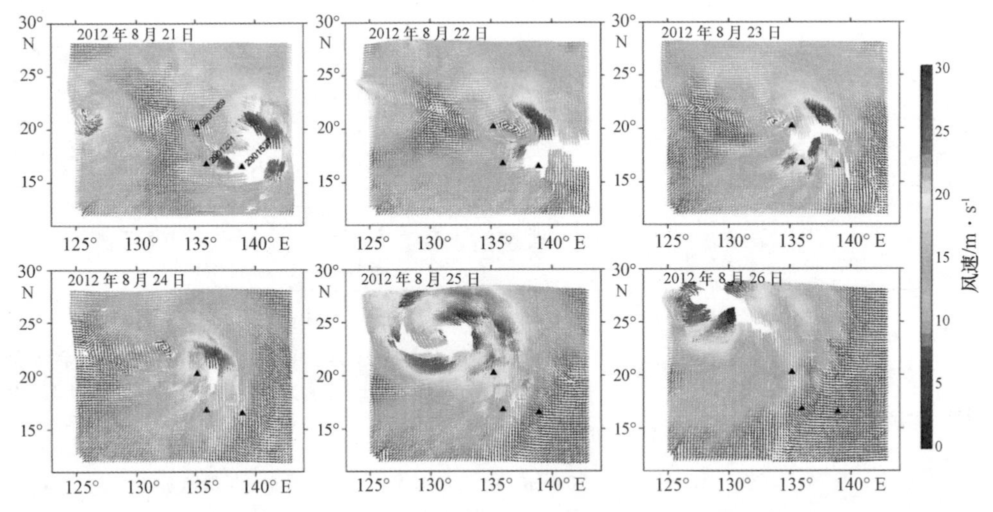

图 2　2012 年 8 月 21—26 日台风 Bolaven 期间的逐日风矢量分布[25]

彩色阴影为风矢量；黑色三角形为采取铱卫星双向通讯的 Argo 剖面浮标

4.2　海洋对热带气旋响应和反馈研究

上层海洋对热带气旋（TC）的响应和反馈是一种极端天气条件下的中尺度海气相互作用，对于其相互作用机制和过程的了解有助于更好地理解 TC 的产生、发展以及强度、路径变化等原因，进而为 TC 预报、预警提供依据。尽管短暂的天气现象并不是 Argo 的观测重点，但是 Argo 浮标通过全天候的观测，能帮助人们更好地了解 TC

生成海域的海洋内部状态以及发展过程中附近海域的海-气热交换、淡水通量变化等过程。

Argo 浮标由于不受恶劣环境的影响，适宜于上层海洋响应和反馈研究，特别是 TC 经过的海洋存在着强烈的海气相互作用，往往发生强烈的混合、夹卷等过程。在台风经过之前、经过时和经过之后，海洋的响应是不同的，台风经过时主要是垂向的湍流混合，而台风过后则主要是近惯性流引起的埃克曼涌升和惯性抽吸[30]。Price 通过模式结果研究发现，台风导致的海表降温主要是由于上升流或深层海水混合，而不是海表失热[31]。Cheng 等基于 Argo 资料研究了全球尺度范围内海洋热状态对 TC 的响应，研究表明：在热带风暴经过的 3 d 内，海洋向大气提供能量以维持热带风暴，其年平均总值约为 9.1 W/m^2，其中 3.2 W/m^{2}来自于热带风暴，剩余的 5.9 W/m^{2}来自台风，且在台风经过后（平均 4~20 d），海洋获得能量，而热带风暴经过后，海洋则损失能量，揭示了超强 TC 和强 TC 对于海洋热状态影响的不同[27]。Park 等分析台风经过前后混合层温度（Mixed Layer Temperature，MLT）和混合层厚度（MLD）变化后发现，北太平洋混合层温度平均下降 1℃，混合层厚度平均加深 56 m[32]。比较台风经过前后海洋近表层和次表层热含量变化表明：强 TC 下，垂向混合导致次表层的升温和近表层的冷却量级相当；在弱 TC 下，近表层（海水深度 1 m 以上）的冷却显著但次表层（表层以下，以跃层为界，厚度一般为 200~300 m）升温不明显，这说明在弱 TC 里海气热交换和垂直对流作用更显著[30]。Park 等研究发现，近表层热含量恢复时间（大于 30 d）要远远长于海表温度的恢复时间（仅需 10 d）[33]。许东峰等指出台风经过时海表盐度（Sea Surface Salinity，SSS）的变化取决于降雨、蒸发增加、混合层内混合增强和跃层涌升等 4 个效应间的竞争结果，而 Argo 剖面观测显示在西北太平洋暖池区的绝大部分台风往往引起 SSS 的下降[20]。台风强度变化除了与海表温度有关，还与海洋的垂向温、盐结构特征有关。台风在经过有障碍层海域时，稳定的海洋层结减弱了垂向的混合冷却，热量从海洋传向大气导致台风强度增强，同时盐度结构也可以作为海洋状态的指示来预报台风强度变化[34]。

5 面临的挑战与展望

Argo 的核心目标是观测与气候变化密切相关的海洋信息，包括海洋温度与热容量、盐度和淡水容量、相对于总海平面的海面比容高度，以及大尺度环流等的区域性和全球变化。Argo 资料的成功应用大大加深了对台风活动的认识。利用 Argo 剖面浮标，我们有能力对台风海域海洋环境进行实时监测，从而可以大范围、长时间、高分辨率和实时地获取台风天气条件下的上层海洋环境资料。这些数据源对发展和完善海洋与台风相互作用的理论方法、耦合数值模式等相关基础研究具有重要意义。

然而，作为今后较长一段时间内有能力监测台风海域实时海洋环境的重要手段，Argo 计划目前正面临着重大挑战：一是今后 10 年以温、盐观测为主的常规观测网的维持问题，预计每年仍需投放 800~900 个浮标。像 Argo 计划这样的全球海洋观测系统至少需要持续数十年才能体现其潜在的价值，这也正是气候变化研究所必须的。Argo 观测网若不能持续稳定，业务化海洋服务、气候服务、季节和年代际预测预报等都无法持续；二是扩展 Argo 观测网的覆盖区域，将由目前的“核心 Argo”向“全球 Argo”扩张，包括高纬度海域、边缘海和西边界海域，布放浮标的数量也将从目前的 3 000 多个增加到近 4 000 个，这是 Argo 计划未来十年的发展目标。按照国际 Argo 信息中心（AIC）的估算，在由“核心 Argo”向“全球 Argo”扩张的过程中，除了需要新增加约 1 000 个浮标外，每年还需要补充布放约 1 000 个浮标，才能维持由 4 000 个浮标组成的全球 Argo 实时海洋观测网。然后目前由 30 多个 Argo 成员国每年布放的浮标数量只有 800 个左右。美国承诺为维持该观测网提供约 1/2 的浮标，其他参与国也都在为维持该观测网的长期运行而积极争取政府的支持。

中国 Argo 计划虽然是在国务院正式批复“我国可加入 Argo 全球海洋观测计划”以后，由科技部基础研究司、国际合作司和国家海洋局科技司等部门共同管理实施的一项国家计划，但没有如其他国家专项那样分配相应的专项资金，而是由科技部和国家海洋局负责实施的已有研究专项或计划（如“国家重点基础研究发展规划前期研究专项”、“国际科技合作重点项目计划”、“海洋公益性行业科研专项”和“科技基础性工作专项”等）中调剂部分经费给予一次性资助，缺乏固定的支持渠道和经费保障。目前我国 Argo 大洋观测网的维护和浮标补充布放主要依赖科研项目的支持，缺少长期稳定的经费资助，导致每年布放的浮标数量十分不稳定，甚至有些年份（如 2005 和 2007 年）无标可放，与一个海洋大国的地位极不相称。我国参与全球 Argo 实时海洋观测网建设，不仅仅是在尽一个国际 Argo 计划成员国的义务，也是在全球自然灾害频发的今天肩负起一个海洋大国的责任，而更为重要的是，同样有着十分迫切的国家需求。事实上，许多国际 Argo 成员国（如美国、法国、德国、英国、日本和韩国等国家）的浮标布放计划，都得到了来自国家气象部门的经费支持。为此，中国 Argo 计划希望也能得到国家气象主管部门的高度重视和大力支持。

值得指出的是，全球 Argo 实时海洋观测网的建设目标主要是为了获取大洋表层到中层（约 2 000 m），甚至到深层（约 6 000 m）范围内的温、盐度剖面资料，以便帮助科学家了解大尺度实时海洋的变化，提高天气和海洋预报的精度，有效防御全球日益严重的天气和海洋灾害（如飓风、台风、龙卷风、冰暴、洪水和干旱，以及风暴潮、赤潮等）给人类造成的威胁。然而，Argo 资料在我国相关领域（特别是天气、气候研究）的应用却还未能引起足够的重视。当然，海洋观测网的时间序列与气象观测网相比还不够长、缺少海表温度（SST）资料（目前大部分剖面浮标还只能观测离海面 3~5 m 以深的温度资料），以及不能业务化提供高质量、格点化浮标资料等问题，也是制约气象学家大规模应用 Argo 资料开展相关研究的障碍。但从我们了解的情况来看，要突破障碍和解决上述问题不在于技术或方法的缺乏，而主要受到体制和机制的约束，特别是要统一和提高对全球 Argo 实时海洋观测网长期建设必要性的认识。

为此，气象部门应充分利用我国成功开发北斗剖面浮标的契机，在邻近我国的西太平洋（台风）海域构建起我国的实时海洋监测系统。通过北斗卫星或铱卫星及时调整浮标观测参数，以获取更多的加密观测资料，以及快速检索台风路径附近海域的Argo资料并自动生成相关数据产品，为国内气象服务部门准实时提供台风海域的相关海洋环境数据和信息服务，显得十分重要和迫切。同时，该监测系统中的北斗剖面浮标或其他采用铱星通讯的剖面浮标，其常规（每隔 10 d 获取的一个深水剖面）观测资料，以及已经漂移离开台风影响海域的浮标观测资料，可以作为中国 Argo 计划的一部分，与世界气象组织（WMO）和国际 Argo 计划成员国共享，不仅可以提高我国对深海大洋长期、连续、高时空分辨率和高精度观测的能力，而且还可以提升我国在国际 Argo 成员国中的地位和作用。

参考文献：

[1] Peduzzi P, Chatenoux B, Dao H, et al. Global trends in tropical cyclone risk[J]. Nature Climate Change, 2012, 2(4): 289-294.

[2] 陈光华，黄荣辉.西北太平洋热带气旋和台风活动若干气候问题的研究[J].地球科学进展，2006, 21(6): 610-616.

[3] 雷小途，陈佩燕，杨玉华，等.中国台风灾情特征及其灾害客观评估方法[J].气象学报，2009, 67(5): 875-883.

[4] D'Asaro E A, Black P G, Centurioni L R, et al. Impact of typhoons on the ocean in the Pacific[J]. Bulletin of the American Meteorological Society, 2014, 95(9): 1405-1418.

[5] Emanuel K A. Thermodynamic control of hurricane intensity[J]. Nature, 1999, 401(6754): 665-669.

[6] 陈联寿，孟智勇.我国热带气旋研究十年进展[J].大气科学，2001, 25(3): 420-432.

[7] Chen S S, Zhao W, Donelan M A, et al. The CBLAST-Hurricane program and the next-generation fully coupled atmosphere-wave-ocean models for hurricane research and prediction[J]. Bulletin of the American Meteorological Society, 2007, 88(3): 311-317.

[8] D'Asaro E A, Black P G, Centurioni L R, et al. Typhoon-ocean interaction in the western North Pacific: Part 1[J]. Oceanography, 2011, 24(4): 24-31.

[9] Lianshou C, Mingyu Z, Xiangde X. A tropical cyclone landfall research program (CLATEX) in China, 2004[C]//26th Conference on Hurricanes and Tropical Ueteorology, 2004: 485-486.

[10] 端义宏，陈联寿，梁建茵，等.台风登陆前后异常变化的研究进展[J].气象学报，2014, 72(5): 969-986.

[11] 陈大可，雷小途，王伟，等.上层海洋对台风的响应和调制机理[J].地球科学进展，2013(10): 1077-1086.

[12] 刘增宏，许建平，朱伯康，等.利用 Argo 资料研究 2001—2004 年期间西北太平洋海洋上层对热带气旋的响应[J].热带海洋学报，2006, 25(1): 1-8.

[13] 胡潭高，张登荣，王洁，等.基于遥感卫星资料的台风监测技术研究进展[J].遥感技术与应用，

2013,28(6):994-999.

[14] 刘广平.海洋上层对热带气旋响应的研究[D].厦门:厦门大学,2009.

[15] Riser S C,Freeland H J,Roemmich D,et al.Fifteen years of ocean observations with the global Argo array[J].Nature Climate Change,2016,6(2):145-153.

[16] 许建平,刘增宏,孙朝辉,等.全球 Argo 实时海洋观测网全面建成[J].海洋技术学报,2008(1):68-70.

[17] 陈大可,许建平,马继瑞,等.全球实时海洋观测网(Argo)与上层海洋结构、变异及预测研究[J].地球科学进展,2008,23(1):1-7.

[18] Liu Z,Xu J,Sun C,et al.An upper ocean response to Typhoon Bolaven analyzed with Argo profiling floats[J].Acta Oceanologica Sinica,2014,33(11):90-101.

[19] 刘增宏,吴晓芬,许建平,等.中国 Argo 海洋观测十五年[J].地球科学进展,2016,31(5):445-460.

[20] 许东峰,刘增宏,徐晓华,等.西北太平洋暖池区台风对海表盐度的影响[J].海洋学报,2005,27(6):9-15 .

[21] Lin I,Goni G J,Knaff J A,et al.Ocean heat content for tropical cyclone intensity forecasting and its impact on storm surge[J].Natural Hazards,2013,66(3):1481-1500.

[22] Lin I I,Black P,Price J F,et al.An ocean coupling potential intensity index for tropical cyclones[J].Geophysical Research Letters,2013,40(9):1878-1882.

[23] Sun L,Li Y X,Yang Y J,et al.Effects of super typhoons on cyclonic ocean eddies in the western North Pacific:A satellite data-based evaluation between 2000 and 2008[J].Journal of Geophysical Research:Oceans,2014,119(9):5585-5598.

[24] Wang X,Wang C,Han G,et al.Effects of tropical cyclones on large-scale circulation and ocean heat transport in the South China Sea[J].Climate Dynamics,2014,43(12):3351-3366.

[25] Liu Z,Xu J,Sun C,et al.An upper ocean response to Typhoon Bolaven analyzed with Argo profiling floats[J].Acta Oceanologica Sinica,2014,33(11):90-101.

[26] Lin I I,Pun I F,Lien C C."Category-6" supertyphoon Haiyan in global warming hiatus:Contribution from subsurface ocean warming[J].Geophysical Research Letters,2014,41(23):8547-8553.

[27] Cheng L,Zhu J,Sriver R L.Global representation of tropical cyclone-induced short-term ocean thermal changes using Argo data[J].Ocean Science,2015,11(5):719.

[28] Pei Y,Zhang R,Chen D.Upper ocean response to tropical cyclone wind forcing:A case study of typhoon Rammasun (2008)[J].Science China Earth Sciences,2015,58(9):1623-1632.

[29] McPhaden M J,Foltz G R,Lee T,et al.Ocean-atmosphere interactions during cyclone nargis[J].EOS,Transactions American Geophysical Union,2009,90(7):53-54.

[30] 安玉柱,张韧,陈奕德,等.Argo 资料处理及其在海洋热动力学研究中的应用与进展[C]//许建平.Argo 科学研讨会论文集.北京:海洋出版社,2014:37-53.

[31] Price J F.Upper ocean response to a hurricane[J].Journal of Physical Oceanography,1981,11(2):153-175.

[32] Park J,Park K,Kim K,et al.Statistical analysis of upper ocean temperature response to typhoons from ARGO floats and satellite data,2005[C].IEEE,2005.

[33] Park J J,Kwon Y O,Price J F.Argo array observation of ocean heat content changes induced by tropical cyclones in the North Pacific[J].Journal of Geophysical Research:Oceans,2011,116(C12):210-222.

[34] Balaguru K, Chang P, Saravanan R, et al. Ocean barrier layers' effect on tropical cyclone intensification[J].Proceedings of the National Academy of Sciences of the United States of America, 2012,109(36):14343-14347.

A review of real-time ocean monitoring in typhoon region and its research applications

CAO Minjie[1,2], LIU Zenghong[1,2], WANG Zhenfeng[3], XU Jianping[1,2], SUN Chaohui[2]

1. *State Key Laboratory of Satellite Ocean Environment Dynamics, Hangzhou* 310012, *China*
2. *Second Institute of Oceanography, State Oceanic Administration, Hangzhou* 310012, *China*
3. *Shanghai Marine Meteorological Center, Shanghai* 201300, *China*

Abstract: In this paper, real-time ocean monitoring in typhoon genesis region and its importance for typhoon forecasting are reviewed, as well as the necessity and urgency of monitoring marine environmental elements in real-time with satellite-tracked autonomous profiling floats. Meanwhile, preliminary results in basic research on atmosphere/climate using observations from a few profiling floats are also reviewed. These efforts have effectively demonstrated the broad prospects of autonomous profiling float in real-time ocean monitoring, improving the prediction and forecasting of typhoon intensity, moving track, and even its genesis location.

Key words: autonomous profiling float; real-time ocean monitoring; marine environment; typhoon; prediction and forecast

基于 Argo 资料研究 2001—2012 年期间印度洋-太平洋海域上层海洋热含量变化

吴晓芬[1,2]，刘增宏[1,2]，廖光洪[1,2]，吴玲娟[3]

1. 卫星海洋环境动力学国家重点实验室，浙江 杭州 310012
2. 国家海洋局第二海洋研究所，浙江 杭州 310012
3. 国家海洋局北海预报中心，山东 青岛 266071

摘要：上层海洋热含量对于气候变化及相应的全球大气环境的预测预报起到非常重要的作用，然而，印度洋-太平洋海域（印-太海域）上层海洋热含量的变化特征仍然有待深入研究，全球 Argo 海洋观测网建立起来的前所未有的庞大数据库为这两大海域的热含量研究带来了极大的便利。本文主要基于 Argo 温、盐度剖面数据，分析了印-太海域上层海洋热含量的气候分布和时空变化，同时探讨了表层风应力等对于上层海洋热含量变化的影响。结果表明，尽管印-太海域上层海洋热含量的气候态分布在热带和副热带海域趋于一致，然而海盆间的时空变化却存在显著区别。太平洋海域上层海洋热含量变化呈显著的东—西模态，且变化幅度要明显强于印度洋海域。此外，热含量的时间序列表明两个海盆的海洋热含量在 2001—2012 年期间经历了一次突变，这种突变与次表层的温、盐度振荡一致。相较后一时间段（2008—2012 年），2001—2007 年期间，西太平洋次表层出现明显降温（降盐），而东太平洋则出现增温（增盐）；同时，西太平洋温跃层抬升而东太平洋温跃层加深；印度洋次表层呈现出同样的降温和降盐情况，并且，次表层的这种变化不仅仅出现在赤道上，且扩展到了副热带海域（约南北纬 20°）。进一步研究表明，次表层温盐度的这种突变可能是由两大洋的风场突变引起的，从而影响到两大洋上层海洋热含量的突变。

关键词：海洋热含量；温盐剖面；风应力；Argo；印度洋-太平洋

基金项目：国家基础研究（973）项目（2012CB955601）；科技基础性工作专项（2012FY112300）；国家海洋局第二海洋研究所基本科研业务费专项资金（JG1207，JG1303，SOED1307）；国家基金委青年基金项目（41206022，41406022）。

作者简介：吴晓芬（1983—），女，安徽省安庆市人，助理研究员，主要从事物理海洋学调查研究。E-mail：hzxiaofen@ sio. org. cn

1 引言

海洋和大气之间的热量交换是地球气候系统中最重要的能量转换之一。由于海水的热容较大，海洋可以储存大量的热量。了解海洋热存储随时间的变化对于提高气候突变[1]以及飓风强度[2]的预测预报能力等非常重要。所以，越来越多的海洋次表层温度数据被收集并广泛用于上层海洋热含量的估算。

Antonov 等[3]分析了全球各海盆海洋热含量纬向积分的年循环，发现每个海盆的上层海洋热含量在南北半球 30°~45°纬度带都存在明显的季节性变化，且在太平洋海域尤为突出，此外，热含量在热带和副热带海域则主要受动力过程的控制，通过混合层深度的变异影响热含量的变化。Tozuka 和 Yamagata[4]研究了热带太平洋海表温度（SST）的季节循环，并提出了“年 ENSO（annual ENSO）”信号的存在；Takahashi[5]还探讨了秘鲁沿岸海域热含量的年变化，认为海洋动力过程对于区域化的热交换具有重要的影响。

年际时间尺度上的热含量异常已经被广泛应用于 ESNO 动力机制的解释，并由此提出了几种不同的理论。其中，“延迟振子”模型[6]主张伴随热含量异常的赤道 Rossby 波沿 3°~7°N 纬度带向西移动，并在到达太平洋西边界的时候激发出赤道 Kelvin 波，通过这种途径控制 ENSO 的演变过程；“西太平洋振子”模型[7]则提出远离赤道的 Rossby 波在国际日界线附近沿 10°~20°N 纬度带移动，同时，该理论认为热含量异常是沿着赤道向东传播；“收支振子”模型[8—10]则认为赤道热含量异常是由远离赤道的风应力旋度异常带来的 Sverdrup 输送异常导致的。

也有很多研究（例如文献［11-14］）致力于探讨热含量的年代际/准年代际变化。Luo 和 Yamagata[13]研究指出，赤道南太平洋上层海洋热含量准年代际变化与局地风应力旋度的变化相联系，由此导致的热含量异常先向北输送，然后沿着赤道东传，同时还认为北太平洋并不像南太平洋海域那样对于赤道海域热量异常有贡献。然而，White 等[14]研究则发现无论在热带南太平洋海域，还是热带北太平洋，都存在向西传播的热含量准年代际异常信号，从而影响赤道太平洋海域的热量场。他们指出，该热含量异常信号沿着远离赤道南北纬度 10°~20°纬度带传播，到达西边界后折返并沿着赤道向东输送，这种逆时针传播特征与 ENSO 尺度的传播特征类似[15—17]。进一步，Willis 等[18]的研究指出，热含量异常是由日界线以西风应力旋度变异导致的 Ekman 抽吸异常带来的。

印度洋偶极子（IOD）是印度洋 SST 异常的显著信号[19]，尤其是其位相的季节性锁定（seasonal lock）。IOD 信号是印度洋海域的一种内部耦合模态，也常与 ENSO 联系在一起。在一系列表层 IOD 研究的基础上，越来越多的研究开始关注次表层 IOD 特征[20—21]。这些研究指出，在表层 IOD 消失于一年的年末时，由于海洋具有较大的热存储能力，其信号在次表层仍然可见。而且，CEOF 分解第一模态显示，印度洋海域上层海洋热含量异常同样呈现出偶极子变化，且时间序列（1982—1997 年）与 IOD 事件有很好的一致性[21]。次表层正的偶极子信号会发展为东赤道印度洋海域热含量负异常以及西赤道印度洋热含量正异常。赤道上空的东风异常、西南印度洋海域上空的东南风异常以及长波（Kelvin 波/Rossby 波）等，在次表层 IOD 事件中起到非常重要的作用[22]。

综上所述，从年际到年代际，从局地到全球尺度，热含量已经得到了广泛的关注和研究，然而，太平洋和印度洋海域的热含量特征以及二者之间的可能联系仍然没有得到深入的认识；并且，绝大多数热含量的估算都是基于不同项目获取的零散 XBT、CTD 等剖面数据。剖面数据在 1985 年前后才开始逐渐增长，特别是到 2002 年前后，随着国际 Argo 计划的实施，剖面数据的总量开始快速增长[23]。另外，海洋再分析、基于现场观测资料的客观分析和基于海洋数据同化系统的再分析等不同的热含量估算之间的误差，也随着 Argo 数据集的引进而逐渐降低[24]。Argo 计划是来自北美洲、南美洲、欧洲、亚洲、澳洲和非洲等 30 多个国家和组织通力合作的结果，为的是在全球大洋海域布放超过 3 000 个剖面浮标，每年可提供约 120 000 条 0~2 000 m 范围内海水的温、盐度和压力等资料。2012 年 11 月，Argo 计划获得了第 100 万条剖面，其数量是以往船只观测资料总和的 20 倍左右。Argo 计划为温盐度研究[18]、海洋混合研究[25]、世界大洋环流研究[26]以及这些物理参数从天到年代际时间尺度变化研究等提供了一套前所未有的现场观测数据集。最近，Hosoda 等[27]基于 Argo 资料开发了一个覆盖全球各大洋的逐月温盐度网格资料。我们将使用该资料集探讨 21 世纪初印度洋-太平洋海域（印-太海域）上层海洋热含量的变异。

2 资料和计算方法

2.1 资料来源

本文使用 2001—2012 年期间逐月的温盐度资料估算印-太海域上层海洋热含量。该温、盐度资料集由日本地球与海洋科技厅（JAMSTEC）提供，融合了 Argo、TTOBN 以及 CTD 等数据，水平分辨率为 1°× 1°，垂向分辨率为 0~2 000 m 范围内有 25 个标准层[27]。本文的研究海域为 40°S~40°N，30°E~80°W（图 1）。

大气动力场数据集为 NCEP 的再分析产品[28]，使用 2001—2012 年期间表面（$\sigma_{0.995}$平面）风场数据来计算研究海域上空的风应力及相应的 Ekman 输送。

2.2 热含量计算

上层海洋热含量（Q）的计算公式如下：

$$Q = \int_{z}^{0} C_p \rho T \mathrm{d}z, \tag{1}$$

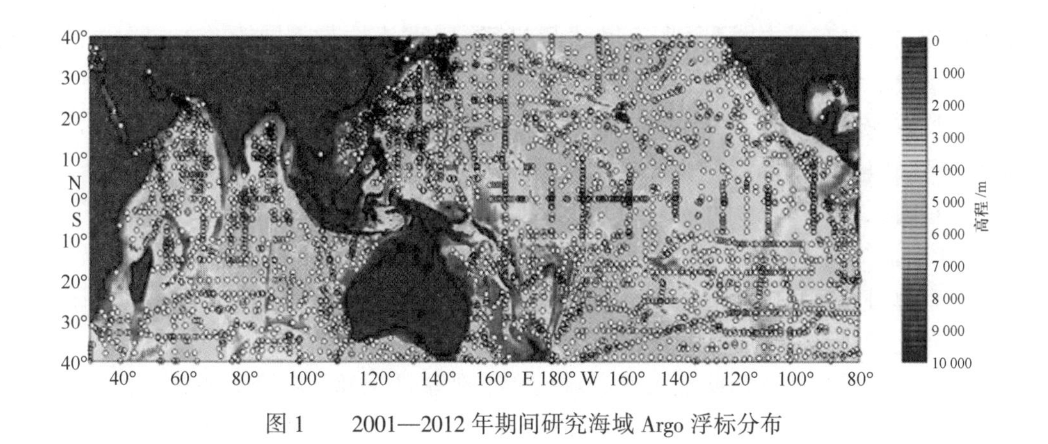

图 1　2001—2012 年期间研究海域 Argo 浮标分布

式中，C_p为海水的等压比热容，随温度和盐度的变化而变化，dz 为积分深度。根据 Moon 和 Song[29]研究发发现海洋热含量变化主要发生在 0~700 m 范围内，如西北太平洋海域 80%的热含量变化集中在 700 m 以内；Hansen 等[30]的研究则认为，全球大洋热含量的变化主要局限在 0~750 m 范围。所以，我们选择的积分深度为 750 m。需要指出的是，以往由于缺乏盐度资料，热含量常常以积分深度内的温度均值来代替，即定义 C_p为一常量，本文将弥补这一缺陷，通过温、盐度计算 C_p的实际值，进而获得热含量的精确值。

2.3　风应力场

Sverdrup 最早提出了大尺度风生海洋环流的经典平衡理论[31]，其中给出的风应力旋度（ τ ）的表达式为：

$$\mathrm{curl}(\tau) = \frac{\partial \tau_y}{\partial x} - \frac{\partial \tau_x}{\partial y}, \tag{2}$$

式中，纬向和经向风应力 τ_x 和 τ_y 为：

$$\tau_x = \rho_a C_D |V| u,\ \tau_y = \rho_a C_D |V| v, \tag{3}$$

$$C_D = \begin{cases} 0.0012, & |V| < 11 \\ (0.45 + 0.069 \times |V|) \times 0.001, & |V| \geq 11 \end{cases}, \tag{4}$$

C_D为风应力拖曳系数[32]，ρ_a 为空气密度，$|V|$ 为风速，u 和 v 分别为纬向和经向风矢量。

3　热含量特征

3.1　热含量和 SST 的多年平均分布

图 2 呈现了 2001—2012 年期间 SST（以 2.5 m 表示）和上层（0~750 m）热含

量的多年平均分布。由图 2 可见，热含量的气候态分布明显不同于 SST。印-太海域 SST 的气候态分布呈连续变化模态，且印-太暖池特征明显，热含量在两海盆的分布则相对比较独立。首先，在太平洋海域，36°N 以北海域以及 36°S 以南海域为低热含量区（$<3.0\times10^{10}$ J/m^2），中间海域则为高热含量（$>3.0\times10^{10}$ J/m^2）所盘踞。在高热含量海区，又出现 2 个极值中心（$>4.4\times10^{10}$ J/m^2）与 1 个相对低值中心（$<3.6\times10^{10}$ J/m^2）交替的马鞍型分布，这 2 个极值中心分别位于日本南部海域以及澳大利亚东部海域。其次，整个印度洋海域热含量的分布与太平洋 36°N 以南海域的热含量分布趋于一致。印度洋海域的热含量分布同样呈两高一低的马鞍型，高值中心分别位于阿拉伯海和马达加斯加东部海域。两个海盆热含量马鞍型分布模态的区别在于，太平洋海域马鞍的凹槽位置要较印度洋的偏北。最后，阿拉伯海热含量分布与孟加拉湾的明显不同，比如，阿拉伯海热含量从南向北逐渐增加，而孟加拉湾的热含量则几乎呈均匀分布。

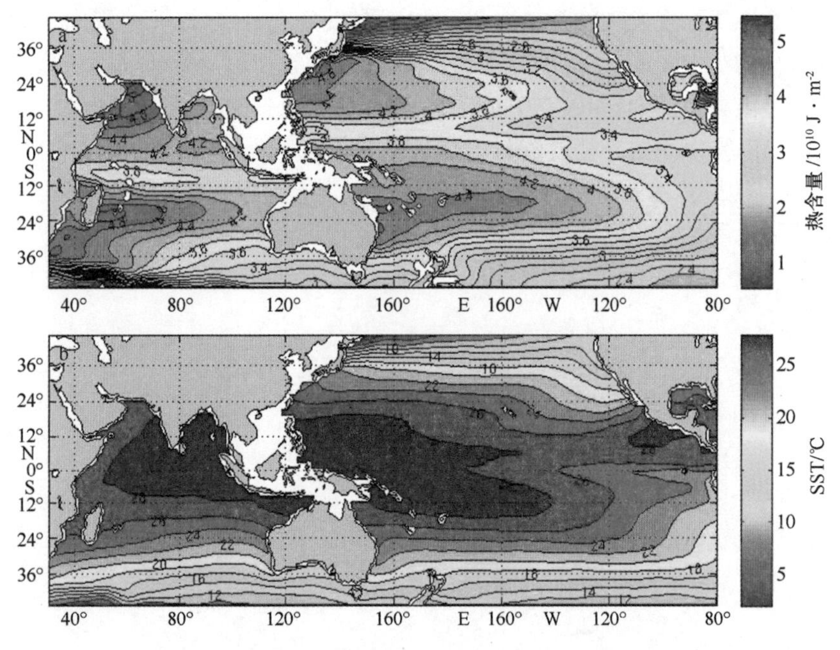

图 2　印-太海域热含量（a）与 SST（b）的多年平均分布

3.2　热含量的时空分布特征

使用 EOF 分析方法来探讨热含量的时空变化特征。图 3 给出的是 EOF 第一模态（占总量的 51%）热含量的空间分布和时间序列。该空间模态具有非常显著的东—西反位相变化特征（南北半球 20°以内范围），这种东—西倾斜模态是典型的“特征模态”，已在很多热含量变异与 ENSO 事件相关性研究（如文献［16，33］）中被提及。进一步的研究结果表明，大的热含量异常所在位置与 Hasegawa 及 Meinen 采用

EOF 分析热含量（积分深度为 0～300 m）异常获得的第一模态结果相同。此外，相比 Hasegawa 及 Meinen 的研究结果，图 3 给出的热带东太平洋大的热含量异常要明显偏西，可能体现了印度洋与太平洋之间的“大气桥”式的耦合联系[34]。值得注意的是，除了黑潮延伸区，高纬度海域的热含量变化均较小，这在其他的研究中尚未发现，与早期现场观测资料的匮乏有关。在印度洋海域，热含量同样呈现东—西反位相变化，但是其强度明显低于太平洋海域。这一点在郑冬梅和张启龙[35]的研究中曾被论及，并明确指出“太平洋热含量的振荡强度大约是印度洋的 2 倍以上”。正异常沿着印度洋的东边界向南北扩展，其位相与西太平洋海域热含量异常同步。孟加拉湾和阿拉伯海的热含量变化较小，而在其南部海域（约 10°～20°S）呈现大的热含量负异常，其中心轴呈东—西走向，与武术等[36]研究结果一致。由于两大洋的热含量异常主要集中在低纬度海域，所以下面将重点讨论两大海盆热带和副热带海域的热含量变化特征。

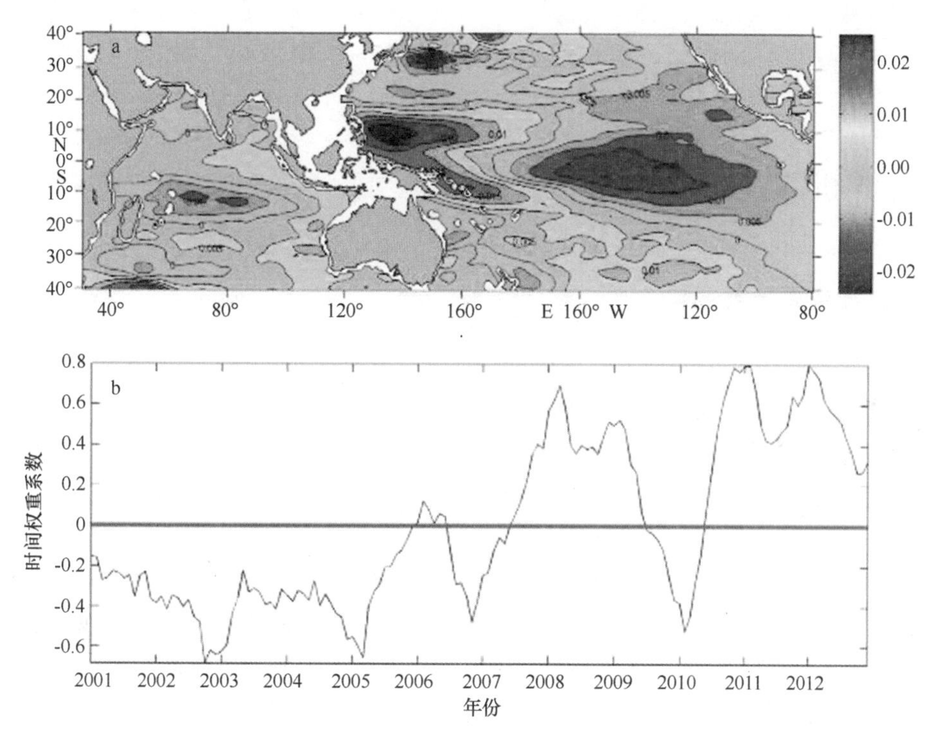

图 3　印-太海域上层海洋热含量 EOF 分析的第一空间模态（a）及其时间序列（b）

图 3b 的时间序列显示了与 ENSO 事件相联系的年际变化特征，即热含量在 ENSO 冷暖事件发生的年份（如 2002/03、2004/05、2007/08、2009/10 和 2010/11）呈现大的变化；并且，EOF 第一模态时间序列与 Niño3. 4 指数显示出较高的同期相关性（$R=0.76$），说明热含量异常的空间模态恰好对应 ENSO 事件的成熟期。

图 3b 给出的另一个显著特征是 2007 年存在一个大的跳跃，即从长期的负异常跳

跃到较长时间的正异常，且能够通过 t - 检验（$t = \frac{|\bar{X}_1 - \bar{X}_2|}{\sqrt{\frac{1}{n_1}+\frac{1}{n_2}}\sqrt{\frac{(n_1-1)S_1^2+(n_2-1)S_2^2}{n_1+n_2-2}}}$，$\sim t(n_1+n_2-2)$；$(t = 14.06) > (t_\alpha(n_1+n_2-2) = 1.66)$；$\alpha = 0.05$；$n_1 = 72$；$n_2 = 72$）。2007 年之前，西太平洋热含量显著降低，而东太平洋则显著升高，2007 年之后的绝大多数年份里，热含量在东—西太平洋的变化恰好相反（图 3）。在 Nitta 和 Yamada[37]（图 1）对 1950—1987 年期间 SST 异常研究中同样发现热含量的这种变化特征，即 EOF1 时间序列显示其在 ENSO 尺度的变化基础之上出现年代际 SST 异常，具体表现为 20 世纪 70 年代中期（1970—1976 年）SST 为负异常（除去 1972/73 El Niño 年），但是在 1977 年以后体现为正异常。因此，Nitta 和 Yamada 提出 1970s 存在气候突变，后来的研究[13,38-40]发现许多其他物理海洋变量也存在相同的气候突变。已经有一系列的研究致力于探讨热含量年际变化与 ENSO 事件的联系，这里我们主要讨论印-太海域热含量的“2007 突变”问题。

4 变异机制

4.1 次表层温盐度变化

根据图 3 给出的 2001—2012 年期间印-太海域上层海洋热含量的长期变化特征，也为了更加清楚地体现 2007 年前后的差异，我们将 2001—2007 年定义为 A 阶段，2007 年之后的时间定义为 B 阶段。图 4 给出的是赤道上表层至次表层温、盐度在两个阶段的变化。可见，温盐度的变化与热含量的变化趋于一致（图 4a）。2001—2007 年期间，赤道西太平洋存在明显的次表层降温，而东太平洋则出现增温；在印度洋海域，虽然不存在同样的东—西向变化，但是在 150 m 以浅的范围都体现为降温。相比 A 阶段，B 阶段赤道温跃层（以 20℃ 等温线表示）在西赤道太平洋海域变深，在东赤道太平洋则变浅；B 阶段印度洋海域温跃层同样加深。赤道海域的盐度同样经历了较大的变化（图 4b）。在 A 阶段，西赤道太平洋的上层海域盐度明显下降，而东部海域盐度上升，即在赤道西太平洋海水存在一个较为长期的淡化过程，东部海域则恰好相反。A 阶段，赤道印度洋 50°~100°E 范围呈现出明显的盐度降低特征，且从表层一直延伸到 400 m 深度处。表层至次表层温盐度的这种变异表明，降温的同时常常伴随盐度的降低。比如，在赤道西太平洋海域，次表层的降温伴随着海水的淡化。这些现象说明在这段时间范围内，温度和盐度对密度的影响可以互相补偿。

进一步研究发现，印-太海域次表层温盐度的这种变化并不局限在赤道上，可以延伸到两大洋的南北纬 20°（图 5）。由图可见，由赤道向北，北太平洋海域热含量异

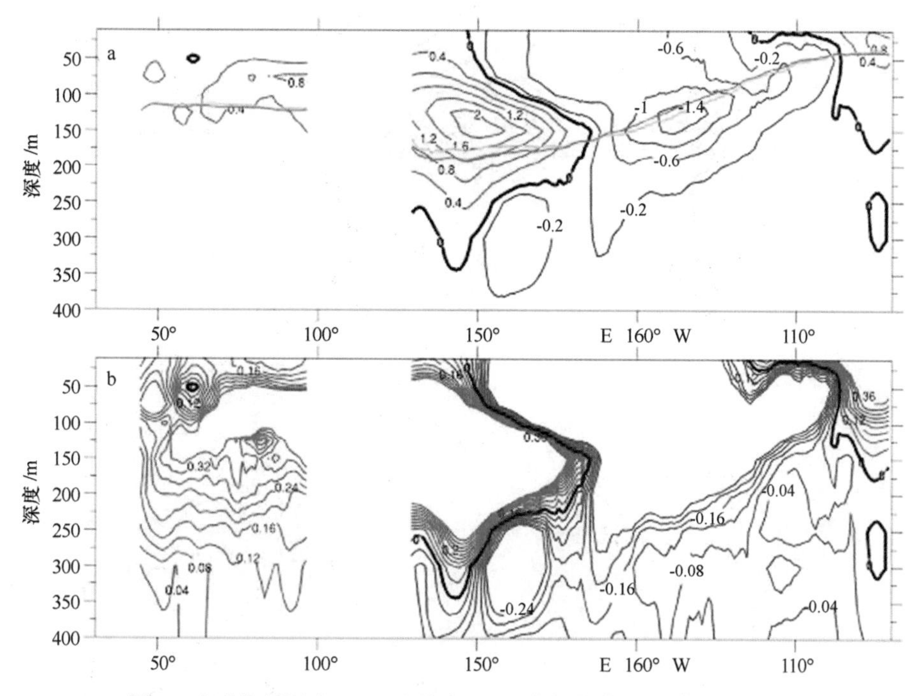

图 4 赤道海域温度（a）和盐度（b）的长期变化（B-A 的差值）

等值线间隔分别为 0.4℃（a）和 0.04（b）；蓝色和紫色实线为代表温跃层深度的 20℃等温线所在位置，黑色实线为 0 值线

常先增加后逐渐减低（如赤道附近的异常值约为 2.0℃、10°N 附近为 2.8℃、15°N 附近为 0.8℃）；此外，东—西变化模态到了 20°N 附近海域已经消失。南太平洋海域的热含量异常由赤道向副热带海域递减，不过东—西变化模态一直持续到 20°N 附近。在印度洋海域，图 3a 中提到的热含量异常变化模态仅出现在 10°S。

4.2 风场对热含量变化的影响

热含量的变化通常受到海气表面热通量及热平流（辐合/辐散）的影响。很多研究[29,41-42]已经证实，海表热通量主要影响热含量季节尺度上的变化，而热量的水平辐合、辐散则影响更长时间尺度上的热含量变化，所以我们将主要关注热平流的作用。并且，热通量作用似乎不太可能解释次表层海水长期降温或淡化现象。此外，众所周知，ENSO 的周期一般是 3~7 a[43]，从而将西太平洋海域次表层的降温和增暖过程进行一次置换[44]，然而，如表 1 所示，2001—2012 年期间共发生了至少 6 次冷/暖事件，其频率较高，因此也不太可能维持海洋热含量异常的长期变化模态（图 3b）。这些表明，印-太海域 2007 年前后的次表层温盐度的突变极有可能是大气风场异常的结果，通过影响温跃层和密跃层进而影响次表层的温盐度分布。

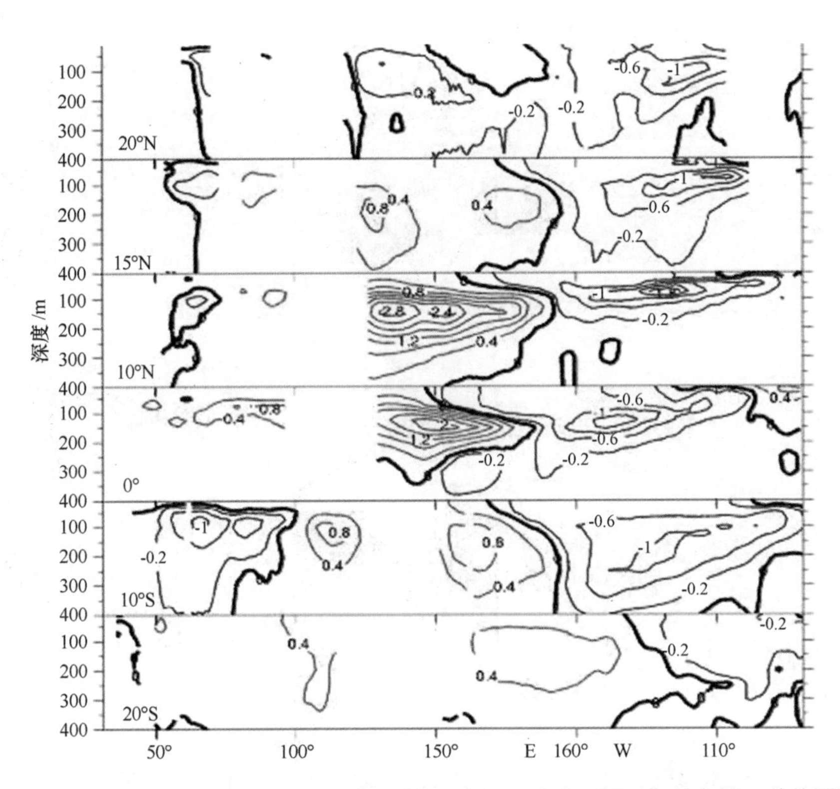

图 5 印-太海域沿赤道、南北纬 10°和南北纬 20°断面温盐度不同时期的变异（其他同图 4）

表 1 2001—2012 年 Niño 指数

年份	月份											
	DJF	JFM	FMA	MAM	AMJ	MJJ	JJA	JAS	ASO	SON	OND	NDJ
2001	−0.7	−0.6	−0.5	−0.4	−0.2	−0.1	0.0	0.0	−0.1	−0.2	−0.3	−0.3
2002	−0.2	0.0	0.1	0.3	0.5	0.7	0.8	0.8	0.9	1.2	1.3	1.3
2003	1.1	0.8	0.4	0.0	−0.2	−0.1	0.2	0.4	0.4	0.4	0.4	0.3
2004	0.3	0.2	0.1	0.1	0.2	0.3	0.5	0.7	0.8	0.7	0.7	0.7
2005	0.6	0.4	0.3	0.3	0.3	0.3	0.2	0.1	0.0	−0.2	−0.5	−0.8
2006	−0.9	−0.7	−0.5	−0.3	0.0	0.1	0.2	0.3	0.5	0.8	1.0	1.0
2007	0.7	0.3	−0.1	−0.2	−0.3	−0.3	−0.4	−0.6	−0.8	−1.1	−1.2	−1.4
2008	−1.5	−1.5	−1.2	−0.9	−0.7	−0.5	−0.3	−0.2	−0.1	−0.2	−0.5	−0.7
2009	−0.8	−0.7	−0.5	−0.2	0.2	0.4	0.5	0.6	0.8	1.1	1.4	1.6
2010	1.6	1.3	1.0	0.6	0.1	−0.4	−0.9	−1.2	−1.4	−1.5	−1.5	−1.5
2011	−1.4	−1.2	−0.9	−0.6	−0.3	−0.2	−0.2	−0.4	−0.6	−0.8	−1.0	−1.0
2012	−0.9	−0.6	−0.5	−0.3	−0.2	0.0	0.1	0.4	0.5	0.6	0.2	−0.3

注：数据来源于 NOAA，National Weather Service，Climate Prediction Center，网址：http：//www.cpc.ncep.noaa.gov/products/analysis_ monitoring/ensostuff/ensoyears.shtml。

图 6 显示的是印-太海域 A 阶段（2001—2007 年）和 B 阶段（2008—2012 年）风应力的多年平均差值（B-A）分布。由图可见，相较 B 阶段，A 阶段热带西太平洋海域上空的信风加强（B 区），南太平洋副热带环流区则盛行反向的东南风（D 区），表明前后两段时间内局地风场的变化对热含量异常的贡献较大。在 B 区和 D 区的风场作用下，赤道和热带海域大量的表层暖水向西移动并积累。基于 Sverdrup 平衡理论，冷水上翻从而降低东太平洋的热含量。此外，在强西北风应力（C 区）的作用下，西边界的暖水又不断被输送到南太平洋，形成如图 3a 中所描述的西太平洋热含量异常，如此，太平洋海域海表风场异常带来的热平流效应可以长期维持该海盆内热含量异常的东—西变化模态。印度洋东南海域（E 区）以及南极绕极流海域（F 区）在强风应力作用下，暖水向东部海域移动，到达东边界后向南北扩展。

风场的作用（Ekman 输送）与很多涉及海面高度及海表动力高度长期变化的研究结果一致。比如，西太平洋信风的年代际增强导致了该海盆 2000 年以前海表高度的升高，而信风的减弱则导致了 2000—2004 年期间海表高度的降低[45—46]。如前所述，风场异常从很大程度上影响了 2001—2012 年的热含量突变。

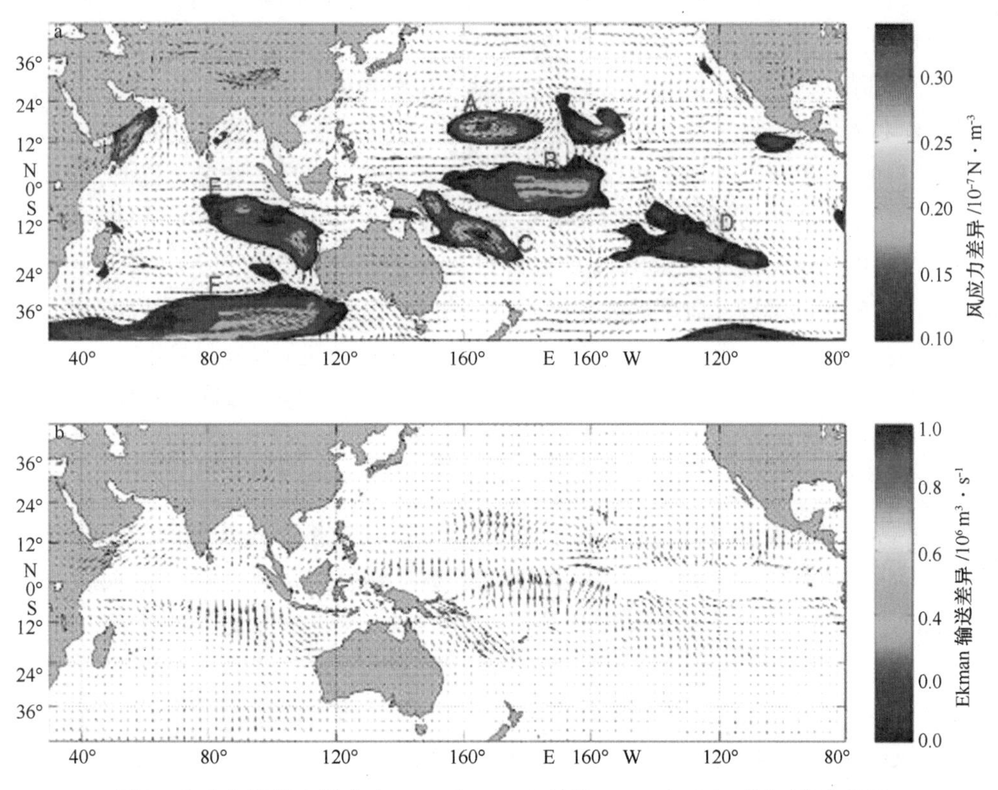

图 6　印太海域海表风应力（a）和 Ekman 输送（b）在两个不同时期的差异

4.3 ENSO 循环中冷暖事件的不对称

许多研究[16,47-48]都提到热含量异常在两个半球的闭合回路（10°~20°N 或者 10°~20°S）。本文强调的是西风异常可以强化向东传播的 Kelvin 波（暖水）以及向西传播的 Rossby 波（冷水），从而为上述的闭合回路提供必要的条件，尤其是在 ENSO 循环期间。同样，我们还发现了印-太海域 10 °N 以及 10 °S 纬度带的热含量异常（图5）。武术等[36]研究指出，ENSO 循环中冷、暖事件的发展并不严格对称。表 1 显示 2001—2007 年期间发生了 3 次暖事件，2007—2012 年发生了 2 次冷事件、1 次暖事件（忽略其中 SST>0.5℃持续时间少于 5 个月的事件），可见，2007 年以前以 El Niño 事件为主，其后则以 La Nina 事件为主。因此，ENSO 冷暖事件的不对称发展，有可能是导致印太海域热含量异常“2007 突变”的另一因素。

5 总结和讨论

本文利用实测的海洋温、盐度剖面资料（主要是 Argo 资料），计算了印度洋-太平洋海域的热含量，并分析了研究海域海洋热含量的多年平均分布及其时空变化特征，还探讨了次表层温、盐变化以及局地风应力在热含量变化中的影响。热带、副热带印度洋和太平洋海域的热含量具有相似的气候态分布特征，但二者的时空变化却有极大的不同。在太平洋海域，热含量具有非常明显的东—西反位相变化特征，且其变化幅度要远远大于印度洋，印度洋海域热含量的较大变化则出现在 10°S 纬度带。不过热含量的时间序列揭示在 2007 年前后，两个海盆的热含量均经历了一次突变，而且两个海盆的次表层温、盐度同样经历了一次突变，甚至可以扩展到热带和副热带地区。进一步研究表明，海洋热含量的这种变化很可能是受到了局地风异常带来的热量异常辐合辐散的影响，从而使得两大海盆的热含量异常可以维持较长的时间。同时，ENSO 循环中冷暖事件的不对称发展也可能在热含量异常的“2007 突变”中起到重要作用。

在年际甚至更长时间尺度下，孟加拉湾和阿拉伯海的热含量变化却很小。虽然已经有许多学者的研究[49-50]涉及到边缘海热含量的季节变化与海气热通量之间的关系，但我们的下一步工作则将会重点关注孟加拉湾和阿拉伯海热含量的季节变化。

致谢：本文的完成首先要感谢各数据集的提供者，包括 JAMSTEC 提供的 MOAA GPV 数据集、NOAA/NCEP 提供的风场数据、美国气候预测中心提供的 Niño 指数资料等；其次，感谢卫星海洋环境动力学国家重点实验室提供的超计算平台（SOED-HPCC）；最后，感谢两位匿名审稿专家给出的审稿意见，他们的宝贵意见使得本文得到了进一步的凝练和提升。

参考文献:

[1] Palmer M D,McNeall D J,Dunstone N J.Importance of the deep ocean for estimating decadal changes in earth's radiation balance[J].Geophysical Research Letter,2011,38(13):L13707.

[2] Shay L K,Brewster J K.Oceanic heat content variability in the eastern Pacific Ocean for hurricane intensity forecasting[J].Monthly Weather Review,2010,138(6):2110-2131.

[3] Antonov J I,Levitus S,Boyer T P.Climatological annual cycle of ocean heat content[J].Geophysical Research Letters,2004,310(310):L04304.

[4] Tozuka T, Yamagata T. Annual ENSO[J].Journal of Physical Oceanography,2003,33(8):1564-1578.

[5] Takahashi K.The annual cycle of heat content in the Peru Current region[J].Journal of Climate,2005,18(23):4937-4954.

[6] Suarez M J, Schopf P S. A delayed action oscillator for ENSO[J].Journal of Atmosphere Science,1998,45(21):3283-3287.

[7] Weisberg R H,Wang C.A western oscillator paradigm for the El Niño-Southern Oscillation[J].Geophysical Research Oceanography,1997,24(7):779-782.

[8] Jin F F.Tropical ocean-atmosphere interaction,the Pacific cold tongue,and the El Niño-Southern Oscillation[J].Climate Change,1996,33(1):121-133.

[9] Jin F F.An equatorial ocean recharge paradigm for ENSO.Part Ⅰ:Conceptualmodel[J].Journal of Atmosphere Science,1997,54(7):811-829.

[10] Jin F F.An equatorial ocean recharge paradigm for ENSO. Part Ⅱ: A stripped down coupled model[J].Journal of Atmosphere Science,1997,54(7):830-847.

[11] Levitus S,Antonov J,Boyer T,et al.Warming of the world ocean[J].Science,2000,287(5461):2225-2229.

[12] Levitus S,Antonov J,Boyer T,et al.EOF analysis of upper ocean heat content,1956-2003[J].Geophysical Research Letters,2005,321(18):109-127.

[13] Luo J,Yamagata T.Long term El Niño-Southern Oscillation(ENSO)-like variation with special emphasis on the South Pacific[J].Journal of Geophysical Research,2001,106(C10):22211-22227.

[14] White W B,Tourre Y M,Barlow M,et al.A delayed action oscillator shared by biennial interannual, and decadal signals in the Pacific Basin[J].Journal of Geophysical Research,2003,108(C3):3070.

[15] Zhang R H,Levitus S.Structure and evolution of inerannual variability of the Tropical Pacific upper ocean temperature[J].Journal of Geophysical Research Oceans,1996,101(C9):20501-20524.

[16] Hasegawa T,Hanawa K.Heat content variability related to ENSO events in the Pacific[J].Journal of Physical Oceanography,2003,33(2):407-421.

[17] Hasegawa T,Hanawa K.Upper ocean heat content and atmosphere anomaly fields in the off-equatorial North Pacific related to ENSO[J].Journal of Oceanography,2007,63(4):561-572.

[18] Willis J K, Roemmich D, Cornuelle B. Interannual variability in upper ocean heat content, temperature,and thermosteric expansion on global scales[J].Journal of Geophysical Research: O-

ceans,2004,109(C12):1000-1029.

[19] Saji N H,Goswami B N,Vinayachandran P N,et al.A dipole mode in the tropical Indian Ocean[J]. Nature,1999,401(6751):360-363.

[20] Shinoda T,Hendon H H,Alexander M A.Surface and subsurface dipole variability in the Indian Ocean and its relation with ENSO[J].Deep Sea Research Part I-Oceanogr Res Pap,2004,51(5): 619-635.

[21] Rao S A,Behera S K,Masumoto Y,et al.Interannual subsurface variability in the Tropical Indian O-cean with a special emphasis on the Indian Ocean Dipole[J].Deep-Sea Research Ⅱ-Top Stud Oceanogr,2002,49(7/8):1549-1572.

[22] Vinu Valsala.First and second baroclinic mode responses of the tropical Indian Ocean to interannual equatorial wind anomalies[J].Journal of Oceanography,2008 64(4):479-494.

[23] Saha S,Moorthi S,Pan H L,et al.The NCEP climate forecast system reanalysis[J].Bulletin of the A-merican Meteorological Society,2010,91(8):1015-1057.

[24] Xue Yan,Balmaseda M A,Boyer T,et al.A comparative analysis of upper-ocean heat content varia-bility from an ensemble of operational ocean reanalyses[J].Journal of Climate,2012,25(20):6905 -6929.

[25] Wu L X,Jing Z,Riser S,et al.Seasonal and spatial variations of Southern Ocean dispycnal mixing from Argo profiling floats[J].Nature Geoscience,2001,4(6):363-366.

[26] Zhou H,Yuan D L,Guo P F,et al.Meso scale circulation at the intermediate depth east of Mindanao observed by Argo profiling floats[J].Science China Earth Sciences,2010,53(3):432-440.

[27] Hosoda S,Ohira T,Nakamura T.A monthly mean dataset of global oceanic temperature and salinity derived from Argo float observations[J].JAMSTEC Report of Research and Development,2008,8 (1):47-59.

[28] Kalnay E,Kanamitsu M,Kistler R,et al.The NCEP/NCAR 40-year reanalysis project[J].Bulletin of the American Meteorological Society,1996,77(3):437-470.

[29] Moon J H,Song Y T.Sea level and heat content changes in the western North Pacific[J].Journal of Geophysical Research:Oceans,2013,118(4):2014-2022.

[30] Hansen J,Nazarenko L,Ruedy R,et al.Earth's Energy Imbalance:Confirmation and Implications[J]. Science,2005,308(5727):1431.

[31] Sverdrup H.Wind-driven currents in a baroclinic ocean; with application to the equatorial currents of the eastern Pacific[J].Proceedings of the National Academy of Sciences of the United States of A-merica,1947,33(11):318-326.

[32] Yin X,Wang Z,Liu Y,et al.Ocean response to Typhoon Ketsana traveling over the northwest Pacific and a numerical model approach[J].Geophysical Research Letters,2007,34(21):21606-21612.

[33] Meinen C S,McPhaden M J.Observations of warm water volume changes in the equatorial Pacific and their relationship to El Niño and La Niña[J].Journal of Climate,2000,13(20):3551-3559.

[34] Klein A S,Soden B J,Lau N C.Remote sea surface temperature variations during ENSO:Evidence for a tropical atmospheric bridge[J].Journal of Climate,1999,12(4):917-932.

[35] 郑冬梅,张启龙.热带印度洋-太平洋热力异常联合模态及其指数定义研究[J].海洋科学进展,

2008,26(1):1-10.

[36] 武术,刘秦玉,胡瑞金.热带太平洋-印度洋上层热含量年际变化的主要模态[J].中国海洋大学学报(自然科学版),2007,37(3):365-371.

[37] Nitta T, Yamada S. Recent warming of tropical sea surface temperature and its relationship to the northern hemisphere circulation[J].Journal of the Meterological Society of Japan, 1989, 67(3):375-383

[38] Mantua H J, Hare S R, Zhang Yuan, et al. A pacific interdecadal climate oscillation with impacts on salmon production[J].Bulletin of the American Meteorological Society, 1997, 78(6):1069-1079.

[39] Minobe S.A 50-70 year climatic oscillation over the North Pacific and North America[J].Geophys Res Lett, 1997, 24(6):683-686.

[40] Zhang Yuan, Wallace J M, Battisti D S.ENSO-like interdecadal variability: 1900-93[J].Journal of Climate, 1997, 10(5):1004-1020.

[41] Cayan D R.Latent and sensible heat flux anomalies over the northern oceans: driving the sea surface temperature[J].Journal of Physical Oceanography, 1992, 22(8):859-881.

[42] Kelly A K.The relationship between oceanic heat transport and sea fluxes in the western North Pacific: 1970-2000[J].Journal of Climate, 2004, 17(3):573-588.

[43] McPhaden M J.Tropical Pacific Ocean heat content variations and ENSO persistence barrier[J].Geophysical Research Letter, 2003, 30(9):1480.

[44] Jin Feifei, An S.Thermocline and zonal advective feedbacks within the equatorial ocean recharge oscillator model for ENSO[J].Geophys Res Lett, 1999, 26(19):2989-2992.

[45] Lee T, Mcphaden M J.Decadal phase change in large scale sea level and winds in the Indo-Pacific region at the end of 20th century[J].Geophysical Research Letter, 2008, 35(1):568-569.

[46] Behera S, Yamagata T.Imprint of the El Niño Modoki on decadal sea level changes[J].Geophysical Research Letter, 2010, 37(23):L23702.

[47] White W B, Meyers G A, Donguy J R, et al.Short-term climatic variability in the thermal structure of the Pacific Ocean during 1979-82[J].Journal of Physical Oceanography, 1985, 15(7):917-935.

[48] Mayer D A, Weisberg R H.El Niño-southern oscillation-related ocean-atmosphere coupling in the western equatorial Pacific[J].Journal of Geophysical Research, 1998, 103(C9):18635-18648.

[49] Iorio D D, Sloan C.Upper ocean heat content in the Nordic seas[J].Journal of Geophysical Research, 2009, 114(114):553-556.

[50] Gordon R S J, Sarah T G, Janet S.Seasonal variability of upper ocean heat content in Drake Passage [J].Journal of Geophysical Research, 2012, 117(C4):C04019.

Variation of Indo-Pacific upper ocean heat content during 2001-2012 revealed by Argo data

WU Xiaofen[1,2], LIU Zenghong[1,2], LIAO Guanghong[1,2], WU Lingjuan[3]

1. *State Key Laboratory of Satellite Ocean Environment Dynamics, Hangzhou* 310012, *China*
2. *Second Institute of Oceanography, State Oceanic Administration, Hangzhou* 310012, *China*
3. *North China Sea Marine Forecasting Center of State Oceanic Administration, Qingdao* 266061, *China*

Abstract: Ocean heat content (OHC) is a major component of earth's energy budget. Based on 12-year (2001-2012) Argo data from Grid Point Value of the Monthly Objective Analysis dataset (MOAA GPV), we estimated the upper layer (0-750 m) OHC in Indo-Pacific Ocean (40° S - 40° N, 30° E - 80° W). Spatial and temporal characteristics of the OHC variability and their probably physical mechanisms are also analyzed. As discussed in this paper, the climatic distributions of the upper layer OHC in Indian and Pacific Oceans have a similar trend and shown a saddle-shape pattern, and the highest OHC value occurred in the north of Arabian Sea. But the variabilities of the OHC in the two oceans are different. The OHC in the Pacific Ocean has an east-west anti-phase variation pattern, while such pattern does not exist in the Indian Ocean. The largest change was appeared at about 10°S in the Indian Ocean. The most interesting phenomenon is that, there was a probably long-term shift for OHC in Indo-Pacific Ocean during 2001-2012. Such variation was coincided with the modulation of the subsurface temperature/salinity. During 2001 - 2007, there was a cooling (freshening) at subsurface (about the entire upper 400 m) in the western Pacific and a warming (salting) in the eastern Pacific, while during 2008-2012, the thermocline deepened in the west but shoaled in the east in Pacific. And there was only cooling (just upper 150 m) and freshening (almost the entire upper 400 m) during 2001-2007 in the Indian Ocean. The thermocline in the Indian Ocean underwent the same variation trend as in the Pacific ocean during 2008-2012. Moreover, such variations appeared from the equator to the tropics and even to the subtropics (~20°N/S) in the two oceans. Finally, this long-term variation of the subsurface temperature/salinity may be caused by the change of the wind field over the two oceans during 2001-2012, and then further caused the OHC variabilities.

Key words: ocean heat content; spatial and temporal variation; wind stress; Argo data; Indo-Pacific Ocean

西太平洋暖池海域上层海洋热盐含量初步研究

杨小欣[1]，吴晓芬[1]，刘增宏[1]

1. 国家海洋局第二海洋研究所 卫星海洋环境动力学国家重点实验室，浙江 杭州 310012

摘要：基于2001年1月—2014年7月期间的Argo温盐剖面资料，利用循环平稳经验正交函数（CSEOF）分解、最大熵谱分析和相关分析等方法，研究了西太平洋暖池海域上层海洋热盐含量的空间分布、季节和年际变化特征，并探讨了其可能的变化原因。结果表明，暖池海域次表层热含量的变化要远远大于表层，盐含量以表层变化为主，次表层变化不大，且热含量受ENSO事件影响较大，而盐含量受ENSO事件的影响并不大，以气候态变化为主；CSEOF分析表明，暖池海域热含量第一模态空间场具有显著的东—西反相位年际振荡，盐含量第一模态则呈正—负—正的三极子变化模态，时间序列显示，热含量在2007年以后伴随ENSO事件经过了3次位相调整，盐含量在2007年以后只经过一次位相调整。进一步分析表明，热含量变化主要受到ENSO、局地风和纬向流的影响，而引起盐含量变化的原因更为复杂，其中纬向流和淡水通量对研究海域盐含量的影响均为正反馈效应。

关键词：热含量；盐含量；CSEOF分析；Argo资料；西太平洋暖池

1 引言

西太平洋暖池海域是全球大洋表层温度最高的海域，也是全球大气运动的主要热源之一，其变化对全球大气和海洋起着十分重要的作用，历来都是大气和海洋科学研究的热点。20世纪80年代以前，海洋和大气环境要素的现场观测资料相当有限，人们无法可靠地对发生在海洋上的众多物理海洋现象进行监测并及时提供预警预报。自

基金项目：卫星海洋环境动力学国家重点实验室自主项目（SOEDZZ1522）；国家自然科学基金委员会青年科学基金项目（41406022，41206022）；科技基础性工作专项项目（2012FY112300）。

作者简介：杨小欣（1990—），男，辽宁省营口市人，硕士研究生，主要从事物理海洋学调查研究。E-mail：yangxiaoxin1@126.com

1985 年开始，国际上组织实施了为期 10 年的热带海洋-全球大气计划（TOGA）及热带海洋全球大气耦合响应试验（TOGA-COARE），以及 1990 年开始的世界大洋环流实验计划（WOCE），同样进行了为期 10 年的全球准同步观测。期间，一些沿海国家也相继开展了许多区域性的专题调查，取得了一批宝贵的海上第一手资料，从而使人们对发生在全球海洋上的热点问题，特别是西太平洋暖池及其上层海洋热盐含量问题（诸如暖池和上层海洋热含量的分布、变化及其相互之间的联系，上层海洋热含量与黑潮、ENSO 等海气相互作用事件间的关系）的分析、研究工作开始活跃起来。

已有的研究表明，在太平洋大尺度海气相互作用事件中，上层海洋热含量比 SST 有更强的敏感性和更大的年际变化[1]，而西太平洋暖池海域临近中国，其上层海洋热含量的变化可影响到其上空的环流特征，对中国的气候变化有很大的影响[2]。上层海洋热含量异常还被广泛应用于揭示 ENSO 事件的动力过程，如科学家们提出的“延迟振子模型”、“西太平洋振子模型”和“充放电振子模型”等理论，认为上层海洋热含量可以作为预报 ENSO 的重要指标之一[3-8]。巢纪平等研究指出，El Niño/La Niña 的海温正负距平起源于暖池次表层温跃层附近，在一定的大气条件下，在赤道沿着温跃层向东向上传输，到赤道东太平洋即传到海洋表层，形成传统观点认为的 El Niño/La Niña 事件[9]；有人又相继提出北赤道流区域异常海温西传是导致西太平洋暖池异常海温变化的重要机制和热带太平洋气旋式海温“信号通道”的概念[10]。赤道西、中太平洋上层纬向流异常也是热含量纬向运移的一个重要动力因素，它们对热含量的纬向运移存在着 4~6 个月的超前影响，西太平洋暖池海域热含量的变化同样也会受到气候的影响，对于暖池热含量的变化机制，有人提出赤道中太平洋海面纬向风应力异常是西太平洋暖池海域热含量纬向运移的一个非常重要的动力因素[11]。

同时，大洋盐含量的年际变化和 ENSO 事件也有着很强的相关性[12]，ENSO 导致的降雨异常会引起盐含量变化，而大的盐含量变化会引起热盐环流的显著变化，而热盐环流的变化则势必会造成显著的热通量和气候变化。有研究指出，在一定的温度范围内增加 1 g/L 盐含量对密度的影响相当于温度降低 3~4℃造成的影响[13]。对于盐含量的变化机制，研究表明，在开阔的大洋内，亚热带海域较大的蒸发量以及两极海域较大的降水量会导致大洋盐含量的变化，同时在风、温度等因素影响下的环流运动造成盐含量的水平运输，这种水平运输在上层几百米是十分迅速且显著的，因此蒸发、降水以及洋流运输都是造成大洋盐含量分布的主要因素[14]。

尽管目前国内外对海洋热含量已经有了丰富的研究成果，但对热含量的估算仍然面临着很大的挑战，如有关观测空白区提出的不同 mapping 方案会带来热含量估算的不确定性[15-16]、观测仪器偏差（尤其是 1966—2000 年 XBT 资料出现偏差）带来热含量估算的不确定性，以及气候态的选取（过去几十年基于船舶观测数据的时空分辨率不足以构造一个好的气候态）所带来的热含量分析误差[17]等问题。同样，由于历史上大面积盐度剖面资料的缺乏，以往对盐含量研究的数据大都采用如 SODA 等海洋同化数据或者采用时空分布不均匀的走航观测拟合所得[18]，且目前对盐含量的研究中都将盐度对体积的积分值近似为盐含量，而未考虑密度的影响等，故盐含量的估算精度、对大范围海洋盐含量分布及其变化特征的研究还十分有限。

2000 年开始的全球 Argo 实时海洋观测网建设给准确估算海盆尺度的海洋热、盐含量带来了难得的机遇。Argo 剖面浮标可以提供全球大洋 $0 \sim 2\,000 \times 10^4$ Pa 水深内的高时空分辨率的温、盐度资料，并于 2007 年 11 月初就已获取了 100 万条温盐度剖面。目前，正以每年 12 万条剖面的速度在不断递增。Argo 资料有效地补充了地球观测卫星所无法获取的海洋次表层信息。Lyman 等研究指出 1955—2002 年期间，由于观测手段的提高，对热含量的不确定值在 Argo 计划实施之后达到了最低值[20]。在研究全球气候变化，特别是深入探讨西太平洋海域上层海洋热盐含量的分布、变化及其与暖池、ENSO 等海洋现象和海气相互作用事件之间的联系，Argo 观测网有着比以往任何一个观测系统更好的时空范围的一致分布[21]。也为更加准确估算海洋上层热盐含量，探讨热盐含量的季节和年际变化特征，深入研究年际尺度上 ENSO 事件与热含量异常的关系及其海气相互作用过程等问题提供了广阔的前景。因此，本文拟利用已经积累了 14 a 的新颖 Argo 剖面资料，探讨西太平洋暖池海域热含量，特别是盐含量的空间分布及季节和年际变化特征。

2 资料来源与分析方法

2.1 资料来源

（1）温、盐度剖面数据来自于日本海洋科学与技术厅（Japan Marine - Earth Science and Technology Center，JMESTC）提供的 2001 年 1 月—2014 年 7 月间利用 Argo 浮标资料制作的逐月客观分析网格化数据集（Grid Point Value of the Monthly Objective Analysis using Argo float data，MOAA GPV）。除了 Argo 浮标数据外，还采用了 TRITON 数据以及 CTD 观测获得的实测数据，并使用最优插值法得到水平分辨率为 $1° \times 1°$ 经、纬度的网格化数据，垂向为 $10 \sim 2\,000 \times 10^4$ Pa 共 25 层，本文选取了西太平洋暖池海域（30°N ~ 20°S，120°E ~ 140°W），120×10^4 Pa 深度以上 7 层（10×10^4，20×10^4，30×10^4，50×10^4，75×10^4，100×10^4，120×10^4 Pa）的温盐度数据，并计算了该海域的热盐含量[22]。

（2）Niño3.4 指数由美国国家海洋大气局（NOAA）气候预报中心（Climate Prediction Center，http：//www.cpc.ncep.noaa.gov/products/analysis_ monitoring/ensostuff/ensoyears.shtml）提供。

（3）海流资料为 HYCOM 模式海流数据，本文选取的研究范围为西太平洋暖池海域（30°N ~ 20°S，120°E ~ 140°W），120×10^4 Pa 深度以上 21 层，水平分辨率为 $1° \times 1°$[23]。

（4）降水量数据 CMAP（CPC Merged Analysis of Precipitation）由 NOAA 地球系

统研究实验室（Earth System Research Laboratory）提供，主要基于 5 颗卫星（即 GPI，OPI，SSM/I scattering，SSM/I emission and MSU）观测提供的实测数据反演所获得的月平均降水量数据，水平分辨率为 2.5°×2.5°[24]。

（5）海表面蒸发量数据来自于伍兹霍尔海洋研的 oaflux 数据集，本文选取的研究范围为西太平洋暖池海域（30°N～20°S，120°E～140°W），水平分辨率为 1°×1°[25]

（5）海表面净热通量数据由美国国家环境预报中心（NCEP）和美国国家大气研究中心（NCAR）提供的 NECP/NCAR 再分析数据，包括海表面感热、潜热、长波辐射、短波辐射等参数，空间分辨率为 2°×2°[26]。

2.2 计算方法

（1）热盐含量水平积分

暖池各标准层热含量（*OHC*）和盐含量（*OSC*）的面积积分为：

$$OHC_h = \int \rho C_p \theta' \mathrm{d}A；\; OSC_h = 0.001 \int \rho S' \mathrm{d}A, \tag{1}$$

式中，ρ 为海水密度，C_p 为定压比热。S'、θ' 分别代表温度异常值，研究范围为西太平洋暖池海域（30°N～20°S，120°E～140°W，0～120×10^4 Pa），我们将研究范围内各个层次上每个经、纬度网格点上的热盐含量值求和并除以相应层次上经、纬度网格点数来近似计算该层次上的热盐含量积分均值，获得西太平洋暖池海域各层次的热盐含量水平积分值，并制作各个层次上热盐含量水平积分均值的逐月时间序列。

（2）热盐含量的垂直积分

西太平洋暖池海域上层海洋热含量和盐含量的垂向积分为：

$$OHC_V = \int_z^0 \rho C_p T \mathrm{d}z；\; OSC_V = 0.001 \int_z^0 \rho S \mathrm{d}z. \tag{2}$$

本文将研究范围内每个经、纬度网格点上的数据沿着深度进行积分，表层热盐含量用 10×10^4 Pa 层数据近似，积分下界取暖池的最大深度 120×10^4 Pa。

（3）CSEOF 分解法

CSEOF 分解法为：

$$T(\vec{r},\; t) = \sum_i PC_i(t) LV_i(\vec{r},\; t), \tag{3}$$

式中，*PC* 为时间系数，*LV* 为空间模态，i 为空间模特的数目。与传统 EOF 分解有所不同的是 LV_i 不独立于时间变量，而是限制在一个嵌套周期（nested period）内，即：

$$LV_i(t) = LV_i(t + d), \tag{4}$$

式中，d 为嵌套周期（本文的 d 取为 12 个月）。该方法的特点是可以体现长周期变化背景下的短周期变化[27-29]。本文利用该方法探讨西太平洋暖池海域热盐含量场的时空变化特征。

3 暖池海域热盐含量的基本特征

3.1 ENSO 期间表层温、盐度分布

西太平洋暖池通常以高温（海表温度大于 28℃）低盐（海表盐度小于 35）为特征。图 1a 呈现了 ENSO 期间暖池海域 10×10^4 Pa 层上 28.5℃等温线分布（图中蓝、绿色为 La Niña 期间的等温线分布，红、棕色为 El Niño 期间的等温线分布，黑色线为气候态等温线分布）。从图中可以看出，在 El Niño 期间暖池海域 28.5℃等温度线东边界明显向东扩张，而在 La Niña 期间则明显向西收缩，且东边界呈双舌状结构，北部热舌在 6°N 附近，在 ENSO 期间扩展和收缩的跨度可达 30 个经度，南部热舌位于 10°S 附近，在 ENSO 期间收缩跨度约 15 个经度，收缩量明显小于北部，而双舌中间的内凹区恰好位于赤道。有研究表明，赤道中太平洋海面纬向风应力异常和赤道西太平洋上层纬向流异常是暖池东边界纬向运移的两个重要动力因素[11]。暖池北边界随 ENSO 事件的变化并不明显，而南边界在 El Niño 期间向北略有收缩，在 La Niña 期间则略有南向扩张。

图 1b 为 ENSO 期间暖池海域 10×10^4 Pa 层上 34.8 等盐线分布（其中线条颜色同图 1a）。由图可见，盐度随 ENSO 事件的变化没有明显的规律。在日界线以东海域，34.8 等盐度线基本呈纬向分布，且无论是在暖事件或冷事件中，其走向基本不变。盐度变化较大的区域位于日界线以西，且南部变化比北部区域更为复杂，可能与该区域位于赤道辐合带附近，有着较强的降水量以及较大的盐含量纬向流运输有关[30-31]。

3.2 各标准层热盐含量变化

我们采用式（1）计算获得了 2001 年 1 月至 2014 年 7 月暖池海域各标准层热、盐含量的区域平均，图 2 和图 3 给出的是 10×10^4 Pa、50×10^4 Pa 和 120×10^4 Pa 层相对气候态的逐年变化（经过 12 个月滑动平均，图中黑色实线表示气候态均值）。2001—2007 年暖池海域表层（10×10^4 Pa）热含量变化主要体现周期为 12 个月的正弦曲线，且各年趋于一致，然而，2007 年以后热含量的波动很大，这可能受到 2007/2008 年、2010/2011 年两次较强 La Niña 事件和 2009/2010 年较强 El Niño 事件的影响[32]。由图 2 还可以看出，暖池海域次表层（50×10^4 Pa 及 120×10^4 Pa）热含量的变化幅度要远大于表层（10×10^4 Pa），这与 20 世纪 90 年代以后的研究结论一致。随着科学界对次表层海温异常研究工作的开展，越来越多的分析[33-34]表明，在年际时间尺度上，海洋变化的最强和最稳定的信号存在于海洋的次表层。由图还可以看出，几次中等强度 La Niña 事件和 El Niño 事件中，各标准层的热含量变化均异于正常年份，而最大的变化出现在 120×10^4 Pa 附近，且次表层（50×10^4 Pa 及 120×10^4 Pa）热含量的变化与表层（10×10^4 Pa）热含量的变化刚好相反，这可能与 ENSO 事件发生初期

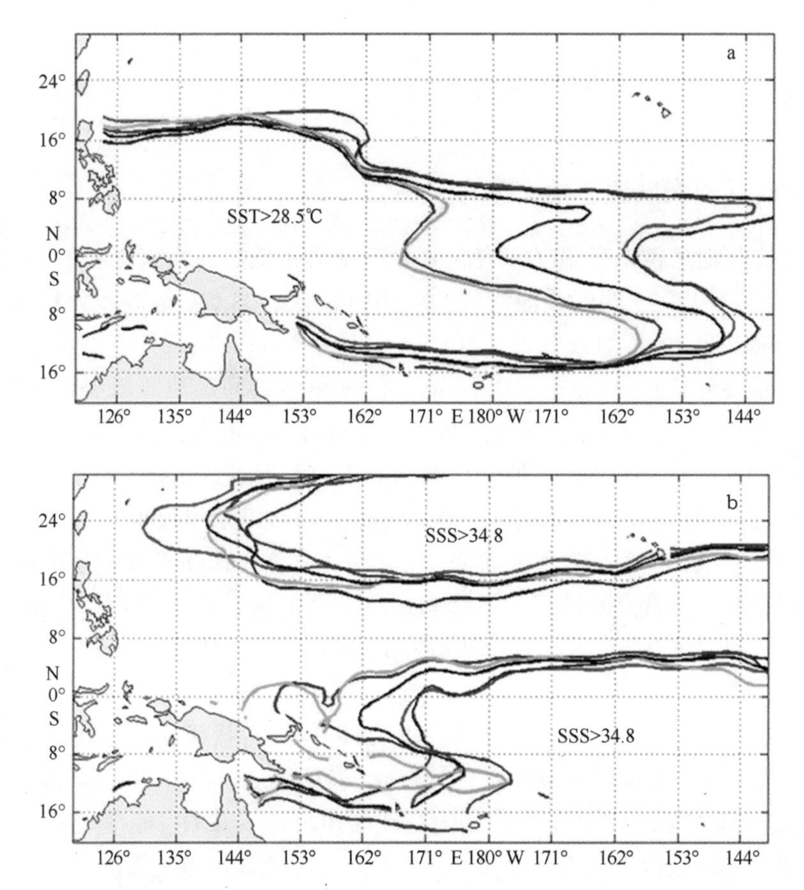

图 1 暖池海域 10×10^4 Pa 层 28.5℃等温线（a）和 34.8 等盐线（b）分布

图中蓝、绿色为 La Niña 期间的等温线分布；红、棕色为 El Niño 期间的等温线分布；黑色线与气候态等温线分布

的正、负异常信号出现在次表层而非表层且沿着温跃层东移有关[33]。

各标准层盐含量的逐年变化相对比较单一，且以短期气候态变化为主要特征（图 3）。与热含量变化明显不同的是，暖池海域表层（10×10^4 Pa）盐含量的变化幅度要远大于次表层（50×10^4 Pa 及 120×10^4 Pa），即由表层向下，盐含量变化的振幅逐渐缩小。由图 3 还可以看出，表层盐含量 2008 年相对于多年平均值有一个大的增长，而且该增长自 2009 年至 2013 年底一直维持在一个较高的水平，50×10^4 Pa 层盐含量的增长要滞后于表层，且幅度要小得多，而 120×10^4 Pa 盐含量在气候态均值左右波动，变化不大。

4 CSEOF 分析

4.1 热含量

采用（2）式计算获得 2001 年 1 月至 2014 年 7 月间西太平洋暖池海域热含量场，

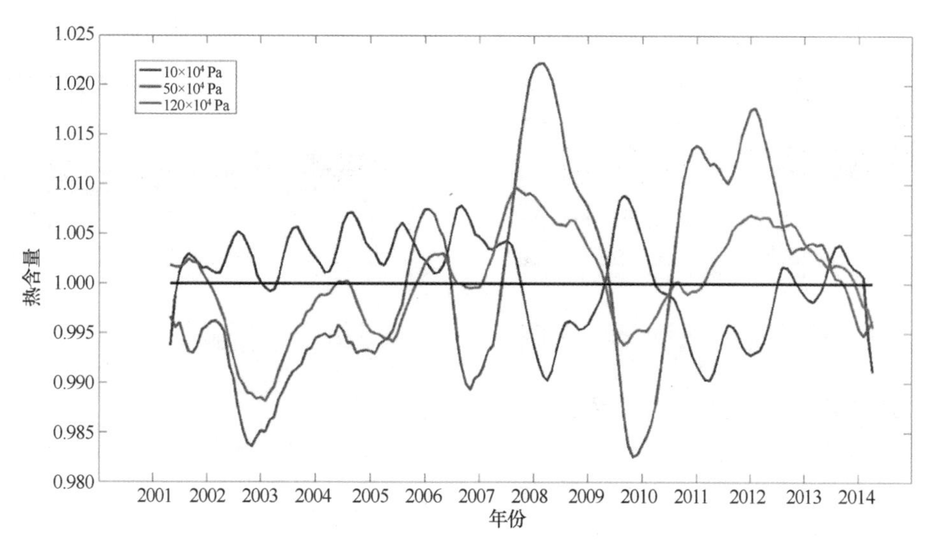

图 2　热含量（无量纲化）在 3 个标准层（10×10^4 Pa、50×10^4 Pa、120×10^4 Pa）上的区域平均逐年变化

经过 12 个月滑动平均，图中黑色实线表示气候态均值

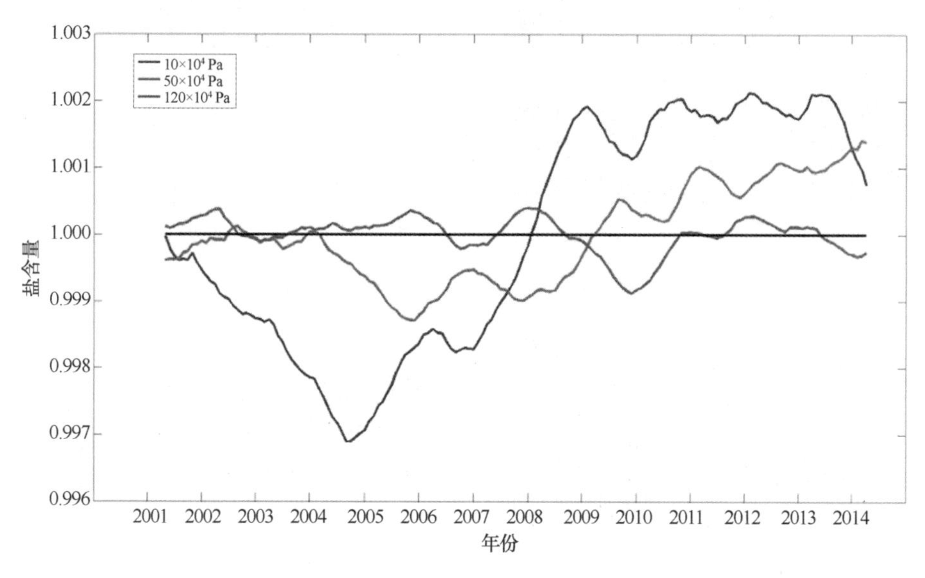

图 3　盐含量（无量纲化）在 3 个标准层（10×10^4 Pa、50×10^4 Pa、120×10^4 Pa）上的区域平均逐年变化

经过 12 个月滑动平均，图中黑色实线表示气候态均值

并对其进行 CSEOF 分解，得到前 3 个模态的方差贡献率分别为 46.57%、10.91%和 8.26%，前两个模态的特征向量已经占据西太平洋暖池海域热含量距平场的 57.49%，体现了该海域的大部分信息，因篇幅所限，本文主要讨论第一模态（图 4）。

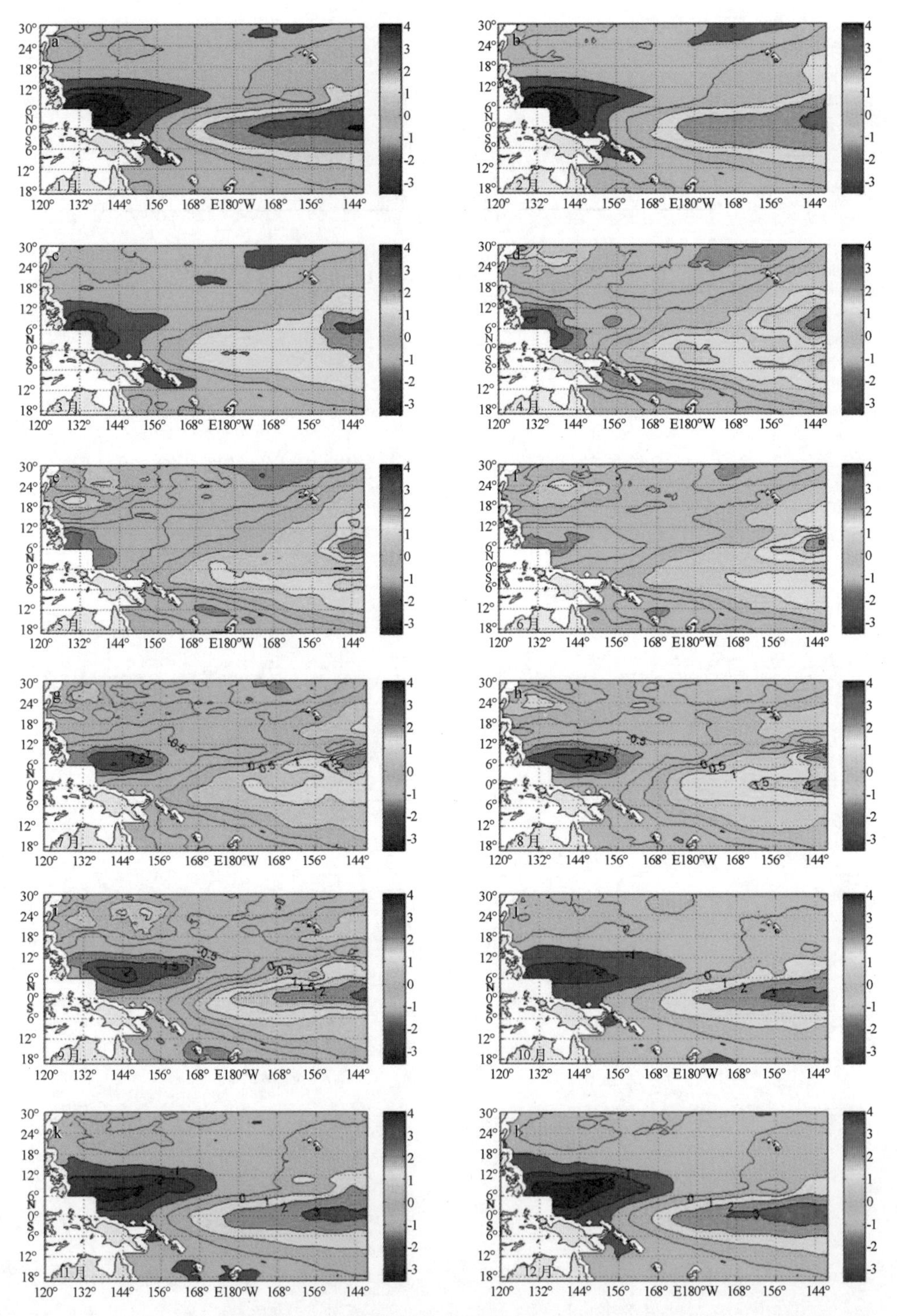

图 4 热含量 CSEOF 分析第一模态空间场（a~l 分别代表 1—12 月）

西太平洋暖池海域热含量变化的第一模态距平场存在着明显的东—西反相位特征，即在0°～12°N，130°～155°E附近海域存在一舌状变异高值区，其主轴约在8°N左右，而在日界线以东海域存在另一舌状变异高值区，其主轴位置约在赤道附近，且二者的极值绝对值大小相当。这种纬向的反相位变化特点表明，当西太平洋暖池海域西部热含量增多时，东部的热含量则减少，反之亦然。此外，图4给出的西太平洋暖池海域0～120×10^4 Pa层海洋热含量1～12个月变化表明，这种东—西反相位变化还具有明显的季节变化特征。冬季（11月至次年2月）强度最大，夏季（5—8月）最小，冬季两变异区极值绝对值增加（强度增大），变异区面积增大，且西变异区向东扩展，东部变异区向西扩展，夏季两变异区极值绝对值减小，变异区面积也缩小，且西变异区向西收缩，东部变异区向东收缩。

CSEOF第一模态时间序列如图5所示，结合空间距平场分布（图4）可以看出，第一模态时间序列达到峰值时空间距平场表现为东高西低的分布特点，而达到谷值时则表现为西高东低的特点，说明西太平洋暖池海域0～120×10^4 Pa层热含量在2007年以后经过了3次调整。此外，利用最大熵谱分析方法对第一模态时间序列进行分析，可知该时间序列具有3 a的振荡周期。

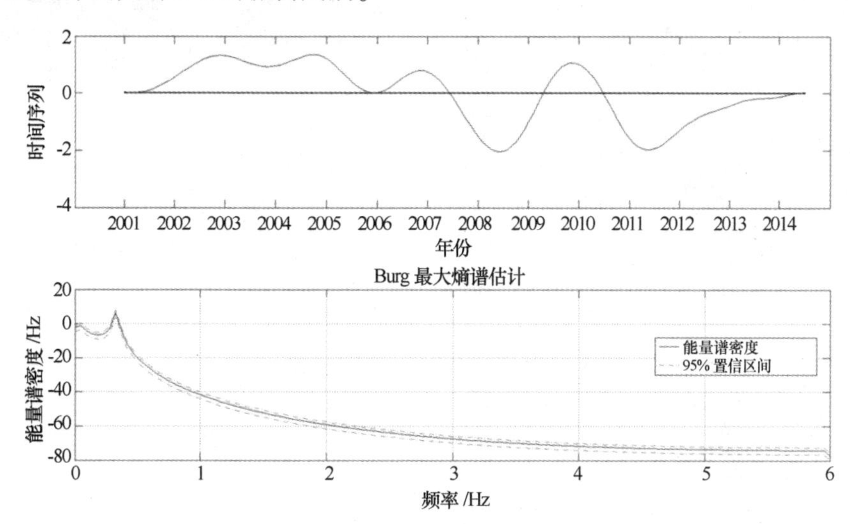

图5　热含量CSEOF分析第一模态时间序列及其最大熵谱分析

4.2　盐含量

盐含量经CSEOF分析得到的前3个模态方差贡献分别为33.14%、21.96%和10.43%，其中前两个模态的特征向量之和为55.1%。图6给出了是西太平洋暖池海域0～120×10^4 Pa层盐含量CSEOF分析第一模态分布。由图6可知，西太平洋暖池海域盐含量由南向北基本呈“正—负—正”的三极子变化模态。其中，研究区域西北海域及南部海域为正值变异区，而在18°N～8°S为负值变异区，且该负值变异区范围

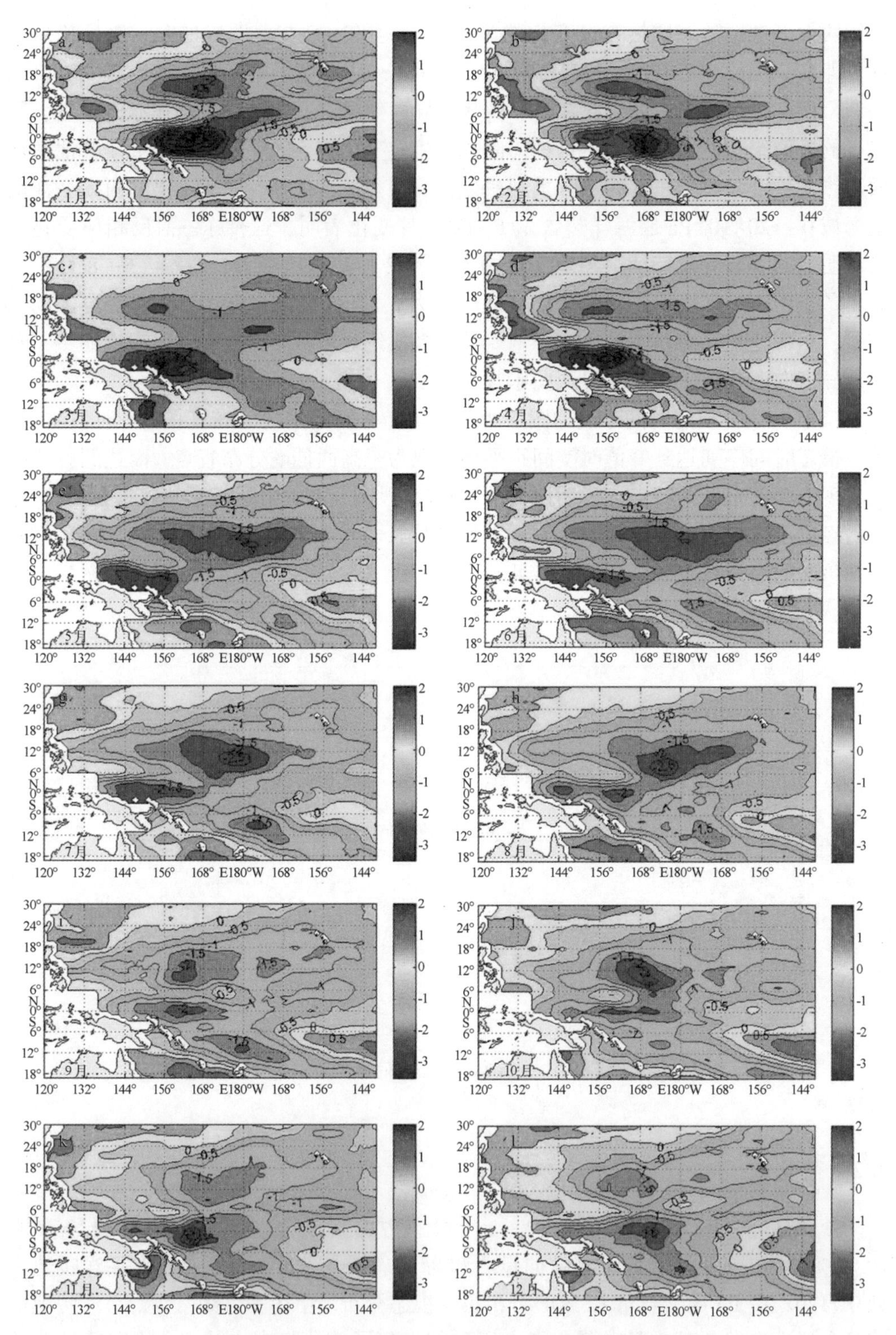

图 6　盐含量 CSEOF 分析第一模态空间场（a~l 分别代表 1—12 月）

自西向东逐渐扩大，并向东北和东南方向延伸，几乎跨越整个热带太平洋海域。此外，负值变异区出现两个极值中心，一个位于赤道偏南海域，另一个位于12°N附近。由CSEOF分解得到的西太平洋暖池海域上层海洋盐含量1~12个月的变化可见，这种三极子变化模态还具有明显的季节性变异，其中，无论是该海域盐含量的增加和减少，还是负值变异区两个极值中心的变化，在冬春季（1—4月）均达到最大强度，夏秋季（9—12月）强度最小。冬春季，负值变异区两个极值绝对值达到最大，南部极值中心逐渐向东南方向延伸直到144°W，因而其极值绝对值减小，面积也缩小；而北部的极值中心则向东南方向延伸，且极值中心也会逐渐向东移动，只是跨度不大，在日界线以西来回振荡。北部正值变异区和南部正值变异区同样在冬春季强度最大，夏秋季强度最小，北部正值变异区面积随季节变化并不明显，但极值中心位置在冬春季向南移动，而在夏秋季向北移动；南部正值变异区面积在冬春季向西北方向扩展，在夏秋季向东南方向收缩。

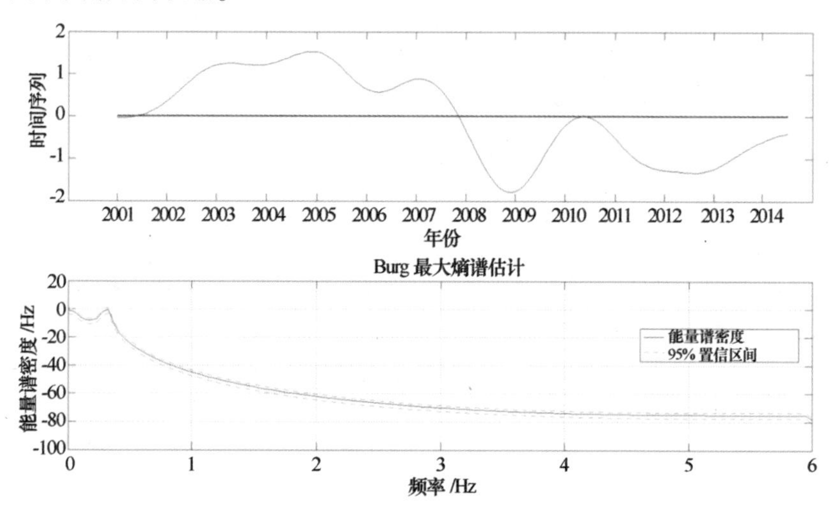

图7 盐含量CSEOF分析第一模态时间序列及其最大熵谱分析

CSEOF得到的盐含量场第一模态时间系数如图7所示，结合空间距平场分布（图6）可以看出，盐含量在第一模态时间序列的峰值时空间距平场表现为南北部高、中部低的分布特点，而在谷值则表现为南北部低、中部高的分布特点，而时间序列表明2007年以后盐含量只经过一次位相调整。利用最大熵谱分析方法对第一模态时间序列进行分析，可知该时间序列同样具有3 a的震荡周期。

5 讨论

从以上分析可以看到，西太平洋暖池海域热盐含量都有着明显的年际变化，其主要周期均为3 a，且存在着明显的季节变化，只不过空间场变化模态有所不同，热含量呈东—西反相位变化，而盐含量呈三极子变化模态。前人的研究表明，热含量的主要变化原因包括海气热通量、水平平流、垂直对流等因素[35]，但在年际变化上主要受到水平辐合辐散的影响[36]；而引起盐含量变化的主要因素有区域性降水、水平平流、垂直对流引起的混合等因素[37]；同时，热盐含量都会受到 ENSO 事件的影响[12,32]。接下来将主要探讨引起西太平洋暖池海域热盐含量变化的可能原因。

5.1 影响热含量变化的可能原因

众所周知，ENSO 的年际变化主要周期为 3~7 a，在 El Niño 期间，中东赤道太平洋的海水增暖，西部海水变冷，La Niña 期间则相反，其对全球大范围气候变化有着重要影响，而 Niño3.4 指数是反映 ENSO 变化的参数之一，为探讨热含量和 ENSO 间可能的关系，我们通过分析西太平洋暖池海域热含量的 CSEOF 第一模态的时间序列和 Niño3.4 指数间的关系，来探讨热含量年际变化与 ENSO 循环之间的关系。

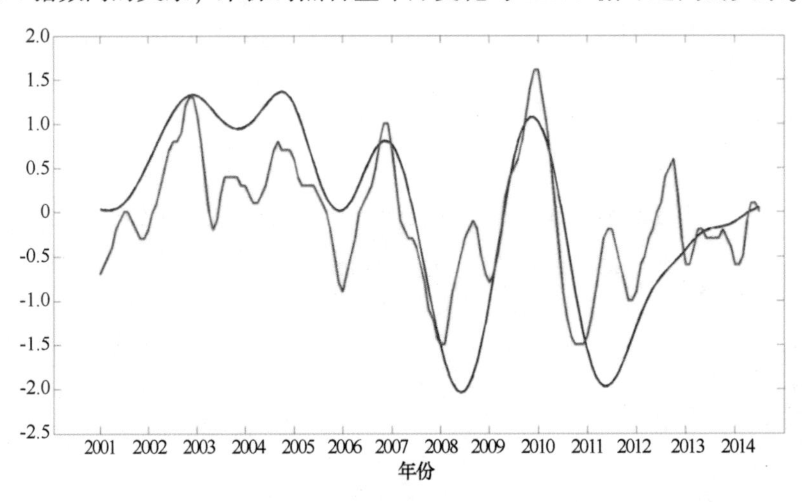

图 8 热含量 CSEOF 第一模态时间序列（蓝色）和 Niño3.4 指数（红色）

图 8 给出了西太平洋暖池海域热含量场 CSEOF 第一模态时间序列与 Niño3.4 指数之间关系。由图可以看出，两时间序列的变化趋势十分接近，通过计算可知两者相关系数为 0.73（通过了置信区间 0.05 的显著性检验）。结合热含量场 CSEOF 第一模态空间场可知，El Niño 期间（如 2010 年），暖池东部海域（与 Niño3.4 区：5°S~5°N，120°~170°W 重叠）呈现热含量正异常，热含量增加，而其西部海域呈现负异常，热含量减少，La Niña 期间（如 2007/2008 年）则相反。前人的研究表明，ENSO 期间海温正、负异常起源于暖池次表层温跃层附近，在一定的大气条件下，该异常信号在赤道附近沿温跃层向东、向上传播，到赤道东太平洋传到海洋表层，形成传统认为的 El Niño/La Niña 事件[9]。图 9 给出的是纬向风异常场与热含量 CSEOF 第一模态时间序列之间的空间相关场，两者相关系数的高值区主要位于赤道带且呈正相关，最大

相关区（$R>0.6$）位于 5°S～5°N，177°E～165°W 区域内，而在亚热带地区两者主要呈现弱的负相关。这也就解释了为什么西太平洋暖池海域热含量 CSEOF 的第一模态空间场出现了东—西反相位变化。正如研究指出，东亚季风的异常爆发与 ENSO 循环之间存在明显的相互作用[11]。El Niño 初期，西太平洋暖池次表层出现温度正异常后，伴随着西风爆发，该异常信号会沿着赤道斜温层向东传递，由于太平洋的温跃层为东西向倾斜，温度异常会由西太平洋次表层（120～200 m）向东太平洋近表层（20～60 m）传播，进而引起 ENSO 事件产生，而在 ENSO 产生之后这种海温异常信号则会沿着 10°～20°N 通道自东向西传播[38]，到达西太平洋后为下一次的 El Niño/La Niña 做准备。也就是说，太平洋次表层异常海温会在太平洋东西部循环出现，而这种海温异常的传播与西太平洋纬向风异常有着密切的联系。

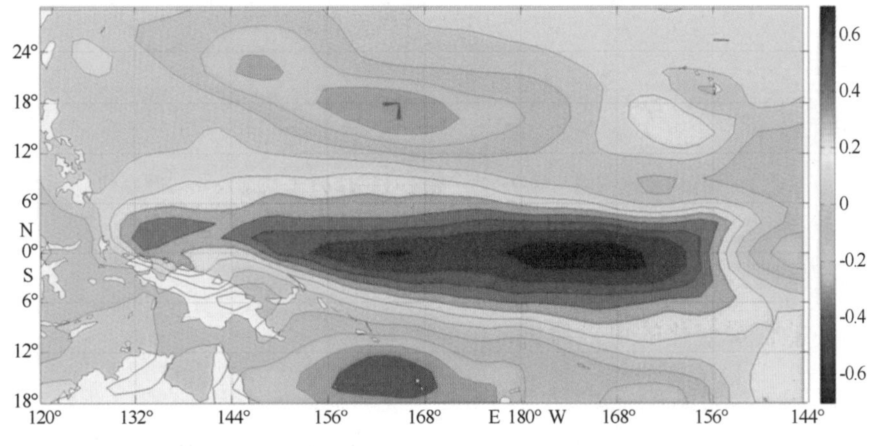

图 9 纬向风异常与热含量 CSEOF 第一模态时间序列相关场

上层海洋热含量随时间的变化还受到海气界面净热通量和平流效应的影响。通过计算海表面净热通量与热含量 CSEOF 第一模态时间序列的区域相关系数（图略）发现，二者相关系数的高值区（$R>0.4$ 和 $R<-0.4$）主要位于赤道南北纬 10°以内，说明海表面净热通量对暖池海域热含量影响较大的区域主要位于赤道带上。许多研究[39—41]同样表明，海面热通量对热含量的影响主要是在季节尺度上，而平流效应在更长时间尺度上对热含量的变化起着重要作用。我们同样分析了暖池海域纬向流对热含量的输送情况。图 10 给出了纬向流对热含量的输送情况及其随时间的变化（上图为纬向流输送量 CSEOF 第一模态 1—12 月均值，下图蓝色实线为其时间序列，红色实线为 Niño3.4 指数）。热含量纬向输送比较好的对应了北赤道流（NEC）、北赤道逆流（NECC）和南赤道流（SEC）[36]，其时间序列显示，在 El Niño 期间，西太平洋暖池海域热含量以东向运输为主，在 La Niña 期间则相反，这与前面所描述的 El Niño 期间热含量呈现东部正异常而在 La Niña 期间呈现西部正异常的特征相符合，因此可以推测，纬向流对热含量的纬向输运是热含量年际变化的影响因素之一。

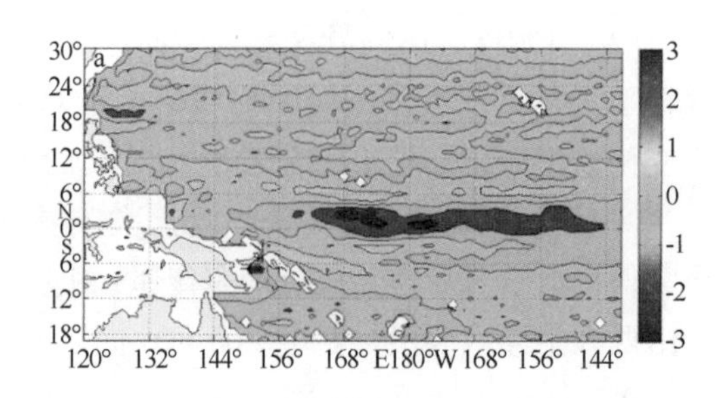

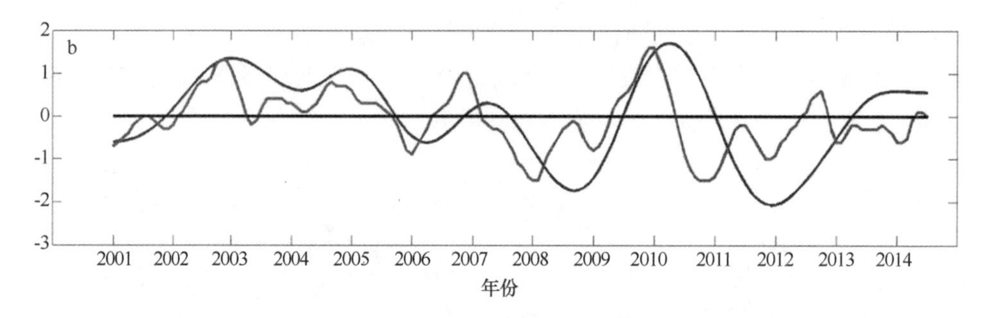

图 10 纬向流输送量 CSEOF 第一模态 1—12 月平均态及其时间序列

a 图为纬向流输送量 CSEOF 第一模态 1—12 月均值，b 图蓝色实线为其时间序列，红色实线为 Niño3.4 指数

5.2 影响盐含量变化的可能原因

目前国内外对大尺度海盆盐含量变化的理论机制研究还十分有限，但已有的针对中小尺度海盆盐含量的研究发现，海流和海表面淡水通量是影响盐含量变化的主要因素[37]。本文给出的盐含量场是通过深度积分计算获得的，因此这里不讨论垂向流的影响。前人研究[42]指出，南太平洋辐合带海表面盐度变化最大（本文分析同样显示该区域是盐含量的主要变异区），且在这片海域内海表面淡水通量主要依赖于降水量的影响，故我们将主要从纬向流和降水两个方面来讨论引起盐含量变化的可能机制，同时探讨盐含量与 ENSO 循环之间可能的联系。

由于目前国内外对盐含量的研究较少，故此参考前人对海表面盐度的研究来探讨可能影响上层海洋盐含量的变化机制。Delcroix 等[42]研究指出，在南太平洋幅合带附近海域，暖池盐度锋将热带太平洋低盐水和高盐水分隔开，而 ENSO 期间南太平洋辐合带上空 Walker 环流和 Hadley 环流上升支的变化会引起该区域的降水量变化，从而会造成盐度锋的年际位移，进而引起海表面盐度分布的年际变化。同时，纬向流的年际变化也会通过辐聚辐散等方式对海表盐度分布造成影响，如在 17°S 的纬向带上，纬向流气候态在 175°E 以东为西向，而在 175°E 以西为东向，这种纬向流的辐聚会加强盐度锋的强度，因此，纬向流异常也会引起海表面盐度的分布变化，纬向流流速的西向异常会领先于盐度锋的西向移动 2~3 个月，而东向异常则与盐度锋的东向移动相一致。在各个因素的作用下，在 El Niño 期间，热带西南太平洋盐度锋西移，而赤道太平洋盐度锋东移，在 La Niña 期间则相反。

首先考察了纬向流对盐含量的输送情况（图略）。3—8 月盐含量纬向输运以西向为主，主要受 NEC 的影响，在 NECC 和 SEC 附近有较弱的东向输送，但输送量较小；9 月至次年 1 月 NEC 的西向输送有着明显的减弱，而 NECC 和 SEC 的东向输送略有加强，且在 12 月份达到最大，但其强度明显弱于夏季最大的西向输送。El Niño 期间，西太平洋暖池海域盐含量以西向运输为主，La Niña 期间则相反，且有研究指出[37]，El Niño 期间西太平洋地转流向西加强。图 6 和图 7 表明，无论是 2007/08 年 El Niño 事件，还是 2010 年 La Niña 事件，总地来说，暖池海域的盐含量都呈负—正—负三极子变化模态，即暖池海域北部和南部区域的盐含量一直是减少的，而其中西部区域盐含量总的趋势则一直是增加的，只是增加的幅度有强有弱，如 2007/08 年暖池中西部海域热含量增加的幅度要大大减小，而 2010 年 El Niño 期间该海域热含量增加的幅度比较大。以上分析表明纬向流对盐含量的影响虽然有限，但仍属于正反馈过程。

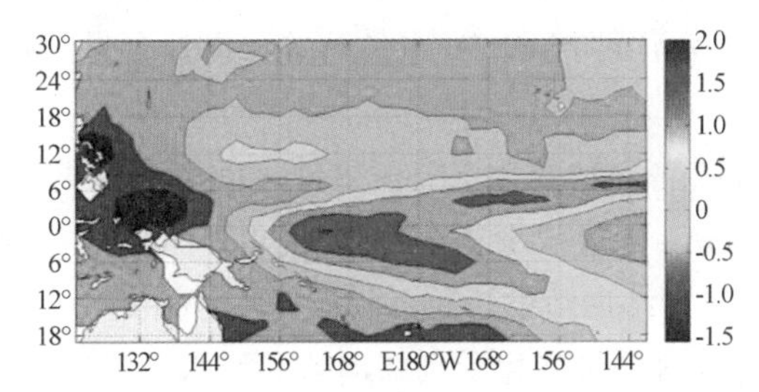

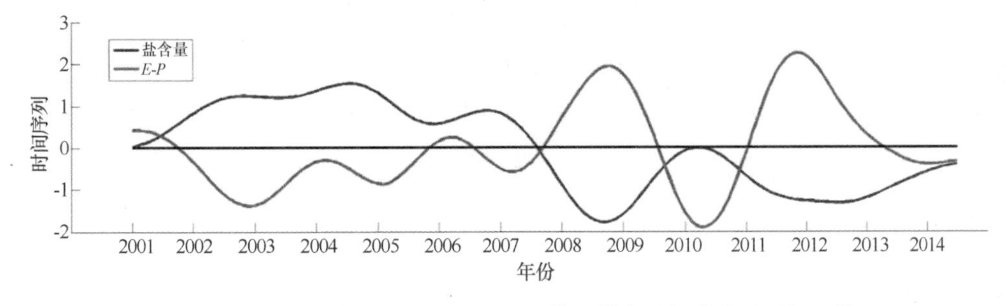

图 11 海表面淡水通量（$E-P$）EOF 第一模态空间分布及时间函数

红线为 $E-P$ 第一模态时间函数，蓝线为超前盐含量第一模态时间系数 6 个月

进一步分析西太平洋暖池海域淡水通量（$E-P$）的年际变异情况（图 11）。淡水通量 EOF 第一模态时间系数显示，淡水通量超前于盐含量 6 个月二者的时间系数相关最大，相关系数可达-0.71，由图 11 可知淡水通量最大变异区位于西太平洋暖池海域中部，并呈现由北向南的负正负三级模式，其空间分布特征与盐含量相似，其中淡水通量呈现正异常时代表海表面失去淡水，负异常则相反。结合淡水通量第一模态空间及时间序列可知，当研究海域中部失去淡水，西北部和南部获得淡水时，而盐含量滞后于淡水通量 6 个月在研究海域中部出现升高，在西北部和南部出现降低。因此可

以推测，海表面淡水通量可能对盐含量有着正反馈作用。

6 结论

本文基于 Argo 资料，利用 CSEOF 分析、谱分析等方法研究了西太平洋暖池海域上层海洋热盐含量的时空变化特征，并探讨了热盐含量的可能变化机制。得到结果如下：

（1）暖池海域次表层热含量的变化要远远大于表层，而盐含量恰好相反，以表层变化为主，次表层变化不大，且热含量受 ENSO 事件影响较大，而盐含量受 ENSO 时间的影响并不大，以气候态变化为主。

（2）西太平洋暖池海域上层海洋热盐含量空间场有着明显的季节和年际变化，其年际变化主要周期都为 3 a；热含量空间场呈现东—西反相位振荡特征，盐含量空间场呈现正—负—正三极子变化模式，且时间序列显示，热含量在 2007 年以后经过 3 次位相调整，且这种年际变化都与 ENSO 事件有关，而盐含量 2007 年以后只经过一次位相调整。

（3）西太平洋暖池海域热含量变化 ENSO 事件之间有着密切的联系。El Niño 期间，西太平洋暖池海域西部热含量减少，东部增加，La Niña 期间则相反；此外，暖池海域热含量还受到局地风和纬向流的影响。

（4）西太平洋暖池海域盐含量变化受到纬向流和淡水通量异常正反馈式的影响。

致谢：感谢许建平老师对本文的指导和帮助，感谢两位审稿人提出的修改意见，极大地帮助了文章的完善，感谢中国海洋大学和国家海洋局第二海洋研究所对笔者的培养。本文所使用的 Argo 资料来自于日本海洋科学与技术厅，是本文研究内容不可或缺的数据基础，在此感谢。

参考文献：

[1] 林传兰．1964—1982 年热带西北太平洋海洋上层热含量的变化特征[J]．热带海洋，1990，9(2)：78-85.

[2] 于淑秋，林学椿．北太平洋海温的气候跃度及其对中国汛期降水的影响[J]．热带气象学报，1997，13(3)：265-275.

[3] Suarez M J, Schopf P S. A delayed action oscillator for ENSO[J]. Journal of Atmosphere Science, 1988, 45(21): 3283-3287.

[4] Weisberg R H, Wang C Z. A western Pacific oscillator paradigm for the El Niño-Southern Oscillation [J]. Geophysical Research Letters, 1997, 24(7): 779-782.

[5] Picaut J, Masia F, Penhoat Y. An advective reflective conceptual model for the oscillatory nature of the

ENSO[J]. Science,1997,277(1):663-666.

[6] Jin F F. An equatorial ocean recharge paradigm for ENSO. Part Ⅰ:Conceptualmodel[J]. Journal of Atmosphere Science,1997,54(7):811-829.

[7] Jin F F. An equatorial ocean recharge paradigm for ENSO. Part Ⅱ:A stripped-down coupled model [J]. Journal of Atmosphere Science,1997,54(7):830-847.

[8] Wang C. A unified oscillator model for the El Niño-Southern Oscillation[J]. Journal of Climate,2001, 14(1):98-115.

[9] 巢纪平．对"厄尔尼诺"、"拉尼娜"发展的新认识[J]. 中国科学院院刊,2001,6:412-417.

[10] 张人禾,巢纪平．对 ENSO 循环机理的一些新认识[J]. 气候与环境研究,2002,7(2):175-183.

[11] 齐庆华,侯一筠,张启龙．赤道太平洋纬向风和流异常与西太平洋暖池纬向运移[J]. 海洋与湖沼,2010,41(3):469-476.

[12] 谢强,李海洋,王东晓．热带太平洋盐含量的年际变化[J]. 海洋科学进展,2009,27(2):155-165.

[13] Broecker W S. The great ocean conveyor[J]. Oceanography,1991,4(2):79-89.

[14] Harvey H W. Recent Advances in the Chemistry and Biology of Sea Water[M]. Britain:Cambridge University Press,1945:164.

[15] Palmer M D,Hanines K. Estimating oceanic heat content change using isotherms[J]. Journal of Climate,2009,22(19):4953-4969.

[16] Lyman J M,Johnson G C. Estimating annual global upper-ocean heat content anomalies despite irregular in situ ocean sampling[J]. Climate,2008,21(21):5629-5641.

[17] Abraham J,Baringer M,Bindoff N,et al. A review of global ocean temperature observations:Implications for ocean heat content estimates and climate change[J]. Reviews of Geophysics,2013,51(3):450-483.

[18] Levitus S. Annual cycle of temperature and heat storage in the world ocean[J]. Journal of Physical Oceanography,1986,16(2):322-343.

[19] 吴晓芬,许建平,张启龙．基于 Argo 资料的热带西太平洋上层热含量初步研究[J]. 海洋预报,2001,28(4):76-86.

[20] Lyman J M,Willis J K,Johnson G C. Recent cooling of the upper ocean[J]. Geophysical Research Letters,2006,33:L18604.

[21] 许建平,刘增宏,孙朝辉．全球 Argo 实时海洋观测网全面建成[J]. 海洋技术,2008,27 (1):68-70.

[22] Shigeki Hosoda,Tsuyoshi Ohira,Tomoaki Nakamura. A monthly mean dataset of global oceanic temperature and salinity derived from Argo float observations[J]. Jamstec Rep Res Dev,2008,8:47-59.

[23] Wallcraft A. Hybrid Coordinate Ocean Model,User's Guide[M]. Miami:University of Miami Press, 2003:76.

[24] Xie P P,Arkin P A. Global precipitation:A 17-year monthly analysis based on gauge observations, satellite estimates,and numerical model outputs[J]. Bulletin of the American Meteorological Society, 1997,78(11):2539-2558.

[25] Yu L, Jin X, Weller R A. Multidecade Global Flux Datasets from the Objectively Analyzed Air-sea Fluxes (OAFlux) Project: Latent and sensible heat fluxes, ocean evaporation, and related surface meteorological variables[M]. Massachusetts: Woods Hole Oceanographic Institution, 2008: 64.

[26] Kalnay E, Kanamitsu M, Kistler R, et al. The NCEP/NCAR 40-year reanalysis project[J]. Bulletin of the American Meteorological Society, 1996, 77: 437-470.

[27] Kwang Y K, Gerald R N. EOFs of harmonizable cyclostationary Process[J]. Journal of the Atmospheric Sciences, 1997, 54: 2416-2427.

[28] Kwang Y K, Wu Q G. A comparision study of EOF techniques: Analysis of nonstationary data with periodic statistics[J]. Journal of the Atmospheric Sciences, 1999, 12: 185-199.

[29] Kwang Y K, Cheng C L. Notes and correspondence on the evolution of the annual cycle in the tropical Pacific[J]. Journal of the Atmospheric Sciences, 2001, 14: 991-994.

[30] Delcroix T, Henin C, Porte V, et al. Precipitation and sea-surface salinity in the tropical Pacific[J]. Deep-Sea Research, 1996, 43(7): 1123-1141.

[31] Reverdin G, Frankignoul C, Kestenare E, et al. Seasonal variability in the surface currents of the equatorial Pacific[J]. Journal of Geophysical Research, 1994, 99(C10): 20323- 20344.

[32] 张启龙,翁学传. 热带西太平洋暖池表层热含量分析[J]. 高原气象, 1999, 18(4): 584-589.

[33] 巢纪平,袁绍宇,巢清尘,等. 热带西太平洋暖池次表层暖水的起源——对 1997/1998 年 ENSO 事件的分析[J]. 大气科学, 2003, 27(2): 145-151.

[34] Qian Weihong, Hu Haoran, Zhu Yafen. Thermocline oscillation and warming event in the Tropical Indian Ocean[J]. Atmosphere-Ocean, 2003, 41(3): 241-258.

[35] 王凡,胡敦欣,穆穆,等. 热带太平洋海洋环流与暖池的结构特征、变异机理和气候效应[J]. 地球科学进展, 2012, 27(6): 585-602.

[36] Wu Xiaofen, Liu Zenghong, Liao Guanghong. Variation of Indo-Pacific upper ocean heat content during 2001-2012 revealed by Argo[J]. Acta Oceanologica Sinica, 2015, 34(5): 29-38

[37] Delcroix T, Gourdeau L, Henin C. Sea surface salinity changes along the Fiji-Japan shipping track during the La Niña and 1997 El Niño period[J]. Geophysical Research Letters, 1998, 25(16): 3169-3172.

[38] 穆明权,李崇银. 西太平洋暖池次表层海温异常与 ENSO 循环的相互作用[J]. 大气科学, 2000, 24(4): 447-460.

[39] Cayan D R. Latent and sensible heat flux anomalies over the northern oceans: Driving the sea surface temperature[J]. Journal of Physical Oceanography, 1992, 22(8): 859-881.

[40] Kelly K A. The relationship between oceanic heat transport and surface fluxes in the western North Pacific: 1970-2000[J]. Journal of Climate, 2004, 17(3): 573-588.

[41] Moon J H, Song Y T. Sea level and heat content changes in the western north Pacific[J]. Journal of Geophysical Research: Oceans, 2013, 118(4): 2014-2022.

[42] Gouriou Y, Delcroix T. Seasonal and ENSO variations of sea surface salinity and temperature in the South Pacific Convergence Zone during 1976-2000[J]. Journal of Geophysical Research: Oceans, 2002, 107(C12): SRF-12.

Preliminary research on upper ocean heat and salt content of the West Pacific warm pool

YANG Xiaoxin[1], WU Xiaofen[1], LIU Zenghong[1]

1. *State Key Laboratory of Satellite Ocean Environment Dynamics, Second Institute of Oceanography, State Oceanic Administration, Hangzhou* 310012, *China*

Abstract: The knowledge of heat and salt budget is crucial to our understanding of global climate change and the coupling between atmosphere and ocean. But, due to the highly disagreement of temporary and spatial distributions of history ship-based observational data in subsurface ocean, biases of different oceanographic instruments, the choice of climatology on heat and salt content anomaly calculation and so on, estimation of the upper ocean heat and salt content had much uncertainty, particularly, the seasonal and inter-annual variations of heat and salt content and their related physical mechanisms have not been researched deeply. Fortunately, after the implementation of global Argo observation program which began in the year 2000, more than 1 million profiles of temperature and salinity with high measurement accuracy and high resolution have been accumulated. Such excellence makes the precisely calculation of upper ocean heat and salt content and the analysis of their variations to be possible. So, based on gridded Argo profile data from January 2001 to July 2014, together with Cyclostationary Empirical Orthogonal Function (CSEOF), Maximum Entropy Method (MEM) and correlation analysis, we studied the spatial distribution and temporal variations of upper ocean heat and salt content (OHC & OSC) in the Western Pacific Warm Pool (WPWP), and the probable reasons of the variations were also discussed. The main results show that variations of the OHC in subsurface region are stronger than that at the surface, which are significantly influenced by ENSO events, whereas the great change of OSC occurs at the surface and displays a quasi-decadal variation. Moreover, CSEOF analysis shows that the main mode of the OHC in the WPWP region has an east－west anti-phase oscillation on inter-annual time scale. while the OSC anomaly has a "positive－negative－positive" triple mode from north to south. According to time series analysis, we found that, after 2007, the OHC had three times phase adjustments which was highly related to ENSO (El Niño－Southern Oscillation) events, but only once for OSC. Finally, the variations of the OHC are closely related to ENSO events, locally zonal wind and zonal currents, while the causes of OSC variation are more complicated. Among the factors, zonal currents and fresh water flux has a positive feedback on OSC change.

Key words: heat content; salt content; CSEOF analysis; Argo data; the Western Pacific Warm Pool

(该文刊于:中国海洋大学学报(自然科学版),2016,46(4):1-12)

热带太平洋混合层盐度季节-年际变化特征研究

黄国平[1,2]，严幼芳[1]，齐义泉[1]

1. 中国科学院南海海洋研究所 热带海洋环境国家重点实验室，广东 广州 510301
2. 中国科学院大学，北京 100049

摘要：基于2004年1月至2013年12月的Argo及卫星遥感等观测数据，运用经验正交函数（EOF）方法分析了热带太平洋混合层盐度（MLS）的时空特征并探讨其物理机制。结果表明：热带西太平洋混合层盐度呈现出明显的递增趋势，南太平洋辐合带（SPCZ）区域尤为显著，而南热带太平洋东部的混合层则有变淡的趋势。在季节时间尺度上，MLS在如下的4个区域呈现显著变化：西太平洋暖池、赤道东太平洋美洲沿岸、赤道辐合带（ITCZ）和SPCZ。利用盐收支方程进一步定量分析了两个代表区域（暖池区和ITCZ区）的MLS变化率及其控制因子，研究发现：暖池区淡水通量长年表现为负值，且随季节变化波动不大。除6、7月份之外，水平平流对MLS变化率均有正的贡献，其峰期出现在10—12月。ITCZ区的淡水通量存在显著季节变化，其下半年的贡献明显大于上半年，水平平流输送和混合层底的夹卷也在11月达到最大。暖池区的盐度变化主要受到水平平流的影响，混合层底的夹卷作用贡献相对较小，而在ITCZ区混合层底的夹卷贡献作用则更为显著。

关键词：Argo；热带太平洋；混合层盐度；盐收支；淡水通量

1 引言

海水温度、盐度是海洋的基本物理要素。海水温、盐空间分布的不均及其随时间变化可以产生梯度流，影响海洋能量物质交换。盐度在混合层的层化效应，是热带海

基金项目：中国科学院战略性先导科技专项（XDA11010203）；国家973计划项目资助（2013CB430301）。

作者简介：黄国平（1990—），男，广西壮族自治区人，硕士研究生，主要从事热带海洋动力学。E-mail：gphuang@ scsio. ac. cn

洋障碍层形成的关键因素[1]，障碍层的形成又可以影响混合层的热量存储和海表温度（SST），这些因素的季节变化通过非线性关系显著地影响厄尔尼诺与南方涛动（ENSO）的变化特征[2—3]。尽管海水盐度在海洋研究中扮演着极其重要的角色，但盐度的研究远少于海温，尤其是基于观测的盐度三维时空分布研究。21 世纪之前，盐度资料主要通过走航现场观测获得，但这些采样相对于浩瀚的大洋其空间分布是极其稀疏的，在时间上也难以做到连续观测。

Delcroix 和 Henin[4]基于船只的桶采表层水初步分析了热带太平洋表层盐度（Sea Surface Salinity，SSS）的季节和年际变化特征，但这些观测仅限于 1969—1988 期间来往于新西兰至日本、塔希提至美国加州、新西兰至夏威夷和塔希提至巴拿马的 4 条航线。随后，Delcroix 等[5]利用志愿船（Voluntary Observing Ship，VOS）的观测数据分析了热带大洋的 SSS 季节变化特征，发现赤道辐合带（Intertropical Convergence Zone，ITCZ）SSS 的季节变化最为显著，贡献了该纬度带 50%以上的方差，却未结合降水和蒸发等因素进一步解释成因机制。

谢强等[6]运用 EOF 方法对 SODA（Simple Ocean Data Assimilation）模式资料中热带太平洋表层和次表层间的盐含量变化特征进行了分析，发现前两个 EOF 模态的时间系数与 Niño 3 指数的相关系数分别为 0. 53 和-0. 56，指出热带太平洋盐含量的年际变化与 ENSO 相关密切。他们选取 El Niño 年份盐含量的 EOF 模态恢复场进行合成以探讨盐含量收支问题，但并没有进一步计算海洋混合层底卷夹效应的贡献。

Hasson 等[7]利用 1990—2009 年期间的观测数据和模式资料讨论了热带太平洋混合层长时间尺度的盐收支。其盐度观测资料仅限于近表层（0~10 m），未能很好地反映真实的 MLS 状况，在讨论盐收支平衡时，没有基于观测数据量化次表层海洋过程对 MLS 收支贡献，而是用观测的盐度时间变化率减去淡水通量和平流贡献。Gao 等[8]利用 ECCO 模式结果计算了西太平洋淡水池（Western Pacific Freshwater Pool）MLS 收支，指出次表层的贡献在该区域尤为重要。在该海域，次表层过程与障碍层厚度存在反位相关系，障碍层对垂向混合与夹卷有重要影响。

局限于大洋三维盐度资料的稀缺和长时间连续观测的困难，前人对热带太平洋上层盐度收支的研究，无论是季节、年际还是年代时间尺度仅能给出定性的描述，难以给出准确的定量结果。地转海洋学实时观测阵（Array for Real-time Geostrophic Oceanographic，Argo）计划始于 2000 年，Argo 计划的实施给开阔大洋观测带来一场划时代的革命，使得海洋环境的时监测得以实现，现已成为全球大洋观测系统（GOOS）、全球气候观测系统（GCOS）、全球海洋资料同化试验（GODAE）和全球气候变异与观测试验（CLIVAR）等大型国际海洋观测计划的重要组成部分。Argo 浮标每隔 10 d 上浮 1 次，能长期地对 0~2 000×10^4 Pa 水深内的海水温盐要素进行实时监测，并把测量的温、盐度剖面资料和位置信息通过卫星传送到建在陆上的接收站。Argo 浮标群可以从水平和垂直上大范围、实时地监测全球各大洋上层状况，为研究大气和海洋提供了前所未有的深广视角[9]。

Argo资料在太平洋混合层深度、上层热含量、温盐分布和水团细化区分的研究已有广泛的应用[10—13]。本文基于Argo和卫星遥感观测数据，分析热带太平洋混合层盐度季节和年际变化特征，并通过盐收支定量的分析重点关注了MLS季节变率的各个控制因子贡献作用。

2 数据和方法

2.1 数据

本文使用的Argo温盐资料来源于Scripps海洋研究所基于客观分析的网格化产品[14]，该数据水平分辨率为1°×1°，垂直从5×10^4～$2\ 000\times10^4$ Pa共58层（详见http：//sio-argo.ucsd.edu/RG_ Climatology.html）。随着Argo计划的不断投入，浮标数量也在逐年增多，本文选取Argo资料时间范围为2004年1月—2013年12月，图1给出了2009年8月Argo浮标在热带太平洋的空间分布，该月份Argo数量接近于这10 a的月平均。

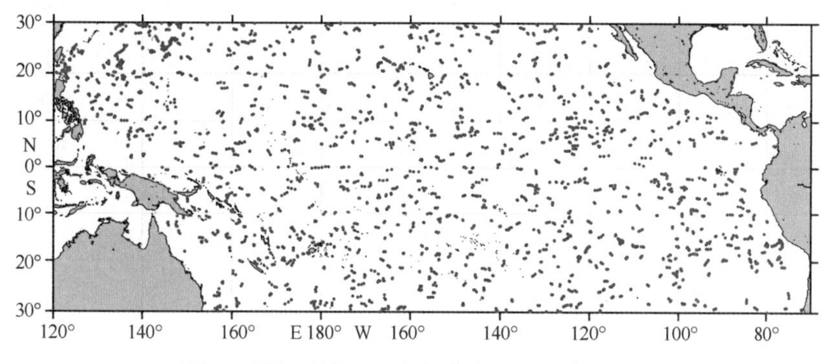

图1 研究区域Argo空间分布（2009年8月）

本文还用到了以下数据：

（1）降水资料：基于卫星的全球降水气候学计划（Global Precipitation Climatology Project，GPCP）降水产品，空间分辨率2.5°×2.5°，为了方便计算混合层盐收支状况，我们使用“三次样条”插值方法将其插值到1°×1°的网格上（详见http：//precip.gsfc.nasa.gov/）。

（2）蒸发资料：来源于美国伍兹霍尔海洋研究所（WHOI）的OAFlux产品，由潜热通量计算得到，水平分辨率1°×1°（详见http：//oaflux.whoi.edu/data.html）。

（3）表层海水水平流场数据：源于美国国家海洋大气管理局（NOAA）的OSCAR（Ocean Surface Current Analyses-Real time）产品[15]，该产品基于卫星高度计及散射仪算得，包括地转流和Ekman流成分，水平分辨率1°×1°（详见http：//

www. oscar. noaa. gov/index. html）。

（4）风场数据：欧洲中期天气预报中心（ECMWF）产品，水平分辨率：1°×1°（详见 http：//apps. ecmwf. int/datasets/data/interim_ full_ mnt）。

以上选取的所有资料集时间分辨率均是月平均的，时间跨度为 2004 年 1 月—2013 年 12 月，共 10 a。

2.2 方法

混合层盐度变化受蒸发降水、水平平流、混合层底部夹卷和扩散因素的控制，盐度收支方程[16]可以写为：

$$\frac{\partial S_m}{\partial t}=\frac{(E-P)S_m}{h}-\vec{v}\cdot\nabla S_m-\frac{w_e\Delta S}{h}+\kappa\nabla^2 S_m, \tag{1}$$

方程（1）左边为混合层盐度的时间局地变化率（以下简称混合层盐度变化率），方程右边各项依次分别代表：淡水通量项、水平平流项、夹卷混合项和水平扩散项。其中，h 是混合层深度（Mixed-layer Depth，MLD），S_m 和 $\vec{v}$ 分别表示混合层内平均盐度和水平速度。混合层盐度（MLS）定义为：$S_m=\frac{1}{h}\int_{-h}^{0}S\mathrm{d}z$。$E$ 和 P 分别代表蒸发和降水量，w_e 是夹卷速度（entrainment velocity）。ΔS 表示混合层底盐度与混合层平均盐度 S_m 之差。κ 代表涡扩散系数（eddy diffusivity），计算结果显示扩散项比其他各项小一个数量级，κ 的选取对于方程的平衡并不敏感，参照 Kawabe[17]的成果，此处选取为 $\kappa=1\ 700\ \mathrm{m^2s}$。

根据 Stevenson 和 Niiler[18]的研究，混合层以下的海水对于 MLS 的影响表现出 Heaviside 阶梯函数的性质，夹卷速度可以表示为：

$$w_e=H(\frac{\partial h_m}{\partial t}+\nabla\cdot h_m\vec{v}), \tag{2}$$

其中，$H(x)=\begin{cases}1, & x\geqslant 0\\ 0, & x<0\end{cases}$ 为 Heaviside 函数。即：当 $w_e>0$（垂直向上）时，混合层底以下的海水进入混合层改变混合层盐度；当 $w_e<0$ 时（称之为 Detrainment），混合层内的盐度不受底层影响。

混合层深度的计算通常采用基于温度或密度阈值的方法[19]。海水密度是温度、盐度和压力的函数，是计算混合层深度的最佳参数，类似于 Kara 等[20]，本文使用密度阈值的方法定义混合层深度，并由网格化的 Argo 温、盐数据计算获得。每个剖面资料的混合层深度定义如下：先基于温盐值（在垂向方向上，线性插值到 1 m）计算剖面垂向各点的位势密度，然后从参考深度位置的密度开始，当位势密度的变化幅度达到给定的阈值，则所对应的深度即为 MLD。此处密度阈值为：

$$\Delta\sigma_t=\sigma_t(T+\Delta T, S, P)-\sigma_t(T, S, P) \tag{3}$$

其中，$P=0$，参考密度面深度为 10 m，考虑到基于卫星观测的 OSCAR 海流仅为一层的近表层海流数据，本文在讨论盐收支时将其代表为整个混合层平均流速，不免有误差。若把混合层定义相对更深，误差可能会更大，所以本文选取 $\Delta T=-0.2$℃。

3 结果分析

3.1 热带太平洋多年平均态要素场分布特征

图 2 给出了多年平均态（2004 年 1 月至 2013 年 12 月）混合层深度和混合层盐度的季节分布。热带太平洋表层混合在冬夏季强盛，春秋季较弱，MLD 的高值区呈现出带状分布，其空间分布具有显著的季节特征。冬季，研究区域 MLD 高值区主要出现在热带太平洋北部（黑潮流域及加利福尼亚流域）。春季 MLD 高值区南移至 10°N 附近的北赤道逆流（NECC）处。较春季而言，夏季 MLD 高值区南移至南半球副热带区域，且混合层深度有了明显增加。秋季，MLD 高值区北迁至 10°S 的太平洋中部，混合层深度有所回落。热带太平洋混合层高盐水长年存在于南北两个副热带环流中心，大致位于（20°～30°N，150 °E～140°W）和（14°～18°S，150°～100°W）区域，基本上不随季节变化而改变。盐度的低值区分布在 ITCZ（8°～12°N）、南太平洋辐合带（South Pacific Convergence Zone，SPCZ）和赤道东太平洋区域，低混合层深度对应着低 MLS 分布，然而高 MLD 却不一定对应着高 MLS。

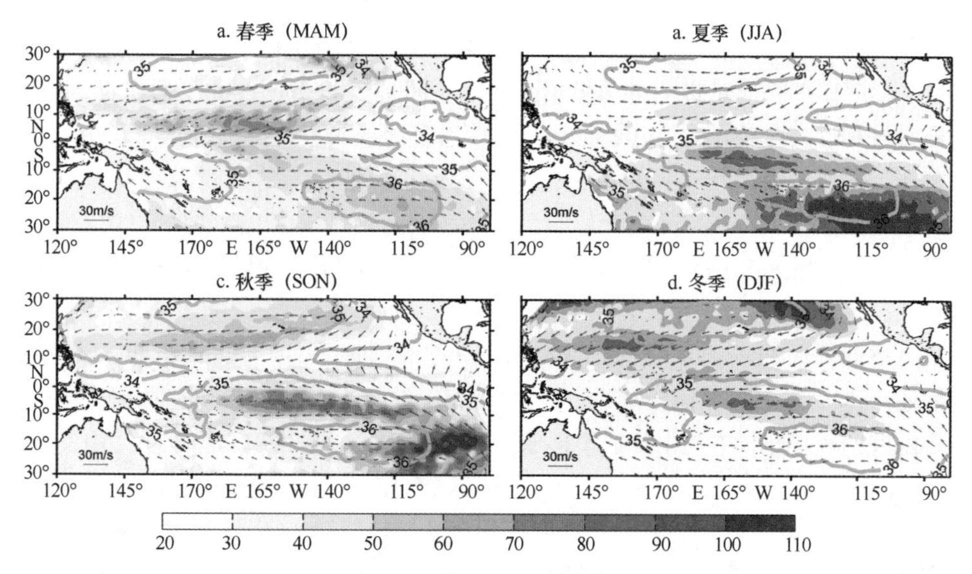

图 2 多年平均态混合层深度和混合层盐度空间分布季节特征

阴影：混合层深度（m）；绿线：MLS 等值线（psu）；箭头：10 m 风速矢量

多年平均态的蒸发减降水（$E-P$）及 OSCAR 表层海流流场季节变化如图 3 所示，西太平洋暖池区、ITCZ 和 SPCZ 降水长年大于蒸发，气候态的 ITCZ 位于 5°～8°N 纬度带，正好是 NECC 所在区域。

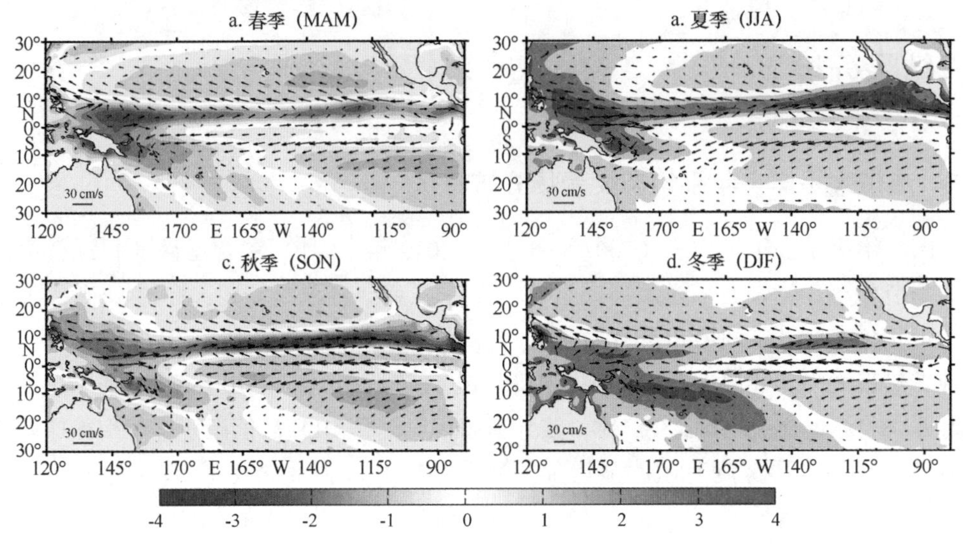

图 3 多年平均态 $E-P$（单位：m/a）和表层海流流场季节分布特征

3.2 混合层盐度的 EOF 分析

将 2004 年 1 月—2013 年 12 月逐月的混合层盐度减去各个月份的平均态后，运用 EOF 方法分解得到的异常场，前 3 个模态解释方差分别为：45.2%，26.6%，16.9%（图 4）。第一模态的空间向量呈两极形，揭示了暖池区与南热带太平洋东部 MLS 呈现东西符号相反的跷跷板式变化特征。第二模态显著区域主要位于西太平洋并呈纬向带状分布，从北至南呈“正—负—正”的变化形态。模态三的空间向量呈多极形态更细致地刻画热带太平洋空间变化形态，显著区域主要分布在黑潮源区、ITCZ、巴拿马西岸和 SPCZ 等，其中南热带太平洋（5°～25°S，145°E～150°W,）存在偶极子状变化特征。

本文重点关注 EOF 方差贡献最大的模态一，将 PC1 与南方涛动指数（Southern Oscillation Index，SOI）作比较（图 5），二者相关系数为 0.76，说明这种东西向的符号相反的跷跷板变化模态与 ENSO 事件密切相关。注意到在 2004 年 1 月至 2013 年 12 月期间，PC1 时间序列存在明显的线性趋势，结合模态一空间分布（图 4a）我们发现：这 10 年热带西太平洋混合层呈现明显的变咸过程，SPCZ 区域尤为显著，而南热带太平洋东部则有变淡的趋势。将太平洋年代际震荡（Pacific Decadal Oscillation，PDO）指数经 1 年时间窗口的平滑处理后与 PC1 作相关，发现二者就有显著的反相关关系，相关系数达-0.88。2005—2009 年和 2009—2012 期间 PDO 从正位相转换为

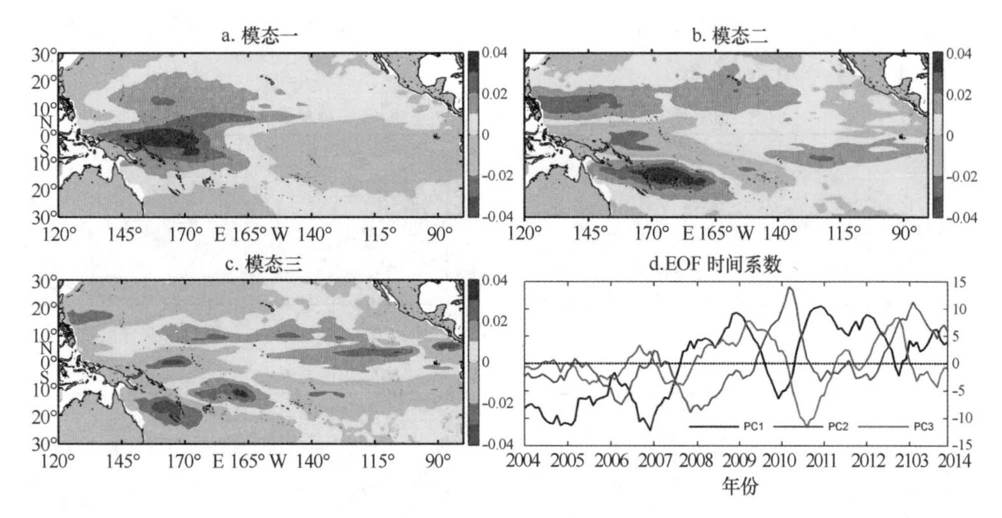

图 4　混合层盐度 EOF 空间模态及时间序列

负位相（图 5 绿色柱），而这两次位相的转换均对应了 PC1 有一个上升趋势。由此可知：西太平洋 MLS 在 2004 年 1 月—2013 年 12 月这 10 年呈现的增大趋势正好处于 PDO 位相的转换期，而东西向的符号相反的跷跷板变化模态与 ENSO 事件密切相关，尤其是 2006 年冬季的 El Niño 事件对西太 MLS 减小有显著的影响。

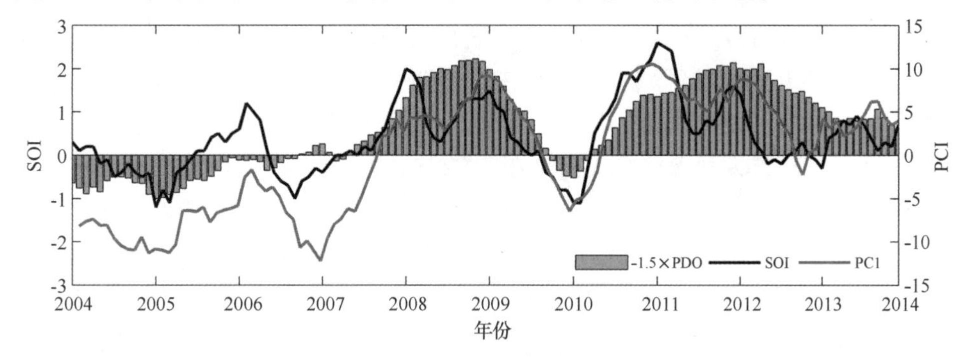

图 5　模态一时间序列、南方涛动指数和 PDO 指数

3.3　混合层盐度季节变化

图 6 给出了 $\partial S_m/\partial t$ 季节平均空间分布。春季，热带太平洋东部混合层盐度变化率呈现出“三明治”结构，混合层变淡中心大概位于（6°～11°N，135°～105°W）。夏季，MLS 变化率呈现出明显的纬向带状结构：太平洋赤道带（2°S～2°N）混合层盐度变化率均为负值，中东太平洋出现以赤道为轴的南北对称变咸带；大量的降水使 ITCZ 所在区域 MLS 呈显著的变淡趋势，一直延至秋季；北热带太平洋东岸有显著的变淡趋势，SPCZ 所在区域则是增咸。秋季，MLS 变化率相对较小，春季热带东太平

洋出现的变淡中心变成了增咸中心。冬季，北热带太平洋 0°~10°N 混合层盐度显著增咸，而 SPCZ 所在海域变淡。

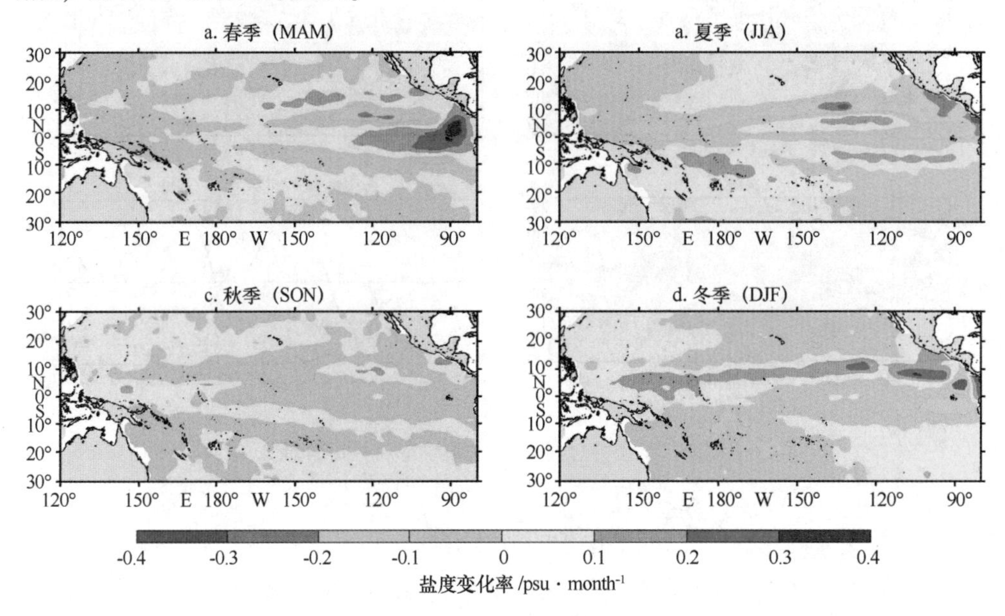

图 6　混合层盐度变化率季节空间分布

利用 Argo 气候态月平均盐数据，我们获得了 MLS 变化率标准差的空间分布（图 7）。MLS 季节变化较强的区域主要分布在热带西太平洋暖池区域、热带太平洋东部美洲沿岸、ITCZ 和 SPCZ 海域，其空间形态与 Hasson 等[7]的结果基本一致。蒸发减降水（$E-P$）的标准差显著区主要出现在 ITCZ、西边界流区、SPCZ 和赤道东太平洋美洲沿岸，这些海域的 $E-P$ 标准差均大于 0.6 m/a，低值区主要位于南北两个副热带环流中心，这些区域与 MLS 标准差分布相似。然而，赤道西太平洋（暖池中心区域）和赤道东太平洋巴拿马沿岸的 MLS 标准差相对其他区域较大，而这两个区域的 $E-P$ 标准差相对其他区域较小。考虑到此海域的 MLS 受特殊地形效应、局地风场强迫和陆地径流影响显著[21]，我们基于的 Argo 数据盐收支分析在近岸海域研究不具优势，且关于径流对混合层盐度的影响不是本文讨论的重点。所以，尽管此处 MLS 季节变率最强，但本文不作详细分析。

图 7 定性地展现 MLS 季节变化与淡水减蒸发（$E-P$）具有密切的关系。为了进一步揭示 MLS 随季节变化过程，选取图 7 所示的 3 个小区域（1~3）分别代表暖池（Warm Pool，WP）、ITCZ 和 SPCZ，计算得到这 3 个区域 $\partial S_m/\partial t$ 逐月变化，结果如图 8 所示。从多年平均态意义上而言，位于北半球的 WP 区域在 3 月初至 9 月底混合层历经变淡的过程，MLS 在 9 月底达到最小值，此后混合层盐度随时间增大，一直持续到次年的 3 月份。相对于 WP 区域，ITCZ 的混合层盐度变化率随季节变化的振幅更强，MLS 在 3 月中旬才开始变小，直至 10 月中旬才增大，这种变化趋势要比 WP 区

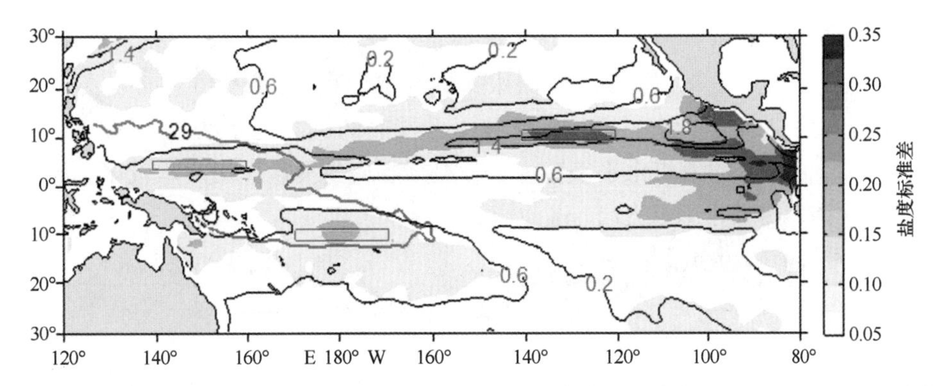

图 7　混合层盐度（绿色阴影；单位：psu）和 $E-P$（等值线；单位：m/a）标准差空间分布

粗红线：多年平均态海表温度 29℃等温线；3 个红色长方形分别为：区域 1（3.5°~5.5°N，139.5°~159.5°E），区域 2（8.5 °~10.5°N，219.5° ~239.5°E），区域 3（9.5°~11.5°S，170.5° ~190.5°E）

域滞后半个月左右。位于南半球的 SPCZ 区域则有相反的变化趋势，春末至秋初混合层盐度变化率为正，其他月份 MLS 则是随时间变小的过程。

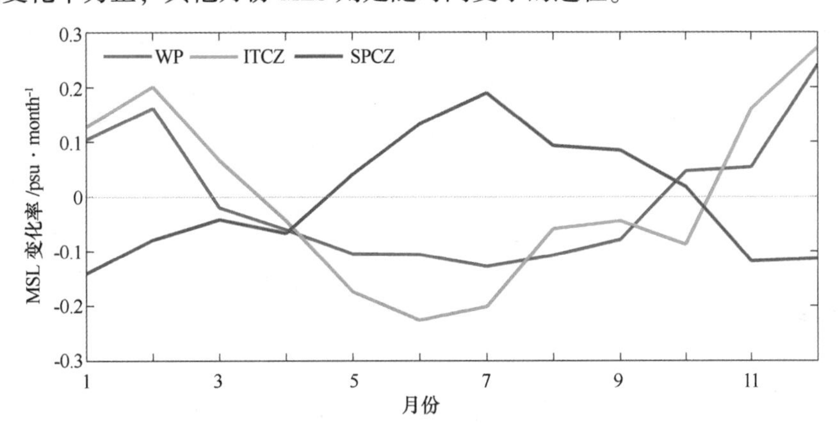

图 8　3 个区域 MLS 变化率的季节变化

3.4　混合层盐收支

Delcroix 等[4]最早指出影响热带太平洋混合层盐度季节变化的主要因素是蒸发降水、水平平流和混合层底部夹卷，而且这些影响因子也存在季节变化。为定量揭示混合层盐度各控制因素的季节变化，我们利用方程（1）探讨区域 1（暖池区）和区域 2（ITCZ）的盐收支。注意到上述的区域 1 和区域 3 均处于气候态暖池区域，且二者具有很好的反位相关系（图 8），这里就不单独讨论区域 3 盐收支。对于区域 1 和区域 2，Argo 观测得到的混合层盐度变化率季节变化与各强迫项之和有较好的一致性（图 9a、b）。暖池区降水大于蒸发，淡水通量长年表现为负值（图 9c），随季节变化波动不大。除 6、7 月份之外，水平平流对 MLS 变化率均有正的贡献，海洋过程（包括水平平流和混合层底的夹卷）主导了区域 1 混合层盐度的季节变化，且在 10—12 月份最为强盛，夏季最弱。区域 2 的淡水通量存在显著季节变化（图 9d），且下半年贡献量明显大于上半年，水平平流输送和混合层底的夹卷也是在 11 月份最为强盛。其中，区域 1 的海洋过程以水平平流为主，混合层底的夹卷作用贡献较小，而区域 2 混合层底的夹卷贡献作用更突出。

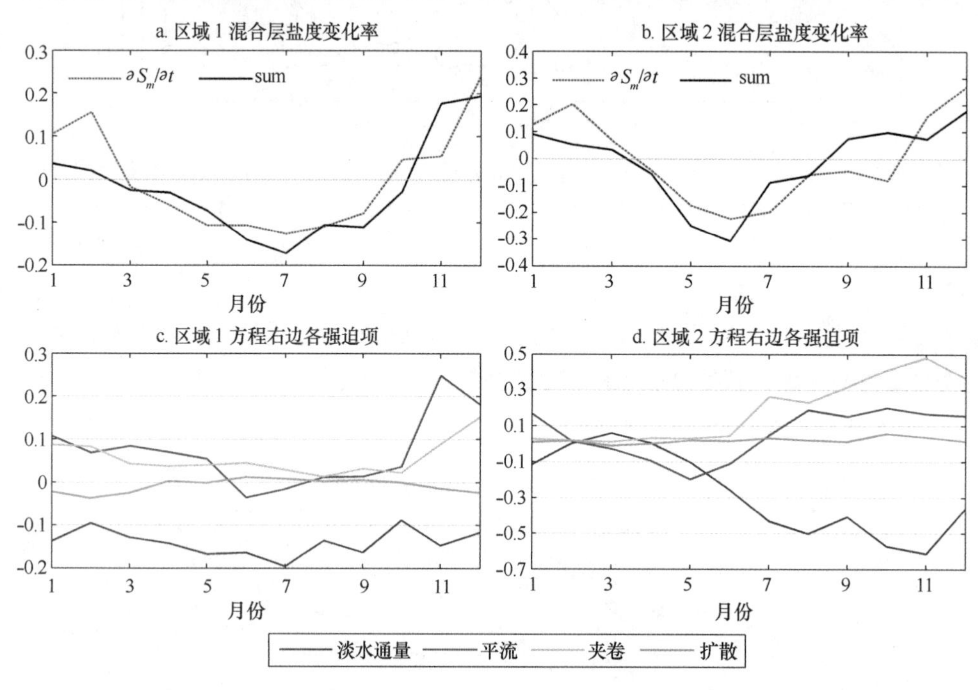

图 9　区域 1 和区域 2 混合层盐度变化率的季节变化及盐收支（单位：psu/month）

图 10 是区域 1 和区域 2 的长时间的盐收支时间序列，黑色虚线表示方程（1）左边的 MLS 时间变化率，绿线是方程（1）右边各项之和（图 10a、b）。从长时间尺度上看，区域 1 的淡水通量强迫贡献完全是在 0 值线以下，没有显著的周期，而区域 2 的则呈现出较明显的年周期且季节变化非常显著。扩散项相对于其他各项要小一个量级，对于方程的平衡影响不大。因此，WP 和 ITCZ 区域长时间的混合层盐收支平衡主要是淡水通量外强迫与海洋过程自身调整的平衡。

为进一步分析水平平流对 MLS 变化率的影响，图 11 给出了研究区域内混合层盐度的水平梯度空间分布及 MLS 水平输送时间序列。阴影部分表示多年平均态混合层盐度梯度，北半球经向梯度以向北为正、南半球向南为负，纬向梯度定义向东为正。比较图 11a、c 可知，热带太平洋混合层盐度经向梯度明显大于纬向梯度。然而，MLS 的平流输送 $-\vec{v}\cdot\nabla S_m$ 既取决于流速大小又取决于水平盐度梯度。从图 11d 可知，这两个区域纬向的水平输送随季节变化均在 0 值线上下波动，整年的贡献基本为 0。事实上，无论是季节还是年际的时间尺度，中纬度对低纬度海域的水平经向盐输送对这两个区域 MLS 正变化率起到主要的贡献作用（图 11b）。

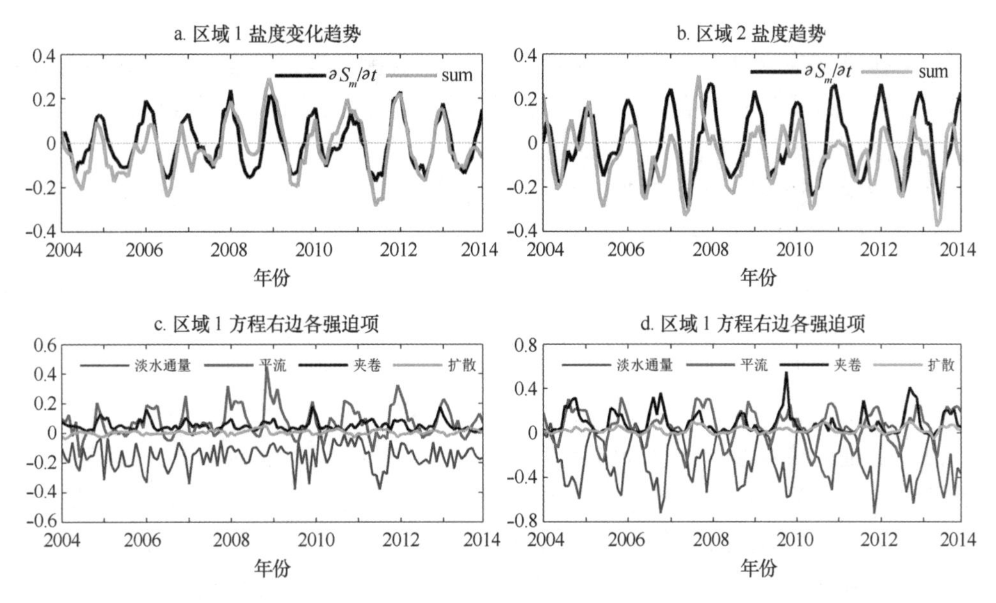

图 10　区域 1 和区域 2 混合层盐度收支时间序列（单位：psu/month）

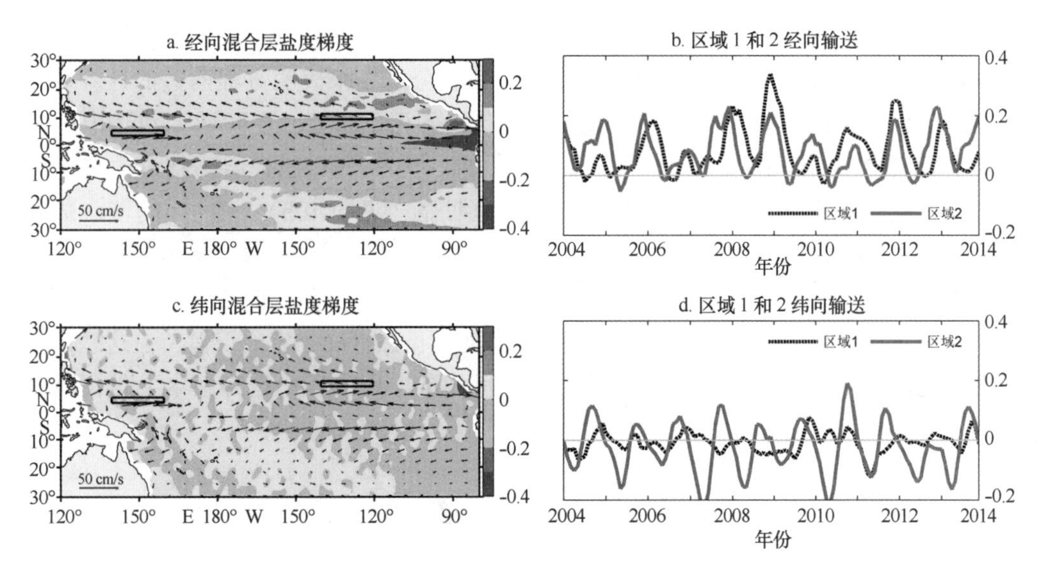

图 11　混合层盐度水平梯度和经纬向平流

MLS 水平梯度：(a) 经向和 (c) 纬向（单位：psu/(°)），箭头矢量为 OSCAR 表层海流；(b) 区域 1 和区域 2 混合层盐度的经向输送 $-v\cdot\nabla S_m$；(d) 区域 1 和 2 的纬向输送 $-u\cdot\nabla S_m$（单位：psu/month）

4 结论与讨论

本文利用2004年1月至2013年12月的Argo观测数据，结合遥感资料和再分析资料，分析了热带太平洋混合层盐度季节-年际时空特征，讨论了混合层盐度变化率的季节变化，并进一步分析了盐收支状况，得到以下结论：

（1）EOF的模态一揭示了暖池区与南热带太平洋东部MLS呈现东西符号相反的跷跷板式变化特征，PC1与南方涛动指数和PDO指数的相关系数分别为：0.76和-0.88。2004年1月至2013年12月期间，热带西太平洋混合层盐度呈现明显增大的趋势，SPCZ区域尤为显著，而南热带太平洋东部混合层则有变淡的趋势。

（2）热带太平洋MLS季节变化显著的4个区域分别位于：西太平洋暖池、赤道东太平洋美洲沿岸、ITCZ和SPCZ区域。

（3）暖池区淡水通量对混合层盐度变化率的贡献长年表现为负值，且随季节变化波动不大，海洋过程（主要包括水平平流和混合层底的夹卷）主导了该区域MLS的季节变化，而ITCZ代表区的淡水通量则存在显著季节变化。其中，暖池区的海洋过程以水平平流为主，混合层底的夹卷作用贡献较小，而ITCZ代表区混合层底的夹卷贡献作用更突出。

（4）MLS收支的定量分析表明：两个代表区域混合层内长时间的盐收支平衡主要是淡水通量外强迫与海洋过程自身调整的平衡。中纬度高盐水对低纬度海域的水平经向盐输送是影响这两个区域MLS变化率的主要原因。

诚然，上述基于方程（1）的混合层盐度收支分析结果表明方程两边的计算基本吻合，但仍然存在一些偏差。产生偏差可能有如下几个原因：在区域1和2内Argo浮标数量较少，空间平均处理产生较大取样误差；以OSCAR近表层（15 m）海流代替混合层整层流速带来的误差，在区域2尤为明显（见图10b）；GPCP的淡水通量（$E-P$）及OSCAR数据在计算区域本身存在误差。此外，混合层深度的偏差也会使结果产生较大影响[22]。尽管Argo、OAFlux的蒸发、GPCP的降水和OSCAR资料这几个数据集对于热带太平洋混合层盐度研究的配套使用仍然存在一定的误差，但这些误差相对于它们揭示的热带太平洋混合层盐度空间分布特征和变化趋势基本上是可以忽略的。

致谢： 程旭华研究员为本文提出了宝贵建议，特此感谢。

参考文献：

[1] Lukas R, Firing E, Hacker P, et al. Observations of the Mindanao Current during the western equatorial Pacific Ocean circulation study[J]. J Geophys Res, 1991, 96: 7089-7104.

[2] Maes C, Picaut J, Belamari S. Importance of the salinity barrier layer for the Buildup of El Niño[J]. J Climate, 2005, 18: 104-118.

[3] Guilyardi E. El Niño-mean state-seasonal cycle interactions in a multi-model ensemble[J]. Clim Dynam, 2006, 26: 329-348.

[4] Delcroix T, Henin C. Seasonal and interannual variations of sea surface salinity in the Tropical Pacific Ocean[J]. J Geophys Res, 1991, 96(C12): 22135-22150.

[5] Delcroix T, McPhaden M, Dessier A, et al. Time and space scales for sea surface salinity in the tropical oceans[J]. Deep-Sea Res, 2005, 52(5): 787-813.

[6] 谢强，李海洋，王东晓．热带太平洋盐含量的年际变化[J]．海洋科学进展，2009，27(2)：155-165.

[7] Hasson A, Delcroix T, Dussin R. An assessement of the mixed layer salinity budget in the tropical Pacific Ocean: Observations and modelling (1990-2009) [J]. Ocean Dynamics, 2013, doi: 10.1007/s10236-013-0596-2.

[8] Gao S, Qu T, Nie X. Mixed layer salinity budget in the tropical Pacific Ocean estimated by a global GCM[J]. J Geophys Res. Oceans, 2014, 119, doi: 10.1002/2014JC010336.

[9] 张人禾，朱江，许建平，等．Argo 大洋观测资料的同化及其在短期气候预测和海洋分析中的应用[J]．大气科学，2013，37 (2)：411-424.

[10] 安玉柱，张韧，王辉赞，等．全球大洋混合层深度的计算及其时空变化特征分析[J]．地球物理学报，2012，55(7)：2249-2258.

[11] 吴晓芬，许建平，张启龙，等．基于 Argo 资料的热带西太平洋上层热含量初步研究[J]．海洋预报，2011，28(4)：76-86.

[12] 张春玲，许建平．基于 Argo 观测的太平洋温、盐度分布与变化（Ⅰ）：温度[J]．海洋通报，2014，33(6)：647-658.

[13] 许建平，刘增宏，孙朝辉，等．利用 Argo 剖面浮标研究西北太平洋环流和水团[G]//许建平. Argo 应用研究论文集．北京：海洋出版社，2006：1-15.

[15] Bonjean F, Lagerloef G S E. Diagnostic model and analysis of the surface currents in the tropical Pacific Ocean[J]. J Phys Oceanogr, 2002, 32(10): 2938-2954.

[14] Roemmich D, Gilson J. The 2004-2008 mean and annual cycle of temperature, salinity, and steric height in the global ocean from the Argo Program[J]. Progress in Oceanography, 2009, 82: 81-100.

[16] Dong S, Garzoli S L, Baringer M. An assessment of the seasonal mixed layer salinity budget in the Southern Ocean[J]. J Geophys Res, 2009, 114: C12001.

[17] Kawabe M. Vertical and horizontal eddy diffusivities and oxygen dissipation rate in the subtropical northwest Pacific Niño[J]. Deep-Sea Res, Part I, 2008, 55: 247-260.

[18] Stevenson J W, Niiler P P. Upper ocean heat budget during the Hawaii-to-Tahiti shuttle experiment [J]. J Phys Oceanogr, 1983, 13: 1894-1907.

[19] de Boyer Montégut, Madec C G, Fischer A S, et al. Mixed layer depth over the global ocean: An examination of profile data and a profile-based climatology[J]. J Geophys Res, 2004, 109: C12003.

[20] Kara A B, Rochford P A, Hurlburt H E. An optimal definition for ocean mixed layer depth[J]. J Geophys Res, 2000, 105(C7): 16803-16821.

[21] Alory G, Maes C, Delcroix T, et al. Seasonal dynamics of sea surface salinity off Panama: The far Eastern Pacific Fresh Pool[J]. J Geophys Res, 2012, 117: C04028.

[22] Ren L, Riser S C. Seasonal salt budget in the northeast Pacific Ocean[J]. J Geophys Res, 2009, 114: C12004.

Seasonal and interannual variability of mixed layer salinity in the tropical Pacific Ocean

HUANG Guoping[1,2], YAN Youfang[1], QI Yiquan[1]

1. *State Key Laboratory of Tropical Oceanography, South China Sea Institute of Oceanology, Chinese Academy of Science, Guangzhou* 510301, *China*

2. *University of Chinese Academy of Sciences, Beijing* 100049, *China*

Abstract: Based on Argo profiles and satellite remote sensing data during January 2004 to December 2013, the seasonal and interannual variability of mixed layer salinity (MLS) in the Tropical Pacific Ocean have been analyzed by using empirical orthogonal function (EOF) method, and the physical mechanisms are also discussed. The results show that MLS of western tropical Pacific Ocean decreased while increased in the east of southern tropical Pacific Ocean during the period of this research. Significant seasonal variability were found in 4 regions: (1) The western Pacific warm pool, (2) The eastern tropical Pacific, (3) the inter-tropical convergence zone (ITCZ), (4) the south Pacific convergence zone (SPCZ). The MLS budget in two typical regions is investigated by a salinity budget function, which represents warm pool (WP) and ITCZ region. Within an annual cycle, the rainfall is larger than the evaporation in WP region, implying a negative freshwater flux forcing with a subtle variation. Apart from June and July, horizontal advection has a positive effect on the local MLS, and reaches its peak stage during October to December. The freshwater flux has a strong seasonal cycle in the ITCZ region, and its value in the first year is obviously larger than the second year. In addition, ocean dynamic attends its maximal value at November, which contains horizontal advection and entrainment. Horizontal advection dominants the seasonal cycle of MLS in the WP region, and the entrainment in ITCZ is more significant than WP region.

Key words: Argo; tropical Pacific Ocean; mixed layer salinity; salinity budget; freshwater flux

(该文刊于:热带气象学报,2016,32(2):219-228)

西北太平洋海洋温度锋生与锋消机制的初步研究

赵宁[1]，韩震[1,2*]，刘贤博[1]

1. 上海海洋大学 大洋渔业资源可持续开发省部共建教育部重点实验室，上海 201306
2. 上海海洋大学 海洋科学学院，上海 201306

摘要：海洋锋面区域对气候变化以及海气耦合作用的影响非常显著，通过分析其形成机制，可以帮助进一步了解海洋与大气的相互作用过程以及其物理过程。利用 Argo 数据、NCEP/NCAR 再分析数据和遥感风场数据对西北太平洋的混合层温度与温度锋面的变化机制进行了研究。基于海洋混合层的热量收支模型，发现在北太平洋区域的海洋混合层温度主要受到净热通量控制，同时还存在一个季节变化明显的温度锋面。9—2 月为温度锋面加强时期，3—4 月温度锋面变化不明显，而 5—8 月温度锋面则迅速减弱。根据研究，该温度锋面的加强与减弱主要是由于净热通量的南北差异造成的，而在净热通量中则以短波辐射通量与潜热通量为主要影响因子。

关键词：西北太平洋；海洋混合层；海洋温度锋；锋生；锋消

海气交界面的热量交换对气候变化与海气耦合作用有着至关重要的影响。早期的海洋的热量收支研究通常采用一维模型[1-2]。Qiu 与 Kelly[3] 在研究中，建立了二维的混合层模型，其中平流项由埃克曼平流与地转流构成。Moisan 与 Niiler[4] 则在研究中利用连续性方程与热量守恒方程推导出了混合层垂向平均的二维热量收支方程。2004 年，Dong 和 Kelly[5] 在研究中改进了 Qiu 与 Kelly[3] 在 1993 年引入的二维混合层模型，并评估了墨西哥湾流区域的热量收支情况，结果表明在受到湾流影响的区域，相较于净热通量，地转流对混合层的热量收支影响更大。

海洋温度锋是海洋中不同水团之间海水温度急剧变化的区域。大面积的海洋锋面区域通常被认为是海洋表层动量与热通量驱动所致[6]。20 世纪 80 年代早期，研究者

基金项目：国家发改委卫星高技术产业化示范工程项目（2009214）；国家科技支撑计划（2013BAD13B00）。

作者简介：赵宁（1988—），男，江苏省南京市人，硕士，主要从事海洋遥感研究。E-mail：343599711@qq.com

* **通信作者**：韩震（1969—），男，山东省德州县人，教授，博士，主要从事海洋遥感研究。E-mail：zhhan@shou.edu.cn

们利用遥感数据，开展了对大面积海域的海洋锋研究[7-8]。锋面的判断标准通常会根据研究区域的不同而有所不同，如 Kazmin 与 Rienecker[6]采用的 $\left|\frac{\partial T}{\partial y}\right|$ 以及 Park 等[9]采用的 $|\nabla T|$ 等。考虑到锋面的变化通常与海表层的动量与热通量相关，Kazmin 与 Rienecker[6]利用了一个简化的混合层模型来分析锋面强度的变化机制。Qiu 与 Kawamura[10]在对北太平洋温度锋消研究中也提到了需用混合层模型来对温度锋生与锋消机制进行定量研究。目前，对海洋温度锋的研究大多集中于锋面的时空变化，而对锋面的锋生与锋消机制研究还较少。因此，本研究以 Argo 数据、NCEP/NCAR 再分析数据以及遥感风速数据为基础，建立海洋混合层热量收支方程，对西北太平洋海域内海洋混合层热量收支以及海洋温度锋变化机制进行了研究。

1 数据与方法

1.1 数据

本文选取的数据为国际太平洋研究中心/亚太数据研究中心（International Pacific Research Center/ Asia-Pacific Data-Research Center）提供的 2005—2012 年的 Argo 历史数据（Climatology dataset）、美国环境预报中心（NCEP）和国家大气研究中心（NCAR）联合开发的 NCEP/NCAR 再分析数据以及 Remote Sensing Systems 组织提供的 QuikScat/Ascat 卫星遥感风场数据。

Argo 历史数据中包含了月平均的海水温度与盐度数据（水平分辨率为 1°×1°、垂向为 27 层）。而 NCEP/NCAR 再分析数据为日平均数据且采用了不等距的高斯网格。因此，在计算时，我们利用双样条线性插值法，将再分析数据以及风场数据插值到 1°×1°网格上。最后，将所有数据按月进行长年平均，得到最终的月平均数据。

1.2 研究区域

我们选择的研究区域为西北太平洋开阔的大洋区域（135°~170°E，15°~35°N）。该区域存在两股洋流系统，分别为黑潮续流（Kuroshio Extension）与亚热带逆流（Subtropical Countercurrent），并形成了一个存在明显季节性变化的温度、密度锋面，称为亚热带锋（Subtropical Front）[11-12]。

混合层的判定方法有很多，依据研究目的不同而分类众多，可以大致分为：梯度法、温度差法与密度差法等[13-15]。本研究采用基于动态密度差的混合层深度（Mixed Layer Depth，MLD）判别法。密度差可以通过下式给出：

$$\Delta\sigma_T = |\sigma(T + \Delta T, S, P) - \sigma(T, S, P)|, \tag{1}$$

其中，$\sigma_T=\rho_s-1\,000$ 为基于温度计算的密度；T 为参考深度的温度（10 m）；ΔT 为给定的温度差值（本研究取 0.5℃）；S 为参考深度的盐度，P 为压力（取 0），ρ_s 为海水密度。各区域的混合层所在深度的密度可通过 $\sigma_{MLD}=\sigma_{MLD}+\Delta\sigma$ 计算得出。此外，我们根据混合层的性质，假设海水在混合层中处于充分混合的状态，因此混合层温度（Mixed Layer Temperature，T）可以由混合层内的海水温度的垂向平均值表示。

通过选取 1 月、4 月、7 月与 10 月作为 4 季的代表月份，图 1 表示了研究区域的混合层温度以及混合层深度的季节性变化。我们发现该区域混合层深度较浅，年间深度均小于 100 m。冬、春两季，研究区域的北部与南部的混合层深度均较中部区域深，夏、秋两季则显示出北浅南深的现象。

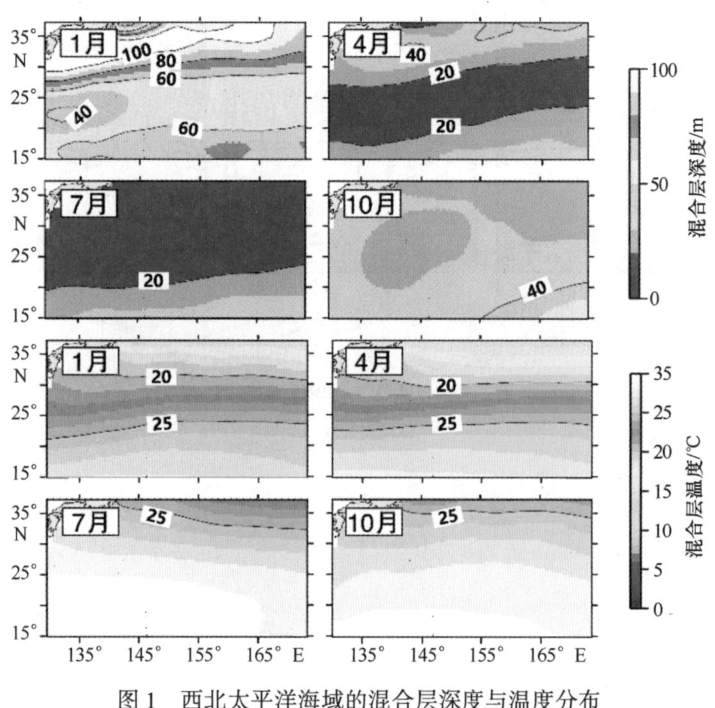

图 1 西北太平洋海域的混合层深度与温度分布

由于地处亚热带区域，该区域的全年混合层温度都较高，且大部分区域的温度大于 20℃。冬、春两季，在 20°~30°N 之间，混合层温度随纬度的变化梯度很大（即，温度锋面），而在夏、秋两季并不明显。根据研究区域温度大致沿纬度变化，南高北低，故可利用下式计算温度锋面的强度（Gradient Magnitude，G）：

$$G=-\frac{\partial T}{\partial t} \tag{2}$$

图 2 给出了西北太平洋的温度锋面的时空分布。该温度锋面从 10—11 月开始，在北部出现，锋面强度约为 0.4℃/100 km。同时，锋面存在着西低东高的空间分布状态。在之后的冬季与春季间，该锋面逐渐加强，强度超过 0.4℃/100 km 的区域扩大到 20°N 以北的整个西北太平洋海域。6 月份，锋面面积最大，中心强度超过 0.8℃/100 km；随后迅速消失。

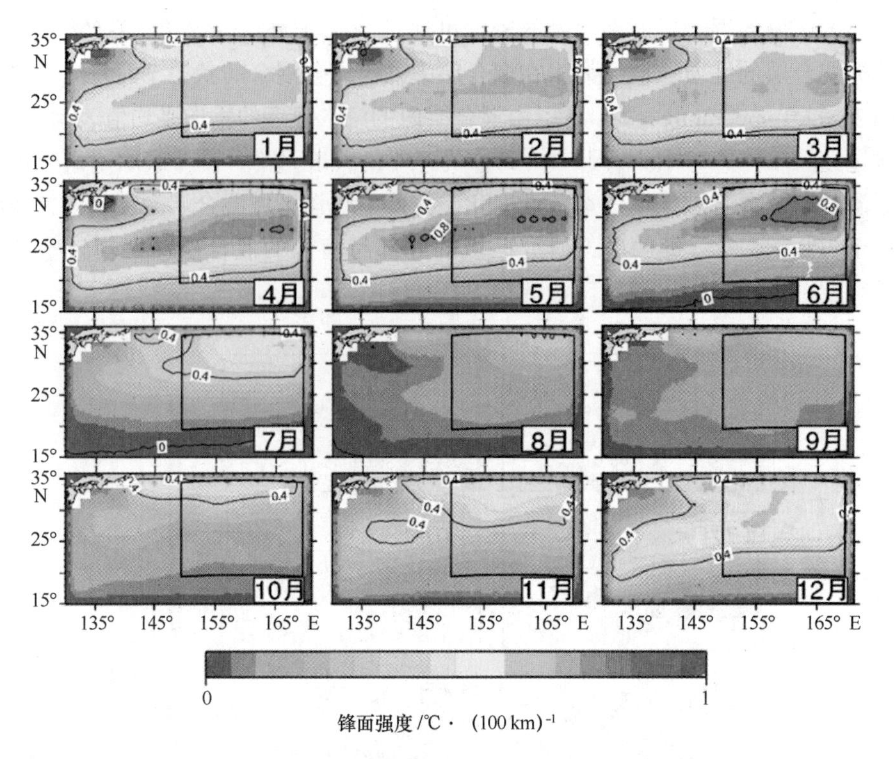

图 2 研究区域的锋面强度

1.3 方法

1.3.1 混合层模型

在研究海洋上层温度变化时，混合层温度变化模型是较为常用的研究方法之一。通过对海洋混合层的热量收支进行分析，我们可以进一步分析海洋温度锋面的生消机制。我们所采用的模型，可以通过下式表示[6,16]：

$$\frac{\partial T}{\partial t}=\frac{Q_{\mathrm{net}}-q(-h)}{\rho_1 c_p h}-V_{\mathrm{e}}\frac{\partial T}{\partial y}-\omega\frac{\Delta T}{h}+\mathrm{residual}, \tag{3}$$

其中，T 与 h 分别为混合层温度与混合层深度；ρ_0 为海水密度（$1.025\times10^3\ \mathrm{kg/m^3}$）；$c_p$ 为常压下的海水比热（3 998 J/(kg·℃)）；Q_{net} 为海表面的净热通量，可以通过下式计算：

$$Q_{\mathrm{net}}=Q_{\mathrm{sw}}+Q_{\mathrm{lw}}+Q_{\mathrm{sh}}+Q_{\mathrm{lw}}, \tag{4}$$

其中，Q_{sw} 为短波辐射，Q_{lw} 为长波辐射，Q_{sh} 为显热通量，Q_{lh} 为潜热通量，正值代表海洋获得热量。

各热通量可通过经验公式进行计算。短波辐射热通量可由公式（5）给出：

$$Q_{\mathrm{sw}}=I_0(0.865-0.5C^2)(1-\alpha_s), \tag{5}$$

其中，I_0为晴天的太阳辐射，C 为云量，α_s 为海面反射率（本文取 0.06[7]）。其他热通量，我们参考了 Kim[17] 与 Park 等[18]在研究中提出的公式，分别进行了计算：

$$Q_{\rm lw} = \varepsilon\sigma T_{\rm a}^4(0.254 - 0.00495e_{\rm a})(1 - \delta C) + 4\varepsilon\sigma\theta_{\rm a}^3(T_{\rm s} - T_{\rm a}), \tag{6}$$

$$Q_{\rm sh} = \rho_{\rm a}c_{\rm a}c_{\rm sh}(T_{\rm s} - T_{\rm a})W, \tag{7}$$

$$Q_{\rm lh} = \rho_{\rm a}Lc_{\rm lh}(0.98q_{\rm s} - q_{\rm a})W, \tag{8}$$

$$10^3c_{\rm sh} = a_1 + b_1W^{p1} + c_1(W - 8)^2, \tag{9}$$

$$10^3c_{\rm lh} = a_2 + b_2W^{p2} + c_2(W - 8)^2, \tag{10}$$

其中，ε 为辐射率（0.97）；σ 为斯忒藩-波兹曼常数（5.67×10^{-8} W/(m^2 · K^4)）；$e_{\rm a}$ 为水蒸汽压；δ 为云参数，由式（11）计算得到[19-20]；$\theta_{\rm a}$ 为气温（单位 K）；$T_{\rm s}$ 和 $T_{\rm a}$ 分别为海水温度与气温（单位为°C）；$\rho_{\rm a}$ 为空气密度，由式（12）计算；$c_{\rm a}$ 为常压下的空气比热（1 005 J/(kg · K)）；W 为海表风速；L 为蒸发潜热（2.5×10^6 J/kg）；$q_{\rm s}$ 为海表温度下的饱和比湿度（考虑到盐度影响，取 0.98[21]），$q_{\rm a}$ 为空气比湿；其他为系数[22]。

$$\delta = 0.00427\theta + 0.5036 , \tag{11}$$

其中，θ 为纬度。

$$\rho_{\rm a} = \frac{p}{R_{\rm d}T_{\rm a}(1 + 0.61q_{\rm a})} , \tag{12}$$

其中，p 为海表气压；$R_{\rm d}$ 为干燥空气气体常数（287 J/(kg · K)）。

公式（3）中的 $q(-h)$ 为混合层底部的穿透辐射通量，可以通过下式计算：

$$q(z) = q(0)\left[R\exp\left(\frac{z}{\gamma_1}\right) + (1 - R)\exp\left(\frac{z}{\gamma_2}\right)\right] , \tag{13}$$

其中，q（0）为海表面的短波辐射通量；R、γ_1 和 γ_2 与水质有关，这里我们取 R 为 0.58，γ_1 为 0.35，γ_2 为 23，代表 I 类水体[23]。

公式（3）的右边第三项为埃克曼平流项，埃克曼流矢量 $V_{\rm e}$可通过下式计算：

$$V_{\rm e} = -\frac{\tau_x}{\rho_1 fh} , \tag{14}$$

其中，τ_x 为经向风应力，f 为科氏力参数。

第四项为混合层底部的卷吸项。ΔT 表示混合层与混合层以下区域的温度差，垂向速度 ω 由垂向风应力旋度 curl 算出：

$$\omega = {\rm curl}_z\left(\frac{\tau}{\rho_0 f}\right) = \frac{1}{\rho_0 f}\left(\frac{\partial\tau_x}{\partial x} - \frac{\partial\tau_y}{\partial y}\right) . \tag{15}$$

风应力矢量 τ（τ_x，τ_y）可以通过下式得到：

$$\tau = \rho_{\rm a}C_{\rm D}|U|U , \tag{16}$$

其中，U 为 10 m 风速矢量；$C_{\rm D}$为阻力系数，通过下式计算：

$$\begin{cases} C_{\rm D} = 1.14\times10^{-3}, & |U| \leqslant 10\ {\rm m/s} \\ C_{\rm D} = (0.49 + 0.065|U|)\times10^{-3}, & |U| > 10\ {\rm m/s} \end{cases} \tag{17}$$

最后一项为残差项（residual），包括方程内没有考虑到的因素，如：地转平流项、扩散项等。

1.3.2 锋面强度模型

由于我们定义锋面强度由公式（2）给出，因此，锋面强度的时间变化方程可通过对公式（3）进行经向微分得到：

$$\frac{\partial G}{\partial t} = -\frac{\partial}{\partial y}\left(\frac{Q_{\mathrm{net}} - q(-h)}{\rho_0 c_{\mathrm{p}} h}\right) + \frac{\partial}{\partial y}\left(V_{\mathrm{e}} \frac{\partial T}{\partial y}\right) + \frac{\partial}{\partial y}\left(\omega \frac{\Delta T}{h}\right) + \mathrm{residual}' , \qquad (18)$$

其中，最后一项（residual′）为锋面强度方程本身的残差项。

2 结果

2.1 混合层模型

根据公式（3），我们评估了研究区域内的混合层热量收支情况。图 3 显示了研究区域内的混合层温度时间变化趋势。

在研究区域内，混合层温度从 3 月开始升高；升温趋势在 6、7 月间达到最大，且北部升温较南部明显；8 月间大部分区域混合层温度达到峰值，同时西南区域温度开始回落；9 月至 2 月间，混合层温度总体上属于降低趋势，北部区域较南部降温更加明显。

通过进一步对混合层模型中的其他项进行计算，我们得到了方程各项的贡献值。首先，我们对方程的残差项进行了分析，如图 4。在研究区域的 150°E 以西区域的残差相对较大，部分月份内该区域残差大于 $\pm 0.5\times10^{-6}$ K/s。Hosoda[24] 在研究中指出，在受到黑潮续流影响的区域，地转平流的贡献较净热通量多。而我们在混合层模型中仅仅考虑到了埃克曼平流项，而对平流项则没有考虑。这可能是模型结果（公式（3）右边项之和）不同于实际值（公式（3）左边项）的主要原因。因此，在以下的研究中，我们以 150 °E 为界，如图 2 中方框所示。图 5 展示了方框内的各项时间变化。

根据图 5，可以看出该区域内的混合层温度变化在全年大部分时间主要受到净热通量项的影响且贡献率超过 80%，这与以往研究结果相近[4-5]。在夏季与秋季，还受到诸如地转流等其他未知因素影响，但净热通量贡献率依然超过 60%。我们进一步分析了各热通量的贡献。结果表明，在全年的大部分时间中，净短波辐射贡献较大，6 月达到最大，最大值出现在约 20°~24°N，160°~170°E 区域附近，达 260 W/m^2，而对混合层温度的影响最大超过 4.3×10^{-6} K/s。这主要是由于研究区域地处亚热带，太阳辐射较强。净长波辐射于 7 月份达最大值，对混合层温度影响最大约为 -1.7×10^{-6} K/s。相对于短波辐射与长波辐射，潜热通量项所占比例较低，最大值仅约为 $-1.1\times$

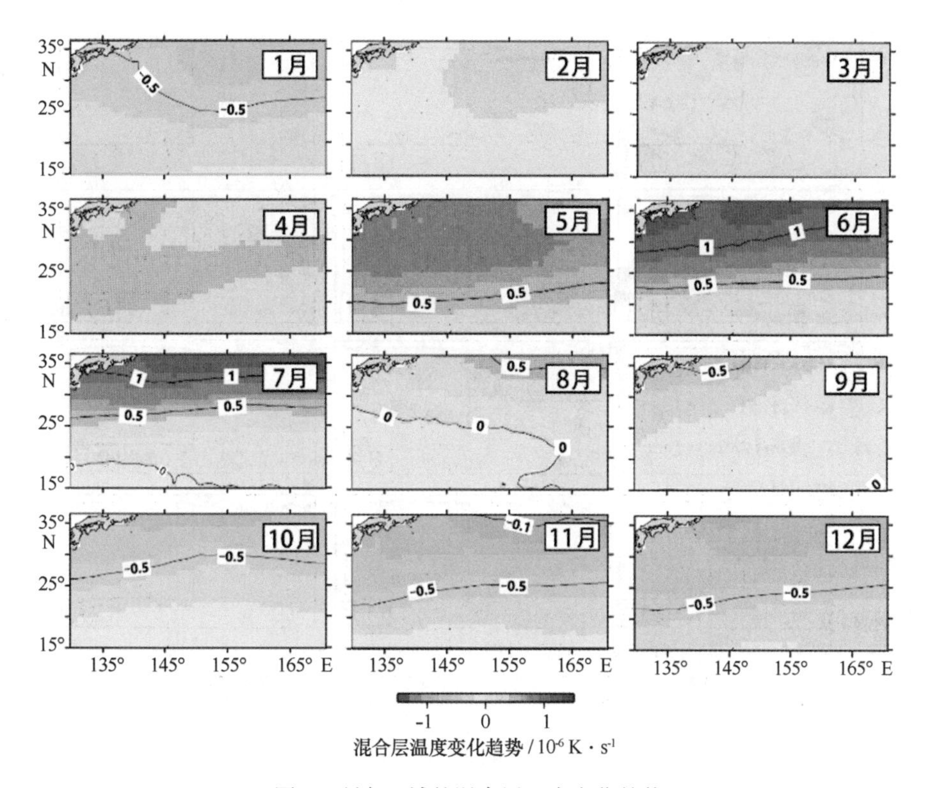

图 3 研究区域的混合层温度变化趋势

10^{-6} K/s。显热项与其他三项相比很小，4 月中约为 -0.17×10^{-6} K/s，其他月份均在 -0.12×10^{-6} K/s 左右。

2.2 锋面强度模型

图 6 为锋面强度变化的水平分布图。我们发现，9 月开始，锋面首先在约 25°N 以北 160°E 以西的区域开始加强；10 月向西向南扩展到几乎覆盖整个研究区域；11 月与 12 月锋面强度变化区域向南移动，中心区域达到约 25°N 附近。其中，10—11 月锋面强度达到最高，中心强度变化超过 0.6×10^{-7} K/(s · 100 km)。至 1 月时，锋面有所减弱，中心区域略向东移；随后的 2—4 月，强度变化继续降低；5 月，南部区域锋面首先开始减弱；6 月开始，整个海域锋面加强基本消失；6—8 月锋面迅速减弱，直至消失。其中，在 7 月间，锋面强度减弱程度最大，25°N 附近的最大值约 -1×10^{-7} K/(s · 100 km)。

从总体上看，锋面仅在 5—8 月减弱，但幅度较大；9—2 月，锋面加强；3—4 月，锋面变化较小。Qiu 与 Kawamura[10] 也在研究中提到西北太平洋区域的温度锋面在 7、8 月间锋面强度有大幅度减弱的现象。为了进一步了解锋面变化的具体物理机制，我们通过公式（18），对锋面强度方程的各项进行了评估计算。

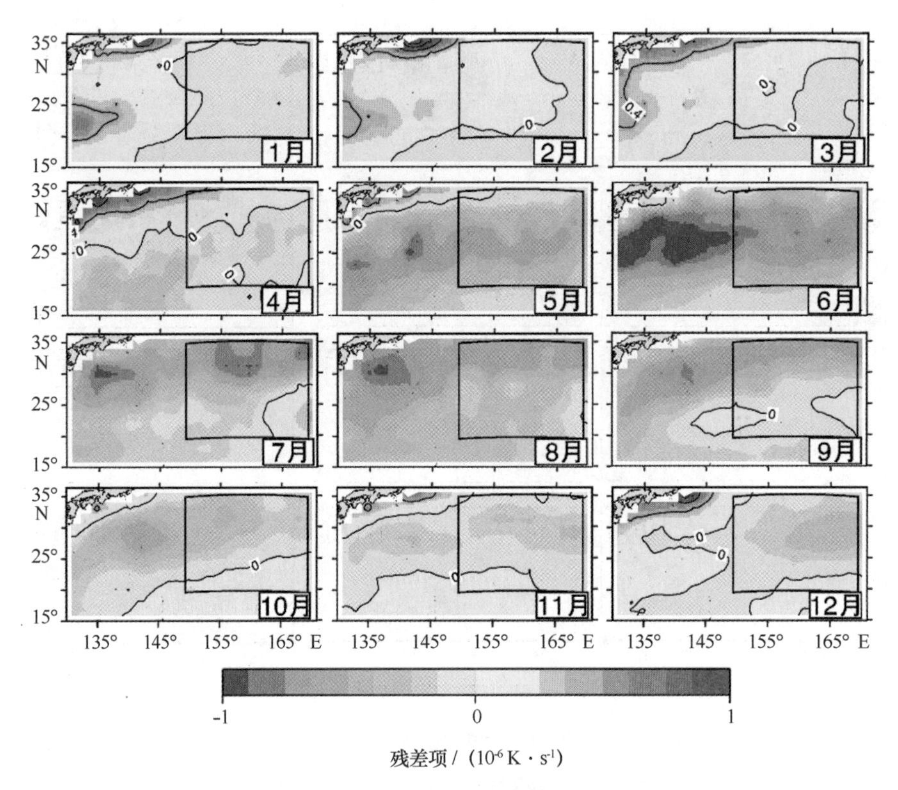

图 4 公式（3）的残差项分布

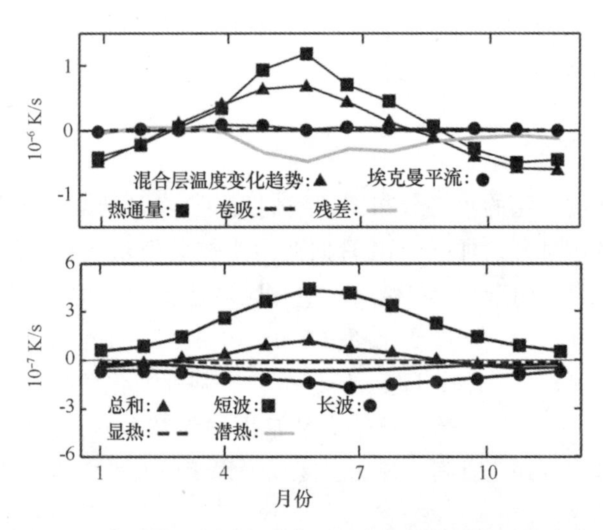

图 5 混合层模型各项与净热通量各组成部分的时间变化

Kazmin 与 Rienecker[6] 在对全球大洋的进行的温度锋的研究中，曾提出影响北太平洋的温度锋生锋消的主要因素为净热通量。我们的研究结果进一步表明，在全年的大部分时间内，海洋温度锋面强度变化的确受到净热通量的控制，尤其是锋面加强的9—2月与锋面减弱的5—8月。与图5不同的是，尽管短波辐射依然占有重要的贡献比率，然而潜热所占比重却相对提高了。从1—5月，短波辐射南高北低。潜热通量则北高南低，即南部水汽蒸发较北部强。

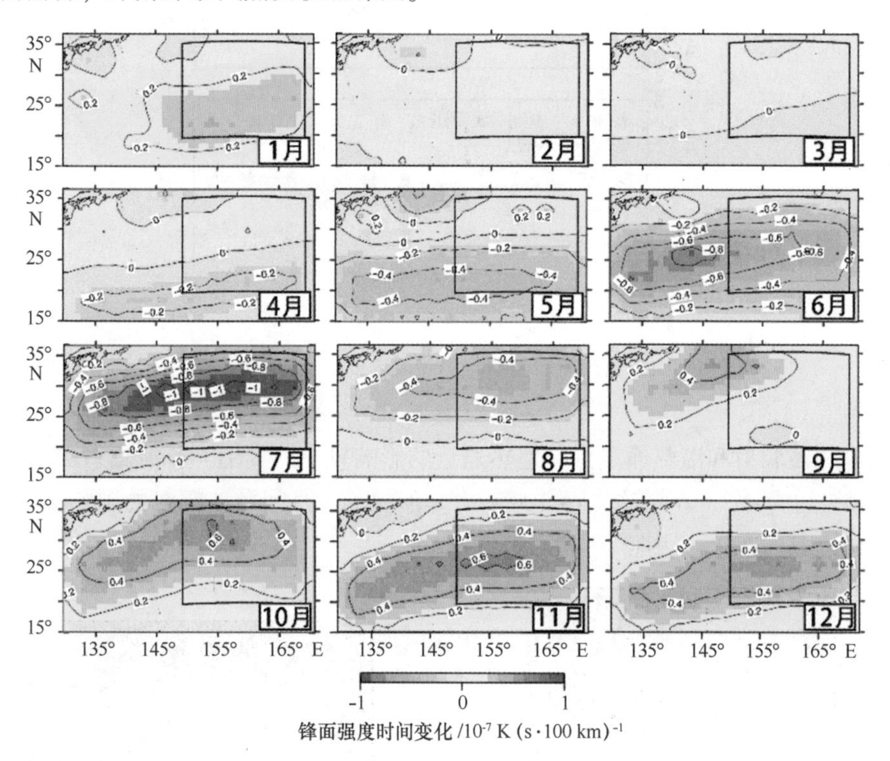

图6 锋面强度时间变化的空间分布

在进入北半球的夏季以后，短波辐射通量的南北差异开始减小，8月份达到最低，约-1.7×10^{-7} K/（s · 100 km）。它与潜热项的共同作用在7月达到最低值（图7)，这是锋面迅速消失的主要原因。图8给出了8月份的短波辐射通量、潜热通量与混合层深度的水平分布。太阳直射点北移，使得北部的短波辐射通量升高，甚至高于南部，30°N附近的短波辐射超过到230 W/m^2。而潜热通量依然是北部热量损失低于南部，−100 W/m^{2}等值线在130°E区域内处在22°N左右。但是，其随着经度向东等值线逐渐向北偏移，至170°E区域时，等值线已位于30 °N附近。根据公式（8)，我们知道潜热通量的主要影响因子为风速以及饱和比湿。而饱和比湿q_s是由下式进行计算：

$$q_s = \frac{0.622e_s}{P - 0.378e_s},\ e_s = 6.112\exp\left(\frac{17.67T}{T + 243.5}\right)\ , \tag{20}$$

其中，e_s为饱和水蒸汽压，T为温度（此处为海表温度），P为海表面气压。由此，潜热通量的水平分布实际上是受控于海气温差[12]以及西北太平洋季风[25-26]。

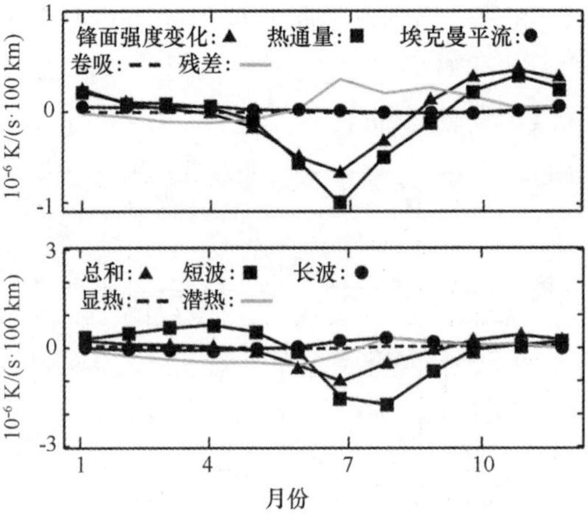

锋面强度变化:▲ 热通量:■ 埃克曼平流:●
卷吸:- - 残差:—
10^{-6} K/(s·100 km)
1
0
-1
总和:▲ 短波:■ 长波:●
显热:- - 潜热:—
10^{-6} K/(s·100 km)
3
0
-3
1 4 7 10
月份

图 7 锋面强度模型中各项与净热通量各组成部分的时间变化

除了短波辐射和潜热通量，其他热通量的影响较小。其中，长波辐射的贡献仅在 8 月较大，约为 0.3×10^{-7} K/（s · 100 km）。但由于 8 月间短波辐射的影响最为明显，因此实际上其贡献可以忽略。

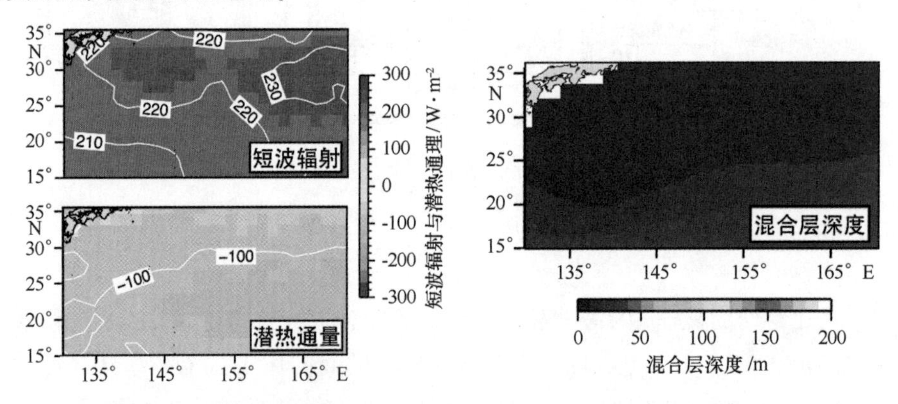

图 8 8 月短波辐射通量、潜热通量与混合层深度水平分布

通过对区域平均结果与水平分布图的分析，我们发现基于混合层模型的锋面强度方程评估的 $\partial G/\partial t$ 与实际根据混合层温度分布得到的锋面强度变化还有所差距。Kobashi 等[12]与 Niiler 等[27]的研究表明，在 30°N 以北区域，尤其是在日本沿岸附近主要受到黑潮及黑潮续流的影响，而在 120°～170°E，20°～25°N 的区域也存着纬向地转流。同时，Kobashi 等[12]在研究中提到，该纬向地转流与区域内的海洋锋面分布具有较高的联系。因此，我们认为在研究中忽略的平流项是误差形成的主要原因。但考虑到误差相对于控制因子（净热通量）较小，我们的结论仍然是可信的。

3 结论

本研究中，我们采用基于 Argo 浮标的历史数据集、遥感风场数据以及再分析数据，并应用海洋混合层模型，重点对西北太平洋区域 150°E 以东内的混合层热量收支与海洋温度锋面的锋生与锋消机制进行了研究。

根据研究，西北太平洋海域 150°E 以东的海域内，混合层温度变化以及锋面的锋生与锋消现象主要是受到了热通量以及其南北差异的影响。5 月开始，太阳直射点的北移使得北部区域获得的热量开始大于南部。6 月，短波辐射总量达到最高，最大值超过 260 W/m^2，而 8 月南北差异达到最大，达-1.7×10^{-7} K/(s·100 km)。同时，受夏季西南季风与洋流等的影响，蒸发等损失的热量南北差异较小，而北部混合层深度较南部浅，这导致北部区域混合层海水温度升温较南部快，温度锋面逐渐减弱，直到 9 月完全消失。10 月开始，伴随着北半球进入秋冬季，并受到冬季西北季风影响，西北太平洋的北部区域热量损失相对较大，而获得热量却较小，北部区域降温幅度较南部更大。11 月，北部部分区域的温度变化超过-1×10^{-6} K/s，而南部则小于-0.5×10^{-6} K/s，温度锋面由此形成。12 月，南北变化差异的减小，使得锋面加强程度逐渐减弱，至 2 月间锋面强度趋于平稳，其变化逐渐消失。3—4 月间，尽管南部通过短波辐射获得热量较多，但热量损失也较北部多，锋面变化并不明显。

在研究中，我们发现混合层模型的解析结果仍不能完全解释实际情况。通过分析，我们发现误差的出现主要与我们采用的混合层模型所忽略的项有关，尤其是地转流平流项[5,12]。对于地转平流项的计算，可由地转流平衡方程推出[28]，而所需参数则可通过卫星高度计数据得到。同时，根据以往的研究[24,28-29]，我们也发现不同的时间尺度、气候异变以及混合层的判定会对区域内的热量收支平衡造成影响。因此，在今后的研究中，我们将针对不同时间尺度，分别进行计算与分析，并进一步深入地讨论气候变化与海气耦合造成的热量收支问题，同时优化方程组成（如加入地转平流项）。

参考文献：

[1] Davis R E, de Szoeke R, Niiler P. Variability in the upper ocean during MILE. Part Ⅱ: Modeling the mixed layer response[J]. Deep-Sea Res, 1981, 28: 1453-1475.

[2] Niiler P P, Kraus E B. One-dimensional models of the upper ocean[C]. Kraus E B. Modelling and Prediction of the Upper Layers of the Ocean. Oxford: Pergamon Press, 1977: 152-172.

[3] Qiu Bo, Kelly K A. Upper ocean heat balance in the Kuroshio Extension region[J]. J Phys Oceanogr, 1993, 23: 2027-2041.

[4] Moisan J R, Niiler P P. The seasonal heat budget of the North Pacific: net heat flux and heat storage

rates (1950-1990)[J].J Phys Oceanogr,1998,28:401-421.

[5] Dong Shenfu,Kelly K A.Heat budget in the Gulf Stream region:the importance of heat storage and advection[J].J Phys Oceanogr,2004:34:1214-1231.

[6] Kazmin A S,Rienecker M M.Variability and frontogenesis in the large-scale oceanic frontal zones[J]. J Geophys Res,1996,101:907-921.

[7] Roden G I.On the variability of surface temperature fronts in the Western Pacific,as detected by satellite[J].J Geophys Res,1980,85:2704-2710.

[8] Kazmin A S,Legeckis R,Fedorov K N.Equatorial waves in the temperature field of the ocean surface according to shipboard and satellite measurements[J].Sov J Remote Sens,1985,4:707-714.

[9] Park K A,Ullman D S,Kim K,et al.Spatial and temporal variability of satellite-observed subpolar front in the East/Japan Sea[J].Deep-sea Res I,2007,54:453-470.

[10] Qiu Chunhua,Kawamura H.Study on SST front disappearance in the subtropical North Pacific using microwave SSTs[J].J Oceanogr ,2012,68:417-426.

[11] Qiu Bo,Chen Shuiming.Variability of the Kuroshio Extension jet,recirculation gyre,and mesoscale eddies on decadal time scales[J].J Phys Oceanogr,2005,35(11):2090-2103.

[12] Kobashi F,Mitsudera H,Xie Shangping.Three subtropical fronts in the North Pacific:Observational evidence for mode water-induced subsurface frontogenesis[J].J Geophys Res,2006,111:C09033, doi:10.1029/2006JC003479.

[13] Thomson R E,Fine I V.Estimating mixed layer depth from oceanic profile data[J].J Atmos Ocean Technol,2003,20:319-329.

[14] Levitus S.Climatological atlas of the world ocean[R].NOAA Professional Paper 13,Rockville:US Gov Printing Office,1982.

[15] Kara A B,Rochford P A,Hurlburt H E.Mixed layer depth variability over the global ocean[J].J Geophys Res,2003,108,3079,doi:10.1029/2000JC000736,C3.

[16] de Ruijter W P M.Effects of velocity shear in advective mixed-layer models[J].J Phys Oceanogr, 1983,13:1589-1599.

[17] Kim Y S.Estimate of heat transport across the sea surface near Japan with bulk methods[D].Tokyo: Univ of Tokyo,1992.

[18] Park S,Deser C,Alexander M A.Estimation of the surface heat flux response to sea surface temperature anomalies over the global oceans[J].J Climate,2005,18:4582-4599.

[19] Budyko M I.Climate and Life[M].New York:Academic Press,1974.

[20] Berliand M E,Berliand T G.Determining the net long-wave radiation of the earth with consideration of the effect of cloudiness[J].Izv Akad Nauk SSSR Ser Gepfiz,1952,1:64-78.

[21] Kraus E B.Atmosphere-Ocean Interaction[M].Oxford:University Press,1972.

[22] Kondo J.Air-sea bulk transfer coefficients in diabatic conditions[J].Bound Layer Meteor,1975,9:91-112.

[23] Paulson C A,Simpson J J.Irradiative measurements in the upper ocean[J].J Phys Oceanogr,1997, 16:25-38.

[24] Hosoda K.Local phase relationship between sea surface temperature and net heat flux over weekly to

annual periods in the extratropical North Pacific[J].J Oceanogr,2012,68:671-685.

[25] 王慧,丁一汇,何金海.西北太平洋夏季风的气候学研究[J].气象学报,2005,63(4):418-430.

[26] 杨清华,张林.西北太平洋表面风应力分布和周期特征分析[J].海洋预报,2005,22(4):36-45.

[27] Niiler P P,Maximenko N A,McWilliams J C.Dynamically balanced absolute sea level of the global ocean derived from near-surface velocity observations[J].Geophys Res Lett,2003,30(22):2164, doi:10.1029/2003GL018628.

[28] Zhao Ning,Manda A,Han Zhen.Frontogenesis and frontolysis of the subpolar front in the surface mixed layer of the Japan Sea[J]. J Geophys Res: Oceans, 2014, 119: 1498 - 1509, doi: 10.1002/2013JC009419.

[29] Dong Shenfu,Sprintall J,Gille S T,et al.Southern Ocean mixed-layer depth from Argo float profiles [J].J Geophys Res,2008,113:C06013.doi:10.1029/2006JC004051.

Preliminary study on the frontogenesis and frontolysis of the oceanic temperature front in the Northwest Pacific Ocean

ZHAO Ning[1],HAN Zhen[1,2],LIU Xianbo[1]

1.*Key Laboratory of Sustainable Exploitation of Oceanic Fisheries Resources,Ministry of Education,Shanghai Ocean University,Shanghai* 201306,*China*

2.*College of Marine Sciences,Shanghai Ocean University,Shanghai* 201306,*China*

Abstract:The mechanisms of mixed layer temperature and temperature front in the Northwest Pacific Ocean were investigated by using the climatology Argo data,remote sensing wind data and National Center for Environmental Prediction/ National Center for Atmospheric Research (NCEP/NCAR) reanalysis data. Based on a mixed layer heat budget model,the net heat flux term was found to be the main control factor of the temperature variability in the study region. The seasonal variations of the oceanic front were also investigated. The front strengthens from September to February, while weakens during May to August. According to this study, the weakening and strengthening of this temperature front were mainly controlled by the net heat fluxes, especially the net shortwave flux and the net sensible heat flux.

Key words: the Northwest Pacific Ocean; ocean mixed layer; oceanic temperature front; frontolysis; frontogenesis

(该文刊于:海洋科学,2016,40(1):123-131)

西北太平洋温盐分布的时空尺度分析

安玉柱[1]，张韧[2]，王辉赞[2,3]

1. 北京 5111 信箱，北京 100094
2. 国防科技大学 气象海洋学院，江苏 南京 211101
3. 国家海洋局第二海洋研究所 卫星海洋环境动力学国家重点实验室，浙江 杭州 310012

摘要：为了更加清晰地了解西北太平洋的温盐分布特征，基于全球实时海洋观测计划（Argo）浮标观测剖面，利用自相关函数方法对西北太平洋海域（选取范围为 120°E~160°W，10~40°N）温盐分布的时空尺度进行了分析，并通过高斯函数拟合得到了温盐的时空去相关尺度。研究表明，自相关函数随季节和深度发生变化，各层的自相关函数值随着空间增大而降低。表层，夏季温度的空间去相关尺度比冬季大，但时间去相关尺度小；次表层，夏季温度的自相关函数随空间增大迅速递减，空间去相关尺度比冬季小；深层，夏季和冬季的温度时空尺度相近。盐度的季节性变化较温度要小，但盐度的空间变化尺度比温度要大，而时间变化尺度则比温度小。2 种要素的信噪比均大于 2，可以用来指导精细化观测布网的采样间隔。

关键词：全球实时海洋观测计划；西北太平洋；温盐分布；时空尺度

1 引言

海洋动力系统的发生和演变过程都与上层海洋的温盐结构密切联系，而且不同的海洋现象或动力系统都具有不同的时空尺度，例如大西洋温盐环流的空间和时间尺度分别为上千千米和几百年；海洋锋的尺度小至几分之一米，大至 10^4 千米[1]；海洋内波的波长和周期分别为几米至几十千米、几分钟至几十小时[2]。可见，研究海水温盐分布和变化的时空尺度，有助于加深对海洋现象的认识，捕捉这些动力系统的特征。White 等[3]利用走航水文断面和站点温度观测资料分析了西北太平洋短期气候变

基金项目：国家自然科学基金资助项目（41276088，41206002，41306010）。

作者简介：安玉柱（1985—），男，河北省武安市人，博士，工程师，从事海洋数据处理与海洋动力过程研究。E-mail：ayz_276521@ sina. com

化的时空特征，得到了以 17.5°N 为分界线的南北海域的时空去相关尺度，揭示了与罗斯贝波在时间尺度上的一致性。Sprintall 等[4]发现东太平洋（160°W~80°W，20°S~20°N）上次表层的时空尺度比表层要小，温度的空间和时间去相关尺度分别为 3 个纬度，15 个经度和 2 个月，在此基础上指出 XBT 观测网的布置密度为每 1°~1.5°纬度和 5°~75°经度设置一个站点。文献［5］指出，在赤道太平洋上，TAO 阵列的观测很好地揭示了该海域温度变化的尺度特点。黑潮区的 SST 的空间和时间去相关尺度分别为 1°~3°和 2~3 d，而且空间去相关尺度主要由大气驱动决定[6]。Chu 等[7-8]利用美国海军 MOODS 数据集分别对黄海和日本海温盐要素的时空尺度进行了研究，黄海温度受亚洲季风影响较大，时空去相关尺度具有显著的季节特点。日本海上，温度呈现出显著的季节变化，并指出这可能与海表净热通量的季节变化有关。盐度的季节性变化则较温度弱一些。Sarkar 等[9-10]先后利用自相关分析方法对海表风场和有效波高进行了研究，结果表明在最初的几个小时内自相关值呈指数下降，时间去相关尺度约为 6 h。

以往的研究资料主要来源于断面观测或零散的浮标观测，对于温盐分布的时空特征研究存在着以下问题。如观测点的设置在空间和时间上是分布不均匀的，不同观测系统测量的物理量不同、精度不同，极大地影响了对某个现象或系统的全面认识。随着海洋学研究的深入，人们更加关注某些现象的局地特点，迫切需要知道更加细致的温盐分布的时空尺度特征。另外，了解各海域温盐的时空尺度对于精细化走航观测、站点布网[4,11]等海洋调查活动具有指导意义。

全球实时海洋观测网（Array for real-time geostrophie oceanography，Argo）是目前唯一能够连续、大范围、准确收集全球上层海洋温盐剖面的单体观测网[12-13]，避免了因不同观测系统带来的分歧和差异。因此，本文以 Argo 观测网提供的温度、盐度数据作为信息主体来分析西北太平洋温盐的时空尺度。

2 数据和方法

2.1 数据资料

本节利用 Argo 大范围散点观测的优势，选取西北太平洋（120°E~160°W，10°~40°N）作为研究海域，如图 1 所示。原因一是该海域是副热带逆流和黑潮以及其延伸体所在的海域，同时也是海气相互作用的重要区域，由此导致混合层、温跃层、模态水等海洋层结和水团具有显著的季节特征；二是这里集聚了最丰富的 Argo 观测剖面，可以满足季节性变化研究所需要的足够剖面数量。气候态背景场选取同范围的 CARS2009 数据，其数据来源于经质量控制的所有次表层的历史观测数据，如调查船和浮标等，数据分辨率为 0.5°×0.5°。

图 1 显示了截至 2012 年 3 月所有 Argo 剖面的位置，共有 108 424 条剖面，数据

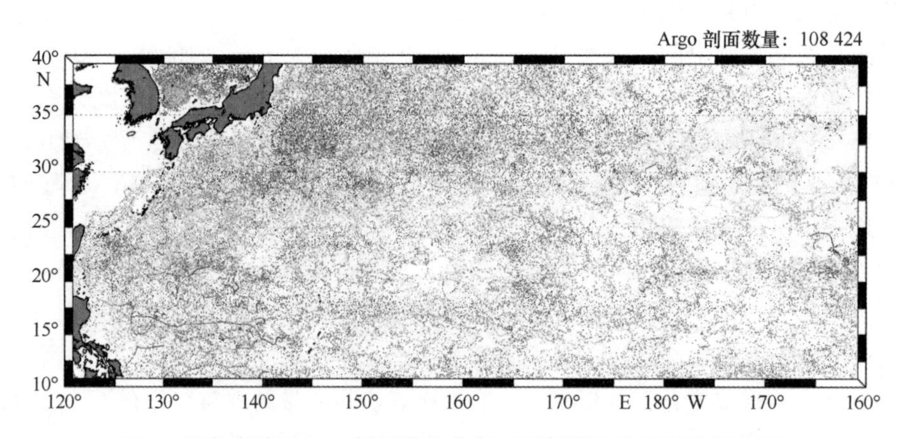

图 1 研究海域及 Argo 剖面位置分布（不同颜色表示不同的浮标）

分布整体上比较均匀，在靠近太平洋西边界的地区剖面密集一些。为了研究各季节内的时间和空间尺度，根据 Levitus[14] 定义划分 1—3 月为冬季，4—6 月为春季，7—9 月为夏季，10—12 月为秋季。

图 2 和图 3 分别给出了各个季节内温度和盐度的观测数量随深度的变化，N 为剖面采样数量，h 为深度。

各季节内温度和盐度的垂向数量分布基本上是相同的，每层的采样数量都在 20 000条以上，其中，在 20~400 m 深度的数量比其他层次略多。在研究海域的各个深度层上，各季节内每 1°×1°网格中剖面的平均数量可以达到 9 条左右，相比其他的实测剖面数据，Argo 剖面的采样密度已经非常可观。

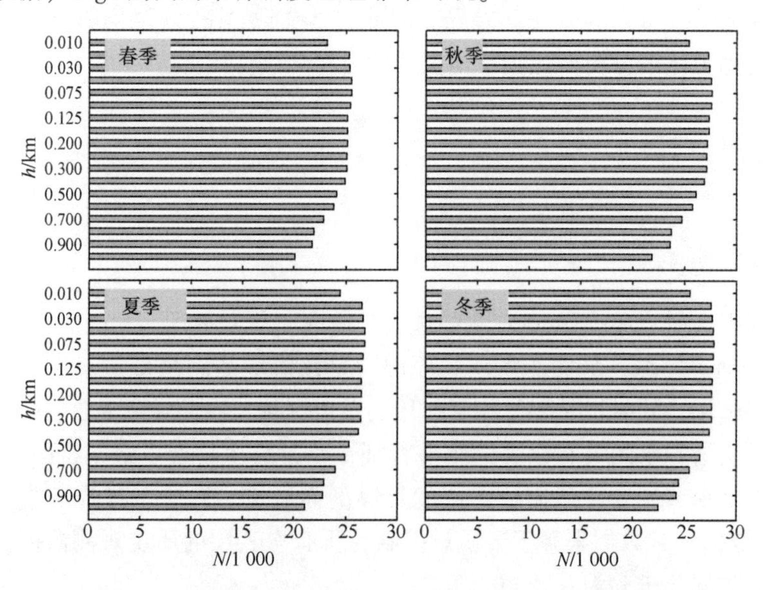

图 2 研究海域不同季节各深度上 Argo 温度剖面的数量

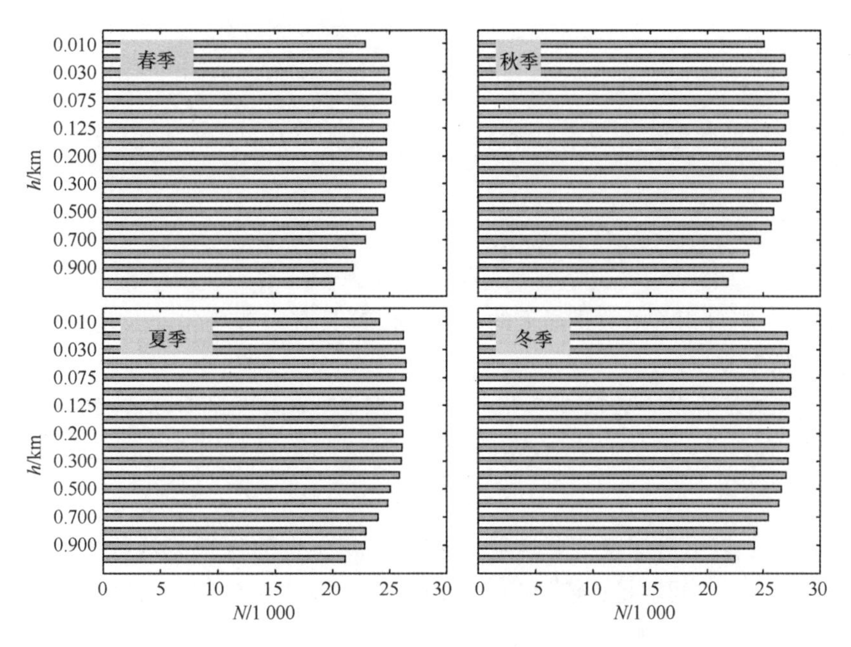

图 3　研究海域不同季节各深度上 Argo 盐度剖面的数量

2.2　分析方法

本文利用自相关函数方法分析提取海洋温盐分布的时空尺度。Chu 等[8]定义的自相关函数为：

$$\eta(l) = \frac{1}{s^2}\int_L \psi'(l_0)\psi'(l_0 + l,\ z)\,\mathrm{d}l_0,$$

式中，ψ' 为某个海洋要素相对于气候态的距平值；l_0 为在采样范围 L 内的空间或时间初始量；l 为空间或时间步长；z 为某一层的深度；s^2 为方差；η 为根据空间或时间步长，计算距平值得到的相关系数。

设空间步长为 Δr，时间步长为 Δt，若某个点对空间上满足 $m\Delta r - \Delta r/2 \leqslant r < m\Delta r + \Delta r/2$ 并且时间上满足 $n\Delta t - \Delta t/2 \leqslant t < n\Delta t + \Delta t/2$，那么这个时空点对就可以用（$m$，$n$）表示，因此，离散型自相关函数（auto collrelation function，ACF）为

$$\eta(m,\ n) = \frac{\sum_{bin(m,\ n)} \psi'\hat{\psi}'}{\sum_{bin(m,\ n)} [\psi']^2}, \tag{1}$$

式中，ψ' 表示某个海洋要素的距平值；$\hat{\psi}'$ 表示其他点上此海洋要素的距平值。$\eta(m,\ n)$ 随着空间、时间和深度变化。实际上，就是计算在时空点对（m，n）上的相关系数，采用 t 分布对 η 进行置信度检验。

$$t = \frac{\eta \sqrt{P - 2}}{\sqrt{1 - \eta^2}},$$

式中，P 为点对的数量。在显著性水平 α，自由度为（$P-2$）的 t_α 值条件下，计算临界值

$$\eta_\alpha(m, n) = \frac{t_\alpha}{\sqrt{P(m, n) - 2 + t_\alpha^2}}. \tag{2}$$

当 $\eta > \eta_\alpha$，则自相关函数是显著的。η 和 η_α 都具有季节变化，因此自相关函数的显著性也应随季节变化。

去相关尺度为在某个置信水平上，相邻数据点彼此相关的空间或时间尺度，去相关尺度是不固定和各向异性的。这里我们使用 Gaussion 函数拟合自相关函数

$$\hat{\eta}^z(m, n) = \hat{\eta}^z(0, 0) \times \exp(-A_z^2(m\triangle r)^2 - C_z^2(n\triangle \tau)^2), \tag{3}$$

式中，$\hat{\eta}^z(m, n)$ 表示对深度 z 上时空增量点（m，n）的自相关函数的拟合；$\triangle r$ 和 $\triangle \tau$ 分别是空间和时间增量；A_z^{-1} 和 C_z^{-1} 分别是深度 z 上的空间和时间的去相关尺度，这 2 个尺度对于决定观测的采样密度非常重要。

某一海洋要素的测量方差 s^2 可以分解为信号 s_s^2 和噪声 s_n^2 之和，即 $s^2 = s_s^2 + s_n^2$。噪声方差主要由地球物理误差和仪器误差造成。其中地球物理误差是指不能被典型时间或空间尺度分辨的变化。由于在（0，0）点上，自相关函数实际上是 $0 \leqslant r < m\Delta r + \Delta r/2$ 和 $0 \leqslant t < n\Delta t + \Delta t/2$ 范围内所有点对计算得到，因此 $\eta(0, 0) \neq 1$。根据文献[4]，信噪比

$$\lambda = \frac{s_s}{s_n} = \sqrt{\frac{\eta(0, 0)}{1 - \eta(0, 0)}},$$

λ 越大，地球物理误差越小。当 $\eta(0, 0) = 1$ 时，则没有噪声，此时 $\lambda \to \infty$；当 $\eta(0, 0) = 0$ 时，则没有信号。如果 $\lambda > 2$，则认为是非常好的。

3 温盐分布的时空尺度

3.1 点对数量和显著性分布

考虑到研究海域 Argo 剖面的分布密度，取空间步长 $\Delta r = 10$ km，时间步长 $\Delta t = 1$ d，满足条件 $m\Delta r - \Delta r/2 \leqslant r < m\Delta r + \Delta r/2$ 和 $n\Delta t - \Delta t/2 \leqslant t < n\Delta t + \Delta t/2$ 的时空点对的数量用 $P(m, n)$ 表示，其分布如图 4 所示，时间增量用 t 表示，空间增量用 S 表示。夏季与冬季在各深度层上温度和盐度的 $P(m, n)$ 分布非常相似，$P(m, n)$ 的最大值位于时间范围 1~10 d，空间范围 1 000~2 000 km 之间，反映了 Argo 观测网的采样特点。

采用式（1）计算出各个时空对上的自相关函数值后，再采用式（2）对 ACF 进

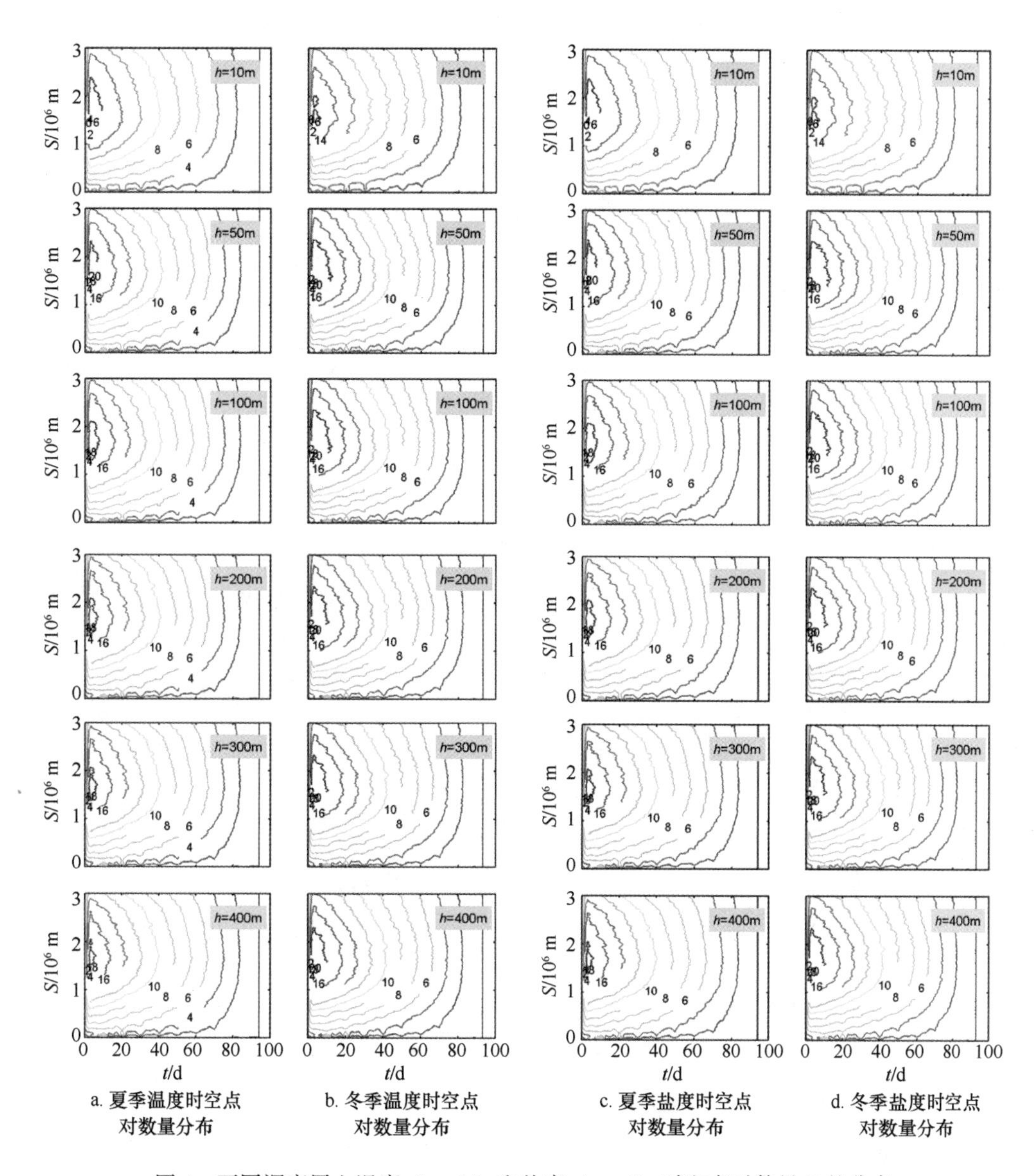

图4 不同深度层上温度（a，b）和盐度（c，d）时空点对数量 P 的分布

行显著性检验，在显著性水平 $\alpha=0.05$ 下，夏季和冬季盐度的 ACF 显著性分布如图 5 所示。η 随深度发生变化，取某一层即 $h=10$ 和 100 m，通过检验的 η 主要分布 $n<$ 90 d 上，空间范围 m 则比较大；在 300 m 上，通过检验的 η 则主要分布在（m，n）点对的左下角区域，$m<$ 300 km 且 $n<$ 70 d 区域。$h=100$ 和 300 m 时，η 出现了季节变化，这将导致统计参数也相应地具有季节变化。夏季和冬季温度的 ACF 显著性分布与盐度类似，这里不再赘述。

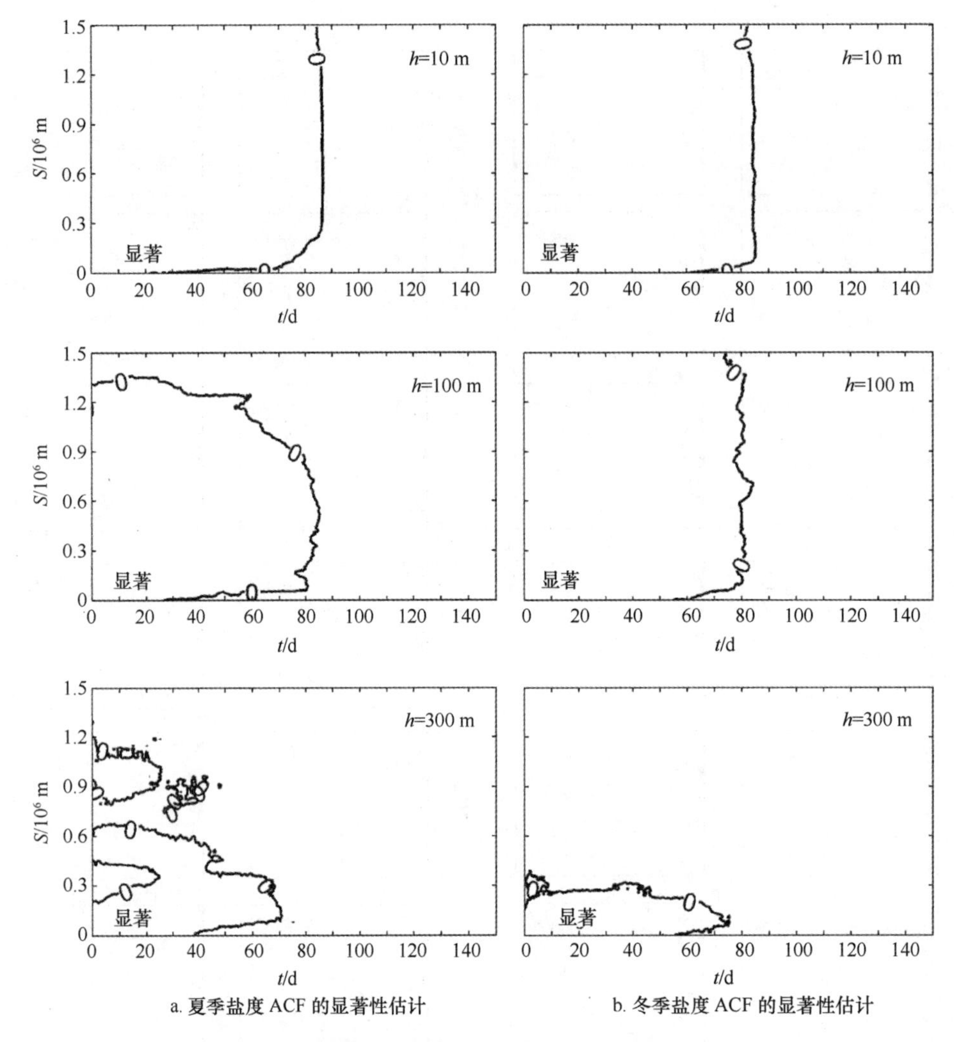

a. 夏季盐度 ACF 的显著性估计　　b. 冬季盐度 ACF 的显著性估计

图 5　不同深度上夏季和冬季盐度 ACF 的显著性估计

3.2　温盐时空尺度

依据上述的显著性检验所确定的时空范围，分别计算时间增量为 0，5，15 d 时温度和盐度的自相关函数，并绘制了夏季和冬季时在 10、50、100、200、300、400 m 深度上 ACF 随空间的分布。本文将深度划分为表层（10~50 m）、次表层（100~200 m）以及深层（300~400 m）3 个层次，如图 6 所示。图中，A 表示自相关函数值。

不论夏季和冬季，温度的自相关函数分布具有一些共性的特点：0 d 的自相关函数值（实线）高于另外 2 个时间增量的值（虚线和点划线）；随着空间增量的增加，各层自相关函数值降低；$h=10$ m 时，自相关函数值下降缓慢，表示表层温度的空间变化比较小；$h=100$ m 时，自相关函数降低迅速，意味着在次表层深度上温度随空间变化较大。

在深层，自相关函数下降到某一个临界点之后逐渐趋于平缓。盐度的自相关函数随深度和空间增量的变化与温度相似，下面从季节与水平、垂向角度具体阐述自相关函数所包含的信息。

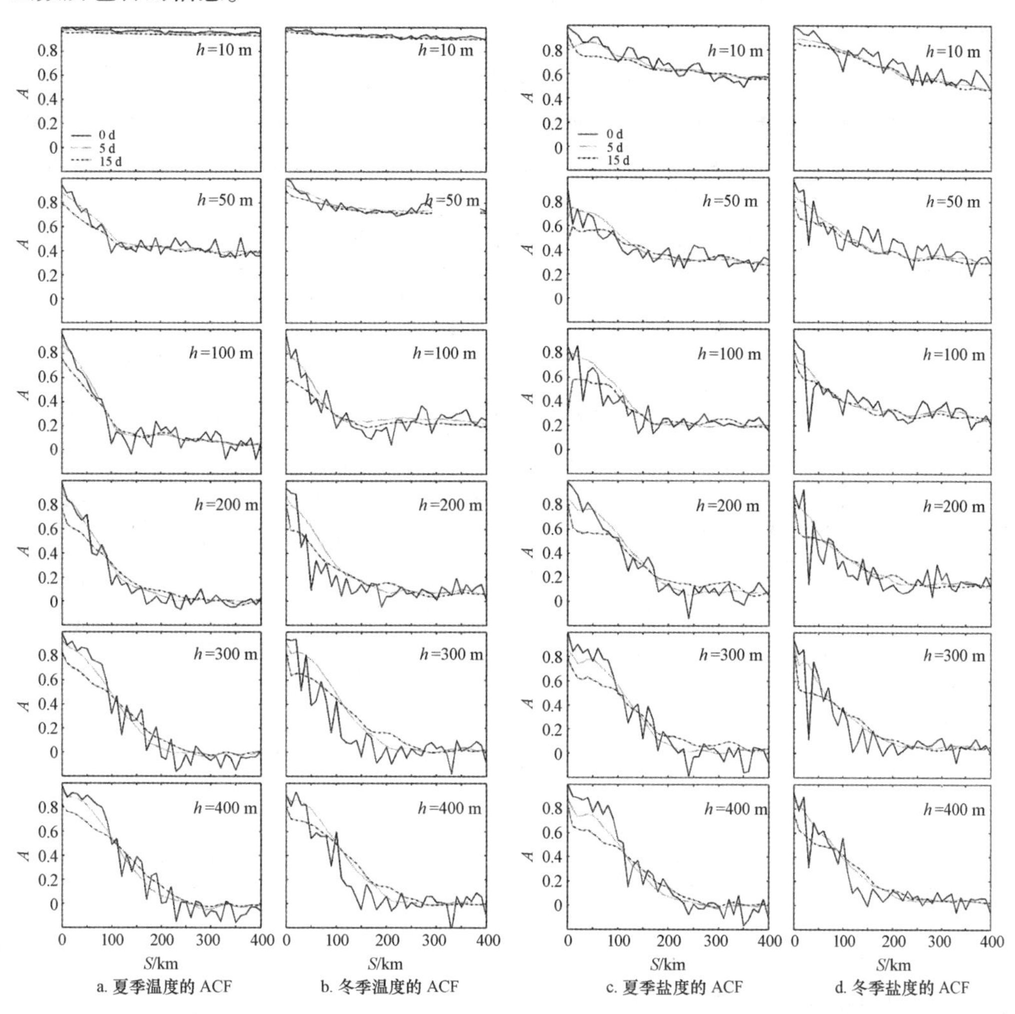

图 6 各深度上 0，5，15 d 时间增量的温度和盐度 ACF 随空间的分布

从温度的自相关函数值看，10 m 层上 ACF 的值都非常高，说明表层温度具有比较大的空间分布尺度；就季节变化而言，冬季的 ACF 降低量比夏季要大，表示冬季表层温度的变化比夏季剧烈。10～100 m 深度，2 个季节 ACF 值均显著减小，温度的空间分布随深度变化明显，揭示了温跃层内温度的垂向变化特点。尤其是在 10～50 m 深度上，自相关函数在夏季的降低量比冬季要大很多，表示夏季 10～50 m 层间的温度发生了剧烈的变化，这是由于夏季在海洋上层形成了季节性温跃层导致。在 200 m 之下，ACF 的分布基本类似，随空间增量逐渐下降直至趋近于 0，表明在 200 m 以

下，各层上温度的空间分布具有相似的稳定特征。相比温度，各层盐度的 ACF 季节性变化都较小；除 10 m 外，其他层次上盐度 ACF 随空间的变化与温度相似，但是变化的空间尺度比温度略大。

根据式（3）计算冬季和夏季各层温度与盐度的时空去相关尺度以及信噪比，其值见表 1。

如表 1 所示，各个季节温度和盐度的信噪比都比较高，说明 Argo 剖面的采样是充分的。夏季温度的垂向变化比冬季要强，而 2 个季节盐度的垂向变化程度相当，但比温度要缓和。整体上盐度的空间变化尺度比温度要大，时间变化尺度要比温度小。

表 1　冬季和夏季温度和盐度的时空去相关尺度

	深度/m	时间/d		空间/km		信噪比	
		冬季	夏季	冬季	夏季	冬季	夏季
温度	10	119	110	1078.0	1494.4	Inf	Inf
	50	59	39	593.6	349.9	Inf	4.36
	100	29	30	274.3	195.4	5.69	5.69
	200	30	41	191.7	151.3	3.96	7.00
	300	44	53	159.2	153.9	3.96	9.95
	400	65	89	151.3	149.6	3.00	7.00
盐度	10	65	52	412.9	466.4	9.95	9.95
	50	39	40	317.4	317.0	5.69	3.39
	100	36	37	303.3	270.1	3.39	2.48
	200	34	36	231.1	210.9	3.00	9.95
	300	33	37	188.1	190.1	3.96	Inf
	400	36	38	182.3	175.7	3.64	Inf

注：Inf 表示无穷大，即 η（0，0）= 1 时，没有噪声。

3.3 观测点位布放密度

由已有的 Argo 观测数据揭示了该海域大尺度的温盐时空特征，随着 Argo 计划的深入，以及多种海洋调查计划的开展，海洋上的采样站点势必要增加，所以需制定合理的浮标投放方案以及走航线路，以揭示更多海洋温盐细节，取得最大的观测效益。本文给出了在西北太平洋中纬度海域时间和空间的去相关尺度，这 2 个尺度对于观测布网具有指导意义。

文献［4］指出，能够探测到所需温盐变化的最小的采样密度应该是时空去相关尺度的 1/2 或 1/3，例如，根据表 1，已知北太平洋海域的时空尺度具有季节性变化和深度差异，因此，在 10 m 上布网观测时，冬季温度的采样间隔为 40 d 和 360 km，盐度的采样间隔为 22 d 和 137 km；在 100 m 上温度采样间隔则为 10 d 和 91 km，盐度的采样间隔为 12 d 和 100 km；夏季 10 m 上的温度采样间隔为 36 d 和 500 km，盐度的采样间隔为 17 d 和 155 km。

4 结论

本文基于截至 2012 年 3 月间西北太平洋（120°E～160°W，10°～40°N）海域的 108 424 条 Argo 浮标观测剖面，利用自相关函数方法对该海域温盐分布的时空尺度进行了分析，得到如下结论：

（1）自相关函数随季节和深度发生变化。随着空间增量的增加，各深度层的自相关函数值逐渐降低。

（2）夏季，表层温度具有比冬季大的空间去相关尺度，但时间去相关尺度比冬季小；随着深度增加，次表层温度的自相关函数随空间增大迅速递减，空间去相关尺度比冬季要小，由于夏季上层海洋形成了季节性温跃层所致；在深层，无论冬夏，温度的时空尺度比较相近。

（3）盐度的季节性变化较温度要小，但盐度的空间变化尺度比温度要大，时间变化尺度比温度要小；深层盐度的时空尺度基本保持一致且稳定。

（4）2 种要素的信噪比均大于 2，分析得到的温盐时空尺度可以用来指导精细化观测布网的采样间隔。

Argo 大范围散点观测的优势能够帮助我们更好的了解大洋温盐及水团的分布、运动、变性等过程。目前的分析方法还局限于水平层的二维空间上，随着资料的丰富和观测分辨率的提高，引入垂向相关的三维分析方法将可以更好地探究温盐或水团的产生和消退过程，得到更加细致的去相关时空尺度，有效应用到精细化的海洋调查中，海洋层结的研究也就可以得到更加精确的数据，有利于提高对上层海洋温盐结构的描述能力。

参考文献：

[1] Nagai T, Tandon A, Yamazaki H, et al. Direct observations of microscale turbulence and thermohaline structure in the Kuroshio Front[J]. Journal of Geophysical Research, 2012, 117(C8), C08013: 1-21.

[2] 申辉.海洋内波的遥感与数值模拟研究[D].青岛:中国科学院海洋研究所,2005.

[3] White W B, Meyers G, Hasunuma K. Space/Time statistics of short-term climate variability in the Western North Pacific[J]. Journal of Geophysical Research, 1982, 87(C3): 1979-1989.

[4] Sprintall J, Meyers G. An optimal XBT sampling network for the eastern Pacific Ocean[J]. Journal of Geophysical Research, 1991, 96(C6): 10539-10552.

[5] Kessler W S, Spillane M C, McPhaden M J, et al. Scales of variability in the Equatorial Pacific inferred

from the Tropical Atmosphere-Ocean Buoy Array[J].Journal of Climate,1996,9(12):2999-3024.

[6] Hosoda K,Kawamura H.Seasonal variation of space/time statistics of short-term sea surface temperature variability in the Kuroshio region[J].Journal of Oceanography,2005,61(4):709-720.

[7] Chu P C,Wells S K,Haeger S D,et al.Temporal and spatial scales of the Yellow Sea thermal variability[J].Journal of Geophysical Research,1997,102(C3):5655-5667.

[8] Chu P C,Wang G,Chen Y,et al.Japan Sea thermocline structure and circulation.Part III:Autocorrelation Functions[J].Journal of Physical Oceanography,2002,32(12):3596-3615.

[9] Sarkar A,Basu S,Varma A K,et al.Auto-correlation analysis of ocean surface wind vectors[J].Journal of Earth System Science,2002,111(3):297-303.

[10] Sarkar A,Kshatriya J,Satheesan K.Auto-correlation analysis of wave heights in the Bay of Bengal [J].Journal of Earth System Science,2006,115(2):235-237.

[11] White W B,Bernstein R L.Design of an oceanographic network in the midlatitude North Pacific[J]. Journal of Physical Oceanography,1979,9(3):592-606.

[12] Argo Science Team.Argo:The global array of profiling floats[M]//Koblinsky C J,Smith N R.Observing the Oceans in the 21st Century:GODAE Project Office and Bureau of Meteorology.Melbourne, 2001:248-258.

[13] Roemmich D,Johnson G C,Riser S,et al.The Argo Program:Observing the global ocean with profiling floats[J].Oceanography,2009,22(2):34-43.

[14] Levitus S.Climatological Atlas of the World Ocean[M].NOAA Prof.Paper 13,U.S.Government Printing Office,Washington,DC,1982:173.

Spatial-temporal scales of temperature and salinity variablity in the Northwest Pacific

AN Yuzhu[1],ZHANG Ren[2],WANG Huizan[2,3]

1.*P.O.Box* 5111,*Beijing* 100094,*China*

2.*College of Meteorology and Oceanography*, *National University of Defense Technology*, *Nanjing* 211101,*China*

3.*State Key Laboratory of Satellite Ocean Environment Dynamics*,*Second Institute of Oceanography*,*State Oceanic Administration*,*Hangzhou* 310012,*China*

Abstract:To investigate the physical characteristics of the water mass in part of the Northwest Pacific,the autocorrelation functions (ACF) of temperature and salinity in this region (120°E-160°W,10°N-40°N) were computed based on the array for real-time geostrophic oceanography (Argo) profiles. Then the temporal and spatial decorrelation scales were obtained through fitting the autocorrelation function into Gaussian function. The ACFs vary with the season and depth. The ACFs gradually decrease with the spatial lag increasing. On the surface, the spatial (temporal) decorrelation scale of temperature is longer (shorter) in the summer than that in the winter. At the subsurface, the ACFs of summer temperature decrease dramatically with the space increasing. However, the temporal decorrelation scale is shorter than that in winter. In the deep layers, the spatial (temporal) decorrelation scales of temperature are similar in summer and winter. The seasonal variability of salinity is weaker. The spatial (temporal) decorrelation scale of salinity is longer (shorter) than that of temperature. The signal-to-noise ratios are usually larger than 2. It proves that the decorrelation scales are useful for designing an optimal observational network.

Key words: Argo profiles; the Northwest Pacific; temperature and salinity variablity; spatial-temporal scales

（该文刊于：解放军理工大学学报（自然科学版），2015，16（1）：89-96）

基于 Argo 资料的西北太平洋海表面盐度对台风的响应特征分析

吴铃蔚[1,2]，凌征[1,2*]

1. 卫星海洋环境动力学国家重点实验室，浙江 杭州 310012
2. 国家海洋局第二海洋研究所，浙江 杭州 310012

摘要：基于 1996—2012 年西北太平洋 Argo 剖面浮标盐度观测资料，利用合成分析方法研究了海表面盐度对台风的响应特征。结果表明海表面盐度对台风的响应具有明显的非对称性：台风过后其路径右侧的海表面盐度显著上升；左侧的则在 R_{50} 内上升，R_{50} 外区域普遍下降。进一步分析显示台风强度、移动速度和海洋混合层深度对海表面盐度响应特征均有较大影响。强度大或移动缓慢的台风能造成大范围的海表面盐度上升；强度小或移动速度快的台风只在路径右侧造成海表面盐度上升，左侧的则普遍下降。夏季（6—9 月）台风过后，海表面盐度在混合层浅的区域普遍大幅上升，在混合层深的区域则在台风路径左右两侧 R_{50} 范围内小幅上升，在远离台风路径左侧区域下降。

关键词：海表面盐度；Argo 剖面浮标；台风；混合层深度

1 引言

上层海洋与台风的相互作用在过去的几十年中备受关注[1-8]，这种相互作用对上层海洋的热量交换、动力过程以及生物过程意义重大。以往海洋对台风响应的研究主要集中于海表面温度、环流、淡水通量以及叶绿素等要素[4,6,8-14]，而对于盐度，由于观测资料的匮乏，其对台风响应的研究相对较少。

基金项目：国家重点基础研究发展计划项目资助（2013CB430301）；国家自然科学基金项目资助（41306024，41206002）；国家海洋局第二海洋研究所基本科研业务费专项项目资助（JT1301）

作者简介：吴铃蔚（1989—），女，浙江省桐庐县人，硕士研究生，主要从事海-气相互作用研究。E-mail：wulingwei@ 126. com

* **通信作者**：凌征（1981—），男，湖南省醴陵市人，助理研究员，主要从事海洋环境和海-气相互作用研究。E-mail：lingzheng@ sio. org. cn

台风经过时海表面盐度主要受以下 4 个过程影响：降水、蒸发、混合和 Ekman 抽吸。在这 4 个过程中，只有降水会造成海表面盐度下降，其他 3 个过程均会使海表面盐度增加，因此海表面盐度对台风的响应取决于以上 4 个过程最终的竞争结果[15]。Kwon 和 Riser[16]利用 PALACE 型浮标发现大西洋飓风“Dennis”使混合层内盐度增加了 0.24，他们认为强烈的风暴引起的近表层蒸发及更深层高盐水的涌升是造成盐度上升的主要原因；而许东峰等[15]根据 Argo 浮标得到的次表层盐度剖面发现大多数台风经过西北太平洋暖池区时会引起盐度下降，他们认为热带气旋带来的淡水输入有利于盐度的下降，同时降水也会抑制台风引起的混合作用。刘增宏等[17]对西北太平洋 Argo 浮标观测资料的分析结果显示台风造成的混合层盐度变化在台风轨迹两侧基本呈对称分布；而 Jacob 和 Koblinsky[18]利用 HYCOM（Hybrid Coordinate Ocean Model）模式则发现飓风路径右侧盐度下降更多，和温度一样存在明显的右偏现象。

综上所述，受到盐度观测数据的制约，以往海表面盐度对台风响应的研究多限于个例研究和数值模拟，且结论存在较大分歧。近年来，随着全球 Argo 实时海洋观测网的全面建成，上层海洋盐度资料大大增加，为研究上层海洋盐度对台风的响应提供了良好的契机。本文通过合成分析西北太平洋 1996—2012 年这 17 a 内台风前后的 Argo 剖面浮标盐度观测资料，揭示了西北太平洋海表面盐度对台风的响应特征，同时分析台风强度、移动速度以及混合层深度对海表面盐度变化的影响。

2 数据和方法

2.1 台风资料

台风数据采用日本气象厅（http：//www.jma.go.jp/jma/jma-eng/jma-center/rsmc-hp-pub-eg/trackarchives.html）1996—2012 年的台风最佳路径资料，该数据集包含了每 6 h 一次的台风中心位置、最大风速，以及 50 kn（约 25.7 m/s）风速长半径（R_{50}）等信息。为了对不同强度的台风作标准化处理，我们仅使用最大风速在 50 kn 及以上的台风数据，标准化过程使用 R_{50} 来归一化 Argo 剖面距离台风中心的距离。经统计，1996—2012 年间西北太平洋共有 258 个台风（图 1）满足上述要求。

2.2 Argo 浮标资料

Argo 浮标资料取自中国 Argo 实时资料中心（http：//www.argo.org.cn/），所有的剖面数据在发布之前都已经过实时和延时质量控制[19]。1996—2012 年间，西北太平洋共有 111 773 个 Argo 浮标剖面。本文对台风引起的海表面盐度变化特征的合成分析基于台风前后的 Argo 剖面对，选取时基于以下 4 个原则：（1）本文的研究区域着重在深海大洋，故仅保留观测深度大于 1 000 m 的剖面[20]；（2）沿台风路径及垂直于台风路径方向上，Argo 剖面与台风中心的距离均在 $5R_{50}$ 以内；（3）台风前后的

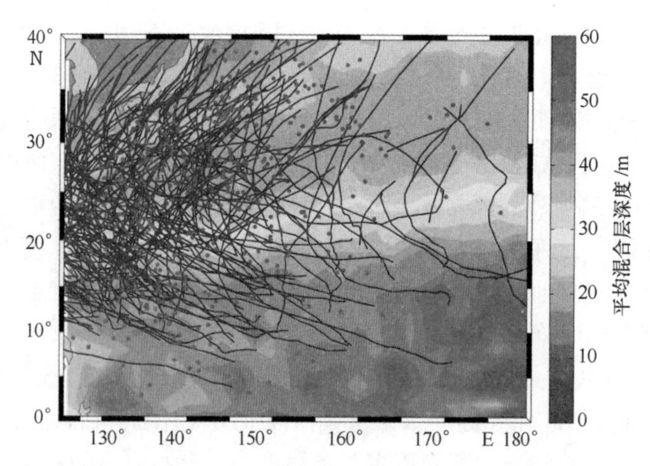

图 1 1996—2012 年间西北太平洋台风路径（实线）、Argo 剖面分布（红点）和夏季（6—9 月）平均混合层深度（彩色填充）

Argo 剖面对之间的距离必须小于 200 km，以减小由于海洋背景场空间变化所造成的差异[20]；（4）时间窗口为台风前 10 d 之内[20]和台风后 3 d 之内。根据以上采样原则，从满足条件的 258 个台风中共挑选出 955 对剖面，其中 647 对剖面在台风期间观测到了海表面（5 m）盐度数据（图 1）。

2.3 混合层深度资料

气候态月均混合层深度数据采用亚太数据研究中心（http：//apdrc. soest. hawaii. edu/data/data. php）提供的基于温度判据的气候态数据集，空间分辨率为（1/2）°×（1/2）°。西北太平洋夏季（6-9 月）平均混合层深度空间分布特征如图 1 所示。

2.4 风场资料

海面风场资料取自美国国家气候数据中心（http：//www. ncdc. noaa. gov/data-access/marineocean-data/blended-global/blended-sea-winds）提供的距海表面 10 m 高度上的风场，为多卫星融合的逐日格点数据，空间分辨率为（1/4）°×（1/4）°。

2.5 合成分析方法

本文采用 Hart 等[21]的合成分析方法研究海表面盐度对台风的响应特征。根据 Argo 剖面对在沿着台风路径方向和垂直于台风路径方向距离相应台风中心的距离，利用 Barnes[22]于 1964 年提出的空间插值方法（又称高斯加权客观分析方法），将各台风过程中的 Argo 剖面对观测到的海表面盐度变化插值到规则的网格上，最后得到海表面盐度变化的平面分布图。该网格以台风中心为中心，在沿着台风路径及垂直于

台风路径方向各取 $10R_{50}$，格距为 R_{50}。使用 Barnes 插值方法时，选取各向同性的影响半径为 $2R_{50}$，这样可以对盐度异常场进行一定程度的平滑，以滤去因合成方法带来的小尺度噪声。

3 结果

3.1 海表面盐度对台风的基本响应特征

利用 Argo 剖面浮标在台风前后的海表面盐度观测值，合成分析了西北太平洋海表面盐度对台风的基本响应特征。如图 2 所示，台风在其路径右侧引起了海表面盐度的显著上升，其范围达到了 $5R_{50}$（R_{50} 的平均值为 158 km）；其中，上升最显著之处位于台风中心右后方（$2R_{50}$，$-1R_{50}$）处，幅度达到了 0.03。在台风路径左侧，海表面盐度在 R_{50} 范围内上升而在 R_{50} 外区域普遍下降。出现海表面盐度响应这种左右不对称现象的原因在于台风的风场具有右偏性[5]，即右侧风场较强（图 2），更容易将下层高盐水通过混合等作用带到海表，从而使得海表面盐度上升；而在左侧 R_{50} 以外区域由于风场较弱，混合等作用引起的盐度上升小于降水造成的盐度下降，最终引起海表面盐度下降。

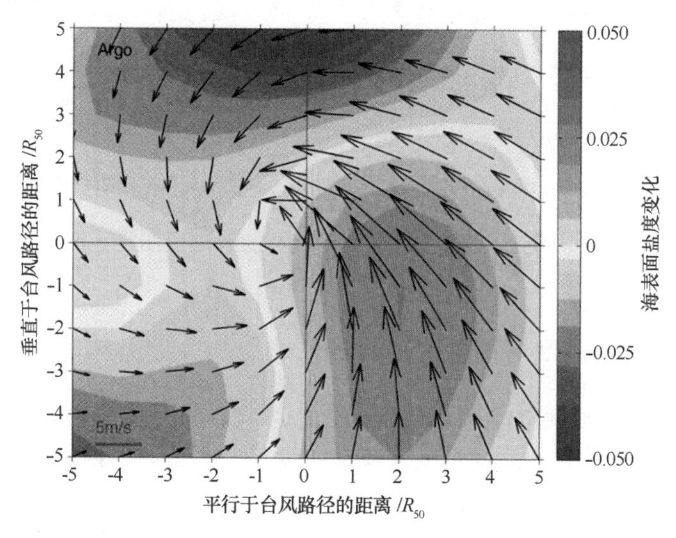

图 2 合成的台风风场（箭头）和台风引起的海表面盐度变化（彩色填充）

3.2 台风强度对海表面盐度变化的影响

为分析台风强度对海表面盐度变化的影响，将台风分为强台风（最大风速大于 36 m/s）和弱台风（最大风速小于 36 m/s），两类台风影响下的剖面对分别为 357 和

290 对。图 3a 显示，强台风造成了海表面盐度大范围显著上升，且具有明显的右偏性，台风中心右侧且垂直于台风路径方向 R_{50} 处上升幅度最大，达到了 0.05。这说明在强台风情况下，蒸发、混合和 Ekman 抽吸引起的海表面盐度上升的幅度在台风左右两侧均要大于降水导致的盐度下降的幅度，且在右侧更大。当台风强度较小时，只在其路径右侧引起海表面盐度的小幅上升，其中相对显著的上升区域位于台风路径右侧（$4R_{50}$，$-1R_{50}$）处，但幅度仅为 0.02；其路径左侧海表面盐度在台风过后则普遍下降（图 3b）。由此可见，当台风较弱时，由于其路径左侧风场较弱，故影响海表面盐度变化的 4 个过程中降水起主导作用；而在路径右侧，在相对较强的风场作用下其余三者的影响要略强于降水的作用，导致海表面盐度小幅升高。

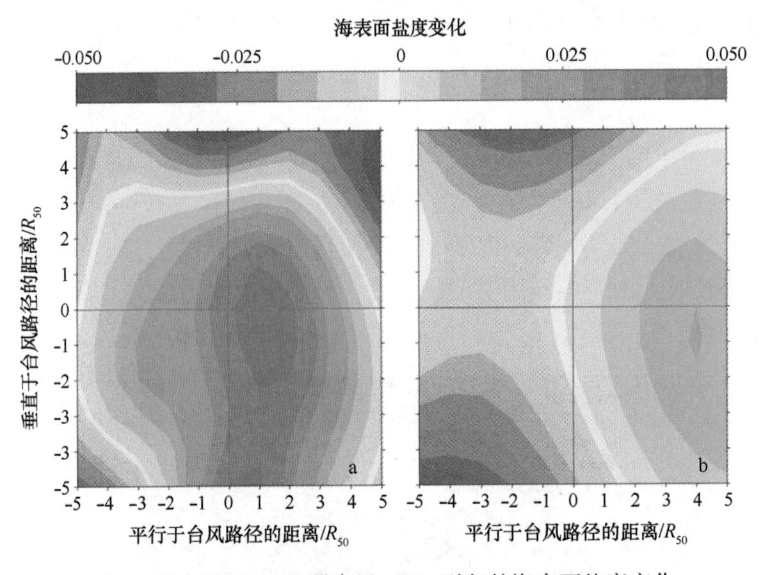

图 3　强台风（a）和弱台风（b）引起的海表面盐度变化

3.3　台风移动速度对海表面盐度变化的影响

为分析台风移动速度对海表面盐度变化的影响，将台风分为快速移动台风（移动速度大于 6 m/s）和慢速移动台风（移动速度小于 6 m/s），两者影响下的剖面对分别为 316 和 331 对。如图 4a 所示，当台风快速移动时，只在其路径右侧出现海表面盐度升高且幅度较小，最大升幅为 0.02，位于台风路径右侧 $3R_{50}$ 附近；路径左侧海表面盐度则普遍显著下降。据此可见，当台风快速移动时，由于其在海洋上空作用时间较短，同时路径左侧风速又相对较小，故降水造成的盐度下降过程占主导地位；而在其路径右侧，相对较强的风场作用弥补了由于台风作用时间较短的不足，蒸发、混合和 Ekman 抽吸的作用加强，引起海表面盐度上升。当台风慢速移动时，海表面盐度出现大范围的上升，其中上升幅度在台风中心右后方（$2R_{50}$，$-1R_{50}$）处最大，达到了 0.05（图 4b）。这是由于台风在海洋上空的作用时间较长，海洋上层得到充分混合，次表层的高盐水进入混合层，从而导致台风中心附近海域出现大范围的海表面盐度升高。

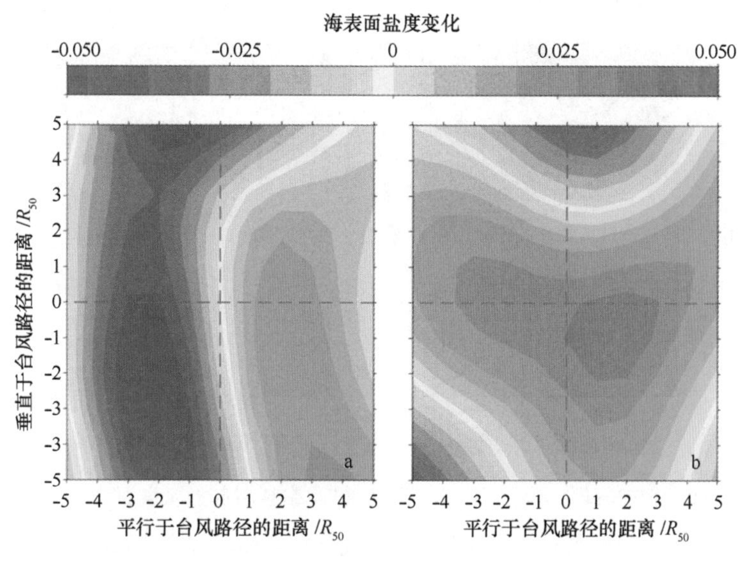

图 4　快速移动台风（a）和缓慢移动台风（b）引起的海表面盐度变化

3.4　混合层深度对海表面盐度变化的影响

海表面盐度对台风的响应，除了受台风强度和移动速度影响外，也受到海洋盐度层结的影响。根据气候态月均混合层深度数据，西北太平洋夏季（6—9 月）各月混合层分布较为一致（图略），且平均混合层深度的空间分布表现出明显的南北向梯度（图 1）：相比 25°N 以北，25°N 以南的混合层显著加深，其平均值分别为 22.5 m 和 41.4 m。此外，6—9 月是西北太平洋台风的高发季节，在挑选的 258 个台风中，有 172 个发生在此期间。因此，取 6—9 月作为研究的时间范围，同时将西北太平洋进一步划分为两个子海盆：25°N 以北和 25°N 以南。据统计，分别有 246 和 198 对剖面位于上述两个子海盆。如图 5a 所示，在混合层较浅的区域，台风过后海表面盐度普遍较大幅度上升，其中上升最明显的区域位于台风路径右侧距其 R_{50} 的条带上。在混合层较深的区域，台风过后其路径右侧及左侧 $2R_{50}$ 以内区域海表面盐度小幅升高，其中升高最大值位于台风中心右侧（$2R_{50}$，0）处，仅为 0.02；左侧远离台风中心的海表面盐度则普遍下降（图 5b）。相比于混合层较浅的区域，海表面盐度升高的幅度在混合层较深的区域略小，这是由于较深的混合层抑制了次表层高盐水进入混合层。

4　小结

本文利用 1996—2012 年的 Argo 剖面浮标盐度观测资料，分析了西北太平洋海表

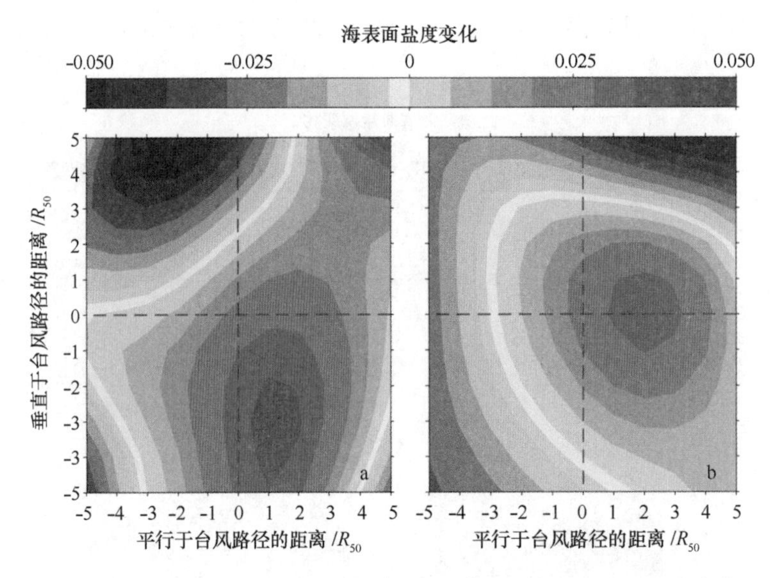

图 5　25°N 以北（a）和 25°N 以南（b）台风引起的海表面盐度变化

面盐度对台风的响应特征。结果表明海表面盐度对台风的响应具有明显的非对称性：台风过后其路径右侧的海表面盐度显著上升，上升幅度最大处位于台风中心右后方；路径左侧的海表面盐度则在 R_{50} 内上升而在 R_{50} 以外区域普遍下降。该特征与台风风场具有右偏性相对应，进而说明强风引起的混合、卷夹等作用，是引起海表面盐度增大的主要原因。

进一步分析表明，台风强度、移动速度以及混合层深度对海表面盐度响应均有较大影响。对于强度较大或缓慢移动的台风而言，台风能够造成大范围的海表面盐度上升；而强度较弱或快速移动的台风过后，只在其路径右侧出现海表面盐度上升，路径左侧的海表面盐度则普遍下降。混合层深度对海表面盐度的变化也有重要影响。在混合层较浅的区域，由于次表层高盐水更容易在台风作用下卷入混合层，台风过后海表面盐度普遍大幅度上升；在混合层较深的区域，海表面盐度在其路径右侧和左侧 $2R_{50}$ 范围内上升，但幅度较小，在左侧远离台风中心的区域则下降。

以上结果表明，由于 Argo 浮标在台风等极端恶劣天气条件下也能够正常工作，故 Argo 浮标数据能够很好地用于上层海洋对台风的响应特征。未来随着 Argo 浮标资料的积累和更高时空分辨率 Argo 浮标资料的获取，我们必定能够更全面地理解台风条件下的海-气相互作用过程，对上层海洋对台风的响应情况有一个更加深入的了解。

参考文献：

[1] Fisher E L.Hurricanes and the sea-surface temperature field[J].Journal of Meteorology,1958,15(3):

328-333.

[2] Leipper D F.Observed ocean conditions and Hurricane Hilda[J].Journal of the Atmospheric Sciences, 1967,24(2):182-196.

[3] Brand S.The effects on a tropical cyclone of cooler surface waters due to upwelling and mixing produced by a prior tropical cyclone[J].Journal of Applied Meteorology,1971,10(5):865-874.

[4] Price J F.Upper ocean response to a hurricane[J].Journal of Physical Oceanography,1981,11(2): 153-175.

[5] Price J F,Sanford T B,Forristall G Z.Forced stage response to a moving hurricane[J].Journal of Physical Oceanography,1994,24(2):233-260.

[6] Lin Yiyi,Liu W T,Wu C C,et al.Satellite observations of modulation of surface winds by typhoon-induced upper ocean cooling[J].Geophysical Research Letter,2003,30 (3):1131.

[7] Vincent E M,Lengaigne M,Vialard J,et al.Assessing the oceanic control on the amplitude of sea surface cooling induced by tropical cyclones[J].Journal of Geophysical Research,2012,117(C5),doi: 10.1029/2011JC007705.

[8] Shay L K,Black P G,Mariano A J,et al.Upper ocean response to Hurricane Gilbert[J].Journal of Geophysical Research,1992,97(C2):20227-20248.

[9] Zheng Quanan,Lai R J,Huang N E,et al.Observation of ocean current response to 1998 Hurricane Georges in the Gulf of Mexico[J].Acta Oceanologica Sinica,2006,25(1):1-14.

[10] Korty R L,Emanuel K A,Scott J R.Tropical cyclone-induced upper-ocean mixing and climate:Application to Equable Climates[J].Journal of Climate,2007,21(4):638-654.

[11] Lu Zhumin,Huang Ruixing.The three-dimensional steady circulation in a homogenous ocean induced by a stationary hurricane[J].Journal of Physical Oceanography,2010,40(7):1441-1457.

[12] Sanford T B,Price J B,Girton J B.Upper ocean response to hurricane Frances (2004) observed by profiling EM-APEX floats[J].Journal of Physical Oceanography,2011,41(6):1041-1056.

[13] Shi Wei,Wang Menghua.Satellite observations of asymmetrical physical and biological response to Hurricane Earl[J].Geophysical Research Letter,2011,38(4),doi:10.1029/2010GL046574.

[14] Lau K M W,Zhou Yaping.Observed recent trends in tropical cyclone rainfall over the North Atlantic and North Pacific [J]. Journal of Geophysical Research, 2012, 117 (D3), doi: 10.1029/2011JD016510.

[15] 许东峰,刘增宏,徐晓华,等.西北太平洋暖池区台风对海表盐度的影响[J].海洋学报,2005,27(6):9-15.

[16] Kwon Y O,Riser S C.The ocean response to the hurricane and tropical storm in North Atlantic during 1997-1999[R].School of Oceanography,University of Washington,USA,2003.

[17] Liu Zenghong,Xu Jianping,Zhu Bokang,et al.The upper ocean response to tropical cyclones in the northwestern Pacific analyzed with Argo data[J].Chinese Journal of Oceanology and Limnology, 2007,25(2):123-131.

[18] Jacob S D,Koblinsky C J.Effects of precipitation on the upper-ocean response to a hurricane[J]. Monthly Weather Review,2007,35(2):2207-2225.

[19] 童明荣,刘增宏,孙朝辉,等.ARGO 剖面浮标数据质量控制过程剖析[J].海洋技术,2003,22

(4):79-84.

[20] Park J J,Kwon Y O,Price J F.Argo array observation of ocean heat content changes induced by tropical cyclones in the North Pacific[J].Journal of Geophysical Research,2011,116(C12),doi:10.1029/2011JC007165.

[21] Hart R E,Maue R N,Watson M C.Estimating local memory of tropical cyclones through MPI anomaly evolution[J].Monthly Weather Review,2007,135(2):3990-4005.

[22] Barnes S L. Mesoscale objective analysis using weighted time-series observations [R]. NOAA Technical Memorandum,National Severe Storms Laboratory,1964.

Analysis of sea surface salinity response to typhoon in the Northwest Pacific based on Argo data

WU Lingwei[1,2],LING Zheng[1,2]

1.*State Key Laboratory of Satellite Ocean Environmental Dynamics*,*Hangzhou* 310012,*China*
2.*Second Institute of Oceanography*,*State Oceanic Administration*,*Hangzhou* 310012,*China*

Abstract: Based on sea surface salinity (SSS) observations from Argo profiling floats during 1996-2012,SSS response to typhoons is analyzed by a synthetic analysis method.The results show that there exists an apparent asymmetry in the SSS response to typhoons: the SSS on the right side of the track increases markedly,however on the left side it increases within radius of 50 knots wind speed (R_{50}) while decreases outside the R_{50}.Further analyses indicate that intensity,translation speed of typhoon and ocean mixed layer depth all have significant impacts on the SSS response.Strong or slow moving typhoons can produce SSS rises in a large area,whereas SSS increases (decreases) on the right (left) side of the track during the period of weak or fast moving typhoons.In summer (Jun.-Sep.),SSS generally rises more in magnitude and area after the passage of typhoon in regions of shallow mixed layer than in deep one,where SSS rises slightly within radius of $2R_{50}$ and decreases on the left side far away from typhoon tract.

Key words: sea surface salinity;Argo profiling floats;typhoon;mixed layer depth

(该文刊于:海洋学研究,2015,33(3):1-6)

上层海洋对苏迪罗超强台风（2015年）的响应以及与中尺度海洋特征的相互作用

刘增宏[1]，周磊[2,1]，曹敏杰[1]，孙朝辉[1]，卢少磊[1]，吴晓芬[1]

1. 国家海洋局第二海洋研究所 卫星海洋环境动力学国家重点实验室，浙江 杭州 310012
2. 上海交通大学 海洋研究院，上海 200240

摘要：苏迪罗台风是2015年发生在西北太平洋的最强风暴，其登陆后给台湾和福建省造成了严重的人员和财产损害。苏迪罗台风以平均5.8 m/s的速度平稳地向西北方向移动，途中经历了两个中尺度海洋特征。本文基于卫星遥感海表温度（SST）、海表高度异常（SSHA）以及Argo浮标现场观测温度剖面资料，分析了上层海洋对台风的响应，特别是台风与中尺度海洋特征的相互作用。即使苏迪罗台风经过的海区，其上层热含量（UOHC）小于气候态值，但上层海洋仍然为台风的增强提供了足够的热量，并在较快移动速度条件下有效限制了海洋降温的负反馈。当台风遇到负SSHA（气旋环流）后，台风强度从5级降为2级，而遇到正SSHA（反气旋环流）后，台风强度又重新增强。最大SST降温并没有出现在台风强度达到最大的地方，而出现在中尺度负SSHA西北部的一个气旋涡附近。上层海洋呈现不对称响应过程，不仅与台风导致的垂向混合、夹卷以及涌升有关，还与台风前上层海洋的初始状态有关。中尺度海洋特征的存在可以对海洋初始状态和上层海洋的不对称响应产生重要影响。

关键词：苏迪罗台风；中尺度海洋特征；上层海洋响应；相互作用

1 引言

热带气旋是最具破坏性的自然灾害之一。热带气旋经过时，强风和由此引起的湍

基金项目：国家重点基础研究发展规划（973计划）项目“上层海洋对台风的响应和调制机理研究”（2013CB43031）；科技部科技基础性工作专项重点项目“西太平洋Argo实时海洋调查”（2012FY112300）；国家自然科学基金项目（41406022，41606003）；卫星海洋环境动力学国家重点实验室自主课题（SOEDZZ1514）。

作者简介：刘增宏（1977—），男，江苏省无锡市人，副研究员，主要从事物理海洋调查分析研究。E-mail：liuzenghong@139.com

流通常使海洋混合层加深几十米，并能使 SST 降温最大可达 9℃[1-6]。研究表明，约 75%~90%的上混合层降温由热带气旋引起的垂向混合/夹卷导致[1,7]，而海洋向大气失热仅能解释 10%~15%的海表降温[1]。强迫阶段，海洋在热带气旋的直接作用下，海面风场的辐散作用使温跃层以下冷水通过 Ekman 抽吸进入上混合层[8]；而松弛阶段，上层海洋的响应主要由跨混合层底部的近惯性振荡主导[1-2,9]。

许多研究已经表明海洋中尺度特征（如涡旋）对上层海洋的响应起到重要作用，并能影响热带气旋的强度。如 Hong 等[10]观测到 Opal 飓风（1995）在遇到一个暖涡时，其强度迅速增强。这种迅速增强（Kaplan 和 DeMaria[11]定义为海面最大风速在 24 h 内增强 15.4 m/s）在大西洋 Mitch 和 Bret 飓风经过反气旋海洋环流时同样可以观测到[12]。暖涡的存在就像热带气旋和深层冷水之间的一个绝缘体，暖涡内较厚的混合层可有效限制气旋引起的海表降温负反馈作用[13]。Shay 等[14]在 Opal 飓风经过墨西哥湾流环内的暖涡时发现，混合层降温还不到 1℃。由于暖涡或暖流通常伴随着大的上层海洋热含量（UOHC，即每单位面积上相对 26℃等温层（D26）热含量的积分），对热带气旋强度的维持起到重要作用[15-16]。Lin 等[13]发现，2003 年超级台风 Maemi 经过暖的环流时，其强度在 36 h 内一直维持在 4~5 级。Lin 等[17]还发现，气候态暖水厚度（通常为 D26）在西北太平洋的台风增强为 5 级过程中扮演着重要角色。以上研究均针对热带气旋与暖海洋特征的相互作用，然而热带气旋与冷海洋特征间的相互作用同样不可忽视。Walker 等[18]通过分析发现，2004 年 Ivan 飓风经过墨西哥湾时，其路径东侧观测到快速的海水涌升，并使飓风前存在的气旋式环流加强。当超级台风 Hai-Tang（2005）经过气旋涡时，观测和模拟的结果均呈现出显著的海表降温[4,19—20]。当 4 级飓风 Kenneth（2005）以较慢的移动速度（<1.5 m/s）经过一个弱的气旋涡时，SST 显著下降，同时飓风的强度迅速变弱[5]。通常气旋涡内较浅的混合层厚度使次表层冷水更容易混合进入表层，同时，混合层底部的强流使热惯性变弱[4,9,21]。因此，初始存在的中尺度海洋特征对海洋的不对称响应十分重要，并能对热带气旋的强度起反馈作用。认识中尺度海洋特征与热带气旋的相互作用过程对提高热带气旋强度变化的预报十分重要。

然而，由于缺少次表层温度现场观测资料，极大地限制了人们对海洋不对称响应的认识。今天，随着卫星遥感[22-23]以及海洋观测手段的进步（如 Argo 剖面浮标[24-25]），使进一步认识海洋对热带气旋的响应成为可能[9,19,21]。尤其是使用铱卫星（Iridium）通讯的各种剖面浮标得到广泛应用，它可以提供高分辨率的温盐度剖面（通常为海表至 2 000 m 内 500~1 000 层），而且借助于双向通讯功能，人们可以在热带气旋或中尺度涡经过时，将浮标的循环周期从 10 d 调整至 1~2 d。这些加密观测的剖面资料可以用来研究上层海洋对热带气旋的响应过程（如 Liu 等[26]）。

2015 年 8 月，苏迪罗（Soudelor）台风分别经过了一个气旋式和反气旋式海洋特征。8 月 3 日 18：00（17.8°N，140.7°E），当苏迪罗遇到气旋式环流后，其强度在 60 h 内（直至 8 月 6 日 06：00 遇到反气旋式环流）从 5 级减弱为 2 级。之后，台风强度再次增强至 3 级，直至 8 月 8 日在台湾登陆（2 级）。本文基于卫星遥感资料（包括 SSHA 和 SST）和现场 Argo 剖面资料，分析了台风和中尺度海洋特征的相互作用，以及上层海洋对台风的响应。

2 数据和方法

台风最佳路径资料来源于联合台风预警中心（Joint Typhoon Warning Center，https：//metoc. ndbc. noaa. gov/JTWC/），包括每 6 小时的台风中心位置、中心气压、最大风速和最大风速半径等。

由于研究海域在夏季呈现比较均一的高 SST，所以我们使用 SSHA 来识别中尺度海洋特征[12,14]。SSHA 资料来源于 Copernicus Marine and Environment Monitoring Service（CMEMS，http：//marine. copernicus. eu），是融合了 Altika、Haiyang-2A、Cryosat-2 和 OSTM/Jason-2 卫星的准实时产品，其水平分辨率为 0. 25° × 0. 25°。

SST 资料则是来源于美国 Remote Sensing Systems（RSS，http：//www. remss. com/），为逐日微波遥感最优插值 SST 产品。该准实时数据产品融合了所有可以利用的微波辐射计（如 AMSR-E、AMSR2 和 WindSat），水平分辨率为 0. 25° × 0. 25°。

为了评估苏迪罗台风前上层海洋结构以及台风经过后海洋的响应，对台风路径附近的 Argo 浮标进行了仔细的筛选：距离台风中心不超过 300 km、并且在台风经过前后 5 d 内有剖面观测资料。结果，有 17 个 Argo 浮标（包括 4 个使用铱卫星通讯的浮标）被选取用于本文研究。从图 1 可以看出，大部分浮标（17 个浮标中的 14 个）位于 131°E 以西海域。所有这些浮标的循环周期为 2~5 d（表 1），浮标观测数据由中国 Argo 实时资料中心（http：//www. argo. org. cn）经过质量再控制后提供。

表 1 2015 年苏迪罗台风路径附近海域的 Argo 剖面浮标信息（7 月 24 日至 8 月 14 日）

序号	WMO 编号	布放国家	卫星通讯系统	循环周期/d	观测剖面数量/条
1	2901535	中国	Iridium	3	8
2	2901543	中国	Iridium	3	7
3	2902942	日本	Argos	5	4
4	2901579	中国	Iridium	2	10
5	2902489	日本	Argos	5	4
6	2902492	日本	Argos	5	4
7	2902493	日本	Argos	5	5
8	2902952	日本	Argos	5	5

续表

序号	WMO 编号	布放国家	卫星通讯系统	循环周期/d	观测剖面数量/条
9	2902953	日本	Argos	5	5
10	2902383	日本	Argos	5	4
11	2902490	日本	Argos	5	4
12	2901578	中国	Iridium	2	12
13	2901494	中国	Iridium	3	7
14	2902500	日本	Argos	5	4
15	2902950	日本	Argos	5	5
16	2902954	日本	Argos	5	5
17	2902502	日本	Argos	5	4

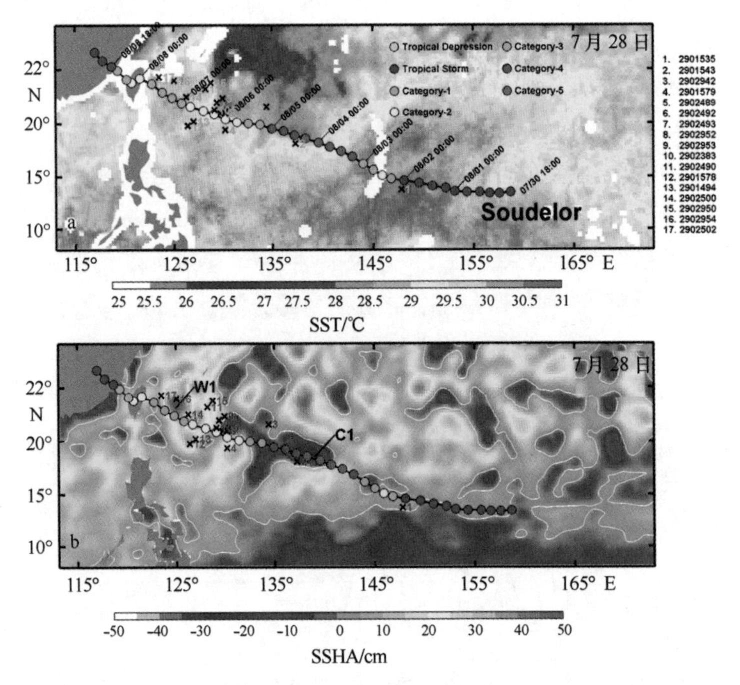

图 1 2015 年苏迪罗台风路径以及台风前 Argo 剖面浮标的位置，7 月 28 日微波遥感 OI SST（a）和 SSHA 分布（b）

台风路径上的彩色圆圈代表台风的强度（基于 Saffir-Simplson 标准）；黑色十字代表每个 Argo 浮标在台风前的位置，绿色和红色数字代表的浮标 WMO 编号在图 a 的右侧标出；C1 和 W1 分别为台风路径附近的冷核和暖核；白色等值线表示 SSHA = 0 cm

UOHC 由温度剖面资料计算得到，计算公式如下：

$$Q_H = c_p\rho\int_{-D26}^{0}(T(z) - 26)\mathrm{d}z,$$

式中，c_p 是海水比热容（这里采用 4 000 J/(kg·℃)），ρ 为上层海洋海水平均密度，这里采用 1 026 kg/m^3，D26 为 26℃等温层深度，$T(z)$ 为温度剖面。

3 苏迪罗台风和台风前海洋状态

3.1 苏迪罗台风

苏迪罗台风于 2015 年 7 月 30 日 18：00 在西北太平洋海域生成，其中心位置位于 13.5°N，158.7°E（图 1），并以相对稳定的速度（平均为 5.8 m/s）向西北方向移动，至 8 月 3 日 12：00，发展为 2015 年的最强台风（中心最大风速大于 79 m/s）。8 月 5 日，苏迪罗在 20.1°N，131.4°E 附近减弱为 2 级，之后 30 h，台风再次增强为 3 级，并于 8 月 8 日以 2 级强度（最大风速为 48.4 m/s）登陆台湾。

3.2 台风前中尺度海洋特征与 SST

图 1b 显示了 7 月 28 日台风前的 SSHA 分布，如前人的研究结果[13,27-28]那样，该海域常年存在丰富的中尺度海洋特征。在苏迪罗台风路径附近主要存在两个中尺度海洋特征，其中一个负 SSHA 特征位于 15°～23°N 和 130.2°～140.7°E 包围的区域，最小 SSHA 约-36.5 cm（位于 18.6°N，139.1°E，图 1b 中 C1），而正 SSHA 特征位于负 SSHA 的西北，最大 SSHA 约 48.9 cm（位于 1 23.1°N，24.9°E，图 1b 中 W1）。需要指出的是，一些小尺度的海洋特征与这两个中尺度特征交替分布。在台风发展阶段路径左侧，存在大范围的负 SSHA 特征（14°N 以南），该区域处于副热带环流的中部（即 Gyre Central），主要受大尺度过程的影响，如 El Niño 等[29-31]。正的 SSHA 特征通常代表厚的暖水层（即 D26）以及大于气候态的 UOHC。反之，负 SSHA 特征则表示暖水厚度相对较浅，且 UOHC 小于气候态[17]。

图 1a 显示了台风前（7 月 28 日）的卫星遥感 SST 分布。该区域基本由高温水体占据（SST 在 29～31℃间），只有在 20°N 以北、129°E 和 145°E 之间，发现存在一个温度相对较低（26～28℃）的冷斑。

4 上层海洋响应及苏迪罗与中尺度海洋特征的相互作用

4.1 苏迪罗台风发展阶段

苏迪罗台风在发展阶段经过了一片温度比较均一（>29℃）的海域，在 8 月 2 日前位于 Gyre Central 中海盆尺度的负 SSHA 内（图 1b），苏迪罗并没有增强，而是维持热带风暴的强度（最大风速从 18 m/s 增加到 30.8 m/s）。之后，台风开始增强，并在 36 h 内达到 5 级。8 月 2 日只发现了一个 Argo 浮标（WMO 编号：2901535）位于台风路径的左侧约 28 km 处。由 Argo 浮标观测的温度剖面可以看出，台风前的混合层深度（MLD）仅 18×10^4 Pa，比气候态 MLD（约 50×10^4 Pa）要浅得多。这里使用了 BOA-Argo 网格化数据集[32]作为气候态背景场，其水平分辨率为 1°×1°。台风前 D26 大约为 119×10^4 Pa，而气候态 D26 为 134×10^4 Pa（图 2a），同时观测到的 UOHC 为 120 kJ/cm²，小于气候态值（约 138 kJ/cm²），这很可能是由台风中心附近存在的负 SSHA 特征导致的。虽然暖水的厚度和 UOHC 相比气候态出现了下降，但在较大的移动速度（>6.5 m/s，8 月 2 日 00：00）条件下，上层海洋仍然可以给台风强度增强提供足够多的热量，并限制台风引起的海表降温[17]。台风过后，MLD 加深了 28×10^4 Pa，由台风引起的海表降温小于 1.2℃（8 月 2 日台风经过时的降温更加不明显）。当台风经过时，温跃层抬升了 17×10^4 Pa，90×10^4～125×10^4 Pa 深度范围内平均降温约 1℃，表明在台风引起了强烈的海水涌升。台风过境后，温跃层迅速恢复到初始状态（图 2a 中蓝色曲线）。

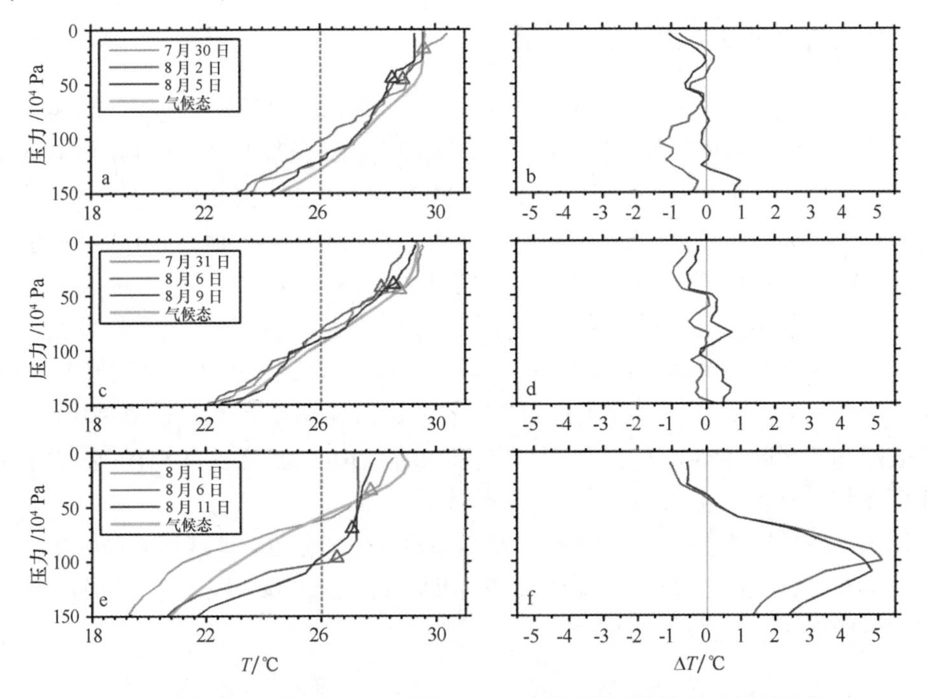

图 2　由 2901535 号、2901543 号和 2902942 号浮标观测的温度剖面及其温度变化（减去台风前的温度剖面）

气候态剖面用灰色曲线表示；MLD 用彩色三角形表示；灰色虚线表示 26℃ 等温线

苏迪罗台风于 8 月 3 日 12：00 增强为 5 级台风，中心最大风速达 71.9 m/s，而这之前，台风并没有经过特别明显的中尺度海洋特征。然而，由于 SST 较高，Gyre

Central 内相对较厚的 D26（即较大的 UOHC），加上台风的快速移动（>5.5 m/s），使苏迪罗台风增强为 5 级成为可能。

4.2 苏迪罗台风消亡阶段

4.2.1 负 SSHA 特征内

在 8 月 3 日 18：00，苏迪罗台风在遇到负 SSHA 特征后开始减弱，中心最大风速从 79.7 m/s 减弱为冷核处的 72 m/s（8 月 4 日 06：00，图 1b 中 C1）。当台风遇到 C1 后，其强度从 5 级迅速减弱为 4 级，中心最大风速在 18 h 内下降了 12.9 m/s。2901543 号浮标位于台风路径左侧 103 km 处，同时位于 C1 西南 176 km 处。从图 2c~d 可以发现，上层海洋对台风的响应较弱，台风过后 MLD 几乎没有变化，而 SST 仅下降了不到 1℃。台风前观测到的 D26 约 83×10^4 Pa，UOHC 为 77 kJ/ cm^2，而气候态的 D26 和 UOHC 分别为 94×10^4 Pa 和 94 kJ/cm^2（位于 Gyre Central 内）。这很好理解，负 SSHA 特征（气旋环流）引起的海水上涌可使 D26 明显变浅。但该浮标位于负 SSHA 的边缘，海水上涌相对较弱，所以 D26 相对于气候态并没有明显变浅。虽然台风经过时，浮标附近的最大风速可以达到 72 m/s，但并没有观测到明显的海洋响应（如 MLD 明显加深，以及混合层温度明显下降）。厚的暖水层（D26）可有效限制台风引起的海表降温[17]以及温跃层的抬升。也就是说，台风前暖水的厚度可能在上层海洋对台风的响应过程中扮演着重要角色，甚至对台风的反馈作用。

在路径右侧约 235 km 处，发现有另一个 Argo 浮标（WMO 编号：2902942）位于 21.9°N，134.5°E 处。虽然，8 月 5 日 06：00 中心最大风速下降至 54 m/s，但 MLD 明显加深（加深 62×10^4 Pa），而且 Argo 温度观测剖面显示，50×10^4 Pa 以下的次表层增温，最大增温可达 5℃（图 2e~f）。该次表层增温在台风过后仍可持续 1 周以上时间，而混合层内降温仅 1℃。次表层增温可能是由于表层暖水被夹卷进入温跃层引起，可以看作是对海洋的净热输入（即所谓热泵效应[33]）。但是，这里的净热输入（图 2e）不应该都归因于热泵效应，因为混合层的失热远小于混合层以下的净热输入（图 2f）。从图 3 不难发现，该浮标东北海域的一个反气旋涡在这期间向西传播，8 月 6 日，浮标已经位于该反气旋涡的边缘。由反气旋涡带来的较厚暖水将参与到台风过后上层海洋温度结构的重构之中。所以，2902942 号浮标观测到的 MLD 显著加深不应该都由垂向混合引起，而次表层的增暖可能大部分来自反气旋涡，而非热泵效应。虽然表层降温幅度大大小于次表层的增温，我们不应该简单地就此认为由台风引起的混合和夹卷效应不如预期的强烈，因为反气旋涡带来的相对较厚的暖水可以部分补充混合层内的热量损失。

在负 SSHA 特征的西北部，有几个浮标位于台风路径右侧的一个中尺度气旋涡内（8 月 1 日）（图 4）。这些浮标中，有 3 个浮标（WMO 编号分别为：2902489、2902492 和 2902952）初始位置位于气旋涡内（2902489 号浮标位于涡旋中心），另外

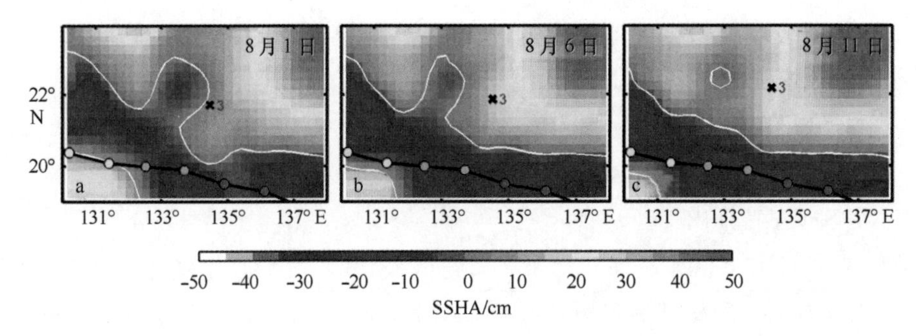

图3 8月1日（a）、8月6日（b）和8月11日（c）SSHA 分布

黑色十字表示 2902942 号浮标的位置。白色等值线表示 SSHA = 0 cm

3个浮标（WMO 编号：2902493、2902953 和 2902383）则位于涡旋的西边界（图 4a）。所有这些浮标的循环周期为5 d，可以用来分析台风经过前、经过时及经过后的上层海洋结构演变过程。需要指出的是，该气旋涡在这期间向西传播，在台风过境后，涡旋的面积增大，且强度增强（21.6°N，129.9°E 处的 SSHA 从-17.4 cm 减小为-24.7 cm），同样参与了台风过后的温度结构重构。

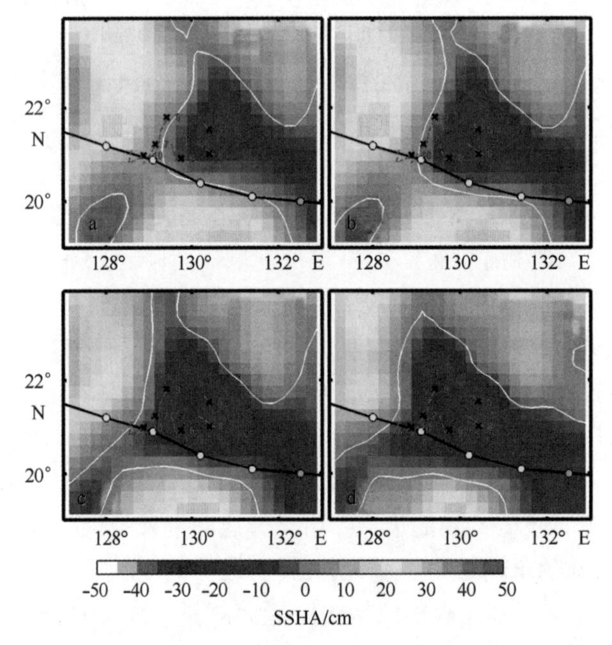

图4 8月1日（a）、8月4日（b）、8月7日（c）和 8月11日（d）中尺度气旋涡分布以及浮标的轨迹（粉红色虚线）

黑色十字表示 Argo 浮标在台风前的位置，白色等值线表示 SSHA = 0 cm

图 5a~c 显示了上述 Argo 浮标的海表（15×10^4 Pa）温度、MLD 和 D26 随时间演变过程。这些浮标平均位置处的卫星遥感 SST 资料表明，台风过后，SST 从 8 月 5 日

的 29℃左右下降至 8 月 7 日的 24℃。而后，SST 逐渐增加，至 8 月 14 日恢复至台风前的状态（图 5a）。然而，Argo 浮标观测的 15×10⁴ Pa 温度似乎需要更多的时间（1~3 d）才能达到最大降温（比 SST 的降温小，最大降温为 3. 5℃），以及恢复至台风前的状态。混合层内海水温度的这种延迟响应与松弛阶段由台风引起的近惯性振荡有关[34—35]。从图 6 可以发现，由于气旋涡的存在，使台风前的温度结构存在明显的差异。气旋涡内强的海水上涌（如 2902489、2902492 和 2902952 号浮标）使海表温度相比涡旋边缘（如 2902493、2902953 和 2902383 号浮标）更低，且 MLD 更浅，导致台风过后 MLD 加深更明显，最大加深为 53×10⁴ Pa（图 5b）。然而，由于气旋涡内的海水上涌，使加深的 MLD 迅速恢复，在台风过后的 1 周内达到最浅（< 5×10⁴ Pa）。有 4 个浮标在台风过后甚至观测到低于 26℃的表层温度，即维持台风强度的 D26 消失（图 5c）。

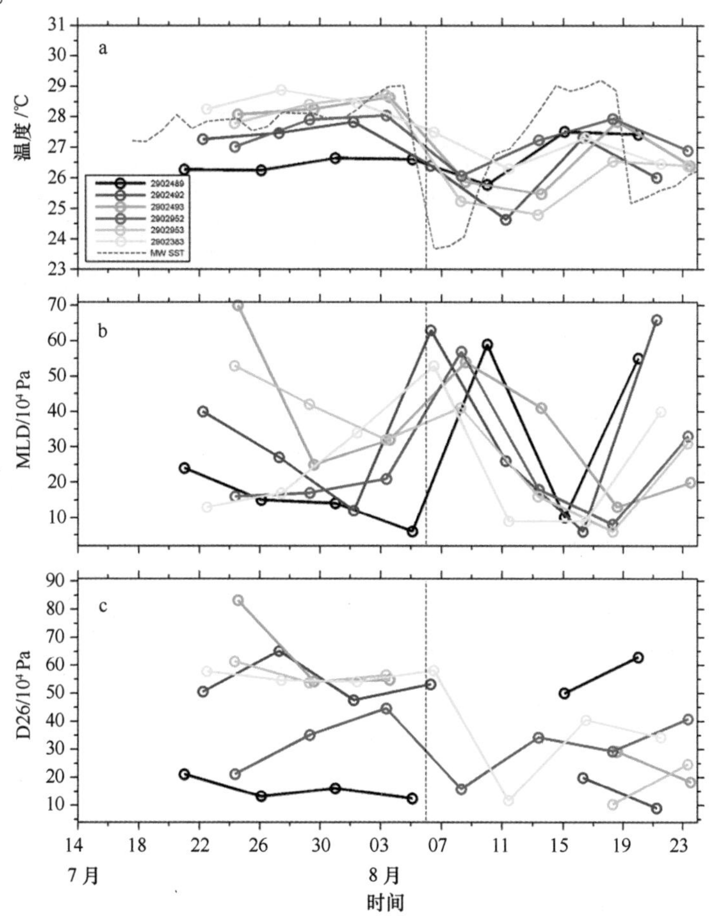

图 5 图 4 中 6 个 Argo 浮标观测的 15×10⁴ Pa 温度及浮标平均位置处的 SST（粉红色虚线）随时间变化（a），以及 MLD（b）和 D26 随时间变化（c）

黑色虚线代表台风经过的日期和时间（2015 年 8 月 6 日 00：00），

c 中缺失的 D26 表示上层海洋温度均小于 26℃

即使在同一个中尺度涡内，温跃层内的响应呈现较大的差异（图6）。2902489和2902952号浮标观测到混合层内温度下降及次表层增温，而其他浮标观测的结果为整个水体的降温（图6b）。2902489号浮标（位于气旋涡中心）观测的温度结构与其他浮标的不同，MLD（6×10^4 Pa）和温跃层都很浅。较浅的ML和温跃层使表层暖水更容易通过夹卷进入温跃层，而冷次表层水进入混合层。然而，表层降温的效应并不明显，因为台风前的SST已经比较低（约28.1℃）。该浮标还观测到次表层的增温非常明显，在80×10^4 Pa深度上最大增温可达4.5℃。该净热量输入不仅与表层暖水通过夹卷进入温跃层有关，还与气旋涡的西移密切相关。该浮标处的SSHA在8月5—10日期间增加了5.5 cm（图略），使气旋涡中心的冷水被暖水替换。而2902952号浮标基本在反气旋涡中心漂移（图4），台风前的MLD较浅，约21×10^4 Pa，也导致台风后温跃层的增温，但没有2902489号浮标观测到的那么显著。其他浮标随着涡旋的西移，位置从涡旋边缘漂移至涡旋中心附近，混合层以下冷水的涌升导致整个水体变冷，而且降温的幅度似乎与距涡旋中心的距离有关（图4和图6b）。

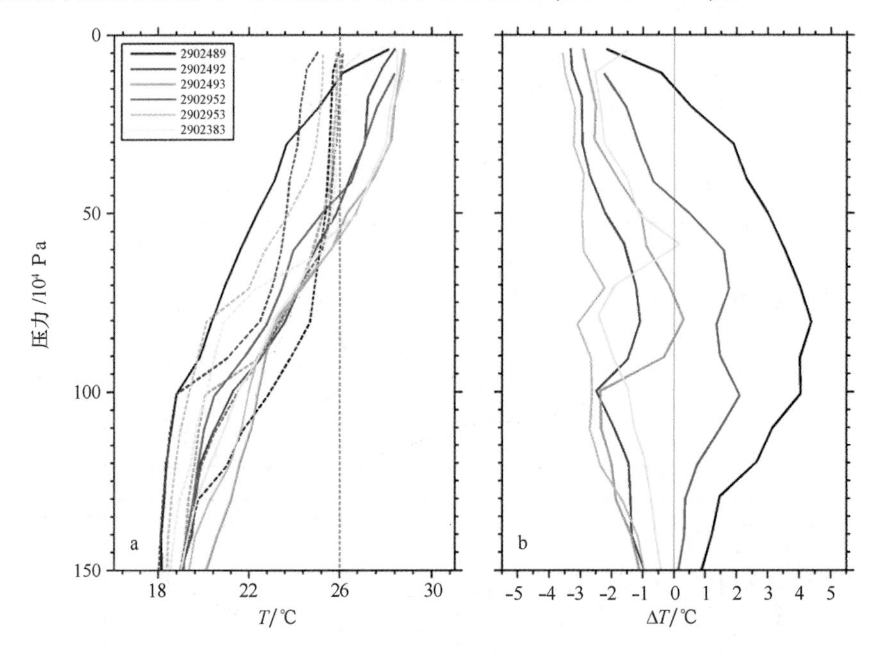

图6 图4中6个Argo浮标观测的台风前（实线）与台风后（虚线）的温度剖面（a），以及温度变化（b）（台风后温度剖面-台风前温度剖面）

每个浮标选取的剖面日期为：2902489号浮标（8月10日/8月5日），2902492号浮标（8月11日/8月1日），2902493号浮标（8月8日/8月3日），2902952号浮标（8月8日/8月3日），2902953号浮标（8月8日/8月3日），以及2902383号浮标（8月11日/8月1日）

4.2.2 正SSHA特征内

在8月6日00：00，台风中心左侧存在一个中尺度的反气旋涡（SSHA约

20. 5 cm），由 2901579 号浮标观测到的台风前 MLD（约 64×10^4 Pa）和 D26（约 110×10^4 Pa）均大于气候态（图 7）。相对较厚的暖水限制了海表降温及对台风的负反馈作用[13,17,36]，浮标观测的海表降温小于 1℃。该浮标还观测到由强风应力引起的温跃层冷水涌升，在 8 月 7 日（台风过后 1 d）达最大，随后温跃层逐渐恢复到台风前状态。

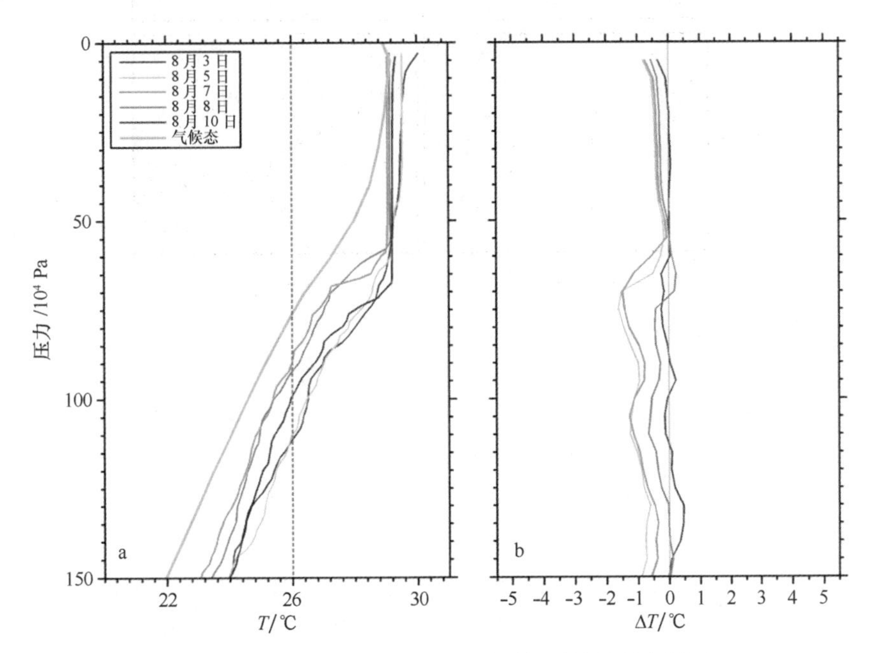

图 7 2015 年 8 月 3—10 日 2901579 号浮标观测的温度剖面（a），以及温度变化（b）（相对于 8 月 3 日的温度剖面）

灰色曲线表示气候态温度剖面

苏迪罗台风于 8 月 6 日 12：00 移动到正 SSHA 特征内，其中心最大风速在 12 h 内从 46. 3 m/s 增加至 51. 4 m/s（3 级）。之后，台风在暖核（图 1 中 W1）附近再次增强，并在 12 h 内维持该强度。然后，苏迪罗移出正 SSHA 特征，减弱为 2 级，并于 8 月 8 日在台湾登陆。该中尺度暖特征在台风过后有所减弱，W1 处（23. 1° N，124. 9°E）的 SSHA 从 8 月 4 日的 42. 3 cm 减小为 8 月 10 日的 36. 2 cm（图 8）。

由图 8 可见，有 7 个 Argo 浮标位于正 SSHA 特征内，并且分布在台风路径两侧。值得注意的是，2902500 号浮标附近还存在一个次中尺度的负 SSHA，2901494 号浮标则位于一个从负 SSHA 特征分离出来的气旋涡内。从图 9 看出，这些浮标平均位置处的卫星遥感 SST 在台风过后仅下降了 3. 6℃（8 月 7 日），小于气旋涡内的海表降温（约 5℃）（图 5a），随后 SST 在 10 d 内逐渐恢复至初始状态，但仍小于台风前的值。尽管台风前观测到的 15×10^4 Pa 温度（29. 5～30℃）和 MLD（约 25×10^4～35×10^4 Pa）基本一致，但台风过后上层海洋的响应（海表降温、混合层加深及 D26 的变化）呈

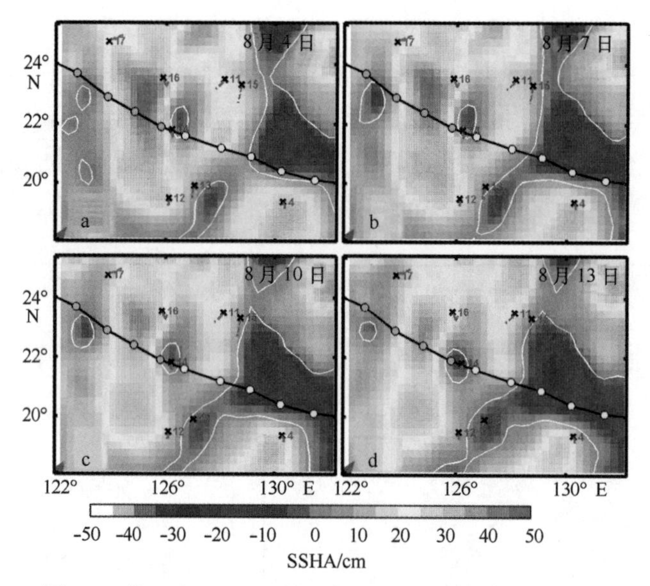

图8 8月4日（a）、8月7日（b）、8月10日（c）和8月13日（d）正 SSHA 特征的分布以及浮标轨迹（粉红色虚线）

黑色十字表示每个浮标在台风前的位置，白色等值线表示 SSHA = 0 cm

不对称性。最显著的 15×10^4 Pa 降温由 2902950 和 2902500 号浮标观测到，约 3.2℃（8月8—9日），与卫星遥感 SST 的降温相当。之后，15×10^4 Pa 温度开始恢复，与 SST 相似，但 2902500 和 2902950 号浮标明显受次中尺度气旋涡和负 SSHA 特征西移的影响，表层海水温度相对较低（图 9a）。由于台风右侧的垂向混合更强，导致表层降温呈明显右偏特征，但 2902490 号浮标除外。2902954、2902500 和 2902490 号浮标观测到的混合层加深比其他浮标更为明显，约 37×10^4 ~ 72×10^4 Pa。然而，D26 的变化比较复杂（图 9c），可能 D26 的变化非常依赖于初始温度结构以及中尺度海洋特征的影响。

2902954 号浮标位于 W1 的西北，台风前的 D26（约 80×10^4 Pa）和 UOHC（84 kJ/cm^2）比气候态值（分别为 66×10^4 Pa 和 60 kJ/cm^2）要大（图 10a）。2902500 号浮标也观测到比气候态大的 D26（约 117×10^4 Pa）和 UOHC（约 93 kJ/cm^2）（图 10c），于是上层海洋可以为台风的增强和维持提供足够的热量。然而，这两个浮标在台风过后观测到不同的温度变化，前者观测到混合层降温（约 2.5℃）和次表层增温（约 2.5℃）（图 10b），而后者观测到混合层和温跃层内均有显著降温（最大 3.3℃）（图 10d）。相比同处于反气旋涡内的 2901579 号浮标，2902954 号浮标观测的台风前 MLD 和 D26 较浅，因为该浮标处于暖涡的边缘，能使暖水更容易被夹卷进入次表层。这种次表层增温在 Nam 等[9]研究 2007 年 Man-Yi 台风时就发现过，也处于反气旋环流的边缘。他们认为，海洋初始的 MLD 可能在海洋对台风不对称响应过程（伴随中尺度海洋环流）中起到重要作用。2902500 号浮标（离台风中心 43 km）观测到整个

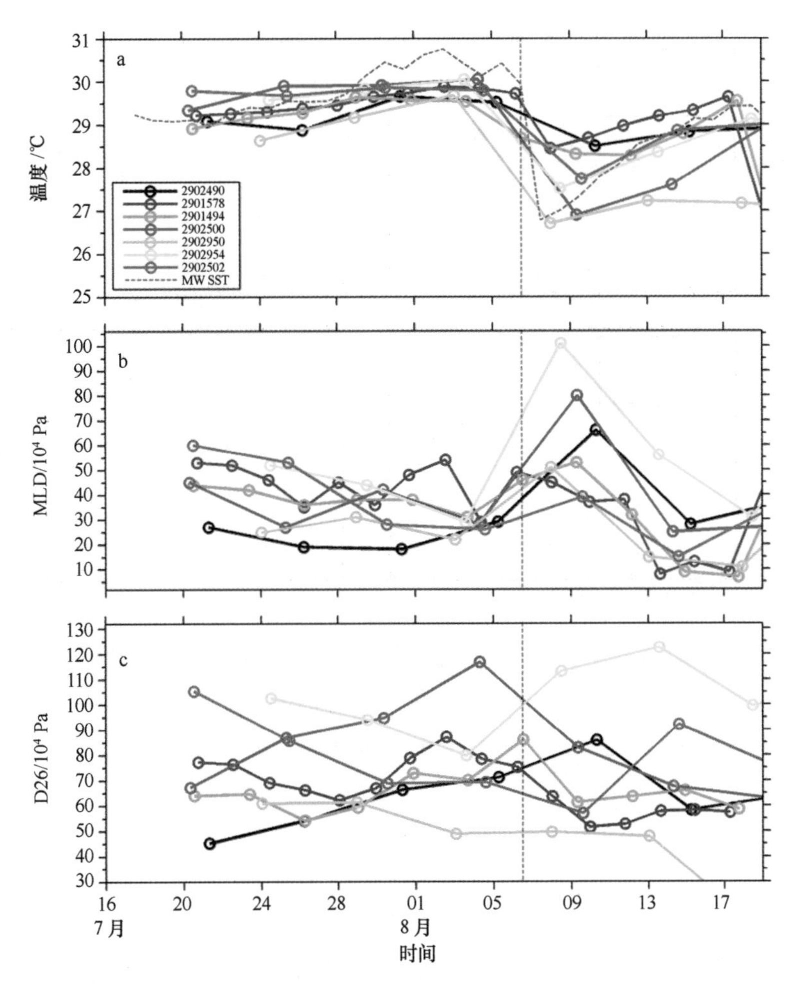

图 9 位于正 SSHA 特征内的 7 个 Argo 浮标观测的 15×10^4 Pa 温度及浮标平均位置处的 SST（粉红色虚线）随时间变化（a），以及 MLD（b）和 D26 随时间变化（c）

黑色虚线代表台风经过的日期和时间（2015 年 8 月 6 日 12：00）

水层有显著降温（图 8），表明台风经过时引起海水的强烈涌升。比较有趣的是，次中尺度涡边缘观测到的 D26 远大于 2902954 号浮标（处于反气旋涡边缘）观测的值，有待进一步分析。

图 11 显示了正 SSHA 特征内多个浮标（WMO 编号分别为：2902490、2901578、2901494、2902950 和 2902502）在台风前后的温度结构和变化。其中 2902490 和 2902502 号浮标观测到次表层增温，表明由于台风前 MLD 较浅（位于正 SSHA 的边缘），表层暖水更多地被夹卷进入温跃层。其他浮标则观测到次表层的降温，有可能是由中尺度负 SSHA 特征西移导致浮标处的冷水涌升引起的，该处混合层以下温度和盐度较低的海水涌升，从 2901578 号浮标的温、盐度剖面时间变化过程（图 12）也可以明显看出。

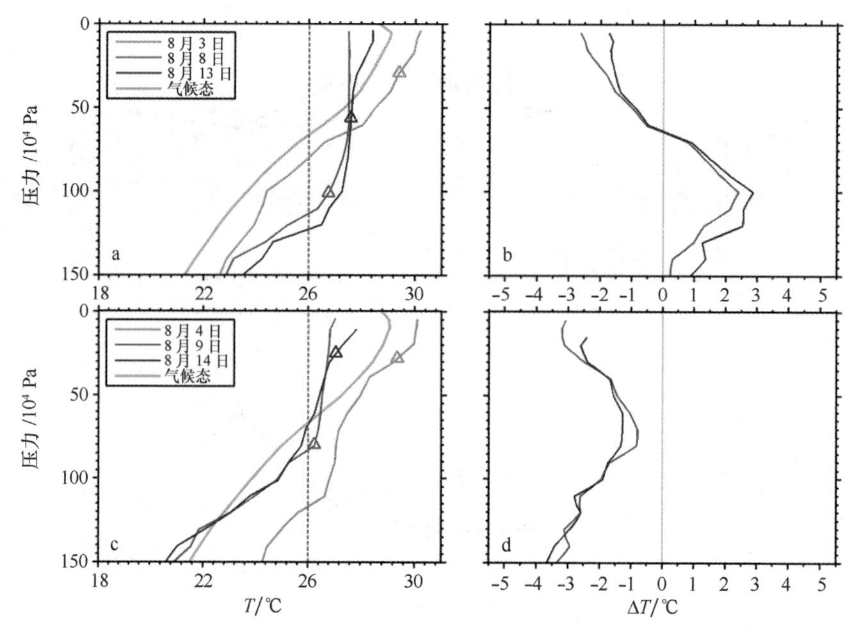

图 10 由 2902954 号（a、b）和 2902500（c、d）号浮标观测的温度剖面及其温度变化（减去台风前的温度剖面）

气候态剖面用灰色曲线表示；MLD 用彩色三角形表示；灰色虚线表示 26℃等温线

4.3 海表降温

基于 Argo 现场观测资料的分析，不难发现，苏迪罗台风过后海表降温最显著的区域位于气旋涡附近（约 130°E），这里台风的强度已经减弱为 2 级，而当台风从 5 级减弱为 4 级的时候，Argo 浮标观测到的表层降温仅 1℃。图 13 显示了 8 月 2—12 日期间卫星遥感 SST 的演变过程。当 8 月 2 日苏迪罗台风处于发展阶段（< 2 级）时，由于相对较弱的垂向混合、夹卷过程，以及海水涌升，沿台风路径的 SST 降温较弱（<2℃）。当 8 月 4 日台风达到 5 级并开始减弱时，位于台风中心后面的海域存在大于 3℃的降温，并存在明显的右偏特征（图 13b），主要由台风经过后引起强的近惯性流导致[1,3,37—38]。这种 SST 下降的右偏特征在 8 月 8 日也能观测到，最大降温（> 5℃）发生在台风中心右侧约 114 km 处（约 21.6°N，129.9°E）（图 13c），而且，海表降温覆盖的面积比 8 月 4 日更大。8 月 12 日，SST 逐渐恢复至台风前状态，但 129°E 和 145°E 之间的冷斑几乎消失。为了更好地刻画台风期间 SST 的下降，我们基于逐日 SST 序列得到一张 SST 最大降温分布图（图 14）。从图中不难发现，海表降温在沿台风路径 140°E 以西比较明显，最大降温出现在路径右侧 130°E 附近，该最大海表降温地点与 Argo 浮标观测的结果非常一致（位于气旋涡附近）。

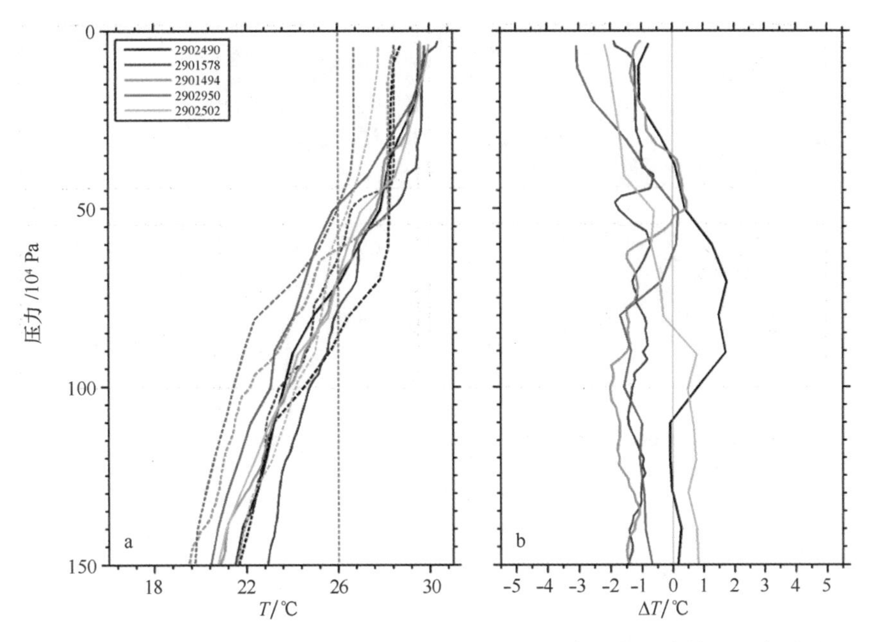

图 11 位于正 SSHA 特征内的 5 个 Argo 浮标观测的台风前（实线）和台风后（虚线）的（a）温度剖面，（b）温度变化（减去台风前的温度剖面）

每个浮标选取的剖面日期为：2902490 号浮标（8 月 10 日/8 月 5 日），2901578 号浮标（8 月 8 日/8 月 4 日），2901494 号浮标（8 月 9 日/8 月 3 日），2902950 号浮标（8 月 7 日/8 月 3 日），以及 2902502 号浮标（8 月 9 日/8 月 4 日）

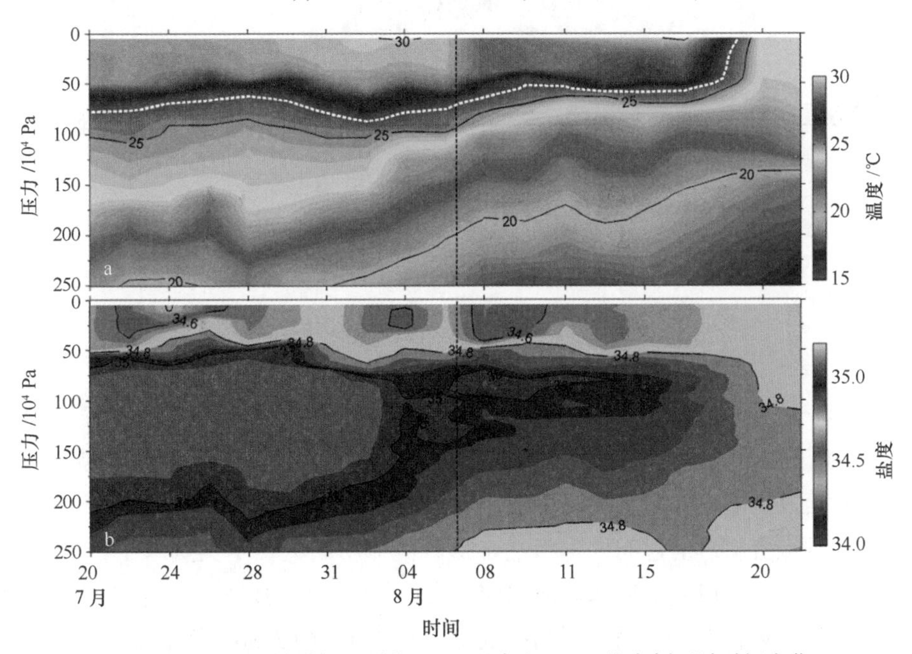

图 12 2901578 号浮标观测的（a）温度和（b）盐度剖面随时间变化

26℃等温线由白色虚线表示，黑色虚线表示台风经过的日期和时间

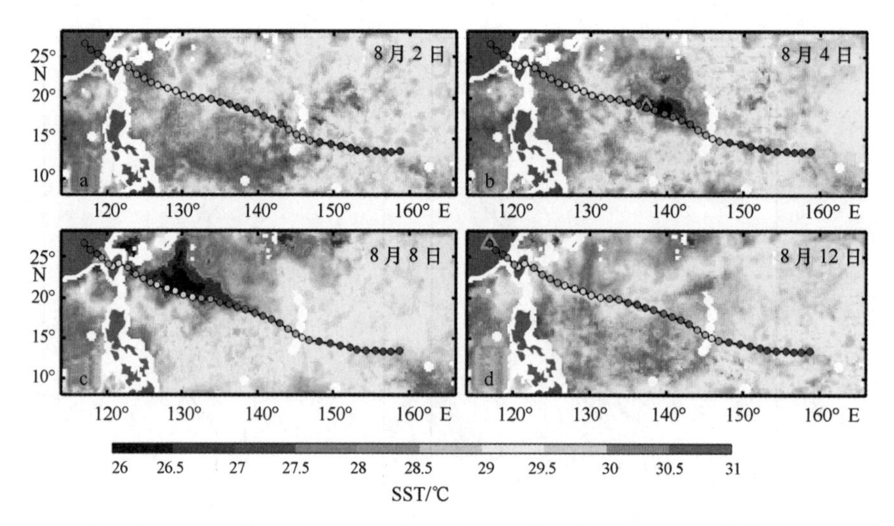

图 13 8 月 2 日（a）、8 月 4 日（b）、8 月 8 日（c）及 8 月 12 日（d）的微波 OI SST 分布
绿色三角形表示台风中心

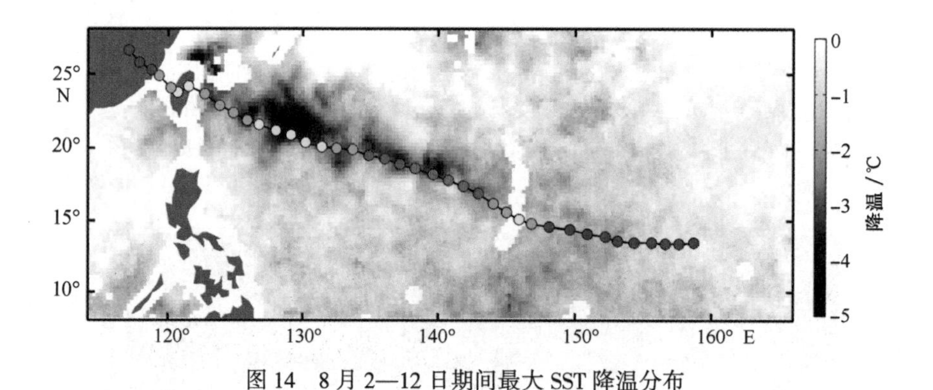

图 14 8 月 2—12 日期间最大 SST 降温分布

5 结论

精确的中尺度环流特征对于台风强度预报以及上层海洋响应的模拟是非常重要的[4,9,39]。由于在台风过境时缺少现场剖面观测资料，人们对中尺度海洋特征存在时上层海洋对台风的响应知之甚少。随着全球 Argo 实时海洋观测网的发展，完全可以使用新颖的观测资料对上述问题进行更加深入的分析研究。本文选取了 2015 年出现的苏迪罗超级台风，研究上层海洋的响应及台风与中尺度海洋特征的相互作用，因为在该台风路径附近存在一些循环周期比较短（≤ 5 d）的 Argo 剖面浮标。

苏迪罗超级台风在 2015 年 7 月 30 日至 8 月 8 日期间遇到两个中尺度海洋特征，利用卫星遥感 SST 和 SSHA，以及 Argo 浮标观测获得的现场温度剖面资料，分析了上层海洋的响应以及台风与中尺度海洋特征的相互作用。在 Gyre Central 海区由于存在相对较厚的暖水以及台风较快的移动速度，台风引起的海表降温负反馈作用能被有效限制，有利于台风强度从4级增强为5级（8月3日）。遇到负 SSHA 特征后，苏迪罗在 66 h 内从5级减弱为2级，直至8月6日12：00遇到正 SSHA 特征，之后台风强度再次增强至3级，直到8月8日在台湾岛登陆。

利用 Argo 浮标观测的温度剖面资料，分析了上层海洋对苏迪罗台风的响应。结果显示，台风前温度结构的不对称分布对海洋的不对称响应起着重要作用，而中尺度海洋特征的存在及其传播将对台风后温度结构的重构也有重要贡献。然而，在台风发展阶段，只有一个 Argo 浮标位于台风路径附近，限制了我们进一步研究上层海洋的响应以及对台风增强的反馈作用，需要更多的使用铱卫星通讯、且循环周期 24 h 的 Argo 浮标来分析温度结构的时间演变过程。

卫星遥感 SST 显示台风过后最大降温出现在 130°E 附近（位于台风路径右侧）海域，而没有发生在台风强度达到最大的地方，这应该与负 SSHA 特征西北部存在的一个气旋涡及其向西传播有关，该现象从现场观测的温度剖面也能发现。另外，台风强度为5级时，其移动速度为 5.6~6.7 m/s，即台风停留的时间较短，不利于发生显著海表降温[40-42]。

参考文献：

[1] Price J F.Upper ocean response to a hurricane[J].J Phys Oceanogr,1981,11(2):153-175.

[2] Black W J,Dickey T D.Observations and analyses of upper ocean responses to tropical storms and hurricanes in the vicinity of Bermuda[J].J Geophys Res,2008,113:C08009,doi:10.1029/2007JC004358.

[3] D'Asaro E A,Sanford T B,Niiler P P,et al.Cold wake of Hurricane Frances[J].Geophys Res Lett,2007,34(15):L15609,doi:10.1029/2007GL030160.

[4] Zheng Z W,Ho C R,Zheng Q,et al.Effects of preexisting cyclonic eddies on upper ocean responses to Category 5 typhoons in the western North Pacific[J].J Geophys Res,2010,115(C9):C09013,doi:10.1029/2009JC005562.

[5] Walker N,Leben R R,Pilley C T,et al.Slow translation speed causes rapid collapse of northeast Pacific Hurricane Kenneth over cold core eddy[J].Geophys Res Lett,2014,41(21):7595-7601,doi:10.1002/ 2014GL061584.

[6] Siswanto E,Ishizaka J,Morimoto A,et al.Ocean physical and biogeochemical responses to the passage of Typhoon Meari in the East China Sea observed from Argo float and multiplatform satellites[J].Geophys Res Lett,2008,35(15):L15604,doi:10.1029/2008GL035040.

[7] Jacob S D,Shay L K,Mariano A J,et al.The 3D mixed layer response to Hurricane Gilbert[J].J Phys Oceanogr,2000,30(6):1407-1429.

[8] Jaimes B,Shay L K.Mixed layer cooling in mesoscale oceanic eddies during hurricanes Katrina and Rita[J].Mon Weather Rev,2009,137(12):4188-4207.

[9] Nam S H, Kim D J, Moon W M. Observed impact of mesoscale circulation on oceanic response to Typhoon Man-Yi (2007) [J]. Ocean Dynamics, 2012, 62(1): 1-12.

[10] Hong X, Chang S W, Raman S, et al. The interaction between Hurricane Opal (1995) and a warm core ring in the Gulf of Mexico[J]. Mon Wea Rev, 2000, 128(5): 1347-1365.

[11] Kaplan J, DeMaria M. Large-scale characteristics of rapidly intensifying tropical cyclones in the North Atlantic basin[J]. Wea. Forecasting, 2003, 18(6): 1093-1108.

[12] Goni G J, Trinanes J A. Ocean thermal structure monitoring could aid in the intensity forecast of tropical cyclones[J]. Eos, Trans Amer Geophys Union, 2003, 84(51): 573-580.

[13] Lin I I, Wu C C, Emanuel K A, et al. The interaction of Supertyphoon Maemi (2003) with a warm ocean eddy[J]. Mon Weather Rev, 2005, 133(9): 2635-2649.

[14] Shay L K, Goni G J, Black P G. Effects of a warm ocean feature on Hurricane Opal[J]. Mon Weather Rev, 2000, 128(5): 1366-1383.

[15] Lin I I, Pun I F, Wu C C. Upper-ocean thermal structure and the western North Pacific category-5 typhoons. Part Ⅱ: Dependence on translation speed[J]. Mon Weather Rev, 2009, 137(11): 3744-3757, doi: 10.1175/2009MWR2713.1.

[16] Wu C C, Lee C Y, Lin I I. The effect of the ocean eddy on tropical cyclone intensity[J]. J Atmos Sci, 2007, 64(10): 3562-3578.

[17] Lin I I, Wu C C, Pun I F, et al. Upper-ocean thermal structure and the western North Pacific category-5 typhoons. Part I: Ocean features and category-5 typhoon's intensification[J]. Mon Weather Rev, 2008, 136(9): 3288-3306, doi: 10.1175/2008MWR2277.1.

[18] Walker N, Leben R R, Balasubramanian S. Hurricane forced upwelling and chlorophyll a enhancement within cold core cyclones in the Gulf of Mexico[J]. Geophys Res Lett, 2005, 32(18): L18610, doi: 10.1029/2005GL023716.

[19] Zheng Z W, Ho C R, Kuo N J. Importance of pre-existing oceanic conditions to upper ocean response induced by Super Typhoon Hai-Tang [J]. Geophys Res Lett, 2008, 35 (20): L20603, doi: 10.1029/2008GL035524.

[20] Ho C R, Zheng Q, Zheng Z W, et al. Reply to comment by A. Wada et al. on "Importance of pre-existing oceanic conditions to upper ocean response induced by Super Typhoon Hai-Tang" [J]. Geophys Res Lett, 2009, 36(9): L09604, doi: 10.1029/2009GL037443.

[21] Sun J, Oey L Y, Chang R, et al. Ocean response to typhoon Nuri (2008) in western Pacific and South China Sea[J]. Ocean Dynamics, 2015, 65(5): 735-749.

[22] Fu L L, Cazenave A. Satellite Altimetry and Earth Sciences: A Handbook of Techniques and Applications[M]. Academic Press, 2001: 463.

[23] Wentz F J, Gentemann C, Smith D. Satellite measurements of sea surface temperature through clouds [J]. Science, 2000, 288 (5467): 847-850.

[24] Roemmich D, Riser S, Davis R, et al. Autonomous profiling floats: Workhorse for broadscale ocean observations[J]. J Mar Technol Soc, 2004, 38(2): 31-39.

[25] 许建平.阿尔戈全球海洋观测大探秘[M].北京:海洋出版社,2002.

[26] Liu Z, Xu J, Sun C, et al. An upper ocean response to Typhoon Bolaven analyzed with Argo profiling

floats[J].Acta Oceanologica Sinica,2014,33(11):90-101.

[27] Qiu B.Seasonal eddy field modulation of the North Pacific Subtropical Countercurrent:TOPEX/Poseidon observations and theory[J].J Phys Oceanogr,1999,29(10):1670-1685.

[28] Hwang C,Wu C R,Kao R.TOPEX/Poseidon observations of mesoscale eddies over the subtropical countercurrent:Kinematic characteristics of an anticyclonic eddy and of a cyclonic eddy[J].J Geophys Res,2004,109(C8):C08013,doi:10.1029/ 2003JC002026.

[29] Wyrtki K.The response of sea surface topography to the 1976 El Niño[J].J Phys Oceanogr,1979,9(6):1223-1231.

[30] Philander S G H.El Niño,La Niña,and Southern Oscillation[M].Academic Press,1990:293.

[31] Johnson G C,McPhaden M J,Rowe G D,et al.Upper equatorial Pacific Ocean current and salinity variability during the 1996-1998 El Niño-La Niña cycle[J].J Geophys Res,2000,105(C1):1037-1053.

[32] Li H,Xu F,Zhou W,et al.Development of a global gridded Argo data set with Barnes successive corrections[J].J Geophys Res Oceans,2017,122(2):doi:10.1002/2016JC012285.

[33] Zhang H,Chen D,Zhou L,et al.Upper ocean response to typhoon Kalmaegi (2014)[J].J Geophys Res Oceans,2016,121(8):6520-6535,doi:10.1002/2016JC012064.

[34] Shay L K,Chang S W,Elsberry R L.Free surface effects on the near-inertial current response to a hurricane[J].J Phys Oceanogr,1990,20(9):1405-1424.

[35] Gill A.On the behavior of internal waves in the wakes of storms[J].J Phys Oceanogr,1984,14(7):1129-1151.

[36] Cione J J,Uhlhorn E W.Sea surface temperature variability in hurricanes:Implications with respect to intensity change[J].Mon Wea Rev,2003,131(8),1783-1796.

[37] Black P G.Ocean temperature changes induced by tropical cyclones[D].The Pennsylvania State University,1983:278.

[38] Dickey T,Simpson J J.The sensitivity of upper ocean structure to time varying wind direction[J].Geophys Res Lett,1983,10(2):133-136.

[39] Jacob S D,Shay L K.The role of oceanic mesoscale features on the tropical cyclone-induced mixed layer response:a case study[J].J Phys Oceanogr,2003,33(4):649-676.

[40] Zhao H,Tang D, Wang Y. Comparison of phytoplankton blooms triggered by two typhoons with different intensities and translation speeds in the South China Sea[J].Mar Ecol Prog Ser,2008,365(01):57-65,doi:10.3354/meps07488.

[41] Sun L,Yang Y J,Xian T,et al.Strong enhancement of chlorophyll a concentration by a weak typhoon[J].Mar Ecol Prog Ser,2010,404(6):39-50.

[42] Lin I I.Typhoon-induced phytoplankton blooms and primary productivity increase in the western North Pacific subtropical ocean[J].J Geophys Res,2012,117(C3):C03039.

Observed evidence of the upper ocean responses and interactions of Super Typhoon Soudelor (2015) with mesoscale ocean features

LIU Zenghong[1], ZHOU Lei[2,1], CAO Minjie[1], SUN Chaohui[1], LU Shaolei[1], WU Xiaofen[1]

1. *State Key Laboratory of Satellite Ocean Environment Dynamics, Second Institute of Oceanography, State Oceanic Administration, Hangzhou* 310012, *China*

2. *Institute of Oceanography, Shanghai Jiao Tong University, Shanghai* 200240, *China*

Abstract: Soudelor is the most intense typhoon in the western North Pacific (WNP) in 2015, which caused severe fatalities and damage after making landfalls in Taiwan and Fujian, China. It travelled northwestward with a mean translation speed of ~5.8 m/s and encountered two mesoscale ocean features. Using satellite-retrieved sea surface temperature (SST) and sea surface height anomaly (SSHA), as well as in situ thermal profiles from Argo floats, the upper ocean responses to the typhoon, especially the interactions of Soudelor with mesoscale ocean features are examined. Typhoon Soudelor developed into category 5 even it passed over the region where the warm layer and upper ocean heat content (UOHC) was smaller than the climatology, because the upper ocean could still provide sufficient heat for its intensification and limit the self-induced ocean cooling negative feedback under a fast translation speed. The storm's intensity was weakened from category 5 to 2 after its encountering a negative SSHA feature whereas the storm reintensified after a typhoon-positive SSHA feature encounter. The maximum SST cooling is not seen near the place where the typhoon reaches its peak, but found to be near a cyclonic eddy in the northwest part of the negative SSHA feature. The upper ocean shows asymmetric responses to the passage of the storm, which is related to the pre-existing upper ocean conditions besides the storm-induced vertical mixing and entrainment, as well as the upwelling. However, the presence of mesoscale ocean features and their propagations could have critical influence on the pre-existing oceanic conditions and the asymmetric responses of the upper ocean.

Key words: Typhoon Soudelor; mesoscale ocean feature; upper ocean response; interaction

全球海温三维非对称性特征诊断及其成因分析

王辉赞[1,2]，张韧[2]，王公杰[2]，鲍森亮[2]，闫恒乾[2]

1. 国家海洋局第二海洋研究所 卫星海洋环境动力学国家重点实验室，浙江 杭州 310012
2. 国防科技大学 气象海洋学院，江苏 南京 211101

摘要：利用包含 Argo 和 WOD 的历史现场观测数据集，研究全球海洋温度的三维非对称性分布特征并对其原因进行初步研究。结果表明：(1) 海温的非正态分布和有偏现象是一个全球的普遍现象，且随着海区和深度而变化；非正态分布网格数量在任何给定的深度层上占总网格数的比率超过 80%；(2) 温度观测在各水平层总体上具有正偏的特性，但在黑潮、湾流、南极绕极流等区域呈现出负偏的特征；在赤道垂直剖面上，太平洋和大西洋的上层负偏与下层正偏的分界线为西深东浅的结构特征，与气候态混合层结构特征相似；(3) 通过对次表层温度正偏现象的成因进行分析发现，次表层温度的正偏主要由纬向温度平流所引起。

关键词：Argo；WOD；非正态分布；偏度；成因分析

1 引言

海洋与大气数据统计分析处理中经常是假设观测拥有正态分布的概率密度函数[1-2]。然而，地球物理系统并非一定是高斯分布的。比如：根据线性海浪理论，波面相对静止的水面高度为随机量并遵从正态分布，但是理论和观测都表明，由于非线性的影响，海浪波面高度的概率分布不是正态的。越来越多的研究表明，海表温度、海表盐度和海面高度等要素都呈非高斯分布特征（例如文献［3-5］）。

非高斯特征能够使潜在的动力学过程清楚显示出来[5]。如，许多学者注意到赤

基金项目：国家自然科学基金项目（41206002）；国家海洋局第二海洋研究所基本科研业务费专项（JG1416）；江苏省自然科学基金（BK20151447）。

作者简介：王辉赞（1983—），男，湖南省浏阳市人，讲师，博士，主要从事海洋中尺度涡以及 Argo 资料分析研究。E-mail：wanghuizan@ 126. com

道东西太平洋海表温度的非对称性特征[3,6-8]，并认为 ENSO 现象中厄尔尼诺和拉尼娜振幅的非对称性可能是造成赤道东西太平洋海表温度的非对称性特征的主要原因之一，而进一步研究表明，非线性平流、非线性动力加热可能是 ENSO 现象振幅非对称性的动力原因[7,9]；也有学者注意到湾流系统海表温度距平负偏的变化特征，并认为随机温度平流是造成负偏的主要原因[10]。同时，也有学者认为非高斯特征主要是由随机噪音引起的，如 Sardeshmukh 等[11]利用线性随机强迫模式表明，线性模式中的随机噪声可以是状态无关（state-independent，加性）与线性状态依赖（state-dependent，乘性）高斯白噪声的结合，从而不但可产生对称，而且当两种噪声相关时，还可以产生有偏的非高斯概率分布；Sura 等[12]指出，乘性噪声的线性随机扰动预测，可以导致非高斯性质。

综上所述，由于前人的工作主要基于模式资料或再分析资料进行物理变量的非对称性研究，而随着 Argo 剖面浮标观测的温度资料的迅速增多，我们可以利用现场观测资料来探讨并揭示诸如海洋次表层以下温度是否存在非对称性分布特征，以及偏度在不同深度层和不同地理位置的分布特征及其造成偏度特征的主要物理机制等科学问题。

2 数据预处理

本研究分析中使用的现场海洋温度数据包含两部分：一部分是来自于全球 Argo 计划的剖面浮标数据[13]，其时间范围为 1996 年 1 月至 2008 年 11 月；另一部分数据来自于世界大洋数据集（WOD）[14]，其时间范围从 1958 年到现在。Argo 计划在全球海洋上构建了一个至少由 3 000 个自动剖面浮标组成的全球海洋观测阵，它能够提供海洋上层 2 000 m 以浅的温度和盐度资料。WOD 是一个经过科学质量控制的表层和次表层海洋现场观测资料集[15]，包含了温度、盐度等多种海洋环境要素，几乎涵盖了所有的海洋观测手段，观测深度随观测仪器不同而各异。WOD 数据包含 11 个数据子集（OSD、CTD、MBT、XBT、SUR、APB、MRB、PFL、DRB、UOR 和 GLD），每个子集代表不同类型的观测仪器设备，但均包含了温度变量。WOD 数据集的创建者已对所收集的数据通过质量控制测试，包括位置/时间检查、重复数据检查、“过梯度”测试等[15]。关于 WOD 更详细的信息可参考相关文献［14—15］。需要指出的是，因为 WOD 的 PFL 数据子集中包含了 72% 的 Argo 数据，但对这部分数据的更新较慢，为避免重复数据，在分析中未包含 PFL 子集中的数据，而是用从中国实时 Argo 资料中心网站下载的 Argo 资料替代。

WOD 数据集中的深度单位是 m，而 Argo 资料中单位是 10^4 Pa。为统一起见，采用 Saunders 和 Fofonoff[16]提供的转换公式，将 Argo 资料中的压强转化为相应的深度，单位为 m。将原始观测剖面离散深度数据通过垂直插值到选定的 43 个标准层上，即 0、10、20、30、50、75、100、125、150、175、200、225、250、275、300、325、

350、375、400、425、450、475、500、550、600、700、800、900、1 000、1 100、1 200、1 300、1 400、1 500、1 750、2 000、2 500、3 000、2 500、4 000、4 500、5 000、5 500 m。由于仅对各个单独剖面进行垂直插值处理，下面将标准层化后的水平和时间散乱数据仍称为观测数据。

为方便起见，将 Argo 和 WOD 结合的标准层剖面数据根据各自观测时的空间位置放入 3°×3°的网格区域内。由于观测数据可能存在误差，为研究观测数据特征（如需避免观测时间频率高的观测数据），对各 3°×3°区域内的数据分别进行如下质量控制：首先，在合并后的数据库中，如果存在两个或多个剖面观测数据空间位置为同一个 1°×1°的区域内，时间为同一天且采用同一类型海洋观测仪器，则认为是重复的，如果出现这种情况则保留有效观测数较多的一个剖面，剔除其他剖面；其次，对于每一个标准层上 3°×3°区域内的数据（观测数超过 14），计算其平均值和标准差，并进行 3 倍标准差检验，如果某一数据值不在“平均值±3×标准差”的区间范围内，则剔除该数据；第三，如果某个剖面通过上述两步质量控制后剔除的数据数不小于 5 个，则剔除这个剖面的所有观测数据。

3 非对称性特征分析方法

3.1 正态分布

正态分布检验用于验证随机变量是否服从正态分布，很多理论和方法都是基于正态分布假设提出，因此对样本进行正态分布性质检验非常必要。对正态分布进行定量正态检验的常用方法包括 D'Agostino's K2 检验、Jarque-Bera 检验、Anderson-Darling 检验、Cramér-von-Mises 准则、Lilliefors 检验和偏度-峰度检验等。由于标准正态分布的偏度和峰度值为 0，可以用偏度和峰度值对正态分布进行描述。对样本进行偏度-峰度检验方法如下：

$$\sigma_1 = \sqrt{\frac{6(n-2)}{(n+1)(n+3)}}, \quad \sigma_2 = \sqrt{\frac{24n(n-2)(n-3)}{(n+1)^2(n+3)(n+5)}}, \tag{1}$$

$$\mu_2 = 3 - \frac{6}{n+1}, \quad u_1 = \frac{g_1}{\sigma_1}, \quad u_2 = \frac{g_2 - \mu_2}{\sigma_2}, \tag{2}$$

$$u_1 \sim N(0,\ 1), \quad u_2 \sim N(0,\ 1) \tag{3}$$

式中，n 代表样本数据点的个数，g_1 和 g_2 分别表示偏度和峰度（其计算公式见 3.2 节）。根据公式（1）~（3）计算 u_1 和 u_2，假设要检验的变量是遵从正态分布，如果在对于给定的显著水平 α 下，$|u_1| \geqslant z_{\alpha/4}$ 或 $|u_2| \geqslant z_{\alpha/4}$ 则拒绝假设，认为变量不遵从正态分布。其中，$z_{\alpha/4}$ 为标准正态分布中的显著性水平为 $\alpha/4$ 对应的临界值。

3.2 偏度和峰度

偏度和峰度是用来衡量变量分布密度曲线形状的数字特征参数。偏度可以用来描述变量概率密度分布的非对称性，峰度可以用来描述分布曲线的陡度。对遵守正态分布的变量而言，其对应的偏度和峰度值应为 0（文献［17］）。因此，可以通过计算某一物理量的偏度和峰度值，考察它们偏离 0 的程度，以便确定其是否遵从正态分布[18]。

对于单变量数据组成的数组 x_i，$(i = 1, \cdots, n)$，偏度的计算公式为：

$$g_1 = \frac{\sum_{i=1}^{n} (x_i - \bar{x})^3}{n\sigma^3}, \tag{4}$$

式中，$\bar{x}$ 表示其平均值，σ 表示其标准差，n 代表数据点的个数。偏度是用来衡量数据在采样平均值附近的对称性情况。如果其计算值为正值，表明密度分布曲线的峰点在平均值的右方，反之亦然。正态分布数据的偏度为 0，任何具有对称性特征的数据的偏度也应该接近 0。

峰度的公式是：

$$g_2 = \frac{\sum_{i=1}^{n} (x_i - \bar{x})^4}{n\sigma^4} - 3. \tag{5}$$

对于标准正态分布，其峰度值为 0。此外，带“尖”分布的函数（即分布曲线就比较陡）其峰度大于 0，而“平坦”分布的函数（即分布曲线平缓）其峰度小于 0。

4 正态和偏度分布特征

4.1 正态分布

为了解海洋温度数据在每个 3°×3°网格区域内的观测特征，对每个数据观测量超过 300 个的 3°×3°网格区域内海洋温度观测进行正态分布检验。结果表明，观测数据的非正态分布特性在全球海洋中是一个明显的现象，特别是在北太平洋和北美洲的东西沿岸海域。同时，如果只考虑区域网格观测数大于 300 的网格（为了使得正态分布检验更有效），通过计算正态和非正态分布区域网格数量随深度的变化及正态分布数量所占比例发现，具有非正态分布特征的区域网格数量所占的比例，随着深度的增加呈现减少的趋势。正态分布网格数量在任何给定的深度层上，占总网格数的比率不超过 20%。

4.2 偏度分布

由 3.2 节介绍的理论可知，严格正态分布样本的偏度为 0。从 4.1 节也可以看出，温度观测数据在绝大多数区域是非正态分布的。为进一步考察这个现象，通过计算各层上每个 3°×3°网格区域内历史温度观测数据的偏度，得到偏度的全球分布特征。对于不同的水平深度，绘制偏度值的水平分布特征图（图1）。由图1可见，100 m层观测数据在低纬度地区呈现负偏特征，高纬度地区呈现出正偏的特征，而到500 m层负偏特征的网格数量显著减少。从表层至深层，具有正偏分布特征的网格数量所占的比例随着深度的增加逐渐增加。在黑潮、湾流和南极绕极流等区域，观测数据较多地呈现出负偏的特征。

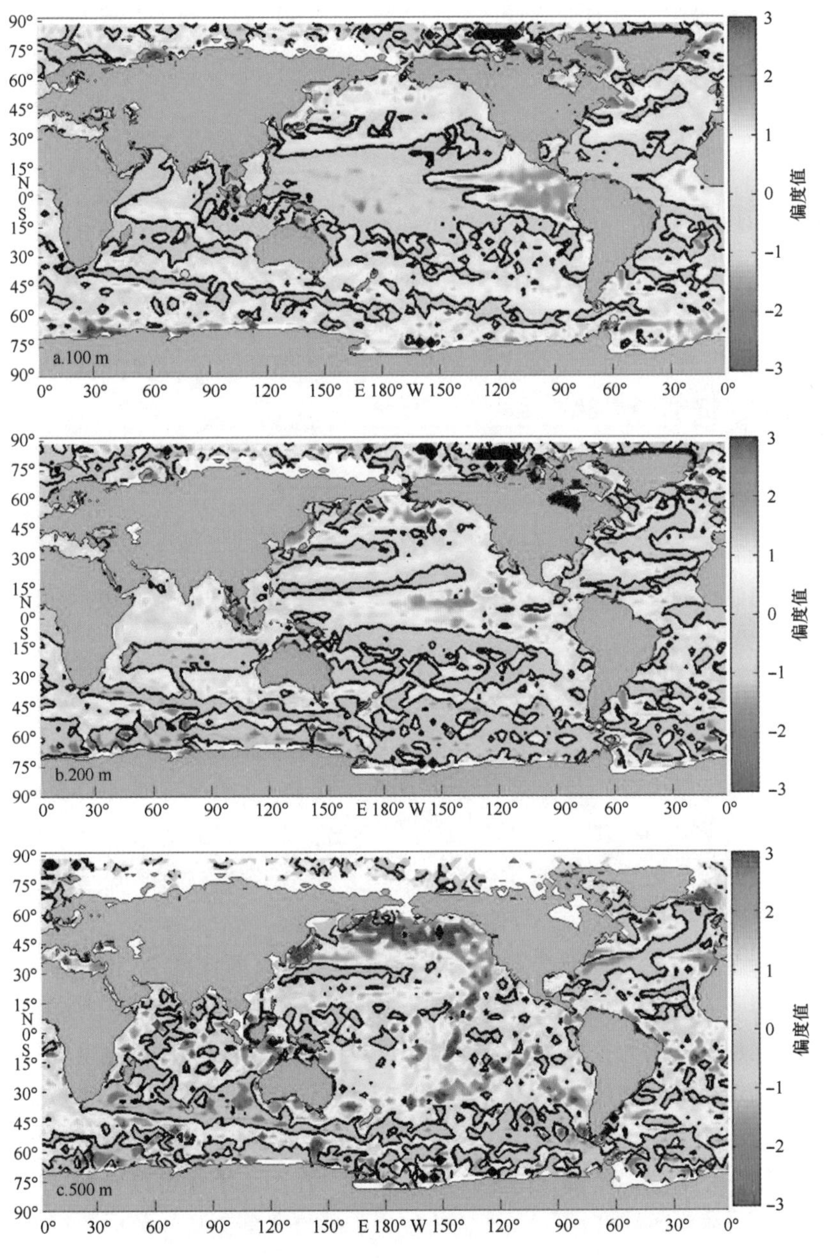

图1 不同深度层的偏度值水平分布

a. 100 m；b. 200 m；c. 500 m

从图 1 中还可以看到，随着深度的增加，显示正偏特征的区域在增大，特别是在 500 m 层，大部分区域内观测数据表现为正偏性质。在 100 m、200 m 和 500 m 层上，湾流、黑潮和南极绕极流海区表现出强的负偏特征，但在赤道东太平洋表现出正偏特征。

总的来说，海洋温度观测数据有偏是一个普遍特征，但其在不同海域和不同标准层上具有不同的特点。为了更清楚地刻画大洋经向平均和纬向平均或某一区域偏度的变化特征，定义一个数量指标 $Q_{skewness}$ 来描述的特定地区：

$$Q_{skewness} = \frac{n_{positive} - n_{negative}}{n_{positive} + n_{negative}}, \quad (6)$$

式中，$n_{positive}$，$n_{negative}$ 分别表示给定区域出现正偏和负偏的数量，$Q_{skewness}$ 值的大小能够表示该区域内偏度的总体特征。若 $Q_{skewness} = 1$，则表明给定区域内所有网格的偏度均为正；若 $Q_{skewness} = -1$，则表明给定区域内所有网格的偏度均为负；若 $Q_{skewness} = 0$，则表明给定区域内正负偏度特征网格数各占一半。

在式（7）中考虑了正/负偏态的数目。如果从偏度强度方面进行考虑，也可以定义为一个数量指标来描述给定区域的偏度特点：

$$I_{skewness} = \frac{\sum\limits_{skewness_i > 0} skewness_i + \sum\limits_{skewness_i < 0} skewness_i}{\sum\limits_{skewness_i > 0} skewness_i - \sum\limits_{skewness_i < 0} skewness_i}, \quad (7)$$

式中，$\sum\limits_{skewness_i > 0} skewness_i$ 表示所有大于 0 的偏度之和，$\sum\limits_{skewness_i < 0} skewness_i$ 表示所有小于 0 的偏度之和。$I_{skewness}$ 具有与 $Q_{skewness}$ 类似的性质。若 $I_{skewness} = 1$，则表明给定区域内所有网格的偏度均为正；若 $I_{skewness} = -1$，则表明给定区域内所有网格的偏度均为负；若 $I_{skewness} = 0$，则表明给定区域内正负偏度值的之和的绝对值相等。

为了解偏度特征，分别计算定义变量 $Q_{skewness}$ 和 $I_{skewness}$ 在整个太平洋经过纬度方向上平均的经向断面分布（图 2）。从图中可以看出，两个定义变量具有十分相似的结果特征，这表明偏度数量和大小具有较大的相关关系，$I_{skewness}$ 能够同时体现偏度数量和大小。于是以下仅用 $I_{skewness}$ 进行偏度分布特征研究。

对不同纬度和深度，分别选定太平洋、印度洋和大西洋的 3°宽的纬度带为计算区域，并绘制了 $I_{skewness}$ 的经向剖面分布图（图 3）。结果表明，在三大洋中，偏度总体的分布特征是以正偏为主，这与前面得出的结果相吻合。同时，偏度分布特征还随着纬度而变化。在海洋表层，低纬度地区温度偏度以负偏为主，而南半球中纬度部分地区则以正偏特征为主。在太平洋和印度洋，南北半球的温度偏度特征基本呈对称分布；在大西洋，北半球的负偏比南半球多。同时，在图 3 中还可以发现一个明显的特征，即从南极海域次表层开始，有一条偏度为负的带状剖面从深处向北延伸，尤其在大西洋可以伸展到赤道附近海域。

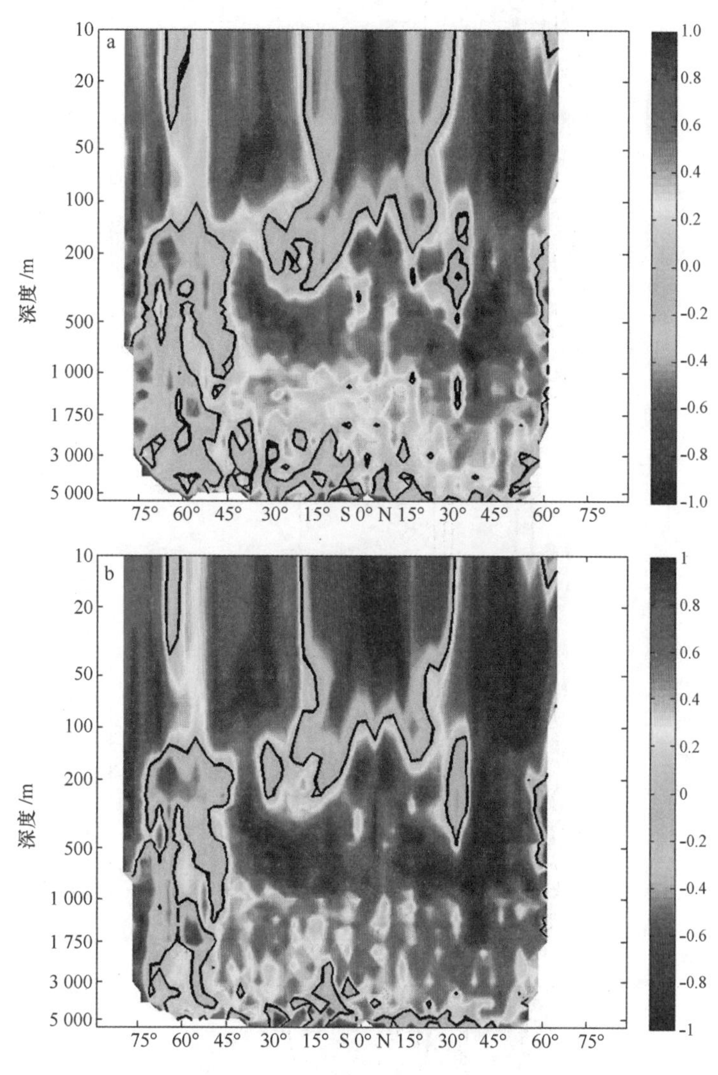

图 2　定义变量 $Q_{skewness}$（a）和 $I_{skewness}$（b）在太平洋经向断面分布

图 4 给出了三大洋由 15°S ~15°N 包围的热带海域内垂直纬向 $I_{skewness}$ 分布。由图可见，温度偏度表现为在低纬度表层以负偏为主、次表层以正偏为主的特征。同时，在太平洋和大西洋的正偏与负偏分界线，呈现为西低东高的结构特征，而印度洋没有该特征，这与气候态的混合层深度结构非常相似。

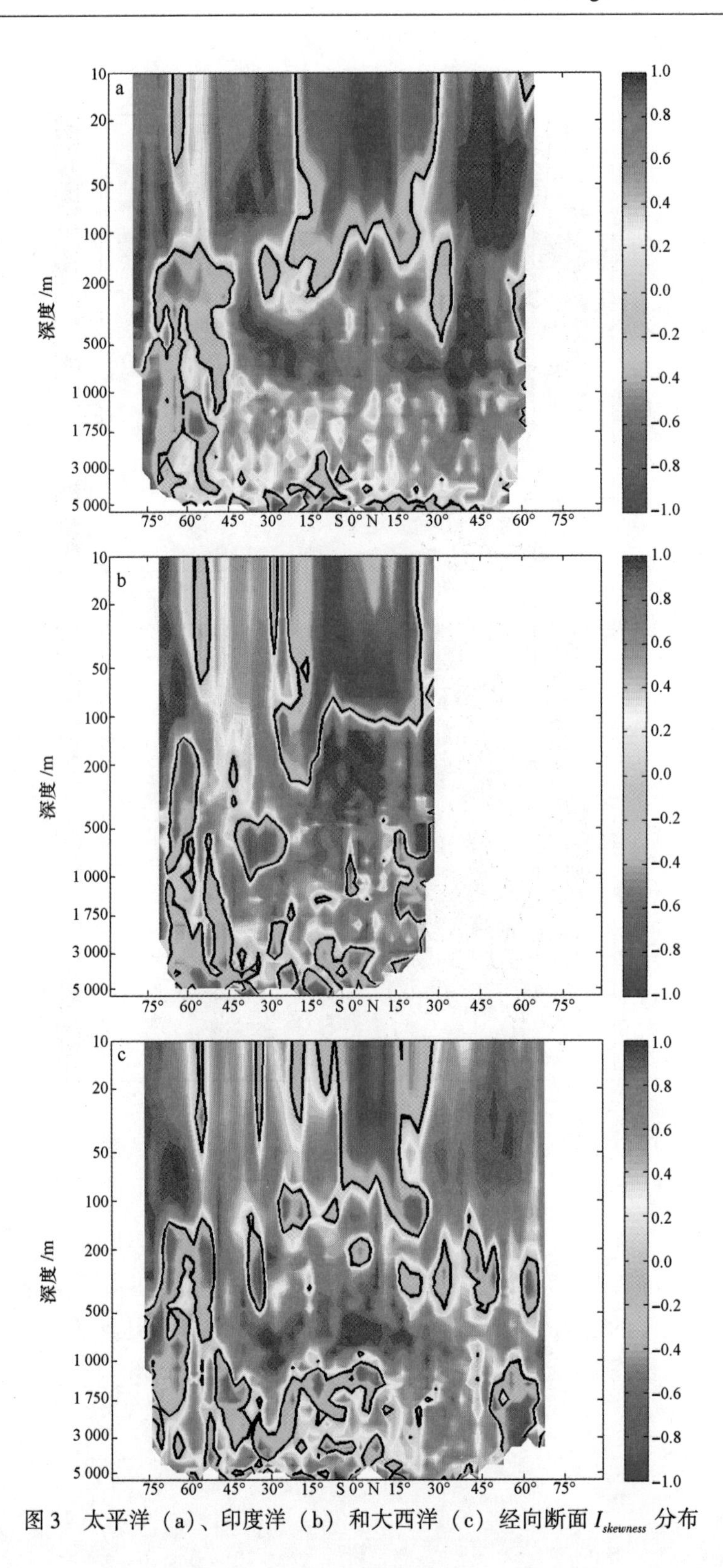

图3 太平洋（a）、印度洋（b）和大西洋（c）经向断面 $I_{skewness}$ 分布

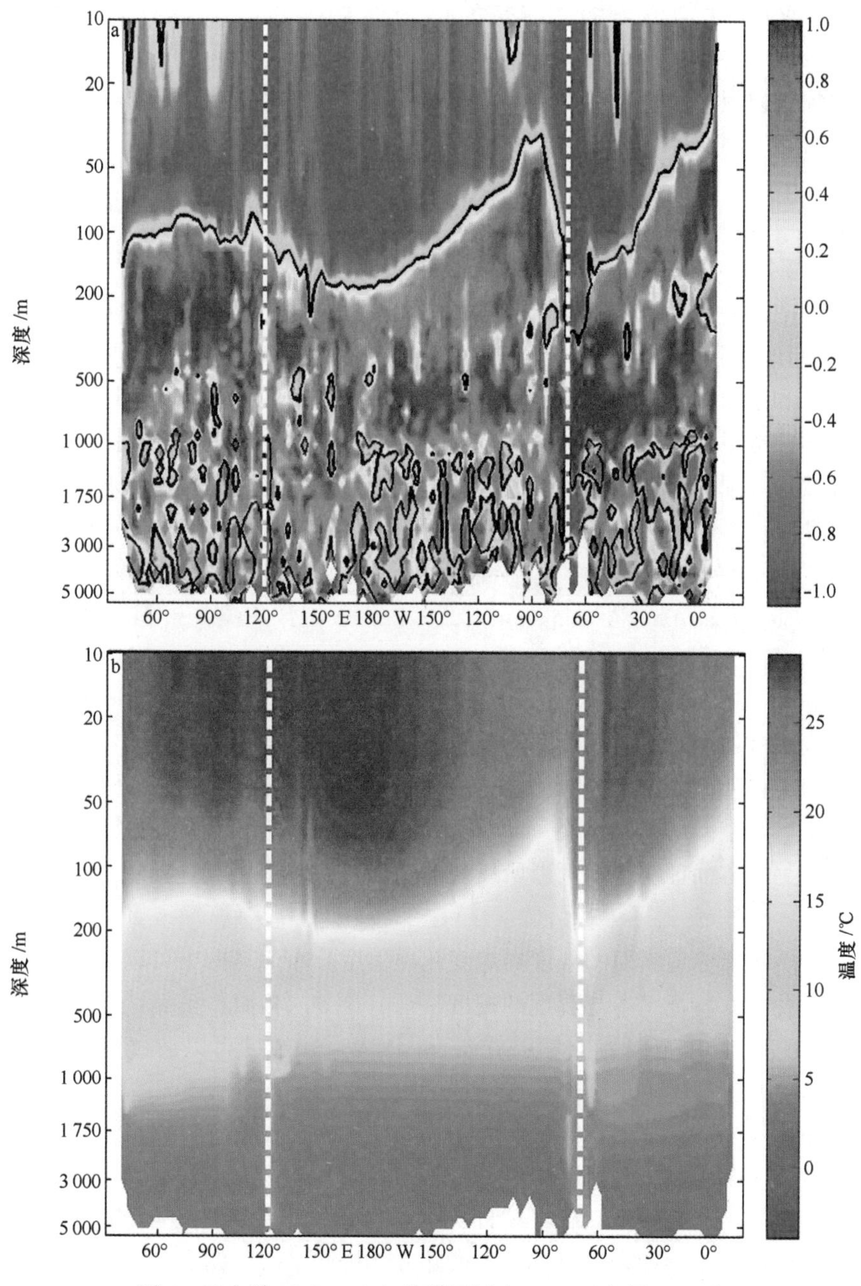

图 4 三大洋 15°S ~15°N 热带区域内 $I_{skewness}$（上层，a）和气候态平均温度（下层，b）的纬向断面分布

在 120°E 位置白线表示印度洋和太平洋之间的分界线，70°W 位置白线表示太平洋和大西洋之间的分界线

5 偏度成因分析

选取偏度分布主要特征（次表层温度正偏现象）进行原因分析。

由上可知，温度 T 在次表层是一个有偏的变量。假设次表层温度平衡方程：

$$\frac{\partial T}{\partial t}=-u\frac{\partial T}{\partial x}-v\frac{\partial T}{\partial y}-w\frac{\partial T}{\partial z},\tag{8}$$

式中，T 代表温度，u，v，w 分别代表三维纬向、经向和垂直流，x，y，z 分别代表直角坐标系中东西方向、南北方向和垂直方向的坐标位置（分别取向东、向北和向上为正方向）。方程式（8）从左至右共 4 项，分别为局地温度变化项、纬向平流项、经向平流项和垂向流项。局地温度的变化由水平经纬向流和垂向流引起。由经典概率论定义可知，有限个相互独立的正态随机变量的线性组合仍然服从正态分布[19]，故如果方程右边各项具有正态分布特征，则 T 的局地变化项也是正态分布的，右边各项的分布特征直接影响左边温度局地变化项的分布特征。

下面以赤道（0.25°N）垂直剖面为例，利用 1958 年 1 月至 2007 年 12 月的 SODA（Simple Ocean Data Assimilation）2.0.2-4 版海洋数据集资料[20-22]，分别计算 $T,\frac{\partial T}{\partial t},-u\frac{\partial T}{\partial x},-v\frac{\partial T}{\partial y},-w\frac{\partial T}{\partial z}$ 五项的偏度分布特征。

图 5 表示赤道 SODA 温度偏度的纬向断面分布。将其与图 4 对比可以发现，尽管后者为 15°S~15°N 范围内的平均偏度指标，但两者具有较为相似的分布特征，即 200 m 下层以正偏为主。从不同途径（即观测资料与模式资料）得到的较为一致的偏度特征，也从另一方面证实了，两者所反映的结果具有可信度，且反映了温度变量的内在特征。

图 6 显示了沿赤道断面的温度局地变化项偏度分布。从图中可以看出，次表层温度的局地变化偏度特征基本与温度的偏度特征（图 5）相似：正偏最强的深度范围为 1 000~1 750 m，经度范围为 150°~90°W 和 45°W~10°E，可以通过研究温度的局地变化率的偏度来了解次表层温度偏度特征的成因。

图 7 至图 9 为方程（8）右边各项对应的偏度沿赤道断面的分布，将其与图 6 比较很容易发现，其中图 7 与图 6 中的偏度特征最为相似，次表层最强正偏度出现的位置非常一致。而图 8 和图 9 与图 6 不同，一些区域甚至出现相反的偏度特征。同时，我们还用同样的方法分别对太平洋、大西洋和印度洋的经向断面进行了分析，得到了类似的比较结果（图略），此处不再赘述。由此可见，海洋次表层温度偏度总体正偏主要是由纬向温度平流项引起的。

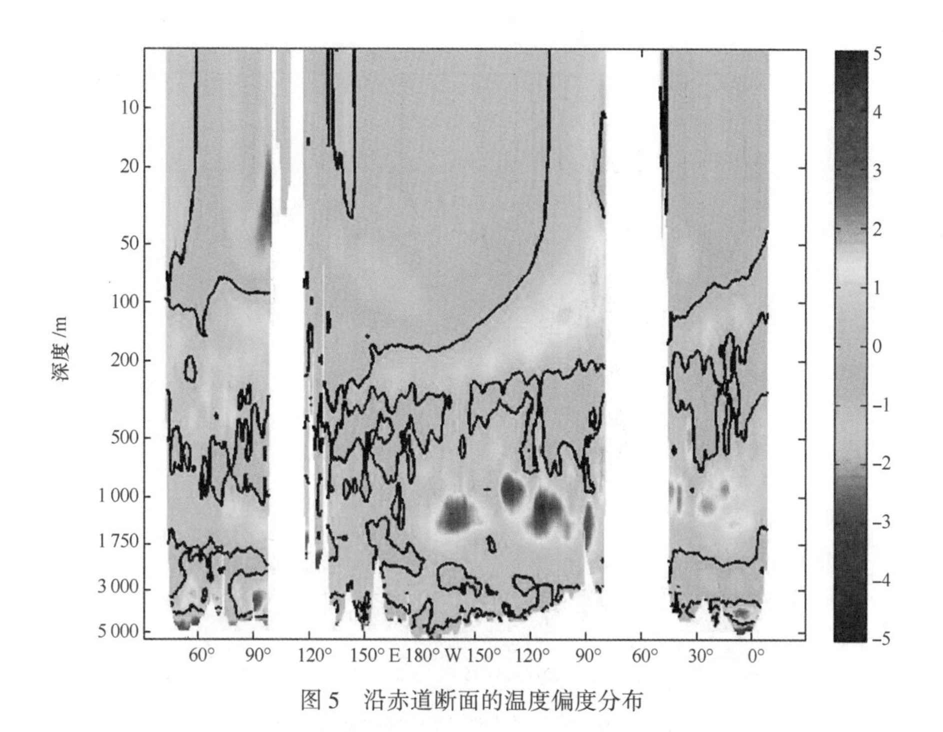

图 5　沿赤道断面的温度偏度分布

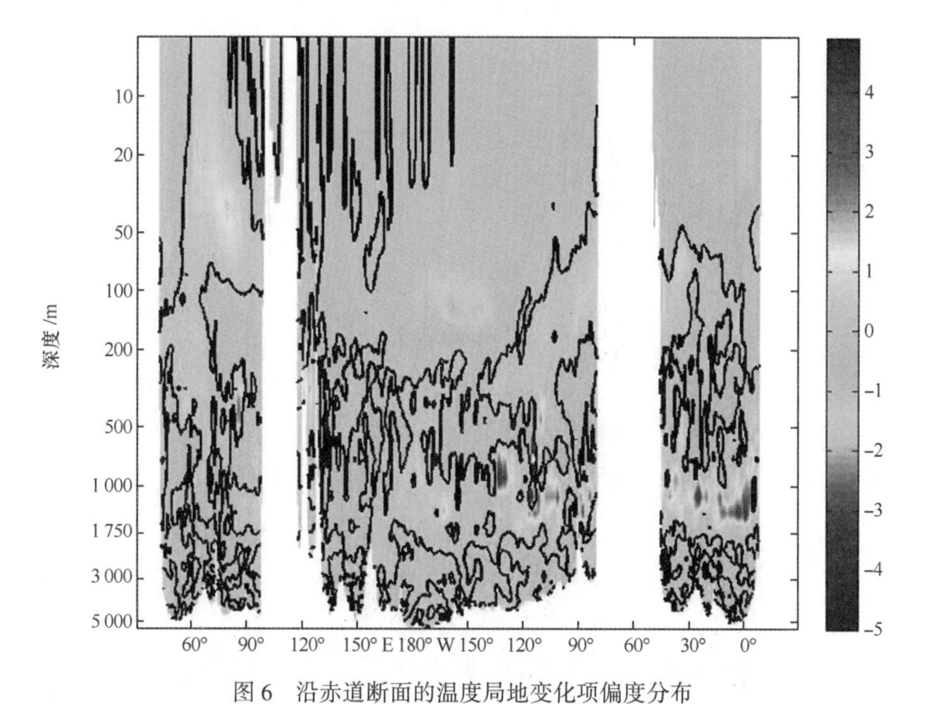

图 6　沿赤道断面的温度局地变化项偏度分布

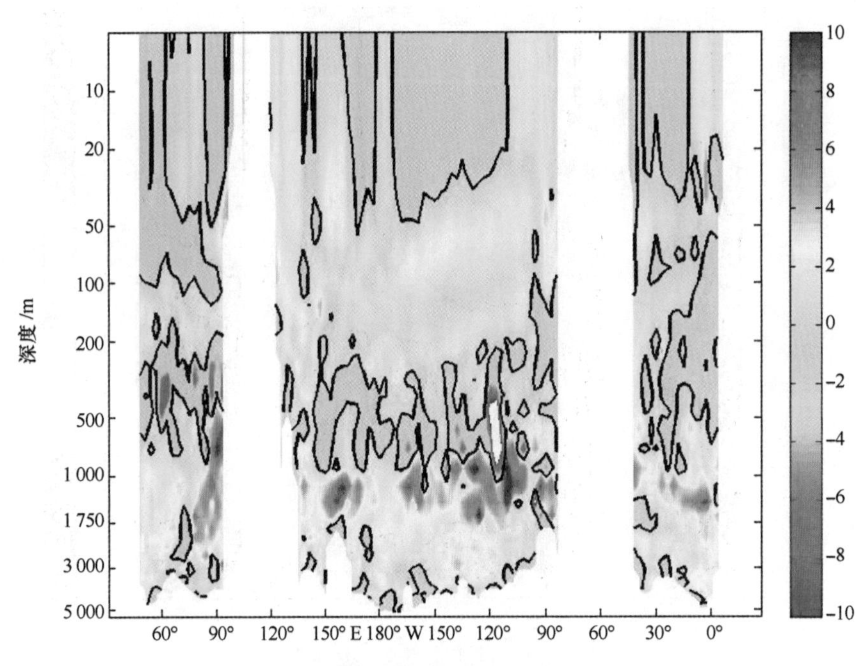

图 7　沿赤道断面的纬向平流项偏度分布

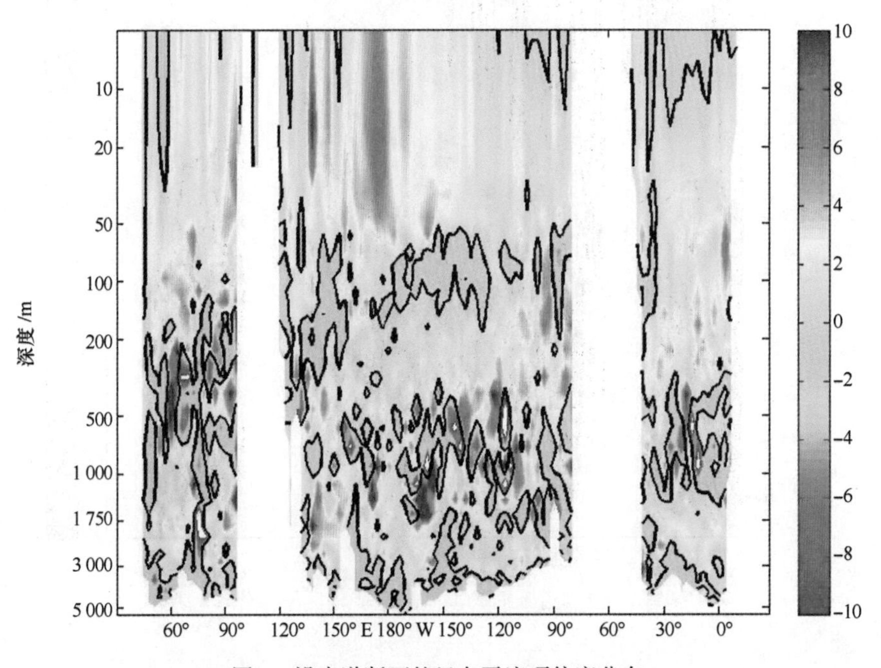

图 8　沿赤道断面的经向平流项偏度分布

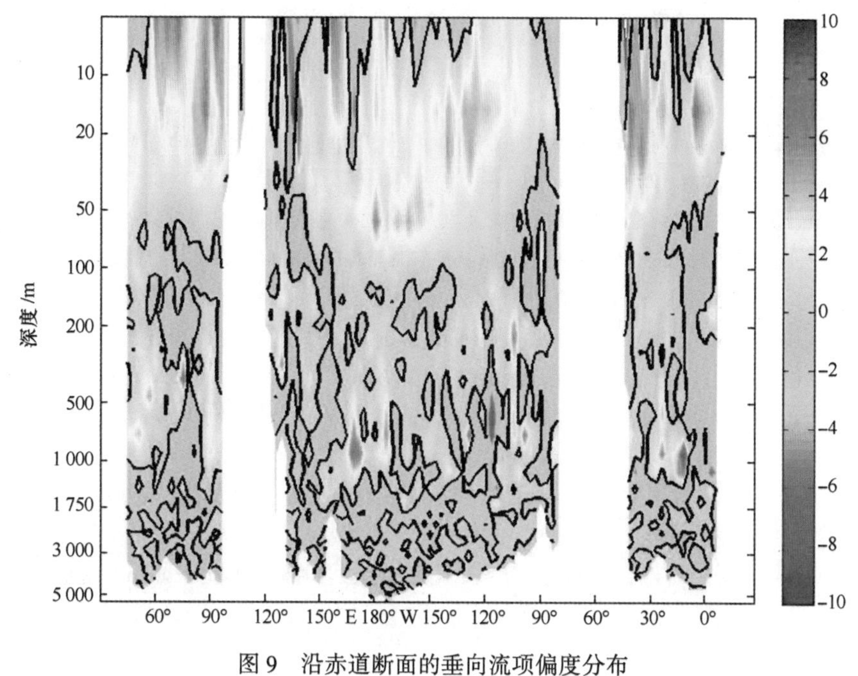

图 9　沿赤道断面的垂向流项偏度分布

6　小结

利用 Argo 和 WOD 等历史现场观测数据集研究了全球海洋温度的正态和偏度时空分布特征，得到如下几点主要结论：

（1）海温的非正态分布和有偏现象是一个全球的普遍现象，且随着海区和深度而变化；非正态分布网格数量在任何给定的深度层上占总网格数（只考虑区域网格观测数大于 300 的网格）的比率超过 80%。

（2）从偏度水平空间分布来看，温度观测在各水平层总体上具有正偏的特性，但在黑潮、湾流、南极绕极流等区域呈现出负偏的特征；沿赤道断面上，太平洋和大西洋的上层负偏与下层正偏的分界线为西深东浅的结构特征，与气候态混合层结构特征相似；从偏度垂直层变化来看，从表层至深层，具有正偏分布特征的网格数量所占的比例随着深度的增加逐渐增加。

（3）次表层温度的正偏原因，主要由纬向温度平流所致。

致谢：对中国 Argo 实时资料中心网站提供的 Argo 观测资料、美国国家海洋数据中心（NODC）提供的 WOD 观测资料，以及复旦大学王桂华教授为本文研究提供的宝贵建议，一并表示感谢。

参考文献:

[1] Emery W J, Thomson R E. Data Analysis Mothods in Physical Oceanography[M]. The Netherlands, Elsevier, Science B.V., 2001: 196.

[2] 陈上及,马继瑞.海洋数据处理分析方法及其应用[M].北京:海洋出版社,1991.

[3] An S-I, Ham Y-G, Kug J-S, et al. El Niño-La Niña asymmetry in the coupled model intercomparison project simulations[J]. J Clim, 2005, 18(14): 2617-2627.

[4] Sura P, Sardeshmukh P D. A global view of non-gaussian SST variability[J]. J Phys Oceanogr, 2008, 38(3): 639-647, doi: 10.1175/2007JPO3761.1

[5] Sura P, Gille S T. Stochastic dynamics of sea surface height variability[J]. J Phys Oceanogr, 2010, 40(7): 1582-1596, doi: 10.1175/2010JPO4331.1.

[6] Burgers G, Stephenson D B. The "normality" of El Niño[J]. Geophys Res Lett, 1999, 26(8): 1027-1030, doi: 10.1029/1999GL900161.

[7] Dong B. Asymmetry between El Niño and La Niña in a Global Coupled GCM with an eddy-permitting ocean resolution[J]. J Clim, 2005, 18(16): 3373-3387, doi: 10.1175/JCLI3454.1.

[8] Su J, Zhang R, Li T, et al. Skewness of subsurface ocean temperature in the equatorial Pacific based on assimilated data[J]. Chin J Oceanol Limnol, 2009, 27(3): 600-606.

[9] Su J, Zhang R, Li T, et al. Causes of the El Niño and La Niña amplitude asymmetry in the equatorial eastern Pacific[J]. J Clim, 2010, 23(3): 605-617.

[10] Sura P. On non-Gaussian SST variability in the Gulf Stream and other strong currents[J]. Ocean Dyn, 2010, 60(1): 155-170, doi: 10.1007/s10236-009-0255-9.

[11] Sardeshmukh P D, Sura P. Reconciling non-Gaussian climate statistics with linear dynamics[J]. J Clim, 2009, 22(5): 1193-1207.

[12] Sura P, Newman M, Cécile Penland, et al. Multiplicative noise and non-Gaussianity: A paradigm for atmospheric regimes? [J]. J Atmos Sci, 2005, 62(5): 1391-1409.

[13] Roemmich D, Owens W B. The Argo Project: Global ocean observations for understanding and prediction of climate variability[J]. Oceanogr, 2000, 13(2): 45-50.

[14] Boyer T P, Antonov J I, Garcia H E, et al. World Ocean Database 2005[R]// Levitus S. NOAA Atlas NESDIS 60, U.S. Government Printing Office, Washington, D.C., DVDs, 2006: 190.

[15] Johnson D R, Boyer T P, Garcia H E, et al. World Ocean Database 2005[R]// Documentation. Sydney Levitus, NODC Internal Report 18, U.S. Government Printing Office, Washington, D.C., 2006: 163.

[16] Saunders P M, Fofonoff N P. Conversion of pressure to depth in the ocean[J]. Deep- Sea Res, 1976, 23(1): 109-111.

[17] White G H. Skewness, kurtosis, and extreme values of northern hemisphere geopotential heights[J]. Mon Wea Rev, 1980, 108(9): 1446-1455.

[18] 黄嘉佑.气象统计分析与预报方法[M].北京:气象出版社,1990.

[19] 盛骤,谢式千,潘承毅.概率论与数理统计[M].北京:高等教育出版社,2001.

[20] Carton J A, Chepurin G, Cao X, et al. A simple ocean data assimilation analysis of the global upper ocean 1950-1995, Part 1: methodology[J]. J Phys Oceanogr, 2000, 30(2): 294-309.

[21] Carton J A, Chepurin G, Cao X. A simple ocean data assimilation analysis of the global upper ocean 1950-1995 Part 2: results[J]. J Phys Oceanogr, 2000, 30(2): 311-326.

[22] Carton J A, Giese B S. A reanalysis of ocean climate using simple ocean data assimilation (SODA) [J]. Mon Wea Rev, 2008, 136(8): 2999-3017.

Three-dimensional asymmetric characteristics of global ocean temperature and its causes research

WANG Huizan[1,2], ZHANG Ren[2], WANG Gongjie[2],
BAO Senliang[2], YAN Hengqian[2]

1. *State Key Laboratory of Satellite Ocean Environment Dynamics, Second Institute of Oceanography, State Oceanic Administration, Hangzhou* 310012, *China*

2. *College of Meteorology and Oceanography, National University of Defense Technology, Nanjing* 211101, *China*

Abstract: Based on Argo and WOD observations, the asymmetric distribution of global temperature observations and its cause are studied carefully. The results are shown as follows: (1) the non-Gaussian distribution is a global natural phenomenon, which varies with different levels and different positions; there are more than 80% of the total number of 3° squares at any given level; (2) the skewness of the ocean temperature observations frequency histogram is positive at different levels in all, but the skewness is negative in some regions such as Kuroshio Current, Gulf Stream, Antarctic Circumpolar Current and so on; for the equatorial vertical section, the boundary between positive skewness and negative skewness in the Pacific and Atlantic Ocean has the "west deeper and east lower" structure, which is very similar to the structure of mixed layer depth; (3) the skewness is mainly positive for the subsurface layer, which is related to the zonal advection.

Key words: Argo; WOD; non-Gaussian distribution; skewness; cause research

基于海温参数模型推算 Argo 表层温度

张春玲[1,2]，许建平[1,2,3*]，鲍献文[1]，王振峰[4]，刘增宏[2,3]

1. 中国海洋大学 海洋环境学院，山东 青岛 266003
2. 国家海洋局第二海洋研究所，浙江 杭州 310012
3. 卫星海洋环境动力学国家重点实验室，浙江 杭州 310012
4. 东海舰队司令部海洋水文气象中心，浙江 宁波 312122

摘要：Argo 浮标观测已成为全球海洋观测系统的重要支柱，但因缺乏表层观测，使得 Argo 观测资料在海洋和大气研究中的应用仍有一定的局限性。基于一个简化的海洋温度参数模型，由 Argo 剖面观测及气候态数据所确定的垂向海洋温度参数，得到表层与次表层温度的函数关系，进而利用太平洋海域的 Argo 次表层温度数据来推算表层温度场。其中，海温参数模型的相关参数采用最大角度法求得，利用此方法得到的混合层深度，温跃层梯度，温跃层下边界等参数较以往的迭代法更精确。与传统采用外插方式得到的表层温度场及卫星反演的 SST 相比，推算的 Argo 表层温度与 GTSPP、Argo NST 等实测资料的标准差有了显著地降低；与 Argo NST 现场观测数据的相关性分析也表明，推算的表层温度与实测资料有着更好的一致性；通过相关分析检验，在理论上验证了在太平洋海域利用海温参数模型推算海表温度的可行性。本研究为弥补当前 Argo 资料缺乏表层观测的缺陷，构建完备的 Argo 网格化温度数据集提供了新途径，具有重要的科学意义和应用价值。

关键词：Argo；NST；SST；海温参数模型；太平洋

1 引言

Argo 剖面浮标已经成为当今全球海洋观测系统的重要组成部分。但常规的 Argo

基金项目：海洋公益性专项（201005033）；科技基础性工作专项（2012FY112300）；国家海洋局第二海洋研究所基本科研业务费专项（JT0904）。

作者简介：张春玲（1981—），女，山东省德州市人，博士研究生，主要从事海洋资料分析研究。E-mail：zhang-chunling81@163. com

*通信作者：许建平（1956—），男，江苏省常熟市人，研究员，主要从事物理海洋学调查研究。E-mail：sioxjp@139.com

浮标在每隔 10 d 观测一条 0~2 000 m 水深的温盐剖面时，为了避免吸附海表物而降低盐度观测精度，当浮标上升到离海面大约 5 m 深度时，泵抽式 CTD 即停止工作。所以，常规 Argo 浮标最浅只能观测到水下 5~10 m 处的温盐值。但海表温度却是表征海-气热量、动量和水汽交换的重要参量，在海洋和大气研究中都占有重要地位[1]，许多学者采用将 Argo 数据与遥感海表温度这两种时空分辨率均不相同的观测资料相结合的方式来分析研究海洋现象[2-4]。同时，为了满足对表层温、盐度观测的需求，美国海鸟等电子仪器公司已研发了一种表层温盐传感器，与 SBE-41 CP 型 CTD 传感器相结合安装在 Argo 浮标上[5]，在泵抽式 CTD 停止工作之前开始观测 0~20 m 深度内的温盐值，并可以观测 0~5 m 近表层的高分辨率温、盐度数据。随着浮标数量的不断增加，这类新型浮标将为大气和海洋研究提供大量的实测近表层温、盐度资料。但由于这种带有表层温盐传感器的 Argo 剖面浮标自 2008 年 10 月份才开始投入使用，截止到 2011 年底，国际 Argo 计划成员国在全球范围内投放的该型浮标也只有 300 多个，仍远远不能满足气候预测、数据同化等研究领域对实测近表层温、盐度资料的需求。因此，目前仍需借助于现有的资料，利用统计分析等方法来推算与 Argo 次表层数据时空分辨率相匹配的表层数据。

另一方面，鉴于 Argo 观测具有空间分布不规则的缺点，有必要借助于数据同化技术，将 Argo 浮标观测资料单独或结合其他观测资料进行数据同化实验，生成数值模式中可以直接应用的网格化数据产品[6]。但由于缺乏表层观测，在不加入其他观测资料时，一些 Argo 网格化数据集采用 Argo 浮标的最浅观测深度（5 m）作为第一分析层[7-8]。而大部分 Argo 网格化数据集的研制都添加了其他具有表层观测（如：XBT、CTD、TAO 浮标等）的分析资料，与 Argo 剖面观测资料共同作为同化或分析数据，形成垂向 0~2 000 m 的分析层，以弥补 Argo 观测缺乏表层数据的不足[9-12]。除此之外，Roemmich[13]等通过线性插值将 Argo 观测数据垂向插值到 0~2 000 m，构建了垂向 58 层的气候态温、盐度分布场；王辉赞等[14]直接用卫星遥感 SST 数据作为海表温度，构建 Argo 数据集的 0 m 层；国家海洋信息中心研发的 Argo 网格化数据集则采用 Akima 外插方式得到表层温度和表层盐度[15]。

由于大洋中具有表层数据的现场观测资料（如：XBT、CTD、TAO 浮标等）的增长速度远远落后于 Argo 资料，在不久的将来，这些观测数据的数量与时间将不能与 Argo 资料相匹配。虽然，卫星遥感可以为海面监测提供大量覆盖范围广、精度和空间分辨率较高、时间连续性较强的海洋表面实时和准实时的信息，但由于遥感测得的海表温度（表皮水温，以下记做 SST_S）本身也是一种反演数据，而非实测资料，而且与用常规方法在 0.2~2 m 深处测得的“表层温度”有很大差异[16]，因此，将卫星反演与 Argo 观测的结果简单融合势必会产生一定的误差。而通过插值来获得海表信息是一种简单而粗略的做法。本文基于一个海温参数简化模型，通过此模型确定的次表层温度与海表温度（表皮的下层水温，以下记做 SST_W）的函数关系，以太平洋海域为例，利用 Argo 次表层数据来推算 SST_W，并验证推算方法的合理性和推算结果的可靠性，以便能推广到全球海洋中，为利用 Argo 资料制作完备的三维网格化数据集提供新思路。

2 资料与方法

2.1 数据来源及处理方法

本文选取太平洋海域 2011 年 8 月份的次表层剖面观测资料，计算海洋温度参数模型的短时间尺度变化参数（混合层深度）。此剖面数据由中国 Argo 实时资料中心（http：//www. argo. org. cn/）提供，经过观测参数及观测层数检验、水陆点及区域检测、温度范围及时间判断等简单的质量再控制后，共包括 5 134 个剖面。进而通过最优插值将这些剖面进行网格化，得到 Argo 次表层温度数据，用以推算 SST_W。采用 WOA09 8 月份气候态温度数据，计算温度参数模型的长时间尺度变化参数。另外，在利用 Argo 次表层数据推算 SST_W时，选取不同的基准层，会得到许多不同的推算结果，我们将这些推算结果与 GTSPP（Temperature and Salinity Profile Project）数据作对比，进而进行加权平均。该 GTSPP 数据来自美国国家海洋和大气管理局（National Oceanic and Atmospheric Administration，NOAA）（http：//data. nodc. noaa. gov/gtspp/best. nc/），经过排重处理后共有 6 230 个剖面，且观测站点的分布主要集中在太平洋的中西部海域（图 1 上）。

用于结果分析的太平洋海域同期的 Argo 近表层温度（Near-surface Temperature，以下简称 Argo NST 资料），来源于英国国家海洋数据中心（ftp：//ftp. pol. ac. uk/pub/bodc/argo/NST/）。经简单的质量再控制后，共有 540 个剖面，主要分布在西太平洋海域（图 1 下）。此外，对比数据还包括 AMSR-E（Advanced Microwave Scanning Radiometer for the Earth Observing System）日平均卫星 SST_S数据，这里将 1 个月的资料进行月平均得到 2011 年 8 月份的月平均 SST_S作为对比资料，该资料由美国加利福尼亚的遥感系统（Remote Sensing System，Santa Rose，CA，USA）提供[17-18]。

2.2 温度参数模型

本文采用的温度参数模型最初由 Chu 等[19-20]提出，并通过迭代法计算其参数，目的是在缺乏次表层观测时，利用海表观测信息来分析次表层温度结构，后为最大可能的减少自由度而得到简化[21]（图 2），次表层与表层温度的函数关系可以由式（1）来简单描述：

$$T_s = T(z) \qquad (0 \geqslant z \geqslant -h_1),$$
$$T_s = T(z) - G_{th}(z + h_1) \qquad (-h_1 \geqslant z \geqslant -h_2),$$
$$T(z) - T_d = (T_{td} - T_d)\exp\left[\frac{z_0^w - (z_0 - z - h_2)^w}{H^w}\right]$$

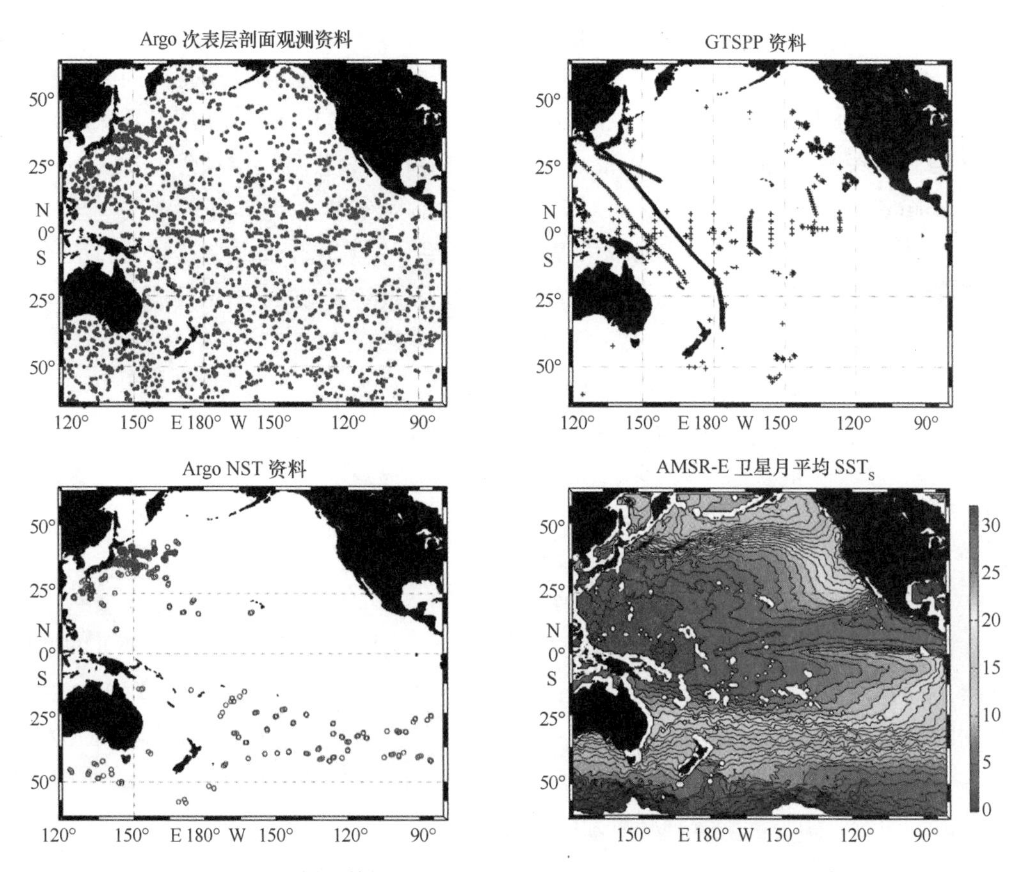

图 1　几种剖面数据的观测站点及 AMSR-E 卫星月平均 SST_S 分布

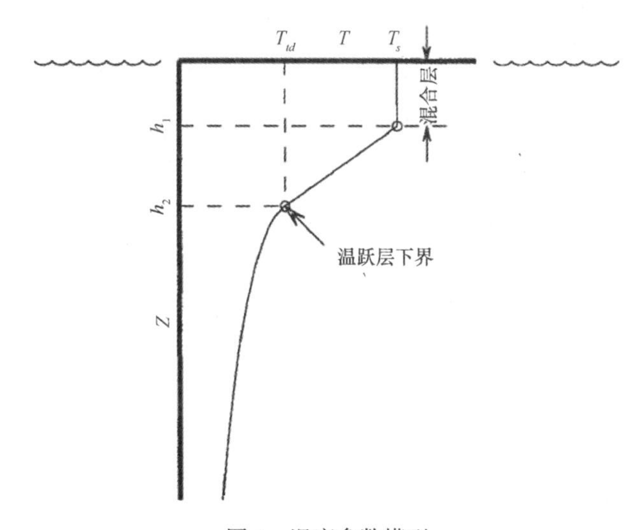

图 2　温度参数模型

$$(z \leqslant -h_2), \tag{1}$$

式中，T_s 即为 SST_W；$T(z)$ 是次表层温度，本文选用 Argo 网格化数据对应的各分析层温度；h_1，h_2 分别为混合层深度（Mixed Layer Depth，MLD）（或温跃层上界深度）和温跃层下界深度（Thermocline Bottom Depth，TBD）；G_{th} 为温跃层梯度（Thermocline Temperature Gradient，TTG）；T_{td} 是对应于温跃层下界深度（h_2）处的温度，采用二分法求得；T_d 为水深温度，此处取为 WOA09 多年平均数据中 5 500 m 深处对应的温度[21]；H 为次表层 e−折尺度（e-folding scale）。另外，z_0 和 w 是为了保证 $T(z)$ 和 $T'(z)$ 在 TBD 处的连续性（式（2））追加的两个参数，即：

$$T(h_2+0)=T(h_2-0),$$
$$\frac{\mathrm{d}T(h_2+0)}{\mathrm{d}z}=\frac{\mathrm{d}T(h_2-0)}{\mathrm{d}z}=G_{th}, \tag{2}$$

由式（1）对 z 求导，并结合式（2），可得：

$$z_0=\left[\frac{HG_{th}}{w(T_{th}-T_d)}\right]^{1/(w-1)}. \tag{3}$$

参数 w 不能大于或等于 1，否则将使得 z_0 的值很大，从而导致温度随深度的增加递增。w 的值也不能等于 0[21]。表 1 给出了 H 及 w 的取值对推算误差（相对于 GTSPP 数据的均方根误差）的影响。很显然，w 值固定不变时，误差随 H 值的增加，先减后增，H=2 000 时，误差最小；H 值固定不变时，温、盐度误差均在 w=0.5 时取得最小值。即，w=0.5，H=2 000 时，温度均方根误差最小为 0.637℃。

表 1　不同的 H 和 w 值对应的温度均方根误差（℃）

	w=0.1	w=0.25	w=0.5	w=0.6	w=0.8
H=1 000	1.123	0.971	0.805	0.812	0.877
H=1 500	0.908	0.884	0.795	0.819	0.830
H=2 000	0.782	0.761	0.637	0.800	0.802
H=3 000	0.851	0.780	0.711	0.873	0.935
H=5 500	0.893	0.852	0.790	0.963	1.020

并且由 $T(z)$ 在 TBD 处的连续性可得：

$$T_s=T_{td}+G_{th}(h_2-h_1). \tag{4}$$

由此可见，应用此模型，就可以通过次表层温度来推算 SST_W，关键是确定参数 h_1、h_2、G_{th}。

2.3 最大角度法

最大角度法[22]是用来确定混合层深度的一种客观分析方法。这种方法具有较强的理论基础，其不仅用到了混合层的主要特征——温度（或密度）偏差和梯度垂向一致，而且用到了混合层以下跃层的主要特征——梯度巨变。为了更准确的使用此方法（要求观测变量随深度变化具有严格的单调性），我们用密度混合层深度代替温度混合层深度，即，不考虑障碍层的存在。

每个温度剖面可以记为 $[\rho(z_k), T(z_k)]$，z_k 为观测层次，在表层或接近表层 $k=1$，并向下逐层递增。垂向密度偏差记为：$\Delta\rho=\rho_{max}-\rho_{min}$，其体现了密度的整体变化。理论上，在等密度层，密度变化为 0，而在混合层以下的密度跃层，密度变化很大。分别将对应于 $0.1\Delta\rho$ 和 $0.7\Delta\rho$ 的深度记为 $z_{(0.1)}$，$z_{(0.7)}$（图 3），在这两层之间鉴定跃层的主要部分。n 为这两层之间的数据点总数，并令 $m=\min(n, 20)$。

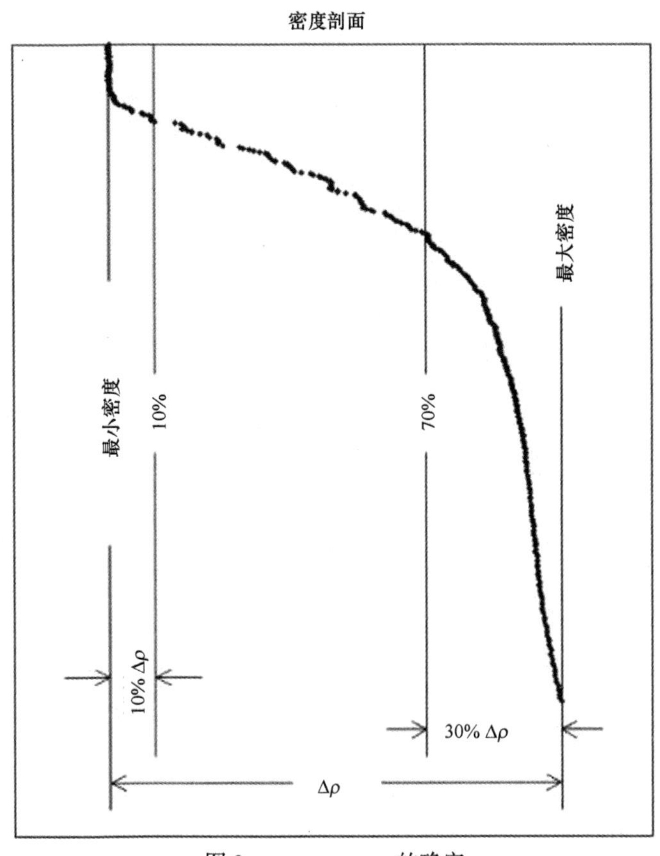

图 3　$z_{(0.1)}$、$z_{(0.7)}$ 的确定

图 4 展示了最大角方法的向量拟合原理。在深度 z_k 处（图中标记为圆圈），第一个向量 Vector-1，从 z_{k-j} 到 z_k，

其中，

$$j=\begin{cases}k-1, & k\leqslant m\\ m, & k>m\end{cases} \tag{5}$$

第二个向量 Vector-2，从 z_{k+1} 到 z_{k+m}。

这两个向量通过线性拟合[23]来构造：

$$\rho(z)=\begin{cases}c_k^{(1)}+G_k^{(1)}z, & z=z_{k-j}, z_{k-j+1}, \cdots, z_k\\ c_k^{(2)}+G_k^{(2)}z, & z=z_{k+1}, z_{k+2}, \cdots, z_{k+m}\end{cases}. \tag{6}$$

如图 4b 所示，在等密度层，角 θ_k 达到最大值。由此可以确定混合层深度（$\theta_k\to\max$，$H_D\to -z_k$）。在实际应用中，θ_k 较难计算其度数，我们用正切值来代替，即：

$$\tan\theta_k\to\max, \ H_D\to -z_k, \ G^{(1)}=G_k^{(1)}, \ G^{(2)}=G_k^{(2)}, \tag{7}$$

式中，$G^{(1)}\approx 0$ 为混合层的垂向梯度，$G^{(2)}$ 为跃层梯度。由给定的拟合系数可得

$$\tan\theta_k=\frac{G_k^{(2)}-G_k^{(1)}}{1+G_k^{(1)}G_k^{(2)}}. \tag{8}$$

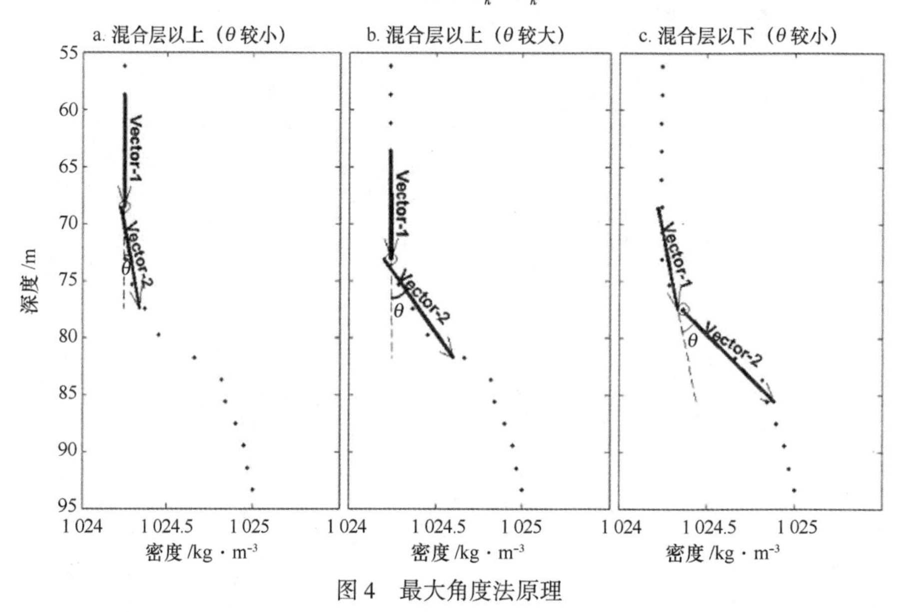

图 4　最大角度法原理

当观测剖面为温度时，只需将拟合矢量 Vector−1、Vector−2 改变方向，其原理与密度剖面相同。由于式（1）中的参数 h_1、h_2 及 G_{th} 具有不同的变化时间尺度，h_1 在较短的时间尺度内变化，而 h_2 和 G_{th} 的变化时间尺度较长[21]。因此，本文以下利用 Argo 观测剖面计算 h_1，并为了尽可能保证观测剖面的单调性，采用密度剖面的最大角度法；而长时间尺度变化参数（h_2 和 G_{th}）则借助于 WOA09 月平均数据来计算，且采用温度剖面的最大角度法。

3　推算步骤及结果

3.1　参数计算

由于式（1）中的参数 h_1、h_2、及 G_{th} 具有不同的变化时间尺度，h_1 在较短的时间

尺度内变化，而 h_2和 G_{th}的变化时间尺度较长。因此，我们利用 2011 年 8 月份太平洋海域的 Argo 剖面观测资料来计算 h_1，由温、盐度观测数据计算各个观测剖面在其每个观测层上的密度值，从而将每个剖面记为［ρ（z_K），T（z_K）］，通过式（6）至式（8）得出每个剖面对应的密度混合层深度 H_D，并忽略障碍层的存在，用密度混合层深度代替温度混合层深度，即，$h_1 \approx H_D$。

8 月份是北半球洋区温度跃层最强盛时期，同时也是南半球洋区最弱季节[24]。由 5 134 个 Argo 观测剖面对应的 MLD（h_1）深度分布（图 5（左））可以看出，MLD 小于 100 m 的剖面有 3 653 个，而且大部分分布在北太平洋；而南太平洋大部分 MLD 在 300 m 以浅。有少数剖面（286 个）的 MLD 超过 300 m，甚至个别达到 500 m 以上，但这些剖面均分布在 40°S 以南，在此海区，8 月份没有明显的温跃层存在，故海温垂向变化不大。我们通过最优插值[25]得到 MLD 在 1°×1°的网格上的水平分布如图 5（右）所示，南太平洋 40°S 以南的西风带内没有明显的跃层存在，等值线十分密集，且混合层深度明显加深（>150 m）。这与前人的研究结果基本吻合[24,26-27]。

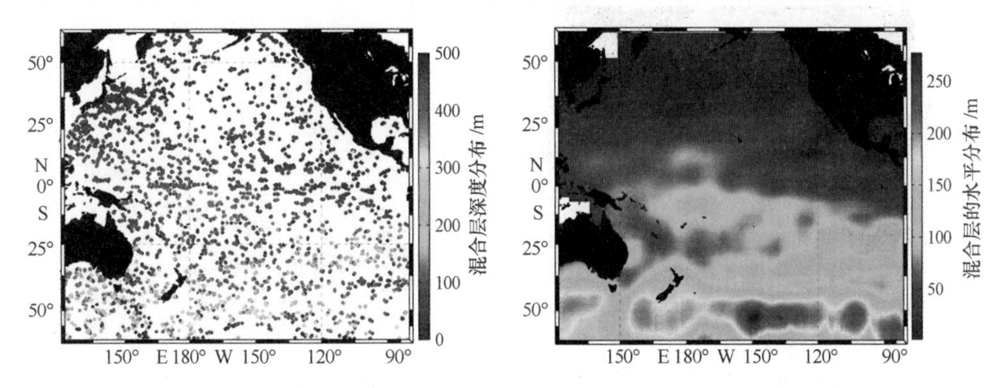

图 5　2011 年 8 月份太平洋海域的 MLD 散点分布（左）及其水平分布（右）

采用温度剖面的最大角度法，借助于 WOA09 8 月份的气候态数据来确定长时间尺度变化参数 G_{th}与 h_2。在应用式（6）时，将深度 z_k 取为正值，计算式（8）的最大值处的 $G^{(2)} \approx G_{th}$，并取式（8）的最小值对应的深度值 $h_2 \rightarrow z_k$。

图 6 给出了 TTG 的水平分布及其对应的纬向平均分布。温跃层梯度基本在 0~0.2℃/m 之间；10°S~10°N 之间的海域，TTG 的值均已超过 0.05℃/m；而相比南太平洋，北太平洋大部分海域有较强的 TTG，特别是赤道太平洋到 20°N 的海域，TTG 基本在 0.05℃/m 以上。由 TTG 的纬向平均曲线也可以看出，北太平洋海域平均 TTG 都高于 0.06℃/m，10°N 附近海域达到 0.1℃/m 以上；南太平洋大部分海域平均 TTG 都低于 0.05℃/m，特别是 40°S 以南，TTG 几乎接近 0，这也反映了在此海域不存在明显的温度跃层（图 6）。

如图 7 所示，混合层下界基本在 100 m 以深，其纬向平均由北向南大致呈逐渐递增的趋势。由于 8 月份北半球洋区跃层比较明显，因此对应的 TBD 也比较浅，平均

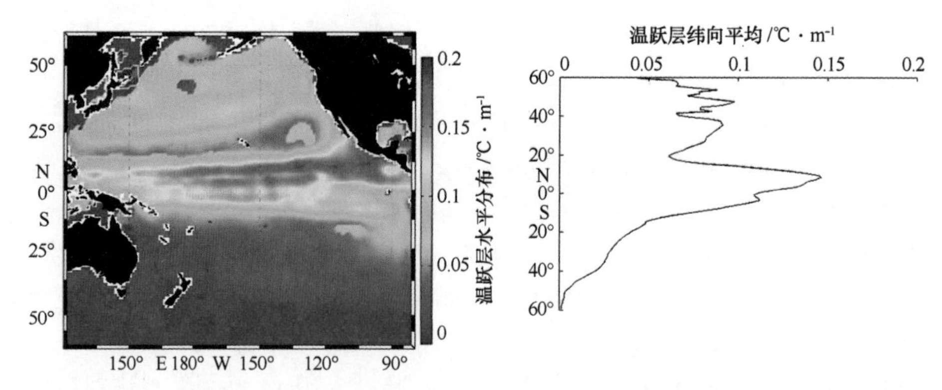

图 6　2011 年 8 月份太平洋海域的 TTG 水平分布（左）及其纬向平均曲线（右）

小于 300 m；而南半球的 TBD 相对普遍较深，平均为 300~500 m，在 40°S 左右甚至达到 1 000 m 以上；而赤道太平洋的 TBD 基本为 300 m 左右。

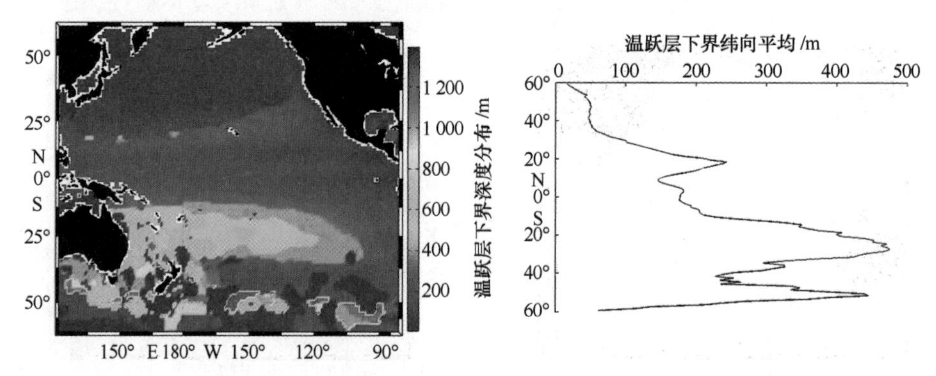

图 7　2011 年 8 月份太平洋海域的 TBD 水平分布（左）及其纬向平均曲线（右）

3.2　利用 Argo 次表层温度推算 SST_W

在利用 Argo 次表层温度数据推算 SST_W 时，我们分别选取 10 m、20 m、30 m、50 m、75 m、100 m、125 m、150 m、200 m 为计算基值，利用 3.1 节计算的参数，来推算太平洋海域 1°×1°网格点上的表层温度值，然后将每个格点上的 9 个温度值以式（9）进行加权平均：

$$T_i = \frac{\sum_{j=1}^{9} b_{i,j} T_{i,j}}{\sum_{j=1}^{9} b_{i,j}} b_{i,j} = \exp(-(r_{i,j} - \bar{r_i})^2 / L^2), \tag{9}$$

式中，$T_{i,j}$ 为格点 i 上第 j 个反演温度值；$r_{i,j}$ 为格点 i 上第 j 个推算的温度值相对于 GTSPP 数据的温度标准差；$\bar{r_i}$ 为第 i 个格点的平均标准差；L 为温度误差相关尺度。图

8 给出了误差相关尺度 L 取不同的值时，9 个不同基准层的推算结果（图中以对应深度表示）及经式（9）加权平均的表层温度（SST_W）相对于 GTSPP 观测数据的均方根误差。

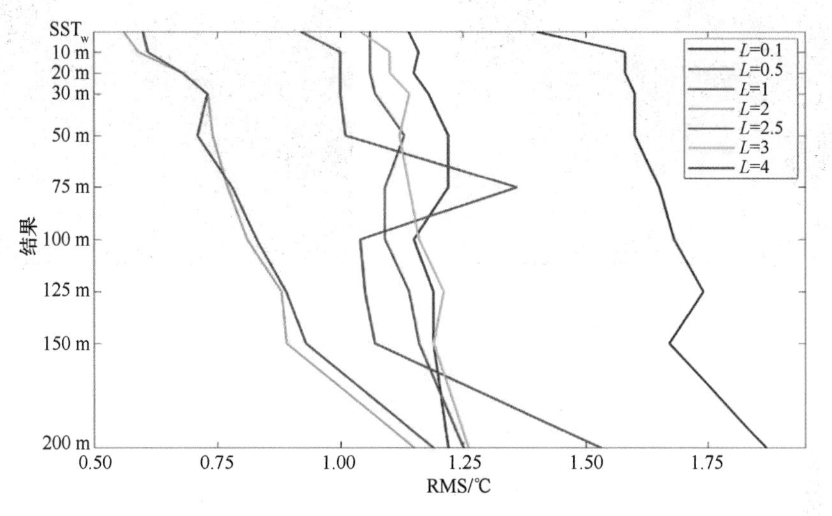

图 8　不同的温度误差相关尺度（L）对推算结果的影响

由图 8 可以看出，无论 L 取何值，加权平均后的结果（SST_w）的 RMS 都最小，其他 9 种推算结果，随基准层的不断加深，其 RMS 大致呈递增分布。L 小于 2℃时，各个结果的 RMS 基本在 1.00～1.25℃之间；$L=4$℃时，各个 RMS 均显着增大；L 取 2℃、2.5℃时，RMS 明显较小，而 $L=2.5$℃时，RMS 的分布起伏较大。故，误差相关尺度 L 取 2℃比较合理。

外推法（或外插法）是目前常用的一种获得表层温度场的方法，本节将利用参数模型推算的表层温度场（SST_w）与由外推法获得的结果（图中以 Extra 代替）进行对比分析，进而验证参数模型法的有效性。

图 9 给出了由两种方法获得的 2011 年 8 月份太平洋海域的表层温度水平分布。两种结果的表层温度均由赤道向南北两极逐渐降低，等温线都大致呈与纬线平行的带状分布，但与外推结果相比，SST_w 的等温线起伏较大，能更多地体现表层的中尺度变化信息。赤道附近海域，受信风影响，西岸的暖流自西向东扩展，东岸表层高温水被风带走，使得下层冷水上翻，而此特征在 SST_w 中表现尤为明显：东边界 28℃以上等温线的范围较外推结果减小；温度小于 26℃的等温线向西弯曲的程度较大，尤其是 22℃等温线，较外推结果明显向西延伸。在表征“极峰”位置所在的 40°N 附近海域，两种结果相比，SST_w 受暖流影响更为显著，其等温线在 160°E、180°E 及 140°W 左右，明显向高纬度弯曲。在南太平洋高纬度海域（40°S 以南），SST_w 在东部沿岸的海水等温线比外推结果受暖流影响更明显，向北弯曲程度更大。

选取 Argo NST 现场观测作为对比资料进行结果分析，由于该资料在推算过程中

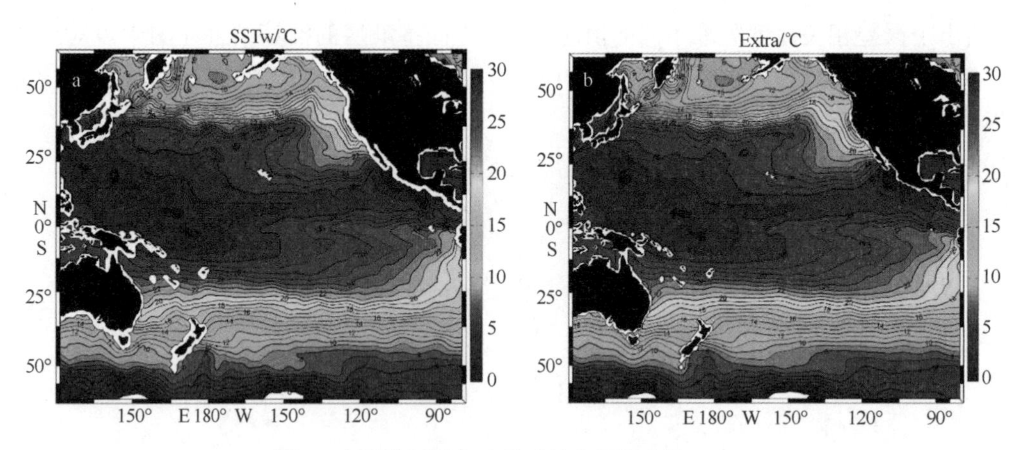

图 9 由两种不同方法得到的表层温度场（℃）

a. SST_w，b. Extra

并未使用，因此该检验具有严格的独立性。

由两种方法得到的海表温度数据分别与 Argo NST 现场观测资料的相关分析如图 10（左）所示。SST_W随 Argo NST 的散点较集中地分布在直线 $y = 0.99x + 1.05$ 周围，其与 Argo NST 现场观测资料的相关系数达到 0.967；而外插的结果随 Argo NST 的散点相对于拟合直线的分布明显分散，线性拟合系数为 0.87，比 SST_w 的拟合系数（0.99）明显较小，虽然外推结果与实际观测资料的相关系数也达到了 0.911，但均方根误差却比推算结果大的多，SST_w 的 RMS 为 0.99℃，而外推结果的 RMS 则达到 1.84℃。

图 10（右）给出了两种结果与 Argo NST 偏差的散点分布。可以看出，SST_W与 Argo NST 的大部分温度偏差都小于 2℃，但在 40°N 附近个别点的偏差超过 3℃；而外插结果与 Argo NST 的温度偏差多数点上在 2℃左右，只有少数偏差小于 2℃，且与推算的 SST_W相比，由次表层温度数据外插得到的表层温度普遍低于 Argo NST 现场观测。

为了更清楚的比较两种结果接近现场观测资料（Argo NST）的程度，我们选择 Argo NST 观测点比较密集的两个海域（（25～50°S，180°～80°W）和（25°～50°N，120°～80°E）。其中，（25°～50°S，180°～80°W）包含 118 个观测点，（25°～50°N，120°～80°E）包含 378 个观测点，计算两种推算结果与观测值的绝对温度偏差的差异，即：SST_w 与观测值的绝对偏差减去 Extra 与观测值的绝对偏差（图 11）。

由图 11a 不难看出，118 个观测点中，SST_w 在大部分（97 个）观测点上的绝对偏差都比 Extra 的绝对偏差小，且其中有 52 个点上，SST_w 的绝对温度偏差比 Extra 小 0.5℃以上；在 SST_w 的绝对偏差较大的点（27 个）上，只有 9 个点上的绝对偏差差异超过了 0.5℃，其余格点均在 0.5℃以下。而在西北太平洋海域（图 11b），378 个观测点中，SST_w 有 232 个点上的绝对温度偏差比 Extra 小，并且很多（58 个）点上

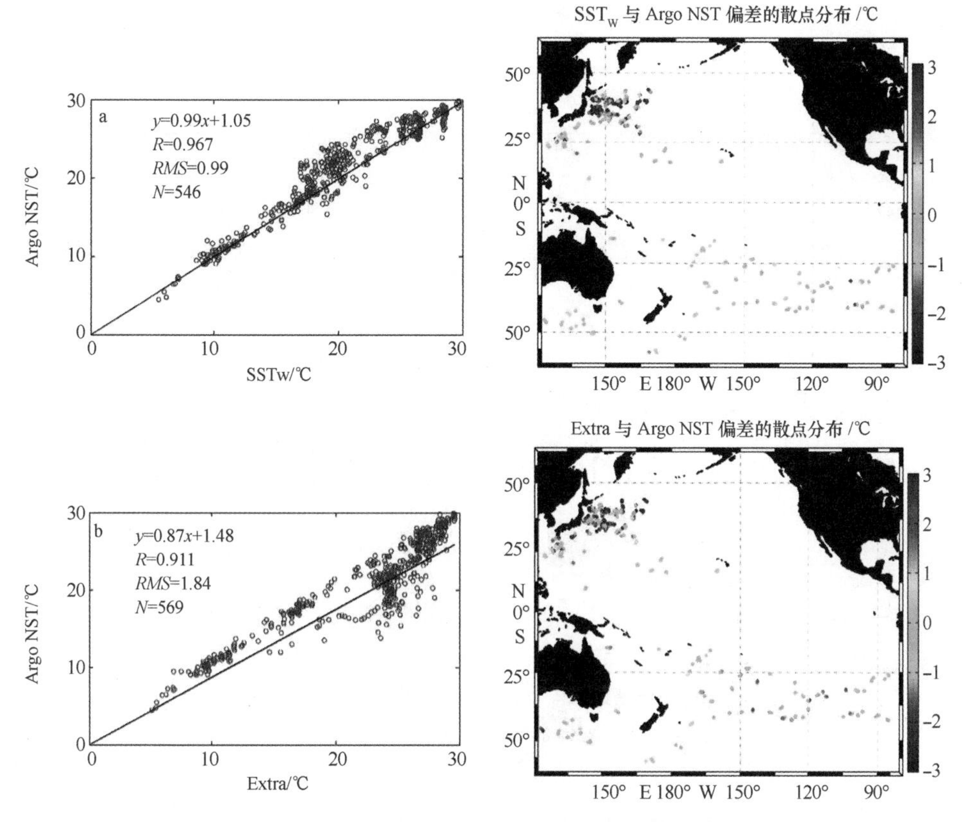

图 10 海表温度与 Argo NST 的相关分析及偏差散点分布（℃）

a. SST_W，b. Extra

偏差差异大于 2℃，而在 SST_w 绝对温度偏差比较大的点上，偏差差异均在 2℃以内。

由此可得，与外推法相比，利用本文的方法推算的 SST_W 与 Argo NST 实测资料有更好的一致性。

表 2 给出了 9 个不同基准层的推算结果、经式（9）加权平均的 SST_W、由外插方式得到的表层温度（Extra），以及遥感 AMSR-E SST_S 分别与 GTSPP、Argo NST 的标准差等。选取的基准层越深，计算结果的精确度就越低，以本文选取的 200 m 以浅 9 个分析层为推算基准，其结果与两种实测资料的标准差均小于 1.6℃；通过加权平均的 SST_W 与两种数据的标准差较其他各个推算结果都有不同程度的减小，特别是与 Argo NST 的标准差减小到 1℃以下；而通过外插方式得到的海表温度（Extra）与两种数据的标准差均在 1.6℃以上，比各个推算结果的标准差都大；AMSR-E SST_S 与两种现场观测的温度也存在较大差异，与 GTSPP 数据的标准差接近 2℃，与 Argo NST 的标准差也有 1.5℃。

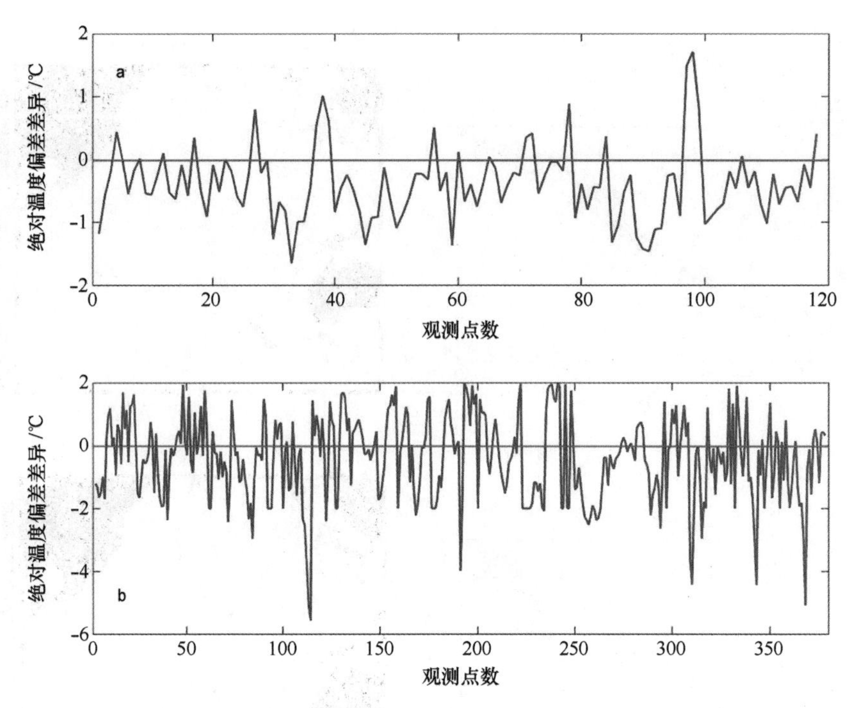

图 11　两种推断结果与 Argo NST 的绝对温度偏差的差异

a. 25°~50°S，180°~80°W；b. 25°~50°N，120°~80°E

表 2　不同海表温度数据与实测资料的标准差（℃）

结果	10 m	20 m	30 m	50 m	75 m	100 m	125 m	150 m	200 m	SST_W	Extra	SST_S
GTSPP	1.13	1.15	1.18	1.10	1.20	1.52	1.59	1.44	1.51	1.04	1.94	1.96
Argo NST	1.04	1.21	1.21	1.16	1.26	1.28	1.35	1.48	1.54	0.99	1.84	1.50

3.3　相关分析理论验证

图 1 所示的温度参数模型在不同区域的应用均有一个前提条件，即在研究区域内，海表温度异常（T_s'）与短时间尺度变化的参数异常（h_1'）之间的线性相关，要明显强于海表温度异常（T_s'）与长时间变化的参数异常（h_2'，G_{th}'）之间的线性相关。即，若记 r_1，r_2，r_3 分别表示 h'_1，$h'_2{}'$，$G_{th'}$与 T'_s 的相关系数，则需满足 $|r_1|>|r_2|>|r_3|$。其中，(T_s'、h_1'、h_2'、G_{th}') 由每个点的参数减去其周围 1°×1°范围内的参数平均值得到。

图 12 给出了整个太平洋海域不同参数异常随海表温度异常变化的散点分布。由图可以看出，图 12a 中散点更集中于拟合直线两侧，而图 12b 和图 12c 远离直线的点较多，点的分布也较图 12a 分散。由线性拟合相关系数 r_1、r_2、r_3 可以看出，$|r_1|$ 与 $|r_2|$，$|r_3|$ 的值相差一到两个量级，很显然 $|r_1|>|r_2|$，$|r_1|>|r_3|$ 成立。并且，

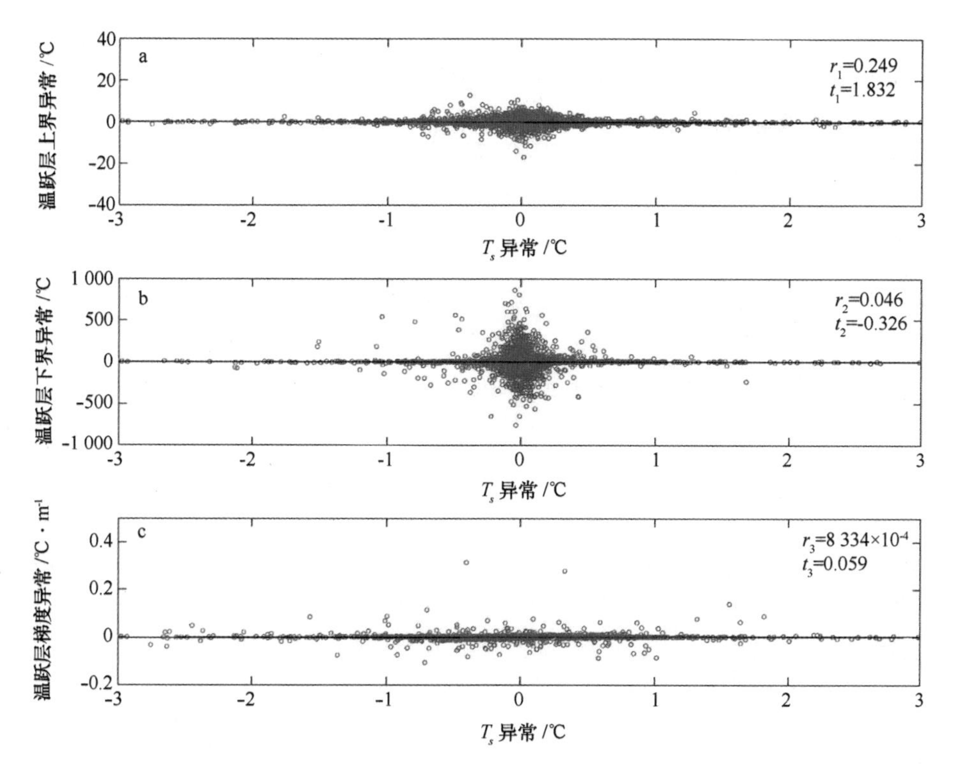

图 12　不同参数异常随海表温度异常变化的散点图

a. h'_1，b. h'_2，c. G'_{th}

还可以借助于 t-分布统计检验定量计算此相关系。数的置信度。$t = \frac{r\sqrt{n-2}}{\sqrt{1-r^2}}$ 服从自由度为（n-2）的 t-分布，其中 r 为相关系数，n 为样本个数（19 200），且显著水平为 0.005 的 t 值为 2.576，即：$t_{0.005}(19\,200-2) = 2.576$。$r_1$、$r_2$、$r_3$ 对应的 t 值满足：$|t_1| = 1.832 < 2.576$，$|t_2| = 0.326 < 2.576$，$|t_3| = 0.059 < 2.576$ 由此可得，相关系数 $r_1 = 0.249$，$r_2 = -0.046$，$r_3 = 8.334 \times 10^{-4}$ 的置信度均大于99.5%。因此，海表温度异常与混合层深度异常具有更强的线性相关性，从而在理论上验证了基于海洋温度参数模型推算的太平洋海域表层温度场是可信的。

4　结论

Argo 作为全球海洋观测系统的重要支柱，能够快速、准确、大范围地收集全球海洋中、上层水体的温度、盐度剖面资料，其观测剖面数量正以每年 10 万条的速度增加。同时，海表温度是气候与海洋研究中一个重要参数，许多研究都依赖于完备的三维温度场的构建。因此，借助已有的资料统计分析方法来推算 Argo 表层温度场具有重要的实用价值和科学意义。基于一个简单的海洋温度参数模型，我们采用最大角度法，由 Argo 剖面资料及 WOA09 气候态温度数据计算得出 3 个关键参数，即混合层深度、温跃层梯度和温跃层下界深度，并借助于 Argo 次表层温度推算其表层温度场。将推算结果与 Argo 近表层观测进行了对比，并做了相关分析理论检验，表明本文推算的表层温度场是可信，也是可靠的。

本文在确定模型参数（h_1、h_2、G_{th}）时采用了最大角度法，此方法较以往确定混合层深度的方法（如：梯度法，曲率法）是一种客观、新颖的方法，有较强的理论基础。由 3.1 节和 3.2 节的计算结果可以看出，利用此方法得到的混合层深度是符合实际的。但利用此方法的一个前提是，分析变量应具有严格的单调性，文中我们忽略了障碍层的影响，用密度混合层深度代替温度混合层深度，势必会带来一定的误差，在明显存在障碍层的海域，采用温度剖面的最大角度法计算相关参数，误差可能会更小。

另外，本文采用的温度参数模型，是在确定混合层深度、温跃层梯度、跃层下界深度等热盐参数的基础上，建立的表层温度与次表层温度的函数关系。因此，在温度跃层不明显的海域，利用此方法推算的海表温度精度也会相对降低些，这些不足仍有待于进一步研究改进。

致谢：感谢国家海洋局第二海洋研究所的同事们，为本文提供的不可或缺的宝贵信息和资料。

参考文献：

[1] Donlon C, Casey K, Robinson S, et al. The GODAE highr esolution sea surface temperature pilot project [J]. Journal of the Oceanography Society, 2009, 22(3): 34-45.

[2] Guinehut S P, Traon Y Le, Larnicol G, et al. Combining Argo and remote-sensing data to estimate the ocean three-dimensional temperature fields—a first approach based on simulated observations [J]. Journal of Marine Systems, 2004, 46: 85-98.

[3] Souza J M, Boyer M, Cabanes A C, et al. Estimation of the Agulhas ring impacts on meridional heat fluxes and transport using ARGO floats and satellite data [J]. Geophysical Research Letters, 2011, 38: L21602, http://dx.doi.org/10.1029/2011GL049359.

[4] Hobbs W R, Willis J K. Mid latitude North Atlantic heat transport: A time series based on satellite and drifter data [J]. Journal of Geophysical Research, 2012, 117: C01008, http://dx. doi. org/10.1029/2011JC007039.

[5] Larson N L, Janzen C D, Murphy D J. STS: An instrument for extending ARGO temperature and salinity measurements through the sea surface [C]. Poster Presentation 2008 Ocean Sciences Meeting, Orlando, Florida, 2008, 2-7 March.

[6] 许建平, 刘增宏. 中国 Argo 大洋观测网试验 [M]. 北京: 气象出版社, 2007: 4-5.

[7] Yan C X, Zhu J, Xie J P. An ocean reanalysis system for the joining area of Asia and Indian-Pacific O-

cean[J].Atmospheric and Oceanic Science Letters,2010,3:81-86.

[8] 刘增宏,孙朝辉,李宏.Argo 网格资料(BOA_Argo)用户手册[R].中国 Argo 实时资料中心,2011:1-9.

[9] Martin M J, Hines A, Bell M J. Data assimilation in the FOAM operational short-range ocean forecasting system:a description of the scheme and its impact[J].Quarterly Journal of the Royal Meteorological Society,2007,133:981-995.

[10] Hosoda S,Ohira T,Nakamura T.A monthly mean dataset of global oceanic temperature and salinity derived from Argo float observations[J].JAMSTEC Report Research Development,2008,8:47-59.

[11] Gaillard F. ISAS-Tool Version 5.3: Method and configuration[R]. Laboratoere de Physique de Oceans,UMR 6523,2010:1-12.

[12] Brion E,Gaillard F.ISAS-Tool Version 6:User's manual[R].Report LPO 01-12,2012:1-45.

[13] Roemmich D,John G.The 2004-2008 mean and annual cycle of temperature, salinity, and steric height in the global ocean from the Argo Program[J].Progress in Oceanography,2009,82:81-100.

[14] Wang H Z,Wang G H,Zhang R,et al.User's Manual of User's Manual of Argo Gridded Salinity Product (G-Argo)[R].Second Institute of Oceanography,Hangzhou,2010:1-6.

[15] 韩桂军,吴新荣,李威.Argo 网格化产品用户手册[R].国家海洋信息中心,2011:1-6.

[16] 侍茂崇,高郭平,鲍献文.海洋调查方法[M].青岛:青岛海洋大学出版社,2000:343.

[17] Wentz F J.Algorithm Theoretical Basis Document:AMSR Ocean Algorithm[R].CA:Remote Sensing System,Santa Rosa,RSS Technical Report 050198,1998.

[18] Wentz F J,Meissner T.AMSR ocean algorithm version 2[R].Remote Sensing System,Santa Rosa,Calif,RSS Technical Report.121599A,1999.

[19] Chu P C,Fralick Jr,Haeger S D,et al.A parametric model for the Yellow Sea thermal variability[J].Journal of Geophysical Research,1997,102:10499-10507.

[20] Chu P C,Tseng H C,Chang C P,et al.South China Sea warm pool detected from the Navy's Master Oceanographic Observational Data Set (MOODS)[J].Journal of Geophysical Research,1997,102:15761-15771.

[21] Chu P C,Fan C W.Determination of vertical thermal structure from sea surface Temperature[J].Journal of American Meteorological Society,2000,17:971-979.

[22] Chu P C,Fan C W.Maximum angle method for determining mixed layer depth from sea glider data[J].Journal of Oceanography,2011,67:219-230.

[23] Chu P C,Fan C W.Optimal linear fitting for objective determination of ocean mixed layer depth from glider profiles[J].Journal of Atmospheric Oceanic Technology,2010,27:1893-1898.

[24] Juza M,Penduff T,Brankart J M,et al.Estimating the distortion of mixed layer property distributions induced by the Argo sampling[J].Journal of Operational Oceanography,2012,5:45-58.

[25] Behrinoer D W,Ming Ji,Ants L.An improved coupled method for ENSO prediction and implications for ocean initialization.Part I:The Ocean Data Assimilation System[J].Monthly Weather Review,1998,126:1013-1021.

[26] 芦静,乔方利,魏泽勋,等.夏季海洋上混合层深度分布研究——Argo 资料与 Levitus 资料的比较[J].海洋科学进展,2008,26 (2):145-155.

[27] 王彦磊,黄兵,张韧,等.基于 Argo 资料的世界大洋温度跃层的分布特征[J].海洋科学进展,2008,26(4):428-435.

Estimation of Argo sea subsurface temperature based on a thermal parametric model

ZHANG Chunling[1,2], XU Jianping[1,2,3], BAO Xianwen[1],
WANG Zhenfeng[4], LIU Zenghong[2,3]

1. *Institute of Marine Environment, Ocean University of China, Qingdao* 266003, *China*
2. *Second Institute of Oceanography, State Oceanic Administration, Hangzhou* 310012, *China*
3. *State Key Laboratory of Satellite Oceanography Environment Dynamics, Second Institute of Oceanography, State Oceanic Administration, Hangzhou* 310012, *China*
4. *Marine Hydrologic Meteorological Center, East China Sea Fleet Command, Ningbo* 312122, *China*

Abstract: Argo has become the important compartment of the global ocean observation system. While, due to lack of the sea surface measurements, the application of Argo data still has some limitations. Based on a simple thermal parametric model, the relationship between sea surface temperature and subsurface temperature is constructed by the thermal parameters calculated from Argo profile data and WOA09 climatic data. And then sea surface temperature is estimated by Argo subsurface data in the Pacific Ocean in this paper. Among them, the thermal parameters are calculated by the maximum angle method. The novel objective method produces the more accurate thermal parameters, such as mixed layer depth, Thermocline temperature gradient, Thermocline bottom depth and so on, than iterative technique used in previous studies. Compared with the SST extrapolated from traditional and retrieved from satellite SST, the RMSEs between the estimated Argo surface temperature and the observed GTSPP or Argo NST have significantly reduced. The correlation coefficient between estimation result and in situ observation is larger as well the Argo surface temperature estimated by the thermal parametric model in the Pacific Ocean is theoretically proved to be reliable through correlation analysis. This study makes up for the lacking of surface observation in Argo. It provides a new way to establish complete Argo data sets.

Key words: Argo; NST; SST; thermal parametric model; the Pacific Ocean

(该文刊于:海洋通报,2014,33(1):16-26)

利用遥感 SST 反演上层海洋三维温度场

张春玲[1,2]，许建平[1,2,3]，鲍献文[1]，王振峰[4]，刘增宏[2,3]，孙朝辉[2]

1. 中国海洋大学 海洋环境学院，山东 青岛 266003
2. 国家海洋局第二海洋研究所，浙江 杭州 310012
3. 卫星海洋环境动力学国家重点实验室，浙江 杭州 310012
4. 东海舰队司令部 海洋水文气象中心，浙江 宁波 312122

摘要：通过统计相关分析验证了一个简单的温度参数模型在太平洋海域的较好适用性。基于 Argo 观测资料及 WOA09 气候态温度数据，采用最大角度法求得此模型的相关参数，并利用高分辨率卫星遥感海表温度反演了太平洋上层海域空间分辨率为 1°×1° 的气候态月平均三维温度场。与实测资料的比较分析表明反演结果是较为真实可靠的，可作为海洋数值模式积分的初猜场，为实现现场观测（如：Argo）与卫星观测的优势互补，构建太平洋海域完整的三维温度分析场提供一种新途径。

关键词：温度参数模型；最大角度法；Argo 观测；海表温度（SST）；反演

1 引言

目前，来自于 Argo、CTD、XBT、海洋站的温盐观测剖面日益增多。特别是海量增加的 Argo 浮标观测剖面，已成为全球海洋观测系统的重要支柱，但其目前仍缺乏表层观测且空间观测分辨率较低。而另一方面，随着卫星遥感技术的不断发展，特别是与此有关的卫星遥感海面温度（Sea Surface Temperature，SST）和卫星观测海面高度（Sea Surface Height，SSH）资料的日益增加，为海面监测提供了大量覆盖范围广、精度和空间分辨率较高、时间连续性较强的海洋表面实时和准实时的信息。然而，卫星观测不能给出任何直接观测的次表层信息。因此，如何借助已有的资料统计分析方

基金项目：海洋公益性专项（201005033）；科技基础性工作专项（2012FY112300）；国家海洋局第二海洋研究所基本科研业务费专项（JT0904）。

作者简介：张春玲（1981—），女，山东省德州市人，博士研究生，主要从事海洋资料分析和处理研究工作。E-mail：zhangchunling81@163.com

法，将现场观测（Argo、XBT、TAO、TRITON、PIRATA 等）与卫星观测相结合，充分发挥各自的优势，构建完备的三维温、盐度场，业已成为国际海洋研究领域中亟需解决的问题。

早在 20 世纪 80 年代末，将海面信息（海面温度或海面高度）映射到海洋内部，从而反演温、盐度剖面的不同方法就已被提出。如动力学方法[1]和统计法[2-5]。这两种方法均包括联合应用卫星测高和遥感海面温度数据。许多研究证明，利用这两类遥感数据反演获得的深海或大洋温盐剖面信息作为相应数值预报的初始场，较单独利用遥感海面温度反演的温度剖面好很多[6-13]。而在研制三维温盐流数值预报系统时，启动海洋模式积分需要提供网格化、接近实际的气候态累年各月平均的初猜场。但目前由观测统计形成的多年月平均数据，包括 WOA09 的月平均数据，许多网格无统计值。Thacker 和 Long[14]给出了对海洋和大气模式都适用的结合动力模式与观测资料的变分法公式；Yan 等[15]基于三维变分数据同化方法，利用海表动力高度来估计温、盐度剖面，并考虑了垂向相关及非线性温盐关系。这种方法基于变分原理，且计算量较大。

Chu 等[16-17]提出一个包含 5 个深度和对应的梯度及海表温度等十个参数的温度参数结构模型，并采用迭代法计算模型参数，从而由海表温度观测确定次表层温度结构。为减少自由度，Chu 和 Fan[18]给出了南海海域的简化模型（6 个参数），本文通过相关分析检验验证了其在太平洋上层海域的适用性。采用最大角度法[19]，基于 2011 年 8 月份的 Argo 观测资料计算混合层深度，并利用同期的 WOA09 气候态数据计算温跃层梯度及温跃层下边界深度。进而借助于同期的卫星遥感 SST 资料反演了 2011 年 8 月份太平洋海域，空间分辨率为 1°×1°的三维温度场。通过与实测资料作对比，评估了反演结果的可靠性，为缩短模式积分年限，构造完整的三维温度分析场，实现现场观测与卫星观测优势互补提供新途径。

2 资料来源及处理

2.1 卫星遥感 SST

卫星遥感观测作为海洋观测数据的一个重要来源，可以为海面监测提供大量覆盖范围广、精度和空间分辨率较高、时间连续性较强的海洋表面实时和准实时的信息，解决了传统海洋表层温度观测资料的非同步缺陷。但是，由于海温传感器提供的仅是海洋表层信息，无法直接获得海洋三维温度结构特征。这里，我们采用由美国国家海洋和大气管理局（ftp：//eclipse. ncdc. noaa. gov/pub/ OI－daily－V2/NetCDF/2011/AVHRR/）提供的太平洋海域 2011 年 8 月份的卫星遥感 SST 数据近似的作为海洋混合层温度，并将该月 31 d 的 SST 数据加以平均得到此月的月平均 SST 数据。

2.2 Argo 观测资料

Argo 剖面浮标可以在海上进行长期的定时、循环观测，从而快速、准确、全面地收集全球海洋中、上层水体的温度、盐度垂向剖面资料。大多数 Argo 浮标的观测周期为 10 d，目前新型 Argo 浮标的观测周期甚至达到 2 d，但常规的一般只能观测 5 ~2 000 m 深度的上层海洋温、盐度值，因此，我们采用 Argo 浮标观测资料来计算参数模型的短时间尺度变化参数。本文采用的 Argo 原始散点数据由中国 Argo 实时资料中心（http：//www. argo. org. cn/）提供，这里选用太平洋海域（60°S~60°N，120°E ~80°W）的 2011 年 8 月份温、盐度观测资料，经过观测参数及观测层数检验、水陆点及区域检测、温度范围及时间判断等简单的质量再控制后，共包括 5 056 个剖面，并将其通过 Akima 插值[20]垂向插值到 25 个标准层（10~2 000 m）。

2.3 WOA09 历史数据

WOA09 数据是通过对长时间序列的多种观测进行客观分析得到的全球海洋三维温、盐度格点数据，其能够反映海洋温、盐度年际变化特征，故我们利用其计算参数模型的长时间尺度变化参数。这里选用的太平洋海域 2011 年 8 月份月平均三维温度场由美国国家海洋数据中心（National Oceanographic Data Center，NODC）（http：//www. nodc. noaa. gov/OC5/WOA09/ woa09data. html）提供。

3 反演方法

3.1 温度参数模型

Chu 和 Fan[18]给出了与海表温度相关联的次表层温度参数的简化模型（图 1）。一个温度剖面可以由式（1）来简单描述：

$$
\begin{aligned}
T(z) &= T_s \quad (0 \geqslant z \geqslant -h_1),\\
T(z) &= T_s + G_{th}(z+h_1) \quad (-h_1 \geqslant z \geqslant -h_2),\\
T(z) &= T_d + (T_{td} - T_d)\exp\left[\frac{z_0^w - (z_0 - z - h_2)^w}{H^w}\right] \quad (z \leqslant -h_2),
\end{aligned} \tag{1}
$$

式中，T_s 是海表温度；h_1，h_2 分别为混合层深度（Mixed Layer Depth，MLD）（或温跃层上界深度）和温跃层下界深度（Thermocline Bottom Depth，TBD）；G_{th} 为温跃层梯度（Thermocline Temperature Gradient，TTG）；T_{td} 是对应于温跃层下界深度（h_2）处的温度；T_d 为水深温度，本文取为 WOA09 多年平均数据中 2 000 m 深处对应的温度；H 为次表层 e-折尺度，在太平洋海域取 $H = 2\ 000$。另外，z_0 和 w 是为了保证 $T(z)$ 和 $T'(z)$ 在 TBD 处的连续性追加的两个参数，即：

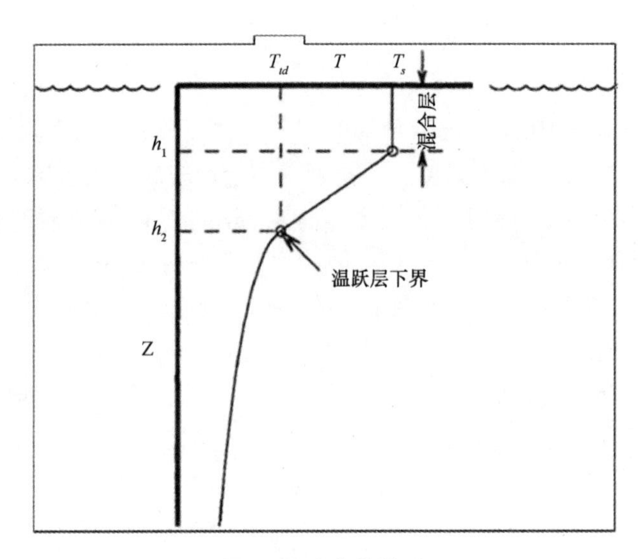

图 1　温度参数模型

$$
\begin{aligned}
&T(h_2+0)=T(h_2-0),\\
&\frac{\mathrm{d}T(h_2+0)}{\mathrm{d}z}=\frac{\mathrm{d}T(h_2-0)}{\mathrm{d}z}=G_{th}.
\end{aligned}
\tag{2}
$$

由式（1）对 z 求导，并结合式（2），可得：

$$
z_0=\left[\frac{HG_{th}}{w(T_{th}-T_d)}\right]^{1/(w-1)}. \tag{3}
$$

参数 w 不能大于或等于 1，否则将使得 z_0 的值很大，从而导致温度随深度的增加递增。w 的值也不能等于 0，此处取 $w=0.5$。因此，一个垂向温度剖面可以提取 7 个参数（T_s、T_{td}、T_d、h_1、h_2、H、G_{th}），并且由 $T(z)$ 在 TBD 处的连续性可得：

$$
T_s-G_{th}(h_2-h_1)=T_{tb}, \tag{4}
$$

故，7 个参数中任意 6 个都可以决定一个温度剖面，自由度为 6。应用此模型，通过海表温度观测来反演海洋次表层温度场，关键是确定 h_1、h_2、G_{th}，本文采用最大角度法来确定这 3 个参数。

3.2　最大角度法

Chu 和 Fan[20] 提出了一种简单的客观方法（最大角度法）来确定混合层深度。这种方法具有较强的理论基础，其不仅用到了混合层的主要特征——温度（或密度）偏差和梯度垂向一致，而且用到了混合层以下跃层的主要特征——梯度巨变。为了更准确的使用此方法（要求观测变量随深度变化具有严格的单调性），我们用密度混合层深度代替温度混合层深度，即不考虑障碍层的存在。

每个温度剖面可以记为 $[\rho(z_k), T(z_k)]$，z_k 为观测层次，在表层或接近表层，

$k=1$，并向下逐层递增。垂向密度偏差记为：$\Delta\rho=\rho_{\max}-\rho_{\min}$，其体现了密度的整体变化。理论上，在等密度层，密度变化为 0，而在混合层以下的密度跃层，密度变化很大。我们将分别对应于 $0.1\Delta\rho$ 和 $0.7\Delta\rho$ 的深度记为 $z_{(0.1)}$，$z_{(0.7)}$（图 2），在这两层之间鉴定跃层的主要部分是合理的[19]。n 为这两层之间的数据点总数，并令 $m=\min(n, 20)$。图 3 展示了最大角方法的向量拟合原理。在深度 z_k 处（图中标记为圆圈），第一个向量 Vector-1，从 z_{k-j} 到 z_k，其中 $j=\begin{cases}k-1, & k\leqslant m,\\ m, & k>m\end{cases}$；第二个向量 Vector-2，从 z_{k+1} 到 z_k。这两个向量通过线性拟合来构造：

$$\rho(z)=\begin{cases}c_k^{(1)}+G_k^{(1)}z, & z=z_{k-j}, z_{k-j+1}, \cdots, z_k,\\ c_k^{(2)}+G_k^{(2)}z, & z=z_{k+1}, z_{k+2}, \cdots, z_{k+m},\end{cases} \tag{5}$$

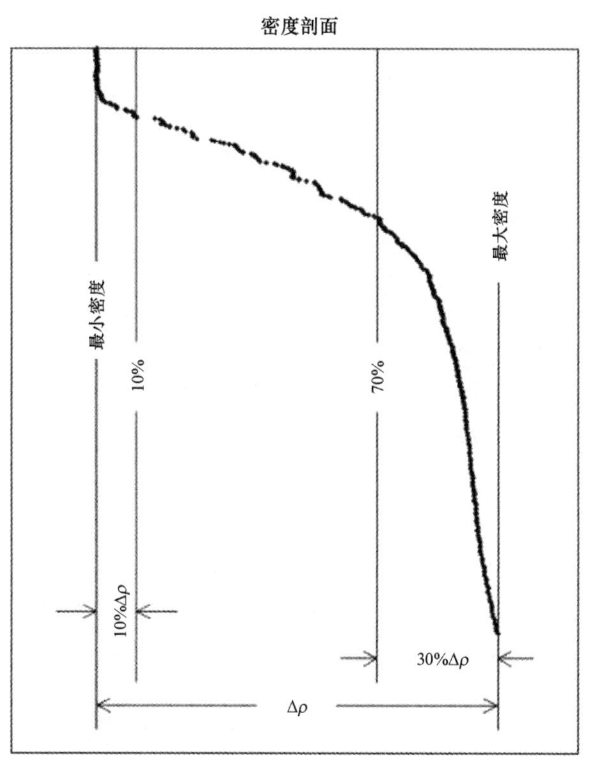

图 2　$z_{(0.1)}$、$z_{(0.7)}$ 的确定

如图 3 所示，在等密度层，角 θ_k 达到最大值（图 3b）。因此，最大角度原理可以用来确定混合层深度（$\theta_k\rightarrow\max$，$H_D\rightarrow-z_k$）。在实际应用中，θ_k 较难计算其度数，我们用正切值来代替，即：

$$\tan\theta_k\rightarrow\max,\ H_D\rightarrow-z_k,\ G^{(1)}=G_k^{(1)},\ G^{(2)}=G_k^{(2)}, \tag{6}$$

式中，$G^{(1)}\approx 0$ 为混合层的垂向梯度，$G^{(2)}$ 为跃层梯度。由给定的拟合系数可得：

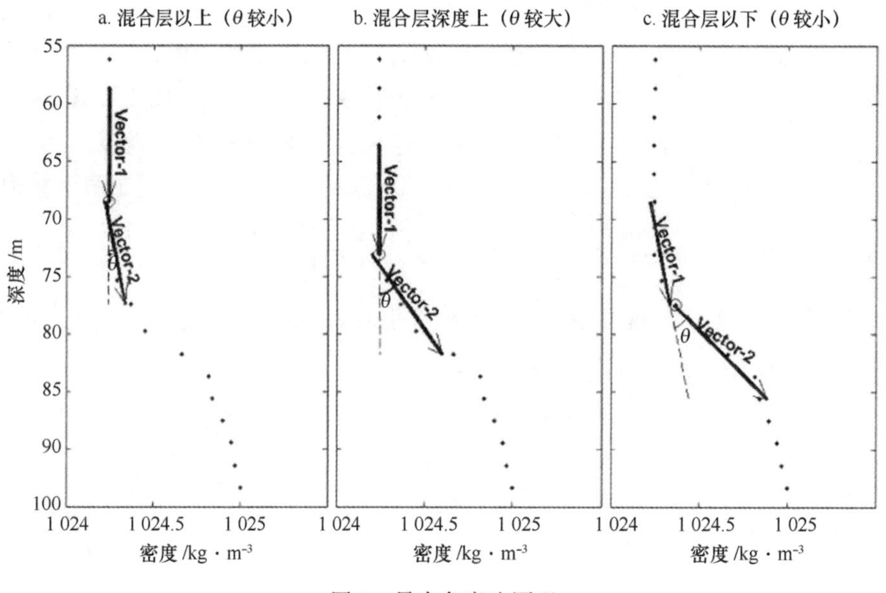

图 3　最大角度法原理

$$\tan\theta_k = \frac{G_k^{(2)} - G_k^{(1)}}{1 + G_k^{(1)} G_k^{(2)}}. \tag{7}$$

当观测剖面为温度剖面时，只需将拟合矢量 Vector-1，Vector-2 改变方向，其原理与密度剖面相同。为了尽可能保证观测剖面的单调性，本文利用 Argo 观测剖面计算混合层深度时，采用密度剖面的最大角度法，利用 WOA09 数据计算温跃层梯度及温跃层下界深度时，则采用温度剖面的最大角度法。

4　相关分析（correlation analysis）检验

图 1 所示的温度参数模型基于一个应用前提：由于式（1）中的参数 T_s、h_1、h_2 及 G_{th} 具有不同的变化时间尺度，T_s 和 h_1 在较短的时间尺度内变化，而 h_2 和 G_{th} 的变化时间尺度较长。因此，在研究区域内，短时间尺度变化的参数异常（h_1'）与海表温度异常（T_s'）之间的线性相关要明显强于长时间变化的参数异常（h_2'，G_{th}'）与海表温度异常（T_s'）之间的线性相关，

$$\begin{aligned} h_1' &= r_1 T_s' + b_1, \\ G_{th}' &= r_2 T_s' + b_2, \\ h_2' &= r_3 T_s' + b_3, \end{aligned} \tag{8}$$

即，在式（8）中，$|r_1| > |r_2|$，$|r_1| > |r_3|$ [1]。其中，(T_s'，h_1'，h_2'，G_{th}'）由每个点的参数减去其周围 1°×1°范围内的参数平均值得到。

图 4 给出了整个太平洋海域不同参数异常随海表温度异常变化的散点分布。由图

可以看出，图 4a 中散点更集中于拟合直线两侧，而图 4b 和图 4c 远离直线的点较多，点的分布也较图 4a 分散。因此，与 G'_{th}、h'_2 相比，h'_1 与 T'_s 具有更强的线性相关性。

由线性拟合相关系数 r_1、r_2、r_3（表 1）可以看出，$|r_1|$ 与 $|r_2|$、$|r_3|$ 的值相差一到两个量级，很显然有 $|r_1|>|r_2|$，$|r_1|>|r_3|$ 成立。我们借助于 t-分布统计检验定量计算此相关系数的置信度。$t=\frac{r\sqrt{n-2}}{\sqrt{1-r^2}}$ 服从自由度为（n-2）的 t-分布，其中 r 为相关系数，n 为样本个数（5 056），且显著水平为 0.005 的 t 值为 2.576，即：$t_{0.005}(5\,056-2)=2.576$。$r_1$、$r_2$、$r_3$ 对应的 t 值（表 1）满足：$|t_1|=0.481\,1<2.576$，$|t_2|=0.107\,9<2.576$，$|t_3|=0.005\,1<2.576$ 由此可得，相关系数 $r_1=-0.533\,2$，$r_2=0.001\,5$，$r_3=0.071\,0$ 的置信度均大于 99.5%，从而进一步验证了 h'_1 与 T'_s 的相关性明显强于 G'_{th}、h'_2 与 T'_s 的相关性。

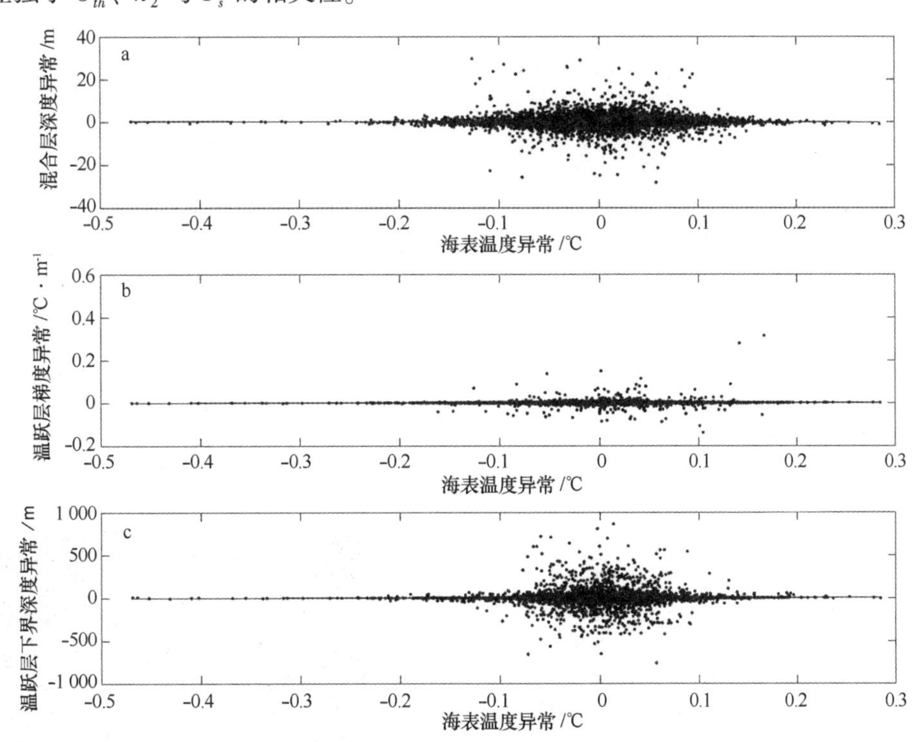

图 4　不同参数异常随海表温度异常变化的散点分布（a. h'_1，b. G'_{th}，c. h'_2）

表 1　各参数与 SST 异常的相关系数及其对应的 t 值

参数	混合层深度异常（h'_1）	温跃层梯度异常（G'_{th}）	温跃层下边界深度异常（h'_2）
与海表温度异常的相关系数（r）	-0.533 2	0.001 5	0.071 0
相关系数对应的 t 值	0.481 1	0.107 9	0.005 1

5 反演步骤及结果

本文利用海表温度观测反演太平洋上层温度场主要分 3 个步骤：首先，借助于 Argo 观测资料，采用密度剖面的最大角度法计算混合层深度（h_1），并通过最优插值[21]将各参数插值到 1°×1° 的网格上；然后利用 WOA09 气候态温度数据，通过温度剖面的最大角度法确定太平洋海域 1°×1° 网格点上的长时间变化尺度参数（h_2，G_{th}）；最后，利用同期的 NOAA 海表温度观测，通过 3.1 节的式（1）反演太平洋海域的上层海洋气候态三维温度场。

5.1 参数计算

首先由 Argo 观测剖面的温、盐度数据计算各个剖面在其每个观测层上的密度值，从而将每个剖面记为 $[\rho(z_k), T(z_k)]$，通过 3.2 节的最大角度法（式（5）至式（7））得出每个剖面对应的密度混合层深度 H_D，并忽略障碍层的存在，用密度混合层深度代替温度混合层深度，即，$h_1 \approx H_D$。

图 5 给出了 5 056 个 Argo 观测剖面对应的 MLD（h_1）及其不同深度范围对应的观测站点分布。8 月份是北半球洋区温度跃层最强盛时期，同时也是南半球洋区最弱季节。多数观测剖面的 MLD 在 200 m 以浅，也有少数超过 400 m，甚至达到近 800 m（图 5 左）。由观测站点分布（图 5 右）也可以看出，MLD 小于 100 m 的剖面有 3 797 个，而且大部分分布在北太平洋；而南太平洋大部分 MLD 在 300 m 以浅。有少数剖面（184 个）的 MLD 超过 300 m，甚至个别达到 600～700 m，但这些剖面均分布在 40°S 以南，在此海区，8 月份没有明显的温跃层存在，故海温垂向变化不大。

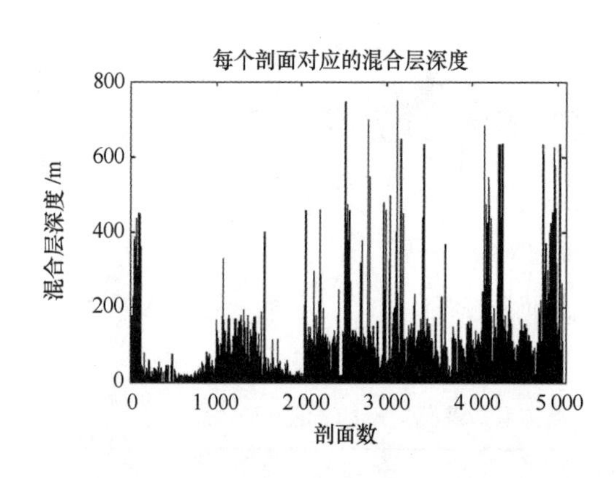

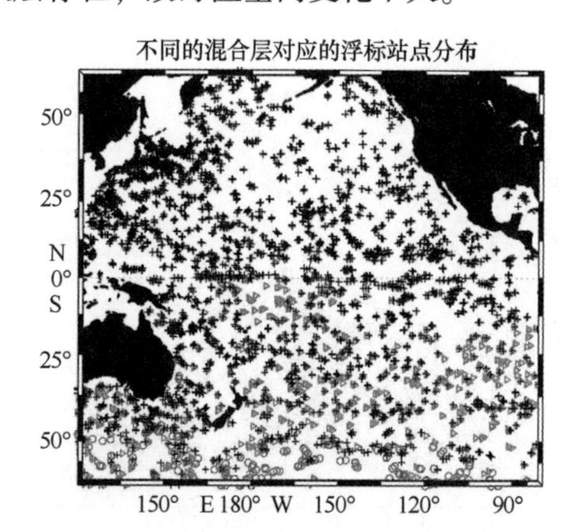

图 5 Argo 观测剖面的 MLD 及对应的浮标站点分布

+：0～100 m（3 797 个）；△：100～300 m（1 075 个）；○：大于 300 m（184 个）

我们通过最优插值将 MLD 插值到 1°×1°的网格上，其水平分布及纬向平均如图 6 所示。在 MLD 的水平分布图中，南太平洋 40°S 以南的区域存在等深线的密集区，反映了温跃层在这里迅速消失，温跃层在此区域具有断面结构。结合其纬向平均曲线不难看出，太平洋 20°N 以北大部分海域的 MLD 是 10~20 m，20°N 以南的海域 MLD 普遍较大，尤其在南太平洋，大部份海域的 MLD 超过 70 m。2011 年 8 月份太平洋海域的 MLD 由北向南大体呈逐渐递增的趋势（图 6 右）。

图 5 与图 6 展示的混合层深度分布规律与前人[22-24]的研究结果基本吻合。

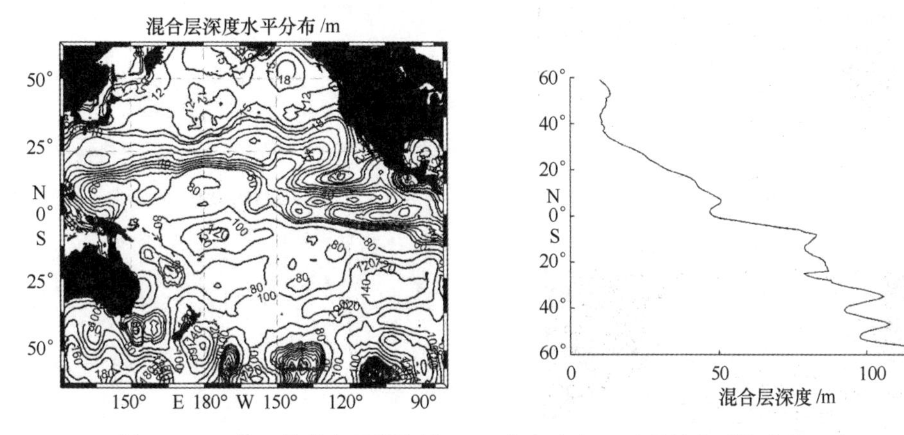

图 6 2011 年 8 月份太平洋海域 MLD 分布（左）及其纬向平均曲线（右）

由于 G_{th} 与 h_2 为长时间尺度变化参数，可以利用气候态数据计算得到[1]。我们借助于 WOA09 气候态数据，采用温度剖面的最大角度法来确定。即，在应用式（5）时，将深度 z_k 取为正值，计算式（7）的最大值处的 $G^{(2)} \approx G_{th}$，并取式（7）的最小值对应的深度值 $h_2 \to z_k$。

图 7 给出了 G_{th} 与 h_2 的水平分布及其对应的纬向平均分布。温跃层梯度基本在 0 ~0. 2℃/m 之间；10°S~10°N 之间的海域，TTG 的值均已超过 0. 05℃/m；而相比南太平洋，北太平洋大部分海域有较强的 TTG，特别是赤道太平洋到北纬 20°的海域，TTG 基本在 0. 05℃/m 以上。由 TTG 的纬向平均图也可以看出，北太平洋平均 TTG 都高于 0. 06℃/m，10°N 附近海域达到 0. 1℃/m 以上；南太平洋大部分海域平均 TTG 都低于 0. 05℃/m，特别是 40°S 以南，TTG 几乎接近 0，这也反映了在此海域不存在明显的温度跃层。混合层下界基本在 100 m 以深，结合其纬向平均分布图，很显然，由于 8 月份北半球洋区跃层比较明显，因此对应的 TBD 也比较浅，平均小于 300 m；而南半球的 TBD 相对普遍较深，平均为 300~500 m，在 25°S 左右甚至达到 1 000 m 以上；而赤道太平洋的 TBD 基本为 300 m 左右。但在 40°S 以南的洋区存在明显的低值等深线密集区，这是由于在此区域温跃层基本消失，利用温度剖面的最大角度法时，式（7）的最小值对应的深度值 $h_2 \to z_k$ 有可能接近混合层深度。因此，在以下利用海表温度反演次表层温度场时，我们在 $h_2 < h_1$ 时，只选用式（1）的前两个公式进

行计算。在 20°N 附近存在一个高值区，平均达到近 400 m，而在 50°S 以南，TBD 迅速减小至 100 m 以下，但总体上，TBD 的纬向平均由北向南大致呈逐渐递增的趋势。

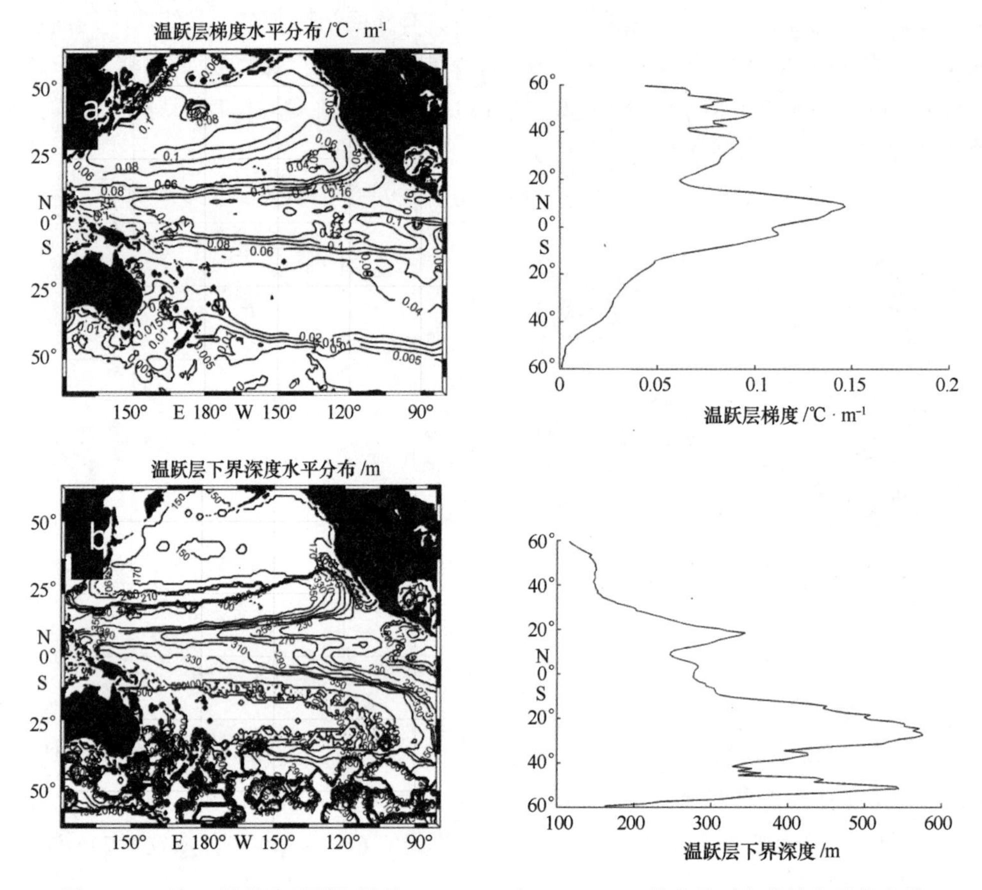

图 7　2011 年 8 月份太平洋海域的 TTG（a）与 TBD（b）分布及对应的纬向平均曲线

5.2　利用遥感 SST 反演上层海洋气候态温度场

我们由 3.1 节的式（1）及由 5.1 节确定的参数 h_1、h_2 和 G_{th}，通过 SST 数据来反演太平洋上层海域温度场。图 8 给出了 170°W 经线与 5°N 纬线的温度断面分布。通过与 WOA09 8 月份多年平均的温度剖面分布作对比，可以得出，虽然反演结果的两个断面较 WOA09 气候态数据都有明显小尺度波动，但其温度经向（纬向）变化趋势及温度值的分布均与气候态数据基本吻合，较真实地反映了 2011 年 8 月份经向（纬向）的温度变化情况。由 170°W 经线断面图可以看出，南、北纬 40°附近的等值线分布规律与气候态数据差别较大。5°N 纬线断面显示，西太平洋的反演结果比东太平洋相对精确。

由 150 m 层的温度场水平分布（图 9）也可以看出，受海表温度观测的影响，本文反演的温度场存在较多小尺度波动，但仍能够较好地刻画温度的水平分布特征。等温线的分布，沿纬线大致呈带状分布，特别在南半球40°S以南海域，等温线几乎与纬圈平行。在副热带到温带海区，特别是北半球，等温线偏离带状分布，西部向极地弯曲，东部则向赤道方向弯曲，这种格局造成太平洋西部水温高于东部。由热赤道向两极，水温逐渐降低，最高温度出现在赤道附近海域，在西太平洋近赤道海域，可达26~28℃。

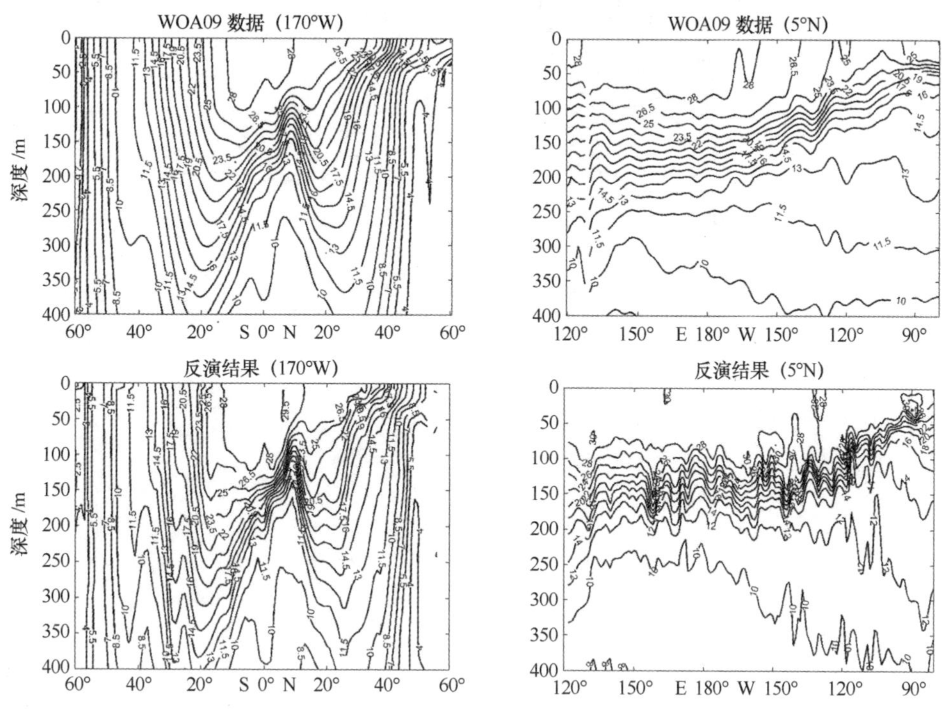

图8　170°W经线（左）及5°N纬线（右）温度断面分布（℃）

由于海表温度只对上层海洋水温有较明显的影响，因此，本文利用海表温度观测反演的次表层气候态温度场与Argo观测数据的均方根误差随深度的增加大致呈逐渐增加的趋势，但2 000 m以浅的RMSE均在1.3℃以内（图10）。100 m以浅RMSE均小于1℃；结合图6、图7可以看出，在100~200 m，2011年8月份太平洋海域的温跃层比较明显，其对应的RMSE相对较大，基本超过了1℃；在200 m以深又大体呈递增趋势，500 m处的均方根误差达到了1.19℃。由于下层水温垂向变化相对较小，500 m以深，特别是1 000 m以下，均方根误差又逐渐减小。

为了进一步验证反演结果的可靠性，我们将反演得到的三维温度场双线性插值到Argo观测剖面所在的位置，计算反演结果与各个剖面的均方根误差。图11左展示了此均方根误差，并给出了均方根误差大于1℃和小于1℃的观测剖面对应的观测站点分布情况（图11右）。显然，反演结果与观测剖面的RMSE基本在2℃以下，个别

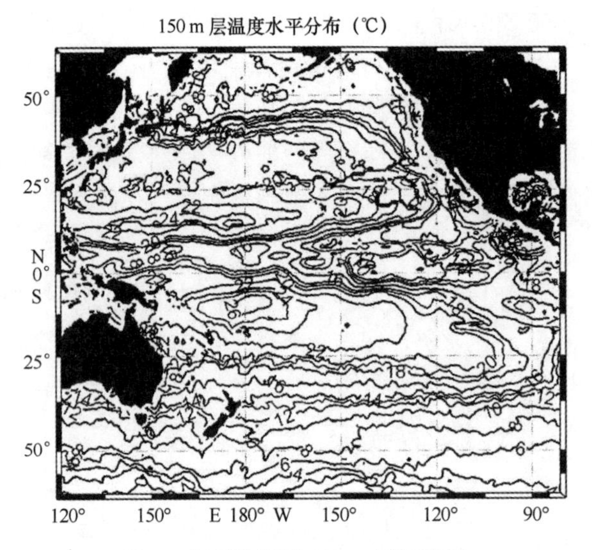

图 9　太平洋海域 150 m 层温度场

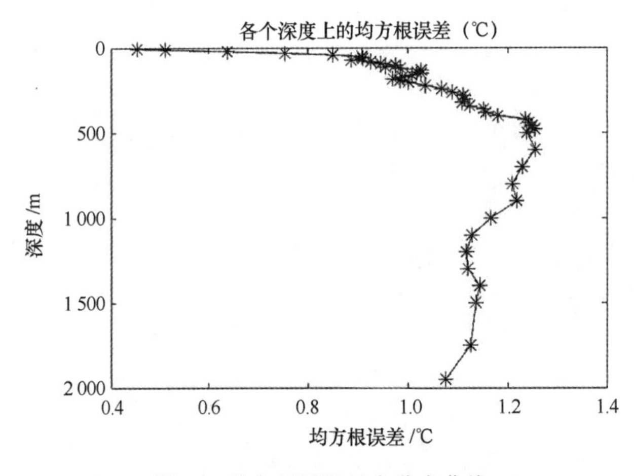

图 10　均方根误差垂向分布曲线

RMSE 大于 2℃；大部分观测剖面（3 825 个）的 RMSE 小于 1℃，少部分（1 241 个）RMSE 大于 1℃的观测剖面其观测站点大多数分布在北太平洋，这说明北太平洋反演结果的误差相对较大，而南太平洋的反演结果的精度相对较高。其原因可能是，在东太平洋亚北极地区，T_s' 与短时间尺度变化的参数（h_1'）的相关性，与其与长时间尺度变化的参数（G_{th}'、h_2'）的相关性相比，并不显著，图 1（式（1））的热盐结构模型在此区域适用性不强[25]。

我们分别在南太平洋（10°~50°S）、赤道太平洋（10°S~10°N）、北太平洋（10°~50°N）各随机选取 4 个均方根误差比较大（大于 1℃）的观测站点，将观测剖面与反演结果进行垂向对比，所选 12 个剖面的垂向分布及其对应的经纬度和均方根误差

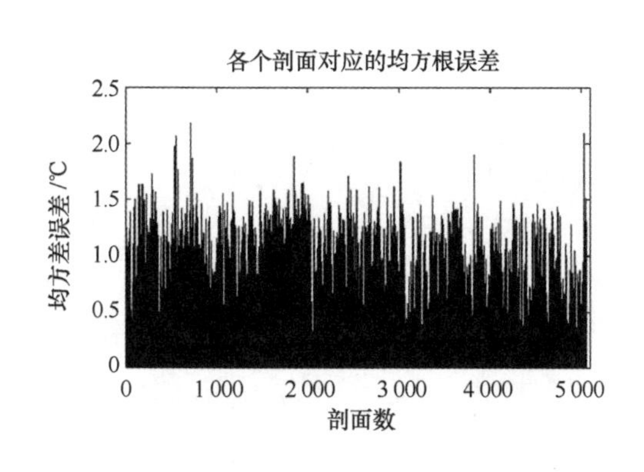

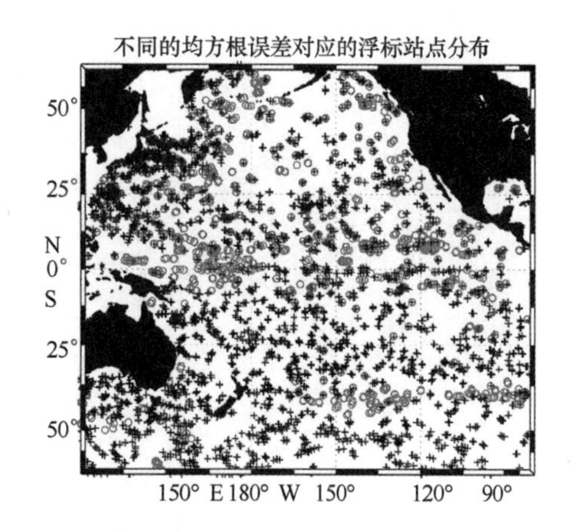

图 11　反演结果与 Argo 观测剖面的均方根误差分布曲线（左）及
不同均方根误差范围对应的站点分布（右）
+：误差小于 1℃（3 825 个）；○：误差大于 1℃（1 241 个）

如图 12 所示。所有剖面在混合层以上拟合效果明显比下层好，并且大部分反演结果与观测剖面的偏差有随深度递增的趋势，即，随深度的加深，反演结果的精度逐渐降低，但即便是均方根误差较大的反演结果，其与观测剖面的最大偏差也不超过 2℃。其中，南太平洋的观测剖面，均方根误差普遍较小，拟合效果最好；赤道太平洋及北太平洋的观测剖面均方根误差相对较大，特别是北太平洋的大部分反演结果与观测剖面的都大于 1℃，其拟合效果也较差，这与图 11 得出的结论相一致。但反演结果与观测剖面总体上具有较好的一致性，由此说明，本文的计算结果比较接近实际观测，具有一定的可靠性。

6　结论

利用卫星遥感获得的大范围、高分辨率、时间连续的海表信息，借助已有的资料统计分析方法或数据同化方法等，来构建三维温度场，具有重要的实用价值。对 Chu 和 Fan[18] 给出的温度参数模型，本文借助 t-分布假设检验进行相关分析，验证了其在太平洋海域的适用性，进而利用卫星遥感海表温度观测数据，在太平洋海域反演得到了 2011 年 8 月份的上层海洋三维温度场，其空间分辨率为 1°×1°。并基于 Argo 观测资料及 WOA09 气候态温度数据，采用最大角度法确定 3 个关键参数：混合层深度、温跃层梯度、温跃层下边界深度。以 150 m 层温度场水平分布及两个温度断面为例，定性分析了计算结果所反映的海洋现象。并通过与 Argo 观测剖面作对比，定量计算了反演结果的精度。结果表明，本文以 2011 年 8 月份太平洋为例，反演得到的气候态三维温度场是可信、可靠的，为实现现场观测（如 Argo）与卫星观测相结合提供一种新途径。

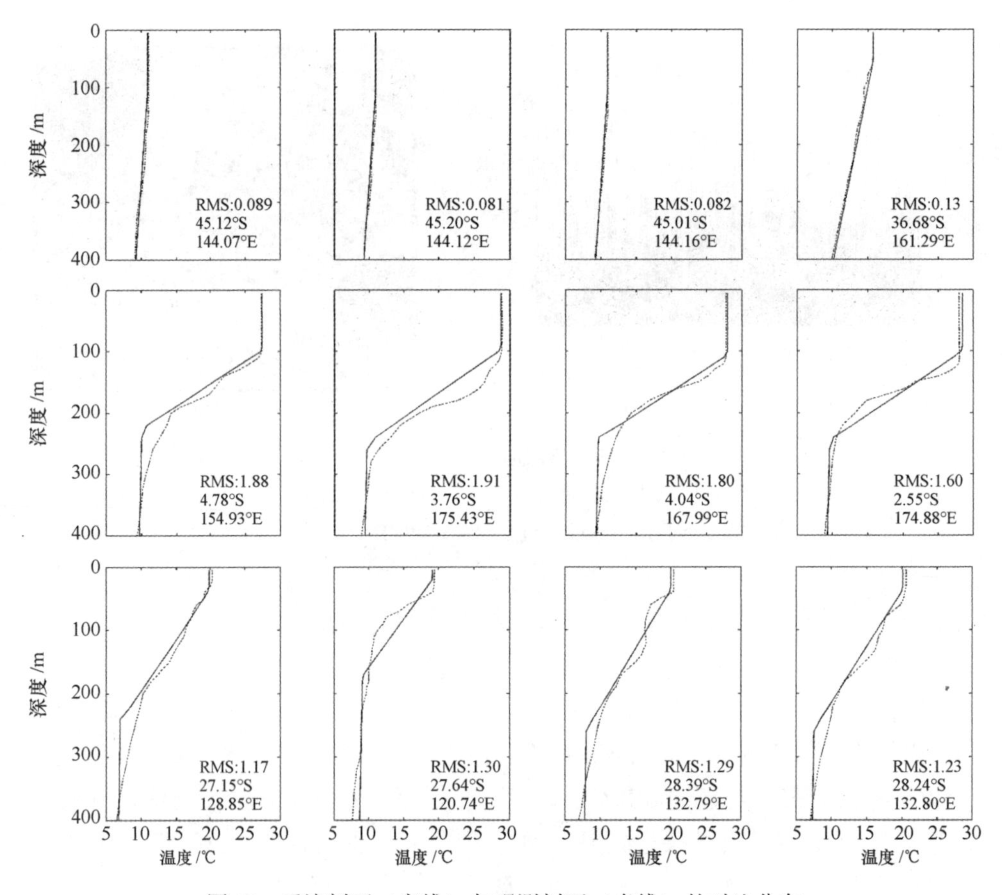

图 12　反演剖面（实线）与观测剖面（虚线）的对比分布

本文在确定模型参数时采用了最大角度法，此方法较以往确定混合层深度的方法（如梯度法、曲率法）是一种客观、新颖的方法，有较强的理论基础。由 5.1 节和 5.2 节的计算结果可以看出，我们利用此方法得到的混合层深度是较符合实际的。但此方法的一个前提是分析变量具有严格的单调性，文中我们忽略了障碍层的影响，用密度混合层深度代替温度混合层深度，势必会产生一定的误差。

在相关分析检验中，我们借助 t-分布假设检验给出了相关系数的置信度。此结果是对整个太平洋海域做的统计分析，因此，证明本文采用的反演方法就整个太平洋海域来说，具有一定的适用性。但不一定对每个小区域都具有很好的适用性，该方法在混合层以下，温跃层深度内利用简单线性拟合得到温度随深度的变化规律，但实际温度变化并非随深度的增加而简单的线性递减，因此在温跃层的海域，拟合结果与实际有较大误差，此外，也有前人发现在东太平洋亚北极地区计算结果有较大的误差[15]，这些缺点仍需要进一步研究解决。但该方法在太平洋大部分海域仍有较好地适用性。

另外，值得注意的是，除海表温度以外，海洋垂直剖面还与许多其他因素有关，例如风速，而本文仅利用海表温度信息，通过由观测及历史数据确定的下层温度结构参数来反演次表层温度场，这也是造成所获取的上层温度偏差空间不均匀的原因之一。故本文所反演的上层海洋三维温度场可用于海洋模式积分的初猜场，从而缩短模式积分年限，但直接用于分析海洋温度分布特征仍有较大的不足。

致谢：优先对审阅本文的评委们表示诚挚的感谢，同时感谢美国海军研究生院的朱伯承教授为本文研究所给予的指导，以及国家海洋局第二海洋研究所的同事们，为本文提供的不可或缺的宝贵信息和资料。

参考文献：

[1] Hurlburt H E.Dynamic transfer of simulated altimeter data into subsurface information by a numerical ocean model[J].J Geophysb Res,1986,91:2372-2400.

[2] Khedouri E, Szczechowski C. Potential oceanographic applications of satellite altimetry for inferring subsurface thermal structure[J].J Proc Mar Technol Soc,1983,83:274-280.

[3] Witt P W.Modal decomposition of the monthly Gulf Stream/Kuroshio temperature fields[R].Technical Report,Naval Oceanographic Office,Stennis Space Center,1987:1-6.

[4] Carnes M R, Mitchell J L, Dewitt P W.Synthetic temperature profiles derived from Geosat altimetry: Comparison with air-dropped expendable bathythermograph profiles[J].J Geophys Res, 1990, 95 (C3):17979-17992.

[5] Gavart M,Mey P.Isopycnal EOFs in the Azores Current region:A statistical tool for dynamical analysis and data assimilation[J].J Phys Oceanogr,1997,27:2146-2157.

[6] Hurlbtrt H E,Fox D N,Metzger J.Statistical inference of weekly correlated subthermocline fields from satellite altimeter data[J].J Geophys Res,1990,95:11375-11409.

[7] Carnes M R, Teague W J, Mitchell J L. Inference of subsurface thermohlaline structure from fields measurable by satellite[J].J Atmos Oceanic Technol,1994,11:551-566.

[8] Pascual A, Gomis D. Use of surface data to estimate geostrophic transport[J]. J Atmos Oceanic Technol,2003,20:912-926.

[9] Gavart M,Mey P,Caniaux G.Assimilation of satellite altimeter data in a primitive-equation model of the Azores-Madeira region[J].J Dyn Atmo Oceans,1999,29:217-254.

[10] Fox D N,Teague W J,Berron C N,et al.The modular ocean data assimilation system[J].J Atmos Oceanic Technol,2002,19:240-252.

[11] Bruno B N, Santoleri R. Reconstructing synthetic profiles from surface data[J]. J Atmos Oceanic Technol,2004,21:693-703.

[12] Guinehut S,Traon P-Yle,Larnicol G,et al.Combining Argo and remote-sensing data to estimate the ocean three dimensional temperature fields—A first approach based on simulated observations[J]. Journal of Marine Systems,2004,46(1-4):85-98.

[13] 王喜东,韩桂军,李威,等.利用卫星观测海面信息反演三维温度场[J].热带海洋学报,2011,30(6):10-17.

[14] Thacker W C,Long R B.Fitting dynamics to data[J].J Geophys Res,1988,93(C2):1227-1240.

[15] Yan C X,Zhu J,Li R,et al.Roles of vertical correlations of background error and T-S relations in estimation of temperature and salinity profiles from sea surface dynamic height[J].J Geophys Res, 2004,109:C08010,doi:10.1029/2003JC0022 24.

[16] Chu P C,Fralick C R,Jr S D,et al.A parametric model for the Yellow Sea thermal variability[J].J Geophys Res,1997,102:10 499-10507.

[17] Chu P C,Tseng H C,Chang C P,et al.South China Sea warm pool detected from the Navy's Master Oceanographic Observational Data Set (MOODS)[J].J Geophys Res,1997,102:15761-15771.

[18] Chu P C,Fan C W.Determination of Vertical thermal structure from sea surface temperature[J].J American Meteorological Society,2000,17:971-979.

[19] Chu P C,Fan C W.Maximum angle method for determining mixed layer depth from sea glider data [J].J Oceanogr,2011,67:219-230.

[20] Akima H.A new method for interpolation and smooth curve fitting based on local procedures[J].J Assoc Comput Mech,1970,17:589-602.

[21] Behrinoer D W,Ming Ji,Ants L.An Improved Coupled Method for ENSO Prediction and Implications for Ocean Initialization.Part I:The Ocean Data Assimilation System[J].J Monthly Weather Review, 1998,126:1013-1021.

[22] 周燕遐,李炳兰,张义钧.世界大洋冬夏季温度跃层特征[J].海洋通报,2002,21(1):16-22.

[23] 芦静,乔方利,魏泽勋,等.夏季海洋上混合层深度分布研究——Argo 资料与 Levitus 资料的比较[J].海洋科学进展,2008,26 (2):145-155.

[24] 王彦磊,黄兵,张韧,等.基于 Argo 资料的世界大洋温度跃层的分布特征[J].海洋科学进展, 2008,26 (4):428-435.

[25] Tully J P,Giovando L F.Seasonal temperature structure in the eastern subarctic Pacific Ocean[M]// Dunbar M J.Marine Distributions,University of Toronto Press,1963:10-36.

Inversion of subsurface three-dimension temperature from remote satellite sea surface temperature

ZHANG Chunling[1,2], XU Jianping[1,2,3], BAO Xianwen[1], WANG Zhenfeng[4], LIU Zenghong[2,3], SUN Chaohui[2]

1. *Institute of Marine Environment, Ocean University of China, Qingdao* 266003, *China*
2. *Second Institute of Oceanography, State Oceanic Administration, Hangzhou* 310012, *China*
3. *State Key Laboratory of Satellite Oceanography Environment Dynamics, Second Institute of Oceanography, State Oceanic Administration, Hangzhou* 310012, *China*
4. *Marine Hydrologic Meteorological Center, East China Sea Fleet Command, Ningbo* 312122, *China*

Abstract: A simple vertical thermal structure is proved to be applicable to the Pacific Ocean through correlation analysis test. Based on the Argo observations and WOA09 (World Ocean Atlas 2009) climate data, we determine the parameters with the maximum angle method. Then in the Pacific Ocean, a three-dimensional subsurface temperature field whose spatial resolution is 1°×1° is inversed from high-resolution sea surface temperature. Compared with the observational temperature profiles, the inversion result is reliable and can be assimilated into the system of the ocean reanalysis as pseudo temperature observation. That will provide a strong theoretical basis and solid data base for realizing complementary advantages of the situ observation (such as Argo) and the satellite observation, which is conductive to construct the complete temperature analysis field.

Key words: thermal structure; maximum angle method; Argo observation; SST; inversion

(该文刊于：海洋与湖沼，2014，45(1)：115-125)

基于混合层模型反推 Argo 表层温度和盐度

赵鑫[1]，李宏[1,2*]，刘增宏[2,3]，许建平[2,3]，孙朝辉[3]，卢少磊[3]

1. 浙江省水利河口研究院，浙江 杭州 310020
2. 卫星海洋环境动力学国家重点实验室，浙江 杭州 310012
3. 国家海洋局第二海洋研究所，浙江 杭州 310012

摘要：提出了海表温度（SST）和海表盐度（SSS）可统一由混合层深度内对应的平均温、盐度作零阶近似的理论假设，据此利用 Chu 等提出的最大角度法构建混合层模型，并考虑障碍层和补偿层的影响，得到合成的混合层深度，从而实现了基于混合层模型反推 SST 和 SSS。以太平洋海域为例，分别利用 WOA13 气候态（1—12 月）资料、TAO 逐年逐月资料以及历史船载 CTD 资料检验了这一假设。不同资料检验结果均表明，反推得到的 SST、SSS 与实测值相关性较高，两者之间残差也较小。将此方法应用于 Argo 剖面，反推出对应的 SST 和 SSS，并利用逐步订正法对散点资料进行客观分析，生成 2004 年 1 月至 2014 年 12 月逐年逐月的 1°×1°的网格化 SST 和 SSS。对网格资料进行检验，结果发现由 Argo 反推的 SST 和 SSS 气候态分布特征与 WOA13 资料非常相似，差异不大；与 TAO 实测资料相关性较好，甚至略高于同类型网格资料与 TAO 资料的相关系数；EOF 分析表明，无论是空间还是时间的主要变化模态，与同类型的网格资料符合性较好。综合来看，构建的混合层模型可以用于 Argo 表层温、盐度的反推，获得较高质量的 SST 和 SSS，能较好弥补 Argo 缺乏表层资料的不足。

关键词：混合层模型；Argo；最大角度法；海表温度；海表盐度

1 引言

20 世纪 90 年代末美国和日本等国的科学家发起了国际 Argo（Array for Real-time

基金项目：科技部科技基础性工作专项（2012FY112300）；卫得海洋环境动力学国家重点实验室开放基金（SOED1307）。

作者简介：赵鑫（1978—），男，浙江省上虞市人，教授级高级工程师，主要从事海洋动力数值模拟研究。E-mail：zhaox@ zjwater. gov. cn

＊**通信作者：**李宏（1986—），男，湖北省武汉市人，工程师，主要从事海洋资料分析及数值模拟研究。E-mail：slvester_hong@ 163. com

Geostrophic Oceanography）计划，设想在全球大洋中每隔 300 km（空间分辨率 3°×3°）布放一个自持式拉格朗日剖面观测浮标，总计为 3 000 个左右，组成一个庞大的 Argo 全球海洋观测网，以获取准实时、大范围、高分辨率的全球海洋资料[1]。目前全球 Argo 海洋观测网已经全面建成[2]，温盐度剖面数量在 2012 年 11 月已经超过了 100 万条，而且仍以每年超过 10 万条剖面的速度在递增。Argo 温、盐度剖面资料为研究气候变化[3]、海平面上升[4]、大洋环流[5]、ENSO 监测[6]等提供了极为丰富的信息。

由于常规 Argo 剖面浮标只能在 5 m 以深进行采样，尽管近些年投放的带有表层 CTD 传感器的 Argo 剖面浮标可以高分辨率地观测到 0~5 m 层的近表层（Near Sea Surface，NSS）温、盐度，但观测数量非常有限，因此目前国际上的各类 Argo 网格资料基本没有包含海表温度（SST）和海表盐度（SSS）信息。

再者，虽然卫星遥感 SST 极为丰富，但是由于各种传感器的性能不同，海洋在不同时空尺度下变化非常复杂等原因，目前为止还没有建立起一套准确可靠、高时空分辨率的全球 SST 产品[7]，更为重要的是，遥感测得的 SST（表皮水温）本身也是一种反演数据，而非实测资料。一般来说其反演得到的 SST 只是海洋表层 1 mm（微波遥感测量）甚至 10 m（红外遥感测量）薄层内的温度值[8]，这与用常规观测仪器在 0.2~2 m 深处测得的“表层温度“有很大差异[9]。在低风速时，海表面白天的暖层效应（diurnal warm-lay）可以使 SST 升高 1~2℃，而冷皮层效应会使 SST 降低 0~1℃[10-12]，并且这种温度的变化很难传递到海面以下，从而使得遥感反演的 SST 与常规仪器测量的 SST 有较大差异。为了弥补这一缺陷，最基础但也最重要的工作之一就是对不同传感器反演的 SST 产品进行检验评估，以确保它们之间的有效融合[13]。同时，测量 SSS 的卫星（The European Space Agency's（ESA's）Soil Moisture and Ocean Salinity SMOS）业已升空[14]，利用 Argo 资料评估 SMOS 提供的 SSS 等方面的工作也相继展开[15]。

其次，国际上通过次表层温、盐度反推对应 SST 和 SSS 的研究工作，目前并不多见，张春玲等[16]对 Argo 次表层温度反推表层温度进行了有益探索。以往的研究都是集中在通过遥感 SST 反推次表层温度上面，这归因于遥感 SST 比现场测量资料获取更为方便且时空分辨率更高这一事实。国际 Argo 计划的出现，改变了这一局面，Argo 剖面浮标对次表层深度内的温盐度采样深度和广度，是以往任何常规测量仪器都无法比拟的，但不足之处在于 Argo 剖面浮标缺乏表层观测资料。

综上，开展反推 Argo 剖面对应 SST 和 SSS 方法的研究具有重要的科学意义。反推得到的 SST 和 SSS 能够有效弥补 Argo 表层资料不足的缺陷，同时极大丰富常规海洋观测仪器对海洋表层信息的描述能力，为建立海洋表层信息融合提供有力的参考依据。

2 资料

2.1 Argo 剖面资料

选用的 Argo 资料来自中国 Argo 实时资料中心（http：//www. argo. org. cn/）提供的 2004 年 1 月至 2014 年 12 月太平洋海域（60°S～60°N，120°E～70°W）的 Argo 温、盐度剖面资料，且均已经过各国 Argo 资料中心实时和延时质量控制，在此基础上，仍有些存在质量问题，本文按照李宏等[17-19]的方法进一步对资料进行必要的质量控制，确保原始资料的质量。

2.2 同类型 Argo 网格资料 SST 和 SSS

国际 Argo 计划网站（http：//www. argo. ucsd. edu/Gridded_fields. html）提供了许多利用 Argo 剖面资料开发的网格化产品，本文主要利用这些资料集的表层信息。这里选用两种资料集：一种是 Scripps 海洋研究所构建的 2004 年 1 月至 2014 年 12 温、盐度网格资料[20]（以下简称“Roemmich_Argo”资料），其水平分辨率为 1°×1°，垂向分为 2.5×10^4～$2\,000\times10^4$ Pa 不等的 58 层。该资料集通过如下方式获取：首先将所有 Argo 温、盐度剖面资料利用 Loess 客观分析法构建出气候态初始场，然后用最优插值法订正这一初始场，获得逐年逐月温、盐度异常场，且资料集垂向最浅为 2.5×10^4 Pa；另外一种是美国夏威夷大学亚洲-太平洋数据研究中心构建的 2005 年 1 月至 2014 年 12 月的温、盐度网格资料（以下简称“IPRC_Argo”资料），其水平分辨率为 1°×1°，垂向最浅为 0 m。该资料集通过变分插值法获取，且原始资料包括 Argo 剖面及海面动力高度资料①。本文视这两种网格资料垂向最浅层的温、盐度值为对应 SST 和 SSS，目的是作为 Argo 表层温盐度网格资料的检验对比资料。

2.3 WOA13 气候态资料

美国大气海洋局国家海洋数据中心（NOAA/NODC）推出的 WOA 系列资料目前最新版本的为 WOA13[21—22]（来源于 http：//www. nodc. noaa. gov/OC5/woa13/woa13data. html），该资料集包含全球海洋（90°S～90°N，180°W～180°E）温度、盐度等变量，水平分辨率为 1°×1°，垂向 0～5 500 m 为间隔不等的 102 层，垂向分辨率较以往的 WOA 系列资料有了较大提高。该资料主要用于作为气候态（1—12 月平均）资料集的代表来检验混合层模型反推 SST 和 SSS 方法的可靠性。

2.4 TAO/TRITON 锚系观测资料

TAO/TRITON 锚系阵列[23]（以下简称 TAO）(来源于 http：//www. pmel. noaa. gov/

---

① http：//Apdrc. soest. hawaii. edu/projects/Argo

tao/index. shtml）在太平洋海域 0°，147°E 站位（以下简称 E 站）温度和盐度资料序列较为完整，故本文选用该站点的逐月平均（2004 年 1 月至 2011 年 12 月）的温、盐度资料。其温度和盐度垂向分层为 1、25、50、75、100、125、150、200、250、300、500、750 m，本文将据此分层作为月平均资料集的代表来检验混合层模型反推 SST 和 SSS 方法的可靠性。

2.5 船载 CTD 资料

历史船载 CTD 测量资料由法国 Coriolis 资料中心提供，其作为 Argo 延时资料质量控制的参考数据集，具有较高的质量。观测时间为 1974—2007 年。在使用之前，剔除了明显不合理的观测剖面。该 CTD 资料的垂向分辨率比较精细，一般可以达到 1~2 m。船载 CTD 资料主要用于作为原始观测数据（未做任何时间尺度内的平均）的代表，来检验混合层模型反推 SST 和 SSS 方法的可靠性。

3 SST、SSS 反推方法

3.1 SST 和 SSS 的深度标准

叶安乐等[24]认为，常规观测仪器在 0~3 m 深处测得的温度可作为海洋“表层温度”的代表，而侍茂崇等[9]则将这一深度标准取为 0.2~2.0 m。最为经典的对历史上全球海洋所有常规仪器测量的温、盐度剖面进行客观分析而生成的 Levitus[25]网格资料所包含的 SST 和 SSS，则是将所有 0~2.25 m 深度以内的温、盐度观测资料视为对应的 SST 和 SSS（与 Boyer 的个人通讯）。

同时，目前使用较为广泛的网格化 SSS 产品，比较有代表性的有法国 Delcroix 等[26]和日本 Ishii 等[27]研制的逐年逐月 SSS 产品，这些格点资料都是对实测盐度资料进行客观分析而成，且一般将 10 m 以浅的所有盐度观测视为对应的 SSS。

综上，对 SST 和 SSS 深度标准统一取为 0.20~2.25 m 水深内对应的温、盐度值，若有多个观测，则取其平均值。本文所有涉及到检验用 TAO 和 CTD 资料中的 SST 和 SSS，均基于这一深度标准（由于 WOA13 资料有 0 m 层温、盐度资料，则直接视为对应 SST 和 SSS）。

3.2 混合层内部平均温度（盐度）与 SST（SSS）的关系

混合层内，海水混合均匀，无论是温度或者盐度，变化都较小，Chu 等[28-29]已经建立通过表征次表层与表层温度函数关系的温度参数模型，该模型是将温度剖面理论化，通过 5 个参数即可确定一个温度剖面。构建该模型的目的是在缺乏表层观测时，利用海表观测信息来分析次表层温度结构，当然，该模型用到的假设之一即为混合层内部温度是均匀一致的。另外，Delcroix 等[26]（2011）利用 0~10 m 的 WOD09、TAO、Argo 以及相关现场测量盐度资料进行客观分析，合成获得 SSS 网格资料，资料效果较好。

由此，本文提出假设：SST 和 SSS 可由混合层深度内对应的平均温度、盐度作零阶近似，即零阶近似基本可以刻画 SST 和 SSS 气候态的分布特点。当然，若进一步考虑风速、热通量、淡水通量、局地对流扩散和垂向挟卷等过程[30]，将能刻画时间尺度更小（时间尺度短于天平均）的变化特征，从而获得更为真实的 SST 和 SSS，这里暂不考虑上述复杂的物理过程，由此获取的 SST 和 SSS 为时间尺度稍大（时间尺度为月平均甚至更长）的分布特征。

3.3 混合层模型

混合层模型用来客观地刻画其对应深度内的平均温盐度，使其与真实的表层温、盐度尽可能吻合。因此，选用一种不依赖于阈值的混合层模型似乎更为恰当，于是选用了 Chu 等[31]提出的最大角度法来计算混合层深度。

最大角度法是用来确定混合层深度的一种客观分析方法[31]，其不依赖于温度或者密度阈值的选择。该方法的基本思路是：将每个观测剖面记为 $[\rho(z_k), T(z_k)]$，z_k 为观测层次，$T(z_k)$、$\rho(z_k)$ 分别为对应温度和密度。整个剖面的垂向密度偏差记为：$\Delta\rho = \rho_{\max} - \rho_{\min}$，其中 $\rho_{\max}$ 和 $\rho_{\min}$ 分别为剖面密度的最大和最小值。理论上，在等密度层，密度变化为 0，而在混合层以下的密度跃层处，密度变化很大。将对 $0.1\Delta\rho$ 和 $0.7\Delta\rho$ 的对应深度分别记为 $z_{(0.1)}$、$z_{(0.7)}$，在这两层之间鉴定跃层的主要部分。n 为这两层之间的数据点总数，并令 $m = \min(n, 20)$。最大角度法确定混合层深度的具体方案为：选取一个参考层 z_k，并向下逐层递增，在深度 z_k 处，第一个向量 Vector-1，从 z_{k-j} 到 z_k，其中 $j = \begin{cases} k-1, & k \leqslant m \\ m, & k > m \end{cases}$；第二个向量 Vector-2，从 z_{k+1} 到 z_{k+m}。这两个向量通过线性拟合来构造：

$$\rho(z) = \begin{cases} c_k^1 + G_k^1 z, & z = z_{k-j}, z_{k-j+1}, \cdots, z_k, \\ c_k^2 + G_k^2 z, & z = z_{k+1}, z_{k+2}, \cdots, z_{k+m}. \end{cases} \tag{1}$$

在等密度层与跃层交界处，角 θ_k 达到最大值。由此可以确定混合层深度（$\theta_k \to \max$，$H_D \to -z_k$）。在实际应用中，θ_k 较难反推，用正切值来代替，即：

$$\tan\theta_k \to \max,\ H_D \to -z_k,\ G^1 = G_k^1,\ G^2 = G_k^2, \tag{2}$$

式中，$G^1 \approx 0$ 为混合层的垂向梯度，G^2 为跃层梯度。由给定的拟合系数可得

$$\tan\theta_k = \frac{G_k^2 - G_k^1}{1 + G_k^1 G_k^2}. \tag{3}$$

当观测剖面为温度时，只需将拟合矢量 Vector-1、Vector-2 改变方向，其原理与密度剖面相同。

需要指出的是：在大部分海域，由于存在较强的温跃层，由温度剖面反推的混合层深度，一般叫等温层（Isothermal Layer Depth，ILD），与由密度剖面反推的混合层深度（MLD）是一致的，但在一些区域如赤道西太平洋和南半球高纬度海区，ILD 和 MLD 则有很大的差异，所以在这些地方采用密度或温度反推的混合层深度有很大的差异[32]。若 ILD 大于 MLD，则存在障碍层（Barrier Layer，BL），障碍层厚度（Barrier Layer Thickness，BLT）为（ILD-MLD）；若 ILD 小于 MLD，则存在补偿层（Compensated Layer，CL），补偿层厚度（Compensated Layer Thickness，CLT）为（MLD-ILD）。由此，本文反推的混合层综合考虑障碍层和补偿层的存在，得到的是合成混合层深度。

3.4 SST、SSS 反推步骤

对所有的温盐度剖面资料，首先在垂向上利用 Akima 插值法[33]统一插值到 2 m 间隔层，其次根据《UNESCO 技术手册》[34]上的公式计算出温度、盐度对应深度上的密度值。以 10 m 为参考层，对温度和密度剖面利用最大角度法分别计算出 ILD 和 MLD，判断 BL 和 CL 是否存在，据此得到合成 MLD，取每个观测剖面 10 m 到合成混合层深度内的温、盐度平均值作为反推的 SST 和 SSS 最后，将反推值与实测值进行比较，通过相关分析，误差分析定量检验反推值的精度。

3.5 模型结果检验

在利用混合层模型反推 Argo 表层温度和盐度之前，必须首先用本身包含 SST 和 SSS 的实测剖面资料进行检验，以定量描述混合层模型的可靠性。这里选择 WOA13 气候态（1—12 月）资料（作为多年平均资料的代表）、TAO 多年月平均观测资料（定点观测，作为逐年逐月平均资料的代表）以及收集到的历史船载 CTD 资料（作为原始观测、未进行任何时间平均资料的代表）来进行检验。对这 3 种观测资料的每一个垂向观测剖面，利用混合层模型反推出 SST 和 SSS，并与对应剖面的实测 SST 和 SSS 进行比较。

3.5.1 WOA 气候态资料检验

表 1 给出了由 WOA13 气候态 1—12 月反推值与实测值进行线性回归分析后的结果，所有的显著方程均已通过 95%的置信检验（下同）。作为对比，将 WOA13 资料 10 m 层的温、盐度也与对应的 SST 和 SSS 做相关分析。表中可见，由混合层模型得到的反推值与实测值，其中 SST 相关系数为 0.999 93~0.999 96，平均残差为 0.033 28~0.069 14℃；SSS 相关系数为 0.997 87~0.998 93，平均残差为 0.028 09~0.032 88。可见，无论是温度还是盐度，均超过 10 m 层温度盐度与对应 SST 和 SSS 的相关性，并且对温度来说，大部分月份的温度残差也小于 10 m 层温度与 SST 相关分析所得残差。这或许说明一个事实，对气候态资料而言，利用混合层模型反推出的 SST 和 SSS 比直接用 10 m 深度的观测资料融合成为对应 SST 和 SSS 相对来说更为准确。

表 1　太平洋海域 WOA13 资料 10 m 层温、盐度及反推 SST、SSS 与对应实测 SST、SSS 相关关系

月份	不同结果	温度			盐度			数据点
		线性回归函数	相关系数	平均残差	线性回归函数	相关系数	平均残差	
1	10 m	$y=0.99997x+0.06372$	0. 999 94	0. 064 16	$y=1.0096x-0.33576$	0. 998 60	0. 023 44	14 971
	反推	$y=1.0014x+0.08475$	0. 999 95	0. 058 34	$y=1.0086x-0.31288$	0. 998 76	0. 028 20	14 920
2	10 m	$y=1.0006x+0.05514$	0. 999 91	0. 064 53	$y=1.0117x-0.4127$	0. 997 93	0. 026 18	14 971
	反推	$y=1.0019x+0.09280$	0. 999 95	0. 065 41	$y=1.0082x-0.301$	0. 998 54	0. 029 93	14 920
3	10 m	$y=1.0013x+0.03412$	0. 999 90	0. 064 59	$y=1.003x-0.11188$	0. 998 49	0. 024 65	14 971
	反推	$y=1.0028x+0.06304$	0. 999 94	0. 064 87	$y=1.0019x-0.08645$	0. 998 84	0. 028 09	14 920
4	10 m	$y=1.0002x+0.05243$	0. 999 94	0. 063 57	$y=1.0093x-0.33862$	0. 997 01	0. 029 59	14 971
	反推	$y=1.002x+0.06749$	0. 999 95	0. 064 91	$y=1.005x-0.1993$	0. 997 87	0. 032 31	14 920
5	10 m	$y=1.0002x+0.05243$	0. 999 94	0. 063 57	$y=1.0035x-0.13714$	0. 998 34	0. 025 79	14 971
	反推	$y=1.002x+0.06749$	0. 999 95	0. 064 49	$y=0.99804x+0.04365$	0. 998 39	0. 0303 8	14 920
6	10 m	$y=0.99815x+0.11155$	0. 999 88	0. 093 90	$y=1.0087x-0.31384$	0. 998 34	0. 026 79	14 971
	反推	$y=1.0012x+0.07775$	0. 999 95	0. 065 41	$y=1.0014x+0.06984$	0. 998 34	0. 031 53	14 920
7	10 m	$y=0.99794x+0.13313$	0. 999 81	0. 117 87	$y=1.0074x-0.26693$	0. 999 06	0. 022 33	14 971
	反推	$y=1.0008x+0.09894$	0. 999 94	0. 069 14	$y=1.0027x-0.1166$	0. 998 65	0. 030 21	14 920
8	10 m	$y=1.0004x+0.03785$	0. 999 96	0. 052 86	$y=1.0078x-0.2775$	0. 999 12	0. 022 57	14 971
	反推	$y=1.0026x+0.06676$	0. 999 93	0. 069 39	$y=1.0049x-0.18853$	0. 998 93	0. 028 61	14 920
9	10 m	$y=1.0019x+0.09282$	0. 999 95	0. 065 41	$y=1.0081x-0.29099$	0. 999 03	0. 023 73	14 971
	反推	$y=1.0025x+0.04946$	0. 999 96	0. 061 18	$y=1.0052x-0.20243$	0. 998 65	0. 031 32	14 920
10	10 m	$y=1.0004x+0.03785$	0. 999 96	0. 052 86	$y=1.0066x-0.23732$	0. 999 06	0. 023 84	14 971
	反推	$y=1.0024x+0.03844$	0. 999 96	0. 054 47	$y=1.0058x-0.22336$	0. 998 70	0. 030 24	14 920
11	10 m	$y=0.99981x+0.05210$	0. 999 94	0. 056 08	$y=1.0078x-0.28226$	0. 998 96	0. 025 30	14 971
	反推	$y=1.0014x+0.05540$	0. 999 96	0. 058 19	$y=1.0061x-0.02361$	0. 998 65	0. 031 36	14 920
12	10 m	$y=0.99844x+0.08932$	0. 999 94	0. 061 60	$y=1.0052x-0.19014$	0. 998 52	0. 027 08	14 971
	反推	$y=1.0009x+0.07423$	0. 999 96	0. 033 28	$y=1.0054x-0.21062$	0. 998 41	0. 032 88	14 920

3.5.2 TAO 逐年逐月资料检验

图 1 给出了反推值与实测值的逐年逐月时间序列，可见，反推值与实测值随时间的变化趋势相当吻合，且年际和季节波动信号较为一致。两者 SST 相关系数为 0.89，误差（反推值-测值）为-0.066～0.084℃，SSS 相关系数为 0.96，误差为 0.02～0.57。TAO 资料检验表明，反推值与实测值相关性较好，误差也较小。当然，由于 TAO 资料的温、盐度剖面资料垂向分辨率较低，由此反推值与实测值的相关系数不及 WOA13 气候态资料对应的相关系数。

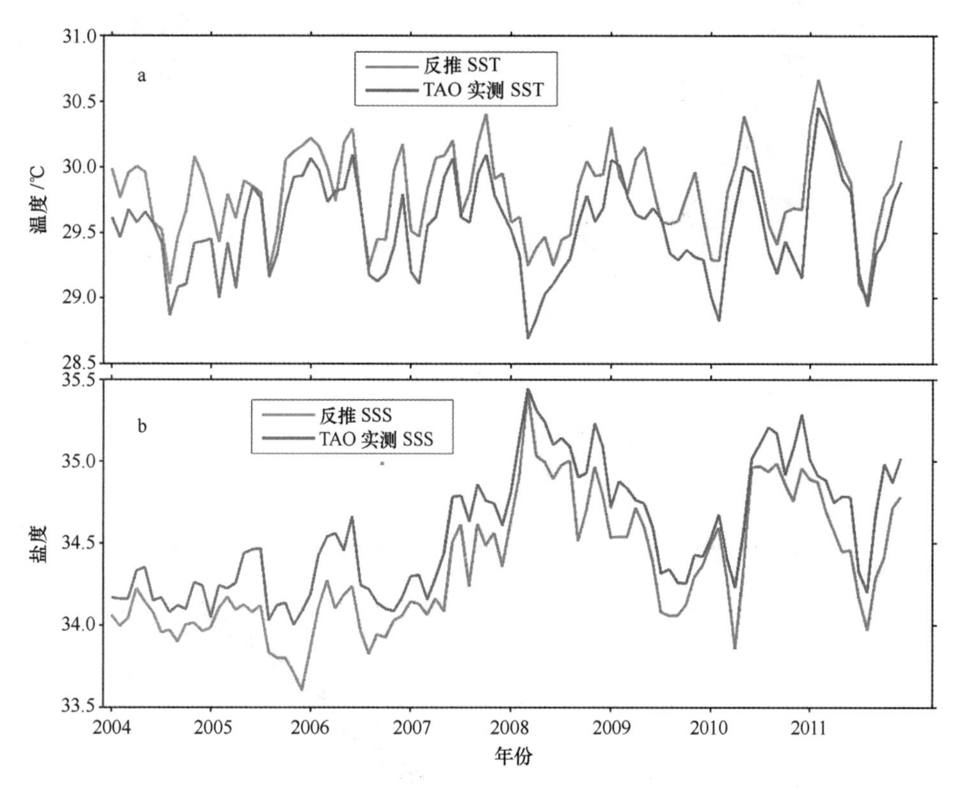

图 1 太平洋 E 站反推与实测值逐月分布

a. SST，b. SSS

3.5.3 历史船载 CTD 资料检验

Coriolis 资料中心提供的历史船载 CTD 资料，采用 10°×10°方区进行存储，其站位详见图 2。由图可见，船载 CTD 测站在北太平洋较多，而南太平洋偏少，计算中选取每个 10°×10°方区内 CTD 多于 100 个（每隔 1°存在一个资料）的方区，以保证足够的资料量，代表性会更强些。

图 3、图 4 给出了所有反推 SST、SSS 与实测 SST、SSS 的相关，SST 的相关系数为0.999 86，平均残差 0.08℃，SSS 的相关系数为 0.995 76，平均残差 0.04。图 5给

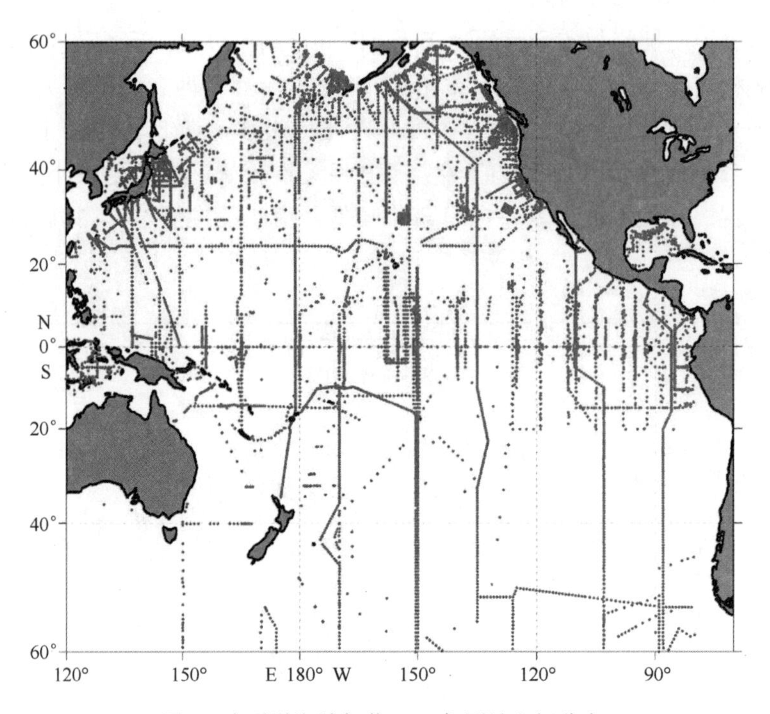

图 2　太平洋海域船载 CTD 仪测站空间分布

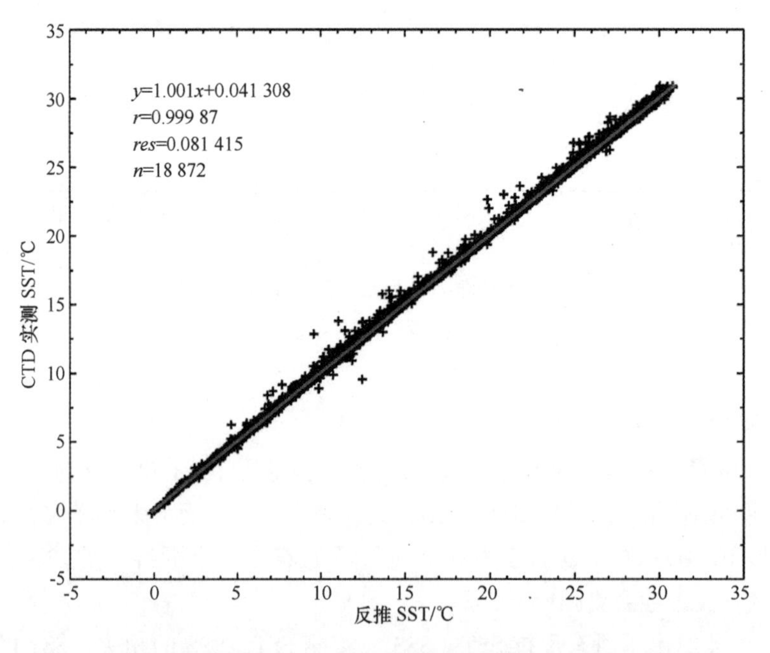

图 3　太平洋海域所有 CTD 测站反推 SST 与实测 SST 线性回归分析

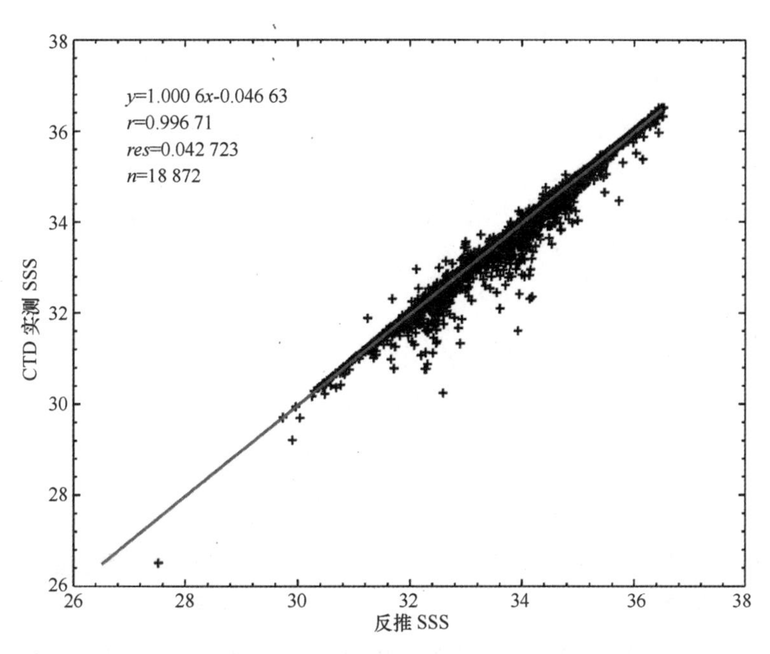

图 4　太平洋海域所有 CTD 测站反推 SSS 与实测 SSS 线性回归分析

出误差随纬度的分布，在北太平洋副热带地区（10°～20°N）误差相对较小，且几乎所有点均落在 3 倍标准（对应为图 5 中上下直线）差范围内。对所有的船载 CTD 观

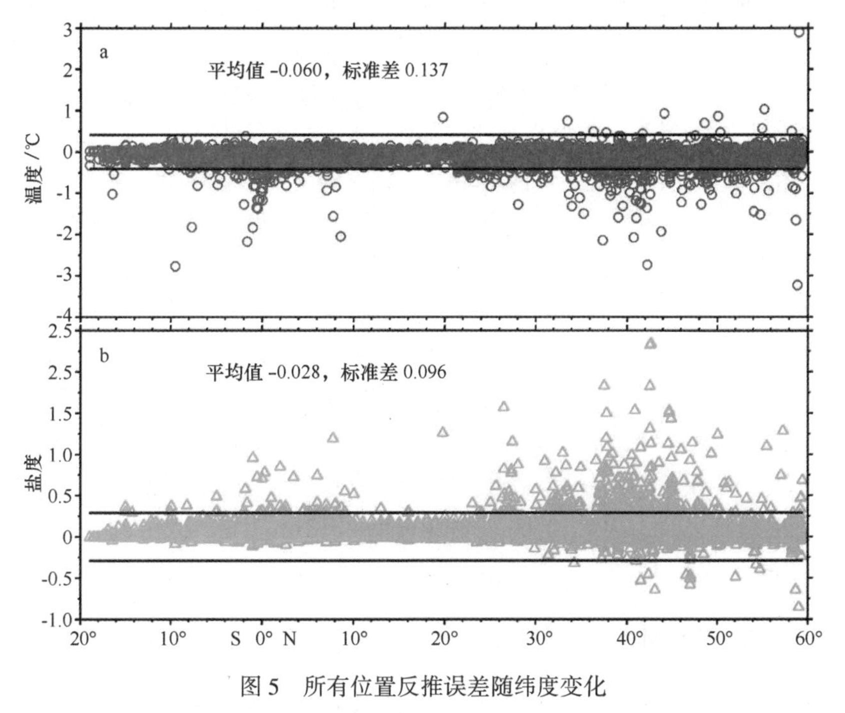

图 5　所有位置反推误差随纬度变化

a. SST，b. SSS

测资料的统计表明，SST 误差的平均值为-0.06℃，标准差为 0.137℃，SST 误差在 0.137℃（1 倍标准差）、0.264℃（2 倍标准差）和 0.401℃（3 倍标准差）的点分别占 88.1%、96.6%和 98.5%；SSS 误差的平均值为 0.028，标准差为 0.096，SSS 误差在 0.096（1 倍标准差）、0.192（2 倍标准差）和 0.278（3 倍标准差）的点分别占 93.4%、96.9%和 98.2%。由此表明，对高垂向分辨率的历史船载 CTD 资料而言，由混合层模型推算获得的 SST 和 SSS 具有较高的精度。

4 Argo 网格 SST、SSS 资料及其检验

通过不同时间尺度的资料检验可以发现，混合层模型反推得到的 SST 和 SSS 具有较高精度。因此，可将该模型用于 Argo 剖面资料的反推，并获得了 2004 年 1 月至 2014 年 12 月期间太平洋海域（60°S~60°N，120°E~70°W）所有 Argo 剖面所在位置的 SST 和 SSS，但对应位置 Argo 无实测 SST 和 SSS，无法直接比较检验。为此，依据李宏等[17—19]改进的逐步订正法，将散点的 SST 和 SSS 构建成空间分辨率为 1°×1°，时间分辨率为逐年逐月（2004 年 1 月至 2014 年 12 月）的网格资料，简称“BOA_Argo”网格资料集（下同），以方便检验。

4.1 气候态大面检验

BOA_Argo 网格资料集提供的气候态 SST 和 SSS 表明（对应大面分布图略），太平洋海域表层温度基本呈现纬向带状分布，自热赤道向两极逐渐递减，与太阳辐射关系明显[24]；而盐度呈现“马鞍型”分布态势[24]，南北副热带地区盐度较高，两极海域盐度较低，这主要与淡水通量分布特征相对应。

图 6、图 7 分别给出了太平洋海域 BOA_Argo 网格资料的 SST、SSS 与 WOA13 对应资料差值图。由图可见，对 SST 而言，整个太平洋海域 BOA_Argo 比 WOA13 的温度平均高 0.07℃，西北太平洋及南太平洋热带海域，BOA_Argo 比 WOA13 平均高 0.22℃，而东太平洋及南大洋局部海域 BOA_Argo 资料的 SST 要低于 WOA13，平均幅度为 0.19℃。一些海域（如西北太平洋黑潮区域）两者最大差异可达 1.2℃，可能与这些海域本身海洋环境复杂多变有关，这一趋势与 Roemmich 等[20]的结论是一致的；对 SSS 而言，整个太平洋海域 BOA_Argo 要平均高出 WOA13 盐度 0.02，在南北太平洋副热带海域，BOA_Argo 要平均高出 WOA13 约 0.08，其他海域 BOA_Argo 给出的 SSS 则要平均低于 WOA13 约 0.04。总体来说，BOA_Argo 给出的 SST 和 SSS 与 WOA13 的差异并不大。

4.2 单站时间序列对比

在太平洋海域选取了 3 个 TAO/TRITON 的代表性锚系观测站，分别位于赤道东太平洋海域的 E 站（0°，147°E）、西南太平洋的 WS 站（5°S，156°E）和东北太平

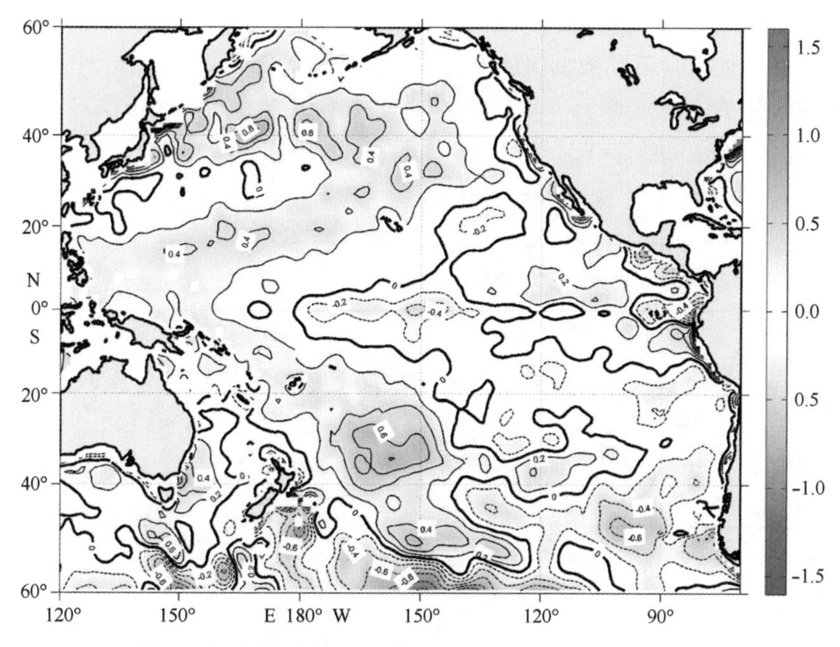

图 6　太平洋海域 SST 差值（BOA_Argo-WOA13）（℃）

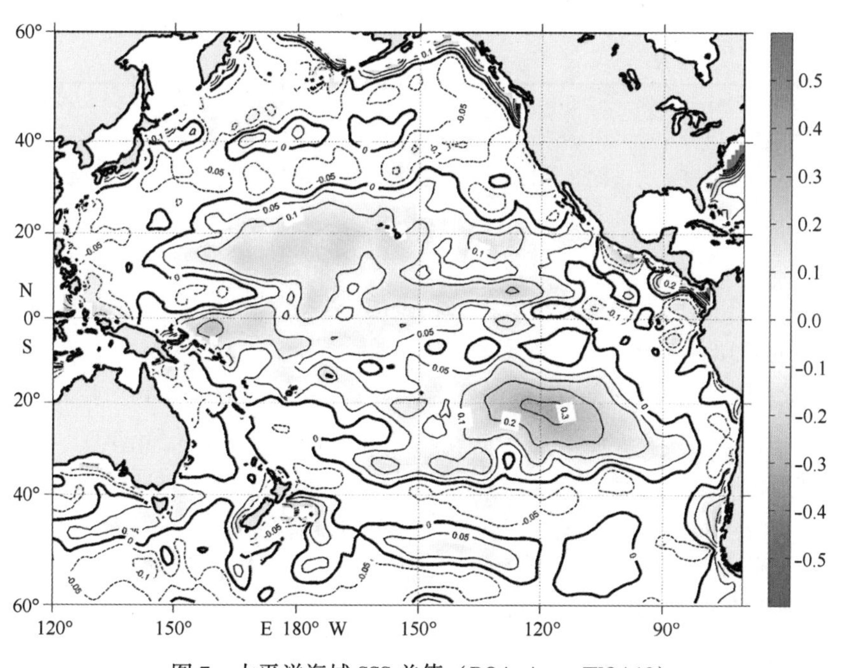

图 7　太平洋海域 SSS 差值（BOA_Argo-WOA13）

洋的 EN 站（9°N，140°W），并选取了 2004 年 1 月至 2014 年 12 月期间的逐月 SST 和 SSS 信息，计算不同 SST 和 SSS 与 TAO 观测数据的相关系数。

图 8 为 E 站处来自不同数据集的逐月 SST 和 SSS 时间序列分布。由图可见，3 种不同网格资料与 TAO 较为吻合，能够较好地反映出年际及季节变化信号，且计算得到的 BOA_Argo、Roemmich_Argo 和 IPRC_Argo 与 TAO 的相关系数，SST 之间分别为 0.87、0.85、0.87，SSS 之间则分别为 0.91、0.91、0.88。

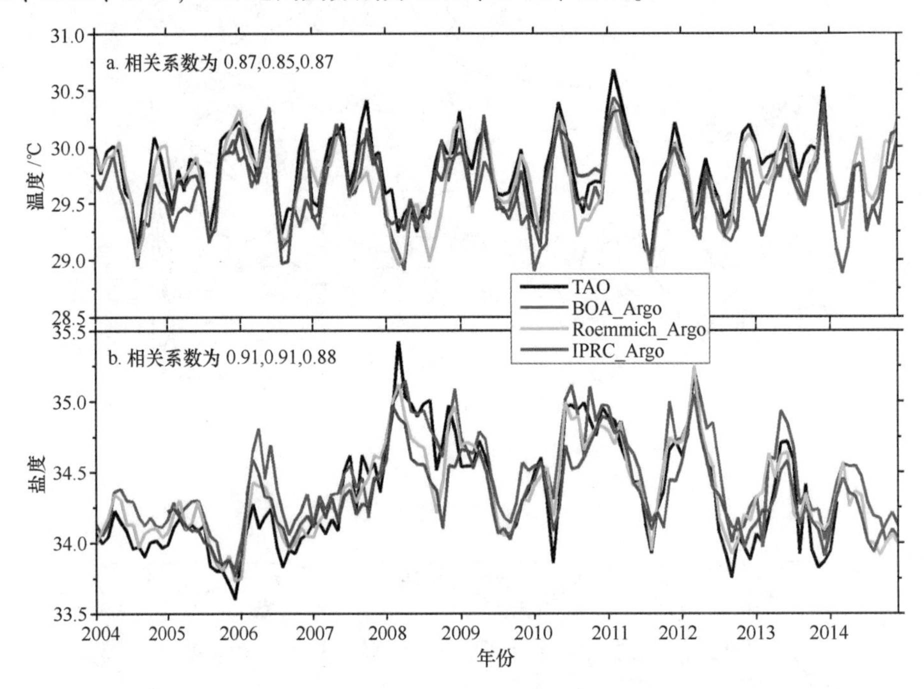

图 8 E 站不同数据集时间序列分布

a. SST，b. SSS

WS 站处（图略）不同资料均表现出更多的小尺度波动信号。BOA_Argo、Roemmich_Argo 和 IPRC_Argo 与 TAO 资料的相关系数，SST 之间分别为 0.88、0.85、0.93，SSS 之间则分别为 0.84、0.85、0.86。EN 站处（图略）TAO 的温度资料只到 2012 年，而盐度只有 2004—2005 年部分月份的资料，而 IPRC_Argo 也从 2005 年开始，因此对 SSS 资料而言，IPRC_Argo 和 TAO 未做相关分析。BOA_Argo、Roemmich_Argo 和 IPRC_Argo 与 TAO 资料的相关系数，SST 之间分别为 0.95、0.96、0.94，SSS 之间则分别为 0.87 和 0.79，IPRC_Argo 因缺测，未计算相关系数。对 SST 而言，3 种网格资料与 TAO 的相关性都较好，而对 SSS 而言，BOA_Argo 与 TAO 资料的相关性则要高于 Roemmich_Argo 与 TAO 的相关性。

4.3 EOF 分析

图 9 至图 11 分别给出了不同 SST 异常值（2005 年 1 月至 2014 年 12 月）（BOA_Argo，Roemmich_Argo，IPRC_Argo）的 4 个主要 EOF 空间模态，图 12 则为对应的时间主成分随时间变化曲线。因限于篇幅，SSS 对应的 EOF 空间模态和时间主成分随时间变化图（略）未给出。

由图 9 至图 11 可见，各网格资料给出的 SST 四个模态都非常相似，其中 SST 的第一模态空间信号基本以赤道为界向两极海域逐步变强，呈现纬向带状变化特征；北太平洋日本以东海域黑潮与亲潮两大冷暖流延伸处变化尤为显著；南太平洋智利海盆海域（30°~40°S，110°~90°W）同样信号较为显著。BOA_Argo 与 Roemmich_Argo 和 IPRC_Argo 提供的 SST 空间第一模态相关系数分别为 0.998 7 和 0.993 3（表 2）。在时间序列中，相关性也较好，相关系数分别为 0.999 4 和 0.999（表 2）。从时间序列的走向来看，第一模态表现出非常显著的年周期（12 个月）变化，波动信号较强。SST 的 EOF 第一模态，不同资料表现出方差贡献率都超过 90%；SST 的第二模态则有所不同，在赤道东太平洋海域（5°S~5°N，150°~90°W），空间函数值较高，达到 0.02 以上。BOA_Argo 与 Roemmich_Argo 和 IPRC_Argo 提供的 SST 空间第二模态相关系数分别为 0.972 5 和 0.967 5，时间序列相关系数则分别为 0.963 7 和 0.976 6，可见第二模态表现出更多短周期变化，显著周期包括 4 个月和 1 a；第三、四模态空间结构与一二模态完全不同，限于篇幅在此不做过多描述。

同样，各网格资料给出的 SSS 四个模态都非常相似（图略），但相对于 SST、SSS 的空间变化模态则复杂得多：第一模态空间信号同样以赤道海域（5°~5°S）为分界，赤道海域表现出较大的正空间函数值，而南北太平洋热带海域表现出较为显著的负空间函数值。BOA_Argo 与 Roemmich_Argo 和 IPRC_Argo 提供的空间第一模态相关系数分别为 0.924 1 和 0.912 1，时间序列的相关系数分别为 0.982 9 和 0.987 4（表 2）。SSS 时间序列走向与 SST 一样，第一模态存在非常显著的 1 a 周期（12 个月）变化，同时还表现出 3 a 的周期变化信号。SSS 的第二模态空间函数值的主要分布特点是，热带太平洋海域最为显著，以 160°W 为界，东西尺度太平洋分别表现出正负空间函数值。BOA_Argo 与 Roemmich_Argo 和 IPRC_Argo 提供的 SSS 空间第二模态相关系数分别为 0.323 1 和 0.927 0，时间序列相关系数则分别为 0.380 8 和 0.972 7。第二模态显著周期包括 1 a、3 a；第三、四模态空间结构表现出小尺度变化信号更为显著，在此不做过多描述。

综合分析可以看出，BOA_Argo 的 SST 和 SSS 的 EOF 时空模态与同类型的网格资料较为一致，相关性较高，说明资料集能够真实的反映太平洋海域时空变化特点。

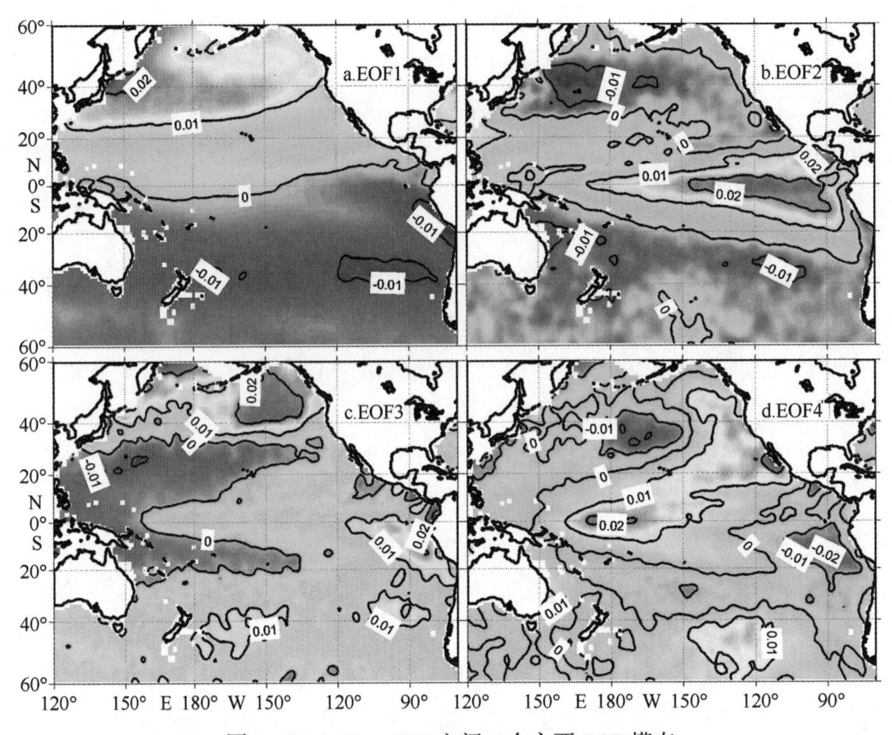

图 9　BOA_Argo SST 空间 4 个主要 EOF 模态

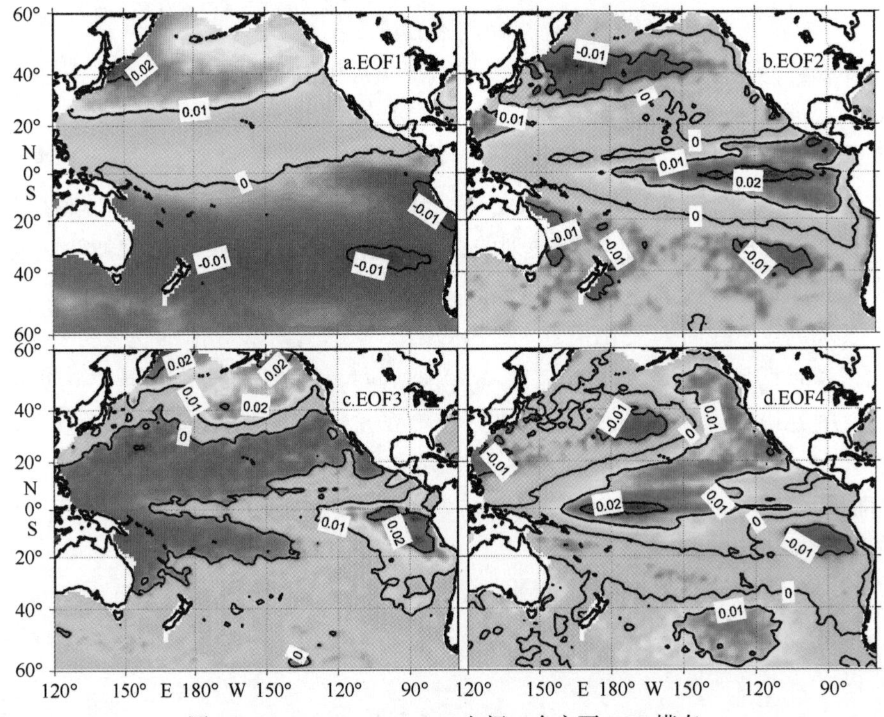

图 10　Roemmich_Argo SST 空间 4 个主要 EOF 模态

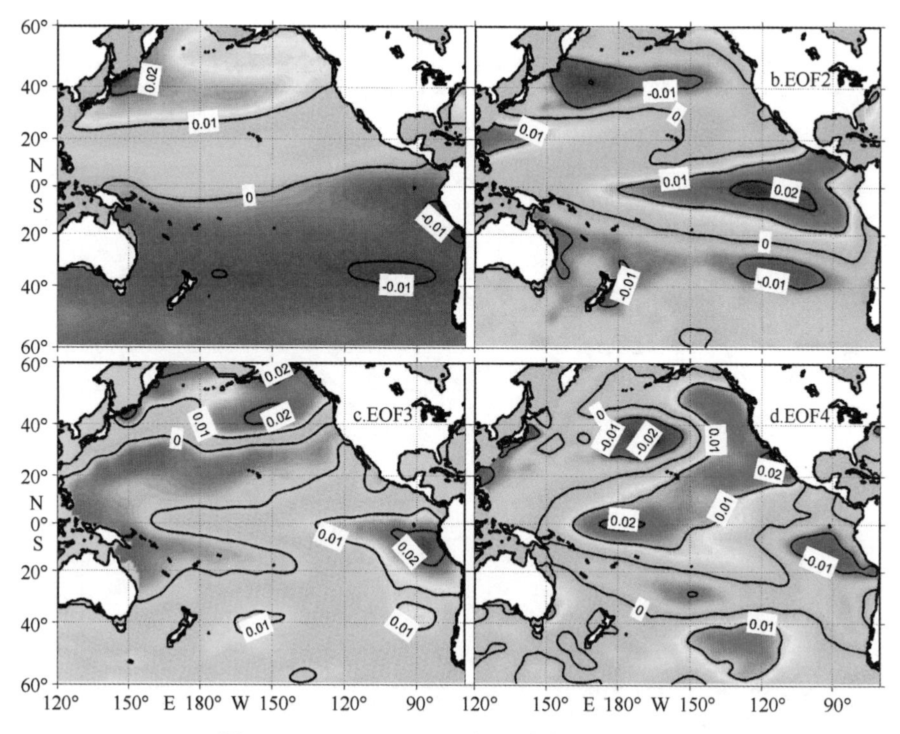

图 11 IPRC_Argo SST 空间 4 个主要 EOF 模态

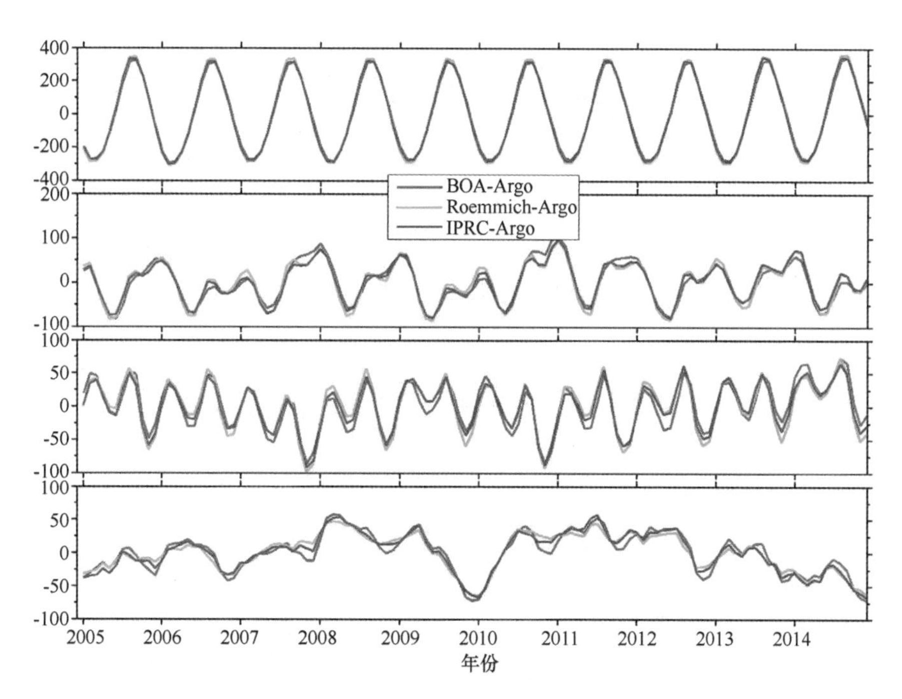

图 12 太平洋海域不同 SST 资料对应 EOF 四个主要模态时间主成分

表 2　不同资料集 SST、SSS 主要 EOF 模态时空主成分相关系数

变量	不同资料集	时间主成分相关系数					
		EOF1			EOF2		
		BOA_Argo	Roemmich_Argo	IPRC_Argo	BOA_Argo	Roemmich_Argo	IPRC_Argo
SST	BOA_Argo	—	0.999 4	0.999 0	—	0.963 7	0.976 6
	Roemmich_Argo	0.999 4	—	0.999 8	0.963 7	—	0.988 8
	IPRC_Argo	0.999 0	0.999 8	—	0.976 6	0.988 8	—
SSS	BOA_Argo	—	0.982 9	0.987 4	—	0.380 8	0.972 7
	Roemmich_Argo	0.982 9	—	0.982 1	0.380 8	—	0.303 8
	IPRC_Argo	0.987 4	0.982 1	—	0.972 7	0.303 8	—
变量	不同资料集	时间主成分相关系数					
		EOF3			EOF4		
		BOA_Argo	Roemmich_Argo	IPRC_Argo	BOA_Argo	Roemmich_Argo	IPRC_Argo
SST	BOA_Argo	—	0.927 8	0.955 8	—	0.9421	0.970 3
	Roemmich_Argo	0.927 8	—	0.986 8	0.942 1	—	0.986 1
	IPRC_Argo	0.955 8	0.986 8	—	0.970 3	0.986 1	—
SSS	BOA_Argo	—	0.389 5	0.416 1	—	0.8658	0.505 7
	Roemmich_Argo	0.389 5	—	0.108 4	0.865 8	—	0.207 8
	IPRC_Argo	0.416 1	0.108 4	—	0.505 7	0.207 8	—
变量	不同资料集	空间主成分相关系数					
		EOF1			EOF2		
		BOA_Argo	Roemmich_Argo	IPRC_Argo	BOA_Argo	Roemmich_Argo	IPRC_Argo
SST	BOA_Argo	—	0.998 7	0.993 3	—	0.972 5	0.967 5
	Roemmich_Argo	0.998 7	—	0.994 2	0.972 5	—	0.977 0
	IPRC_Argo	0.993 3	0.994 2	—	0.967 5	0.977 0	—
SSS	BOA_Argo	—	0.924 1	0.912 1	—	0.363 1	0.927 0
	Roemmich_Argo	0.924 1	—	0.928 5	0.363 1	—	0.240 1
	IPRC_Argo	0.912 1	0.928 5	—	0.927 0	0.240 1	—
变量	不同资料集	空间主成分相关系数					
		EOF3			EOF4		
		BOA_Argo	Roemmich_Argo	IPRC_Argo	BOA_Argo	Roemmich_Argo	IPRC_Argo
SST	BOA_Argo	—	0.885 9	0.912 9	—	0.922 3	0.954 8
	Roemmich_Argo	0.885 9	—	0.960 9	0.922 3	—	0.938 6
	IPRC_Argo	0.912 9	0.960 9	—	0.954 8	0.938 6	—
SSS	BOA_Argo	—	0.380 9	0.398 9	—	0.815 6	0.460 4
	Roemmich_Argo	0.380 9	—	0.108 1	0.815 6	—	0.250 7
	IPRC_Argo	0.398 9	0.108 1	—	0.460 4	0.250 7	—

5 结论

本文以太平洋（60°S~60°N，120°E~70°W）为研究区域，提出了一种基于混合层模型的 Argo 表层温、盐度反推新方法，通过不同时间尺度的资料检验了该方法的可靠性，并将该方法用于反推 2004 年 1 月至 2014 年 12 月期间太平洋海域所有 Argo 剖面的表层温、盐度，再依据逐步订正法，将反推得到的散点 SST 和 SSS 构建成为空间分辨率为 1°×1°，时间分辨率为逐年逐月的网格资料，同时检验了该网格资料集的可信度。主要结论如下：

（1）利用最大角度法构建混合层模型，并分别反推 WOA13 气候态（1—12 月）资料、TAO 单站逐年逐月资料及船载 CTD 资料每个测站上的合成混合层深度，并据此反推出对应 SST 和 SSS，将反推值与实测值进行比较。检验结果表明：对 WOA13 气候态资料而言，反推与实测 SST、SSS 相关系数分别为 0.999 93~0.999 96、0.997 87~0.9989 3 之间，平均残差分别为 0.033 3~0.069 4℃、0.028 1~0.032 9；对逐年逐月 TAO 资料而言，相关系数分别为 0.89、0.96，平均残差分别为-0.66~0.084℃、0.02~0.57；对船载 CTD 资料而言，相关系数分别为 0.999 86、0.995 76，平均残差分别为 0.08℃、0.04。总共检验的 18 879 个船载 CTD 站，SST 误差的平均值为-0.06℃，标准差为 0.137℃，误差在 0.401℃的站占 98.5%；SSS 误差的平均值为 0.028，标准差为 0.096，误差在 0.278（3 倍标准差）的站占 98.2%。说明对气候态、逐年逐月平均以及实时观测等不同时间尺度的资料，由混合层模型推算获得的 SST 和 SSS 均具有较高的可信度。

（2）将混合层模型应用于反推 Argo 剖面对应的 SST 和 SSS，构建完成对应逐年逐月的网格资料集（BOA_Argo），并进行检验。结果表明，BOA_Argo 与 WOA13 分布态势非常接近，差异性不大，BOA_Argo 比 WOA13 温度平均高 0.22℃，盐度平均高 0.02；与 TAO 资料和同类型网格资料集比较发现，在赤道东太平洋海域的 E 站（0°，147°E）、西南太平洋的 WS 站（5°S，156°E）和东北太平洋的 EN 站（9°N，140°W）处计算的 BOA_Argo、Roemmich_Argo 和 IPRC_Argo 与 TAO 资料的相关系数，分别为：E 站温度为 0.87、0.85、0.87，盐度为 0.91、0.91、0.88；WS 站温度为 0.88、0.85、0.93，盐度为 0.84、0.85、0.86；EN 站温度为 0.95、0.96、0.94，盐度为 0.87 和 0.79（其中 IPRC_Argo 无数据）。EOF 分析表明，反推出的 SST 和 SSS 的 EOF 时空模态与同类型的网格资料较为一致，相关性较高。从而进下证明了由混合层模型推算获得的 SST 和 SSS 均具有较高的可信度。

以上结论也充分证明了本文提出的假设，即 SST 和 SSS 可由混合层深度内对应的平均温度、盐度作零阶近似，是合理的，也是经得起检验的，并获得了较高的反推精度。

当然，假若能进一步考虑风速、热通量、淡水通量、局地对流扩散和垂向挟卷等过程[30]，并结合更为完善的混合层模型，应用于 Argo 资料的反推，可望构建更高精度的 SST 和 SSS 产品，以弥补 Argo 缺少表层观测的缺陷，同时也能作为遥感反演产品的评估资料。

参考文献：

[1] 许建平.阿尔戈全球海洋观测大探秘[M].北京:海洋出版社,2002.

[2] 许建平,刘增宏,孙朝辉,等.全球 Argo 实时海洋观测网全面建成[J].海洋技术,2008,27(1):68-70.

[3] Roemmich D,Gould W J,Gilson J.135 years of global ocean warming between the Challenger expedition and the Argo Programme[J].Nature Clim Change,2012,2(6):425-428,http://dx.doi.org/10.1038/nclimate1461.

[4] Cazenave A,Dominh K,Guinehut S,et al.Sea level budget over 2003-2008: A reevaluation from GRACE space gravimetry,satellite altimetry and Argo[J].Glob Planet Change,2008,65(1/2): 83-88

[5] Gray A R,Riser S C.A global analysis of sverdrup balance using absolute geostrophic velocities from Argo[J].J Phys Oceanogr,2014,44(4):1213-1229,http://dx.doi.org/10.1175/ JPO-D-12-0206.1

[6] Levitus S,Antonov J I,Boyer T P,et al.World ocean heat content and thermosteric sea level change (0-2000 m),1955-2010[J].Geophys Res Lett,2012,39(10): L10603-L10607.

[7] Alvera A,Troupin C,Brath A,et al.Comparison between satellite and in situ sea surface temperature data in the western Mediterranean Sea[J].Ocean Dynamics,2011,61:767-778.

[8] Donlon C J,Caseyks K S,Robinson I S,et al.The GODAE high-resolution sea surface temperature pilot project[J].Oceanography,2009,22(3):34-45.

[9] 侍茂崇,高郭平,鲍献文.海洋调查方法[M].青岛:青岛海洋大学出版社,2000:51-52.

[10] Donlon C J,Minnett P J,Gentemann C,et al.Towards improves validation of satellite sea surface temperature measurements for climate research[J].Journal of Climate,2002,15: 353-369.

[11] Merchant C J,Filipiak P L,Borgne P L.Diurnal warm-layer events in the westen Mediterranean and European shelf seas [J]. Geophysical Research Letters, 2008, 35: L04601, doi: 10.1029/2007GL033071.

[12] Fairall C W,Bradley E F,Godfrey J S,et al.Cool-skin and warm layer effects on sea surface temperature[J].J Geophys Res,1996,101: 1295-1308.

[13] Castro S L,Wick G A,Jackson D L,et al.Error characterization of infrared and microwave satellite sea surface temperature products for merging and analysis[J].J Geophys Res,2008,113(C03010): doi: 10.1029/2006JC003829.

[14] Bruno B N.A novel approach for the high-resolution interpolation of in situ,sea surface salinity[J].J Atmos Oceanic Technol,2012,29: 867-879.

[15] Boutin J,Martin N,Yin X,et al.First assessment of SMOS data over open ocean: Part Ⅱ—Sea surface salinity[J].IEEE Transactions on Geoscience and Remote Sensing,2012,99:1-14.

[16] 张春玲,许建平,鲍献文,等.基于海温参数模型推算 Argo 表层温度场[J].海洋通报,2014,33

(1):16-26.

[17] 李宏.利用客观分析法重构 Argo 网格资料的初步研究[D].杭州:国家海洋局第二海洋研究所,2011:1-111.

[18] 李宏,许建平,刘增宏,等.利用逐步订正法重构 Argo 网格资料的初步研究[J].海洋通报,2012,31(5):46-58.

[19] 李宏,许建平,刘增宏,等.全球海洋 Argo 网格资料集及其验证[J].海洋通报,2013,32(6):615-625.

[20] Roemmich D, Gilson J. The 2004-2008 mean and annual cycle of temperature, salinity, and steric height in the global ocean from Argo program[J].Progr Oceanogr,2009,82:81-100.

[21] Locarnini R A, Mishonov A V, Antonov J I, et al. World Ocean Atlas 2013, Volume 1: Temperature [R]//Levitus S, NOAA Atlas NESDIS 73,2013:1-40.

[22] Zweng M M, Reagan J R, Antonov J I, et al. World Ocean Atlas 2013, Volume 2: Salinity[R]// Levitus S, NOAA Atlas NESDIS 74,2013:1-39.

[23] McPhaden M J, Busalacchi A J, Cheney R, et al. The Tropical Ocean-Global Atmosphere (TOGA) observing system: A decade of progress[J].J Geophys Res,1998,103:14169-14240.

[24] 叶安乐,李凤岐.物理海洋学[M].青岛:青岛海洋大学出版社,1992:68-118.

[25] Levitus S. Climatological atlas of the World Ocean[R].NOAA Professional Paper No.13, U.S. Gov. Printing Office,1982:1-173.

[26] Delcroix T, Alory G, Cravatte S, et al. A gridded sea surface salinity data set for the tropical Pacific with sample applications(1958-2008)[J].Deep-Sea Res I Oceanogr Res Pap,2010,58(1):38-48. doi:10.1016/j.dsr.2010.11.002.

[27] Ishii M, Kimoto M, Sakamoto K, et al. Steric sea level changes estimated from historical ocean subsurface temperature and salinity analyses[J].J Oceanogr,2006,62:155-170.

[28] Chu P C, Fralick C R, Jr S D, et al. A parametric model for the Yellow Sea thermal variability[J]. Geophys Res,1997,102: 10499-10507.

[29] Chu P C, Tseng H C, Chang C P, et al. South China Sea warm pool detected from the Navy's Master Oceanographic Observational Data Set (MOODS)[J].J Geophys Res,1997,102:15761-15771.

[30] Audrey E, Hasson A, Thierry D, et al. An assessment of the mixed layer salinity budget in the tropical Pacific Ocean. Observations and modelling (1990-2009)[J].Ocean Dynamics,2013,63(2):179-194.

[31] Chu P C, Fan C W. Maximum angle method for determining mixed layer depth from sea glider data [J].J Oceanogr,2011,67: 219-230

[32] de Boyer Montégut C, Mignot J, Lazar A, et al. Control of salinity on the mixed layer depth in the world ocean: 1. General description [J]. J Geophys Res, 2007, 112, C06011, doi: 10.1029/2006JC003953.

[33] Scor Working Group 51. The acquisition, calibration, and analysis of CTD data [R]. UNESCO Technical Papers in Marine Science,1998:1-54.

[34] Akima H. A new method for interpolation and smooth curve fitting based on local procedures[J].J Assoc Comput Mech,1970,17:589-602.

Argo surface temperature and salinity estimation method by a mixed layer model

ZHAO Xin[1], LI Hong[1,2], LIU Zenghong[2], XU Jianping[2,3], SUN Chaohui[3], LU Shaolei[3]

1. *Zhejiang Institute of Hydraulics & Estuary*, *Hangzhou* 310020, *China*
2. *State Key Laboratory of Satellite Ocean Environment Dynamics*, *Hangzhou* 310012, *China*
3. *Second Institute of Oceanography*, *State Oceanic Administration*, *Hangzhou* 310012, *China*

Abstract: Based on the assumption that SST and SSS can be unified by averaged temperature and salinity in the depth of mixed layer, we constructed a model of mixed layer to estimate the SST and SSS according to the information of the mixed layer in the ocean. This method uses the zero order approximation in maximum angle method, which was proposed by Chu (2011), by considering the effect of barrier layer and compensation layer on estimation accuracy, we get the composed mixed layer depth, so we can estimate both SST and SSS by mixed layer model . Taking the Pacific Ocean as an example, we used the climatology (January-December) WOA13 datasets, monthly and yearly TAO dataset and historical ship-based CTD data to examine this hypothesis. The estimated SSS and SST from the three different data sets correlated with each other very well with small residual, which suggests the reliability of the method. We use this method for Argo profile data to construct the gridded SST and SSS with horizontal resolution of 1°×1° from January 2004 to December 2014 by successive correction method. It is found that the constructed gridded Argo SST and SSS climatology distribution characteristics is consistent with that showed by WOA13 dataset, and the difference between them is very small. Besides, there is good correlation ship between Argo and TAO data, which is slightly higher than the correlation coefficient between TAO and other Argo gridded data set. EOF analysis shows that temporal and spatial variability between the main modes are similar. According to the successive application of this method to the three different observational datasets, we have confidence that this mixed layer model can be used to estimate SST and SSS from Argo profiling float observation very well, and it can compensate the shortcoming of the Argo data which is lack of surface SST and SSS data. The estimated SSS and SST data from this method can also provide an assessment data for remote sensing products.

Key words: mixed layer model; Argo; maximum angle method; SST; SSS; mixed layer

(该文刊于:海洋通报,2016,35(5):532-544)

流场约束的相关尺度及其在 Argo 资料融合中的初步应用

王公杰[1]，王辉赞[1,2*]，张韧[1]，孙朝辉[2]，陈建[3]

1. 国防科技大学 气象海洋学院，江苏 南京 211101
2. 国家海洋局第二海洋研究所 卫星海洋环境动力学国家重点实验室，浙江 杭州 310012
3. 北京应用气象研究所，北京 100029

摘要： 随着 Argo 计划的深入开展，越来越多的高质量温盐观测剖面数据为人们进一步刻画海洋环境特征并研究其变异机理提供了宝贵机会。通过数学手段实现零散分布的 Argo 资料与背景场的结合，获得便于使用的格点资料是非常有必要的。在客观分析和资料同化中，均需要构造各向异性的背景场误差协方差矩阵。本文从温度控制方程出发，通过尺度分析确定影响温度分布的主要物理过程，使用 HYCOM 再分析流场数据构造平流约束的误差相关尺度，将传统的影响域由圆改进为椭圆，不仅实现了各向异性的要求，还可以提供随深度变化的尺度场。

关键词： Argo；***B*** 矩阵；各向异性；流场；相关尺度

1 引言

海洋资料同化可以为海洋数值模式提供更为合理的初始场，可以同时兼顾观测资料和模式资料的优点，并尽可能地摒弃劣势。在资料同化以及客观分析过程中，背景场误差协方差矩阵（***B*** 矩阵）对与观测信息在模式空间中的传播与平滑以及变量间相互影响起着决定性作用[1]。如何构造非均匀性、各向异性、多尺度性和流依赖性的 ***B*** 矩阵，是目前研究中的重点亦是难点。一般地，将 ***B*** 矩阵为方差、协相关以及

基金项目： 国家自然科学基金（41276088，41206002）；国家海洋局第二海洋研究所基本科研业务费专项（JG1416）；江苏省自然科学基金（BK20151447）。

作者简介： 王公杰（1990—），男，山东省聊城市人，博士研究生，主要从事物理海洋学研究。E-mail：wanggongjie1990@163.com

***通信作者：** 王辉赞（1983—），男，湖南省浏阳市人，讲师，博士，主要从事海洋中尺度涡以及 Argo 资料分析研究。E-mail：wanghuizan@126.com

平衡约束 3 个部分[1]，当只考虑单变量同化时，可以忽略平衡约束（变量间的相关），并采用经验函数拟合的方法来构造协相关矩阵[2]，此时误差相关尺度成为问题的关键。

传统上，误差相关尺度一般选择为研究区域的特征尺度，往往是均一的[3]。而均一尺度方案无法考虑海洋中不同物理过程对 ***B*** 矩阵结构的影响，后来一些研究致力于如何设置非均匀性的相关尺度。Mayers 等[4]通过进行大面积的观测试验计算出海洋中的误差相关尺度，气象上也有类似的做法[5]，但是限于海洋上并无大面积的连续观测，可行性不高，而从数值模式输出的产品中统计的误差相关尺度依赖于再分析产品的质量[6]。通过客观的变形半径估计得到误差相关尺度，可在一定程度上解决非均匀性的问题[7]。但是在同一个位置经向和纬向的相关尺度是相同的，此时计算格点上的分析值的影响区域是以该点为原点，以相关尺度为半径的圆，影响区域内的观测点对最终的分析值产生影响，影响区域外的观测对最终的分析值影响很小。举一个特殊的例子：当试图获得台湾岛东侧海域冬季的三维温、盐度结构时，假设在同一纬度上，于台湾海峡的闽浙沿岸流区域和台湾岛以东黑潮区域分别放置一套浮标进行观测，选定一个相关尺度后，那么影响半径内包含这两套浮标。显然这样的同化结果可能很难令人满意：台湾海峡内的观测的温盐对台湾岛以东的温盐结构并无直接影响，因为东侧观测的是来自赤道的高温高盐的海水，而西侧观测的是自北向南流的寒流携带的低温海水，西侧观测资料的加入在某些程度上“污染”了东侧观测数据。显然，此时必须考虑误差相关尺度在经向和纬向上的差别[8]。

考虑单点同化时，寻找各向异性的相关尺度设置方案的目标可以通俗的描述成：在某个格点周围的众多观测资料中，保留对该点有影响的，剔除没有影响的。为构造各向异性的 ***B*** 矩阵，许多研究者开展了相关研究。曹小群等[9]使用递归滤波方法构造 ***B*** 矩阵中的相关系数，而 Zhang 等提出基于温盐变量本身梯度的相关尺度方案[10]，Weaver 和 Courtier，及李冬等[11-12]提出基于扩散方程解算子的方法进行构造。此外，还有一些研究考虑到海洋独特的地形效应，提出各自不同的误差相关尺度方案[13]。

在 Euler 观点下，局地海洋中的温度变化主要与平流作用和湍流扩散有关，如温盐（迹量，tracer）的控制方程（公式（1））。前人已经证明，利用傅里叶变换求解一般化的一维扩散方程（公式（2））解，与传统的最优插值中计算相关系数的高斯公式具有同源性[10]。实际上，对于二维扩散而言，在 x 和 y 两个方向上的扩散系数 k 必然是不同的，即二维扩散是各向异性的。假设按照一维扩散的原理，相关尺度是由扩散系数控制的，而通过尺度分析温盐的控制方程可知，至少在黑潮延伸体等受强流以及中尺度涡控制的海域，平流项的作用大于拉普拉斯扩散作用，实际上温度的分布确实与流场有很高的吻合度。如图 1 和图 2 所示，分别为西北太平洋海域多年平均的温度分布和正压流函数分布，其中温度分布为 100 m 深度（WOA13 数据），正压流函数使用 SOAD 的流场数据进行积分得到，温度和流线的大尺度分布特征是非常类似。此外，中尺度涡由于其强烈的水平剪切流速，以及裹挟水体西向移动的过程中呈现的冷暖涡旋的相间分布，也体现平流作用对于温度场的调制作用，因此我们基于流场的约束来设计相关尺度方案，并与法国成熟的剖面资料客观分析系统——ISAS（In-Situ Analysis System）[14] 提供的尺度方案进行对比。

$$\frac{\partial T}{\partial t} + \vec{V}\nabla T = \kappa \Delta T, \tag{1}$$

$$\frac{\partial T}{\partial t} = k\frac{\partial^2 T}{\partial x^2}. \tag{2}$$

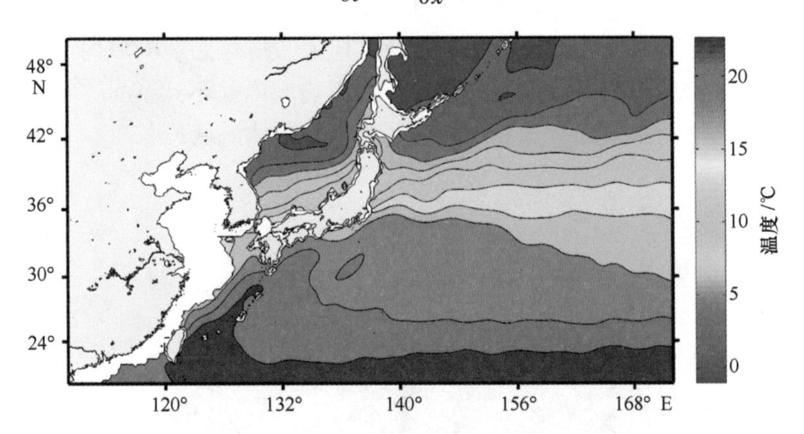

图 1　西北太平洋海域多年平均的温度分布（深度：100 m，单位：℃）

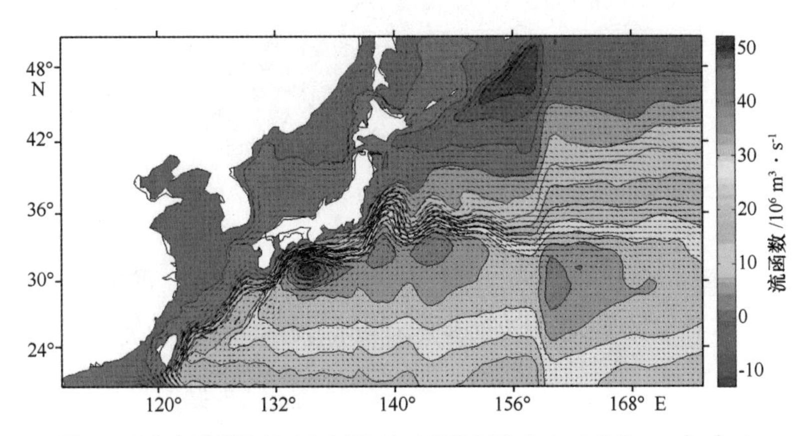

图 2　西北太平洋海域多年平均的正压流函数分布（单位：10^6 m^3/s）

2　基于流场约束的相关尺度方案设计

考虑平流作用在 Argo 资料融合中的影响，构造各向异性的相关尺度方案。从最简单的考虑，可以尝试设置为：$L_x = LU$，$L_y = LV$，其中 U 和 V 分别代表两个方向的流速，L_x 和 L_y 代表东西向和南北向的相关尺度，L 为一待定常数。按照一般的理解，L

既不要太大，把不相关的观测考虑进来；也不要太小，造成观测信息太少而对背景场的修正不明显。传统的尺度方案设计可以较好的重构全球大尺度的温盐分布，这可以成为设置 L 的借鉴。基于观测资料均匀分布的假设，落于影响域内的观测资料的个数只取决于影响域的面积大小。可以通过调节 L 使得新的影响域的面积大致与之前的各向同性的情况下影响域面积相当，这样可以排除观测资料数量对融合效果的影响。我们统计了传统的 ISAS 方案下，每个格点其影响区域内 Argo 资料的个数（图 3）。由于目前 Argo 资料比较稀疏，广阔大洋分布较多，而浅海近岸海域分布很少，造成超过半数格点的影响半径内无法提供观测资料，其余的格点上影响域内 Argo 剖面的个数多集中于 1~5 个，最终半数以上的统计点上影响域内找不到 Argo 剖面，因此我们将研究区域选择在 Argo 剖面分布相对较多的黑潮延伸体海域。

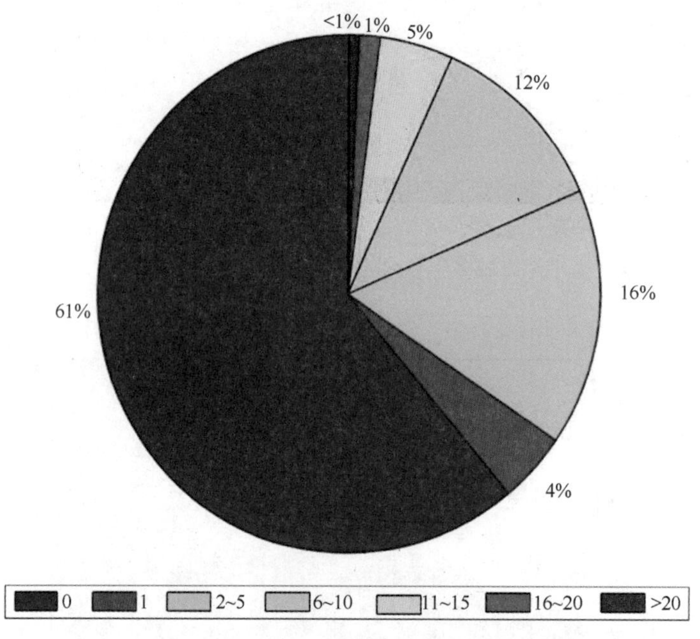

图 3 采用 ISAS 方案设置误差相关尺度时落于影响域内的 Argo 剖面的频数统计饼状分布

需要注意的是，由于流场的复杂性，导致有些地方只有一个方向的流速，或者两个方向的流速相差太大，造成影响区域实际上退化成一个很扁的椭圆甚至是一条直线。此时，为保证流场约束的尺度方案下影响域的面积与传统情况下一致，会造成椭圆的长轴特别长，明显偏离了物理背景场的约束。式（3）代表了考虑各向异性的情况下，计算两个格点间相关系数 μ_{ij} 的公式，L_x 和 L_y 分别代表两个方向的相关尺度，a 是常系数，Δx 和 Δy 分别表示观测与格点在两个方向上的距离。由指数函数的变化规律可知，只要设置一个相对较小的阈值 L_y，就可以既避免计算影响域面积时的错误，

又不至于引入多余的观测资料。本文设定误差相关尺度的极小阈值为 25 km，大约相当于（1/4）°，

$$\mu_{ij} = a\exp\left[-\frac{(\Delta x)^2}{(L_x{}^2)} - \frac{(\Delta y)^2}{(L_y{}^2)}\right]. \tag{3}$$

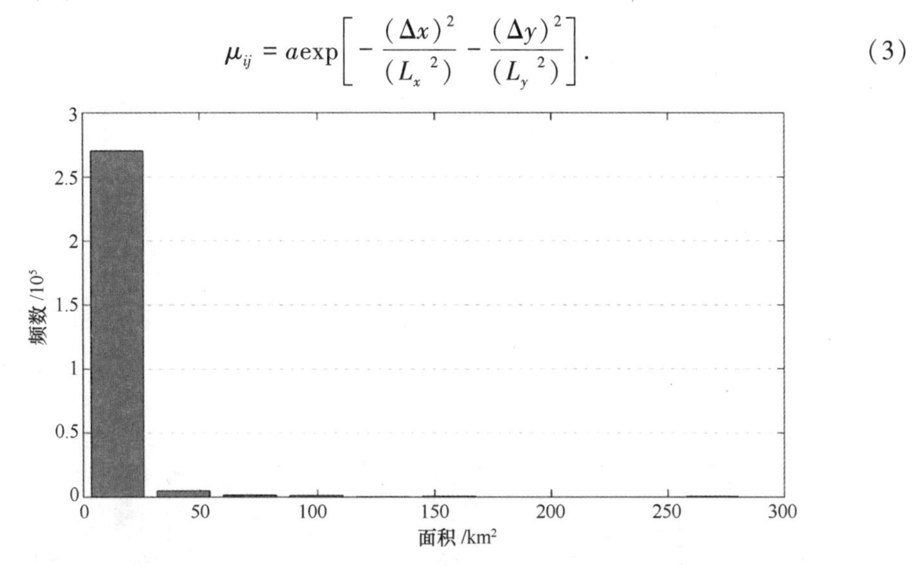

图 4　采用 ISAS 方案设置误差相关尺度时全球各个格点对应的影响域的面积分布统计结果

基于影响域的面积统计，即当相关尺度按照 ISAS 系统的方案进行设置时，全球绝大多数格点对应的影响域的面积集中十几个单位面积（单位网格的平方）这一量级上（图 4）。对所有网格上影响域的面积进行统计平均，发现平均的面积大约为 13 个单位面积。基于这一考量，当给定 HYCOM 模式再分析的流场后，对流速分别乘以某个相同的常数，使得各个格点对应的影响域的面积平均值与 ISAS 方案的相当。图 5 显示了黑潮流域的影响域分布，这时从流速的分布引出各向异性的尺度方案，而且由于各处、各层流速不尽相同，这样的设置不仅实现了非均匀性，还弥补了传统方案下无法考虑不同深度差异的缺陷。考虑落于影响域内剖面数不至于太少，以及基于剖面资料分布均匀的情形下，影响域面积不要太小的假设下，我们把比例常数设置为 600 km。

3　Argo 资料的融合实验结果分析

根据前面的分析，使用流场约束的误差相关尺度设置方案，进行 Argo 资料的融合实验。实验区域选择为黑潮延伸体海域，时间为 2010 年 1 月，选择先前的变形半径方案的结果作为对比。当考虑 1 月内的 Argo 剖面时，落于影响域的剖面数较少，为此把插值窗宽从 30 d 扩展到 45 d，考虑前后各 1 月的 Argo 剖面数据。图 6 显示为流场约束方案、变形半径方案和气候态数据的对比。显然，流场约束方案基于 2 倍变形半径方案的结果和气候态数据之间：与气候态类似，温度等值线与流线有较明显的

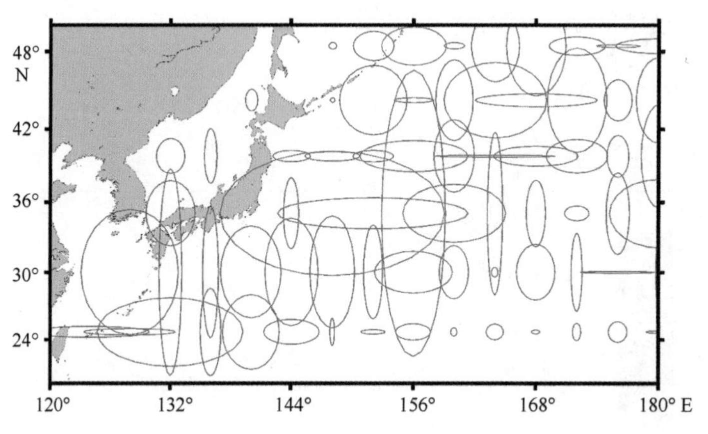

图 5　黑潮延伸体海域基于流场约束的影响区域分布

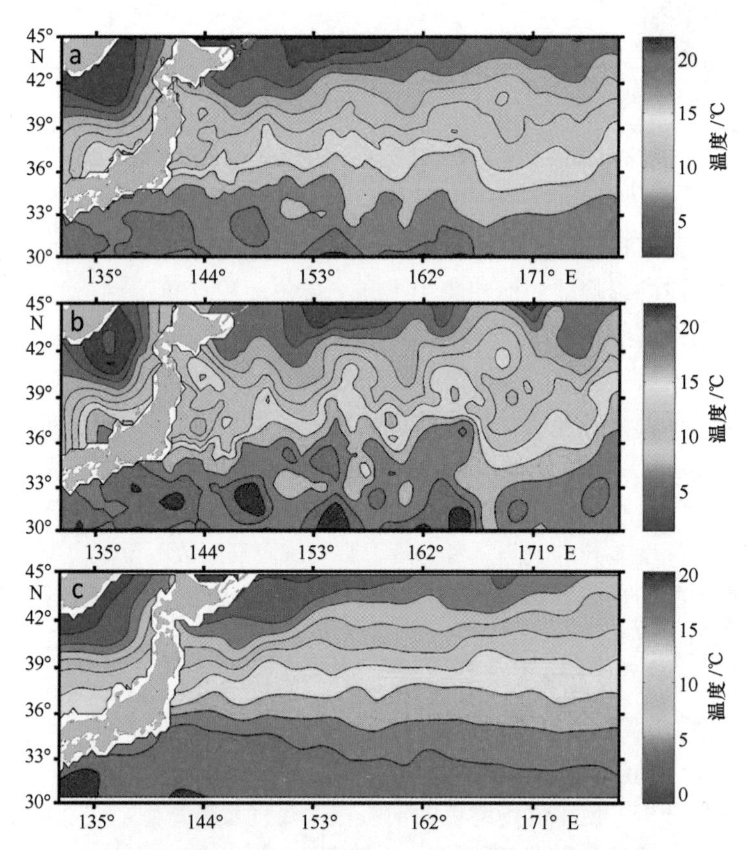

图 6　流场约束方案下 50 m 深度温度分布（a）；变形半径方案下 50 m 深度温度分布（b）；气候态数据 50 m 深度温度分布（c）

吻合，但又不像 2 倍变形半径方案出现如此多的中尺度特征。这一区域流场对温度场的调制作用应该较强，黑潮弯曲呈现蛇形过程中，海水位涡守恒会造成中尺度涡的脱落，产生的中尺度现象应该是合理的。为避免剖面数据太少，考虑了更长的时间窗宽，按照2倍变形半径方案下，这一区域的相关尺度大约集中于70 km。因此，利用2倍变形半径方案应该考虑在资料密集的地方进行一定程度的剔除。流场约束的方案则不会出现这一问题，因为在这一区域，大部分的椭圆较扁，落于影响域内的剖面数小于变形半径方案的情形。流场约束的方案下，300 m深的温度分布（图7）则更多的体现了平流输运对温度场的调制。

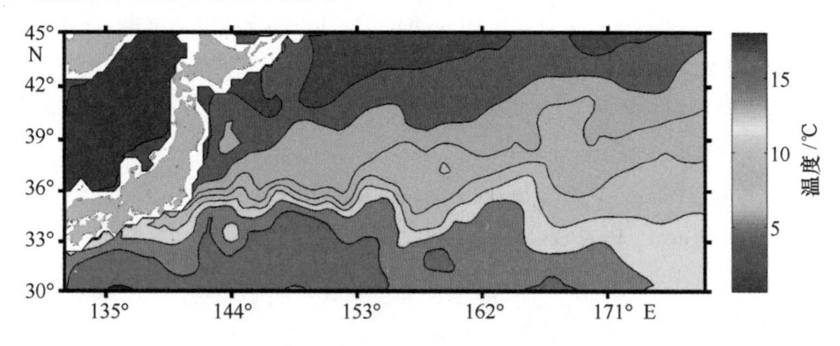

图7　流场约束方案下300 m深度温度分布

4　小结与讨论

本文从温度方程出发，提出流场约束的误差相关尺度设置方案。通过考虑与传统方案下影响域的面积以及落于影响域内Argo剖面的个数，确定针对HYCOM再分析流场下，不同层次的尺度常数L，利用公式（3）和公式（4）重新计算各层的误差相关尺度，给出各向异性的尺度方案，得到如下结论：（1）使用HYCOM再分析流场数据构造平流约束的误差相关尺度，将传统的影响域由圆改进为椭圆，不仅实现了各向异性的要求，还可以提供随深度变化的尺度场；（2）流场约束方案下影响域的面积的空间变化很大，但是在强流区尤其是两个方向上流速大小相差很大时，影响域椭圆很扁，落于影响域内Argo剖面数会变少；（3）流场约束方案下，为增加落于影响域内的剖面数，特地把时间窗宽设置为45 d，这时温度分析场与流线吻合度较高，而变形半径方案因为剖面较多、尺度设置较小，分析场更多的体现为“斑块”状分布，真正进行数据融合时则需考虑剔除一定数量的资料。

实际上，基于流场约束的尺度设置方案仍有部分问题需要解决：一方面，整体的尺度设置偏小造成观测资料太少，因在平流作用下Argo浮标随波逐流的特性，使得Argo资料杂乱无章的分布特点被充分放大；另一方面，在流速较大的地方，当同化整个月的Argo资料时，很有可能在这种设置下会出现落于影响域内的剖面数太少，或者影响域内的Argo剖面实际上是来自远超过影响域范围以外的，造成虚假的平流混合。以上问题需要在下一步研究中加以解决。

致谢：感谢中国 Argo 实时资料中心网站提供的 Argo 剖面浮标观测资料。

参考文献：

[1] Daley R.Atmospheric Data Analysis[M].Cambridge,UK:Cambridge University Press,1993.

[2] Gaspari G,Cohn S E.Construction of correlation functions in two and three dimensions[J].Q J R Meteorol Soc,1999,125(554):723-757.

[3] 舒业强.针对表层海温与实测温盐的南海海洋资料同化研究[D].广州:中国科学院南海海洋研究所,2009.

[4] Meyers G,Phillips H,Smith N,et al.Space and time scales for optimal interpolation of temperature —Tropical Pacific Ocean[J].Prog Oceanogr,1990,28(3):189-218.

[5] 庄照荣,薛纪善,庄世宇,等.资料同化中背景场位势高度误差统计分析的研究[J].大气科学,2006,30(3):533-544.

[6] Zhou Guangqing,Fu Weiwei,Zhu Jiang,et al.The impact of location-dependent correlation scales in ocean data assimilation[J].Geophys Res Lett,2004,31(21):133-147.

[7] 王公杰,张韧,陈建,等.斜压罗斯贝变形半径优化的误差相关尺度及其对最优插值效果的改进[J].海洋学报,2014,36(1):109-118.

[8] Troupin C,Barth A,Sirjacobs D,et al .Generation of analysis and consistent error fields using the Data Interpolating Variational Analysis (DIVA)[J].Ocean Model,2012,52-53(4):90-101.

[9] 曹小群,黄思训,张卫民,等.区域三维变分同化中背景误差协方差的模拟[J].气象科学,2008,28(1):8-14.

[10] Zhang Chunling,Xu Jianping,Bao Xianwen,et al.An effective method for improving the accuracy of Argo objective analysis[J].Acta Oceanologica Sinica,2013,32(7):66-77.

[11] Weaver A,Courtier P.Correlation modelling on the sphere using a generalized diffusion equation[J].Q J R Meteorol Soc,2001,127(575):1815-1846.

[12] 李冬,王喜冬,张学峰,等.基于扩散滤波的多尺度三维变分研究[J].海洋通报,2011,30(2):164-171.

[13] Liu Ye,Zhu Jiang,She Jun,et al.Assimilating temperature and salinity profile observations using an anisotropic recursive filter in a coastal ocean model[J].Ocean Model,2009,30(2-3):75-87.

[14] Brion E,Gaillard F .ISAS-Tool Version 6:User's manual[R].LPO,France,2012.

The velocity-dependent correlation scales and its simply application in the objective analysis of Argo data

WANG Gongjie[1], WANG Huizan[1,2], ZHANG Ren[1],
SUN Chaohui[2], CHEN Jian[3]

1. *College of Meteorology and Oceanography, National University of Defense Technology, Nanjing* 211101, *China*
2. *State Key Laboratory of Satellite Ocean Environment Dynamics, Second Institute of Oceanography, State Oceanic Administration, Hangzhou* 310012, *China*
3. *Beijing Institute of Applied Meteorology, Beijing* 100029, *China*

Abstract: With the development of the Argo project, more and more high quality profile data of temperature salinity provide a valuable opportunity for us to further detect and attribute ocean enviroment variability. It is very necessary to combine of scattered distribution of Argo data and the background field to get the grid point data which is easy to use through mathematical methods. Both in the objective analysis and data assimilation, the background error covariance matrix of the anisotropy is needed. This paper provides a new correlation scales scheme named the velocity-dependent scheme by analyzing the temperature equation to determine the influences on the temperature distribution of main physical processes. Then using HYCOM reanalysis velocity data to calculate the new scale schemes and applied in the ISAS (a useful objective analysis system). Under the new scale scheme, the effective area is improved elliptic rather than a circular under the traditional scheme. The velocity-dependent scheme not only achieves the anisotropy, but also provides with the correlation scale varying from one depth to another.

Key words: Argo; ***B***-Matrix; anisotropic; velocity-dependent; correlation-scales

西太平洋 Argo 资料的两种同化方案

连喜虎[1,2,3]，庞重光[1,2*]，高山[1,2]

1. 中国科学院海洋研究所，山东 青岛 266071
2. 中国科学院海洋环流与波动重点实验室，山东 青岛 266071
3. 中国科学院大学，北京 100049

摘要：使用 POM（Princeton Ocean Model）海洋环流模式模拟西北太平洋海域的温盐场，之后运行中国科学院大气所同化系统（Ocean Variational Analysis System，OVALS），使用 Argo 观测网格化产品进行 2006 年整个计算域三维变分同化。无论从平面分布还是断面分布来看，除海表面温度（SST）外，温度同化的效果都比较好，尤其是 800 m 水深以浅，均方差值甚至能减小 1.0℃以上。而且随着同化积分时间的增加，同化后误差减小越来越显著，3、4 月份的同化效果明显高于 1、2 月份。与 OFES（OGCM for the Earth Simulator）海洋模式结果相比，同化在一定程度上改进了模拟结果。在 POM 数值模拟基础上，利用 3 个西太平洋代表性浮标的观测资料，运用松弛逼近法同化 2006 年 6 月断面数据。当松弛系数取 0.5 时，模拟时间大约半天，模拟值就能快速逼近或完全等于观测值。虽然只对观测剖面进行了数据同化，但该同化可以产生更大范围的效果，而且这种效果可以持续更长时间。

关键词：Argo 观测资料；数据同化；同化系统（OVALS）；松弛逼近法；POM（Princeton Ocean Model）；OFES（OGCM for the Earth Simulator）资料

利用 Argo 观测数据可以进行海气相互作用研究，定量描述全球海洋物理状况以及上层海洋的变化状态，进行海表面地形测量和解释，开展气候和海洋变异研究与预测，以及数据同化及模式研究[1]。由于 Argo 技术起步较晚，其观测数据正在逐步积

基金项目：国家自然科学基金（61233013）；国家重大科学研究计划（2012CB956004）。

作者简介：连喜虎（1986—），男，山东省荣成市人，硕士研究生，主要从事数值模拟和数据同化工作。E-mail：lianxihu0218@163.com

* **通信作者**：庞重光（1973—），女，山西省榆社县人，研究员，博士，主要从事悬浮物质输运与循环研究。E-mail：chgpang@qdio.ac.cn

累，特别是从 2005 年开始月平均剖面数据量才超过 5 000 个[2]，资料量比较有限，因此 Argo 观测数据大多数情况下只是作为同化资料的一部分被使用[3-5]。张人禾等[3]利用 Argo 资料改进海洋资料同化和海洋模式，将 Argo 浮标资料应用到全球海洋资料四维同化系统（NCC-GODAS），除了 Argo 资料外，还有船舶、浮标等观测资料，要素包括海平面气压、近海面气温、海面大气风场以及海温垂直廓线（XBT）等。李云等[4]研发出一套与 POM 相匹配的最优插值同化模块，可以将船舶报的实测资料和 Argo 资料同化到数值模型中。专门针对移动平台 Argo 观测数据的同化研究并不多，刘怀明等[6]将 2004-2008 年 Argo 温盐资料应用到国家气候中心新二代的海洋资料同化系统（BCC_ GODAS2. 0）进行同化试验，并利用 TAO（Tropical Atmosphere Ocean）、OISST（Optimum Interpolation Sea Surface Temperature）和 SODA（Simple O-cean Data Assimilation）数据集进行检验和评估，结果显示，同化对 0~1 000 m 海洋层的模拟都有改进，其中混合层比较明显，北半球中高纬度、北大西洋温度误差减小，中西太平洋、印度洋地区暖异常现象得到校正。

2000-2004 年 Argo 观测浮标数量有限，只能获得单个浮标的运动轨迹以及观测剖面数据，在很多海域由于观测数据太稀疏而不能形成网格化产品。2005 年随着 Argo 观测数据逐渐增多，Argo 数据中心制作发布了分辨率 1°×1°、基本覆盖全球海洋的网格化产品。针对 Argo 观测数据这一时间变化特点，本文使用两种同化方案开展专门针对该数据的数据同化工作。当只能获得单个浮标的观测剖面数据时，采用简单的松弛逼近法来进行断面同化；当可以获得 Argo 观测网格化产品时，采用中国科学院大气物理研究所同化系统（Ocean Variational Analysis System，OVALS）进行全计算域同化。首先使用 POM 模式模拟西北太平洋海域的温盐场，待模式稳定后，运行 OVALS，使用 Argo 观测网格化产品进行 2006 年整个计算域三维变分同化。在 POM 数值模拟基础上，利用 3 个西太平洋代表性浮标的观测资料，运用松弛逼近法同化 2006 年 6 月断面数据。

1 资料和同化系统

1.1 资料

所用的同化资料为 2006 年 Argo 观测资料，分两种：一种是由国家海洋信息中心根据法国 Argo 数据中心浮标资料制作而成的网格化产品，空间分辨率为 1°×1°，共分 26 层，最深处达海表面以下 2 000 m；另一种是单个 Argo 浮标的运动轨迹及其观测剖面数据。

OFES（OGCM for the Earth Simulator）海洋模式资料是日本地球模拟器模拟计算得到的高分辨率长时间序列资料。模式的计算区域为 75°S~75°N，几乎覆盖除北极海域的全球区域。模式的水平空间分辨率为 0. 1°×0. 1°，垂直方向上分为 54 层。已有的研究与实测结果对比分析表明，高分辨率的 OFES 模式结果较好地模拟了海洋要素场的空间结构及变化特征，与实测结果相吻合（详见 OFES 网站模式结果比较分析[7]）。因此选取 OFES 2006 年的资料，作为未参加同化的独立资料用于同化结果的对比分析。

1.2 同化系统及方法简介

本文采用两种同化方法，三维变分同化和松弛逼近法。

三维变分同化方法选择 OVALS[8]，具体同化方案是在模式的每一个水平层上求解如公式（1）所示的代价函数的最小值。

$$J = \frac{1}{2}\boldsymbol{X}^{\mathrm{T}}\boldsymbol{A}^{-1}\boldsymbol{X} + \frac{1}{2}[D(\boldsymbol{X}) - \boldsymbol{X}_0]^{\mathrm{T}}\boldsymbol{F}^{-1}[D(\boldsymbol{X}) - \boldsymbol{X}_0], \tag{1}$$

其中，$\boldsymbol{X}$ 是 N 个分量的列向量，代表对背景场的订正场；$\boldsymbol{A}$ 是背景误差协方差矩阵；D 是将模式的点映射到观测点的双线性内插算子；$\boldsymbol{X}_0$ 是 M 个分量的列向量，表示观测与背景场的差；$\boldsymbol{F}$ 是观测误差协方差阵。

温度（T）和盐度（S）的背景误差协方差矩阵分别为 $\boldsymbol{E}_T$ 和 E_S，即：

$$\boldsymbol{E}_T = a(x, y, z)\exp\left[-\frac{\boldsymbol{r}_x^2}{L(T)_x^2} - \frac{\boldsymbol{r}_y^2}{L(T)_y^2}\right]$$

$$\boldsymbol{E}_S = b(x, y, z)\exp\left[-\frac{\boldsymbol{r}_x^2}{L(S)_x^2} - \frac{\boldsymbol{r}_y^2}{L(S)_y^2}\right], \tag{2}$$

其中，x 表示纬向坐标，y 表示经向坐标，z 表示垂向坐标，a（x，y，z）和 b（x，y，z）是模式模拟的误差估计，$\boldsymbol{r}_x$ 和 $\boldsymbol{r}_y$ 分别表示两格点间纬向和经向距离；L_x、L_y 表示纬向和经向的特征尺度。在常规温盐同化中各参数作如下调整：

1）$\boldsymbol{E}_T$ 的误差系数 a（x，y，z）取为常数，$\boldsymbol{E}_S$ 的误差系数 b（x，y，z）采用了 Behringer 经验函数法[8]如公式（3）所示，其中 a_s 取为 0.2；

$$b(x, y, z) = a_s\frac{(\mathrm{d}S/\mathrm{d}z)1/2}{[(\mathrm{d}S/\mathrm{d}z)1/2]_{\max}}. \tag{3}$$

2）背景误差协方差矩阵的相关尺度是用来体现相邻区域海水温盐特性相互影响程度的参数，考虑到本文所研究的区域范围比较小，且温盐场在水平方向上的变化梯度可能比较大，所以相关尺度的取法如下：

在热带地区（10°~20°N），$L_x = L_y = 0.5°$[10]；

在其他地区，$L_x = L_y = 0.5°\sqrt{\sin\theta}$，其中 θ 为纬度；

3）温度和盐度的观测误差协方差矩阵 $\boldsymbol{F}_T$ 和 $\boldsymbol{F}_S$ 不但包含了测量误差的信息，而且也包含了代表性误差，在系统中假定 $\boldsymbol{F}_T$ 和 $\boldsymbol{F}_S$ 是对角阵，即观测误差互不相关，则由公式（4）表示，其中 C_T（x，y，z）和 C_S（x，y，z）分别为温度和盐度观测误差的估计，由于是对角阵，误差方差的估计可定为常数。对于温度来说 C_T =

$(0.25℃)^2$，对于盐度来说 $C_S=(0.01‰)^2$，t 表示时间，Δt 是实测资料和背景资料时间差，t_{window} 表示观测数据时间相关性的时间窗口。

$$F_T=\frac{C_T(x,y,z)}{1-|\Delta t|/t_{window}}$$

$$F_S=\frac{C_S(x,y,z)}{1-|\Delta t|/t_{window}} \tag{4}$$

对于温度，当观测场和背景场（模式解）的差 $T_0>5℃$ 时，$F_T=\frac{0.25^2}{1-|\Delta t|/t_{window}}\times[1+(|T_0|-5)^2]$，而对于盐度，当观测场和背景场（模式解）的差 $S_0>0.5$ 时，$F_S=\frac{0.015^2}{1-|\Delta t|/t_{window}}\times[1+(|S_0|-0.8)^2]$，以避免模式温盐场发生突变而导致运行崩溃。

1.3 POM 模式设置

基于 POM 海洋模式，建立西北太平洋海域海洋模式，模拟的区域为 10°~32°N，100°~140°E，水平分辨率为 0.25°×0.25°，水平网格点共 161×89 个，垂向采用对数分层，共 16 层，最大深度 2 000 m，模式外模时间步长为 40 s，内模为 2 400 s。首先运行模式 10 年气候态达到稳定，然后以气候态结果作为初始场进行实时模拟。POM 模式所用的气候态海面驱动场为 UWD/COADS（Comprehensive Ocean-Atmosphere Data Set）的气候态月平均海面风应力，初始温盐及海表面温盐为 Levitus 气候态月平均温盐资料，所用海面风场资料为美国国家海洋大气局-环境科学研究合作研究所（NOAA-CIRES）气候诊断中心的 NCEP-DOE（National Centers for Environmental Prediction-Department of Energy）再分析数据，空间分辨率为 1.875°×1.875°，时间间隔为 1 d。

2 结果与分析

2.1 OVALS 的结果分析

在 2006 年每天变化的海面风场的驱动下，使用 OVALS 与 POM 模式耦合运行的方式模拟西北太平洋海域的温盐场，利用 2006 年 Argo 月平均观测格点资料进行整个计算域三维变分同化。

从 2006 年 1 月 16 日加入 Argo 格点数据开始进行同化，同化时间间隔为 4 d。选取 2006 年 1—4 月同化前后的结果，探讨 Argo 数据同化对温度的影响。首先分析同化前后海表面温度（SST）的变化，如图 1 所示，同化效果并不明显。同化前后的 SST 分布图除少数细节以及温度等值线的平滑程度外基本相同，没有明显的变化。

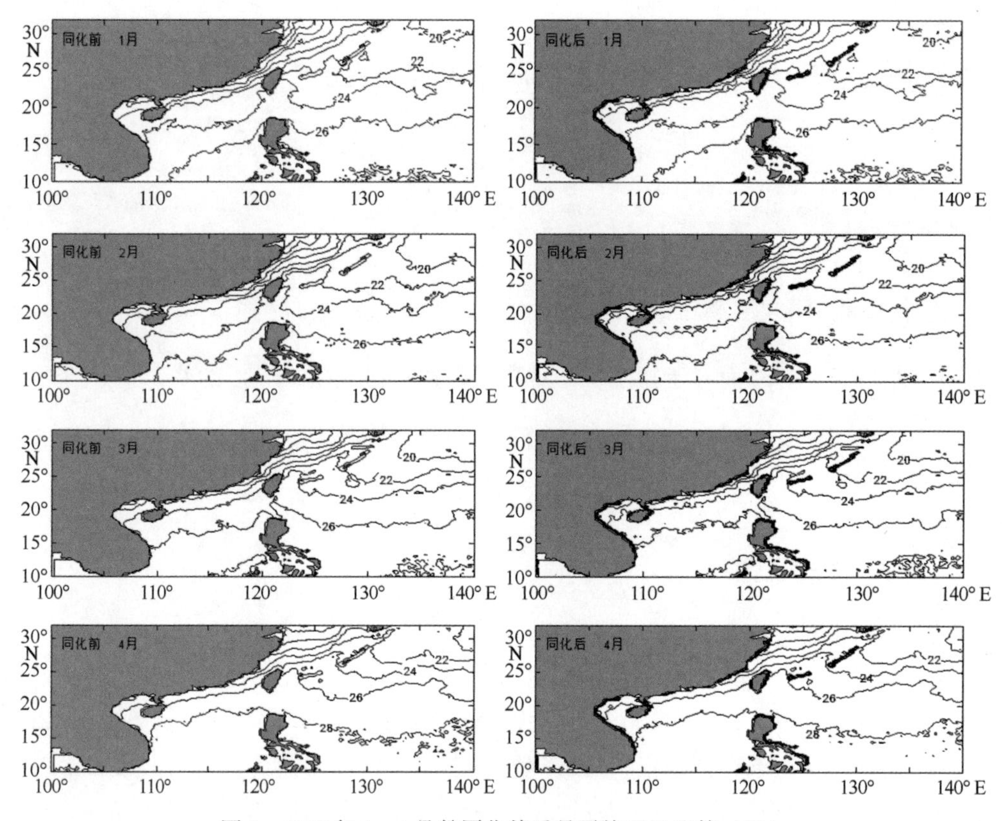

图 1 2006 年 1—4 月份同化前后月平均 SST 比较（℃）

图 2 表示在 18 m 深度层上，同化前 POM 模拟、加入 Argo 资料同化后以及 OFES 资料三者的温度分布。对比 SST 分布，可以看出在此深度上，同化效果比较明显。同化效果明显的区域分布在南海海域以及 22°N 以北的海域，而且 1—4 月，同化效果越来越好。总体来说，POM 模拟结果与 OFES 资料相比整体温度偏低，特别是南海海域，加入 Argo 资料同化后，温度偏低现象得到了明显改善。1 月份 POM 模拟结果、同化后结果和 OFES 资料三者之间吻合较好，只有在 10°N，113°E 附近，POM 模拟的温度小于 22℃的冷涡区域面积较大，经同化后该冷涡面积有所缩小。2 月份除了该冷涡区域外，POM 模拟的吕宋岛以西海域温度较低，同化之后有较大改进，比较接近 OFES 资料。3、4 月份在南海，POM 模拟结果依然存在大范围小于 24℃的海域，而同化后，该相对低温区已完全消失，与 OFES 资料的吻合度明显提高。但是不足之处是 4 月份 POM 模拟的菲律宾东部海域温度与 OFES 资料吻合较好，同化之后却出现部分区域温度值高于 OFES 资料的情况。

为了进一步量化同化前后温度与 OFES 资料的差别，分别计算同化前后的误差（OFES 数据减去模拟值），并绘制图 3。从整体上说，加入 Argo 资料同化后的 POM 模拟结果有了较好的改善，与 OFES 资料非常接近，绝大部分海域的温度差小于 1℃。

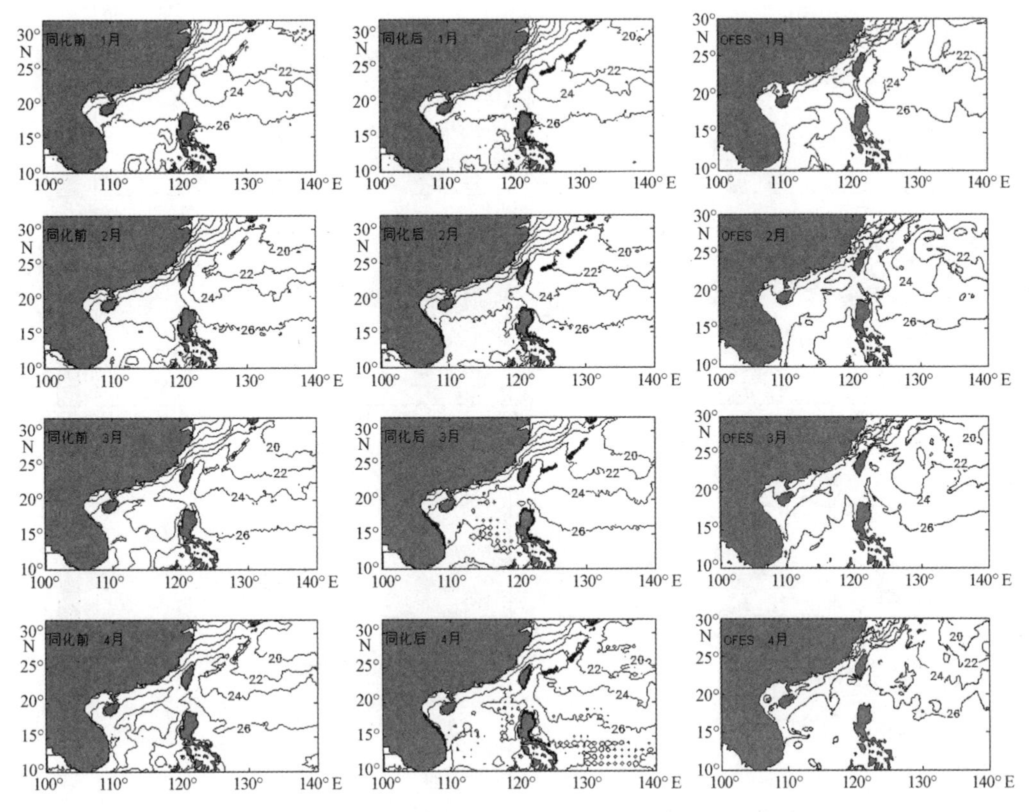

图 2　2006 年 1—4 月份 18 m 深度同化前后和 OFES 三者的月平均温度比较（℃）

如前所述，在南海海域以及 22°N 以北海域，同化效果较好。如 3、4 月份，南海海域同化前模拟值与 OFES 资料相差达 3℃以上，同化后该温度差基本消失。随积分时间的增加同化的效果也越来越好，从 1 月到 3 月两者存在差别的区域越来越小，而且温度差也越来越小，到 4 月份同化后的误差在大部分区域都为 0，这就说明同化积分到 4 月，模拟结果与 OFES 资料已基本一致。

再从具体的断面来分析同化的效果，以 130°E 断面为例，同化 Argo 数据后温度模拟结果有明显改善，如图 4 所示（OFES 数据减去模拟值）。从整体来看 POM 模拟的温度比 OFES 资料的温度低，在某些区域温度偏低甚至大于 1℃，而同化后温度偏低现象虽然存在，但偏低幅度明显降低，没有超过 1℃的海域。从图 4 还可以看出，同化 Argo 数据对 15°N 以北，深度 500 m 以上的温跃层和上混合层温度模拟的改进效果也相当明显。同化前，OFES 资料要比 POM 模拟的温度高很多，最大达 4℃左右。可能原因是该位置受风生流、季风、日照等因素影响温跃层季节变化明显，同时上升流、下降流的作用导致混合加剧、混合层变厚，模式无法准确模拟出温跃层和混合层的复杂变化[1]。Argo 观测资料比较真实地记录了这种现象，所以加入 Argo 资料同化之后从一定程度上改进了深度 500 m 以上温度的模拟结果。改进效果最好的是 3、4

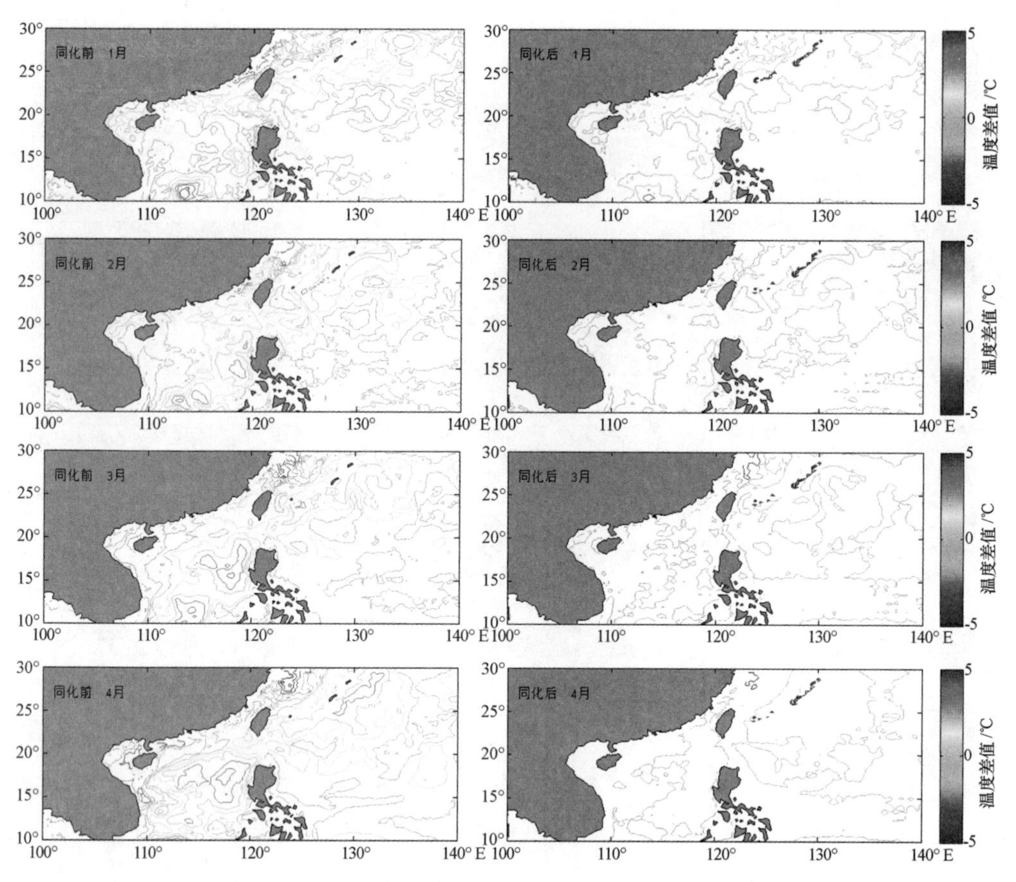

图 3 2006 年 1—4 月份 18 m 深度 OFES 数据与同化前后温度差值比较（℃）

月份，尤其是 3 月份，整体的差值小于 2℃。

图 5 为 130°E 断面 2006 年 1—4 月份各温度数据的均方差比较。首先可以看出 OFES 数据与同化后温度的均方差 $R_{\text{OFES-ASS}}$ 略小于 OFES 与同化前温度的均方差 $R_{\text{OFES-POM}}$，而且 3、4 月份尤其是 3 月份的改进效果最明显。这与上文分析的结论相符，表明同化从一定程度上改进了模拟结果。然而，图 5 还显示 $R_{\text{OFES-ASS}}$ 在水深 800 m 以浅依然较大，原因为此区域 OFES 数据与用于同化的 Argo 观测数据之间均方差 $R_{\text{OFES-ARGO}}$ 较大，如黑实线所示。OFES 数据虽然精度较高，但毕竟也是模式模拟的结果，而不是直接观测数据。如图 5 所示，Argo 观测数据与同化后温度的均方差 $R_{\text{Argo-ASS}}$ 在整个同化深度上都显著小于 Argo 观测数据与同化前温度的均方差 $R_{\text{Argo-POM}}$，尤其是 800 m 水深以浅，误差值甚至能减小 1℃以上，三维变分同化效果十分显著。

2.2 松弛逼近法断面同化的结果分析

2.2.1 断面的选取

2005 年以前，由于 Argo 观测数据太稀疏而不能形成网格化产品，所以不能进行

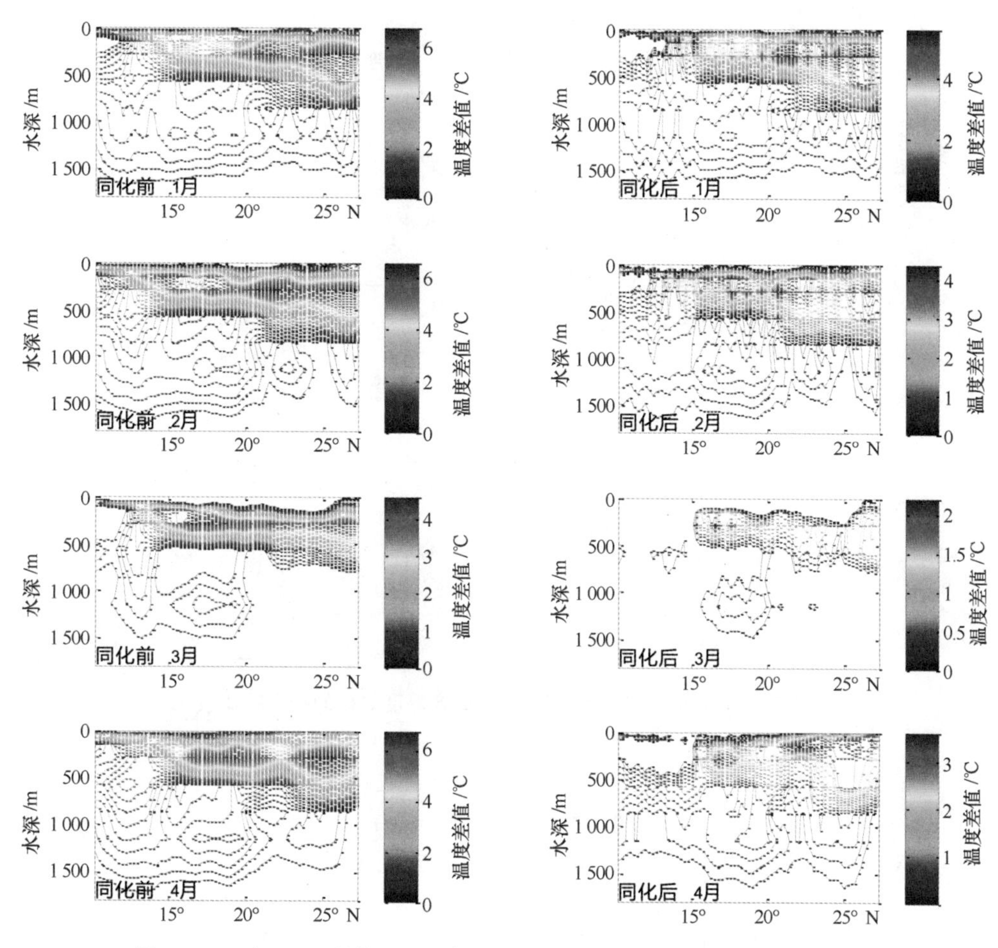

图 4 2006 年 1—4 月份 130°E 断面 OFES 数据与同化前后的温度差（℃）

覆盖全计算域的数据同化。这时，可以采用简单的松弛逼近法对某个或几个浮标的观测剖面数据进行断面同化。简便起见，本文从 2006 年夏季的工作状态良好的 Argo 浮标中选取 3 个代表性浮标，开展断面同化。首先从中国 Argo 实时资料中心下载 2006 年 6—8 月在计算区域（100°~140°E，10°~32°N）内的所有 Argo 浮标资料，一共包括 59 个 Argo 浮标，759 个剖面资料，从中提取相关数据绘制这 59 个 Argo 浮标在 6-8 月的轨迹图，选取其中具有代表性的 3 个（图 6）。从中选取剖面观测时间间隔短，轨迹相对平滑的断面进行同化，选取的 3 个 Argo 浮标编号分别是 2900154、5901503 和 2900376。每个浮标取 6 月份观测断面进行同化（图 6 粗线所示）。

2.2.2 结果与分析

所采用的同化方案是 POM 每运行一步就进行一次同化，松弛系数取 0.5，根据 POM 模式时间步长的设置，即每天进行 36 次同化。大约同化 15 步左右，即不到半天的时间就能快速逼近观测值。从 3 个 Argo 浮标断面中随机抽取一个同化点，比较

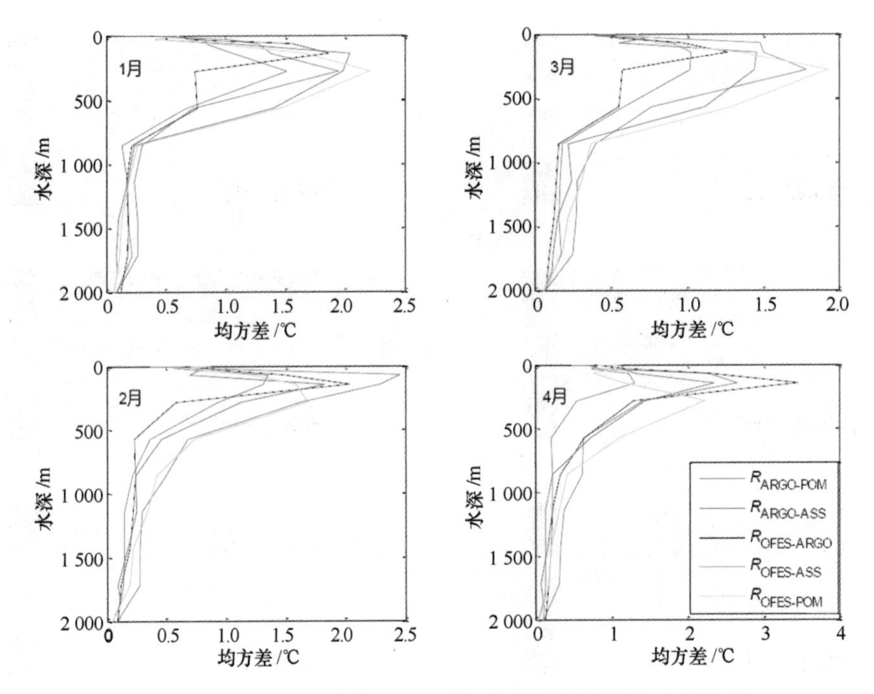

图 5　2006 年 1—4 月份 130°E 断面各温度数据的均方差比较

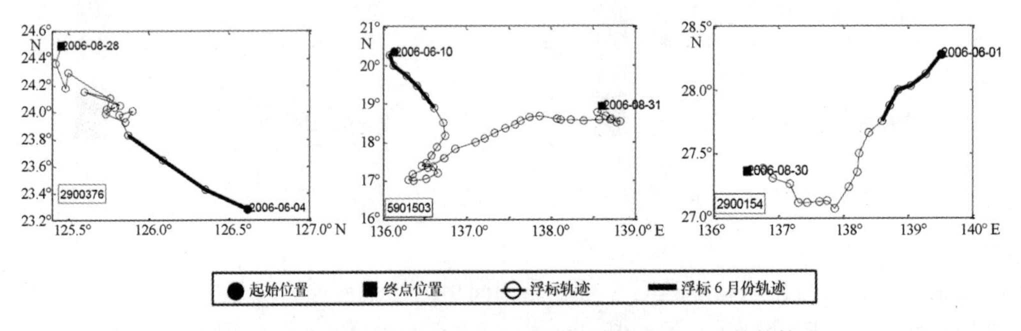

图 6　3 个代表性浮标 2006 年夏季的运动轨迹及 6 月份的轨迹

松弛逼近的同化效果。3 个位置的经纬度分别为（139. 25° E，28° N）、（136° E，20. 25°N）和（126°E，23. 75°N）。图 7 所示点线表示 Argo 浮标在该点的剖面资料，虚线表示未同化的 POM 模拟结果，实线表示将该点 Argo 资料同化后的结果。可以看出 POM 模拟的温度与 Argo 观测温度存在较大差别，特别在 200～600 m 之间，两者最大相差 3℃以上。经过一次同化后（图 7 左列所示），同化结果（实线）位于 POM 模拟值和 Argo 观测值之间，经过 5 d 的同化到 6 月 5 日，同化后 POM 模拟的结果非常接近以至于完全等于观测值（图 7 右列所示）。考查松弛逼近法的时间序列，可以看出，同化过程非常快，仅半天的时间同化就已基本完成。

为验证某断面同化之后对其周围地区是否产生影响，本文在 5901503 号浮标断面

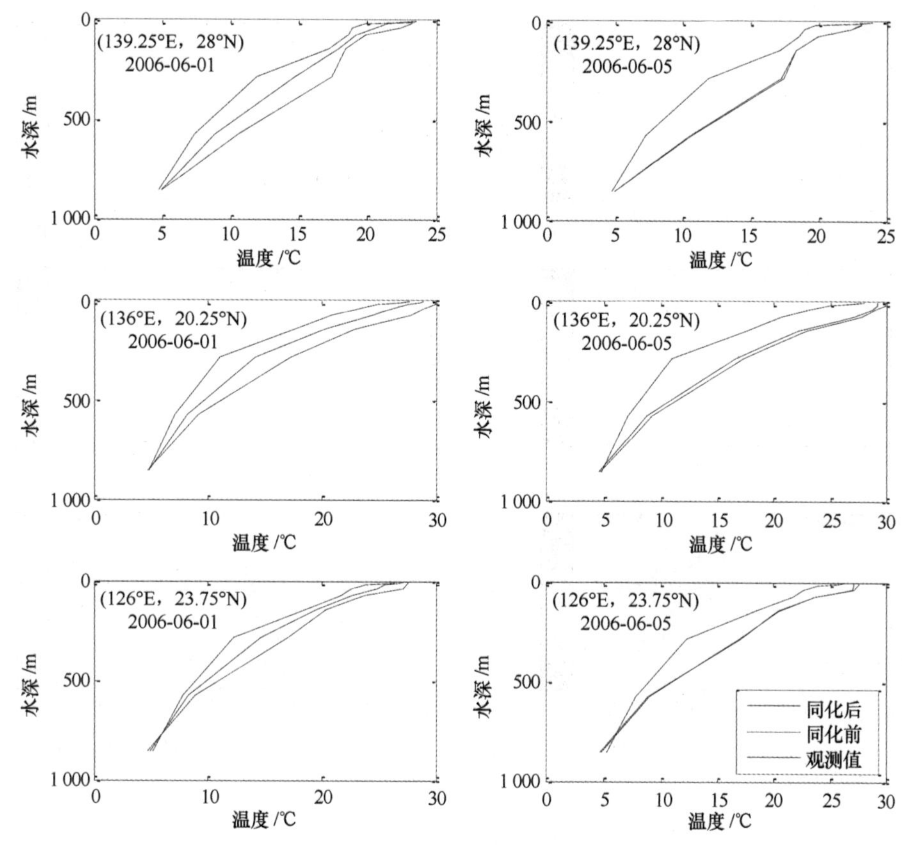

图 7　3 个浮标剖面松弛逼近同化 1 步（2006-06-01）和
同化完成后（2006-06-05）温度同化结果的比较

以西分别取出间隔为 1°、2°和 3°的 3 个经向断面，对比其同化前后的温度结构是否发生了改变。如图 8 所示，离该断面距离不同的 3 个经向断面在同化前后都发生了变化，特别是 100 m 以浅改变明显；而且这种改变随着时间的推移而变化，6 月 1 日与 6 月 5 日的情形很不相同。然而这种改变看似是随机发生的，找不出随时间或距离的规律性变化。该结果与 Dobricica 等[11]描述的情形一致，Dobricica 等[11]指出虽然只对观测数据进行了断面同化，但是在预报系统中，它可以产生更大范围的效果，而且这种效果可以持续更长时间。

3　结论

当只能获得单个 Argo 浮标的观测剖面数据时，采用简单的松弛逼近法进行断面同化；当可以获得 Argo 观测的网格化产品时，采用 OVALS 进行全计算域同化。

无论从平面分布还是断面分布，除海表面温度外，利用 2006 年 Argo 观测资料进

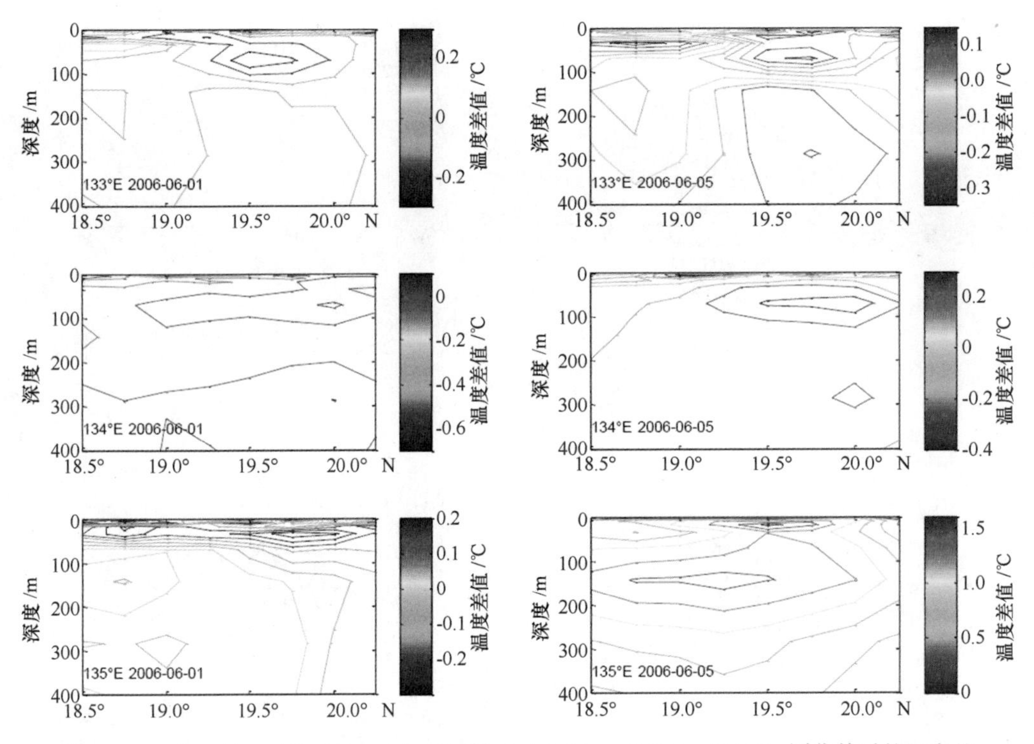

图 8 2006 年 6 月 1 日和 5 日，3 个经向断面（133°E，134°E，135°E）同化前后的温度差

行 OVALS 同化的效果都比较好，尤其是 800 m 水深以浅，温度的均方差甚至能减小 1.0℃以上。而且随着同化时间的增加，同化效果越来越好，3、4 月份的同化效果明显高于 1、2 月份。同化从一定程度上改进了模拟结果，但是由于 OFES 数据与用于同化的 ARGO 观测数据之间存在明显的差异，同化后温度结构仍然与 OFES 资料存在一定差别。

当松弛系数取 0.5，利用松弛逼近法进行断面同化时，大约半天的时间模拟值就能快速逼近或完全等于观测值。虽然只对观测剖面进行了数据同化，但该同化可以产生更大范围的效果，而且这种效果可以持续更长时间。

参考文献：

[1] 何建玲,蔡树群.利用 Argo 数据计算吕宋海峡以东海域水文特性参数和流场[J].热带海洋学报,2012,31(1):18-27.

[2] 张胜茂,伍玉梅,杨胜龙.Argo 观测剖面数据量的时间变化与周期分析[J].海洋技术,2011,30(1):5-9.

[3] 张人禾,刘益民,殷永红,等.利用 ARGO 资料改进海洋资料同化和海洋模式中的物理过程[J].气象学报,2004,62(5):613-622.

[4] 李云，刘钦政，张建华，等.最优插值方法在西北太平洋海温同化中的应用研究[J].海洋预报，2008，25(2)：25-32.

[5] Deng Z W, Tang Y M, Chen D K, et al. A Time-Averaged Covariance Method in the EnKF for Argo Data Assimilation[J]. Atmosphere-Ocean, 2012, 50(S1): 129-145.

[6] 刘怀明，张祖强，肖贤俊，等.Argo 温盐资料在 BCCGODAS2.0 中的同化试验[J].安徽农业科学，2010，26：14521-14526.

[7] 李琦.北太平洋低纬度西边界流的时空特征和变异规律研究[D].青岛：中国科学院研究生院(海洋研究所)，2009.

[8] 朱江，周广庆，闫长香，等.一个三维变分海洋资料同化系统的设计和初步应用[J].中国科学 D 辑，2007，37(2)：261-271.

[9] Behringer D W, Ji M, Leetmaa A. An improved coupled model for ENSO prediction and implications for ocean initialization. Part I: The ocean data assimilation system[J]. Monthly Weather Review, 1998, 126(4): 1013-1021.

[10] 高山，王凡，李明悝，等.中尺度涡的高度计资料同化模拟[J].中国科学 D 辑，2007，37(12)：1669-1678.

[11] Dobricic S, Pinardi N, Testor P, et al. Impact of data assimilation of glider observations in the Ionian Sea (Eastern Mediterranean)[J]. Dynamics of Atmospheres and Oceans, 2010, 50: 78-92.

Two schemes on assimilation with Argo data in the west Pacific

LIAN Xihu[1,2,3], PANG Chongguang[1,2], GAO Shan[1,2]

1. *Institute of Oceanology, Chinese Academy of Sciences, Qingdao* 266071, *China*;
2. *Key Laboratory of Ocean Circulation and Waves, Chinese Academy of Science, Qingdao* 266071, *China*;
3. *University of the Chinese Academy of Sciences, Beijing* 100049, *China*

Abstract: The Ocean Variational Analysis System (OVALS) assimilation system designed by the Institute of Atmospheric Physics, Chinese Academy of Sciences and nudging method were used to assimilate the Argo grid data with the resolution of 1°×1° and Argo profile data into POM numerical model, respectively. The assimilation of Argo grid data in 2006 indicated that the 3D variational data assimilation improved the simulation results in temperature, reducing about 1.0℃ in root mean square errorofeither horizontal or vertical distribution except for SST. Furthermore, the grid data assimilation evolved over time, which was better in March and

April than that in January and February.In comparison with independent GOCM for the Earth Simulator (OFES) data, the data assimilation just partly enhancedthe accuracy of simulated temperature patterndue to aninherent largedifference between OFES data and Argo grid data that were used during the data assimilation.The nudging method was applied to assimilate the Argo profile data into POM numerical model in the summer of 2006.The process of nudging was very rapid, which completed within about half day assuming the relaxation coefficient was 0.5.The nudging assimilation also manifested that the temperature structure even far from the Argo profiles could be rapidly influenced, and the remote impact could remain several days.
Key words: Argo data; data assimilation; OVALS; nudging; POM; OFES data

(该文刊于:海洋科学,2014,38(10):17-25)

利用 Barnes 逐步订正法重构全球海洋 Argo 网格资料集

李宏[1,2]，徐芳华[3*]，周巍[4*]，王东晓[4]，
Jonathon S. Wright[3]，刘增宏[2]，林岩銮[3]

1. 浙江省水利河口研究院，浙江 杭州 310020
2. 国家海洋局第二海洋研究所 卫星海洋环境动力学国家重点实验室，浙江 杭州 310012
3. 清华大学 地球系统科学系 教育部地球系统模拟重点实验室，北京 100084
4. 中国科学院南海海洋研究所 热带海洋环境国家重点实验室，广东 广州 510301

摘要：本文利用一种改进的 Barnes 逐步订正方法重构完成了一个新版的 2004—2014 年全球海洋月平均 Argo 温、盐度网格资料集（简称“BOA_Argo”），其在垂向上分为自表层到 1 950 m 深度不等的 49 层，适用于物理海洋学研究和海洋数值模式计算等。该方法首先通过一系列误差实验，确定使分析误差相对较小的参数，从而构建了一个新的、能灵活处理空间上分布极为不均匀的 Argo 散点观测资料的响应函数。相比最新版本的世界大洋资料集（WOA），新的响应函数使得 BOA_Argo 能够捕捉到更多的中尺度和大尺度信号，并能压缩小尺度信号和高频噪音。利用多种网格资料集（如 WOA13，Roemmich_Argo，Jamestec_Argo，EN4_Argo 和 IPRC_Argo 等）及其计算的混合层深度等变量，并结合其他独立的现场观测资料，综合评估了 BOA_Argo 的效果。结果表明，BOA_Argo 在整体上与其他 Argo 网格资料符合较好；与其他独立观测时间序列的相关系数和均方根误差比较发现，BOA_Argo 与 Roemmich_Argo 网格资料更吻合；且由 BOA_Argo 和其他 Argo 网格资料与卫星海面高度资料的比较还可以看出，BOA_Argo 能够保留更多的中尺度信号。可见，BOA_Argo 与其他资料集相比，具有明显的独特优势，无疑是

基金项目：国家科技基础性工作专项（2012FY112300，2016YFC1401408）；国家重点基础研究发展计划项目（2013CB956603，2012CB955903）；国家自然科学基金项目（41306005，41576018，41606020）。

作者简介：李宏（1986—），男，湖北省武汉市人，工程师，主要从事海洋资料分析及数值模拟研究。E-mail：slvester_hong@ 163. com

***通信作者**：徐芳华（1979—），女，天津市人，副教授，湖南省邵阳市人，主要从事海洋数值模式、数据同化、海洋后报和预报。E-mail：fxu@ tsinghua. edu. cn；周巍（1982—），男，副研究员，主要从事海洋资料同化方面的研究。E-mail：zhouwei@ scsio. ac. cn

对现有Argo网格资料集的有力补充。况且，由本文提出的这种改进方法，不仅计算量小，而且改进效果明显，使得网格资料集可以方便、快速地更新，从而满足全球海洋Argo观测时间序列不断延长和剖面资料海量增长的需求。

关键词：Argo；改进的Barnes逐步订正法；BOA_Argo；网格资料集；全球海洋

1 引言

20世纪90年代末，美国和日本等国的科学家发起了国际Argo（Array for Real-time Geostrophic Oceanography）计划，设想在全球大洋中每隔300 km（空间分辨率3°×3°）布放一个自持式拉格朗日剖面观测浮标，总计为3 000个左右，组成一个庞大的全球Argo实时海洋观测网，以获取准实时、大范围和高分辨率的温、盐度资料[1]。Argo观测网早在2007年就已经全面建成[2]，至2012年11月已经在全球开阔海洋中获得了100万条温、盐度剖面，而且仍以每年超过10万条剖面的速度递增，这是其他常规观测手段无法比拟的。然而，无论是常规仪器还是自动剖面浮标获取的温、盐度等海洋环境要素资料，都存在着观测深度不一致、观测时间不连续及观测空间离散等问题，使得观测资料的应用范围受到一定的限制。

为此，许多Argo成员国都在致力于开发相应的网格数据产品，如Jamestec_Argo[3]、Roemmich_Argo[4]、EN4_Argo[5]和IPRC_Argo等（http：//apdrc. soest. hawaii. edu/projects/Argo/data/Documentation/gridded-var. pdf)。这些Argo网格资料集，大多是采用最优插值法甚至更为复杂的变分法[6]来重构完成的。但正如Locarnini等[7]指出的那样，使用依赖于二阶统计信息的最优插值法，在观测较为稀疏的海域进行客观分析时，会带来较大的分析误差。而Barnes逐步订正法[8-9]的优势就体现在能事先通过理论分析响应函数的形态，来捕捉各种尺度的信号。不过，到目前为止，还没有人利用Barnes逐步订正法来构建逐月平均的Argo网格资料集，主要受到经典的Barnes逐步订正法在使用时，需要满足观测资料在空间分布上均匀的条件限制。

经典Barnes方法在处理空间分布均匀的观测资料时，较为理想。对气候态时间尺度而言，历史观测资料相对较为丰富，其在空间的一致分布性能够满足Barnes逐步订正方法的要求[8-9]。早在20世纪80年代，美国学者Levitus先生就曾利用历史上通过常规观测手段获得的全球海洋散点资料，构建完成一个气候态网格资料集[10]。从理论上讲，对气候态分布的资料，可以事先通过分析响应函数的形态来获取相应的关键参数，并进行客观分析。不过，相对于WOA资料集[11-12]所用的气候态观测资料，逐月的Argo资料则较为稀疏，而且空间分布极为不规则，也不均匀。这给将经典的Barnes逐步订正法直接用于空间分布非均匀的Argo资料进行客观分析，带来了极大的障碍。

为此，本文通过改进经典的 Barnes 方法，使之适用于逐月 Argo 网格资料的重构。通过一系列误差分析实验，首先定量获取应用 Barnes 方法重构逐月 Argo 网格资料集的最佳参数（如迭代次数、影响半径、收敛因子和滤波参数等），然后利用这些参数，重新推导出最新的响应函数。相比于采用 3 次迭代的经典 Barnes 方法，改进后的方法只需两次迭代。而且采用最新响应函数的 Barnes 方法，能够保留更多的中尺度信号，并能压缩小尺度噪音。构建完成的 2004 年 1 月至 2014 年 12 月的三维逐月平均温、盐度网格资料集及衍生数据产品，不但可以用来研究物理海洋现象，还能直接作为数值模式结果的评估资料。

2 BOA_Argo 重构方法

本文利用的 Argo 剖面资料来源于中国 Argo 实时资料中心（http：//www. argo. org. cn）。由于在全球 Argo 实时海洋观测网建设初期，布放的自动剖面浮标十分有限，所以 Argo 观测剖面还比较少，直到 2004 年之后，该观测网才基本覆盖到全球海洋。因此，主要选用了 2004 年之后的 Argo 资料，即 2004—2014 年的 T/S 剖面资料制作初始场（详见 2. 2 节），再利用 Barnes 逐步订正法重构 2004—2014 年逐月平均的 T/S 网格资料。重构 BOA_Argo 资料集的主要步骤如图 1 所示。

第一步，对收集到的 Argo 剖面资料进行必要的质量再控制，剔除不合理的数据后，将之融合到 1°×1°的格点中；第二步，利用 Chu 等[13]提出的几何模型法，计算每个观测剖面的混合层深度，并将每个观测剖面混合层深度内的温、盐度取平均值，作为对应的海表温度（SST）和海表盐度（SSS）；再利用 Cressman[14]逐步订正法获得客观分析的背景场（初始场）；第三步，采用误差实验确定滤波参数、影响半径、迭代次数和收敛因子等参数，再利用改进的 Barnes 逐步订正法重构逐月平均的网格资料；第四步，计算 T/S 的均方根误差（Root Mean Square Error，RMSE），并绘制所有月平均 T/S 的 RMSE 随深度的变化曲线，通过目视审核 T/S 网格资料的质量，倘若在 RMSE 随深度变化曲线中，发现深层（水深不小于 1 500 m）RMSE 较大，则表明原始资料的质量存在问题，需要找到错误的数据值并将其剔除，再重新制作初始场以及利用改进的 Barnes 逐步订正法重构网格资料集，不断重复这一过程（第三步和第四步），直至重构的月平均 T/S 的 RMSE 在深层海洋（>1 500 m）均小于预期值（本文推荐 T 的 RMSE 值小于 0. 06℃，S RMSE 值小于 0. 01）。通过上述 4 个步骤，便构建完成了 2004 年 1 月至 2014 年 12 月全球海洋三维逐月平均温、盐度网格资料集及衍生数据产品（等温层深度、混合层深度和合成混合层深度等）。

值得指出的是，由于在深层海洋中 T/S 的变化本来就比较小，所以对应每个月份的 T/S RMSE 也会较小，而所有月份的 RMSE 曲线越到深层越集中，也即 RMSE 值越来越小才比较合理。

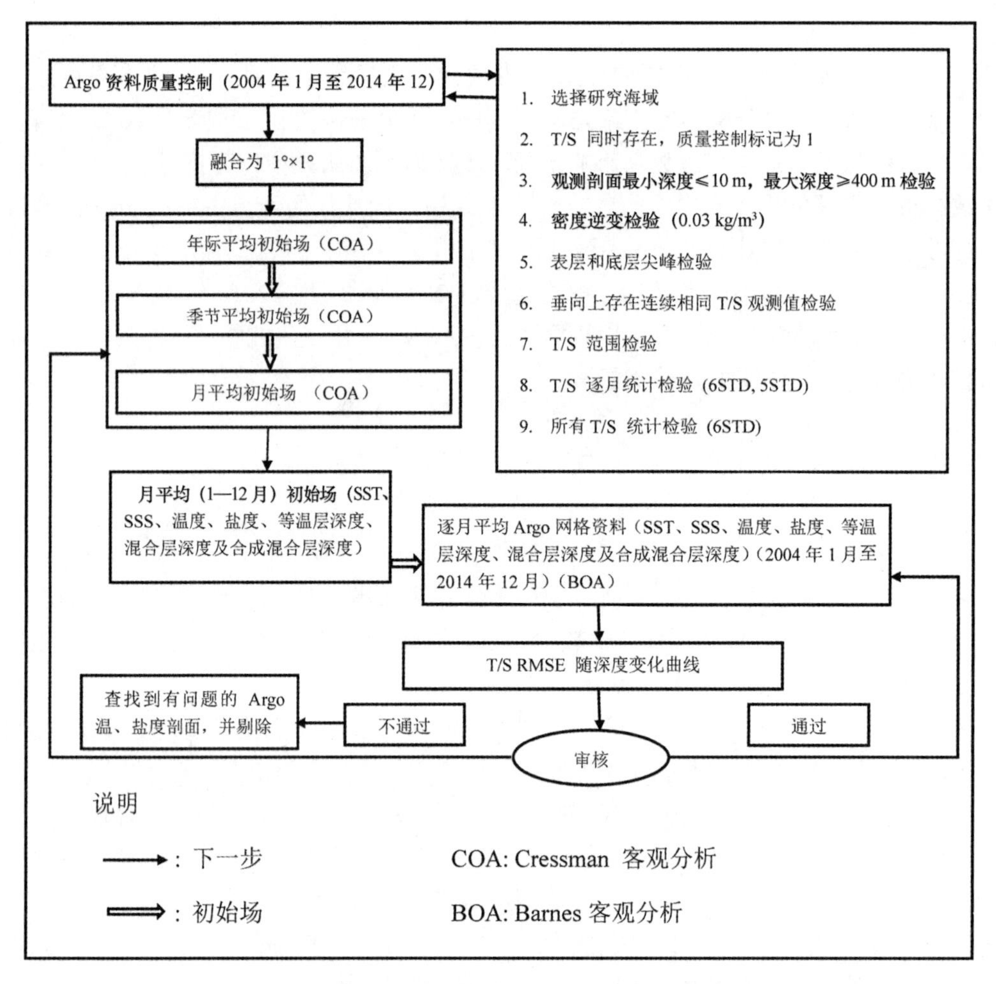

图 1 BOA_Argo 网格资料集制作流程，包括 Argo 资料的质量再控制及预处理，同样也包括迭代应用客观分析并检验均方根误差等

2.1 Argo 资料质量控制及其预处理

2.1.1 质量控制

包括中国在内的各国 Argo 实时资料中心，都有一套由计算机自动完成的实时和延时 Argo 资料质量控制流程，主要监控如平台识别码、观测日期或者位置、海—陆点、浮标漂移速度、温度和盐度尖峰、电导率传感器漂移、温度和盐度梯度、密度逆转等 19 类容易出错的信息。详情可参考 Argo 资料质量管理手册[15]。

经过上述统一质量控制标准的 Argo 资料，在客观分析过程中仍会发现一些剖面资料依然存在质量问题，故需进一步对原始资料进行质量再控制。首先需要制作精确的水—陆点文件，将 ETOPO5 地形资料（http：//www. ngdc. noaa. gov/mgg/global/

relief/ETOPO5/）通过双线性插值方法插值到标准的水平格点（360×160）上，即在 79.5°S~79.5°N，179.5°W~179.5°E 范围内，每 1°一个格点。并假设水深小于 400 m 的格点为陆地，也即只对处于真实海洋中的剖面资料进行质量再控制，主要包括如下 9 个步骤：

（1）剔除 80°S~80°N 之外的 Argo 剖面资料。通过这一步可剔除 3.63% 的剖面资料。然后，对温、盐度（T/S）剖面资料在垂向上线性插值到 48 层（即 5 m 层，10~200 m 之间每隔 10 m 取一层，220~500 m 之间每隔 20 m 取一层，600~1 500 m 之间每隔 100 m 取一层，以及 1 750 m 层、1 950 m 层）。

（2）仅保留 T/S 观测剖面同时存在、且质量控制标记均为 1 的 T/S 资料。经这一步约可剔除 6.66% 的剖面资料。

（3）剔除垂向观测层数小于 15 层的 T/S 剖面；同时，要求 T/S 剖面的垂向最浅观测深度小于 10 m、垂向最深观测深度大于 400 m，否则剔除该剖面；若存在压力反转的剖面，同样剔除。经这一步约可剔除 8.55% 的剖面资料。

（4）计算每个 T/S 剖面的位势密度。为了避免垂向插值误差所导致的密度逆变现象，设定若上层密度值大于邻近的下层密度值 0.03 kg/m^3，则认为该剖面也是不可靠的，需要剔除。经这一步约可剔除 0.04% 的剖面资料。

（5）若 T/S 剖面的表层和深层依然存在毛刺或尖锋的，则对这些剖面资料做剔除处理。这里表层定义为水深小于 15 m，深层则定义为水深大于 800 m；温度的阈值定义为 1.5℃，盐度则定义为 0.5；在 T/S 剖面的表层和深层，若发现相邻两层 T/S 值超过设定的阈值，则为毛刺或尖锋。通过这一步约可剔除 0.01% 的剖面资料。

（6）在垂向上，如果连续不小于 150 m 水深范围内的 T/S 值都是相同的（可能由传感器故障导致的测量错误），则需删除这样的剖面资料。通过这一步约可剔除 0.24% 的剖面资料。

（7）T/S 范围检验。将全球海洋（80°S~80°N 和 180°W~180°E）分成 10°×10°的区间，使用 WOA09 资料[11-12]来约束 Argo 剖面资料的 T/S 范围。将 WOA09 T/S 资料垂向插值到相同的 48 层，对每一层，在每个 10°×10°区间，温度范围设定为［max（min（T）−1，−2.5），min（max（T）+1，35）］，盐度范围为［max（min（S）−0.5，15），min（max（S）+0.5，40）］。任何 Argo 剖面的 T/S 处于上述范围之外则被剔除。如果整个 Argo 剖面资料被剔除值超过一半，则剔除整个剖面。这一步没有资料被剔除。

（8）逐月标准差质量控制。将全球海洋区分为太平洋、大西洋和印度洋 3 个海盆，分别计算不同海盆 T/S 在每个垂向层次的平均值（mean）和标准差（STD）。由于 T/S 在不同垂向深度变化情况不一样，因此，假定 T/S 变化的上界和下界也将随深度而变。对表层（5 m）而言，使用对应层 T/S 的 mean ± 6 STD 作为界限，对底层而言，则使用 mean ± 5 STD 作为界限，中间层的界限则线性变化。如果 T/S 在某一个垂向层次的值超过了设定的界限值，则对应的 T/S 设为无效值。如果整个 Argo 剖面垂向层次的无效资料超过一半，则剔除整个剖面。通过这一步，可剔除 0.16% 的剖面资料。

（9）整体标准差质量控制。参考了 Roemmich 等[5]的做法，将全球海洋分成 426 个 10°×10°的区间。在每个 10°×10°的区间，计算 2004—2014 年间 T/S 剖面在每个垂向标准层的平均值和标准差，每层的剖面 T/S 值在对应平均值±6 倍标准差之外的将设为无效值。整个 T/S 剖面，若有一半以上的 T/S 值为无效值，则整个剖面资料将予以剔除。通过这一步约可剔除 0.02% 的剖面资料。

这些额外的质量再控制步骤对每个剖面资料而言，是在垂向上逐层完成的。图 2 呈现了 2004 年 1 月—2014 年 12 月期间经质量控制前后全球海洋 Argo 剖面数量的逐月时间序列分布。由图可见，全球海洋 Argo 剖面资料由 2004 年的 2 000 个增长到 2014 年的 11 000 个，对应剔除的错误资料数量也从 2004 年的 1 000 个 增加到 2014 年的 1 300 个。尽管随着年份的增加，剔除的错误资料数量绝对值增加了，但随着 Argo 浮标技术性能的增加，剖面数据的质量越来越好，剔除的错误资料的比例则在逐渐降低。上述质量再控制步骤结束后，可用的 Argo 剖面资料减少了约 19.31%。这些高质量的 Argo 剖面资料将作为 Barnes 客观分析的原始数据，也就是说，BOA_Argo 网格资料就是利用近 80.69%的高质量原始剖面资料重构而成的。

2.1.2 预处理

经过上述质量控制过程，Argo 温、盐度资料在垂直方向上已经标准化（48 层），但在平面上的分布依然是不均匀的。浮标投放少的区域观测剖面比较稀疏，甚至没有剖面，而浮标投放多的区域剖面资料则较为丰富，造成资料分布的“clustering（簇聚）”[16-17]现象。在客观分析中这种“簇聚”现象则会严重恶化分析结果[8-9,16-17]。

因此，在进行客观分析之前，需要对资料进行融合处理，以削减“簇聚”现象，使得剖面资料在空间分布上尽可能均匀。将整个研究区域划分为 1°×1°的小方区，若落在每个小方区内的观测剖面总数大于 1 个，则对所有剖面观测值取平均[7,10,16-17]作为新的对应网格点的观测信息。

2.2 气候态初始场获取方法：Cressman 方案

采用较为简便的逐步订正法构建气候态初始场。对气候态背景场来说，由于资料量较多，空间分布比较均匀，逐步订正法与最优插值及变分等方法构建背景场差别并不明显。逐步订正法由 Cressman[14]提出，该方法要求首先给出网格点的初始值（通常由背景场或第一猜值提供），然后从每一个观测中减去对该观测点的估计值（一般通过对观测点周围的背景场格点值进行双线性插值获得）得到观测增量，通过将分析格点周围影响区域内的观测增量进行加权组合得到分析增量，然后将分析增量加到背景场上得到最终的分析场，并进行逐步迭代，直到分析值达到预期的精度。

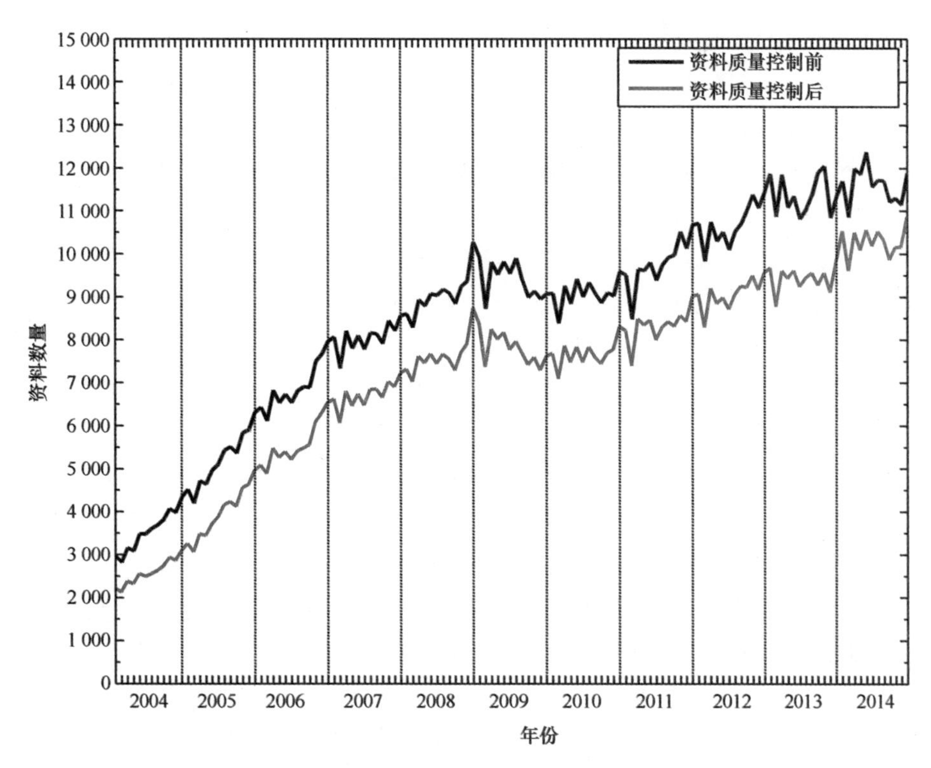

图 2　质量控制前（黑色曲线）后（红色曲线）Argo 剖面资料数量随时间（2004 年 1 月至 2014 年 12 月）变化曲线

2.3　逐月分析场获取方法：Barnes 方案

采用改进的 Barnes 逐步订正法构建逐年逐月的网格资料。早在 1964 年提出的 Barnes 方法，同 Cressman 逐步订正法类似，都是用观测资料来不断订正初始场，直到最后的分析场达到预期的精度后结束订正。Barnes 方法与 Cressman 方法的主要区别在于权重函数的选取，前者采用高斯型函数作为权重函数[8-9]，使得该方法能够与滤波原理结合起来，并能够通过响应函数的形态来事先了解分析所关注的不同信号尺度，这是它的主要优势。

Levitus[10] 曾采用经典的 Barnes 逐步订正法构建了全球海洋气候态温、盐度网格资料集。但对逐月观测剖面较为稀疏、且在全球海洋分布极不均匀的 Argo 资料来说，直接利用 Barnes 逐步订正法构建网格资料集显然是不现实的，需要对 Barnes 逐步订正法进行改进。为此，采用一系列误差实验，确定了 Barnes 方法的最优参数。而新的响应函数既能兼顾较小的分析误差，又具备对各种尺度信号的提取能力。此外，在利用 Barnes 方法进行客观分析时，每次迭代完成后，采用两次 9 点平滑方案来平滑分析场，以便过滤掉虚假的小尺度噪音。通过这些改进后，构建完成了 2004 年 1 月到 2014 年 12 月的月平均网格资料。

特别指出的是，对 Barnes 客观分析方法而言，如何确定响应函数至关重要。理论上，能够事先通过响应函数的形态估计分析场对各种波谱信号的提取能力。为此，我们将 BOA_Argo 的响应函数与 WOA 系列资料集的响应函数[11-12,18]作对比（表 1 和图 3），发现 BOA_Argo 与 WOA 响应函数的主要差别在于客观分析采用的迭代次数、影响半径、收敛因子和滤波参数，以及资料平滑方法不同。如 WOA 采用三次迭代，对应的影响半径分别为 892 km、669 km 和 446 km[18]，相应的滤波参数则分别为 4.97×10^4 km^2，2.80×10^4 km^2 和 1.24×10^4 km^2，收敛因子为 1，每次迭代后，对分析场进行一次中值平滑和一次 5 点平滑。而 BOA_Argo 采用两次迭代，影响半径均为 555 km，滤波参数分别为 8.0×10^4 km^2 和 1.6×10^4 km^2，收敛因子为 0.2；每次迭代后，采用两次 9 点平滑方法[19]对分析场进行平滑。因此，BOA_Argo 能够保留更多波长≥$5\Delta X$ 的大尺度和中尺度信号（表 1）。WOA 资料主要关注全球海洋的大尺度气候态变化信号，且由表 1 和图 3 可知，自从 1998 年后所有版本的 WOA 资料都采用了相同的响应函数。BOA_Argo 采用的响应函数能够压缩小尺度（波长≤$3\Delta X$，这里 ΔX 是格点间的纬向距离）信号和高频噪音，并能更多地保留大尺度和中尺度（波长≥$5\Delta X$）（表 1）信号。如 BOA_Argo 对 $10\Delta X$ 波长的波信号能够保留 78.1%，而 WOA13 只能保留 69.8%。由此可见，BOA_Argo 比 WOA 能保留更多的中尺度和大尺度信号，且更能抑制小尺度噪音。

表 1 不同网格资料集对应的响应函数随波长的变化（响应函数已归一化）

波长*	WOA98, 01, 05, 09, 13	BOA_Argo
$360\Delta X$	1.000	1.000
$180\Delta X$	0.999	1.000
$120\Delta X$	0.999	1.000
$90\Delta X$	0.998	1.000
$72\Delta X$	0.997	1.000
$60\Delta X$	0.995	1.000
$45\Delta X$	0.992	1.000
$40\Delta X$	0.990	1.000
$36\Delta X$	0.987	1.000
$30\Delta X$	0.981	0.999
$24\Delta X$	0.969	0.996
$20\Delta X$	0.952	0.989
$18\Delta X$	0.937	0.981
$15\Delta X$	0.898	0.955
$12\Delta X$	0.813	0.885

续表

波长*	WOA98，01，05，09，13	BOA_Argo
10△X	0.698	0.781
9△X	0.611	0.699
8△X	0.500	0.590
6△X	0.229	0.297
5△X	0.105	0.143
4△X	0.028	0.035
3△X	0.005	0.001
2△X	1.36×10^{-6}	1.48×10^{-28}

注：ΔX = 111 km，为尺度海域的一个经度的距离。

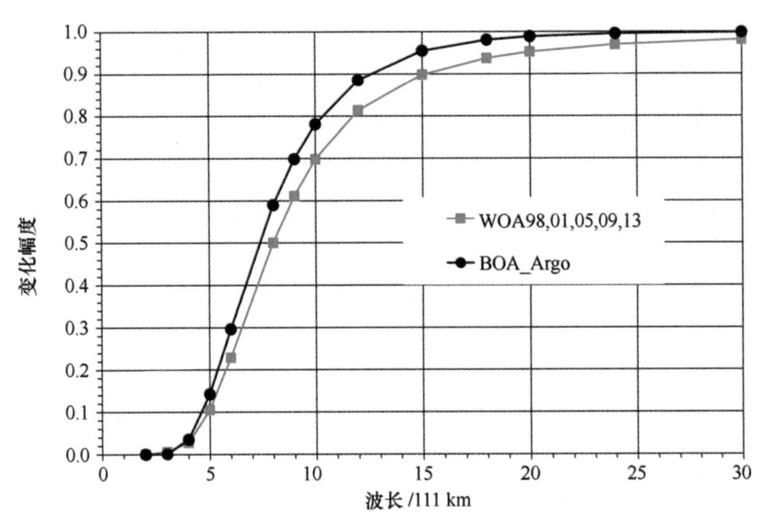

图 3　不同网格资料的响应函数随波长的变化曲线，这里网格资料包括 WOA98-13（红色方形线）和 BOA_Argo（黑色圆圈线）

2.4　BOA_Argo 质量评估

RMSE 可以用来表示由客观分析方法本身对散点资料进行插值重构时带来的截断误差，对客观分析而言，误差的剖面分布尤为重要，它能够在总体上反映客观分析的误差；其次，更为重要的是，海洋深层（1 500 m 深度以下），一般温度和盐度变化较小，由此，获得的误差曲线应该比较集中，否则，表明原始 Argo 资料的质量控制并不完善，需要根据误差曲线对应月份来人工审核相应 Argo 剖面资料，剔除不合理的资料。由于 Argo 剖面浮标携带的电子传感器受到海水腐蚀、海洋生物附着等环境因素的影响，导致浮标观测资料包含各种测量误差，尤其是盐度误差，且由于资料量较大，各种质量控制方法难免有所缺陷，通过误差的剖面分布图，可以对 Argo 资料的质量进一步进行人工审核，查漏补缺。图 4 显示了 2004 年 1 月至 2014 年 12 月总共 132 个月的均方根误差（每个垂向层次）垂直分布。可见，在 1 000 m 深度以下，温度的平均均方根误差为（0.05±0.006）℃，盐度为 0.008±0.001，在 1 000 m 深度以上，温度的平均均方根误差为（0.31±0.032）℃，盐度为 0.04±0.047。

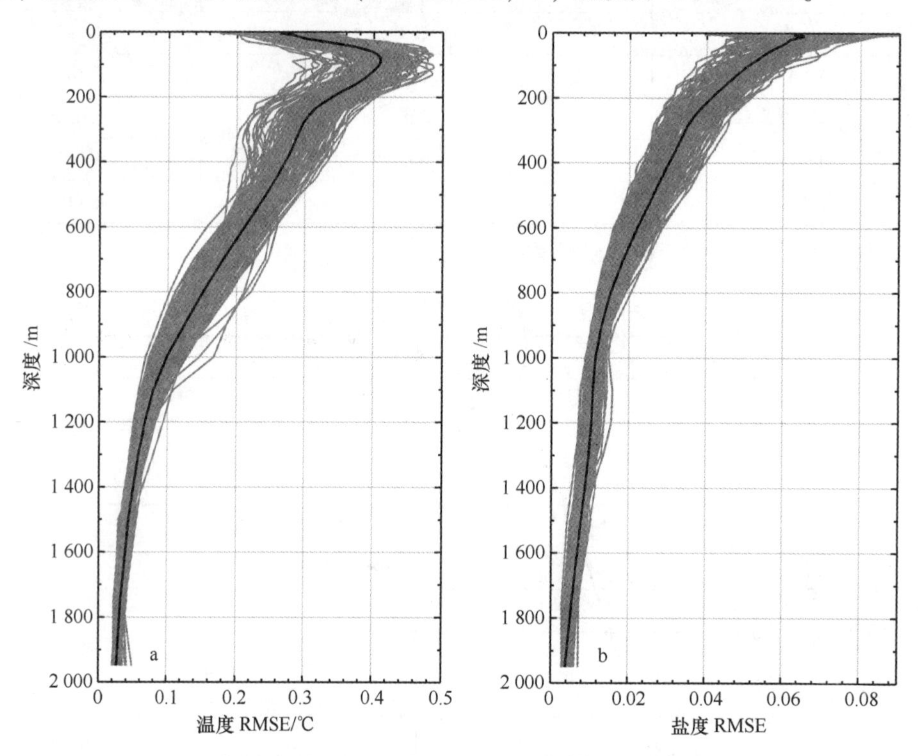

图 4 BOA_Argo 网格资料与融合后的原始资料之间的 RMSE 曲线分布曲线
a. 温度，b. 盐度。数据从 2004 年 1 月至 2014 年 12 月，
其中黑色线表示平均的 RMSE，灰线则表示总共 132 个月的月平均 RMSE

3 对比检验

3.1 气候态比较

BOA_Argo 有能力捕捉海洋中温、盐度的空间分布特征及其主要变化形态。图 5 显示了年气候态 BOA_Argo 资料的 10 m 和 500 m 层温、盐度大面分布及其与 WOA13 对应层温、盐度之间的差值。由图可见，BOA_Argo 的温、盐度分布特征与 WOA13 极其相似。需要说明的是，这里为了与 BOA_Argo 资料的时间尽量保持一致，选择作比较的 WOA13 资料为 2005—2012 年的平均值（https：//www. nodc. noaa. gov/OC5/

woa13/woa13data. html）。BOA_Argo 与 WOA13 在 10 m 层的差异主要呈现在东北太平洋和西南大西洋海域，温度有 0.25~0.5℃的暖偏差，而在热带太平洋和大西洋海域，盐度则有 0.0~0.1 的淡偏差。BOA_Argo 在墨西哥湾、湾流海域及巴西马尔维纳斯辐合带（Brazil-Malvinas Confluence Zone）海域的盐度高于 WOA13 约 0.1~0.3（图 5d）。在 500 m 层，BOA_Argo 温度与 WOA13 差异大的地方主要出现在湾流、黑潮及南极绕极流海域（图 5f），其他 Argo 网格资料集与 WOA09 资料相比较，可发现同样的结果[20]。考虑到这些海域中尺度信号较为丰富，这些差异有可能与这些海域异常活跃的中尺度涡现象有关。其他 Argo 网格资料（Roemmich_Argo、IPRC_Argo、Jamestec_Argo 和 EN4_Argo）在 500 m 层与 WOA13 比较的时候，均表现出类似的空间分布形态，这说明这一差异来源于 Argo 固有的样本观测差异，而非 BOA_Argo 所独有的特点。除了在湾流海域，BOA_Argo 盐度低于 WOA13 约 0.0~0.2（图 5h）之外，两者盐度在 500 m 层的差异几乎为 0。

图 6 显示了 BOA_Argo 在上层 500 m 的气候态温度经向（165.5°E）（图 6a）和纬向（0.5°N）（图 6c）断面分布。这两条断面大部分都处于海洋中，几乎没有被陆地分割，具有较好的代表性。由图可见，每个断面以一团暖水处于冷水之上为主要分布特征。沿着 165.5°E 经向断面，一团温度大于 28℃的暖水从 20°S 扩展到 10°N，垂向温度梯度在这片海域的 100~250 m 深度间达到最大。自赤道到两极海域，温度逐渐减小，等温层在中纬度海域出现“露头（outcropping）”。西太平洋暖池海域则可由 0.5°N 纬向断面上的温度分布清晰地展现。20℃等温层深度从近岸到 165°E 附近海域接近 200 m，再向东则逐渐变浅（图 6c），这一结构与贸易风的分布特点以及对应热带海洋的洋流关系密切。图 6b 和 6d 则呈现了沿该断面温度相对于 WOA13 2005—2012 年平均的差异分布。BOA_Argo 与 WOA13 之间 在 100~300 m 水深范围内有 0.2~0.5℃（图 6b）的冷偏差，揭示了 BOA_Argo 在赤道上升流附近海域存在着强烈的温度梯度。另外，BOA_Argo 在 55°S 中央自表层到 500 m 水深，存在 0.5℃的暖偏差，这与图 5b 和 5f 中呈现的暖水特征相一致。这些差异同样可由 Roemmich_Argo（图 6e）和 Jamestec_Argo 网格资料所揭示（图 6i）。沿着 0.5°N 纬向断面，BOA_Argo 与 WOA13 的主要差异在太平洋区域：在西太平洋海域有 0.5℃的暖偏差，而在东太平洋海域则有 0.5℃的冷偏差。其他 4 种 Argo 网格资料在与 WOA13 比较时，发现温度呈现出同样的经向和纬向变化特征。

图 7 呈现了 BOA_Argo 在相同断面（165.5°E 和 0.5°N）上的盐度分布特征。如图所示，在亚热带海域（图 7a）盐度值是最高的，且在太平洋海域的海水要比大西洋和印度洋更淡些（图 7c）。与 WOA13 在 165.5°E 断面的差异主要在于：除了赤道表层海域和南大洋（60°S~65°N）存在 0.1 的咸偏差外，在大部分海域则有 0.1 的淡偏差，而在 60°S 以南海域存在相对较大的差异，可能由客观分析方法在 Argo 观测资料较为稀疏的边界区域产生的较大误差所致。沿着 0.5°N 断面，盐度在 34.5~35.5 的较小幅度范围内变化。在整个断面上，BOA_Argo 与 WOA13 盐度之间的差异都较

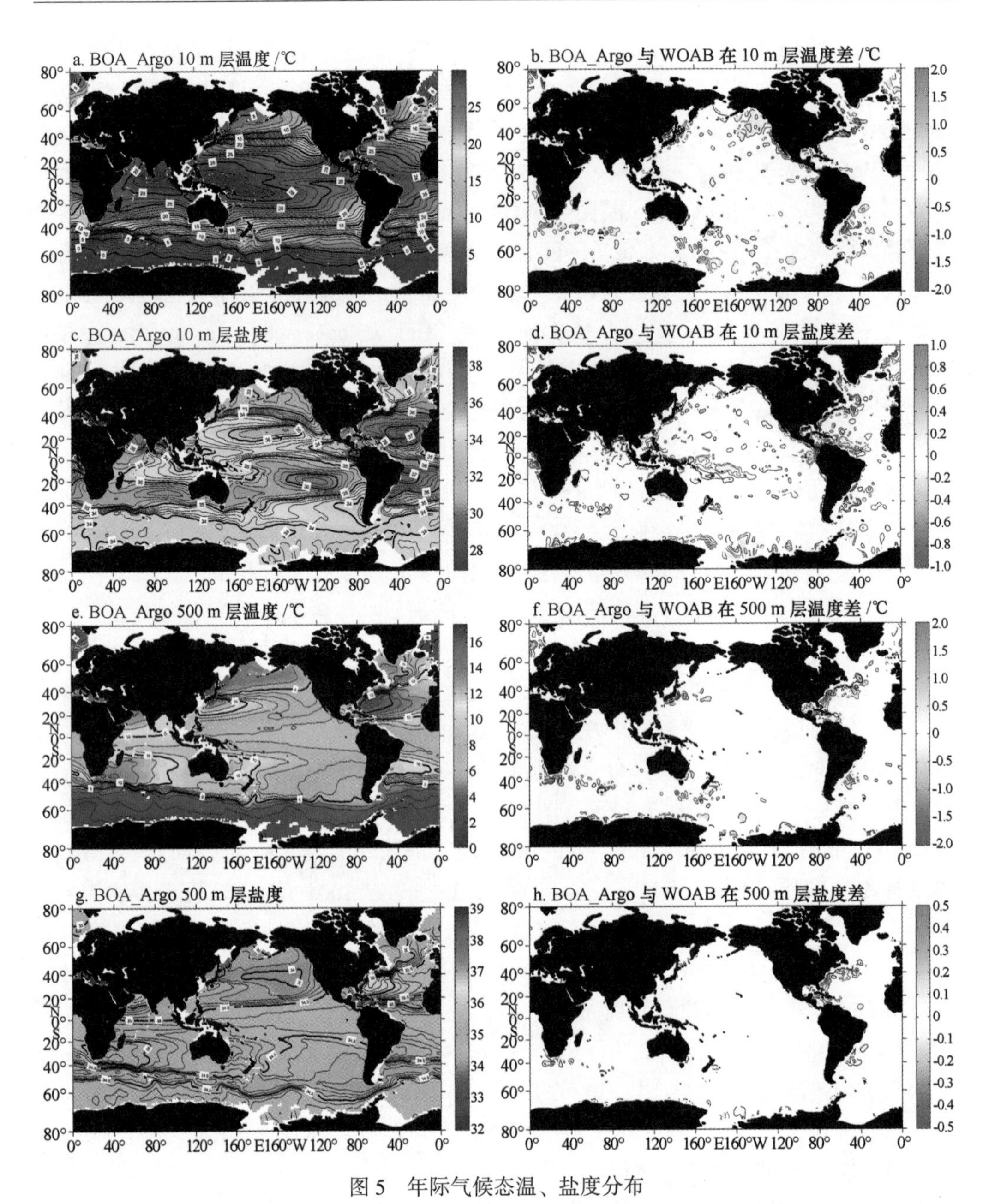

图 5 年际气候态温、盐度分布

a. BOA_Argo 的 10 m 层温度，b. BOA_Argo 与 WOA13 在 10 m 层的温度差值，c、d 与 a、b 相似，但对应为 10 m 层盐度，e、f 与 a、b 相似，但对应为 500 m 层温度，g、h 与 a、b 相似，但对应为 500 m 层盐度。图 b、f 中等值线间隔为 0.25℃，图 d、h 中等值线间隔为 0.1

小（<0.2），除了在 80°W 附近海域，其表层海水盐度要比 WOA13 更低。其他 4 种网格资料集与 WOA13 相比较，也呈现出类似的盐度差异分布特点。

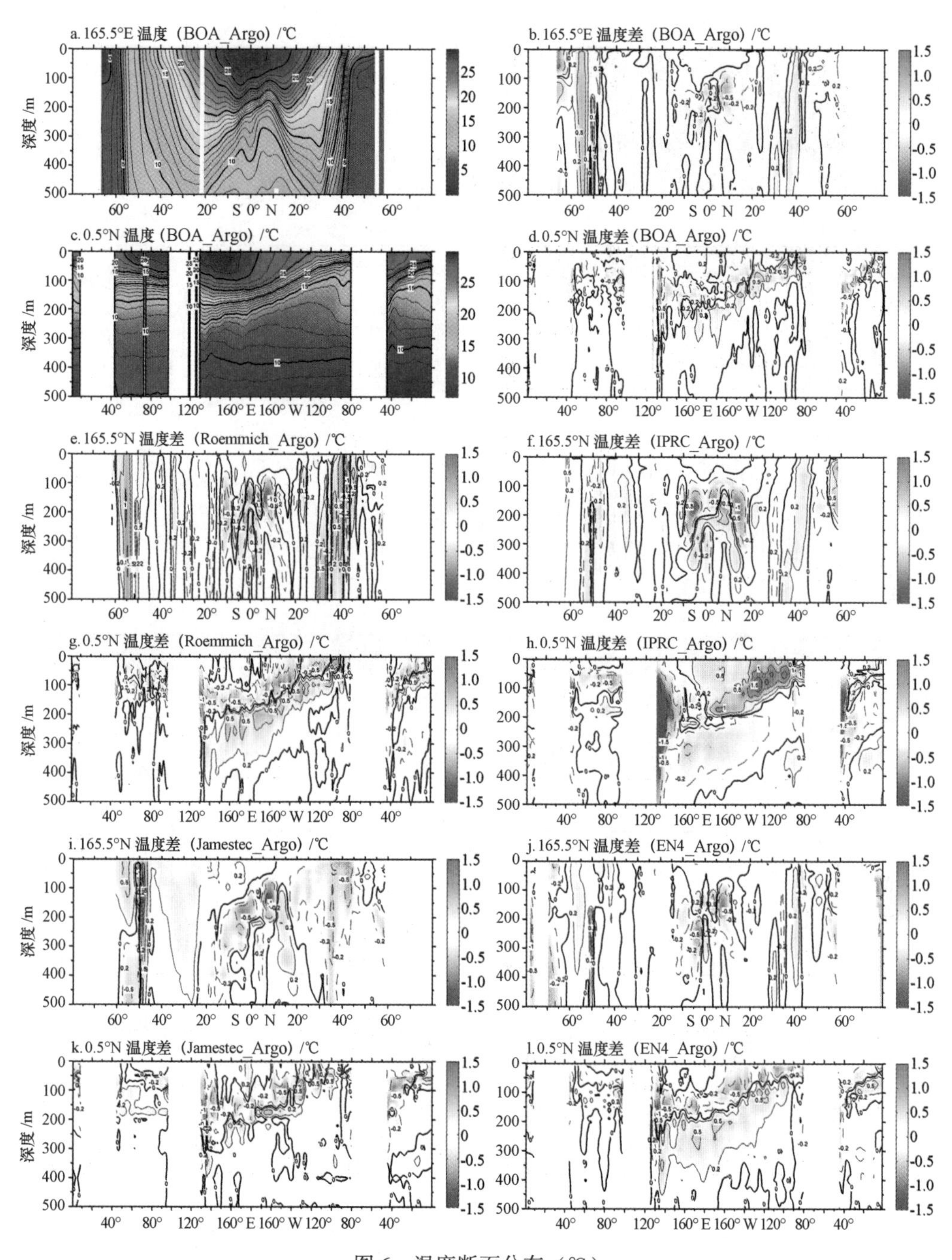

图6　温度断面分布（℃）

a. 沿165.5°E断面的BOA_Argo温度（℃），b. 沿165.5°E断面的BOA_Argo与WOA13的温度差（℃）；c、d与a、b类似，不过断面沿0.5°N纬线；e、g与b、d类似，对应Roemmich_Argo资料；f、h与b、d类似，对应IPRC_Argo资料；i、k与b、d类似，对应Jamestec_Argo资料；j、l与b、d类似，对应EN4_Argo资料。温度差值图中标记的等值线分别为0.2℃，0.5℃，1.0℃和1.5℃

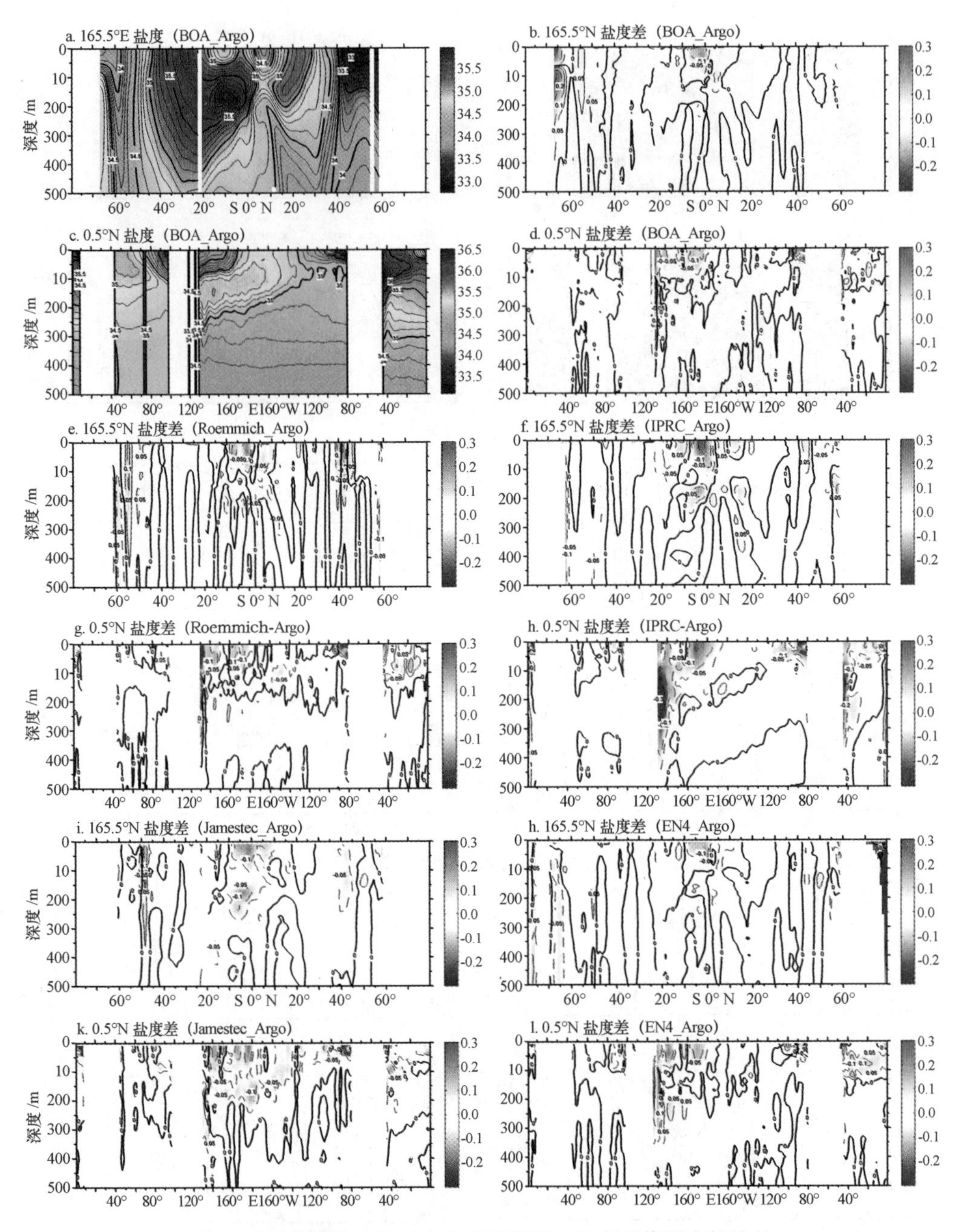

图 7　类似于图 6，但对应为盐度资料。盐度差值图中标注的等值线分别为 0.05，0.01，0.2 和 0.3

3.2　与全球热带海洋锚碇浮标阵列观测的长时间序列资料比较

为了进一步研究 BOA_Argo 网格资料的质量，我们将 BOA_Argo、Roemmich_Argo

及 IPRC_Argo 网格资料的温、盐度与全球热带海洋锚碇浮标阵列（Global Tropical Moored Buoy Array，GTMBA）（http：//www. pmel. noaa. gov/tao/global/global. html）观测的温、盐度进行比较。需要指出的是，这 3 种 Argo 网格资料集在研制过程中，所采用的原始观测资料均不包含 GTMBA 的观测剖面。而类似于 Argo_EN4 这样的网格资料，其原始资料中已经利用了 GTMBA 观测剖面，因此这里不予选择该网格资料进行比较。GTMBA 资料包括位于印度洋的非洲-亚洲-澳大利亚季风分析和预报观测阵列（Research Moored Array for African-Asian-Australian Monsoon Analysis and Prediction，RAMA）、太平洋热带大气-海洋浮标观测网（Tropical Atmosphere Ocean/Triangle Trans-Ocean Buoy Network，TAO/TRITON）和大西洋预报和研究阵列（Prediction and Research Moored Array in the Atlantic，PIRATA）。

我们选择观测时间序列长于 36 个月、垂向观测层数大于 3 层的约 105 个 GTMBA 观测站进行对比研究。图 8 显示了 105 个 GTMBA 站的空间分布，其中 70 个站位于热带太平洋（20~89 号站，图 9a 和 9c），19 个位于热带印度洋（1~19 号站），其余 16 个则位于热带大西洋（90~105 号站）。

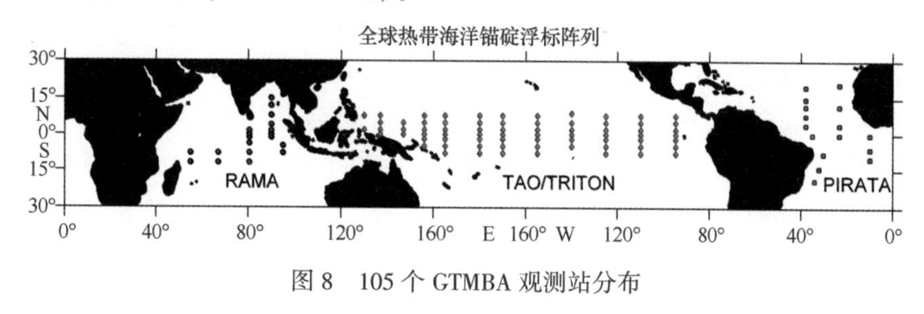

图 8　105 个 GTMBA 观测站分布

图 9 显示了 3 种网格资料集（BOA_Argo、Roemmich_Argo 和 IPRC_Argo）提供的 2004 年 1 月至 2014 年 12 月份的温、盐度时间序列与 GTMBA 对应 T/S 系列之间的 RMSE 和相关系数。图中垂向平均的 RMSE 根据公式 $\dfrac{\sum_{j=1}^{m}\sqrt{\sum_{i=1}^{n}(S_{\mathrm{gridded\_data}}^{ij}-S_{\mathrm{tao}}^{ij})^2/n}}{m}$ 计算得到，式中，S 代表温度或者盐度变量，$n=132$ 为总共 132 个月，m 为温度或者盐度的垂向观测层次。同样，平均的 RMSE 根据公式 $\dfrac{\sum_{j=1}^{k}\sqrt{\sum_{i=1}^{n}(S_{\mathrm{gridded\_data}}^{ij}-S_{\mathrm{tao}}^{ij})^2/n}}{k}$ 计算得到，式中，S 代表温度或者盐度变量，$n=132$ 代表 132 个月，k 为观测站位个数，温度为 105 个，盐度为 54 个。

对温度来说，所有资料集与 GTMBA 资料的相关系数垂向平均值基本上都要大 0.5（图 9a），并且 Roemmich_Argo 和 BOA_Argo 温度的 RMSE 小于 1.5℃（图 9c），IPRC_Argo 则大于 1.5℃。普遍来说，BOA_Argo 与 IPRC_Argo 相比，表现出 RMSE 更小，相关系数更高。只有在少数几个站（如 1、6、21、102 和 105 号站）上，比 Roemmich_Argo 的 RMSE 大，相关系数小。对盐度来说，GTMBA 内的观测站要比温度少些，其中印度洋 19 个（1~19 号站）、太平洋 18 个（20~38 号站）和印度洋 15 个（39~54 号站）。对所有站位来说，3 种网格资料与 GTMBA 的垂向平均相关系数大于 0.3（图 9b），RMSE 小于 0.4（图 9d）。同样，在大部分观测上，与 IPRC_Argo 相比，BOA_Argo 的 RMSE 更小，相关系数更高，但与 Roemmich_Argo 相比较，BOA_Argo 的 RMSE 更大，相关系数更小。

3 种网格资料集与所有 GTMBA 站位资料相关系数的平均值，一般来说随着水深加深而逐渐减小。对 BOA_Argo 来说，100 m 以浅水深的相关系数相对较高（温度相关系数大于 0.74，盐度相关系数大于 0.52）（图 9e，f）。300 m 以深海域，温度相关系数大约 0.5，盐度则从 0.38 降至 0.04（图 9e，f）。与其他两种网格资料比较，BOA_Argo 相关系数高于 IPRC_Argo，但是低于 Roemmich_Argo。近表层（水深<30 m）和中层（水深>300 m）的温度 RMSE 相对较小（<0.5℃），但是次表层则较大（>1.0℃）（图 9g）。盐度的 RMSE 都小于 0.25，并且 Roemmich_Argo 和 BOA_Argo 的 RMSE 在整个深度范围内都小于 IPRC_Argo（图 9h）。

总而言之，从相关系数与 RMSE 的比较来看，BOA_Argo 的质量要优于 IPRC_Argo，但略差于 Roemmich_Argo，这与原始 Argo 浮标的空间分布形态有关。在 Argo 剖面资料较为密集的区域（如在太平洋和大西洋），由于 Roemmich_Argo 网格资料是基于分析误差最小化原理的最优插值方法重构完成的，其重构的网格资料会更好些。而 BOA_Argo 为了保留大尺度信号及压缩小尺度信号，所以在这些区域误差会比 Roemmich_Argo 大一些。然而，在 Argo 剖面资料相对稀疏的区域，如在印度洋海域，早期的 Argo 剖面观测资料相对较为稀疏，对各种尺度信号的保留能力使得 BOA_Argo 分析误差与 Roemmich_Argo 相当，甚至要更小些。

3.3 与其他网格资料在捕捉 ENSO 信号能力方面的比较

厄尔尼诺（El Niño）- 南方涛动（Southern Oscillation）（ENSO）的具体表现形式为海表温度异常值周期性地沿着赤道传播，并以 10 年际周期振动变化[21]。其中暖事件（El Niño）和冷事件（La Niña）的相位变化周期约为 3~7a，其对全球环境变化乃至社会经济都能产生重大影响。这里，我们将 BOA_Argo 与其他网格资料进行比较，研究它们对 ENSO 信号的捕捉能力。

为了评估 El Niño 的时间演变和空间变化特征，我们计算了随经度—时间分布的 0~100 m 垂向温度平均异常值，以及 20℃ 等温线的深度（作为温跃层深度的代表）和 Niño3.4 指数（一种代表中太平洋 SST 异常强度的指数）等。图 10 显示了 SST 异常值及 20℃ 等温层深度变化的空间结构。东太平洋的暖异常由风场强迫、且向东传播的赤道开尔文波所激发（由 20℃ 等温层深度的季节性振动可见），这些东传的波动可使得温跃层加深 20~50 m，从而使得东太平洋的赤道上升流减弱[22]，最终导致

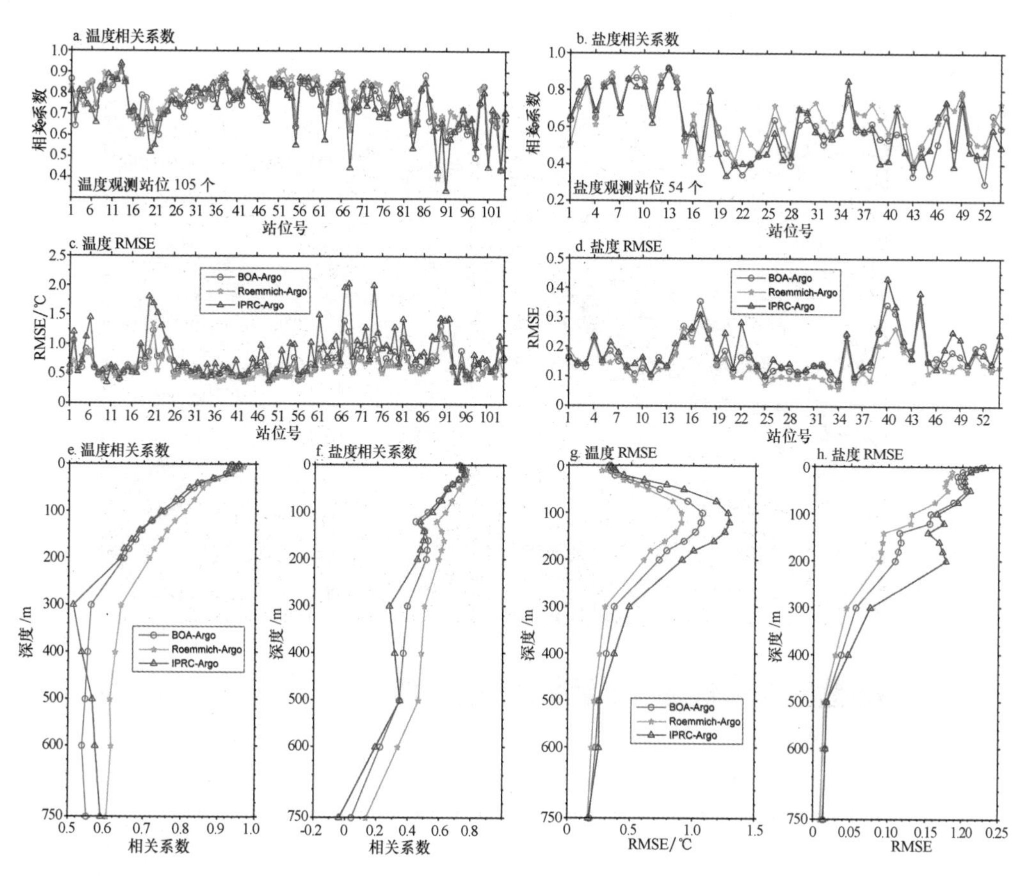

图 9　3 种 Argo 网格资料与 105 个 GTMBA 观测的温、盐度垂向平均分布，以及平均（所有点）相关系数和 RMSE 分布

海表冷却速率减慢。东太平洋 SST 的暖异常现象与温跃层加深关系较为明显（如 2006—2007、2009—2010 和 2013—2014 年期间）。Niño3.4 区域上方覆盖的大气对海洋表层的热强迫变化较为敏感[22]。由 BOA_Argo 网格资料计算的 Niño3.4 指数的时间系列与其他网格资料计算的时间序列吻合较好（相关系数高达 0.97 以上），如与 NOAA/CPC 提供的 Niño3.4 指数比较，两者的相关系数同样高达 0.94，这与其他 Argo 网格资料和 NOAA/CPC 指数的相关系数（0.93~0.95）都较为相似。习惯上，人们对 SST 时间序列资料做 5 个连续 3 个月滑动平均之后，SST 异常值超过+0.5℃ 的阈值则定义为 El Niño 事件，或者低于-0.5℃ 的阈值则定义为 La Niña 事件[23]（http://ggweather.com/enso/oni.htm）。根据这一准则，由 BOA_Argo 提供的 SST 异常序列（在 2004—2014 年期间）可以辨识出 3 次 El Niño 事件（分别发生在 2004—2005、2006—2007 和 2009—2010 年期间）和 3 次 La Niña 事件（分别发生在 2007—2008、2010—2011 和 2011—2012 年期间），这些事件与同期由 NOAA/CPC 给出的判断结果较为一致（http://www.cpc.ncep.noaa.gov/products/analysis_monitoring/ensostuff/ensoyears. shtml）。

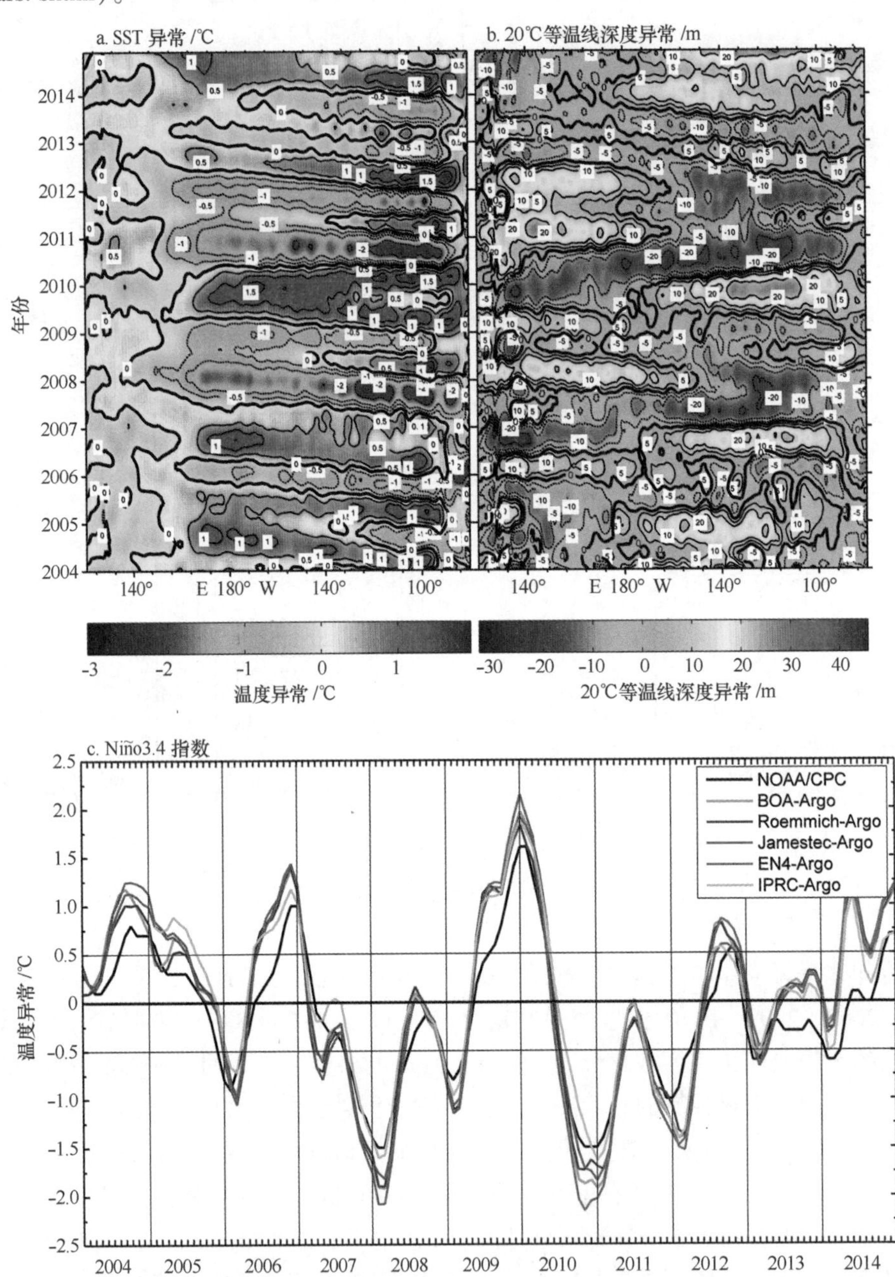

图 10　BOA_Argo 资料在赤道海域（2. 5°N～2. 5°S）异常值时间序列（2004 年 1 月至 2014 年 12 月）

a 为 SST 异常，b 为 20℃ 等温线深度异常，c 为各种 Argo 网格资料 0～100 m 深度内的垂向平均温度在 Niño3. 4 区域（5°S～5°N，170°～120°W）内的异常值时间序列，异常值是将逐月平均资料除去年际气候态平均值计算而来

3.4 与AVISO海面高度异常之间的比较

为了研究各Argo网格资料对中尺度信号的保留程度，计算了来自5种不同网格资料集（包括BOA_Argo、Roemmich_Argo、IPRC_Argo、Jamestec_Argo和EN4_Argo）的动力高度异常（Dynamic Height Anomaly，DHA），并与卫星海面高度异常（Sea Level Anomaly，SLA）进行比较。值得注意的是，卫星高度计测量的是海面高度的整体变化，不仅包括重力（质量方面）部分，还包括动力（密度相关方面）部分[24]。作为与温、盐度计算的DHA之间的比较，可用卫星的SLA替代动力高度变化部分，因为在区域海洋SLA的变化基本是由动力效应主导[4,25]。卫星高度计的SLA产品由SSALTO/DUACS制作，并由AVISO（http：//www. aviso. altimetry. fr）发布。AVISO SLA资料是逐日平均，且水平分辨率为（1/4）°×（1/4）°，资料时间序列为从1992年10月至今。

图11a～e显示由5种网格资料计算的全球海洋2009年1月份10 m/1 500 m的DHA分布形态，并且图11f显示了 同期的SLA月平均分布（SLA资料处理成同样的月平均，且水平方向插值到同样的1°×1°格点）。很明显，中尺度的气旋式和反气旋式信号由SLA表现出正好相反（分别为负和正的SLA）。由于Argo网格资料水平分辨率相对较为粗略，致使其呈现的中尺度特征比SLA要少得多，但仍然有一些中尺度特征在强西边界流及南极绕极流海域得以保留。对比5种网格资料集可见，BOA_Argo能够显示出更多的中尺度特征（图11a～e）。

为了进一步研究这几种网格资料集的中尺度信号特征，我们有代表性的选择西北（NW）太平洋（20°～40°N，130°～170°E）和NW大西洋（30°～50°N，70°～30°W）海域（图12）作为研究区域。由图可见，类似于Roemmich_Argo，BOA_Argo与其他3种网格资料集相比较，更能清楚的显示出较多的中尺度信号。例如，BOA_Argo显示，有一个较强信号的反气旋涡出现在以34.9°N，162.9°E为中心，半径为O（200 km）尺度的西北太平洋海域，这一现象同样也可由Roemmich_Argo资料揭示，但是这一反气旋涡现象，在IPRC_Argo和Jamestec_Argo两种资料中均表现得非常弱，对EN4_Argo资料来说，反气旋涡现象更弱，并且向南延伸较长。SLA则表明一个同样强度的反气旋涡以35.2°N，162.8°E为中心，以O（150 km）长度尺度为半径。BOA_Argo揭示了另外一个相对弱的反气旋涡（图中20 cm等值线）位于以23.8°N，155.8°E为中心的海域（图12a），这一反气旋涡同样能由Roemmich_Argo资料揭示（图12b），不过其信号更弱（见图中10 cm等值线），相反，由其他网格资料计算的DHA则看不到这一反气旋涡信号（图12 c～e），而由AVISO提供的SLA则能发现同样的反气旋涡（见图中20 cm等值线），其中心位于24°N，156.2°E（图12f）。在西北大西洋海域，BOA_Argo资料显示存在两个较强信号的气旋涡，分别以36.2°N，60.5°W及38.3°N，50.1°W为中心，还有一个较强的反气旋涡，其中心位置处于40.4°N，61.5°W，同样的涡旋也能在Roemmich_Argo资料中发现，但是其信号要更弱一些。可见，相对于 Roemmich_Argo 而言，由 BOA_Argo 计算的 DHA 与 AVISO 提供的 SLA 比较，在涡旋强度方面的一致性要更好。然而，这些涡旋信号在其他网格资料中则是缺失的。由此可见，BOA_Argo 对中尺度特征的捕捉能力要优于其他 Argo 网格资料。

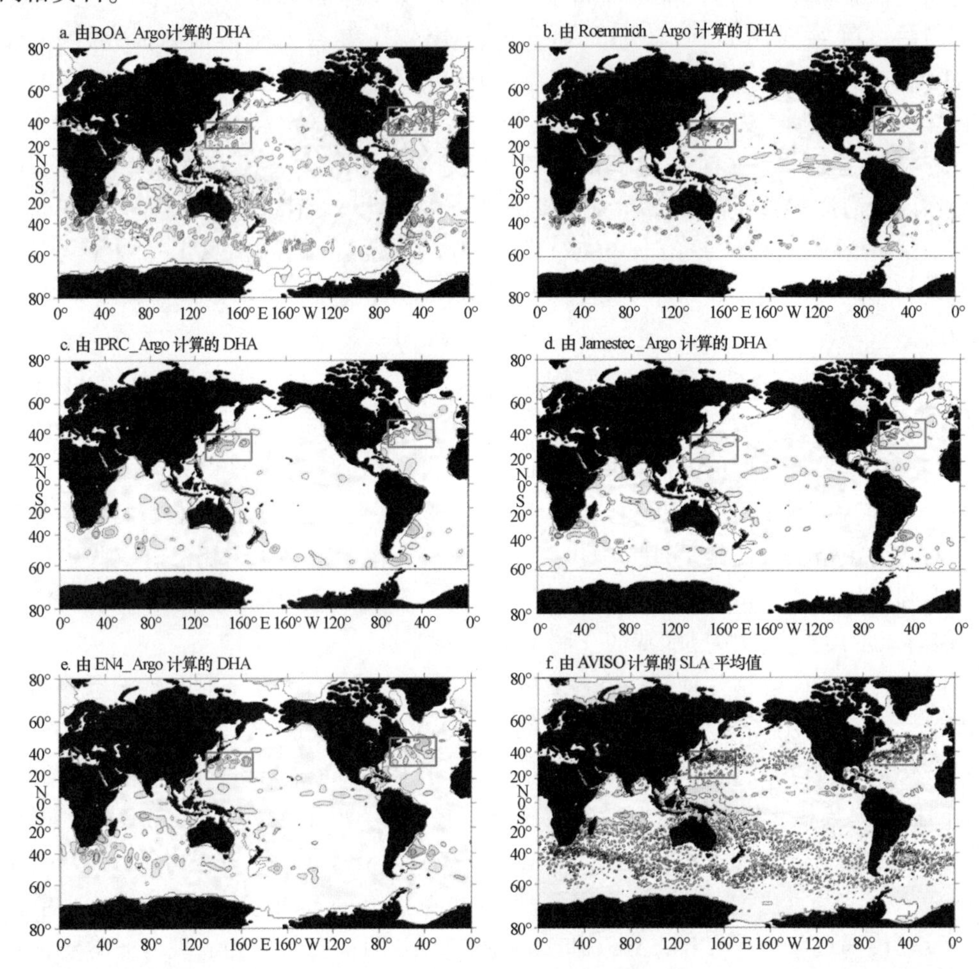

图 11 不同网格资料计算的 2009 年 1 月份 10 m/1 500 m 的 DHA（cm）在全球海洋的分布

a 为由 BOA_Argo 资料计算，b 为由 Roemmich_Argo 计算，c 为由 IPRC_Argo 计算，d 为由 Jamestec_Argo 计算，e 为由 EN4_Argo 计算，而 f 为由 AVISO 提供的资料计算的同时期 SLA 平均值。图中等值线间距为 10 cm，且 0 m 线省略了，红色的实线代表正数，蓝色的虚线为负数。红色方框代表图 12 中 DHA 和 SLA 比较的西北太平洋（20° ~40°N，130°~170°E）和西北大西洋（30°~50°N，70°~30°W）区域

图 13 则显示了 BOA_Argo 计算的 2004 年 1 月至 2014 年 12 月 DHA 时间序列与 AVISO 提供的同时期 SLA 时间系列的相关系数和均方根误差在全球海洋的分布。由图可见，DHA 与 SLA 在低纬度海域（20°S~20°N）具有较高的相关性（相关系数大于 0.6），相对较高的相关系数（大于 0.4）同样发现在北太平洋东部海域、北大西洋和

南太平洋，这与早期的研究结果相一致[26]。此外，相关系数在南大洋相对较小（小于0.4）（图 13a），RMSE 在热带和东太平洋海域一般均小于 6 cm，然而在黑潮、湾流和厄加勒斯（Agulhas）海流等中尺度信号强烈的海域，均超过 20 cm。

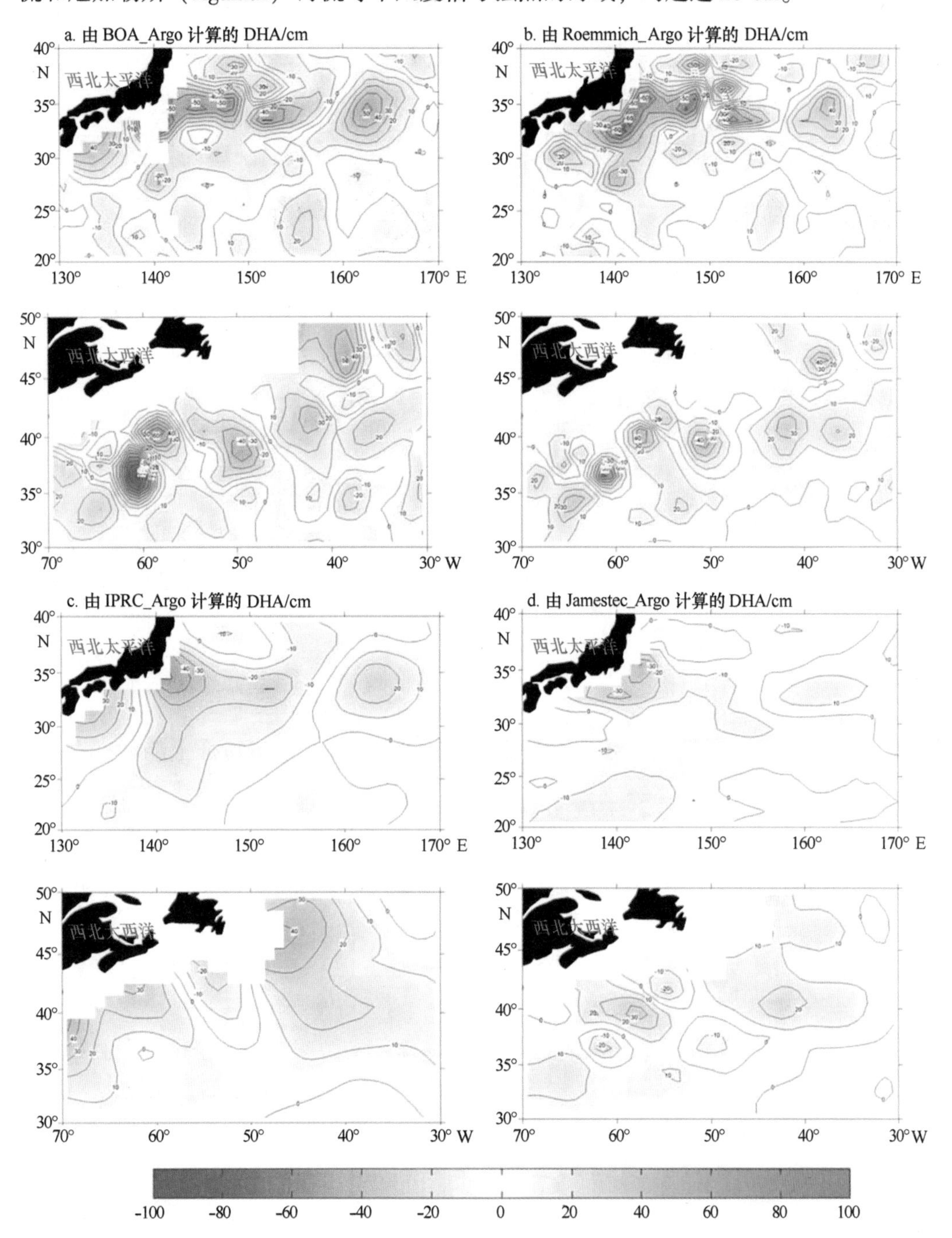

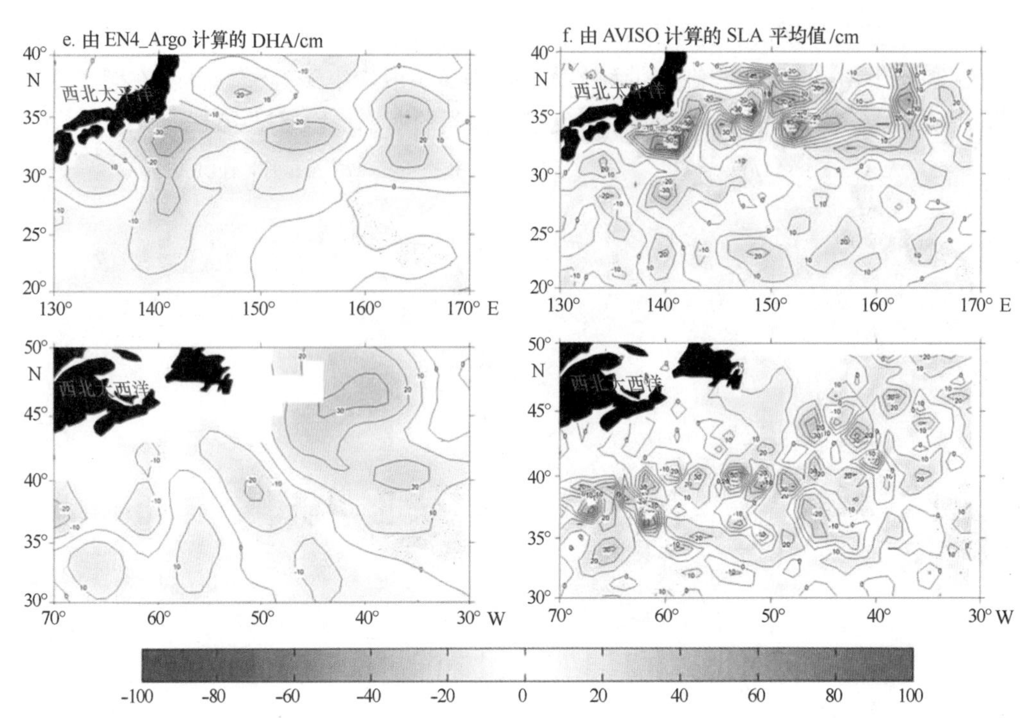

图 12 不同网格资料集在 2009 年 1 月份的 10 m/1 500 m 的 DHA（cm）分布比较

a 为由 BOA_Argo 资料计算，b 为由 Roemmich_Argo 资料计算，c 为由 IPRC_Argo 资料计算，d 为由 Jamestec_Argo 资料计算，e 为由 EN4_Argo 资料计算，而 f 为由 AVISO 提供的 SLA 计算的同时期平均值。在每一个图中，上面的为西北太平洋海域，下面的位西北大西洋海域

3.5 与其他网格资料在混合层、等温层和障碍层深度分布特征上的比较

混合层深度（Mixed Layer Depth，MLD）、等温层深度（Isothermal Layer Depth，ILD）和障碍层深度（Barrier Layer Depth，BLD）的变化，对上层海洋的物理过程、海-气相互作用及潜在的气候反馈都具有重要影响[27-28]。Argo 剖面一个最重要的优势在于其能连续为次表层海洋提供观测信息。这里的等温层深度定义为比参考层（10 m）温度低 0.2℃ 的海水深度[28]；高于参考层密度 Δ_σ 的对应深度为混合层深度[28]，这里 $\Delta_\sigma=\sigma_\theta(T_{10}-0.2,\ S_{10},\ P_0)-\sigma_\theta(T_{10},\ S_{10},\ P_0)$，$\sigma_\theta$ 为位密度，T_{10}、S_{10} 对应参考层温、盐度，P_0 为表层压力，取为 0；障碍层深度则为两者的差。我们将由 BOA-Argo 与其他同类型的 Argo 温、盐网格资料计算的 ILD、MLD 和 BLD 做比较。

图 14 和图 15 分别显示了利用 4 种 Argo 网格资料计算的 2009 年 1 月全球海洋 ILD、MLD 和 BLD 的分布。这里选用 2009 年 1 月份作为代表而非选用气候态平均值的理由是，气候态平均值会过滤掉较多的中尺度信号。一般来说，无论是南半球还是北半球，冬季 ILD、MLD 和 BLD 会比较深，而夏季则比较浅。BLD 在热带海洋，如西太平洋、西大西洋、东印度洋和孟加拉湾等，都是准永久性存在的。在冬季的极地

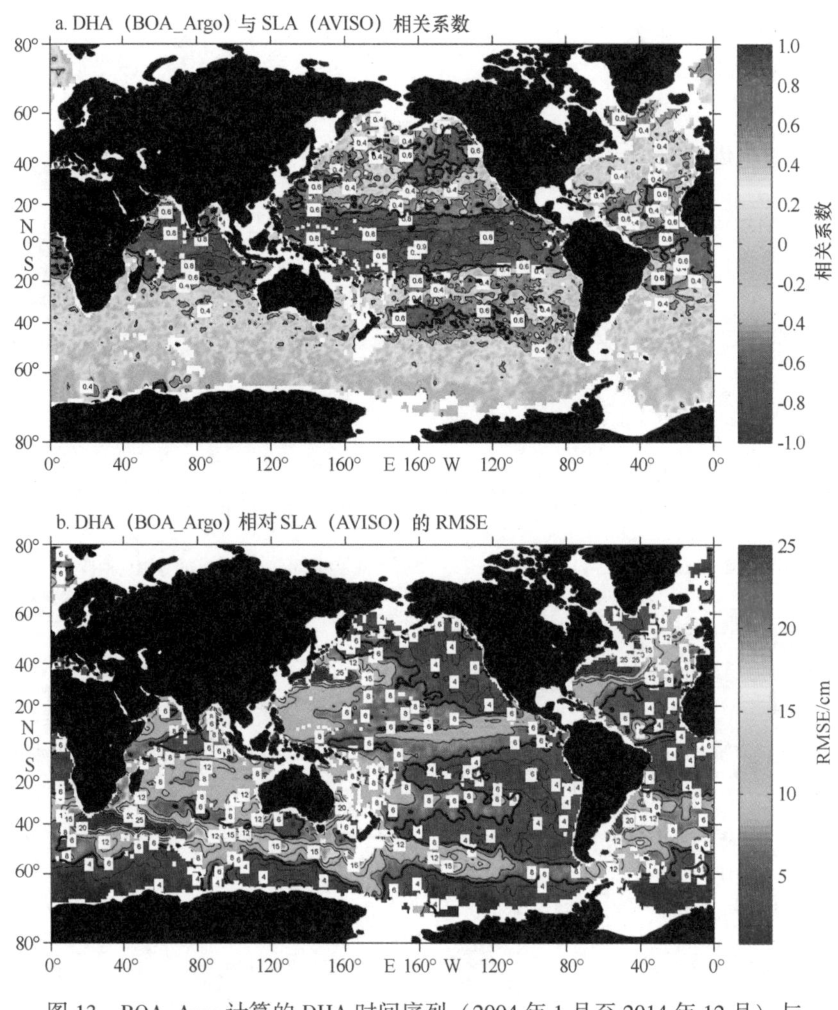

图 13 BOA_Argo 计算的 DHA 时间序列（2004 年 1 月至 2014 年 12 月）与 AVISO 的 SLA 时间序列的相关系数和 RMSE 分布

a 为相关系数，b 为 RMSE。对相关系数而言，等值线为 0.4，0.6，0.8，0.9 的被标记，对 RMSE 而言，4 cm，6 cm，8 cm，12 cm，15 cm，20 cm 和 25 cm 的被标记

和亚极地海域，BLD 可以超过 100 m，这与先前的研究结论一致[27-28]。1 月，北大西洋的 ILD 和 MLD 要比北太平洋深，而在 7 月，ILD 和 MLD 在南大洋则非常深。由图可见，尽管由 4 种 Argo 网格资料计算的 ILD、MLD 和 BLD 在空间分布形态上较为类似，但 BOA_Argo 和 Roemmich_Argo 两种资料显示出更多中尺度现象，而其他两种资料则表现得比较平滑。由 BOA_Argo 计算的 BLD 反映出一些独特的中尺度特征，如东北太平洋的反气旋涡（中心点位于 36°N，125°W），同样也呈现在海面动力高度异常（DHA）和 AVISO 的海面高度异常分布图（图 11）中，表明了 BOA_Argo 应用于中尺度现象描述的潜在能力。

4 讨论与结论

本文利用改进的 Barnes 逐步订正法及对应的响应函数重构了一套 Argo 温、盐度

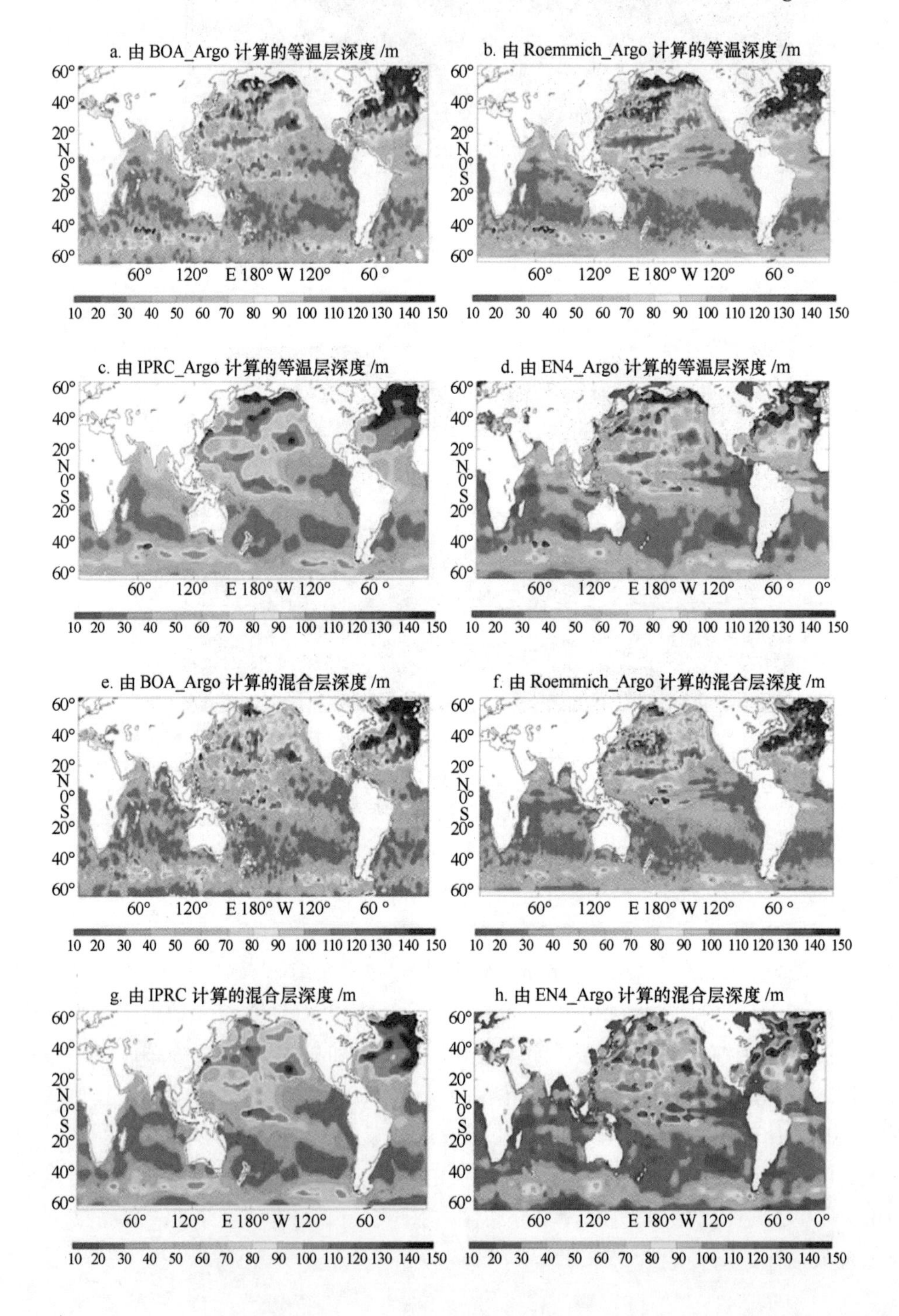

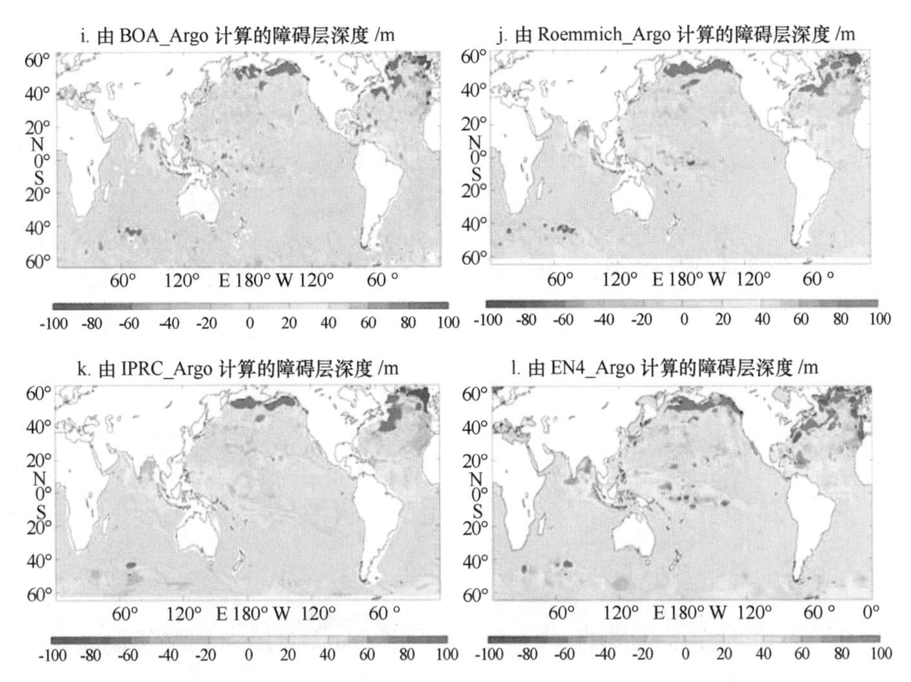

图 14　全球海洋 2009 年 1 月份不同 Argo 网格资料计算的等温层深度（a~d），
混合层深度（m）（e~h），及障碍层深度（m）（i~l）分布，
a、e、i 为 BOA_Argo 网格资料，b、f、g 为 Roemmich_Argo 网格资料，
c、g、k 为 IPRC_Argo 网格资料，d、h、l 为 EN4_Argo 网格资料

网格资料集（简称“BOA_Argo”），可适用于科学研究和业务化实时海洋预报。该网格资料集包含了 2004 年 1 月至 2014 年 12 月全球海洋月平均温度、盐度和衍生变量（如 ILD 和 MLD 等），其水平分辨率为 1°×1°，垂直方向（在 0~1 950 m 水深范围）分为间隔不等的 49 层。

利用 BOA_Argo 估算的 2004—2014 年期间全球海洋自表层到 1 950 m 深层的热含量（OHC）变化趋势（图 16）分布表明，OHC 的获取主要发生在南半球的热带外海域，而在北太平洋和北大西洋，OHC 的收支趋于平衡，这一结果与 Roemmich 等[29]的研究结论一致，这充分显示了 BOA_Argo 资料集的广泛实用性，也是对现有 Argo 网格资料集的有效补充。

BOA_Argo 有能力捕捉发生在海洋中的大尺度和中尺度变化信号，并且与 WOA13 资料的比较发现，两者变化非常吻合。相比较于原始融合后的 Argo 格点观测资料，全球海洋温、盐度在1 000 m以下海域的平均 RMSE 分别为 0.05℃ 和 0.008，在 1 000 m 以上海域，温度 RMSE 增至 0.31℃，盐度则增至 0.04，这与上层海洋受海表面风场、热通量及淡水通量影响有关，导致温、盐度变化较大。BOA_Argo 与其他网格资料集（如 Roemmich_Argo、Jamestec_Argo、EN4_Argo 和 IPRC_Argo）的有效性评估表

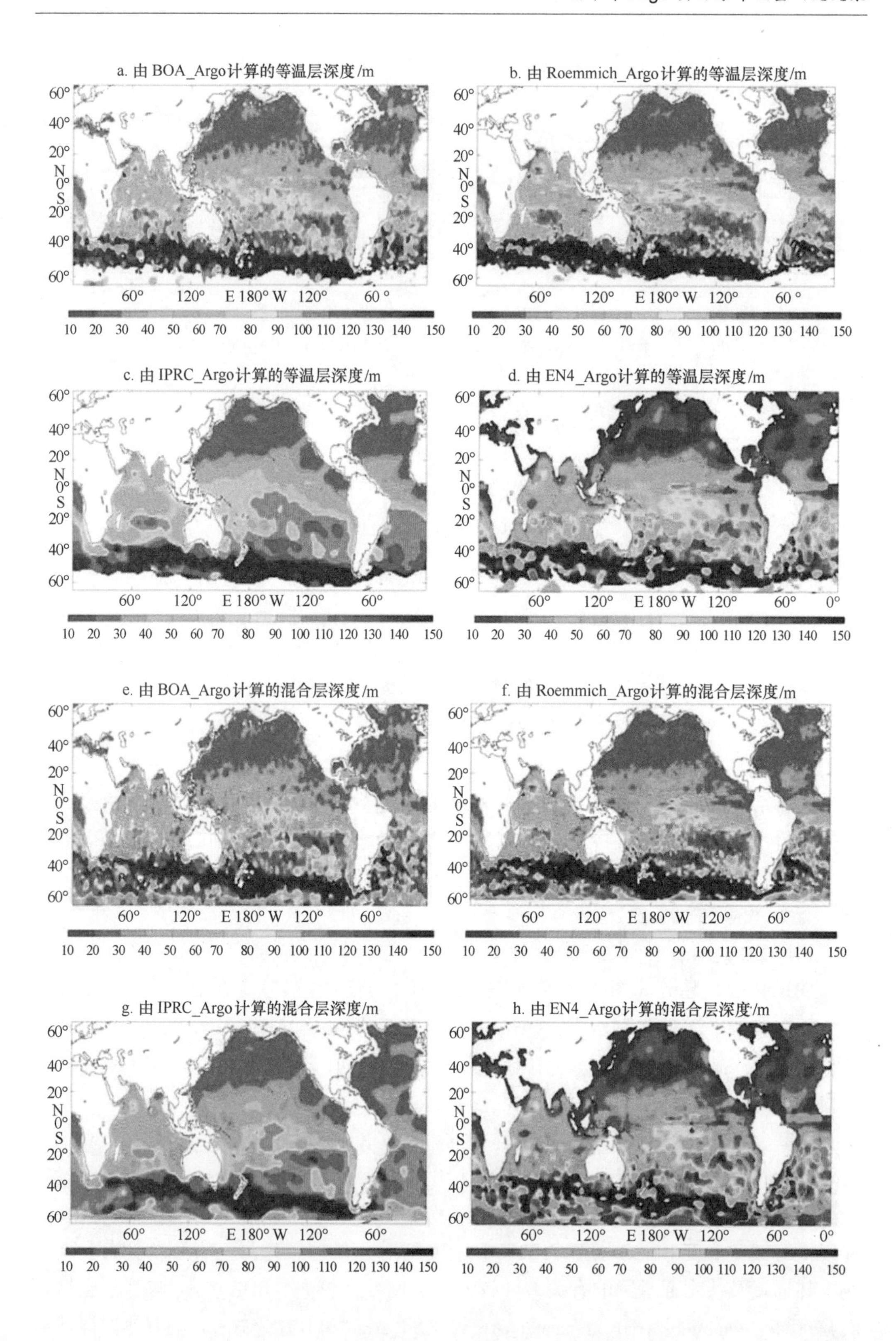
a. 由 BOA_Argo计算的等温层深度/m
b. 由 Roemmich_Argo计算的等温层深度/m
c. 由 IPRC_Argo计算的等温层深度/m
d. 由 EN4_Argo计算的等温层深度/m
e. 由 BOA_Argo计算的混合层深度/m
f. 由 Roemmich_Argo计算的混合层深度/m
g. 由 IPRC_Argo计算的混合层深度/m
h. 由 EN4_Argo计算的混合层深度/m
60° 40° 20° N 0° S 20° 40° 60°
60° 120° E 180° W 120° 60° 0°
10 20 30 40 50 60 70 80 90 100 110 120 130 140 150

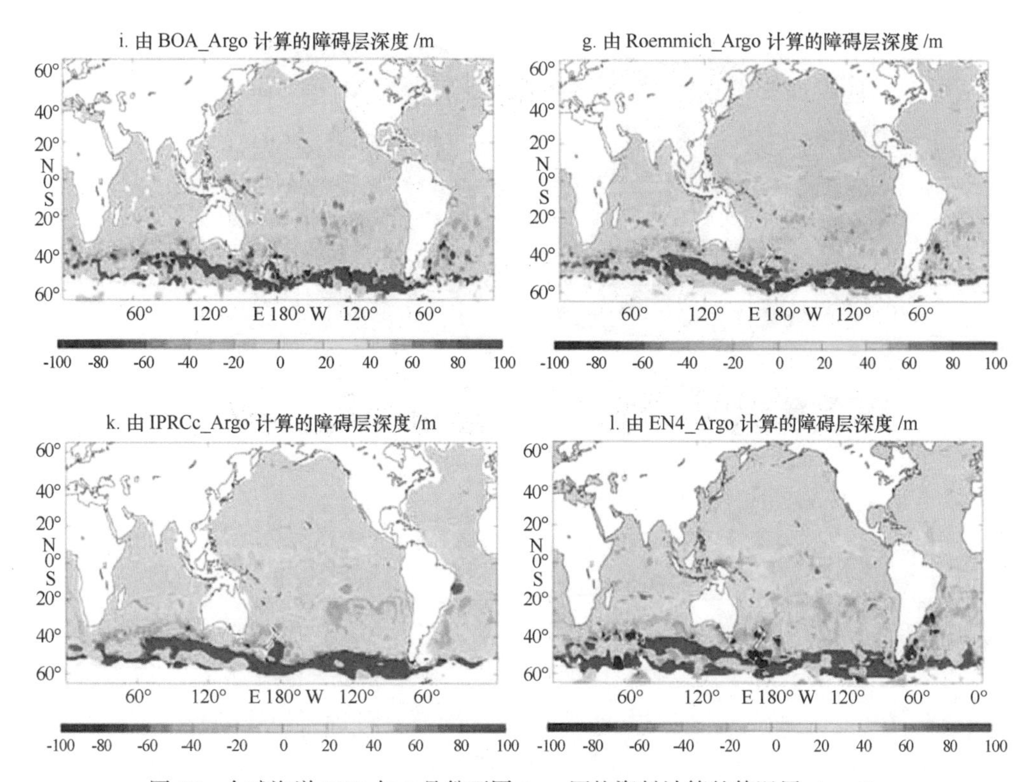

图 15 全球海洋 2009 年 7 月份不同 Argo 网格资料计算的等温层（a~d），混合层深度（e~h），及障碍层深度（i~l）分布

a、e、i 为 BOA_Argo 网格资料，b、f、g 为 Roemmich_Argo 网格资料，c、g、k 为 IPRC_Argo 网格资料，d、h、l 为 EN4_Argo 网格资料

明，BOA_Argo 与它们较为一致，与 GTMBA 的比较结果表明，BOA_Argo 具有比 IPRC_Argo 更高的相关系数和更低的 RMSE，但比 Roemmich_Argo 的相关系数略低、RMSE 相对高些。BOA_Argo 能够较好地捕捉到 El Niño 和 La Niña 事件的时间演变特征和空间变化结构。与 AVISO 的 SLA 比较表明，BOA_Argo 网格资料能够保留较多中尺度信号，且明显优于其他 Argo 网格资料，充分说明了 BOA_Argo 采用的响应函数能够较好地保留中尺度和大尺度信号，并能有效压缩小尺度的高频噪音。

此外，BOA_Argo 网格资料采用的 12 个月月平均气候态初始场，来源于对经过质量再控制后的 Argo 剖面资料的客观分析，这类似于 Roemmich 等[5]和 Chang 等[20]的研究方法。然而，其他类型的 Argo 网格资料（如 Jamestec_Argo、EN4_Argo 和 IPRC_Argo 等）均直接采用 WOA 系列资料作为初始场。显而易见，采用原始 Argo 资料制作的气候态月平均格点资料，作为对应客观分析的初始场，能更好地保留原始 Argo 资料的信号，并能避免其他格点资料（初始场）带来的额外噪音。也就是说，采用原始的 Argo 剖面资料制作初始场，对提高最终客观分析完成的 Argo 网格资料集的性

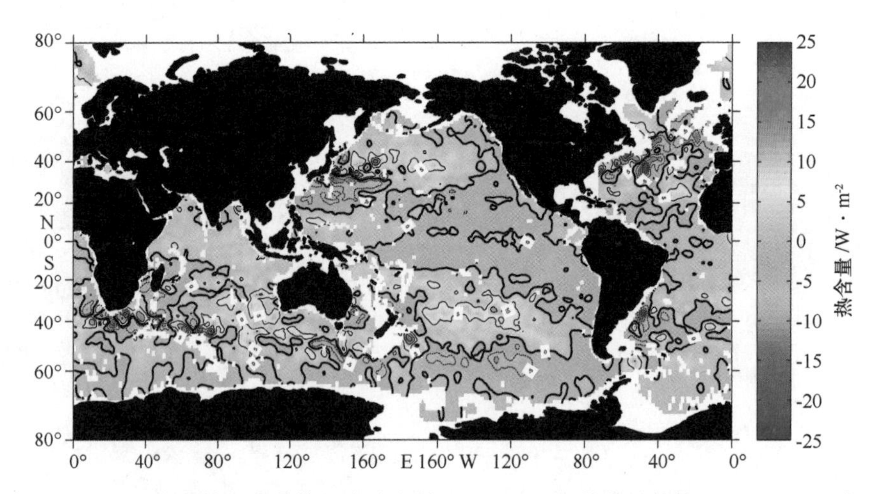

图 16　由 BOA_Argo 网格资料集估算的全球海洋 0~1 950 m 间热含量趋势（2004—2014 年）分布

等值线间隔为 5 W/m^2，黑色的粗线代表 0

能是有帮助的。

由本文改进的 Barnes 方法操作简便，并能有效生成全球海洋 Argo 三维温、盐度网格资料及其他衍生产品，使得其能跟上 Argo 剖面资料每天快速增长的节奏。随着越来越多的深海（>2 000 m）浮标[30]投放到全球海洋、Argo 浮标向极地海域[31]和边缘海拓展计划的逐步实施，以及各种边缘海观测计划的相继实施[32]，有朝一日会提供比 WOA13，无论在水平还是垂直方向上分辨率更高、覆盖范围更广泛的 Argo 网格资料集。我们会继续研究针对全球海洋 Argo 插值的新工具，并构建最优的响应函数，以便进一步改进 BOA_Argo 网格资料的质量，使得它能成为监测气候的准实时业务化产品。

致谢：作者特别感谢国家海洋局第二海洋研究所的许建平研究员对本文的指导！感谢所有在互联网提供本文研究所用资料的个人和科学组织。原始的 Argo 剖面浮标资料来源于中国 Argo 实时资料中心（http://www.argo.org.cn），ETOPO5 地形资料来源于 NCEI/NOAA（http://www.ngdc.noaa.gov/mgg/global/relief/ETOPO5/），WOA09/13 资料来源于 NODC/NOAA（http://www.nodc.noaa.gov/OC5/indprod.html），各种 Argo 网格资料集来源于国际 Argo 计划办公室网站（http://www.argo.ucsd.edu/Gridded_fields.html），GTMBA 资料来源于 NOAA 的 TAO 计划办公室（http://www.pmel.noaa.gov/tao/global/global.html），Niño 指数来源于 NOAA CPC（http://www.cpc.ncep.noaa.gov），卫星海面高度异常资料来源于 SSALTO/DUACS 并且被 AVISO（http://www.aviso.altimetry.fr）发布。同时，作者非常感谢两名审稿专家对文章的意见和建议！

参考文献：

[1] 许建平.阿尔戈全球海洋观测大探秘[M].北京:海洋出版社,2002.

[2] 许建平,刘增宏,孙朝辉,等.全球 Argo 实时海洋观测网全面建成[J].海洋技术,2008,27(1):68-70.

[3] Hosoda S,Ohira T,Nakamura T.A monthly mean dataset of global oceanic temperature and salinity derived from Argo float Observations[R].JAMSTEC Rep Res Dev,2008,8:47-59.

[4] Good S A,Martin M J,Rayner N A.EN4:quality controlled ocean temperature and salinity profiles and monthly objective analyses with uncertainty estimates[J].J Geophys Res,2013,118: 6704-6716,doi: 10.1002/2013JC009067.

[5] Roemmich D,Gilson J.The 2004-2008 mean and annual cycle of temperature,salinity,and steric height in the global ocean from Argo program[J].Progr Oceanogr,2009,82:81-100.

[6] Troupin C F,Mach F,Ouberdous M,et al.High-resolution climatology of the northeast Atlantic using data-interpolating variational analysis (Diva) [J]. J Geophys Res, 2010, 115: C08005, doi: 10.1029/2009JC005512.

[7] Locarnini R A,Mishonov A V,Antonov J I,et al.WorldOcean Atlas 2005,Volume 1: Temperature [R]//Levitus S,NOAA Atlas NESDIS 61,U.S.Gov.Printing Office,Washington,D.C,2006:1-182.

[8] Barnes S L.A technique for maximizing details in numerical weather map analysis[J].J Appl Meteor, 1964,3:396-409.

[9] Barnes S L.Mesoscale objective analysis using weighted time series observations[R].NOAA Tech. Memo.ERL NSSL-62,National Severe Storms Laboratory,Norman,OK,1973:1-41.

[10] Levitus S.Climatological atlas of the World Ocean[R].NOAA Professional Paper No.13,U.S.Gov. Printing Office,1982:1-173.

[11] Locarnini R A,Mishonov A V,Antonov J I,et al.World Ocean Atlas 2009,Volume 1:Temperature [R]//Levitus S,NOAA Atlas NESDIS 68,U.S.Government Printing Office,Washington,D.C,2010: 1-184.

[12] Antonov J I,Locarnini R A,Boyer T P,et al.World Ocean Atlas 2009,Volume 2:Salinity[R]//Levitus S,NOAA Atlas NESDIS 62,U.S.Government Printing Office,Washington,D.C,2010:1-182.

[13] Chu P C,Wang Q Q,Bourke R H.Ageometric model for Beaufort/Chukchi Sea thermohaline structure [J].J Atmos Oceanic Technol,1999,16:613-632.

[14] Cressman G P.An operational objective analysis sy stem[J].Mon Wea Rev,1959,87:367-372.

[15] Argo Data Management[R].Argo Quality Control Manual Version 2.9,2013:1-54.

[16] Smith D R,Pumphry M E,Snow J T.A comparison of errors in objectively analyzed fields for uniform and nonuniform station distribution[J].Atmos Oceanic Technol,1986,3:84-97.

[17] Koch S E,desJardins M,Kocin P J.An interactive Barnes objective map analysis scheme for use with satellite and conventional data[J].J Clim Appl Meteorol,1983,22:1487-1502.

[18] Locarnini R A,Mishonov A V,Antonov J I,et al.World Ocean Atlas 2013,Volume 1:Temperature [R]//Levitus S,NOAA Atlas NESDIS 73,2013:1-40.

[19] Schuman F G. Numerical methods in weather prediction Ⅰ: Smoothing and filtering[J]. Mon Wea Rev, 1957, 85: 357-361.

[20] Chang Y S, Vecchi G A, Rosati A, et al. Comparison of global objective analyzed *t*-*s* fields of the upper ocean for 2008-2011[J]. J Mar Syst, 2014, 137(5): 13-20.

[21] Wang X, Wang D, Zhou W. Decadal variability of twentieth-century El Niño and La Niña occurrence from observations and IPCC AR4 coupled models[J]. Geophys Res Lett, 2009, 36: L11701, doi: 10.1029/2009GL037929.

[22] McPhaden M J. Evolution of the 2006-2007 El Niño: The role of intraseasonal to interannual time scale dynamics[J]. Adv Geosci, 2008, 14: 219-230.

[23] Leetma A. The interplay of El Niño and La Niña[J]. Oceanus, 1989, 32(summer): 30-3434.

[24] Chang Y S, Rosati A J, Vecchi G A. Basin patterns of global sea level changes for 2004-2007[J]. J Mar Syst, 2010, 80(1-2): 115-124.

[25] Gilson J, Roemmich D, Cornuelle B, et al. Relationship of TOPEX/Poseidon altimetric height to steric height and circulation in the North Pacific[J]. J Geophys Res, 1998, 103(C12): 27947-27965, doi: 10.1029/98JC01680.

[26] Ishii M, Kimoto M, Kachi M. Historical ocean subsurface temperature analysis with error estimates [J]. Mon Weather Rev, 2003, 131: 51-73.

[27] de Boyer Montégut, Mignot C J, Lazar A, et al. Control of salinity on the mixed layer depth in the world ocean: 1. General description [J]. J Geophys Res, 2007, 112: C06011, doi: 10.1029/2006JC003953.

[28] Liu H, Grodsky S A, Carton J A. Observed subseasonal variability of oceanic barrier and compensated layers[J]. J Clim, 2009, 22(22): 6104-6119.

[29] Roemmich D, Church J, Gilson J. Unabated planetary warming and its anatomy since 2006[J]. Nat Clim Change, 2015: 2(3): 240-245.

[30] Zilberman N, Maze G[R]. Report on the deep Argo implementation workshop, 2015: 1-37.

[31] Stephen C R, Howard J F, Dean R. Fifteen years of ocean observations with the global Argo array[J]. Nat Clim Change, 2016, 6(1): 145-153, doi: 10.1038/NCLIMATE2872.

[32] Yang L, Wang D, Huang J, et al. Toward a mesoscale hydrological and marine meteorological observation network in the South China Sea[J]. Bull Am Meteorol Soc, 2015, 96(7): 197-210, doi: 10.1175/BAMS-D-14-00159.1.

Development of a global gridded Argo data set with Barnes successive corrections

LI Hong[1,2], XU Fanghua[3], ZHOU Wei [4], WANG Dongxiao [4], Jonathon S. Wright[3], LIU Zenghong [2], LIN Yanluan [3]

1. *Zhejiang Institute of Hydraulics and Estuary, Hangzhou* 310020, *China*
2. *State Key Laboratory of Satellite Ocean Environment Dynamics, Second Institute of Oceanography, State Oceanic Administration, Hangzhou* 310012, *China*
3. *Ministry of Education Key Laboratory for Earth System Modeling and Department of Earth System Science, Tsinghua University, Beijing* 100084, *China*
4. *State Key Laboratory of Tropical Oceanography, South China Sea Institute of Oceanology, Chinese Academy of Sciences, Guangzhou* 510301, *China*

Abstract: A new 11 year (2004–2014) monthly gridded Argo temperature and salinity data set with 49 vertical levels from the surface to 1950 m depth (named BOA_Argo) is generated for use in ocean research and modeling studies. The data set is produced based on refined Barnes successive corrections by adopting flexible response functions based on a series of error analyses to minimize errors induced by nonuniform spatial distribution of Argo observations. These response functions allow BOA_Argo to capture a greater portion of mesoscale and large-scale signals while compressing small-sale and high-frequency noise relative to the most recent version of the World Ocean Atlas (WOA). BOA_Argo data set is evaluated against other gridded data sets, such as WOA13, Roemmich_Argo, Jamestec_Argo, EN4_Argo and IPRC_Argo in terms of climatology, independent observations, mixed layer depth, and so on. Generally, BOA_Argo compares well with other Argo gridded data sets. The RMSE and correlation coefficients of compared variables from BOA_Argo agree most with those from the Roemmich_Argo. In particular, more mesoscale features are retained in BOA_Argo than others as compared to satellite sea surface heights. These results indicate that the BOA_Argo data set is a useful and promising adding to the current Argo data sets. The proposed refined Barnes method is computationally simple and efficient, so that the BOA_Argo data set can be easily updated to keep pace with tremendous daily increases in the volume of Argo temperature and salinity data.

Key words: Argo; refined Barnes successive corrections; BOA_Argo; gridded data set; Global Ocean

(原文刊于：Journal of Geophysical：Oceans，2017，122(2)：866–889)

新版全球海洋 Argo 网格数据集及其可靠性检验

李宏[1,2]，刘增宏[2*]，吴晓芬[2]，孙朝辉[2]，
卢少磊[2]，曹敏杰[2]，许建平[2]

1. 浙江省水利河口研究院，浙江 杭州 310020
2. 国家海洋局第二海洋研究所 卫星海洋环境动力学国家重点实验室，浙江 杭州 310012

摘要：本文利用改进的 Barnes 逐步订正法，并结合一个混合层模型，构建完成了一个新版（2004 年 1 月至 2015 年 12 月）全球海洋（79.5°S～79.5°N，180°W～180°E）Argo 三维网格温、盐度资料集及衍生数据产品。与旧版网格数据集相比，在制作过程中对资料质量控制程序进行了改进，并对客观分析程序做了进一步优化，不仅提高了计算效率，而且客观分析误差呈现明显减小；垂向分辨率也由原来的 49 层增加到 0～1 975×10^4 Pa 深度范围内间隔不等的 58 层；经与 WOA13 资料集、同类型的 Argo 资料集和锚碇浮标观测资料等的可靠性检验表明，新版全球海洋 Argo 网格数据集提供的资料是可信的，其质量也是有充分保证的。

关键词：Argo 资料；Barnes 逐步订正法；网格数据集；可靠性检验；全球海洋

1 引言

无论是常规海洋观测仪器（如 XBT、CTD 等）还是新颖的自动剖面浮标（广泛应用于国际 Argo 计划[1-2]），获取的温、盐度等海洋环境要素都存在观测深度不一致、观测时间不连续及观测空间离散等问题，使得应用范围受到一定的限制。早在 20 世纪 80 年代，美国的 Levitus[3] 就针对这一问题做过世界海洋范围内水文和气象资

基金项目：科技部科技基础性工作专项（2012FY112300）。

作者简介：李宏（1986—），男，湖北省武汉市人，工程师，主要从事海洋资料分析及数值模拟研究。E-mail：slvester_hong@163.com

* **通信作者**：刘增宏（1977—），男，江苏省无锡市人，副研究员，主要从事物理海洋调查与分析研究。E-mail：liuzenghong@139.com

料的客观分析，将历史上全球海洋通过常规观测手段获得的散点资料构建成为网格资料。Levitus 的工作使得 WOA 系列资料集 WOA01[4-5]、WOA05[6-7]、WOA09[8-9]和 WOA13[10-11]等不断推出，这是将历史散点观测资料构建成为时空范围内规则一致的网格资料，并得到成功应用的范例。许多 Argo 成员国都在开发相应的网格数据产品[12-16]，极大方便了人们的应用，也扩大了 Argo 资料的应用领域。

由于 Argo 计划早期布放的大部分自动剖面浮标只能观测 5 m 水深以下的剖面资料，缺乏表层（5 m 以浅）观测，导致重构的 Argo 网格资料要么不包含表层信息，要么是通过与其他观测（如 XBT 和船载 CTD 仪）资料或反演（如卫星遥感等）数据融合得到的表层信息，数据质量并不能得到保证；而统一由 Argo 构建全面反映海洋三维信息的温、盐度网格资料，目前尚不多见。另外，这些 Argo 网格资料集，大多是采用最优插值法甚至更为复杂的数据同化技术，并融合海洋数值模式来构建完成，这些方法虽然效果明显，但操作较为复杂，且计算量大，观测资料及数值模式的各种误差统计信息难以获取。

鉴于此，本文拟利用一种简单有效、且易于操作的逐步订正法[17-19]，并结合一种混合层模型[20]，构建全球海洋 2004 年 1 月至 2015 年 12 月期间的三维网格温、盐度资料集，以满足国内 Argo 用户在物理海洋基础研究和海洋/大气业务化预测预报中的需求。

2 资料来源与使用方法

选用的资料来自中国 Argo 实时资料中心（http：//www. argo. org. cn/）提供的 2004 年 1 月至 2015 年 12 月期间全球海洋 79. 5°S～79. 5°N，180°W～180°E 所包围区域内的 Argo 温、盐度剖面资料，且均已经过各国 Argo 资料中心的实时和部分延时质量控制，在此基础上，仍有部分剖面存在质量问题，因此统一进行必要的质量再控制，总共有 1 015 702 条温、盐度剖面通过质量控制，用来制作初始场。为了避免年变化，采用对应 2004—2015 年的原始资料制作逐年逐月的 Argo 网格资料。

本文利用李宏等[17-18]改进的 Barnes 逐步订正法，并结合一个混合层模型[20]，用来反推对应 Argo 剖面的表层温度和盐度（针对大部分早期布放的自动剖面浮标只能观测 5 m 水深以下剖面的缺陷），构建全球海洋 2004 年 1 月至 2015 年 12 月的三维网格温、盐度资料集及衍生数据产品。

3 网格数据制作流程

全球海洋 Argo 三维网格温、盐度资料集的制作流程大体上归纳为如下 4 个步骤：

（1）尽管获得的 Argo 资料已经通过各国 Argo 资料中心的实时质量控制和部分延时质量控制，但检查发现仍有一些有质量问题的数据包含其中。因此，统一对 Argo

资料进行必要的质量再控制工作[17-19]（图 1 显示的 1~7 步），并利用线性插值法将资料垂向插值到标准层（57 层），然后进行 1°×1°区间的资料融合处理。

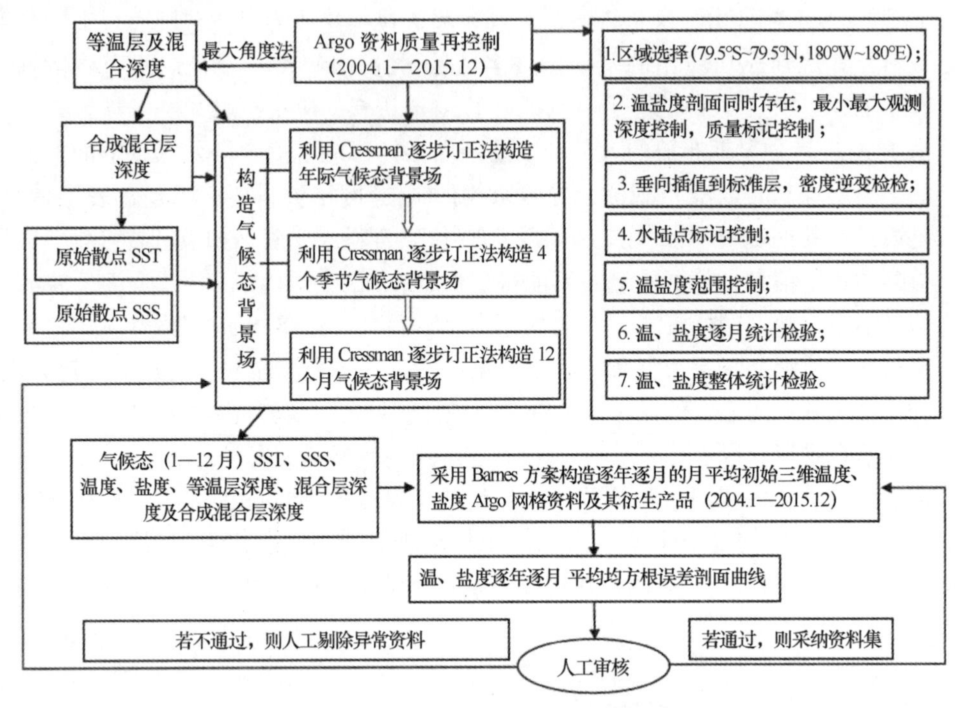

图 1 Argo 网格数据集构建流程

（2）对上述高质量的温、盐度剖面参考数据集，利用最大角度法[21]计算出对应剖面的等温层深度、混合层深度，考虑障碍层和补偿层的影响，可以得到合成混合层深度，并利用赵鑫等[20]的方法，反推出每个剖面位置的表层温度和盐度。

（3）利用 Cressman 逐步订正法[22]构建背景场，均采用三次迭代，构建年、季节和月气候态背景场时采用的影响半径分别为：999 km、666 km 和 333 km。如，对年际气候态背景场，采用三次迭代，三次迭代影响半径分别取为 999 km、666 km、333 km。年际气候态背景场完成后，再以此气候态背景场作为初始场，构建季节性气候态背景场，采用相同的迭代次数和影响半径。季节性气候态背景场完成后，以此为初始场，采用统一的方法，构建月（1—12 月）气候态背景场，以此作为逐年逐月（2004 年 1 月至 2015 年 12 月）分析的初始场；构建的各气候态变量包括：温度（包括 SST）、盐度（包括 SSS）、等温层深度、混合层深度及合成混合层深度，详细步骤可参考赵鑫等[20]。

（4）以第 3 步完成的月气候态背景场为对应月份客观分析的初始场，再利用改进的 Barnes[23]逐步订正法构建 Argo 三维网格数据集。重构过程中，Barnes 逐步订正法中的相关参数，可以通过实验选取，其中迭代次数取为 2，影响半径为 555 km，滤

波参数为 8×10^4 km^2，收敛因子为 0.2。通过计算，则可获得 2004—2015 年期间逐月的 Argo 网格温、盐度数据集。

4 网格数据集格式与使用说明

新版的全球海洋 Argo 网格数据集（简称“BOA_Argo”），时间范围为 2004 年 1 月—2015 年 12 月，空间范围为 79.5°S~79.5°N，180°W~180°E 所包围的全球海洋。时间分辨率为逐年逐月；空间分辨率则为水平方向 1°×1°（经向：0.5：1.0：359.5；纬向：-79.5：1.0：79.5），垂向为 0 dbar（1 dbar= 10^4 Pa），5 dbar，10 dbar，20 dbar，30 dbar，40 dbar，50 dbar，60 dbar，70 dbar，80 dbar，90 dbar，100 dbar，110 dbar，120 dbar，130 dbar，140 dbar，150 dbar，160 dbar，170 dbar，180 dbar，190 dbar，200 dbar，220 dbar，240 dbar，260 dbar，280 dbar，300 dbar，320 dbar，340 dbar，360 dbar，380 dbar，400 dbar，420 dbar，440 dbar，460 dbar，500 dbar，550 dbar，600 dbar，650 dbar，700 dbar，750 dbar，800 dbar，850 dbar，900 dbar，950 dbar，1 000 dbar，1 050 dbar，1 100 dbar，1 150 dbar，1 200 dbar，1 250 dbar，1 300 dbar，1 400 dbar，1 500 dbar，1 750 dbar，1 950 dbar 等 58 层。

BOA_Argo 数据文件包括气候态年平均、气候态季节平均、气候态月平均和逐年逐月平均等多种类型，其数据格式分为 MATLAB 和 NETCDF 两种。

4.1 MATLAB 存储格式

逐年逐月数据文件以 BOA_Argo_YYYY_MM. mat 表示（其中 YYYY 表示年份，MM 表示月份），如：BOA_Argo_2004_01. mat 表示 2004 年 1 月的网格资料，在 matlab 下可直接导入。包含变量为：lons（经度，360×160）、lats（纬度，360×160）、depth（深度，压力 58 层）、temperature（温度，360×160×58）、salinity（盐度，360×160×58）、mld_t（等温层深度，360×160）、mld_dens（混合层深度，360×160）及 mld_composed（合成混合层深度，360×160）。

年平均数据文件名为 BOA_Argo_annual. mat，包含的变量为：temp_annual（温度，360×160×58），salt_annual（盐度，360×160×58），mld_t_annual（等温层深度，以下简称 ILD，360×160），mld_dens_annual（混合层深度，以下简称 MLD，360×160），mld_composed_annual（合成混合层深度，以下简称 CMLD，360×160）。

月平均数据文件名以 BOA_Argo_monthly_＊. mat 表示，如：BOA_Argo_monthly_1. mat 表示 1 月份平均的网格资料。包含的变量为：temp_monthly（温度，360×160×58），salt_monthly（盐度，360×160×58）；mld_t_monthly（等温层深度，360×160），mld_dens_monthly（混合层深度，360×160），mld_composed_monthly（合成混合层深度，360×160）。

水陆点文件：landmask. mat，其中 lons（360×160）和 lats（360×160）为经纬度

网格，landmask（360×160×58）为陆海标记，1 表示海洋，0 表示陆地。

若想读取 MATLAB 格式的 2004 年 1 月份的资料，在 matlab 软件中，载入命令：load BOA_Argo_2004_01. mat，即可得所有变量，其他月份资料的读取命令类似。

4.2 NetCDF 格式

逐年逐月数据文件以 BOA_Argo_YYYY_MM. nc 表示（其中 YYYY 表示年份，MM 表示月份），如：BOA_Argo_2004_01. nc 表示 2004 年 1 月的网格资料。文件中包含的变量包括：lon（经度，360），lat（纬度，160），pressure（深度，58），temp（温度，58×160×360），salt（盐度，58×160×360），ILD（等温层深度，160×360）、MLD（混合层深度，160×360）及 CMLD（合成混合层深度，160×360），其中缺失值以 99999 填充。

若想使用 NETCDF 格式的 2004 年 1 月份的资料，在 MATLAB 软件中（matlab2009a 版本以上），载入如下命令：

```
ncid=netcdf. open (´BOA_Argo_2004_01. nc´, ´nc_nowrite´);% read the file
varid=netcdf. inqVarID (ncid, ´lat´);% get the latitude variable id
lat=netcdf. getVar (ncid, varid);% get the latitude value
varid=netcdf. inqVarID (ncid, ´lon´);% get the longitude variable id
lon=netcdf. getVar (ncid, varid);% get the longitude value
varid=netcdf. inqVarID (ncid, ´pressure´);% get the pressure variable id
pressure=netcdf. getVar (ncid, varid);% get the pressure value, dbar
varid=netcdf. inqVarID (ncid, ´ILD´);% get the ILD variable id
mld_ t=netcdf. getVar (ncid, varid);% get the ILD value
varid=netcdf. inqVarID (ncid, ´MLD´);% get the MLD variable id
mld_ dens=netcdf. getVar (ncid, varid);% get the MLD value
varid=netcdf. inqVarID (ncid, ´CMLD);% get the CMLD variable id
mld_ cmd=netcdf. getVar (ncid, varid);% get the CMLD value
varid=netcdf. inqVarID (ncid, ´temperature´);% get the temperature variable id
temp=netcdf. getVar (ncid, varid);% get the temperature value
varid=netcdf. inqVarID (ncid, ´salinity´);% get the salinity variable id
salt=netcdf. getVar (ncid, varid);% get the salinity value
netcdf. close (ncid);% close file
```

5 新版网格数据集可靠性检验

将重构的 Argo 网格数据集与 WOA13 资料[10—11]、TAO/TRITON 资料[24]（来源于 http：//www. pmel. noaa. gov/tao/disdel/frames/main. html）以及同类型的 Argo 资

料[13—14,16]（来源于 http：//www. argo. ucsd. edu/Gridded_ fields. html）进行比较，检验网格资料的可信度。

5.1 利用 WOA13 网格资料检验

从图 2、图 3 可以看出，全球海洋表层（0 m）温度大致呈纬向带状分布，而在经向上，即南—北方向上的变化非常明显。高温区（>28℃）主要分布在低纬度（20°S~20°N）区域内。自热赤道（平均在 7°N 附近）向两极，温度逐渐降低，且在 40°S 附近为寒暖流的交汇处，等温线较为密集，温度水平梯度大，形成所谓的“极锋”，北半球黑潮和湾流所在位置，温度梯度较大。两极地区，温度分布与纬线几乎平行，明显与太阳辐射有直接的关系；Argo 资料反映的全球海洋 0 m 层温度分布特征与 WOA13 资料反映的温度分布特征（图 4）较为相似，WOA13 等温线更为光滑，一个较为显著的不同点在于，Argo 资料反映的 29℃等温线横切太平洋与印度洋海域，而 WOA13 资料显示 29℃ 封闭等温线则主要位于太平洋海域，且对应的范围更小，印度洋温度的 29℃ 等温线由 Scripps 海洋研究所构建的 Argo 网格资料[14]同样可以反映出来（图略）。

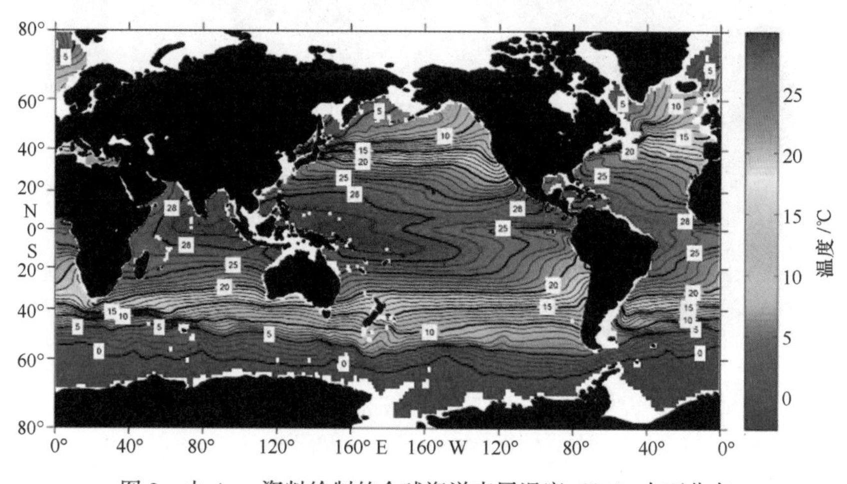

图 2　由 Argo 资料绘制的全球海洋表层温度（℃）大面分布

全球海洋表层（0 m）盐度分布特征则为，大西洋盐度最高，自赤道向两极地区，盐度呈现“马鞍形”的双峰分布特征，即南北副热带为高盐区，最高盐度 37.5 以上。赤道附近区域为低盐区，自副热带向两极，盐度逐渐降低。太平洋盐度次之，自赤道向两极，盐度同样呈现“马鞍形”的分布特征，太平洋最高盐度为 36.5 以上（但不超过 37.0），平均比大西洋低 1.0，同温度分布相似，在南北半球 40° 附近的寒暖流交汇处，盐度水平梯度也比较大，形成“极锋”，至两极海域盐度降低到 34.0 以下，这与极地海区结冰、融冰的影响有密切关系。印度洋海域盐度则最低，但自赤道向两极同样为“马鞍形”的分布特征，且南半球 40°S 海域盐度锋面特征最为显

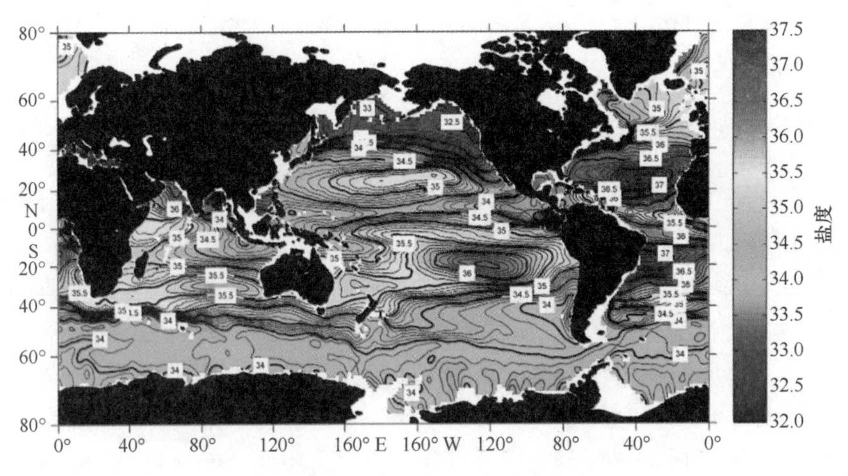

图 3　由 Argo 资料绘制的全球海洋表层盐度大面分布

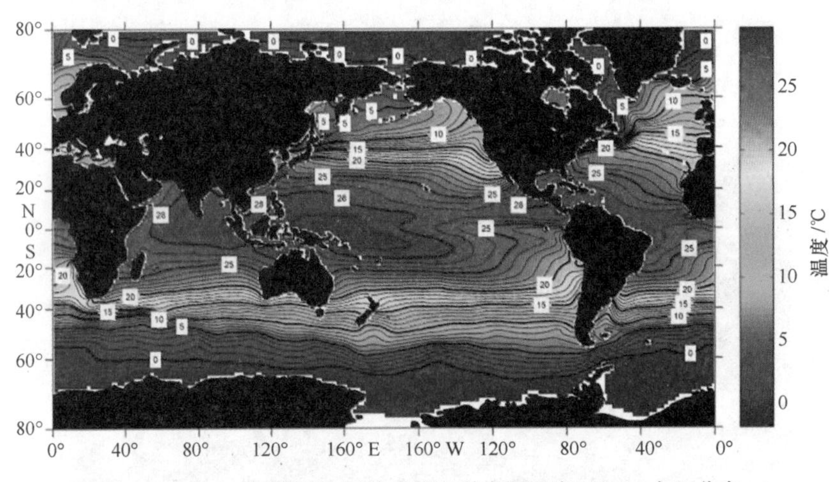

图 4　由 WOA13 资料绘制的全球海洋表层温度（℃）大面分布

著。盐度的地域性分布特征较为明显，与降水和蒸发有密切的关系。除了等盐线更为光滑外，WOA13 资料提供的全球海洋盐度分布（图 5）与 Argo 资料别无两样。可以看出，Argo 网格资料与 WOA13 反映的 0 m 层温、盐度大面分布特征较为相似，但相比之下，WOA13 资料更为光滑，Argo 网格资料揭示的分布特征比 WOA13 资料更细致。

5.2　利用 ENSO 信号检验

为了检验 Argo 资料对 ENSO 信号的捕捉能力，图 6 给出了 2004 年 1 月至 2015 年 12 月期间 Niño3.4 区（5°S~5°N，170°~120°W）的 ENSO 指数序列分布。我们分别利用其他 Argo 网格数据集（表 1）中 100 m 层以上平均温度在 Niño3.4 区异常值（逐

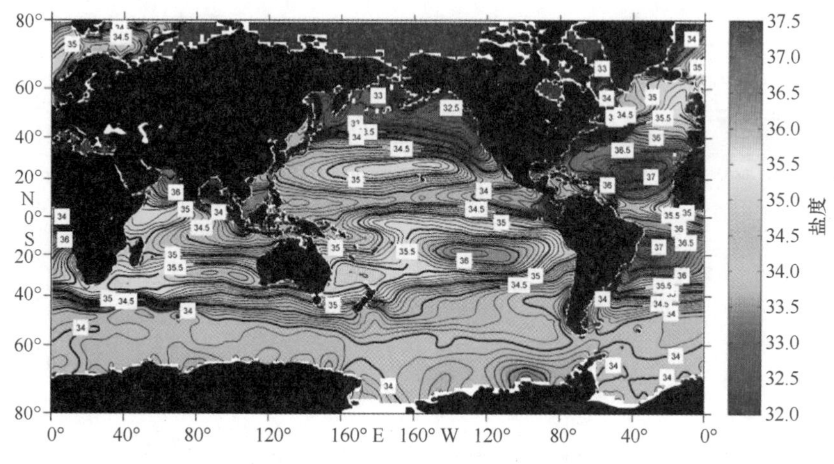

图 5　由 WOA13 资料绘制的全球海洋表层盐度大面分布

年逐月减去气候态年平均）与 ENSO 指数（美国气候预报中心（NOAA/CPC）提供）做比较，同时给出不同资料序列之间的相关系数（表 2）。在图 6 中，BOA_Argo 为本网格产品计算所得的指数，用于计算 ENSO 指数的其他网格资料集，均来源于国际 Argo 信息中心网址（http：//www. argo. ucsd. edu/Gridded_fields. html），这里选用的包括：Scripps_Argo 为 Scripps 海洋研究所提供的网格资料[14]，Jamstec_Argo 为日本海洋科学技术厅提供的网格资料[13]，EN4_Argo 为英国气象局提供的网格资料[16]，IPRC_ Argo 为夏威夷大学太平洋—亚洲数据中心提供网格资料（http：//Apdrc. soest. hawaii. edu/projects/Argo）。这几种产品的原始资料以 Argo 剖面资料为主，其中 EN4_Argo 所用的原始资料种类（如 WOD05、GTSPP、Argo、ASBO 等）较多。由图 6 可见，NOAA/CPC 提供的指数较为光滑，而其他几种网格资料提供的指数小尺度信号较多。

表 1　不同类型 Argo 网格数据集

数据集名称	范围	水平分辨率	垂向分辨率	原始资料	初始场	方法	开发机构
BOA_Argo	全球海洋（79.5°S～79.5° N，180° W ～180°E）	1°×1°	0～1 975 dbar 不等 58 层	Argo	插值原始 Argo 资料	逐步订正法	中国 Argo 实时资料中心
Scripps_Argo	全球海洋（64.5°S～59.5° N，180° W ～180°E）	1°×1°	2.5～1 975 dbar 不等 58 层	Argo	插值原始 Argo 资料	最优插值法	美国 Scripps 海洋研究所
Jamestec_Argo	全球海洋（60.5°S～70.5° N，180° W ～180°E）	1°×1°	10～2 000 dbar 不等 25 层	Argo，部分 CTD 和锚碇资料	WOA05	最优插值法	日本海洋科学技术中心

续表

数据集名称	范围	水平分辨率	垂向分辨率	原始资料	初始场	方法	开发机构
EN4_Argo	全球海洋（83° S ~ 89° N，180° W ~ 180° E）	1°×1°	5~5 350 m 不等 42 层	WOD05，GTSPP，Argo，ASBO	FOAM 模式	最优插值法	英国气象局
IPRC_Argo	全球海洋（60° S ~ 60° N，180° W ~ 180° E）	1°×1°	0~2 000 m 不等 27 层	Argo，海面动力高度等	—	变分插值法	夏威夷大学亚洲-太平洋数据研究中心

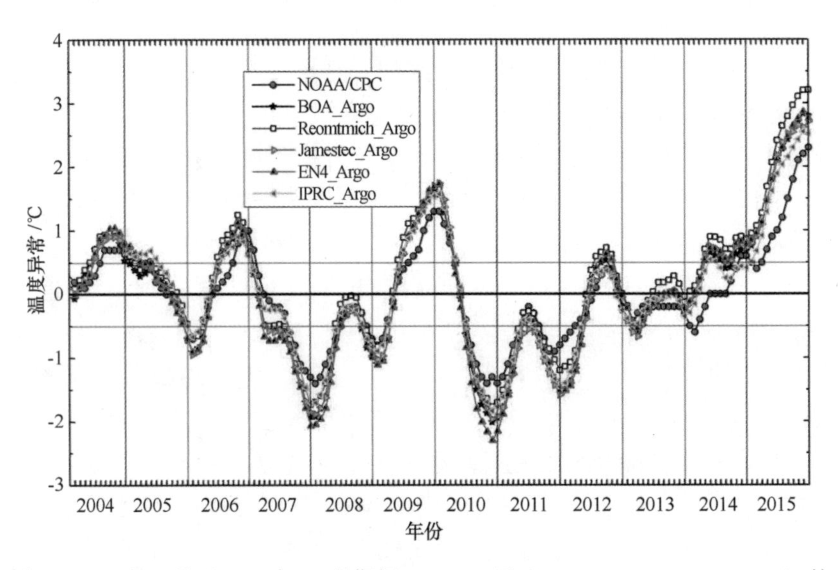

图 6　2004 年 1 月至 2015 年 12 月期间 Niño3.4 区（5°S~5°N，170°~120°W）的 ENSO 指数时间序列分布

进行相关分析（表2）后发现，BOA_Argo 资料、Scripps_Argo 资料、Jamstec_Argo 资料、EN3_Argo 资料及 IPRC_Argo 资料与 Niño3.4 指数的相关系数分别为：0.960 3、0.953 0、0.962 0、0.960 5 和 0.955 8，相关系数均较高，说明 BOA_Argo 资料提供的温度资料能够较好地反映 ENSO 信号。表中还给出了不同资料提供的指数之间的相关系数，BOA_Argo 与其他资料之间的相关系数较高（大于 0.97）。

表 2　不同资料提供的 ENSO 指数相关系数表

资料	相关系数					
NOAA/CPC	1.000 0	0.960 3	0.953 0	0.962 0	0.960 5	0.955 8
BOA_Argo	0.960 3	1.000 0	0.996 7	0.996 3	0.995 6	0.974 8

续表

资料	相关系数					
Scripps_Argo	0.953 0	0.996 7	1.000 0	0.992 6	0.993 2	0.967 0
Jamestec_Argo	0.962 0	0.996 3	0.992 6	1.000 0	0.994 4	0.972 4
EN4_Argo	0.960 5	0.995 6	0.993 2	0.994 4	1.000 0	0.967 5
IPRC_Argo	0.955 8	0.974 8	0.967 0	0.972 4	0.967 5	1.000 0

5.3 利用锚碇浮标观测的长时间序列资料检验

为了进一步检验 Argo 网格数据集的可靠性，并考虑到时间和空间上的连续性，同样选取了海洋科学领域中比较常用的锚碇浮标（如 TAO、TRITON 等）资料来进行比较。作为代表，分别在太平洋（P 站（0°N，147°E）），大西洋（A 站（0°N，23°W）），印度洋（I 站（1.5°S，80.5°E））各选取了 1 个站来进行对比分析。由于锚碇浮标起伏不定、浮标故障或其他问题，会导致观测深度不一，以及某些年份的观测值缺失等。为此，将尽量选取垂直深度较深，且时间上能够覆盖 2004 年 1 月至 2015 年 12 月期间的锚碇浮标温、盐度观测资料。

图 7 和图 8 分别为 BOA_Argo 和锚碇浮标在赤道太平洋海域 P 站上从海表（1 m）到 750 m 深度范围内的温、盐度垂直分布，时间范围为 2004 年 1 月至 2015 年 12 月。由图可见，自表层到中层，Argo 与锚碇浮标反映的信号较为一致，但由锚碇浮标资料（图 7）显示的等值线更为光滑，这可能与资料来源有关。因为 BOA_Argo 为逐月资料，而所用的锚碇浮标原始资料的时间分辨率为逐日的。将锚碇浮标资料取平均得到对应的逐年逐月资料，这样的处理相当于对锚碇浮标资料进行了平滑，导致等值线分布比较光滑。

图 9 为 BOA_Argo 和锚碇浮标在大西洋海域 A 站上从海表（1 m）到 500 m 深的温度垂直结构。值得注意的是，锚碇浮标盐度资料在大西洋海域的垂向最大观测深度仅为 120 m，绘制的盐度垂直结构如图 10 所示。由图 9 可见，自表层到中层，Argo 与锚碇浮标反映的温度信号较为一致，60 m 深度以上的高温水团年际变化特征较为一致。而对盐度来说，因为获得的锚碇浮标资料观测深度较浅，而上层海洋又受风、降水和蒸发等自然条件影响较大，因此 Argo 资料与锚碇浮标资料反映的盐度存在一定差异（平均误差小于 0.2），但 Argo 资料能够捕捉到主要的信号，且在某些地方表现出更为细致的变化特征，如在 2006 年 1—3 月，Argo 资料反映有一股低盐水（盐度小于 36.0）自 120 m 深度向上涌升的势头更为强烈。

图 11 和图 12 分别为 BOA_Argo 和锚碇浮标观测在印度洋海域 I 站上自海表（1m）到 500 m 深度（温度）、100 m 深度（盐度）上的温度、盐度垂直结构。可见，无论是温度还是盐度对比，BOA_Argo 资料与锚碇浮标资料比较类似，包括等值线的

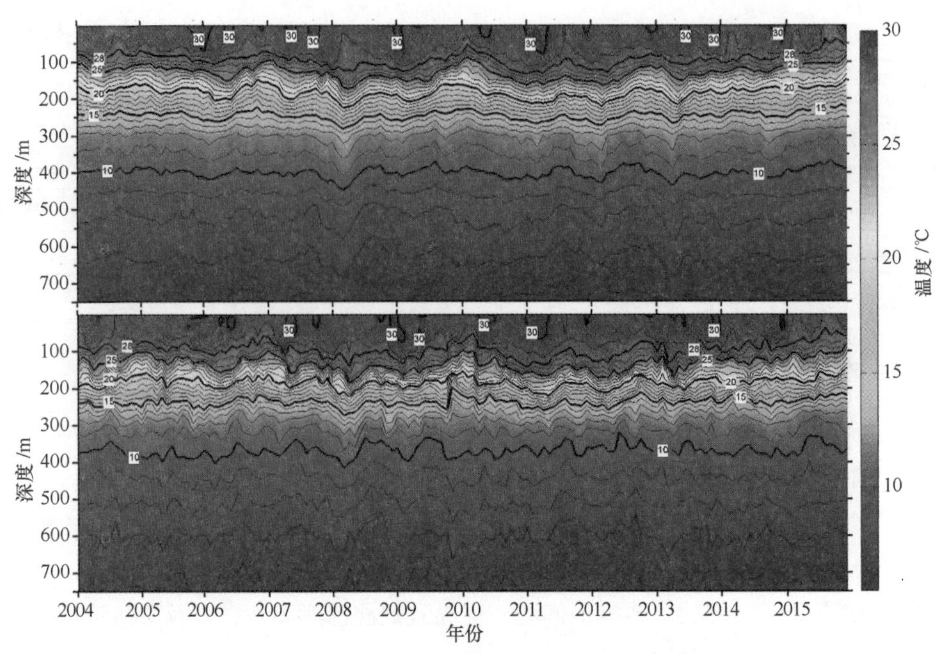

图 7　太平洋海域 P 站温度（℃）时间序列变化

a. 锚碇浮标，b. Argo

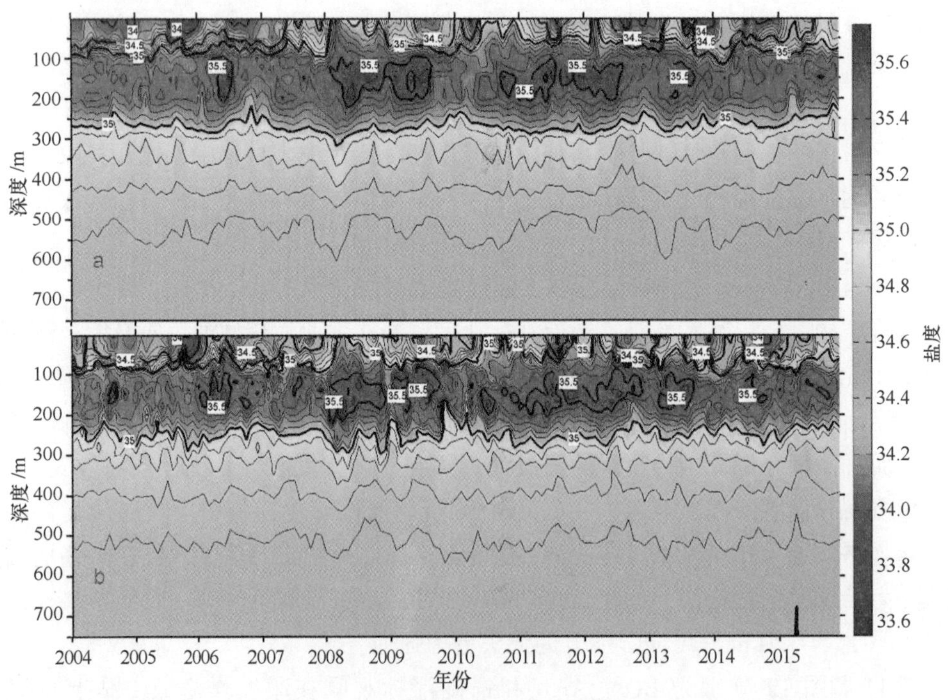

图 8　太平洋海域 P 站盐度时间序列变化

a. 锚碇浮标，b. Argo

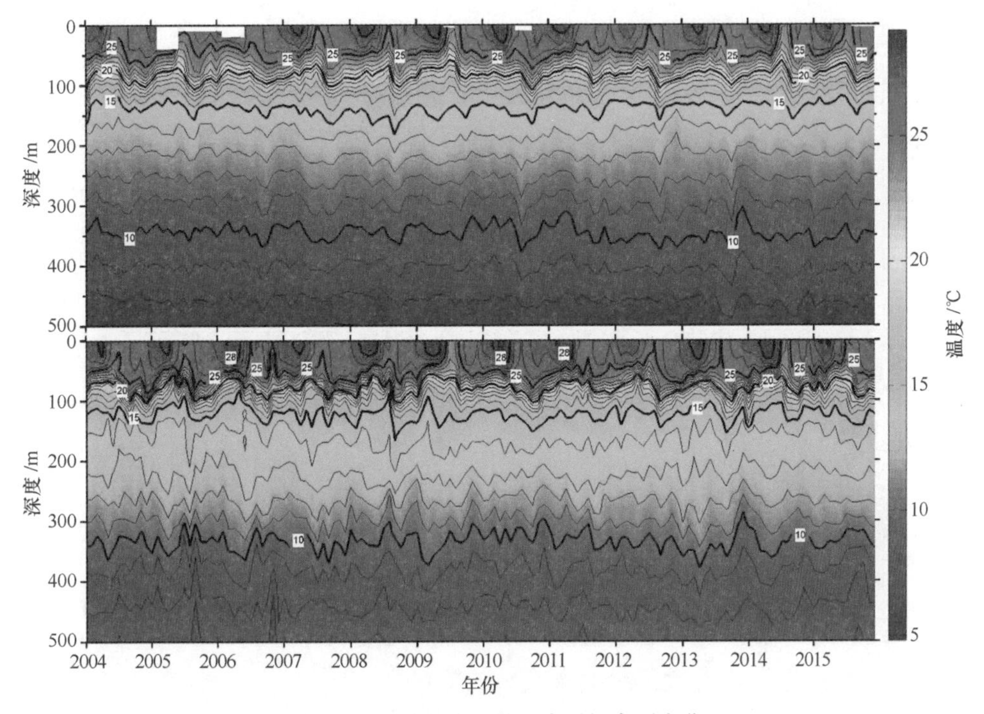

图 9　大西洋海域 A 站温度时间序列变化

a. 锚碇浮标，b. Argo

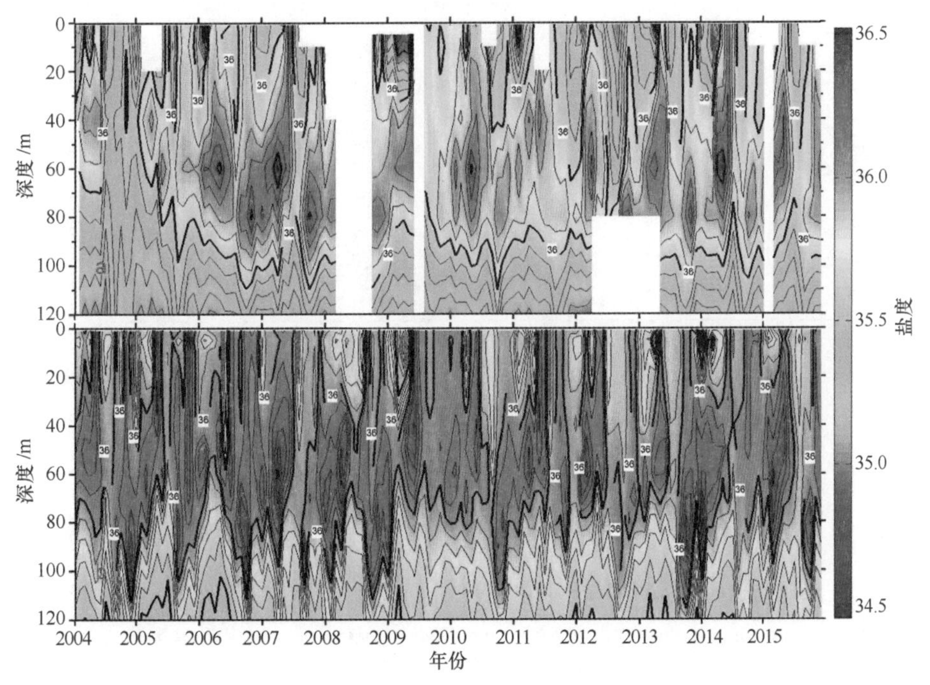

图 10　大西洋海域 A 站盐度时间序列变化

a. 锚碇浮标，b. Argo

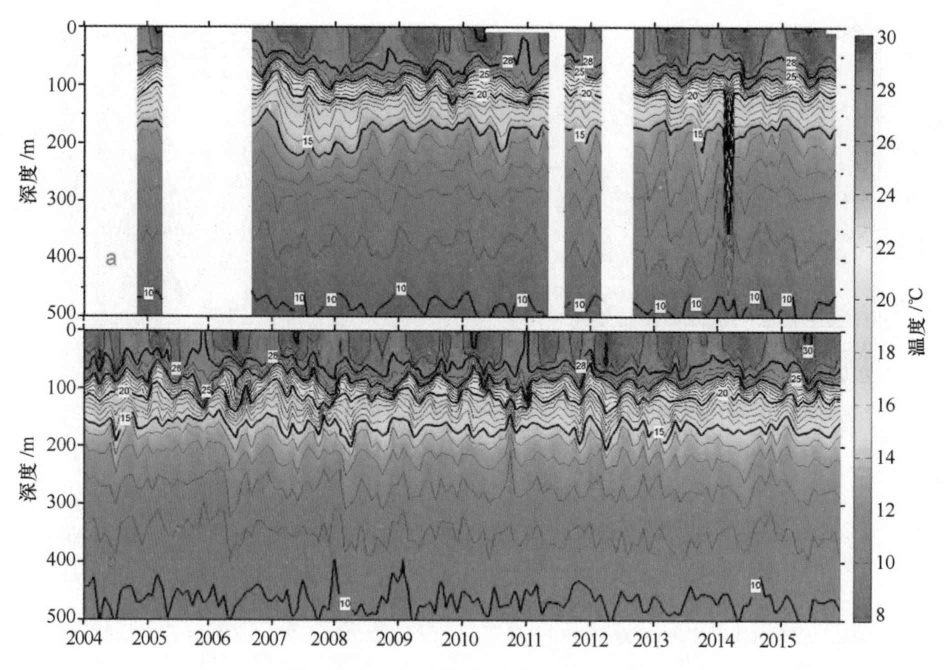

图 11　印度洋海域 I 站温度（℃）时间序列变化

a. 锚碇浮标，b. Argo

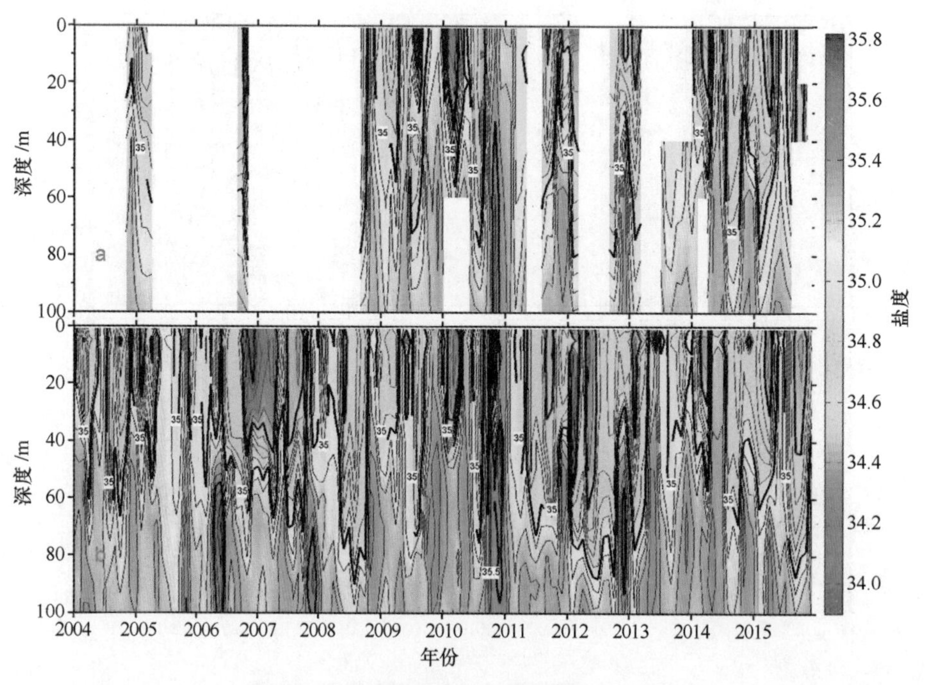

图 12　印度洋海域 I 站盐度时间序列变化

a. 锚碇浮标，b. Argo

走势和变化波动，都极为相似，但锚碇浮标资料显示在 2014 年 2—4 月份，存在一股高温水向下扩展到 400 m 以深范围，Argo 资料则未见这一信号，这可能为锚碇浮标由于仪器故障捕捉到的错误信号，需要进一步核实。尤其是对盐度剖面而言，观测深度较浅（直到 100 m），上层海洋变化本身较大，两种资料揭示的盐度变化特征，无论是低盐水（盐度小于 34.5）的下沉（如 2007 年 1 月），还是高、低盐水团交替出现的时间、位置，都较为吻合，说明重构的资料是有效的，并能有效弥补锚碇浮标资料在某些时间和地点由于仪器故障等原因导致无测量数据的缺陷。

6 结束语

全球海洋 Argo 网格资料集（BOA_Argo）自 2012 年第一版发布以来，已经连续发布 5 年。随着时间的推移和观测资料的不断增加，对每年重构的网格资料集采用的数据处理流程、重构方法所使用的参数、全球海洋的范围和垂向层数等都有一些不同和改进，详述如下：

（1）第一版资料集于 2012 年 8 月发布[25]：利用变半径 Cressman 逐步订正法（三次迭代，三次迭代起始影响半径分别为 777 km、555 km、333 km，对应最大影响半径分别为 1 110 km、777 km、555 km，每次迭代逐步扩大影响半径使得影响半径范围内观测资料达到一定数量，但不超过对应最大影响半径）构建初始场，其原始资料为 2002 年 1 月至 2011 年 12 月期间全球海洋 59.5°S～59.5°N，180°W～180°E 所包围区域内的温、盐度资料，逐年逐月网格资料集则采用 Barnes 逐步订正法构建，每次迭代完成后，采用一次九点平滑算法平滑分析场，资料年限为 2004 年 1 月至 2011 年 12 月，水平分辨率 1°×1°，垂向为 5～1 950 m 不等的 48 层。

（2）第二版资料集于 2013 年 4 月发布[26]：在第一版基础上，Argo 资料质量控制程序有所改进，增加了温度和盐度剖面表底层毛刺更加细致的判断程序，网格资料集数据格式增加了 NETCDF，供广大用户选择，同时网格资料集时间范围延时至 2012 年 12 月，其他均不变。

（3）第三版资料集于 2015 年 4 月发布[27]：在第二版基础上，Argo 资料质量控制程序进一步改进，将上一版本完成的资料作为参考数据集进行本次质量再控制，同时对整体资料质量控制步骤中，不同深度上使用的标准差倍数选择更为细致，网格资料集时间范围延时至 2013 年 12 月，其他均不变。

（4）第四版资料集于 2015 年 6 月发布[28]：在第三版基础上，初始场制作方法稍有改变，同样是 Cressman 逐步订正法，采用三次迭代，影响半径改变为 999 km、666 km、333 km，同时每次迭代不再进行变半径，因此初始场完全重新制作了一次。逐年逐月分析场制作同样是 Barnes 逐步订正法，但每次迭代完成后采用 2 次 9 点平滑算法来平滑分析场，不同于原来的 1 次平滑，同时对客观分析主程序进行了全面优化，计算速度大为提高。温、盐度网格资料增加了表层信息，使得温、盐度网格资料集垂向分为 0~1 950 m 不等的 49 层，同时资料集还包含等温层深度、混合层深度及合成混合层深度这些衍生产品，同时网格资料集时间范围延时至 2014 年 12 月，其他均不变。

（5）第五版资料集于 2016 年 6 月发布[29]：在第四版基础上，质量控制程序有所改进，上版资料的质量控制程序过于严格，导致剔除了一些原本质量没有问题的观测剖面，使得客观分析获取的温、盐度分布特征在湾流区域存在异常现象，这一版资料则不存在这个问题。其次，垂向采用线性插值而非 Akima 插值法，全球海洋范围扩大到 79.5°S~79.5°N，180°W~180°E 所包围的区域内，资料垂向由原来的 49 层增加到 0~1 975 dbar 不等的 58 层，垂向深度单位变为 dbar（1 dbar=10^4 Pa）。最后，对客观分析程序进行了进一步优化，计算效率提高的同时，客观分析误差进一步减小。同时网格资料集时间范围延时至 2015 年 12 月，其他均不变。

Argo 资料用户可以从中国 Argo 实时资料中心网站（www.argo.org.cn）上免费下载最新版本的网格资料及其衍生数据产品，本资料集详细的介绍可以参考文献[29]，欢迎广大用户提出宝贵意见和建议。

参考文献：

[1] 许建平.阿尔戈全球海洋观测大探秘[M].北京：海洋出版社，2002.

[2] 许建平，刘增宏，孙朝辉，等.全球 Argo 实时海洋观测网全面建成[J].海洋技术，2008，27(1)：68-70.

[3] Levitus S. Climatological atlas of the World Ocean[R]. NOAA Professional Paper No.13, U.S. Gov. Printing Office, 1982: 1-173.

[4] Stephens C, Antonov J I, Boyer T P, et al. World Ocean Atlas 2001, Volume 1: Temperature[R]//Levitus S, NOAA Atlas NESDIS 49, U.S. Government Printing Office, Washington, D C, 2002: 1-167.

[5] Boyer T P, Stephens C, Antonov J I, et al. World Ocean Atlas 2001, Volume. 2: Salinity[R]//Levitus S, NOAA Atlas NESDIS 50, U.S. Government Printing Office, Washington, D.C, 2002: 1-165.

[6] Locarnini R A, Mishonov A V, Antonov J I, et al. WorldOcean Atlas 2005, Volume 1: Temperature[R]//Levitus S, NOAA Atlas NESDIS 61, U.S. Gov. Printing Office, Washington, D.C, 2006: 1- 182.

[7] Antonov J I, Locarnini R A, Boyer T P, et al. World Ocean Atlas 2005, Volume 2: Salinity[R]//Levitus S, NOAA Atlas NESDIS 62, U.S. Government Printing Office, Washington, D.C, 2006: 1- 182.

[8] Locarnini R A, Mishonov A V, Antonov J I, et al. World Ocean Atlas 2009, Volume 1: Temperature[R]//Levitus S, NOAA Atlas NESDIS 68, U.S. Government Printing Office, Washington, D.C, 2010: 1-184.

[9] Antonov J I, Locarnini R A, Boyer T P, et al. World Ocean Atlas 2009, Volume 2: Salinity[R]//Levitus S, NOAA Atlas NESDIS 62, U.S. Government Printing Office, Washington, D.C, 2010: 1-182.

[10] Locarnini R A, Mishonov A V, Antonov J I, et al. World Ocean Atlas 2013, Volume 1: Temperature[R]//Levitus S, NOAA Atlas NESDIS 73, 2013: 1-40.

[11] Zweng M M, Reagan J R, Antonov J I, et al. World Ocean Atlas 2013, Volume 2: Salinity[R]//Levitus S, NOAA Atlas NESDIS 74, 2013: 1-39.

[12] Bhaskar T U, Ravichandran M, Devender R. An operational Objective Analysis system at INCOIS for generation of Argo Value Added Products[R]. Technical Report No. INCOIS/MOG-TR-2/07, 2007.

[13] Hosoda S, Ohira T, Nakamura T. A monthly mean dataset of global oceanic temperature and salinity derived from Argo float Observations[R]. JAMSTEC Rep Res Dev, 2008, 8: 47-59.

[14] Roemmich D, Gilson J. The 2004-2008 mean and annual cycle of temperature, salinity, and steric height in the global ocean from Argo program[J]. Progr Oceanogr, 2009, 82: 81-100.

[15] Gaillard F, Autret E, Thierry V, et al. Quality control of large Argo data sets[J]. J Atmos Oceanic Technol, 2009, 26: 337-351.

[16] Good S A, Martin M J, Rayner N A. EN4: quality controlled ocean temperature and salinity profiles and monthly objective analyses with uncertainty estimates[J]. J Geophys Res, 2013, 118: 6704-6716, doi: 10.1002/2013JC009067.

[17] 李宏，许建平，刘增宏，等.利用逐步订正法构建 Argo 网格资料集的研究[J].海洋通报，2012，31(5)：46-58.

[18] 李宏，许建平，刘增宏，等.全球海洋 Argo 网格资料集及其验证[J].海洋通报，2013，32(6)：615-625.

[19] Li H, Xu F H, Zhou W, et al. Development of a global gridded Argo data set with Barnes successive Corrections[J]. J Geophys Res Oceans, 2017, 122(2): 866-889, doi: 10.1002/2016JC012285.

[20] 赵鑫，李宏，刘增宏，等.基于混合层模型反推 Argo 表层温度和盐度[J].海洋通报，2016，35(5)：523-534.

[21] Chu P C, Fan C W. Maximum angle method for determining mixed layer depth from sea glider data[J]. J Oceanogr, 2011, 67: 219-230.

[22] Cressman G P. An operational objective analysis system[J]. Mon Wea Rev, 1959, 87: 367-372.

[23] Barnes S L. Mesoscale objective analysis using weighted time series observations[S]. NOAA Tech. Memo. ERL NSSL-62, National Severe Storms Laboratory, Norman, OK, 1973, 1-41.

[24] McPhaden M J, Antonio J, Robert C, et al. The tropical ocean-global atmosphere observing system: A decade of progress[J]. J Geophys Res, 1998, 103: 14169-14240.

[25] 李宏，许建平，刘增宏，等.全球海洋 Argo 网格数据集(BOA_Argo)用户手册[Z].杭州：中国 Argo 实时资料中心，2012：1-31.

[26] 李宏，许建平，刘增宏，等.全球海洋 Argo 网格数据集(BOA_Argo)用户手册[Z].杭州：中国 Argo 实时资料中心，2013：1-31.

[27] 李宏，许建平，刘增宏，等.全球海洋 Argo 网格数据集(BOA_Argo)用户手册[Z].杭州：中国 Argo 实时资料中心，2014：1-31.

[28] 李宏，刘增宏，许建平，等.全球海洋 Argo 网格数据集(BOA_Argo)介绍[Z].杭州：中国 Argo 实时资料中心，2015：1-97.

[29] 李宏，许建平，刘增宏，等.全球海洋 Argo 网格数据集(BOA_Argo)介绍[Z].杭州：中国 Argo 实时资料中心，2016：1-190.

A new version of global ocean Argo gridded dataset and its verification

LI Hong[1,2], LIU Zenghong[2], WU Xiaofen[2], SUN Chaohui[2], LU Shaolei[2], CAO Minjie[2], XU Jianping[2]

1. *Zhejiang Institute of Hydraulics and Estuary, Hangzhou* 310020, *China*
2. *State Key Laboratory of Satellite Ocean Environment Dynamics, Second Institute of Oceanography, State Oceanic Administration, Hangzhou* 310012, *China*

Abstract: Based on an improved Barnes successive correction method, combined with a mixed layer model, a new version of the global ocean gridded temperature/salinity dataset (2004–2015) with its derived products are developed. In contrast to the old version of the dataset, the quality control procedures are improved during the development, meanwhile, the objective analysis method is optimized as well, which not only increases the computing efficiency but also reduces the objective analysis errors. The vertical resolution increases from 49 to 58 levels between 0 and 1 975×10^4 Pa. The new version of the global Argo gridded dataset is verified to be creditable through a reliability check by means of WOA13, the other Argo datasets and moored buoy observations.

Key words: Argo data; Barnes successive correction; gridded dataset; verification; global ocean

Argo 盐度延时质量控制改进方法的试应用

卢少磊[1]，刘增宏[1]，孙朝辉[1]

1. 卫星海洋环境动力学国家重点实验室，国家海洋局第二海洋研究所，浙江 杭州 310012

摘要：为了检验改进的 Argo 延时质量控制方法对盐度漂移误差的校正效果，本文分别利用现有的质量控制方法（OW 方法）和改进方法对太平洋海域 3 个代表性 Argo 浮标盐度观测资料进行了延时质量控制，并利用船载温盐深仪（CTD）资料或高质量浮标资料，对 2 种方法的质量控制结果进行了对比验证。结果表明，改进方法在温盐度变化较大的海域，不仅能够有效地检测和判断浮标电导率传感器发生漂移问题的起始观测剖面，而且可以有效地校正由电导率漂移问题所带来的盐度误差，且校正的精度高于 OW 方法；而在温盐度分布比较均匀的海域，2 种方法对浮标盐度漂移误差的校正结果则几无差异。

关键词：Argo 剖面浮标；盐度漂移误差；延时质量控制；太平洋海域

Argo 剖面浮标“随波逐流”的特点决定了浮标一旦投放就难以回收，即无法对浮标携带的温、盐、深（conductivity-temperature-depth，CTD）传感器进行实验室标定。而浮标携带的 CTD 传感器，尤其是电导率传感器由于受海水腐蚀、海洋生物附着等因素的影响，易导致传感器发生漂移，从而使得观测数据产生较大的偏差。因此，要确保每个 Argo 剖面浮标长期（3～4 a）工作的稳定性似乎难以做到[1-3]。为此，需要使用科学、合理的方法对 Argo 浮标观测资料进行严格的质量控制，以确保 Argo 资料的可靠性。

国内外海洋工作者开展了大量的有关 Argo 盐度资料延时质量控制方法的研究工作[4-7]，形成了现有的质量控制方法即 OW（owens and wrong）方法。卢少磊等[8-9]在 OW 方法的基础上，引入了一种能够根据海洋温盐要素水平梯度控制空间尺度参数大小的梯度依赖空间尺度法，并提出了利用气候态盐度资料代替浮标原始盐度资料的优化方案，构建了一个改进的 Argo 盐度延时质量控制方法。通过理论检验和现场观测资料检验等手段，验证了依赖空间尺度法在盐度客观估计中的可行性，以及优化方案

基金项目：科技部国家科技基础性工作专项（2012FY112300）。

作者简介：卢少磊（1988—），男，河南省濮阳市人，硕士，研究实习员，主要从事物理海洋学方面的研究。E-mail：ls324004@163.com

在最优压力层的选取中的合理性。为了验证改进方法在实际应用中的有效性，本文选取了太平洋海域内具有代表性的 Argo 浮标进行盐度延时质量控制，并将延时校正结果与 OW 方法的结果、船载 CTD 资料或周围高质量浮标观测剖面进行对比分析。

1 资料与方法

1.1 资料来源

1.1.1 参考数据库

国际 Argo 资料管理组于 2008 年开始发布由法国 Coriolis 团队制作的官方 Argo 资料延时质量控制参考数据库[10]，每年更新 2 次，用户可以从国际 Argo 资料管理组网站（http：//www. argodatamgt. org）下载。本文利用 2013 年 10 月发布的参考数据库，包括了近几十年收集到的高质量船载 CTD 仪观测资料，以及延时质量控制的 Argo 剖面浮标观测资料。该资料库包含 Argo 浮标剖面资料约 30 万条，其中在太平洋海域内大约有 24 万条剖面资料。参考数据库中的资料并非均匀分布，如在黑潮—亲潮交汇海域较为密集，1°×1°的方格内就有 80 条左右的观测剖面；而在大洋中央区域参考资料则较为稀少，1°×1°的方格内有时不到 10 条剖面。

1.1.2 WOA13 资料

2013 年世界海洋图集（World Ocean Atlas 2013）由美国国家海洋数据中心（National Oceanographic Data Center，NODC）提供，是一个利用长时间收集的多种海洋观测资料分析得到的全球海洋三维温、盐度网格数据集。本文选择分辨率为 0. 25°×0. 25°的 WOA13 资料，计算气候态盐度剖面估计过程所需的空间尺度参数。

1.1.3 Argo 浮标资料

本文选取了太平洋海域 3 个代表性 Argo 浮标进行盐度延时质量控制。这 3 个浮标分别由中国、日本和美国等 3 个国家的 Argo 计划布放，分别处于北太平洋副热带海域、日本以南黑潮海域以及赤道东太平洋海域。其中位于北太平洋副热带海域的 5900019 号浮标，由中国 Argo 实时资料中心于 2002 年 10 月布放，最大观测深度为 1 500 m，观测周期为 10d，至 2008 年 9 月停止工作，共获得了 205 条温盐度观测剖面；位于日本以南黑潮海域的 29036 号浮标，由日本海洋科技厅于 2001 年 1 月布放，最大观测深度为 2 000 m，周期为 7 d，至 2002 年 7 月停止工作，共获得了 79 条温盐度观测剖面；位于赤道东太平洋海域的 3900161 号浮标，由美国华盛顿大学于 2003 年 7 月布放，最大观测深度为 1 000 m，周期为 10 d，至 2008 年 4 月停止工作，共获得 170 条温盐度观测剖面。这 3 个浮标的漂移轨迹如图 1 所示。这些浮标的观测数据由中国 Argo 实时资料中心（http：//www. argo. org. cn/）和全球 Argo 资料中心（http：//www. coriolis. eu. org/）提供，且都经过实时质量控制。

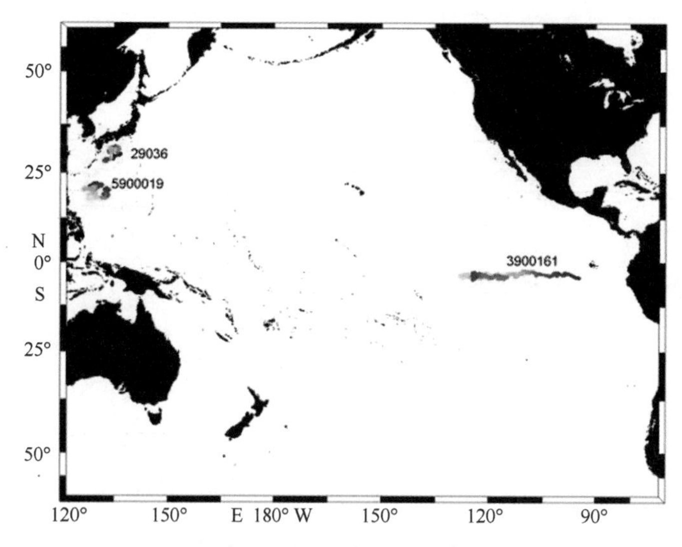

图 1　太平洋海域 3 个代表性浮标的位置及其漂移轨迹

1.1.4　船载 CTD 仪资料

通过收集上述 3 个浮标漂移轨迹附近海域（距离不超过 30 km，时间间隔不超过 1 a）的船载 CTD 资料，以便对改进方法和 OW 方法的校正结果进行验证。这些船载 CTD 资料来自参考数据库，有的是在布放浮标时同步观测的，有的则是专门海洋调查航次得到的，其资料都经过严格的质量控制，并利用实验室高精度盐度计对其观测结果进行校正。

1.2　应用方法

本文应用文献［8-9］提出的改进方法对太平洋海域的 Argo 浮标进行盐度误差校正。对 Argo 盐度资料延时质量的控制流程如图 2 所示，具体步骤为：

（1）利用气候态资料和梯度依赖空间尺度法计算浮标漂移海域的空间尺度参数，并确定相应的时间尺度参数。

（2）根据确定的时空尺度参数和浮标轨迹资料，以及从参考数据库中选取的历史观测资料，并利用客观估计方法计算，得到浮标剖面处的气候态盐度剖面。

（3）对比气候态与浮标观测盐度剖面，判断浮标观测剖面是否存在漂移误差。若不存在误差，则不对浮标盐度资料进行任何处理，退出质量控制程序；若存在误差，则进入下一步。

（4）利用浮标温度观测资料和气候态盐度资料选取 10 个最优压力层。

（5）将气候态盐度和浮标盐度换算为位势电导率，并根据两者在 10 个最优压力层上的差异，利用线性校正模型计算出浮标每个剖面上的校正系数，并做分段线性拟合。

（6）根据线性拟合得到的校正系数，计算出浮标位势电导率的校正值，并换算

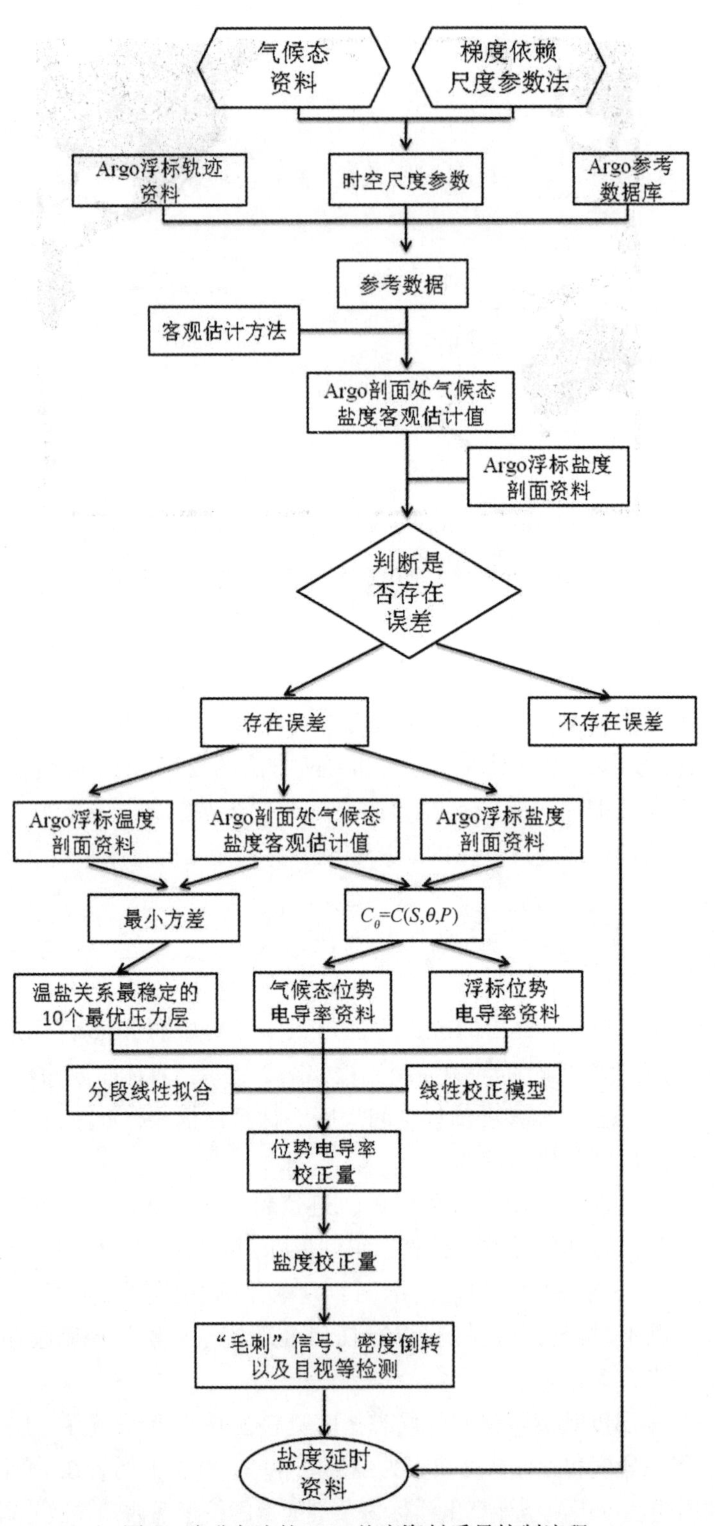

图 2　改进方法的 Argo 盐度资料质量控制流程

成盐度校正值，即校正后的浮标盐度值。

（7）对校正后的盐度剖面进行常规检测以实现质量控制，得到经延时质量控制后的浮标盐度剖面资料。

1.3 参数选取

1.3.1 时空尺度参数

本文选择的 3 个 Argo 浮标中，其中 2 个浮标（29036 号和 5900019 号）恰好位于温、盐度变化比较剧烈的海域，而另一个浮标（3900161 号）则处于温、盐度分布相对均匀的海域。将梯度依赖空间尺度法公式改写为：

$$\begin{cases} L_x = \dfrac{L'_x}{W_x}, \\ W_x = 1 + \dfrac{1}{2}\left(\left|\dfrac{\Delta T_x}{\Delta x}\right| \Big/ \overline{\left|\dfrac{\Delta T_x}{\Delta x}\right|} + \left|\dfrac{\Delta S_x}{\Delta x}\right| \Big/ \overline{\left|\dfrac{\Delta S_x}{\Delta x}\right|}\right); \\ L_y = \dfrac{L'_y}{W_y}, \\ W_y = 1 + \dfrac{1}{2}\left(\left|\dfrac{\Delta T_y}{\Delta y}\right| \Big/ \overline{\left|\dfrac{\Delta T_y}{\Delta y}\right|} + \left|\dfrac{\Delta S_y}{\Delta y}\right| \Big/ \overline{\left|\dfrac{\Delta S_y}{\Delta y}\right|}\right). \end{cases} \tag{1}$$

式中，ΔT_x 和 ΔS_x 分别为采用的 WOA13 资料在太平洋海域 1 000 m 层同一纬度上相邻经度的温、盐度差；ΔT_y 和 ΔS_y 为 1 000 m 层同一经度上相邻纬度的温、盐度差；Δx 和 Δy 分别为 WOA13 资料在经纬度上分辨率，即 $\Delta x = \Delta y = 0.25°$；$W_x$ 和 W_y 由试验确定，其上界设定为 4 较为合理[9]。然后，由式（1）计算得到每个浮标每条剖面处的空间尺度参数（表 1）。由表 1 可知，3 个浮标改进后的空间尺度参数情况如下：29036 号浮标的 L_x 在 6.0°~8.3°之间，L_y 在 3.0°~4.8°之间；5900019 号浮标的 L_x 在 7.9°~16.8°之间，L_y 在 5.2°~8.3°之间；3900161 号浮标的 L_x 在 17.8°~22.4°之间，L_y 在 10.0°~10.8°之间。而 OW 方法采用的空间尺度参数是固定不变的，其 L_x 和 L_y 分别为 24°和 12°[6,11]。

表 1 3 个浮标的空间尺度参数范围

	纬向尺度参数 L_x（°）			经向尺度参数 L_y（°）		
浮标号	最小值	最大值	平均值	最小值	最大值	平均值
29036	6.0	8.3	6.5	3.0	4.8	3.7
5900019	7.9	16.8	14.9	5.2	8.3	6.8
3900161	17.8	22.4	20.7	10.0	10.8	10.4

另外，改进方法的时间尺度参数 τ 调整为 3 a[8-9]，而 OW 方法的时间尺度参数为

10 a[11]。

1.3.2 最优压力层

由改进方法和 OW 方法选取的 3 个代表性浮标的最优压力层结果如表 2 所示。

表 2 两种方法选取 3 个浮标最优压力层（MPa）

浮标号	最优压力层中的 5 个最小值					
29036 号	改进方法	15.49	15.99	16.49	16.99	17.49
	OW 方法	2.98	6.49	6.99	7.49	7.99
5900019 号	改进方法	4.01	6.41	11.51	12.01	12.51
	OW 方法	3.01	3.51	4.01	4.51	5.01
3900161 号	改进方法	5.49	6.09	6.49	6.99	7.49
	OW 方法	3.09	6.09	6.49	6.99	7.49

时空尺度参数和最优压力层确定之后，就可以依据上述质量控制流程对浮标盐度剖面进行延时质量控制及误差校正，最终得到校正后的盐度剖面。

2 结果分析

根据校正结果，绘制了每个浮标校正前后的 $T-S$ 曲线，以及每个浮标观测剖面附近参考资料的分布、等位温层上的盐度变化曲线等，用于分析并验证改进方法的有效性和可靠性。

2.1 黑潮海域

图 3 给出了 29036 号浮标周围海域参考资料的分布与 $T-S$ 曲线。由图 3a 可见，由于改进方法的经、纬向空间尺度参数分别约为 4°和 7°，远小于 OW 方法设定的经、纬向空间尺度参数，因此改进方法选取的参考资料点（图 3a 中的黑色十字点）比 OW 方法（图 3a 中的灰色圆点）更为集中。

从图 3b 看出，该浮标观测的第 1 条剖面 $T-S$ 曲线与气候态 $T-S$ 曲线十分接近，且在剖面底部几乎重合；而第 79 条剖面的 $T-S$ 曲线却与气候态结果相距甚远，且深层海水的盐度值与第 1 条剖面相差 0.3 左右。显然，该浮标的电导率传感器发生了漂移。

为了更直观地揭示该浮标的盐度漂移误差，选择盐度观测序列完整、所处深度较大（15 MPa 水深左右），且海水盐度变化较小的 2.8℃位温层，绘制了该位温层上的浮标盐度、气候态盐度以及盐度校正值的时间变化曲线（图 4）。由图 4a 可见，改进方法给出的气候态盐度的估计精度比较高，其在 2.8℃位温层上的估计误差保持在 0.002 左右（红色误差条）；从浮标盐度与气候态盐度随时间的变化曲线对比可以发

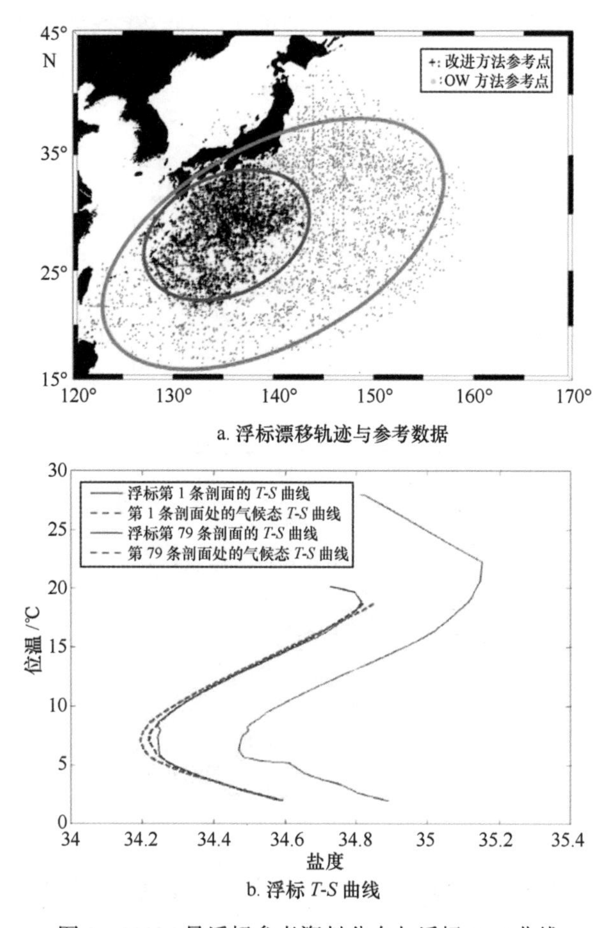

a. 浮标漂移轨迹与参考数据

b. 浮标 *T-S* 曲线

图 3　29036 号浮标参考资料分布与浮标 *T–S* 曲线

现，前 19 条剖面中浮标盐度与气候态盐度较为一致，但从第 20 条剖面之后，浮标观测值开始逐渐脱离气候态盐度值，且随着剖面数的增加，两者之间的差异越来越大，最后盐度差可以达到 0.3 左右。由此可以判断，该浮标在第 20 条剖面处开始出现漂移问题。这与童明荣等[12]早期利用误差消除法对该浮标起始漂移剖面的判断结果也是一致的。

由于改进方法选取的 10 个最优压力层均处于 15 MPa 水深以下，使得盐度校正值（图 4a 绿色线，粗细代表误差大小）总在气候态盐度校正值附近上下浮动，且校正误差也在 0.003 以下，完全满足国际 Argo 计划规定的 0.01 盐度精度要求。

对比图 4（由 OW 方法得出的结果）可以发现：（1）由于 OW 方法所采用的空间尺度参数较大，参考资料分布较广（图 3a 蓝色椭圆所围海区），使得气候态盐度估计误差增加到 0.025 左右，最大时能够达到 0.085；（2）由 OW 方法判断的浮标起始漂移剖面是第 15 条剖面，较改进方法提前了 5 个剖面；（3）由于 OW 方法选取的 10 个最优压力层多在 10 MPa 水深以上，使个别剖面上校正盐度值与气候态盐度值之间存在着较大差异，且盐度校正误差在个别剖面上（第 20 条剖面附近）甚至达到了 0.012 以上。

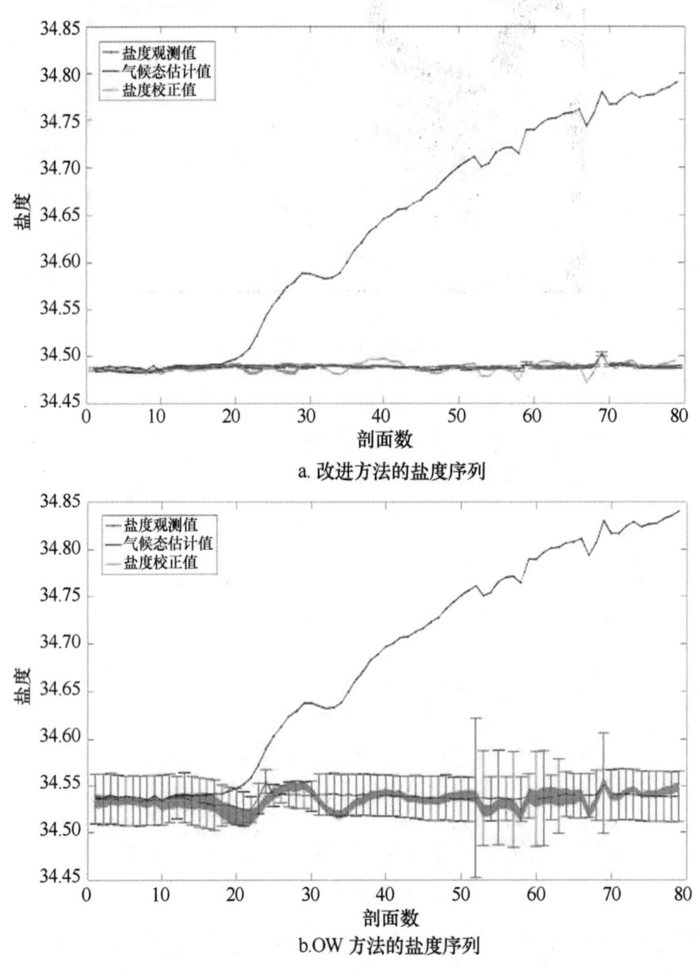

a. 改进方法的盐度序列

b.OW 方法的盐度序列

图 4　29036 号浮标 2.8℃位温层上的盐度时间序列

为了进一步检验 2 种方法对盐度漂移误差的校正效果，从参考数据库中选取了与该浮标第 18、20、27 和 29 条剖面较近（空间距离不超过 30 km，时间间隔不超过 1 a，观测深度超过 15 MPa）的船载 CTD 观测资料，分别计算了由 2 种方法得到的盐度校正结果与对应 CTD 资料的偏差和误差（表 3）。

通过两者的对比分析发现：（1）在 4 条剖面中的所有位温层中，改进方法的校正结果均比 OW 方法更接近于船载 CTD 仪的观测结果，其中，在第 18 和 20 条剖面，改进方法的校正偏差在所有层次中均比 OW 方法减小 0.011 以上，在第 27 和 29 条剖面上，OW 方法的校正偏差均大于 0.011，而改进方法的校正偏差均小于 0.008；（2）由改进方法得到的盐度校正误差较 OW 方法有明显改善，其中，第 18 条剖面上 OW

方法的校正误差除 2.4℃位温层上的校正误差大约为 0.008 左右外，其余位温层上均大于 0.010，而改进方法的校正误差在第 18 条剖面上的所有位温层上均小于 0.008，其他剖面上改进方法的校正误差也比 OW 方法减小约 0.006。由此可见，改进方法在第 18~29 条剖面上的校正结果优于 OW 方法。

表 3　部分剖面上两种方法校正结果与 CTD 资料的对比

位温层/℃		第 18 条剖面		第 20 条剖面		第 27 条剖面		第 29 条剖面	
		OW	改进	OW	改进	OW	改进	OW	改进
4.0	偏差*	**0.022 1**	**0.010 4**	0.017 9	0.006 3	0.008 2	0.008 1	**0.018 7**	0.007 4
	误差	**0.015 2**	0.006 9	**0.013 4**	0.007 6	**0.011 8**	0.007 1	**0.012 7**	0.007 3
3.6	偏差	**0.017 8**	0.006 1	**0.016 6**	0.007 6	**0.017 5**	0.001 2	**0.016 9**	0.006 7
	误差	**0.012 4**	0.004 6	**0.010 8**	0.006 3	0.009 4	0.005 7	0.008 2	0.005 4
3.0	偏差	**0.013 8**	0.002 1	**0.017 2**	0.007 0	**0.012 9**	0.003 4	**0.015 0**	0.005 9
	误差	**0.010 7**	0.002 8	0.009 8	0.003 4	0.007 3	0.003 1	0.006 7	0.003 7
2.8	偏差	**0.014 2**	0.002 5	**0.018 6**	0.005 7	**0.013 5**	0.002 8	**0.013 1**	0.004 0
	误差	**0.010 2**	0.001 5	0.009 4	0.001 8	0.005 7	0.001 1	0.004 2	0.001 3
2.4	偏差	**0.012 3**	0.000 5	**0.018 9**	0.005 4	**0.010 6**	0.001 8	**0.010 7**	0.001 7
	误差	0.0084	0.001 6	0.007 9	0.001 7	0.004 5	0.001 4	0.003 5	0.001 5

* 注：偏差代表校正结果与 CTD 资料之间的绝对偏差；黑体数字代表偏差与误差大于 0.01 的情况，下同。

图 5 给出了该浮标校正前与利用改进方法校正后的 *T*–*S* 点聚分布。可以看出，在未做盐度误差校正前，由于受到电导率传感器漂移的影响，浮标盐度随剖面的增加有明显增大的趋势，特别是在水温 4℃（水深约 10 MPa）以下，*T*–*S* 点聚呈显著的发散状（图 5a）。利用改进方法对盐度误差校正后，*T*–*S* 点聚不仅已经明显收敛，而且真实反映了北太平洋海域温、盐度分布的基本状况，特别是在 11~18℃和 4℃以下的 *T*–*S* 点聚几乎聚集在一条直线上（图 5b），充分表明了北太平洋中央水（或温跃层水）和深层水的基本特性[13–14]。

2.2　副热带海域

图 6 显示了 5900019 号浮标的参考资料分布与 *T*–*S* 曲线。从图 6a 中可以看出，由改进方法选取的参考点（黑色十字点）要比 OW 方法选取的参考点（灰色圆点）更加集中。如图 6b 所示，该浮标观测的第 10 条 *T*–*S* 曲线与气候态 *T*–*S* 曲线十分接近，在剖面底部重合；而第 200 条剖面底部的盐度观测值却要比气候态大出 0.105 左右，且与第 10 条剖面底部的盐度值相比，也要差 0.125 左右。因此，该浮标携带的电导率传感器同样发生了漂移问题。

图 7 显示了 3.0℃位温层上浮标盐度、气候态盐度以及盐度校正值的时间变化曲

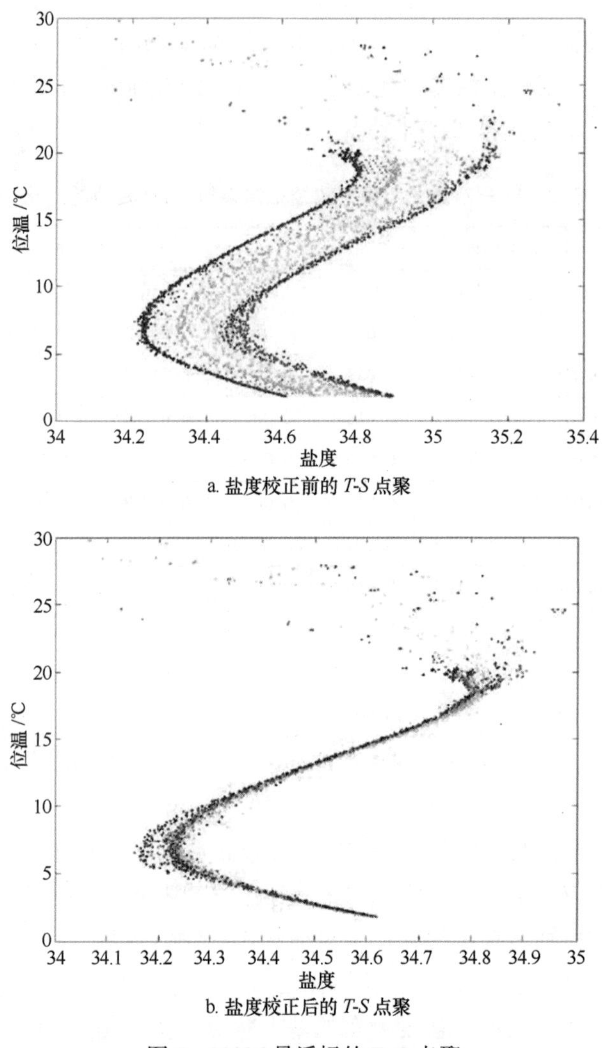

a. 盐度校正前的 *T-S* 点聚

b. 盐度校正后的 *T-S* 点聚

图 5 29036 号浮标的 T-S 点聚

线。由图可见，该浮标的气候态盐度客观估计误差保持在 0.005 以下（图 7a 中红色误差条）。从浮标观测值（蓝色线）与气候态（红色线）盐度随时间变化曲线的对比可以发现，第 1 条剖面的浮标盐度值比气候态小 0.022 左右，并在随后的几个剖面中逐渐接近于气候态。这主要是由浮标出厂前在传感器外端涂抹的生物杀伤剂 TBTO（有机锡化物）进入了电导率传感器内部所致[2]。另外，在前 40 条剖面中，除了开始的 5 条剖面受到生物杀伤剂的影响盐度值呈偏低以外，其他剖面的观测值与气候态基本保持一致；但从第 41 条剖面之后，浮标观测值逐渐增大，并与气候态盐度之间的差异越来越大，到最后一条剖面时，两者盐度差达 0.105 左右。由此可以判断，该浮标在第 41 条剖面处开始出现漂移问题，这与刘增宏等[2]利用误差消除法判断得到

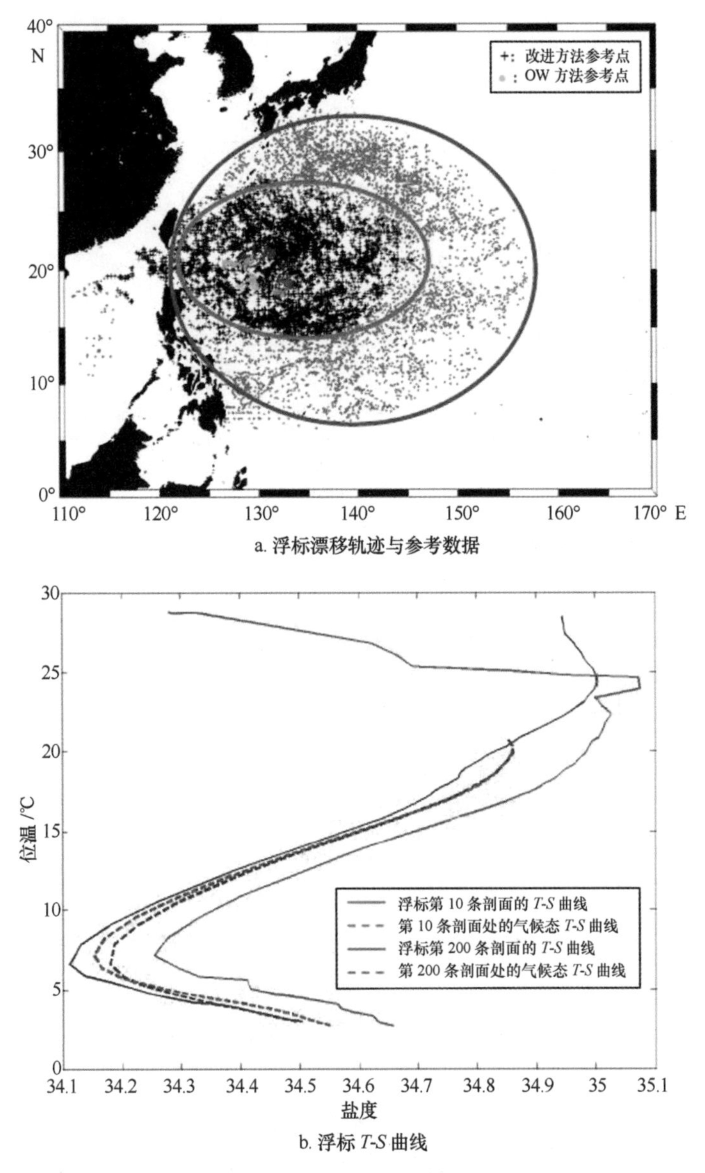

a. 浮标漂移轨迹与参考数据

b. 浮标 T-S 曲线

图 6　5900019 号浮标参考资料分布与浮标 T-S 曲线

的结果相一致。

改进方法得到的 10 个最优压力层几乎都集中在剖面底部 10 MPa 水深以下（表 2），盐度校正误差都在 0.003 以下（图 7a 绿色线的粗细代表误差大小），满足国际 Argo 计划提出的盐度精度要求。此外，对比浮标第 91 条剖面的盐度校正值与船载 CTD 观测值（图 7a 黑色五角星，离 5900019 号浮标第 91 号剖面仅 14 km，时间间隔为两天）可以发现，校正后的盐度值与 CTD 观测的结果基本吻合。

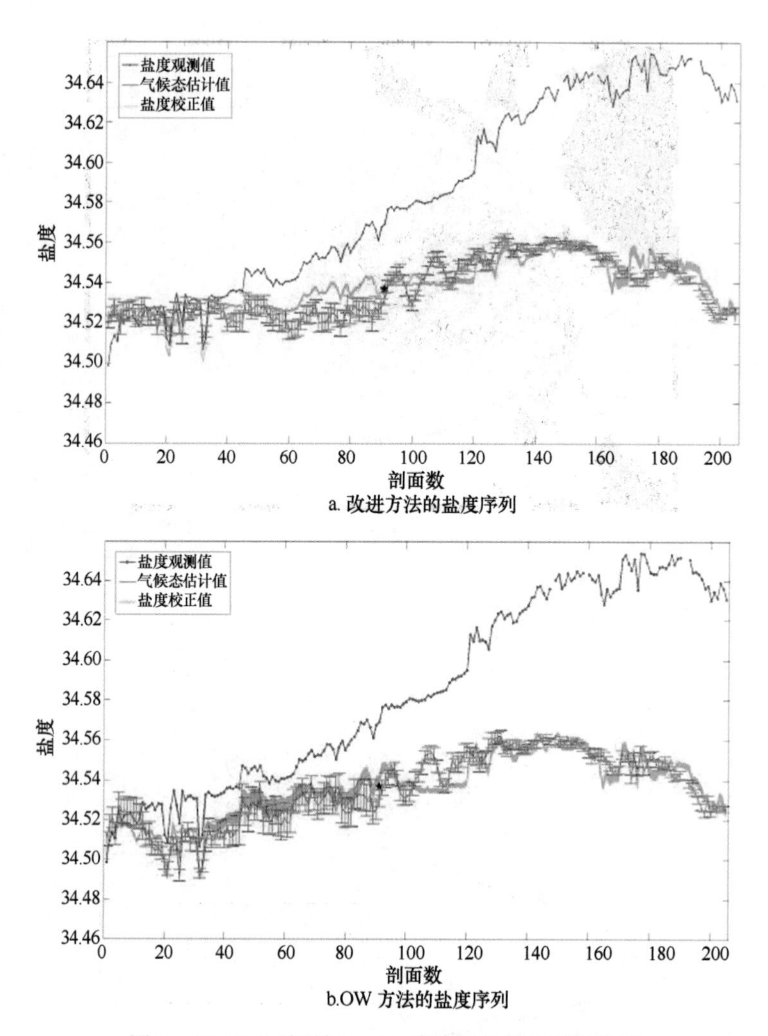

a. 改进方法的盐度序列

b.OW 方法的盐度序列

图 7　5900019 号浮标 3.0℃位温层的盐度时间序列

对比图 7a 和 7b，同样可以看到 OW 方法的校正结果所暴露的问题：浮标盐度在第 13 条剖面就开始与气候态盐度出现较大的差异，这与改进方法确定的第 41 条剖面处浮标开始发生漂移的判断结果相差了 28 条剖面；选取的最优压力层几乎多集中在 5 MPa 以上（表 2）的浅水层，导致盐度校正误差偏大，在第 50—70 条剖面甚至达到了 0.012，超出了国际 Argo 计划规定的盐度精度要求。

同样，为了比较 2 种方法的校正效果，利用布放 5901603 号浮标时同步得到的船载 CTD 仪观测资料，并选择离 CTD 剖面较近的第 91、92、98 和 99 条盐度校正剖面，计算 5 个等温层上的盐度偏差和误差，结果如表 4 所示。

表 4 部分剖面上两种方法校正结果与 CTD 资料的对比

位温层/℃		第 91 条剖面		第 92 条剖面		第 98 条剖面		第 99 条剖面	
		OW	改进	OW	改进	OW	改进	OW	改进
4.0	偏差	0.012 8	0.007 2	0.018 2	0.012 3	0.019 5	0.012 1	0.017 7	0.009 5
	误差	0.012 3	0.006 0	0.012 9	0.006 5	0.009 5	0.005 4	0.011 4	0.005 9
3.6	偏差	0.008 1	0.004 9	0.013 5	0.009 4	0.012 7	0.008 8	0.013 2	0.007 8
	误差	0.010 5	0.004 3	0.009 4	0.004 7	0.008 5	0.004 2	0.009 7	0.004 4
3.0	偏差	0.005 8	0.002 5	0.010 7	0.007 4	0.007 5	0.004 8	0.009 3	0.005 8
	误差	0.008 1	0.003 0	0.007 6	0.002 9	0.006 9	0.003 4	0.007 9	0.003 7
2.8	偏差	0.003 7	0.002 1	0.007 2	0.004 5	0.005 2	0.003 7	0.006 4	0.002 5
	误差	0.006 5	0.002 2	0.006 9	0.001 8	0.007 0	0.002 1	0.006 3	0.001 9
2.6	偏差	0.004 5	0.002 6	0.005 6	0.002 6	0.006 3	0.003 4	0.003 1	0.001 2
	误差	0.004 9	0.001 6	0.004 7	0.001 8	0.003 9	0.001 8	0.004 3	0.001 5

由表 4 可见，改进方法在 4 条剖面上的校正效果均要好于 OW 方法：OW 方法在 2.8℃以上的位温层中有大于 0.010 的盐度偏差出现，特别是在 4℃位温层中，4 条剖面的盐度偏差均超过 0.012，甚至达到了 0.020 左右；而由改进方法得到的结果除在第 92 和 98 条剖面的 4℃位温层上，其盐度偏差稍大于 0.012 以外，其他位温层上的偏差都小于 0.009。从校正误差来看，虽然 OW 方法的校正误差只有在部分位温层上出现大于 0.011 的情况，但在 3.6℃位温层上都已接近甚至超过 0.009，而改进方法的误差要比 OW 方法小得多，在 4℃位温层上盐度也只有 0.006 左右。

从图 8 中可以看出，在未对盐度漂移误差校正之前，浮标盐度随着观测时间的增加有明显增大的趋势，且在不同剖面的底部之间还存在 0.1 左右的盐度差。经过改进方法对盐度误差校正后，在 5 MPa 以下 $T-S$ 点聚几乎沿直线分布，充分表明了北太平洋中央水（或温跃层水）的特性[14]；而 10 MPa 深度以下 $T-S$ 点聚由分散到集中的分布态势，也刻划了北太平洋深层水的特性[13]。

2.3 赤道东太平洋海域

图 9 为 3900161 号浮标的参考资料分布与 $T-S$ 曲线。从图 9a 可以看出，由改进方法选取的经纬向空间尺度（分别约为 10.4°和 20.7°）与 OW 方法确定的空间尺度参数大小相当，且浮标漂移距离较大，因此该浮标参考资料的分布海域较前述的 2 个浮标要大得多。从图 9b 可以看出，浮标观测的第 1 条盐度剖面与气候态盐度剖面相近，但第 150 条盐度剖面与气候态盐度剖面以及第 1 条盐度剖面之间的差异均达到了 0.13 左右。由此判断，该浮标电导率传感器同样发生了漂移。

图 10 为在 5.0℃位温层上的浮标盐度、气候态盐度和盐度校正值的时间变化曲线，通过比较可以看出，前 20 个剖面（其中第 17、18 条剖面缺测）的浮标盐度

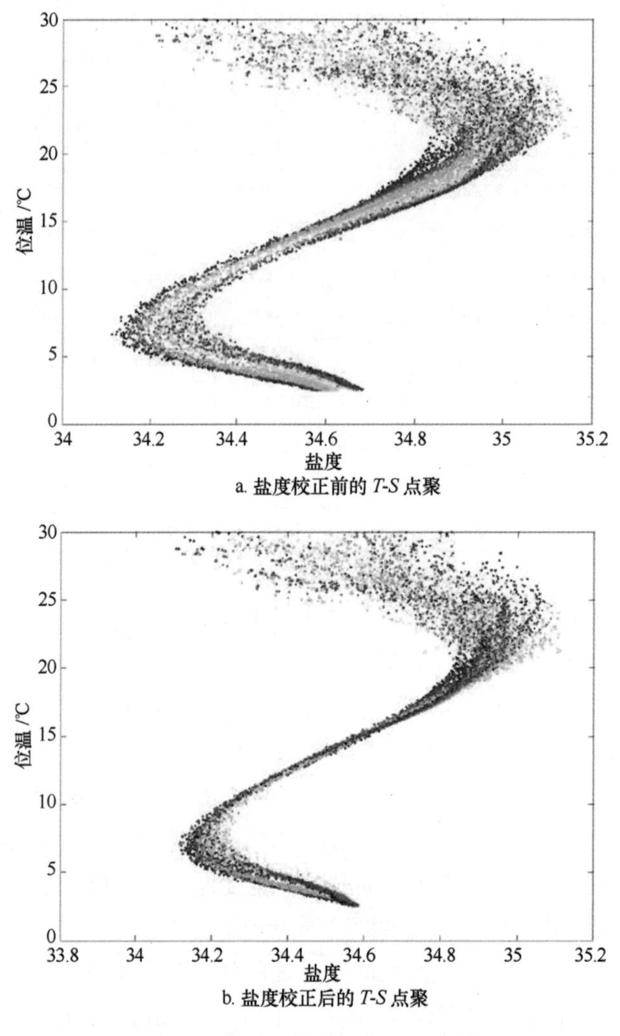

a. 盐度校正前的 T-S 点聚

b. 盐度校正后的 T-S 点聚

图 8　5900019 号浮标的 T-S 点聚

（蓝色线）与气候态（红色线）较为一致，但从第 21 条剖面之后浮标盐度迅速偏离气候态，到了第 40 条剖面，其浮标观测与气候态之间的盐度差达到了 0.1 左右。为此，可以推断该浮标在第 21 条剖面开始电导率传感器发生了漂移问题，这与前人利用 OW 方法的推断结果也是一致的[6]。

由于 2 种方法确定的空间尺度参数大小相当，且选取的“最优压力层”分布也是相差无几，因此两者给出的校正结果，除了在个别剖面上盐度误差稍有不同外，总体几乎无差异。

如表 5 所示，选取 2 种方法在该浮标第 35、102、128、156 条剖面的校正结果与剖面周围高质量浮标观测剖面进行对比，可以发现，2 种方法得到的盐度校正结果均与其他 Argo 浮标观测的盐度剖面非常接近。在 5℃位温层，盐度偏差在 0~0.002；即

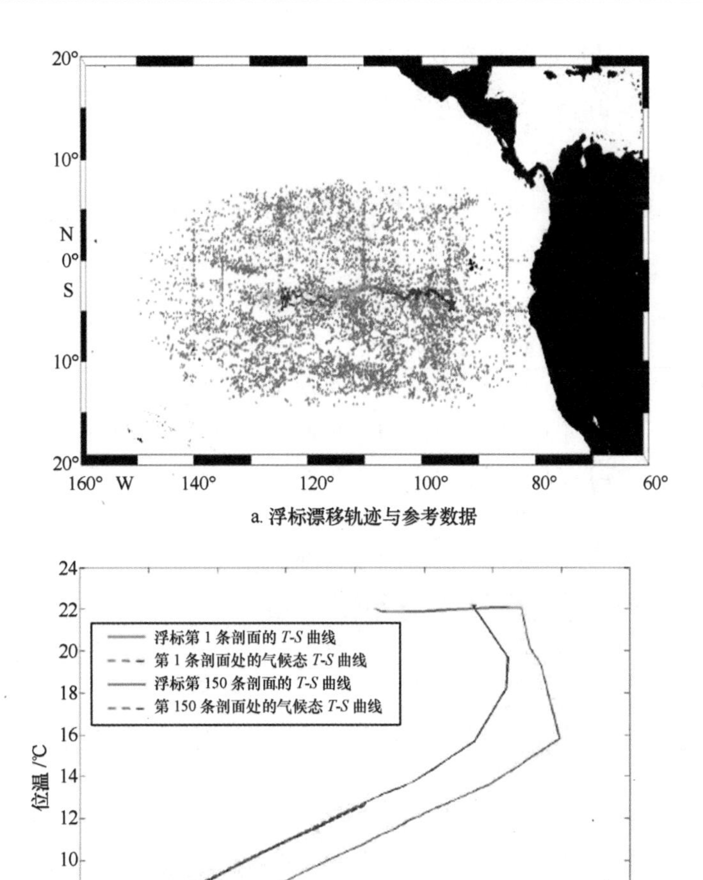

a. 浮标漂移轨迹与参考数据

b. 浮标 T-S 曲线

图 9　3900161 号浮标参考资料分布与浮标 T–S 曲线

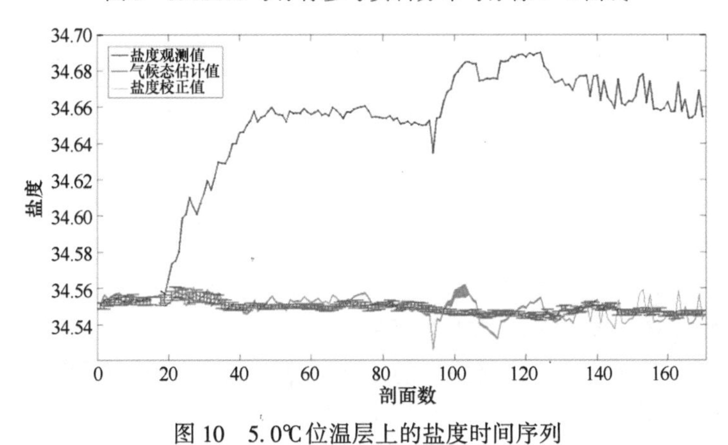

图 10　5.0℃位温层上的盐度时间序列

使在 8.0℃位温层，盐度偏差也在 0.002~0.009。2 种方法得到的盐度校正误差除了第 102 条剖面较大（在 8.0℃位温层盐度误差大于 0.007）外，其他剖面上盐度误差均要小于 0.004。

表 5　部分剖面上两种方法校正结果与高质量浮标剖面的对比

剖面号		35		102		128		156	
位温层/℃		OW	改进	OW	改进	OW	改进	OW	改进
8.0	偏差	0.007 7	0.008 5	0.004 9	0.005 0	0.004 0	0.002 0	0.007 3	0.005 7
	误差	0.003 7	0.003 4	0.007 9	0.007 4	0.003 7	0.003 8	0.003 5	0.004 1
7.0	偏差	0.004 7	0.006 1	0.002 5	0.001 9	0.002 9	0.001 9	0.005 3	0.003 7
	误差	0.002 8	0.002 5	0.005 8	0.005 4	0.003 0	0.002 7	0.002 9	0.003 2
6.0	偏差	0.002 2	0.003 1	0.002 9	0.003 2	0.001 8	0.001 6	0.003 6	0.002 6
	误差	0.002 1	0.001 8	0.005 2	0.004 7	0.002 3	0.002 1	0.002 4	0.002 7
5.5	偏差	0.001 2	0.001 7	0.002 9	0.003 1	0.000 2	0.001 7	0.002 1	0.002 2
	误差	0.001 5	0.001 4	0.004 1	0.003 9	0.001 4	0.001 6	0.001 6	0.001 9
5	偏差	0.000 2	0.000 8	0.001 9	0.001 8	0.000 9	0.000 2	0.001 2	0.001 1
	误差	0.000 7	0.000 5	0.003 5	0.003 2	0.000 5	0.000 3	0.000 4	0.000 7

图 11 给出了 3900161 号浮标校正前与校正后的 T-S 点聚分布。经过改进方法校正后的浮标观测剖面，其校正效果是显而易见的。利用 OW 方法对浮标的盐度漂移误差校正后，同样得到了类似图 11b 的结果。这也充分说明了在温、盐度分布均匀的赤道东太平洋海域，无论是改进方法还是 OW 方法，对盐度漂移误差都有较好的校正效果。

3　结论

本文利用改进的 Argo 盐度资料延时质量控制方法，对太平洋海域选取的 3 个具有代表性的 Argo 浮标进行了试应用，并将校正结果与 OW 方法、船载 CTD 资料或周围高质量浮标观测剖面进行了对比分析，结果表明：

（1）在温盐度变化较大的海域（如黑潮与亲潮交汇区、西边界流区域），由于选取的时空尺度参数都要比 OW 方法的小，且最优压力层取自比浮标自身存在误差的盐度剖面更可靠的气候态盐度剖面，故而改进方法能够准确地检测与判断电导率传感器发生漂移问题的浮标起始剖面，并且能够对由此产生的盐度误差进行有效地校正，其校正后的盐度满足国际 Argo 计划提出的 0.01 精度要求，且校正的精度均要高于由 OW 方法得到的结果。

（2）在温盐度分布比较均匀的海域（如赤道东太平洋），由于改进方法与 OW 方

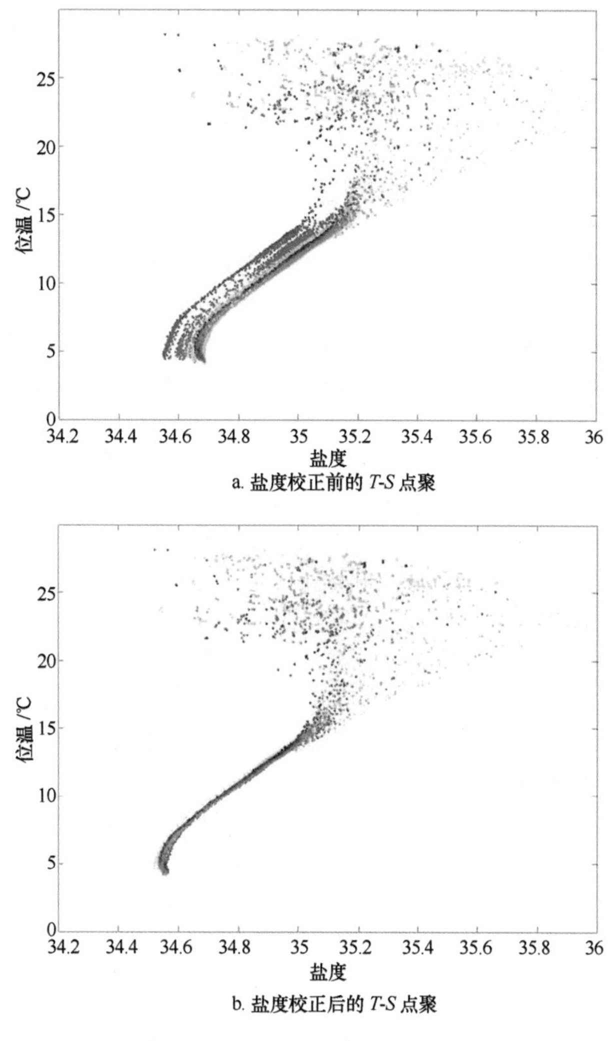

a. 盐度校正前的 *T-S* 点聚

b. 盐度校正后的 *T-S* 点聚

图 11　3900161 号浮标的 *T–S* 点聚

法在空间尺度参数和最优压力层的选取上几乎没有差别，其对浮标盐度漂移误差的校正结果也无差异，都可以获得较好的校正效果。

综上所述，在现有 OW 方法基础上，通过引进梯度依赖空间尺度法对浮标剖面位置处气候态盐度剖面的客观估计，以及对最优压力层选取方案的优化，可以提高温盐度变化较大海域中浮标盐度漂移误差的校正效果。改进方法不仅可以准确地检测和判断浮标电导率传感器发生漂移的起始剖面，而且还可以有效地校正由电导率漂移问题所带来的盐度误差，与 OW 方法相比，可以得到更高的盐度校正精度，并可推广到其他大洋区域。

致谢：感谢国家海洋局第二海洋研究所卫星海洋环境动力学国家重点实验室的许建平

研究员对本文提出的宝贵修改建议。

参考文献:

[1] Reverdin G.Correction of salinity of floats with FSI sensors[R].Maryland,American :The 1st Argo Science Team Meeting,1999.

[2] 刘增宏,许建平,孙朝辉.Argo 浮标电导率漂移误差检测及其校正方法探讨[J].海洋技术,2007,26(4):72-76.

[3] Thandathil P,Baish C,Behera S,et al.Drift salinity data from Argo profiling floats in the sea of Japan [J].Journal of Atmospheric and Oceanic Technology,2012,29(1):129-138.

[4] Wong A,Johnson G,Owens W.Delayed-mode calibration of autonomous CTD profiling float salinity data by θ-S climatology[J].Journal of Atmospheric and Oceanic Technology,2003,20(2):308-318.

[5] Böhme L,Send U.Objective analyses of hydrographic data for referencing profiling float salinities in highly variable environments[J].Deep-Sea Research Ⅱ,2005,52(4):651-664.

[6] Owens W,Wong A.An improved calibration method for the drift of the conductivity sensor on autonomous CTD profiling floats by θ-S climatology[J].Deep-Sea Research Ⅰ,2009,56(3):450-457.

[7] 王辉赞,张韧,王桂华,等.Argo 浮标温盐剖面观测资料的质量控制技术[J].地球物理学报,2012,55 (2):577-588.

[8] 卢少磊,李宏,刘增宏.Argo 盐度资料延时质量控制的改进方法[J].解放军理工大学学报(自然科学版),2014,15(6):598-605.

[9] 卢少磊.Argo 盐度资料延时质量控制方法改进研究[D].杭州:国家海洋局第二海洋研究所,2014.

[10] Argo Steering Team.Report of the Argo Steering Team 9th Meeting[C].The 9th Argo Steering Team Meeting.Exeter,UK:The UK Met Office,2008:16-23.

[11] 刘增宏,许建平,修义瑞,等.参考数据集对 Argo 剖面浮标盐度观测资料校正的影响[J].海洋预报,2006,23(4):1-12.

[12] 童明荣.Argo 剖面浮标观测资料的处理与校正方法探讨[D].杭州:国家海洋局第二海洋研究所,2004.

[13] 孙朝辉,刘增宏,童明荣,等.应用 Argo 资料分析西北太平洋冬、夏季水团[J].海洋学研究,2007,25(3):1-13.

[14] Talley L D,Pickard G L,Emery W J,et al.Descriptive Physical Oceanography:An Introduction (Sixth Edition)[M].Elseier,Burlingham,MA,2011:358.

The application of improved Argo salinity delayed-mode quality control method

LU Shaolei[1], LIU Zenghong[1], SUN Chaohui[1]

1. *State Key Laboratory Satellite Ocean Environment Dynamics, Second Institute of Oceanography, State Oceanic Administration, Hangzhou* 310012, *China*

Abstract: In order to check the effect of the improved Argo delayed-mode quality control method on correcting salinity drift errors, this paper uses the existing Argo salinity delayed-mode quality control method (OW method) and the improved method to correct the three representative Argo floats which are located in Pacific Ocean, and the correction results are verified by Conductivity-Temperature-Depth (CTD) data or high quality float data. The results show that, in the sea area where the sea-water temperature and salinity are large changes (such as the Kuroshio-Oyashio intersection area, the Western Boundary Current region), the improved method can not only effectively check and judge the start profile of conductivity sensor drifting, but also effectively correct the salinity errors, and the correction accuracy is higher than OW method; there are no significant difference in correction results of two methods in the sea area where the distribution of temperature and salinity are homogeneous.

Key words: Argo profiling float; salinity drifting errors; delayed-mode quality control; Pacific Ocean

（该文刊于：解放军理工大学学报（自然科学版），2016，17(2)：165-173）

Argo 资料协同管理方法研究

董贵莹[1,2]，曹敏杰[3]，张丰[1,2]，杜震洪[1,2]，刘仁义[1,2]，吴森森[1,2]

1. 浙江大学 浙江省资源与环境信息系统重点实验室，浙江 杭州 310028
2. 浙江大学 地理信息科学研究所，浙江 杭州 310028
3. 国家海洋局第二海洋研究所 卫星海洋环境动力学国家重点实验室，浙江 杭州 310012

摘要：Argo 资料已成为当前海洋和大气科学领域基础研究的重要数据来源。但由于其剖面元数据与观测数据混合存放的特点，现有的共享平台无法实现浮标漂移轨迹与剖面图的实时绘制。因此提出一种结构化与半结构化并存的 Argo 资料协同管理方法，通过分析 Argo 资料结构组成与特点，将结构化数据与半结构化数据分离提取；然后利用关系型数据库对半结构化类型属性的扩展支持，建立剖面元数据与观测数据间的关联关系；并利用分表存储，降低数据量快速增长对单数据表带来的存储压力。最后通过对近 20 年的全球 Argo 资料解析建库结果进行分析，证明该方法具有良好的可扩展性和高效的轨迹数据获取效率，能够支持浮标漂移轨迹和剖面图的实时绘制。同时，该方法也可为特征类似的剖面观测数据管理提供技术参考。

关键词：Argo 资料；剖面；结构化与半结构化；协同管理

1 引言

国际 Argo（Array for Real-time Geostrophic Oceanography）计划是由美国、法国和日本等国的科学家于 1998 年推出的全球大洋观测计划[1]。我国已于 2002 年正式宣布参加国际 Argo 计划的组织实施。截至 2016 年 3 月 31 日，该计划已在全球海洋上投

基金项目：国家自然科学基金项目资助（41101356，41101371，41171321）；国家科技基础型工作专项（2012FY112300）；海洋公益性行业科研专项经费资助（201305012）；测绘地理信息公益性行业科研专项（201512024）。

作者简介：董贵莹（1992—），女，天津市宝坻区人，硕士，主要从事海洋 GIS 相关研究。E-mail：413521577@qq. com

＊**通信作者**：杜震洪（1981—），男，浙江省衢州市人，副教授，主要从事地理信息服务、时空大数据、高效能地学计算、海洋 GIS 研究。E-mail：duzhenhong@ zju. edu. cn

放约 13 600 个浮标，提供近 176 万条温盐剖面。随着浮标和传感器技术的发展，Argo 浮标在采样密度、传感器测量精度等方面都得到了显著的提高，且增加了溶解氧、叶绿素等多种类型传感器[2]。Argo 浮标获取的垂直剖面数据时间序列可以反映大尺度海水温盐变化，对研究海水热盐储量/输送、大洋海水特性等具有重要意义[3-5]。浮标在“随波逐流”过程中的实时位置信息直接体现了海水的流动状态，对研究海洋环流、中尺度涡、湍流等具有重要意义[2,6-8]。Argo 资料已成为当前海洋环境和气候变化研究的重要数据来源。

Argo 观测资料主要通过光盘和网络下载进行免费共享，如中国 Argo 实时资料中心、法国海洋开发研究院（IFREMER）、日本海洋地球科技厅（JAMSTEC）等均提供上述服务。这些途径获取到的 Argo 浮标资料按日期分类压缩，下载后需根据研究区域逐个筛选，由于 Argo 观测网覆盖全球且观测密度较大，Argo 资料数据量呈指数增长，这种数据提取方式会越来越难以实施。目前已存在的一些基于网络的 Argo 数据共享平台（如 Argo Information Center、Argo Portal 等），可就浮标的属性信息进行查询（如浮标编号、投放位置等），并对查询所得结果提供浮标的历史剖面、剖面时序、浮标漂移轨迹和区域内浮标分布等图。但这些图的灵活性、可读性有限，如 PNG 类型的剖面图无法根据个人需求获取观测点的准确观测值；产品图浪费了存储资源且不利于更新，如浮标分布图、浮标轨迹图等，理论上浮标每更新一次地理位置就需将所涉及的产品图重新绘制。考虑到剖面资料的增长速度（约每月 1 万条），理想的解决方案是按需绘制、实时绘制，但由于 Argo 剖面资料本身的数据特点——元数据与剖面观测数据混合存放，使得浮标漂移轨迹与剖面图的实时绘制无法实现。

由于 Argo 资料内部同时存在结构化与半结构化数据，传统的数据管理方式仅依靠关系型数据库管理元数据属性字段，无法同时有效地管理半结构化剖面观测数据[9-11]。近年来，随着互联网的发展，半结构化数据管理的重要性与日俱增，越来越多的关系型数据库也大力优化了对半结构化数据的支持，比如 JSON（JavaScript Object Notation）数据[12-13]，使得关系型数据库在保持原有的高查询效率的同时具备了一定的半结构化数据管理能力。

基于以上背景，本文从分析 Argo 剖面资料本身的数据特点出发，分析其结构特性，提出一种结构化与半结构化并存的 Argo 资料协同管理方法，并建立 Argo 数据库。该方法综合考虑了 Argo 剖面资料数据量的增长趋势与观测剖面类型的变化趋势，能够满足长期的存储与检索需求，同时能够更加便捷地实现浮标漂移轨迹和剖面图的实时绘制。

2 Argo 资料来源与结构组成

2.1 资料来源

中国 Argo 计划启动实施之初，即在杭州建立了中国 Argo 实时资料中心（China

Argo Real-time Data Center，以下简称为 C-ARDC)，负责对我国布放的各种类型的剖面浮标观测数据进行接收、处理和分发[14]。本文所使用的全球 Argo 资料由 C-ARDC 提供，收集了 1997 年至今全球海洋中所有 Argo 剖面浮标的观测资料。数据格式参考 C-ARDC 发布的“全球 Argo 剖面浮标资料集（V2.0）说明”[15]。

2.2 Argo 资料结构组成

C-ARDC 提供的 Argo 剖面浮标资料为 dat 类型的文本数据。Argo 资料包括元数据（metadata）与剖面数据两部分，其中剖面数据又分为表头数据和实际观测数据(图 1)。元数据包含对每个 Argo 浮标的详细说明，包括浮标的技术参数、传输定位卫星信息、布放信息、传感器信息以及观测周期信息等内容。剖面数据以文件的方式存储，表头信息存放该条数据的描述信息，如浮标号、循环号、经纬度和观测日期等；实际观测数据记录了海水温度、压强、盐度和溶解氧浓度等观测值及其对应的校正值和观测值质量控制标记等。2.0 版本的 Argo 剖面浮标资料新增了叶绿素观测数据，同时还增加了多深度轴的剖面数据。

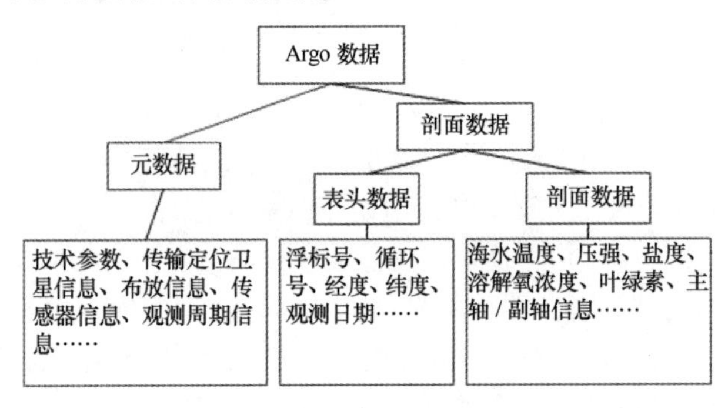

图 1 Argo 数据结构

按照数据结构可以将数据大致分为 3 类：结构化数据、非结构化数据和半结构化数据。C-ARDC 提供的 Argo 资料数据以统一的格式存储于文本文档中。其中元数据字段类型、字段数目在一定时间内固定不变，属于结构化数据，适宜存储于关系型数据库中，可以用二维表结构来逻辑存储，需要通过对数据进行分析并设计合适的表结构和表间关系。剖面数据中的剖面表头数据与元数据相同，属于结构化数据，组织存储方法类似。剖面数据中的剖面观测数据则由于不同浮标类型以及浮标装载的传感器不同，且采样间隔不均匀等多种因素影响，无法做到固定不变，但剖面观测数据的数据组成具有统一化标准，因此属于半结构化数据。

3 结构化与半结构化数据协同管理方法

针对 Argo 资料数据结构化与半结构化并存的特性，首先设计数据分类和提取规则，对结构化数据和半结构化数据进行分离；之后针对所提取的结构化数据部分对关键字段进行信息抽取，针对半结构化数据部分设计合理和可扩展的 JSON 数据结构，并将其作为结构化数据的一个字段存储于数据库表中；最后根据整个组织存储结构设计数据库表结构和表间关系。

3.1 元数据质量梳理

C-ARDC 提供的 Argo 元数据字段是按照数据操作人员的习惯进行设计的，存在数据分类混乱、语义一致性不高、信息分散等缺点，不便于直接进行存储。因此需要对原始数据进行元数据质量梳理。待梳理的数据可以分为 3 类：普通说明性数据、剖面数据、空间数据。

普通说明性数据存在两个问题：（1）多个来源；（2）重复定义。其中第一个问题以项目所属国家为例，国家信息并未存放于 Argo 元数据文件中，而是在每 3 个月一次的数据更新时附带一份国家信息文件，内含每个浮标的所属国家信息。元数据文件以浮标编号命名，每个浮标拥有一个元数据文件（如 5900586_meta.dat）。国家信息文件中所有浮标的所属国家均存储于一个文件中，每行一个浮标。在数据预处理时应将多个来源的浮标元数据信息进行归并，属于同一个浮标的元数据通过浮标编号进行唯一匹配。第二个问题通常是由于某些原因浮标元数据文件中的字段名会出现大小写混乱和末尾多出空格的情况，这种情况下应该在数据入库前，对数据字段进行统计分析，并根据分析结果重新入库，如“CHINA ARGO PROJECT”和“china argo project”应为同一个项目名称，尽量提高入库数据的语义一致性。

剖面数据来自于浮标所产生的剖面文件中的统计信息。由于浮标元数据与剖面数据分开存放，要查找有关某浮标的剖面统计信息，如最新一个剖面位置、最后一个剖面产生的时间等，将非常麻烦。在数据入库时，可提前设计好一些待用的统计字段，使用数据库的触发器功能，在剖面数据更新时，对其浮标元数据的相关统计字段同步更新。

此处所涉及的空间数据为元数据辅助数据，根据前期对数据获取需求的调研发现，某些海区或某些海峡是科学研究时常被选取的区域。由于海洋中的海区、海峡范围通常为复杂多边形，因此，平台在存储 Argo 元数据的同时，也对海域范围元数据进行预存储。提前获取“兴趣海区”范围，并利用 PostGIS 空间数据库引擎，将矢量的海区范围转储为空间字段。设计“兴趣海区”数据表，存储海区范围、海区名称等。

3.2 剖面观测信息提取

浮标工作期间所采集的海水剖面数据以文本的形式存储于原始资料文件中。剖面观测数据与剖面元数据一起存储于以浮标编号和循环号命名的文件中（如 1900727_258.dat）。其中剖面观测数据存放于文件的末尾，分为两部分：列说明数据和具体观测数值矩阵。列说明数据行数通常为 3 的倍数，每 3 行代表一个采样要素。如 1900727 号浮标的第 258 条剖面具有压力、盐度和温度 3 个观测要素，因此列说明数据有 9 行。不同浮标的列说明数据的行数和内容可能会不同。观测数值矩阵每行代表一个采样点，每列之间以空格隔开，每一列对应列说明数据的一行。不同浮标或同一浮标的不同剖面，其观测数值矩阵的行数都可能不同。

通过观察和分析，剖面观测数据属于半结构化数据，不适宜也无法存储于关系型数据库中。为避免在使用过程中对同一文件的频繁访问而导致的大量重复性工作，需提前对剖面观测数据进行提取和组织。半结构化数据的组织形式以 JSON 和 XML 两种最为流行，均能够被多种编程语言及可视化平台支持。JSON 是一种轻量级的数据交换格式。基于 JSON 的地理信息数据交换方法，相较于传统的 XML 标记语言具有更为精简的结构[16-17]，并且能够同时被多种关系型数据库兼容和利用，因此本文选用 JSON 作为剖面观测数据的存储格式。

自 2015 年 12 月起，Argo 剖面资料格式版本升级为 2.0，增加了叶绿素观测数据及多深度轴的剖面数据，能够同时观测高分辨率剖面和低分辨率剖面，有些浮标还有第三条剖面。为了适应 Argo 浮标剖面数据观测要素、深度轴的灵活变化，设计了一种“总剖面数据—多剖面—多观测要素”的树状 JSON 结构（图 2）用于组织提取出的剖面观测数据，并增加统计信息，如最大值（maxValue）、最小值（minValue）。其中 type 该剖面的要素组合类型；$profile_i$为第 i 个观测剖面；$element_i$为第 i 个观测要素的观测值数组；$data_{i,j}$为第 i 个观测要素第 j 层深度的观测数值。

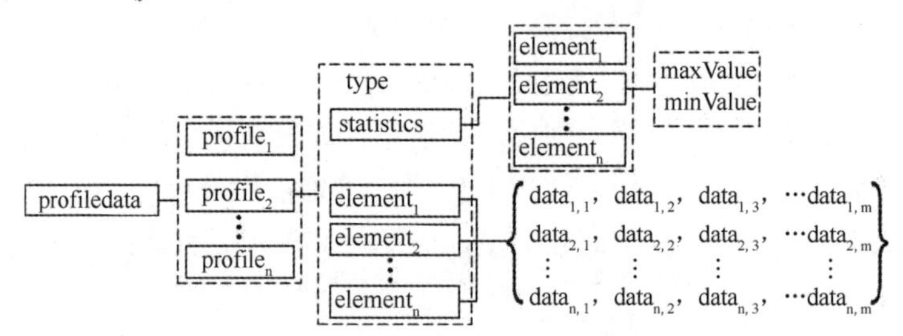

图 2　2.0 版本 Argo 剖面数据 JSON 格式结构

3.3　数据库设计

Argo 数据库应至少具有两张表：Argo 元数据表（Argometadata）和 Argo 剖面数据表（ArgoProfile）。其中 Argo 元数据表存储预提取的 Argo 浮标元数据，Argo 剖面数据表存储浮标剖面元数据及其剖面观测信息数据的资源链接。良好的表结构及表间关系不仅能够增强数据库本身的健壮性和稳定性，也能够更好地支持数据的获取与更新操作。本文针对 Argo 数据本身的属性特征，主要从表拆分—建立表间关系、分表存储、构建索引 2 个方面进行优化。

（1）由于Argo元数据表中属性字段较多，根据数据库三范式将所属项目相关属性抽出，新建项目表。由于所属国家经常被用于查询，因此将国家作为冗余字段直接存储于元数据表中，减轻Join操作带来的时间消耗。最后对分离后的多张表设置合理的主键及表间外键关联（图3）。

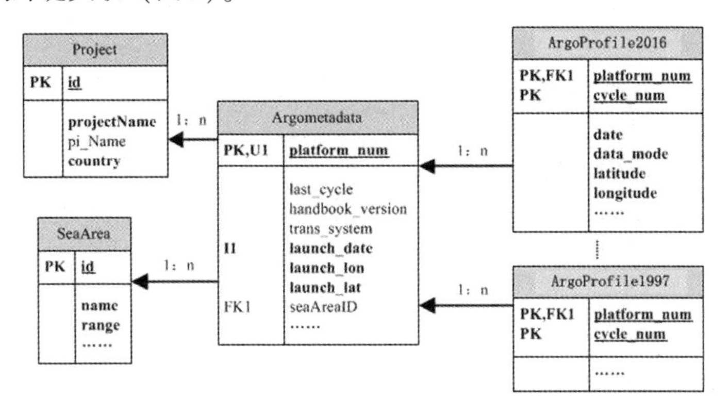

图3　Argo数据库模型图

（2）由于Argo剖面数目逐年增多，且每年增长量在十万数量级，因此对Argo剖面数据采取分表存储的策略。如数据库收录了自1997年至今的全球Argo剖面资料，需建立1997—2016共20张表，具有相同的表结构（图3）。该策略后被证实能够适用于多种对象持久化技术及多线程查询。

（3）数据库的索引好比一本书的目录，适当地建立索引能够加快数据库的查询速度。Argo数据表字段较多，对哪些字段建立索引，应该选取哪种类型的索引均会影响索引的使用效果。以浮标元数据表为例，本文根据对查询需求的调研和统计，确定浮标编号、投放国家、所属项目名称、浮标类型、通讯方式、投放时间、海域范围7个字段，根据数据库索引最左前缀原则，按照搜索频率对索引字段进行排序后，建立聚簇索引。该索引在根据浮标编号进行查找、多组合查询、时间范围查询等实例中均提高了效率。

4　实验结果分析

本文选用了PostgreSQL关系型数据库，并利用其9.4版本对JSON类型字段的扩展支持管理剖面观测数据的JSON结构数据，利用C-ARDC提供的近20 a全球Argo资料及其说明文件，使用Java编程语言编写数据提取与批量入库程序，建立了Argo数据库，并从可用性与可扩展性两方面对实验结果进行分析

4.1　可用性分析

使用3.2小节提出的基于JSON的剖面数据格式（图2）对所收集的剖面资料进

行剖面观测信息提取，其中部分浮标在上升和下沉过程中进行了两次采样，由于传感器装在浮标的顶部，下沉过程的采样会受浮标尾流的影响而产生误差，因此需剔除下沉采样剖面。提取成功 142 万余条剖面，失败 0 条。统计结果（表 1）表明，本文所提出的剖面模型能够支持目前全球 Argo 剖面浮标资料集[15]中多深度轴的、多种观测要素的观测剖面信息提取。

表 1 1997—2016 年 Argo 剖面资料类型及数量统计

（T：温度，S：盐度，O：溶解氧，C：叶绿素）

深度轴数	观测要素			剖面数	总剖面数
	第一深度轴	第二深度轴	第三深度轴		
1	T	—	—	17 983	1 400 683
	S，T	—	—	1 332 255	
	S，T，O	—	—	50 445	
2	S，T	S，T，O	—	13 692	21 565
	S，T	O	—	5	
	S，T	C	—	1 700	
	S，T	S，T，O，C	—	6 168	
3	S，T	O	C	2 934	2 934

基于所提取的剖面观测数据，于中国 Argo 实时资料中心机房服务器建立全球 Argo 数据库，利用 FSH（Flex+Spring+Hibernate）框架搭建“Argo 资料共享服务平台”。结果表明本文所提出的协同管理方法，能够支持属性查询、浮标漂移轨迹及剖面图的实时绘制（图 4、图 5、图 6）。该平台可通过以下链接访问：http：//platform. argo. org. cn：8090/flexArgo/out/index. html。

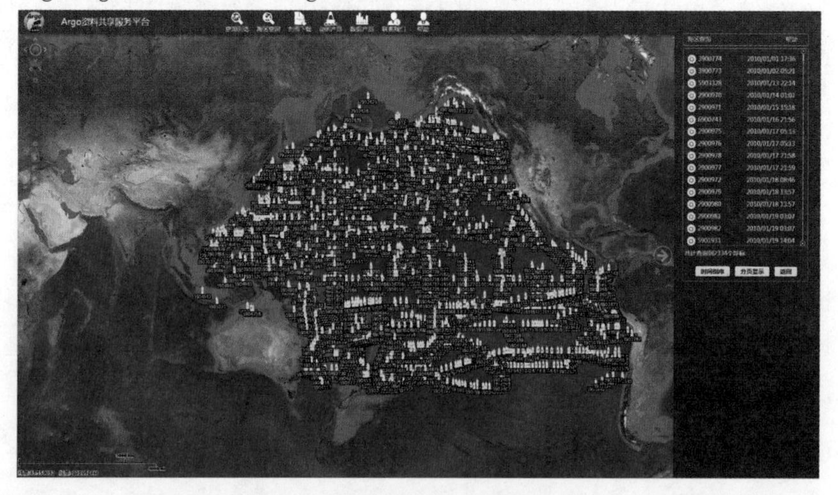

图 4 太平洋海区 Argo 浮标分布

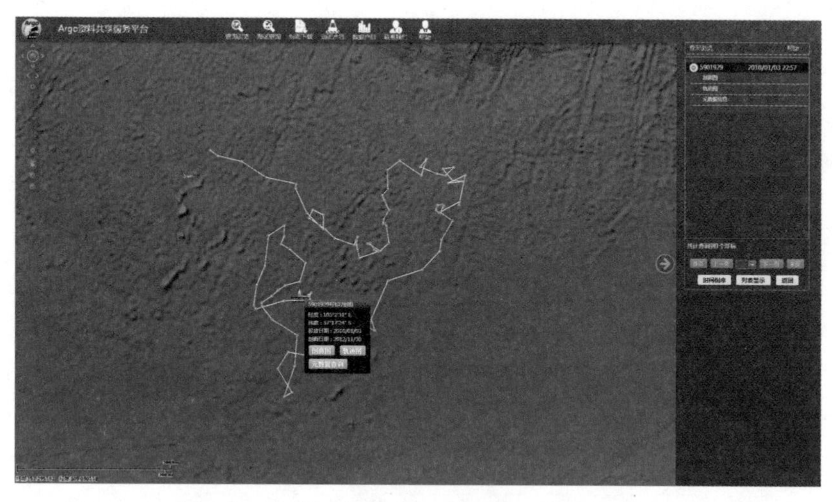

图 5　5901929 号浮标轨迹信息查询及动态绘制

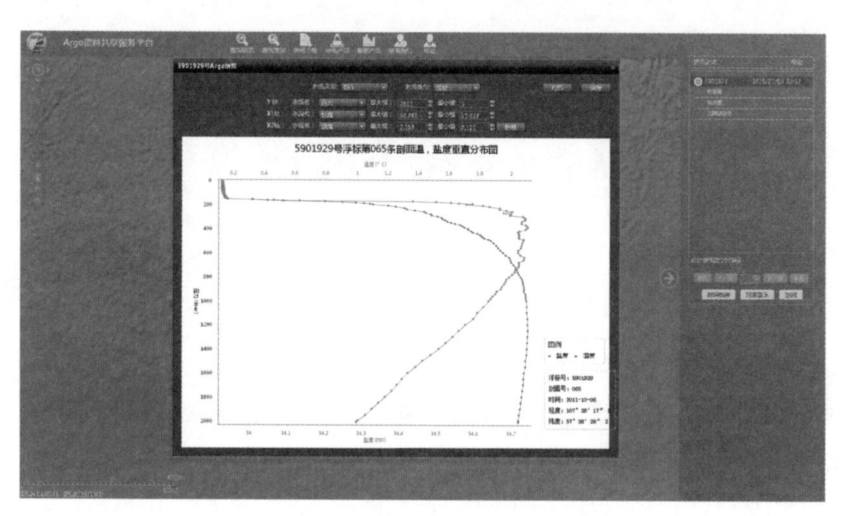

图 6　温、盐度垂直分布图实时绘制

4.2　可扩展性分析

4.2.1　存储可扩展性分析

已入库数据量统计结果（图 7）表明：从 2008 年开始，Argo 计划每年产生的剖面数已经超过 10 万条。随着 Argo 全球海洋实时观测网趋于稳定，剖面数年增长率降低，年剖面数趋于稳定。如将所有剖面元数据存储于同一张数据库表中，单表数据量将达到百万级，且逐年增长（图 8）。本文所提出的分表存储方法，能够将单表存储压力由百万级降低至 10 万级，数据库中各年份表间数据量分布趋于均衡，具备较好的可扩展性，满足 Argo 剖面数据的长期存储需求。

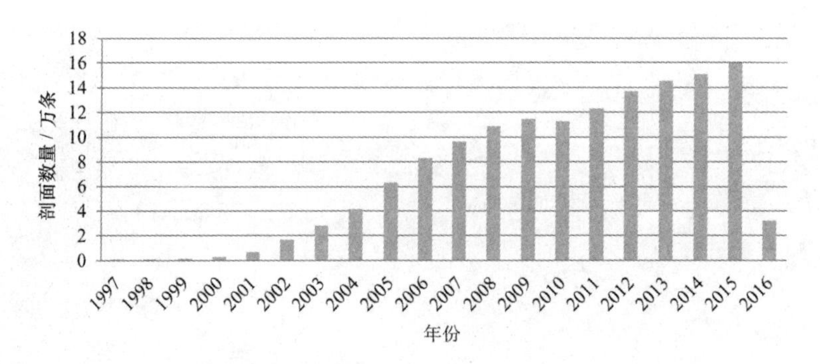

图 7 1997—2016 年间入库剖面数据量（万条）时间序列分布

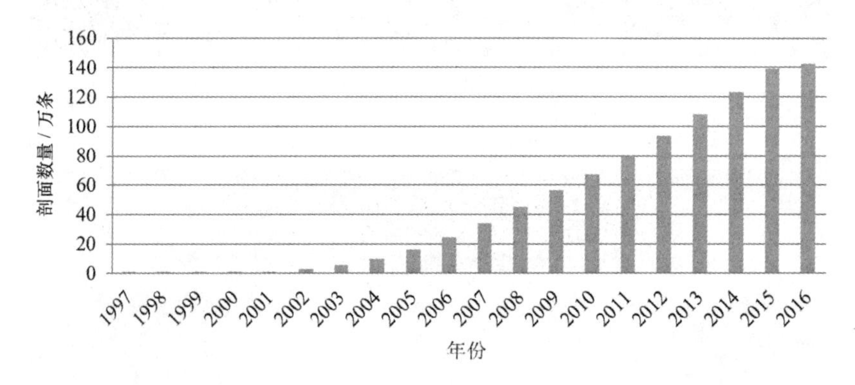

图 8 1997—2016 年间入库剖面总量（万条）逐年统计结果

4.2.2 检索可扩展性分析

本文利用 2004—2015 年间剖面数据，建立分表存储与单表存储数据库，分析其轨迹数据获取效率随时间的变化关系。

选取 1900343 号浮标，针对不同年份区间的数据进行轨迹数据检索，查询语句均为“select * from tablename where platform_ number=' 1900343' ”。平均时间消耗如图 9 所示，其中横坐标查询年数 n 的含义如下：

分表：取 n 个表（profile2004、profile+1……profile2004+n-1）分别执行查询语句，语句间使用 union 进行连接。

单表：取 n 个表（profile2004、profile+1……profile2004+n-1）中数据总和，建立新表 profileall_n，并对 profileall_n 表执行查询语句。

测试结果表明：分表与单表的查询时间消耗均与查询年数基本呈线性正相关；相同查询年数，分表较单表查询效率低（图 9）。

但 Argo 浮标的寿命受其所用电池影响，约为 4 a[18]，如图 10 为已入库的浮标寿命统计结果（除活跃浮标与无剖面浮标，样本浮标总数为 7 253 个），可见 96%的浮标使用寿命在 6 a 以内。因此在实际应用中，可以根据浮标的投放日期及最后一个观

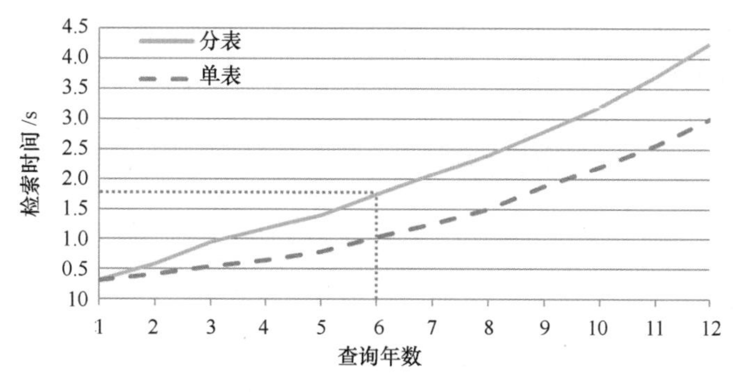

图 9　轨迹检索时间消耗曲线

测剖面生成日期，确定该浮标剖面的年份区间，该区间通常小于或等于 6。

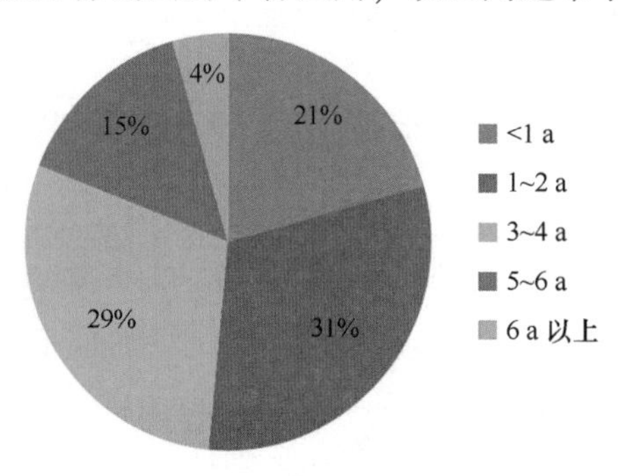

图 10　浮标寿命统计

利用按年份分表存储的方法，可以仅检索浮标存活年限内的数据表，进而将大部分浮标的检索区间控制在 6 a 以内。

在图 9 所示实验中，查询年数为 6 时分表存储检索时间消耗约 1.8 s，由于各年份表内数据量趋于稳定，即连续 6 a 内数据量趋于稳定，可以推断出在连续 6 a 内进行轨迹数据检索时间，即检索寿命在 6 a 以内的浮标的轨迹数据时间消耗稳定在秒级。而单表存储需对 12 a 的数据进行检索，所需时间为 3 s，且随着时间的增长，该检索时间消耗同步增长。较单表存储，分表存储的方法在浮标轨迹数据检索方面，具有更好的可扩展性。

而对于其余 4%存储年份较长的浮标，不能有效地减少其检索区间，导致检索效率较单表存储并无明显优势。

5　结束语

针对 Argo 资料结构化和半结构化数据共存的特性，本文设计并实现了一种协同管理方法，适用于已有的全球 Argo 剖面资料集，并已在中国 Argo 实时资料中心建立了共享服务平台，提供了一体化数据检索及浮标漂移轨迹和剖面图的实时绘制功能。同时该方法具备较好的可扩展性，能够符合长久的存储与检索需求。

由于结构化和半结构化并存的特征普遍存在于各种剖面观测数据中，如钻孔数据[19]、走航数据[20]、三维地震剖面数据[21]等，该方法也可为上述剖面数据管理提供技术参考。

参考文献：

[1] 许建平.阿尔戈全球海洋观测网大探秘[M].北京:海洋出版社,2002.

[2] Riser S C,Freeland H J,Roemmich D,et al.Fifteen years of ocean observations with the global Argo array[J].Nature Climate Change,2016,6(2):145-153.

[3] 张春玲,许建平.基于 Argo 观测的太平洋温、盐度分布与变化(Ⅰ):温度[J].海洋通报,2014,33(6):647-658.

[4] 张春玲,许建平.基于 Argo 观测的太平洋温、盐度分布与变化(Ⅱ):盐度[J].海洋通报,2015,34(1):21-31.

[5] 杨胜龙,靳少非,化成君,等.基于 Argo 数据的热带大西洋大眼金枪鱼时空分布[J].应用生态学报,2015,26(2):601-608.

[6] Yuan D L,Zhang Z C,Chu C P,et al.Geostrophic circulation in the tropical North Pacific Ocean based on Argo profiles[J].Journal of Physical Oceanography,2014,44(2):558-575.

[7] Xu L,Li P,Xie S,et al.Observing mesoscale eddy effects on mode-water subduction and transport in the North Pacific[J].Nature Communications,2016,7(1):1-9.

[8] Wu L X,Jing Z,Riser S,et al.Seasonal and spatial variations of Southern Ocean diapycnal mixing from Argo profiling floats[J].Nature Geoscience,2012,4(6):363-366.

[9] 王帅,徐从富,陈雅芳.基于 WebGIS 的 Argo 数据共享服务系统[J].海洋科学,2011,35(3):32-36.

[10] 王显玲,秦勃,刘培顺.基于网格技术的 Argo 数据共享系统[J].计算机工程与设计,2009,30(15):3634-3637.

[11] 杨峰,周建郑,杜云艳,等.基于 Web 服务的多源 Argo 数据共享与可视化应用研究[J].测绘科学,2011,36(5):62-64.

[12] Oracle I X.Oracle XML DB Developer's Guide[EB/OL].http://otn.oracle.com/tech/xml/xmldb/content.html.2016.

[13] Postgresql.PostgreSQL 9.4.10 Documentation[EB/OL].http://www.postgresql.org.2016.

[14] 刘增宏,吴晓芬,许建平,等.中国 Argo 海洋观测十五年[J].地球科学进展,2016,31(5):445-460.

[15] 中国 Argo 实时资料中心.全球 Argo 剖面浮标资料集(V2.0)说明[EB/OL].http://www.argo.org.cn.2016.

[16] 韩敏,冯浩.基于 JSON 的地理信息数据交换方法研究[J].测绘科学,2010,35(1):159-161.

[17] 张沪寅,屈乾松,胡瑞芸.基于 JSON 的数据交换模型[J].计算机工程与设计,2015,26(12):

3380-3384.

[18] Feder T.Argo begins systematic global probing of the upper oceans[J].Physics Today,2000,53(7):50-51.

[19] 王继民,吕庆,万定生.基于钻孔数据的地质剖面建模系统[J].河南大学学报(自然科学版),2009,37(4):463-466.

[20] 吴清松,王琪,应剑云,等.基于 Matlab 的 DGPS 数据实时可视化与走航观测[J].海洋学研究,2016,34(2):60-64.

[21] 魏金兰,郑鸿明,徐群洲.垂直地震剖面数据管理和应用系统[J].计算机应用,2011,31(2):239-241.

Research on collaborative management method of Argo data

DONG Guiying[1,2], CAO Minjie[3], ZHANG Feng[1,2],
DU Zhenhong[1,2], LIU Renyi[1,2], WU Sensen[1,2],

1. *Zhejiang Provincial Key Laboratory of GIS, Zhejiang University, Hangzhou* 310028, *China*
2. *Institute of GIS, Zhejiang University, Hangzhou* 310028, *China*
3. *State Key Laboratory of Satellite Ocean Environment Dynamics, Second Institute of Oceanography, State Oceanic Administration, Hangzhou* 310012, *China*

Abstract: Argo data has become an important data source in basic researches of ocean and atmosphere sciences. But with the hybrid storage of profile metadata and its observations, it is difficult for existing shared platforms to realize the real-time visualizing of the drift trajectory and profile chart. In this paper, a method of collaborative management of structured and semi-structured Argo data is proposed. Based on the analysis of Argo data structure and characteristics, we separate it as structured and semi-structured data; by means of extended support of relational database to a semi-structured property, we establish a relationship between profile metadata and observation data; Faced of the rapid growth of data, we use a multi-table storage method to reduce storage pressure of single data table. Finally, setup an Argo database and global Argo data in period of 1997-2016 are parsed and imported. The results indicate that the method has good scalability of both storage and query, as well as high efficiency of float trajectory query, and it is able to support real-time visualization of float trajectory and profile chart. Our result will offer a reference for management of other similar observation profile data.

Key words: Argo data; profile; structured and semi-structured; collaborative management

全球 Argo 资料共享与服务平台设计与实现

吴森森[1,2]，曹敏杰[3,4]，杜震洪[1,2*]，张丰[1,2]，刘仁义[1,2]，董贵莹[1,2]

1. 浙江大学 浙江省资源与环境信息系统重点实验室，浙江 杭州 310028
2. 浙江大学 地球科学学院，浙江 杭州 310027
3. 卫星海洋环境动力学国家重点实验室，浙江 杭州 310012
4. 国家海洋局第二海洋研究所，浙江 杭州 310012

摘要： Argo 资料已成为海洋环境和气候变化研究重要的实测资料来源和基础数据支撑。自 2007 年全球 Argo 实时海洋观测网建成以来，每年产生的 Argo 资料稳固增长，数据总量呈现出海量增长趋势，如何实时有效地对 Argo 数据进行组织管理与信息服务已成为当前 Argo 资料共享的关键难题。本文针对 Argo 数据多源异构的时空特性及多元化的信息服务需求，综合运用分布式混合数据库架构，设计了一种适用于全球 Argo 资料组织管理的弹性扩展云存储模型，建立了基于 Matlab 的 Argo 网格化产品高效可视化方法，同时构建了基于 Flex RIA 的 WebGIS 服务框架，研制完成了全球 Argo 资料共享与服务平台，具备对全球 Argo 资料查询浏览、快速下载及可视化分析等功能，并已部署在中国 Argo 实时资料中心业务运行。

关键词： Argo 资料；共享与服务平台；Flex RIA WebGIS；弹性扩展云存储；可视化分析

1 引言

国际 Argo 计划自 2000 年正式实施以来，美国、澳大利亚、法国、英国、德国、日本、韩国、印度和中国等 30 多个国家和团体在全球海洋共布放了超过 13 600 个 Argo 剖面浮标，组成了全球 Argo 实时海洋观测网，首次真正意义上实现了对全球海

基金项目： 国家科技基础性工作专项（2012FY112300）；国家海洋公益性行业科研专项经费资助（201305012，201505003）。

作者简介： 吴森森（1991—），男，浙江省文成县人，博士，主要研究方向为海洋时空建模与可视化。E-mail：wusensengis@ zju. edu. cn

洋中上层温盐度的实时观测[1]。自 2007 年以来，该观测网每年提供多达 15.8 万条海水温盐度剖面，已累计获得了约 176 万条剖面数据，为人们更好地认识海洋和气候的变化起到了非常重要的作用[2]。

随着浮标数目的不断增加，今后获取的 Argo 资料数量还将不断上升，为了方便 Argo 资料直观、高效的检索与共享，已经从刚开始的分发 Argo 资料光盘逐渐发展成通过互联网平台进行共享。如国际海洋组织 JCOMM 发布了海洋实测观测资料平台（JCOMMOPS），可实现对 Argo 资料的交互式检索和获取，但对基于空间位置的查询分析及可视化能力较为薄弱。目前，国外 Argo 资料的获取方式主要以传统的 FTP 下载为主。国内学者结合 WebGIS（网络地理信息系统）和地理空间技术，曾研发了许多基于地理空间位置的 Argo 资料网络共享平台，如浙江大学刘仁义等[3]开发的“Argo GIS 系统”、浙江大学王帅等[4]研发的“基于 WebGIS 的 Argo 数据共享服务系统”和中国 Argo 实时资料中心的“Argo 网络数据库可视化平台”[5-6]等。

然而，上述系统的体系架构在数据存储与共享方面均存在一定局限性：单节点服务器模式的存储空间有限，无法扩展存储快速增长的 Argo 观测资料及其衍生产品；基于页面的、服务器端的数据传递模式[7]，难以满足用户对 Argo 数据空间可视化分析和复杂用户交互的需求。

考虑到分布式文件存储系统具有高可靠、高扩展等特性，能为海量增长的 Argo 资料提供硬件级的弹性扩展支持；同时，空间数据库可以有效管理 Argo 资料中结构化的空间信息和元数据信息。因此，本文采用分布式文件系统和空间数据库混合的云存储架构，构建了全球 Argo 资料综合数据库，实现了对大规模 Argo 数据的高效管理，基于分布式网络环境下富客户端（Rich Internet Applications，RIA）的 WebGIS 框架，采用 Flex、Matlab 可视化等技术方法，建立了全球 Argo 资料共享与服务平台（以下简称平台），实现了 Argo 资料的高效检索、在线浏览及可视化分析，可快捷地为国内外用户提供全球 Argo 资料及其数据产品服务。

2 平台设计

2.1 平台框架设计

Argo 资料共享与服务平台的本质特征是基于空间位置信息的 WebGIS。其与一般 Web 信息系统相比，WebGIS 最大特点是在空间框架下实现图形、图像数据与属性数据的动态连接，提供可视化查询和空间分析的功能[8]。但是，WebGIS 是基于页面的模型，客户端事件处理能力低，几乎无法进行复杂的用户交互，难以满足用户更高、更快、更全方位的 GIS 体验。

Macromedia 提出的 RIA 理念，是集桌面应用程序的最佳用户界面功能与 Web 应用程序的快速、低成本部署及互动通信于一体的新一代网络应用程序[9]。Flex 是一种基于组件实现 RIA 的应用技术。Flex RIA 与 WebGIS 结合，可以为 Argo 资料共享提供一种基于标准的、更灵活、更高效的解决方案。

在 WebGIS 的体系结构下，传统单一数据中心的理念不复存在，带有空间位置属性的 Argo 资料可能分布在网络的任意节点中。采用传统的 WebGIS 技术进行数据管理和信息共享时要求服务器完成所有的计算与分发任务，难以满足 Argo 资料快速检索和高效处理的需求，而若在 RIA 环境下进行数据的管理和表达，则可以利用客户端计算资源进行运算，减少客户端与服务器间的交互，减轻服务器负载，提高系统效率[10]，从而取得比较令人满意的结果。图 1 给出了基于 Flex RIA 的 WebGIS 技术设计的平台框架。

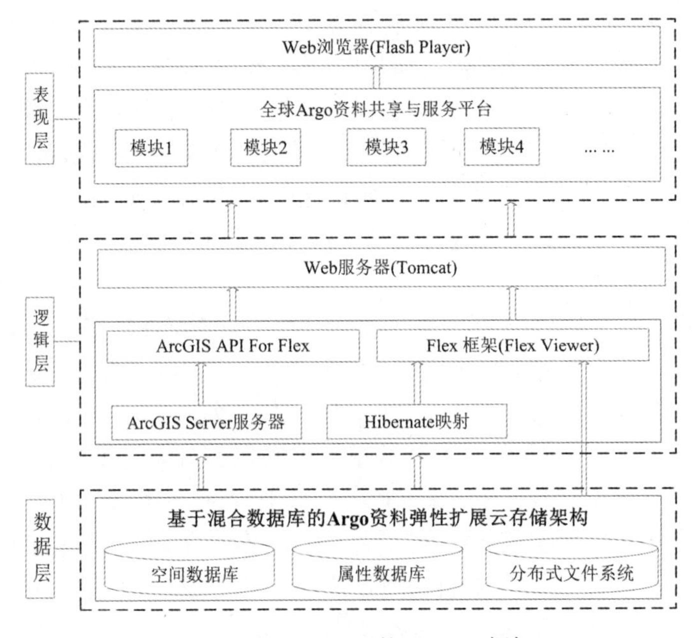

图 1 基于 Flex RIA 的 WebGIS 框架

框架分为 3 层，分别为表现层、逻辑层和数据层。

(1) 表现层是直接与用户交互的层，以 Web 浏览器，并通过 Flash 播放器为载体，对 Argo 资料进行显示和表达。该层具有丰富的可视化界面，为用户提供地图交互、信息检索和数据分析等。

(2) 逻辑层是框架的核心层，用于连接表现层和数据层，通过接收处理来自客户端的请求，处理业务逻辑，并根据请求类型和请求内容调用数据层的 Argo 数据服务，对数据进行分析、处理，再将结果反馈给表现层。

(3) 数据层是框架的底层，负责对多源异构 Argo 数据进行组织和管理，维护各类数据之间的关系，为系统存取数据提供保障。

2.2 存储方案设计

Argo 数据的存储格式有 NetCDF、ASCII、TESAC 和 BUFR 等几种[6]，本平台涉及的 Argo 数据类型包括 3 类：全球 Argo 浮标元数据、全球 Argo 浮标剖面数据和 Argo 网格化数据产品。

针对 Argo 数据来源不一、结构多样的特性，采用分布式混合数据库的方式对 Argo 资料进行统一组织、管理与建模，利用 Hadoop 分布式文件系统（Hadoop Distribute File System，HDFS）管理 Argo 浮标剖面原始数据和 Argo 网格化数据产品，浮标元数据及剖面参数信息、网格化数据产品元数据信息和其他相关结构化数据则采用关系型数据库 PostgreSQL 进行管理，空间对象存放在 PostGIS，从而实现异构 Argo 数据的一体化组织和分布式存储。

此外，为了简化业务逻辑层对数据库数据的操作过程，以避免繁琐的数据库逻辑操作，本平台引入了 Hibernate 对象持久化技术，有效地将 Argo 数据库表与业务对象进行 O/ R 映射，提高业务应用的性能，提供更灵活的业务逻辑。其中 Argo 原始数据、数据库表、Java 类映射关系如图 2 所示。

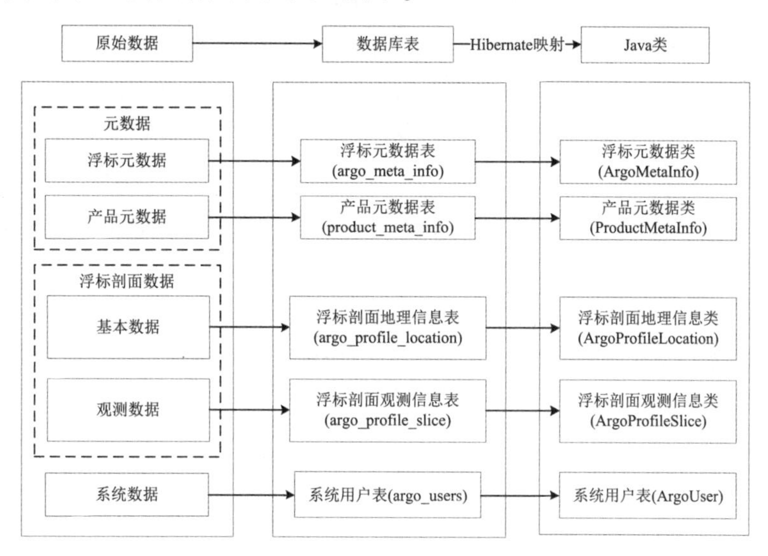

图 2　Argo 原始数据、数据库表、Java 类映射关系

2.3 功能模块设计

平台的功能组成与模块设计如图 3 所示，主要功能具体介绍如下。

2.3.1 数据查询模块

数据查询模块实现对数据库中 Argo 资料的查询，并将查询结果显示在地理底图上。根据查询条件的不同，又可分为基于浮标元数据信息查询和基于浮标位置信息查

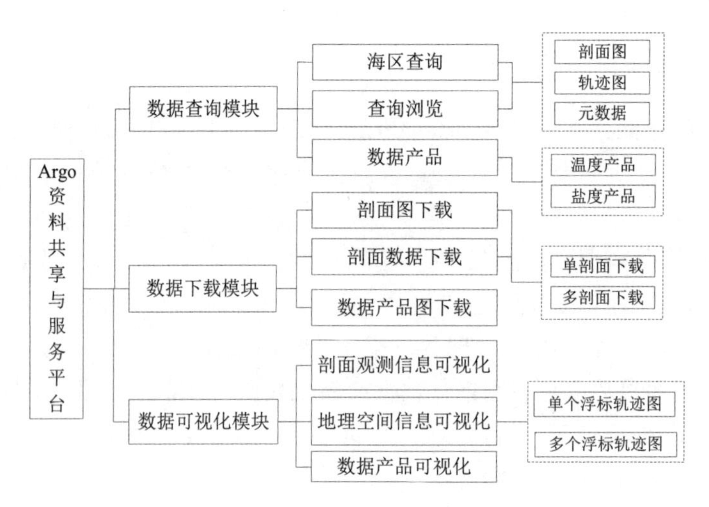

图 3　功能组成与模块设计

询。前者是指根据浮标编号、投放国家、最新日期和投放日期等进行查询；后者则是根据浮标所在洋区、投放位置和最新位置进行查询。

2.3.2　数据下载模块

用户输入相关查询条件，获得所需剖面数据列表，在提交用户所在地区、剖面数据用途、用户从事行业信息后，可进行单个或多个剖面文件的打包下载。

2.3.3　数据可视化模块

数据可视化模块根据用户的查询条件，获取相应的浮标观测剖面信息和地理空间信息并加以显示，可叠加浮标位置信息、多浮标实时漂移轨迹及网格化的 Argo 数据产品；针对单个剖面数据，可选择绘制温盐度曲线（T-S）、温度垂直分布（T-P）和盐度垂直分布（S-P）图等，并可对图表中的坐标轴、观测值等进行交互操作。

3　关键技术

3.1　Argo 资料弹性扩展云存储模型

Argo 资料具有海量、实时、分布广泛、更新速度快等特点。平台涉及的数据包括栅矢混合的基础地理空间数据、海量的 Argo 元数据、观测剖面资料及网格化数据产品等，数据量十分巨大，同时数据来源和数据格式也非常丰富。虽然现有的空间数据库可以支撑大规模异构空间数据的管理，但其存储的容量和灵活性存在一定局限性；同时，与日俱增的 Argo 观测资料与大批量的衍生数据产品让磁盘空间频频受挫，单点文件存储或者简单的集群共享已无法应对爆炸式增长的海量数据，存储系统的弹性扩展能力和性能要求需进一步提高。

HDFS 是 Hadoop 实现的一个分布式文件系统，而 Hadoop 则是由 Apache 基金会开发的一个分布式系统基础架构[11]。HDFS 具有高可靠性/可用性、高扩展性、高效性和低成本等优点[12]。PostgreSQL/PostGIS 数据库是一个轻型、开源的空间关系型数据库，支持复杂查询、事务完整性等，可通过增加新的数据类型、函数、索引等进行扩展，并且提供了 OGC 规范中的点、线、面等几何对象类型以及空间索引和空间操作等能力[13]。考虑到 Argo 数据兼具结构化与非结构化的数据特性，且数据总量增长迅速，采用传统单一的数据存储方式难以进行有效组织与管理。因此，将采用 HDFS 分布式文件系统和 PostgreSQL/PostGIS 数据库混合存储的架构，对海量异构 Argo 资料进行组织。

其中，HDFS 可对 Argo 剖面观测原始资料和网格化数据产品等非结构化数据提供较好的支持，其高可扩展性也为日益增加的非结构化数据提供了硬件级的弹性扩展能力。Argo 浮标元数据及剖面观测参数信息等相对体积较小、结构统一，如果大量存储于 HDFS 中，因其采用主/从节点架构，将会成倍地增加主节点的内存消耗，降低其响应速度。因此，此类结构化的数据并不适合大规模存放在 HDFS 中。本文引入 PostgreSQL/PostGIS 体系构成混合数据库，建立 Argo 资料弹性扩展云存储模型，来解决主节点性能问题和结构化数据存储问题。利用 PostgreSQL/PostGIS 存储 Argo 数据的检索信息、空间信息和元数据信息，不仅可降低主节点的检索压力，还可通过将元数据进行结构化存储来提高查询效率。此外，还可将系统信息、用户权限信息和系统日志等信息一并放入关系型数据库中，构成完整的数据系统。

图 4 为基于 HDFS 和 PostgreSQL/PostGIS 混合数据库的 Argo 资料弹性扩展云存储架构。其中，HDFS 集群的主节点采用双备份机制，仅一个节点负责与客户端和子节点交互，另一个备份节点仅负责主节点的备份。数据节点内的 Argo 剖面观测原始资料和网格化数据产品被分块到多个物理节点上存储，其网络路径索引不仅存放在主节点上，也被记录到 PostgreSQL 中（线 1 和线 2）。同时，Argo 浮标元数据和剖面观测数据中的结构化信息以表格形式存储于 PostgreSQL。带有空间位置属性的 Argo 浮标空间信息、观测剖面空间信息以及浮标轨迹信息等，则从 Argo 浮标元数据和剖面观测文件中抽取存放在 PostGIS 中（线 3、线 4 和线 5）。

3.2 基于 Matlab 的 Argo 网格化产品可视化方法

本文涉及的 Argo 网格化数据产品由中国 Argo 实时资料中心提供，主要指基于 2002 年 1 月至 2015 年 12 月（会随时间推移每年更新）全球范围（80°S~80°N，180°E~180°W）内的全部 Argo 温、盐度剖面资料，利用逐步订正法制作的全球海洋逐年逐月 Argo 资料网格化数据集（BOA_Argo）[14]。

BOA_Argo 数据采用 NetCDF 网络通用数据格式进行存储，是一种包含多要素的三维场数据，存储的物理变量包括温度、盐度及混合层深度等，空间分辨率为 1°×1°，垂向为不等间距的 58 层，具有单个文件较大的特点。按照时间尺度划分，BOA_Argo 数

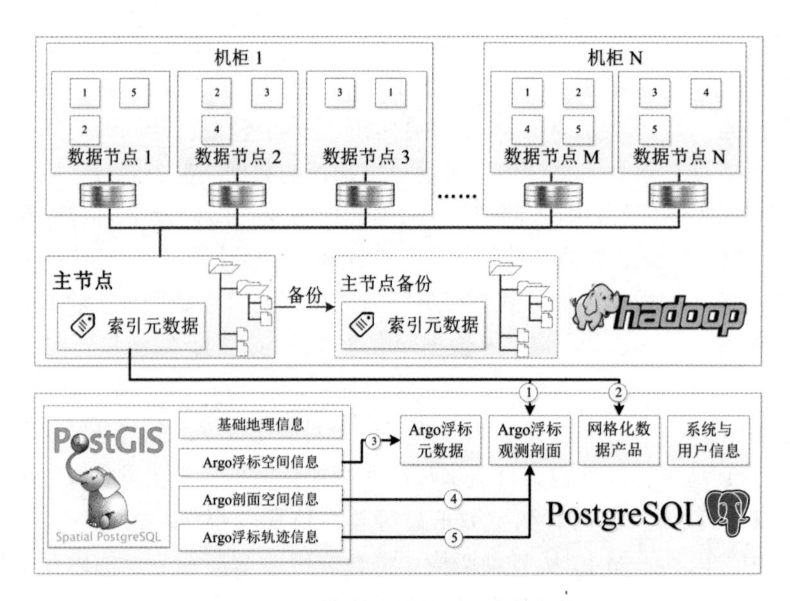

图 4　Argo 资料弹性扩展云存储架构

据可分为年平均、月平均和逐年逐月平均 3 种类型。

Matlab 是一款由美国 The Math Works 公司出品的科学计算软件，利用自身强大的矩阵运算和并行计算能力提供了大量高效的数值计算模块和丰富的数据显示功能，便于用户进行科学建模和快速算法研究。近年来，Matlab 被越来越多地运用于海洋、气象等数值产品可视化中，包括时间序列分析、空间数据分析、信号处理和图像处理等[15]。考虑到 Argo 资料共享与服务平台对 BOA_Argo 数据产品的快速可视化需求，采用常规的数据处理方法无法及时地生成产品，为此，充分利用 Matlab 的高效计算能力，设计并实现了一套 BOA_Argo 可视化产品的自动化预处理流程。

BOA_Argo 可视化产品包括全球海洋代表性标准层上的温、盐度平面分布图和沿 180°E 经向断面的温、盐度分布图，下面以一个三维 BOA_Argo（经度、纬度、深度）数据处理过程为例（图 5a），其步骤如下：

（1）读取 BOA_Argo 的元数据信息；根据输入条件，筛选提取全球温、盐平面分布图的空间范围和深度信息，或者温、盐分断面布图的所在经度和纬度范围信息；

（2）根据筛选条件，读取相应范围的数据块，并根据输出分辨率及坐标系统做插值处理，生成当前坐标系统的规则网格数据；

（3）设置色标，利用绘图指令生成图片文件，并生成元数据信息；

（4）重复 2、3 步骤，直到所有产品处理完毕。

为了满足 Argo 资料共享服务平台对 BOA_Argo 数据产品的高效检索需求，对生成的 BOA_Argo 产品采用分级分层的目录结构进行存储（图 5b），平台可根据用户检索条件，直接进行目录字符串拼接获得产品的 url 请求路径，无需对数据库进行检索即

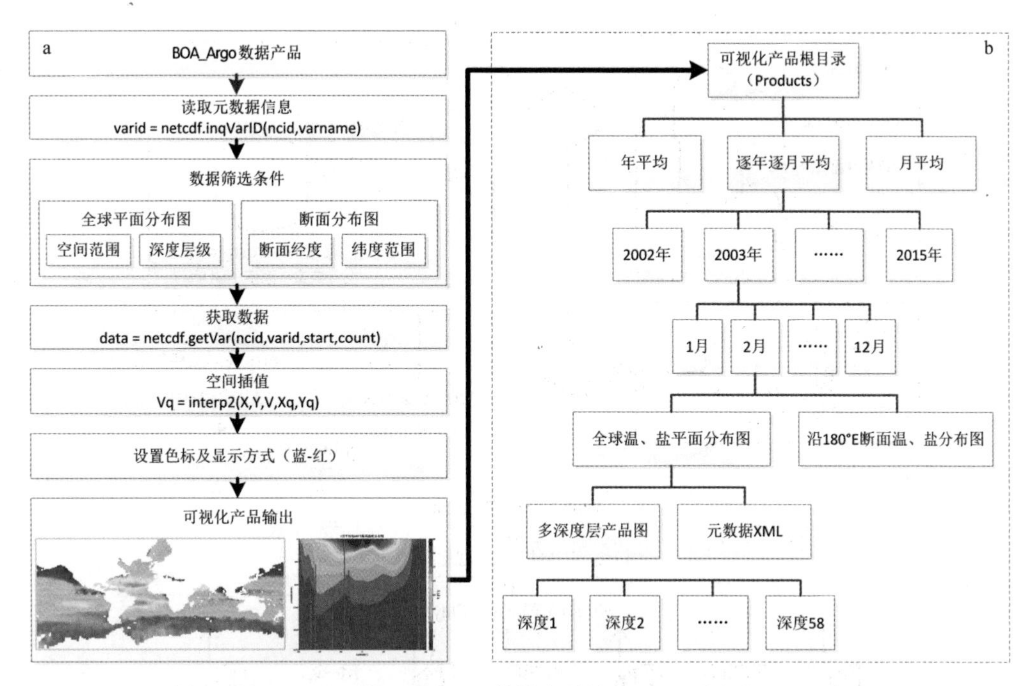

图 5 基于 Matlab 的 BOA_Argo 数据产品处理（a）及组织（b）流程

可获得所需数据产品。如对逐年逐月平均的 BOA_Argo 数据产品，采用年、月、产品类型、深度级别等多层目录结构划分。假设用户请求 2015 年 12 月全球海洋 0 m 层温度大面分布图，可利用路径拼接获得以下 url 请求：http：//ServerId/Products/One-Month/2015/12/temp-0. png

通过以上路径进行请求，即可便捷地获取可视化产品，数据产品请求与访问的效率得到明显提高。

4 平台实现与应用

4.1 平台实现

根据平台所涉及的 Argo 数据特点，选择了 HDFS 和 PostgreSQL/PostGIS 混合数据库设计 Argo 资料弹性扩展云存储模型，并通过编程完成批量数据的自动入库工作，实现了 Argo 元数据、观测剖面数据及其衍生产品的一体化管理。利用 WebGIS 技术将基础空间数据在 ArcGIS Server 中进行服务发布，通过 Hibernate 对象持久化技术将 Argo 数据库中数据库表进行 O/R 映射，提高数据访问效率，并通过 J2EE 和 RIA 技术实现对 Argo 数据的处理、分析和显示，最终利用 Web 服务器 Tomcat 将 Argo 资料共享与可视化平台进行发布，以供用户访问。平台技术路线实现方案如图 6 所示。

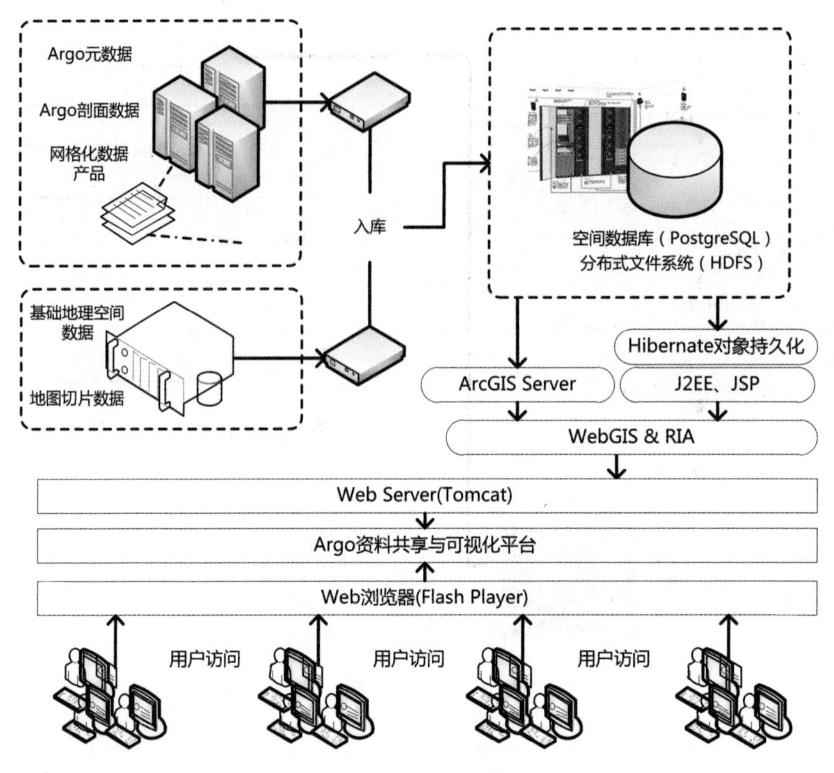

图 6　平台技术路线实现方案

基于以上技术路线实现方案，选用了 Windows Server 2008 操作系统作为网站发布服务器，以及 SUSE Linux Enterprise Server 11 系统作为分布式文件系统的主节点与子节点，以 Java 和 MXML 作为主要开发语言进行平台研发。

4.2　平台应用

全球 Argo 资料共享与服务平台已部署在中国 Argo 实时资料中心并对外服务，可通过以下链接进行访问：http：//platform. argo. org. cn：8090/flexArgo/out/index. html。

图 7 为平台 Argo 信息查询界面，用户可以根据自身需求选择进入不同的查询面板：属性查询面板（图 7a）中可以选择浮标编号、投放国家和投放时间等查询条件；海区查询面板（图 7b）中可以选择浮标投放海区的位置进行查询。剖面信息查询可进入剖面下载查询面板（图 7c），根据剖面循环号区间、剖面生成时间和剖面生成位置等进行查询。

图 8 为浮标查询与可视化页面，平台将符合条件的浮标最新位置以浮标图标的形式显示在平台地理底图上，其中图 8a 为 2010—2016 年期间由中国 Argo 计划投放的全部剖面浮标位置，而图 8b 则为 2010—2016 年期间投放在太平洋海域的剖面浮标位置。点击图上的浮标图案可在地图上绘制该浮标的漂移轨迹，并提供浮标轨迹的详细

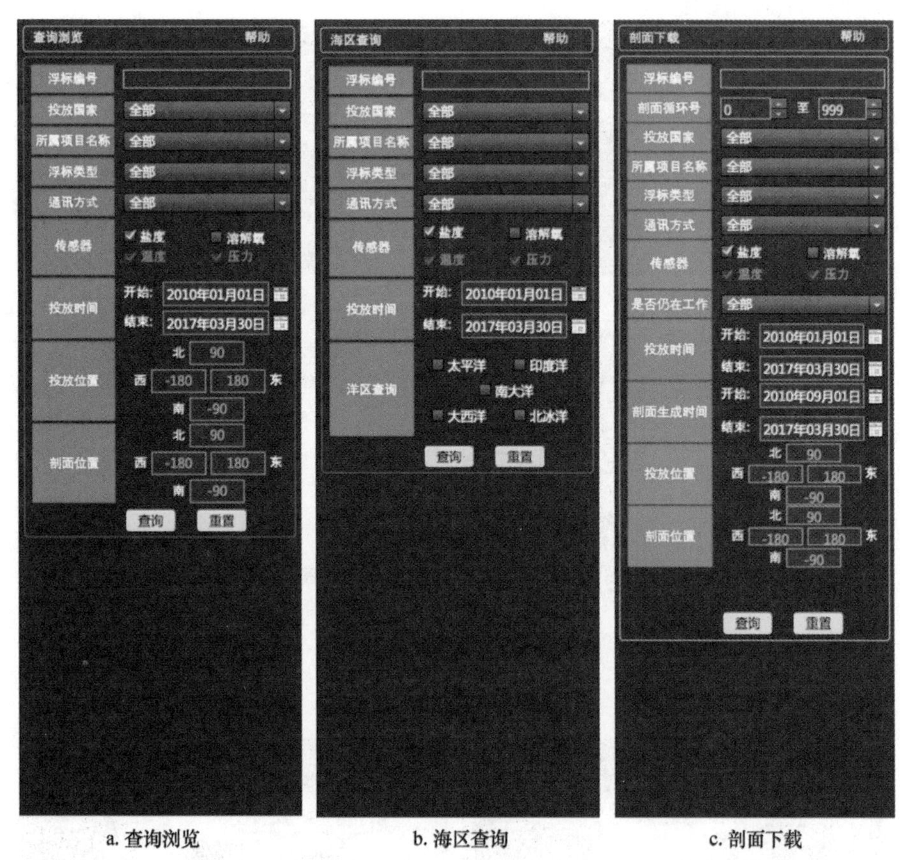

a. 查询浏览　　b. 海区查询　　c. 剖面下载

图 7　查询面板

时间信息（图 8c），选中轨迹点即可实时绘制该点的温、盐度和磷酸盐垂直分布图（图 8d）等。

进入数据产品模块，可以在地图上叠加“BOA_Argo”数据产品图。图 9a 为 2015 年 12 月全球海洋 0 m 温度大面分布，用蓝红渐变色带表示温度由低到高的变化过程。图 9b 为 2015 年 12 月 0 m 层上的盐度大面分布。通过图片预览功能，可以一键制作“BOA_Argo”数据产品专题图，在原始大面分布图上添加图名、经纬格网、图例等信息，并可以将结果保存或打印（图 9c）。图 9d 为 2015 年 12 月沿 180°断面温度分布图。

5　结束语

随着 Argo 计划的不断拓展，Argo 浮标的观测数据及衍生数据产品的数量也在激增，本文综合运用分布式混合数据库架构，设计了一种适用于全球 Argo 资料的弹性扩展云存储模型，基于 Flex RIA WebGIS 框架研制了全球 Argo 资料共享与服务平台，

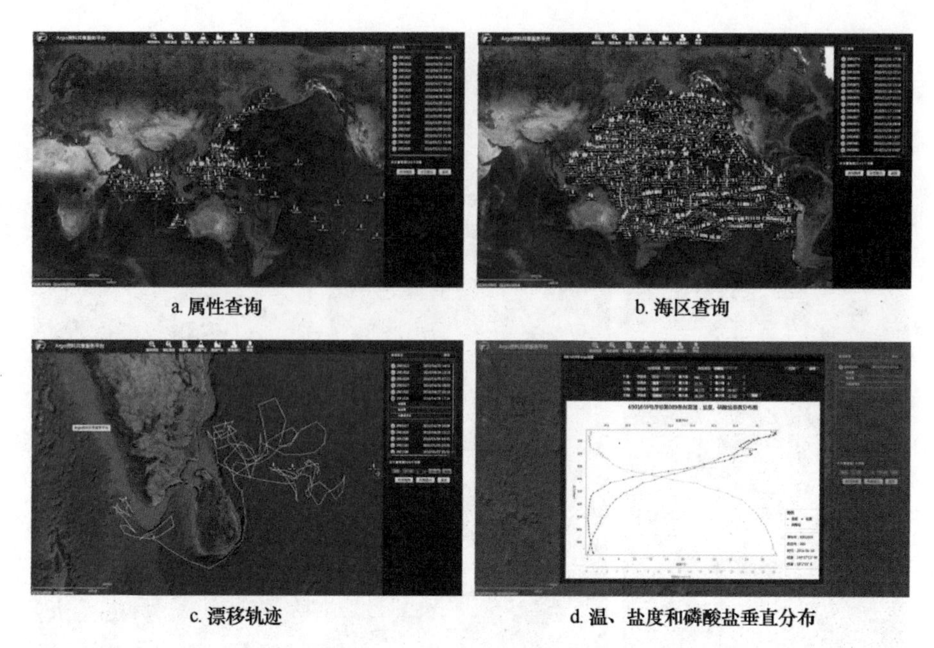

a. 属性查询　b. 海区查询　c. 漂移轨迹　d. 温、盐度和磷酸盐垂直分布

图 8　浮标查询与可视化界面

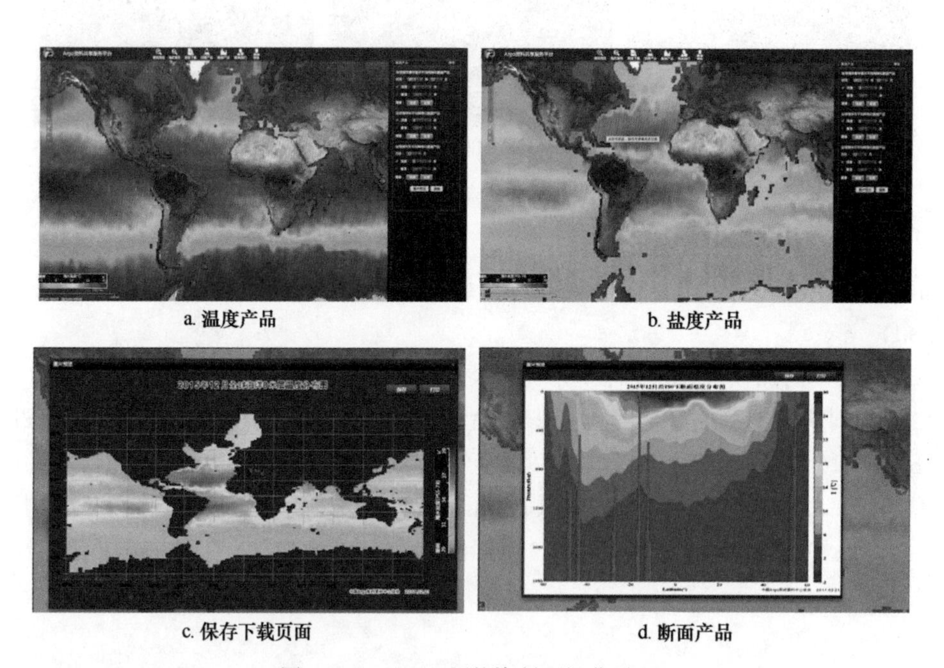

a. 温度产品　b. 盐度产品　c. 保存下载页面　d. 断面产品

图 9　BOA_Argo 网格资料可视化界面

实现了 Argo 资料的自动入库、产品制作、查询分析及 GIS 可视化等功能，不仅有效地解决了当前 Argo 资料快速增长和用户实时获取 Argo 资料之间的矛盾，而且还有效克服了传统 Argo 资料共享平台存在的交互性差、响应速度慢等不足，提供了更加丰

富、体验性更强的用户交互界面，可更加快捷地为国内外用户提供全球 Argo 资料及其数据产品服务。

参考文献：

[1] 刘增宏,吴晓芬,许建平,等.中国 Argo 海洋观测十五年[J].地球科学进展,2016,31(5):445-460.

[2] 许建平,刘增宏,孙朝辉,等.全球 Argo 实时海洋观测网全面建成[J].海洋技术学报,2008,27(1):68-70.

[3] 刘仁义,刘南,尹劲峰,等.全球海洋环境观测数据(ARGO)及 ARGOGIS 系统[J].自然灾害学报,2004,13(4):93-98.

[4] 王帅,徐从富,陈雅芳.基于 WebGIS 的 Argo 数据共享服务系统[J].海洋科学,2011,35(3):32-36.

[5] 宁鹏飞,孙朝辉,刘增宏,等.Argo 网络数据库可视化平台技术及其应用[J].海洋技术学报,2007,26(4):77-82.

[6] 孙朝辉,刘增宏,孙美仙,等.Argo 数据的网络可视化集成平台开发及其应用[J].海洋技术学报,2006,25(3):135-139.

[7] 付达杰.基于 Flex RIA WebGIS 的新农村数字社区管理系统设计与实现[J].计算机与现代化,2013(4):125-127.

[8] 张宏,丰江帆,闾国年,等.基于 RIA 技术的 WebGIS 研究[J].地球信息科学学报,2007,9(2):37-42.

[9] 陈爽.Flex 与 ActionScript 3 程序开发[M].北京:北京交通大学出版社,2010.

[10] 汪林林,胡德华,王佐成,等.基于 Flex 的 RIA WebGIS 研究与实现[J].计算机应用,2008,28(12):3257-3260.

[11] Shvachko K,Kuang H,Radia S,et al.The hadoop distributed file system[C]//Mass storage systems and technologies (MSST),2010:25-48.

[12] 范远超,徐辰,于政,等.FDSS:基于 HDFS 的海量音乐特征数据存储系统[J].计算机研究与发展,2011,48(S2):374-378.

[13] Stones R, Matthew N. Beginning databases with PostgreSQL: from novice to professional[M]. Berkeley:Apress,2006.

[14] Li Hong,Xu Fanghua,Zhou Wei,et al.Development of a global gridded Argo data set with Barnes successive corrections[J].Journal of Geophysical Research:Oceans,2017,122(2): 866-889.

[15] 吴清松,王琪,应剑云,等.基于 Matlab 的 DGPS 数据实时可视化与走航观测[J].海洋学研究,2016,34(2):60-64.

The design and implementation of the global Argo data sharing and service platform

WU Sensen[1,2], CAO Minjie[3,4], DU Zhenhong[1,2], ZHANG Feng[1,2], LIU Renyi[1,2], DONG Guiying[1,2]

1. *Zhejiang Provincial Key Laboratory of Resources and Environmental Information System, Zhejiang University, Hangzhou* 310028, *China*

2. *Department of Earth Sciences, Zhejiang University, Hangzhou* 310027, *China*

3. *State Key Laboratory of Satellite Ocean Environment Dynamics, Hangzhou* 310012, *China*

4. *Second Institute of Oceanography, State Oceanic Administration, Hangzhou* 310012, *China*

Abstract: The Argo data has become an important data source and basic support for the marine environment and climate change researches. Since the accomplishment of the global Argo real-time ocean observing network in 2007, the annual quantity of data obtained from this network has increased steadily and the total amount of Argo data shows a massive growth trend. How to effectively manage, access and use Argo data in real-time has become a key issue in terms of data sharing. Based on the spatiotemporal characteristics and the requirements of various information services of Argo data, this paper adopted a distributed hybrid database architecture to build a flexible and extended cloud storage model, which was suitable for the global Argo data organization and management. Moreover, an efficient visualization method for the Argo gridded product based on Matlab was developed. Using the Flex RIA WebGIS service framework, we designed a "Global Argo data sharing and service platform". This platform integrated three main functions, including data query, data download and visualization, and now it has been deployed in the China Argo Real-time Data Center and has been providing services to data users.

Key words: Argo data; sharing and service platform; Flex RIA WebGIS; flexible and extended cloud storage; visualization and analysis

一种跻身全球 Argo 实时海洋观测网的国产海洋观测仪器：HM2000 型剖面浮标

沈锐[1]，王德亮[1]，刘增宏[2,3]，张素伟[1]，卢少磊[2,3]，许建平[2,3]

1. 宜昌测试技术研究所，湖北 宜昌 443003
2. 卫星海洋环境动力学国家重点实验室，浙江 杭州 310012
3. 国家海洋局第二海洋研究所，浙江 杭州 310012

摘要：HM2000 型剖面浮标是一种新颖的国产海洋观测仪器设备，利用我国北斗卫星导航系统提供的精确定位和双向通讯功能，可以长期（约 2~3 a）在海上自由漂移并连续测量 0~2 000 m 水深内的海水温、盐度剖面数据，已被国际 Argo 计划接纳并正式用于全球 Argo 实时海洋观测网建设和维护中。本文详细介绍了该型浮标的工作原理、结构、功能和主要技术指标等，并与 APEX 型浮标进行了简要的比较分析，展示了其在南海 Argo 区域海洋观测网建设中的重要作用。结果表明，HM2000 型剖面浮标具有较明显的功能优势，且测量的温、盐度剖面资料质量是有足够保证的，完全可以替代国外浮标用来主导建设我国的 Argo 区域海洋观测网。

关键词：HM2000 型剖面浮标；国产海洋观测仪器；北斗卫星导航系统；南海 Argo 区域海洋观测网；全球 Argo 实时海洋观测网

1 引言

2000 年启动的国际 Argo 计划，在美国、日本、法国、英国、德国、澳大利亚、印度和中国等 30 多个国家和团体的共同努力下，已经于 2007 年 10 月在全球无冰覆盖的开阔大洋中建成一个由 3 000 多个自动剖面浮标组成的实时海洋观测网（简称“核心 Argo”），用来监测上层海洋内的海水温度、盐度和海流，以帮助人类应对全球气候变化，提高防灾抗灾能力，以及准确预测诸如发生在太平洋的台风和厄尔尼诺等极端天气/海洋事件等[1-4]。10 多年来，各国在全球海洋布放的自动剖面浮标数量

作者简介：沈锐（1986—），男，湖北省黄冈市人，高级工程师，主要研究海洋工程装备及控制技术。E-mail：shenr0920@ 163. com

已经超过 13 000 个，累计获得了约 150 万条温度和盐度剖面，比过去 100 年收集的总量还要多，且观测资料免费共享，被誉为“海洋观测技术的一场革命”。目前，国际 Argo 计划正从“核心 Argo”向“全球 Argo”（即向季节性冰覆盖区、赤道、边缘海、西边界流域和 2 000 m 以下的深海域，以及生物地球化学等领域）拓展，最终会建成一个至少由 4 000 个自动剖面浮标组成的覆盖水域更深厚、涉及领域更宽广、观测时域更长远的真正意义上的全球 Argo 实时海洋观测网[5-7]。

据国际 Argo 信息中心最近的一份统计表明，截至 2017 年 2 月，全球 Argo 实时海洋观测网中活跃浮标的数量已经达到了 3 991 个，分别由世界上多个国家的浮标生产商提供的约 20 个型号（如 APEX、ARVOR、SOLO、NAVIS、S2A、PROVOR、HM2000、NOVA、DOVA、NINJA、MEMO、S2X 等）的自动剖面浮标所做出的贡献，这些浮标利用了 4 个种类的通讯卫星（如 Iridium、Argos、BeiDou、Argos3 等）传输观测数据，其中美国的 APEX 型浮标有 1 881 个，占总数的 47.11%；法国的 ARVOR 型 535 个，占 14.31%；美国的 SOLO-Ⅱ型 414 个，占 10.37%；中国的 HM2000 型仅有 9 个，占 0.23%。同时，为全球 Argo 实时海洋观测网传输浮标观测数据的 3 个通讯卫星中，利用 Iridium 卫星的浮标数量有 2 168 个，占 54.32%；利用 Argos 卫星的有 1 809 个，占 45.33%；利用我国 BeiDou 卫星的仅有 9 个，占 0.23%。由此可见，中国的 HM2000 型剖面浮标和 BeiDou 卫星在全球 Argo 实时海洋观测网中的占比显得微乎其微。除了与我国对深海型（不浅于 2 000 m）自动剖面浮标的研制较晚、重视不够外，还与国内浮标研制单位不多、宣传力度不够，以及国内用户对利用国产海洋观测仪器设备的信心不足都有一定的关系，从而影响了国产剖面浮标的大规模推广应用。

本文拟在详细介绍 HM2000 型剖面浮标的工作原理、结构、功能和主要技术指标等的基础上，与 APEX 型浮标进行一番简要的比较分析，着重体现 HM2000 型浮标的功能优势，以及其在南海 Argo 区域海洋观测网建设中的业务应用。

2 HM2000 型剖面浮标特点与性能

HM2000 型剖面浮标是一种新颖的国产海洋观测仪器设备，其利用了我国北斗卫星导航系统提供的精确定位和双向通讯功能，可以长期（约 2~3 a）在海上自由漂移并连续测量 0~2 000 m 水深内的海水温、盐度剖面数据。

2.1 浮标工作原理及其主要结构

2.1.1 工作原理

HM2000 型剖面浮标投放入海后，可以根据预先设定的参数，自动完成下潜—定深漂移—继续下潜至最大测量深度—上浮测量—水面定位通信—下潜进入下一个剖面观测的循环工作过程（图 1）。

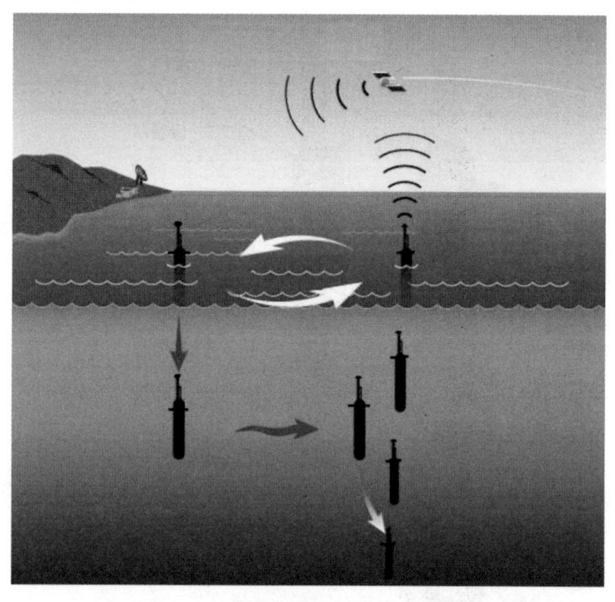

图 1 HM2000 型剖面浮标工作流程

剖面浮标的工作原理是：浮标按照设定的参数（如观测周期、定漂深度、最大测量深度和采样层次等）进入剖面测量工作状态，驱动浮力调节模块，将外油囊中的液压油泵入缸体（即浮标体）内，浮标下潜，待到达设定深度（一般为 1 000 m）后进入漂浮状态（此时浮标处于休眠等待）；当接近设定的剖面测量时间（一般为 10 d 一个测量周期）时，浮标结束休眠并下潜至设定的最大测量深度（一般为 2 000 m）处，随即浮力调节模块再次驱动，将缸体内的液压油抽回到外油囊中，浮标开始逐渐上浮，上浮过程中采集每一观测层上的海水温度、盐度和深度数据；当浮标抵达水面后，自动打开通信模块，通过卫星向地面控制中心传送该浮标收集的全部采样信息及测量的温、盐、深度剖面数据等。

2.1.2 浮标结构

HM2000 型剖面浮标外形及内部结构如图 2 所示。由图 2 可见，该型浮标结构上主要由天线、CTD 传感器、姿态稳定盘、北斗通信模块、控制模块、液压驱动装置、主壳体、电池组和油气囊等组成。

按功能划分，HM2000 型剖面浮标主要由壳体模块、驱动系统、传感器、控制模块和通信模块等 5 个部分组成。

（1）壳体模块：HM2000 型浮标原创性地采用非金属壳体作为承压外壳，承载压力完全能够满足深度要求。与国内外其他浮标金属壳体相比，非金属壳体具有重量轻、负载能力大（相同体积尺寸）、防生物附着、成本低、生产效率高等优点，便于大规模生产。

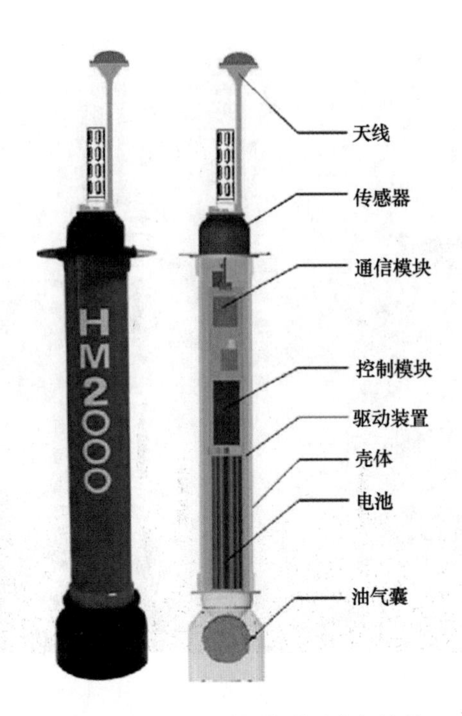

图 2　HM2000 型浮标外形及内部结构

该模块是浮标中各设备及器件装配的主体，主要用于承受外部水压、保持密封和内部设备的支撑。耐压壳体采用非金属复合材料加工制造而成（图 3），在满足耐压要求的前提下，使其自身重量轻且内部容积最大。为了保证壳体内部水密性，采用标准的 O 型圈端面静态密封结构。

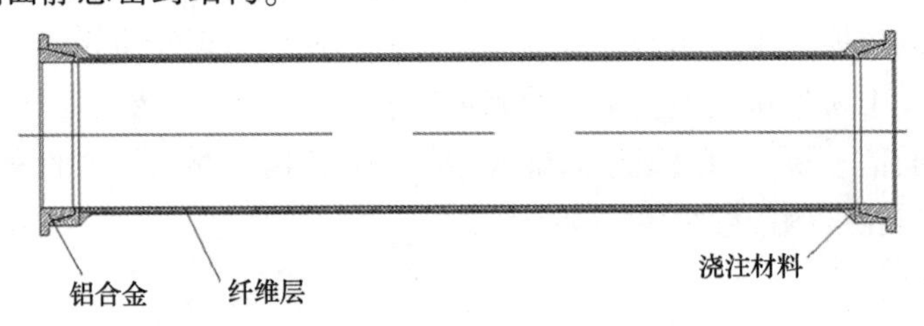

图 3　浮标壳体结构（复合材料）

浮标壳体的外层采用浇注材料，将复合材料的内胆（纤维层）与铝合金法兰连接成一体，外层的浇注材料不仅起密封作用，而且由于表面的韧性较好，提高了使用过程中的抗冲击能力。经过上述特殊设计的耐压壳体，经试验其耐压强度可达 27 MPa；在循环加压、减压的测试条件下，未发生失稳现象，且密封性能良好。

（2）驱动系统（沉浮调节模块）：HM2000 型浮标的驱动系统采用了往复式液压驱动装置，通过主控模块特定的软件算法能够精确地控制液压油在外油囊和液压缸之间流动，从而改变浮标自身的体积，最终实现浮标在水下深度的精确控制。所以，该模块主要由液压驱动装置（直流电机、导轨、丝杆、活塞体、液压缸体等）(图4) 和压力传感器、油气囊组件组成。

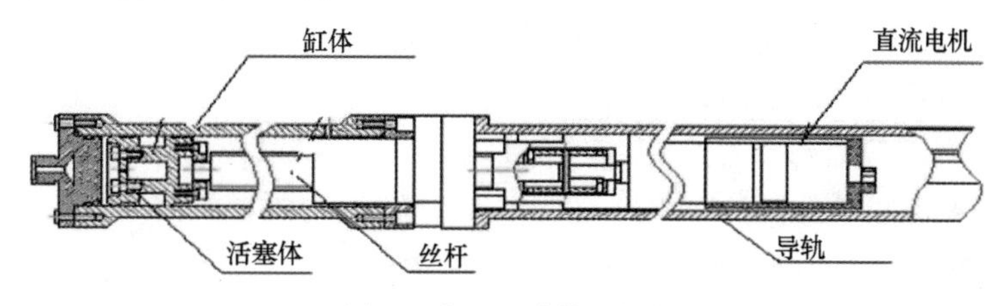

图4 液压驱动装置结构

浮标需要下沉时，控制模块控制电源模块给减速电机正向供电，减速电机转动，使丝杆轴向运动，驱动活塞在缸体内滑动，将油囊里的液压油吸入缸体，减小浮标的体积和浮力，当重力超过浮力时，浮标则会自动下沉，达到一定深度后，即当重力和浮力重新平衡后，浮标会停止下沉，并始终保持在该深度（等密度面）上漂移。反之，浮标需要上升时，控制模块控制电源模块给减速电机反向供电，将缸体里的液压油推入油囊，增加浮标的体积和浮力，浮标上升到离海面一定的深度时，重力和浮力重新达到平衡，于是浮标又会停止在该深度上漂移。

浮标沉浮调节模块采用了各种方法保证浮标能可靠、高效、长时间工作。与液压油接触的各元件均采用了专用的密封件，保证在油囊受到 2 000 m 外压时油囊和缸体里的液压油不会外泄，浮标能长时间停留在指定的深度。高品质的直流电机、丝杆和各种精密加工可靠性高、摩擦力小，能保证升降装置耗电较小，延长浮标的寿命，提高浮标的可靠性。专用的结构设计和转速测量设计，实现油量（浮标体积）的精确控制，保证浮标停留在指定深度上。

油气囊组件是改变浮标浮力的关键部件之一，与液压驱动装置连接组成浮力调节模块。油气囊组件主要由油囊组件、气囊组件、接头体等组成（图5)，油气囊组件靠螺纹连接在接头体上，接头体靠螺纹与浮标尾壳拉紧紧固。

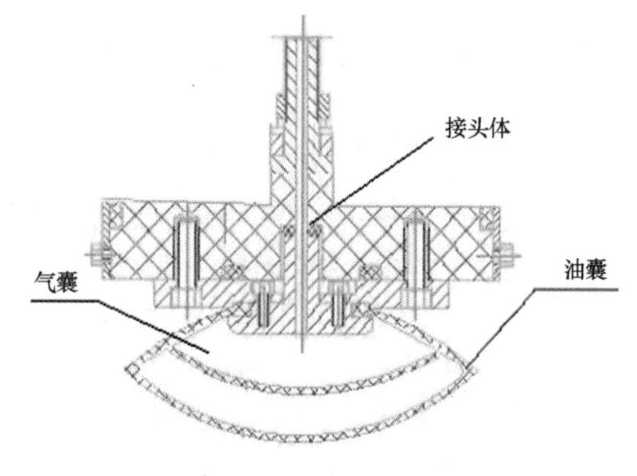

图5 油气囊组件结构

油囊组件通过油管与液压装置相连，液压装置将液压油注入或抽出油囊组件来增大或减小浮标的体积，以实现浮标在工作水深（0~2 000 m）范围内的上浮和下潜。气囊组件通过塑料软管与气泵连接，通过气泵的充气或放气改变气囊的大小，实现浮标天线托出水面并到达设定的高度。

（3）传感器：温盐深（CTD）传感器是剖面浮标的重要组成部分，其稳定性好坏直接决定了浮标测量数据的可靠性与真实性。为此，HM2000 型剖面浮标选用了美国 SeaBird 公司的 SBE41CP 型 CTD 传感器。该型传感器不仅可提供高精度、高分辨率和高稳定性的温度、电导率（可换算成盐度）和压力（可换算成深度）数据，还是国际 Argo 组织目前唯一推荐使用的自动剖面浮标专用设备，在全球 Argo 实时海洋观测网中得到了广泛应用。

SBE41CP 型 CTD 传感器的主要特点有：

（a）以 1 Hz 频率连续测量海水温度、电导率和压力。

（b）通过指令控制方式进行单测量点的温度、电导率和压力采样。

（c）自动数值平均功能，即 CTD 在采样过程中自动进行平均计算，并将结果保存在内存中。

（d）可设置不同的温度、电导率和压力数据输出格式，即可选择工程数据格式，也可选择 HEX（十六进制）格式。

（e）具备水面基准压力校准功能，当浮标上浮到海面时，浮标控制器向 SBE41CP 传感器发送 reset offset 指令，实现压力传感器零偏校准，以避免压力传感器漂移对盐度测量精度造成的影响。

（f）独特的防污系统，包括防污器、U 型通路和抽水泵等。当浮标上浮接近海面 5~10 m 水深时，抽水泵会自动关闭，停止温度、电导率和压力采样。在浮标浮出海面与卫星通讯传输数据过程中，U 型通路可有效阻止海面油污进入，并能大大降低因波浪和海流导致的海水侵入，引起电导池生物附着而造成电导率测量误差。

（g）当 SBE41CP CTD 连续采样时间超过 500 min 时，CTD 会自动停止温度、电导率和压力数据采集。

（h）泵控和 T-C 导管配置能够最大限度地降低由温度和电导率传感器的响应时间不匹配所引起的盐度尖峰。

（4）控制模块：该模块采用数字化设计，引入微功耗技术智能电源管理及微功耗控制技术，实现了 HM2000 型浮标高精度定深、等深度漂移和等密度漂移功能。同时，还具备剖面数据丢失自动重传功能和数据自毁功能。

控制模块主要由 CPU 主控模块、电源管理模块、驱动控制模块和信息采集模块和卫星通信定位模块等组成（图 6）。该模块的主要功能有：

（a）通过北斗卫星终端实现双向通讯、定位、功率检测和时间校准等；

（b）采集并转换 CTD 传感器的温度、深度、电导率值；

（c）按照设定的工作流程进行剖面采集数据工作，并实现自动定深功能；

（d）感知海况，存储采集数据，重新传送系统需要的数据；

（e）自动按照流程进行休眠和工作之间的切换；

（f）低功耗管理。

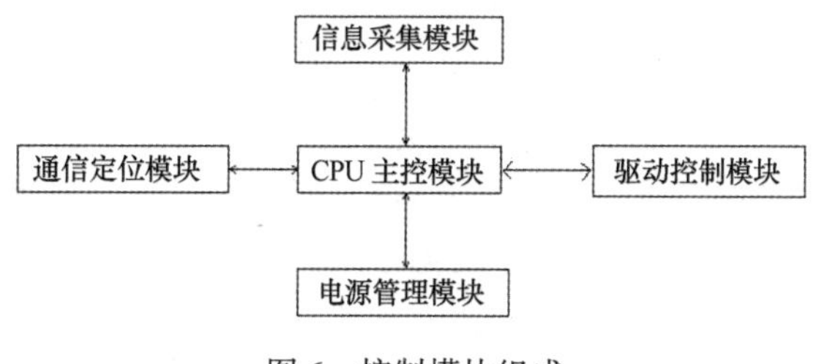

图 6　控制模块组成

作为浮标控制实现的硬件平台，控制模块在各个控制单元硬件电路具体设计上遵循低功耗原则。CPU 主控模块选用低电压、超低功耗、强大输入输出处理能力的微控制器作为浮标控制核心。CPU 主控模块通过卫星通信定位模块实现与地面控制中心双向实时通信功能，在浮标进入水面阶段后，卫星通信定位模块自动供电，进行卫星定位以及剖面数据传输；数据传输完毕后立刻断电转入水下阶段，进入下一个剖面测量周期。电源管理模块接收主控模块控制，对浮标各模块实施电源管理，实现了对浮标的低功耗控制。在水下阶段，浮标进入休眠工作模式，等待剖面下潜时间到。

特别指出的是，由于浮标在使用过程中无法进行能源补充，因此选用一次性、且能量密度高的 ER34615 型锂亚硫酰氯电池。该型锂电池与其他一次性电池相比具有能量密度高（可达 700 Wh/kg）、电压稳定、适温范围广（可在-55～85℃的温度之间使用）和保质期长（采用密封技术，室温下可长达 10 a 以上）等优点，而且电池内部安装有保护模块，防止在使用或者运输时出现短路，确保电池安全可靠。根据浮标内部空间结构的特点，电源模块的设计最大限度地利用安装空间。为提高电池模块的安全性，并延长电池的使用寿命，在电池组外围加装安全保护和存储电路。集成后的电池组由控制系统的电源管理模块对其进行管理，依据浮标的工作流程，可分时、分段对不同电池组分别进行管理，使其既能稳定工作，又能保证工作过程中有足够的功耗，维持较长的使用寿命。

（5）通信模块：HM2000 型浮标是基于北斗一代的短报文通信的，通过内部安装的嵌入式北斗卫星通信终端模块，实现与岸站控制中心的双向通信功能。目前，北斗短报文通信覆盖范围为 5°～55°N、70°～140°E（即可覆盖南海大部分、北印度洋和西太平洋的部分海域）。

该模块包括北斗通信模块、微带天线、天线杆及耐压天线盖，具有将测量数据通过北斗卫星传输给数据接收及处理中心的功能，以及实时接收由该中心发送的指令的功能。考虑到浮标的工作环境为海洋，故要求采用的北斗卫星终端能适宜变化多端的海洋环境，电路板经过“三防”处理。同时，考虑到功耗对浮标工作寿命的影响，要求待机功耗小于 3 W，发射瞬间功耗小于 45 W，发射瞬间（功放加电）时间不大于 0.5 s 的北斗通信模块（图 7）。其通信级别为三级民用用户，通信速率为 45 个汉字/次，间隔 70 s 一次。

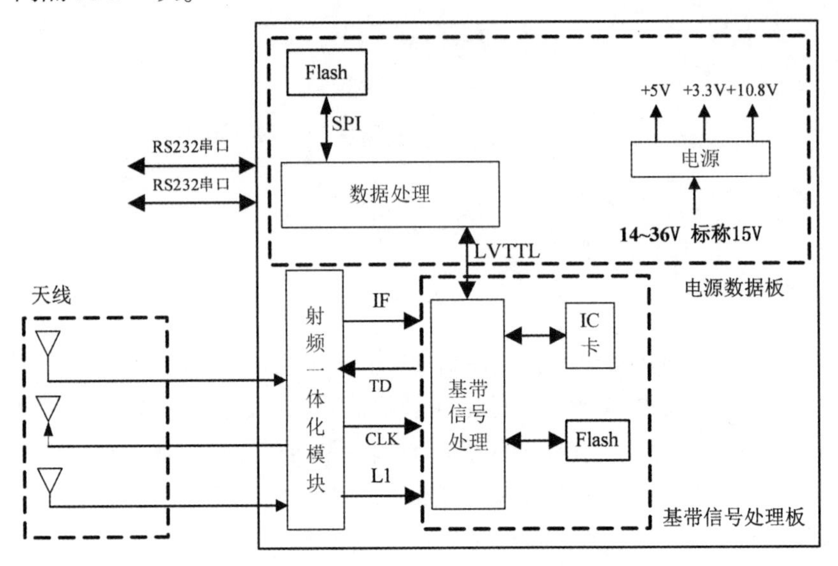

图 7 浮标北斗通信模块原理框图

为保证浮标能在高纬度、低纬度条件下使用，并结合考虑地球的椭圆特性，专门定制了接收开角为 180°、140°的微带天线，以保证北斗卫星通信的高效稳定。还在仿真计算基础上，完成了对耐压天线盖的设计加工，解决了天线通信匹配问题。同时，在浮标体外安装了稳定盘，可以提高浮标在海面的姿态，从而进一步提高了通信的可靠性。

2.2 浮标主要功能[8]

HM2000 型剖面浮标的研发虽起步较晚，但从浮标工程样机到小批量生产，并正式用于海上业务运行，期间仅用了短短 3 a 时间。当然，早期国内外同类浮标研制和使用过程中出现的缺陷，以及解决这些问题的方法和措施也给了我们很大的启发和帮助。同时，在设计与研制阶段，还充分考虑了海洋环境的复杂性，以及发挥自身的技术优势，在双向实时通信、搁浅保护、数据自动重传、深度超限保护、双定位、参数预设和测量数据与海图态势实时显示等功能的设计中独树一帜，为该型浮标的定型、批量生产，直至海上稳定、可靠运行打下了坚实基础。

（1）双向实时通信功能

由于 HM2000 型浮标利用的北斗卫星导航系统具有双向通信功能，不仅可以方便地接收浮标收集的全部测量信息，而且还可以便捷地在线设定剖面观测参数，实现对浮标远程控制等。双向通信报文包括上行、下行两种：上行报文即由浮标通过北斗卫星向北斗剖面浮标数据服务中心发送剖面测量数据、当前定位数据等信息；同时，当浮标接收到数据服务中心的控制指令后，也会通过北斗卫星上传相应的应答报文。而下行报文即由数据服务中心对浮标发送的控制指令，可以在线进行参数设定、参数读取、剖面启动、数据重传和浮标自毁等选择。

当浮标上浮到水面后，其控制模块会自动打开北斗终端模块电源，并通过 RS232 串口与北斗模块进行通信。浮标控制器按照北斗通信协议，将剖面观测数据自动打包成北斗通信报文，发送给北斗终端模块；经校验正确后，会自动将报文通过北斗卫星发送到北斗地面控制中心；控制中心收到报文后，又会将该条报文通过北斗卫星转送给北斗剖面浮标数据服务中心（中国杭州）的北斗终端模块上；数据服务中心接收到该报文后，会按照通信协议对报文进行解码，并获得浮标收集的全部测量信息和剖面观测数据等。

（2）浮标地形匹配控制功能[9]

控制中心计算机获取浮标当前水面位置信息，查询该位置附近海域的洋流数据库，获取当前浮标附近海域的洋流方向和流速等数据，并结合浮标剖面测量时间和漂流深度等工作参数，计算浮标预计的漂流方向和漂流距离，得出浮标下个剖面预计漂流位置。控制中心计算机查询海洋海底地形数据库，获取浮标预计漂流途径上的海水深度数据；将预计漂流轨迹的海水深度数据与浮标当前设定的漂流深度工作参数进行比较，依据比较结果自动向浮标发送指令，更改漂流深度、观测深度和漂流时间等参数，有效减少浮标在漂流过程中发生漂流触底、触礁和搁浅等现象，极大延长浮标的使用寿命。

（3）搁浅保护功能

深海大洋中的海山、洋中脊和海沟等地形高、低起伏，特别是在边缘海区域，以及浮标由外海漂移进入近岸海域时，难免会遇到触底或搁浅的情况，会导致浮标产生故障或停止工作。为此，在 HM2000 型浮标设计时引入了智能识别技术，采用特定算法，实现自动检测搁浅和触底功能，并根据实际情况启动触底控制模式，使浮标上浮，调整漂移深度或剖面观测深度，避免因长时间触底或搁浅导致的故障发生。所以，HM2000 型浮标在漂移到浅海海域或在崎岖不平的海底地形下依然可以确保正常工作。

（4）数据自动重传功能

自动剖面浮标只是个移动的海洋观测平台，主要用于搭载传感器（如 CTD 仪）获取海洋环境要素（如温、盐度）剖面数据。但在北斗通信环境状况不佳的情况下，地面控制或接收中心往往只能接收到浮标上传的部分数据，从而造成观测数据丢失。针对这一情况，HM2000 型浮标专门采用了特定算法来自动判断未接收完成的历史剖面数据、当前剖面数据、未接收完的数据剖面序号及数据包编号等信息，并能自动补传丢失的剖面数据，从而最大程度保证测量数据的连续性和完整性。

（5）深度超限保护功能

HM2000 型浮标的最大工作深度设计为 2 000 m，并可确保在规定压力下能够安全可靠地工作。若出现异常情况导致浮标下潜至超过安全深度时，浮标会自动启动深度超限保护模式，自动上浮并上报故障，以防止浮标因深度超限而导致设备损毁。

（6）双定位功能

准确无误地确定浮标的漂移位置与观测的温盐度剖面数据一样重要。为此，专门对 HM2000 型浮标进行了定位功能的冗余设计，可以采用北斗或 GPS 定位，定位模式可以灵活切换。当浮标上浮至水面由卫星定位时，一旦选定的定位方式定位失败时，会自动切换到另一种定位方式，不至于造成浮标位置信息丢失。

（7）参数预设功能

HM2000 型浮标的显控软件具备完善的参数预设功能，即可预先将需设置的参数写入显控软件，待浮标通信时会自动向其发送参数设定指令，并自动确认设置成功，实现陆上控制中心或数据服务中心无人值守情况下对 HM2000 型浮标的参数更改。

（8）测量数据与海图态势实时显示功能

HM2000 浮标上传剖面数据后，显控软件能够以图形和数据方式实时显示接收到的温度、盐度和深度数据，方便操作或技术人员在第一时间判断浮标运行状态及测量数据有无异常。同时，还能显示浮标当前所处位置、运行轨迹及周边海域的海底地形和水深等信息，方便操作人员判断是否需要改变浮标观测深度、观测周期等参数。

此外，可通过选配的 GSM 模块自动向操作人员的手机发送短信的方式，以提醒有新的浮标数据上传。

2.3 浮标主要性能

HM2000 型剖面浮标主要技术指标如下：

（1）剖面测量深度：0～2 000 m；

（2）最大下潜深度：2 000 m；

（3）工作寿命：不少于 70 个剖面；

（4）深度分界层数：100 层以上，可设定；

（5）剖面循环周期：10～240 h 任意设定；

CTD 传感器的技术性能和主要技术指标如表 1 所示。

表 1　CTD 传感器测量参数及指标

测量参数	测量范围	测量精度
温度	−2～32℃	±0.001℃
电导率	0～70 mS/cm	±0.005 mS/cm
压力	$0\sim200\times10^5$ Pa	±0.1%（线性度）

3 HM2000 型剖面浮标与国外同类型浮标比较

HM2000 型剖面浮标主要有以下几个方面的技术创新:

(1) 浮标工作姿态匹配控制技术。浮标只有在直立状态下才能启动，如果浮标倾斜较大的角度达到一定的时间，浮标就会停止工作，须用与此浮标编号相对应的磁铁才能启动浮标的磁敏开关，如果浮标被冲上海岸或者被打捞、且大角度倾斜时间达到设定的时间极限，将再也无法启动浮标，从而实现一定程度的安全保护。

(2) 采用北斗和 GPS 双定位模式，实现主动和被动快速可靠定位。

(3) 浮标壳体采用非金属材料，重量轻、且抗冲击减震效果好，便于批量生产，不易受海水腐蚀和生物附着。

(4) 恶劣海况保护和规避功能。当浮标在海面遇到恶劣海况、无法与卫星正常通信时，浮标会自动下潜，开始下个剖面测量，并在剖面完成后补发上个剖面的数据；或漂流在设定深度（可选择在 10~100 m 水深范围内），等待一段时间（可设定在 1~100 h 内）后，再次上浮发送剖面数据。

(5) 分离式油气囊设计。在一个接头体上分离安装油气囊，密封效果好，而且加工工艺难度低、制造成本低，便于批量生产。

(6) 增设了压力传感器自校准功能。通过加装内置独立的压力传感器，与 CTD 传感器获得的压力数据，两者有机结合，可以提高浮标的整体可靠性。当浮标上浮到海面后，会分别采集 CTD 传感器和内置的独立压力传感器的海表压力数据，并上传到岸站控制中心。浮标用户可通过两种海表压力数据的对比分析，还可方便地检验 CTD 传感器测量的压力数据是否发生漂移。

(7) 浮标远程遥控功能。一般情况下，浮标按照正常程序运行；当台风经过浮标海域或遇到中尺度涡等海洋现象时，可以通过北斗卫星远程遥控浮标调整测量参数，实现高频次剖面测量等。

此外，HM2000 型剖面浮标与美国产 APEX 型剖面浮标（约占全球 Argo 实时海洋观测网中各型浮标总数的 47%）相比，在剖面最大测量深度、海面通信停留时长和数据传输方式的便捷方面也具有较大的优势。

3.1 剖面测量深度

由 APEX 型浮标和 HM2000 型浮标提供的用户手册可知，两种浮标的最大观测深度均可达到 2 000 m。但在实际观测（表 2）中，发现前者几乎难以达到这一深度，从而造成一些由 Argo 资料制作的网格数据产品中，最大观测层只能选择 1 975 m，而不是 2 000 m[10—12]。

表 2 APEX 与 HM2000 型浮标剖面测量深度比较

APEX-104996 浮标			HM2000-167147 浮标（64#）		
剖面号	通信时间	剖面深度/m	剖面号	通信时间	剖面深度/m
1	2013-05-10 02：58：25	1 999.6	3	2015-09-11 17：47：00	1 988.0
2	2013-05-20 02：45：15	1 999.0	4	2015-09-12 19：49：00	1 992.5
3	2013-05-30 04：32：40	1 999.1	5	2015-09-13 19：48：00	2 002.9
4	2013-06-09 04：46：34	1 949.6	6	2015-09-14 20：03：00	2 005.0
5	2013-06-19 02：45：32	1 998.6	7	2015-09-15 20：12：00	2 003.7

由表 2 可知，APEX 型浮标的最大测量深度几乎均没有到达 2 000 m，而 HM2000 型浮标在大多数情况下到达或超过了 2 000 m，但同样有个别深度浅于 2 000 m。为了最大限度地保证剖面数据的完整性，并考虑到 2 000 m 深处实际等密度面的微小变化，建议在设置浮标最大测量深度时，统一设定为 2 010 m 或 2 020 m（具体深度由物理海洋学家根据各洋区的实际情况确定）。需要指出的是，增加 10~20 m 深度所产生的压力并没有超过剖面浮标的耐压极限，更不会影响浮标的使用寿命。

3.2 海面通信停留时长

APEX 型浮标的数据传输既有使用 Argos 卫星通信的，也有采用铱卫星通信的，在中国 Argo 实时资料中心网站上随机各选取 1 个浮标，与利用北斗卫星导航系统的 HM2000 型剖面浮标的通信时长（表 3、表 4）进行对比分析。

表 3 APEX 与 HM2000 型浮标通信时长比较

APEX-104996（Argos）浮标			HM2000-167142 浮标（67#）		
剖面号	通信起止时间	通信时长	剖面号	通信起止时间	通信时长
1	04：18：52—15：40：26	10 h 22 min	21	21：33：00—21：53：20	20 min
2	04：06：31—15：25：44	11 h 19 min	22	21：33：46—21：52：24	19 min
3	04：58：41—15：02：49	10 h 4 min	23	21：36：57—21：54：41	19 min
4	04：52：39—14：45：17	9 h 7 min	24	20：30：53—20：51：31	21 min
5	03：10：01—14：30：49	11 h 20 min	25	21：25：53—21：43：16	18 min

表 4 APEX 与 HM2000 型浮标通信时长比较

APEX-9709（铱星）浮标			HM2000-167149 浮标（69#）		
剖面号	通信起止时间	通信时长	剖面号	通信起止时间	通信时长
1	20：00：18—20：33：30	33 min	1	18：58：26—19：19：38	21 min
2	14：53：27—21：03：20	6 h 10 min	2	18：09：53—18：27：10	19 min
3	14：50：24—15：58：00	1 h 8 min	3	18：29：56—18：47：46	18 min

续表

APEX-9709（铱星）浮标			HM2000-167149 浮标（69#）		
剖面号	通信起止时间	通信时长	剖面号	通信起止时间	通信时长
4	11：24：43—11：38：00	15 min	4	17：53：37—18：26：04	32 min
5	05：39：43—08：09：50	2 h 30 min	5	17：43：59—18：03：45	20 min
6	03：34：09—03：46：30	13 min	6	17：52：24—18：08：57	16 min
7	21：44：03—21：56：30	12 min	7	17：40：52—18：02：11	22 min
8	17：13：31—17：26：10	13 min	8	17：42：33—18：12：58	30 min

从表 3 和表 4 可以看到，利用 Argos 通讯的 APEX 型浮标的通信时长普遍大于 9 h，最长达 11 h 20 min；而利用铱星通讯的浮标通信时长大都不超过 1 h，最短的近 12 min，但最长达到了 6 h 10 min。然而，HM2000 型浮标的通信时长却均稳定地保持在 16~32 min 之间。由此可见，基于北斗卫星通信系统的短报文通信功能，HM2000 型浮标极大缩短了浮标在海面停留的时间，在降低系统功耗的同时，有效避免了被打捞、撞毁等人为风险。同时，更短的通信时长保证了地面控制中心或数据服务中心可以在较短时间内接收完整的剖面数据，提高了浮标观测数据的实时性。

3.3 数据传输方式

利用 Argos 卫星或铱星通讯的 APEX 型浮标的数据传输方式如图 8a。其上行数据（浮标到地面控制中心或数据服务中心）经卫星发送至位于法国图卢兹或美国马里兰的地面接收总站，再打包经互联网发送至浮标用户手中或中国 Argo 实时资料中心（控制中心）。而下行数据（由地面控制中心或数据服务中心到浮标）则先打包经互联网发送至国外（法国图卢兹或美国马里兰）地面接收总站指定的邮箱，再由总站向卫星发送后，再转发给海上正在运行的浮标。

然而，HM2000 型浮标的数据流（图 8b）通过北斗卫星转发，浮标用户或数据服务中心可直接获得浮标剖面数据。因此，相比 APEX 型浮标，HM2000 型浮标具有以下优势：

（1）剖面数据的实时性。HM2000 型浮标在检测到北斗卫星信号后即可发送数据，通常控制中心或数据服务中心在 3 s 内就可接收到该数据，20~30 min 就能够发送完一个剖面的完整数据，再经过数据服务中心对数据包解码后，即刻可将温度—深度垂直分布图和盐度—深度垂直分布图显示在监视屏（图 9）上，便于操作人员或技术人员随时检查观测剖面的完整性和观测资料是否存在异常等。

（2）控制指令的实时传输。在 HM2000 浮标处于水面与卫星通讯阶段，通过控制中心（北斗剖面浮标数据服务中心）可以向浮标发送设定参数指令，如更改观测周期、漂移深度、最大测量深度和测量间隔等参数，且浮标收到指令后会即刻返回应答，使得浮标可以便捷地执行各种参数条件下的周期测量。而 APEX 型浮标的参数更

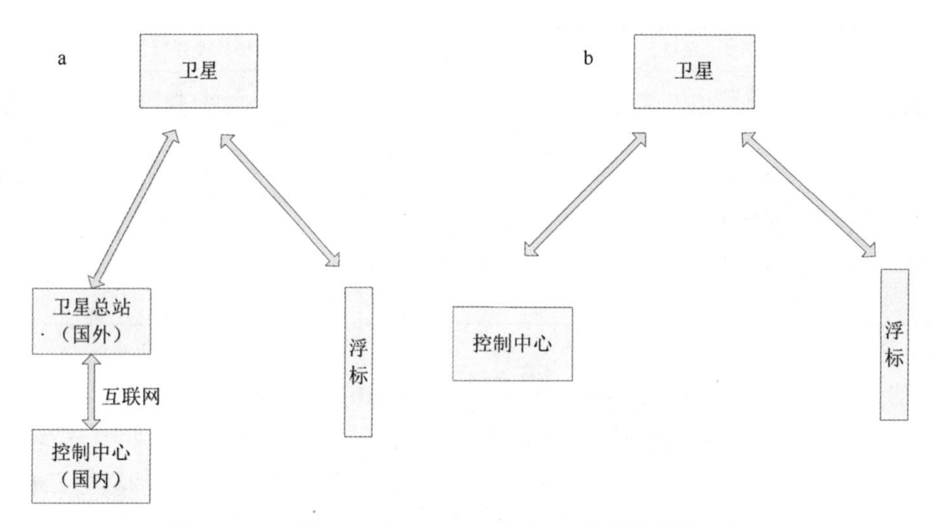

图 8　APEX 型（a）和 HM2000 型（b）浮标数据传输方式

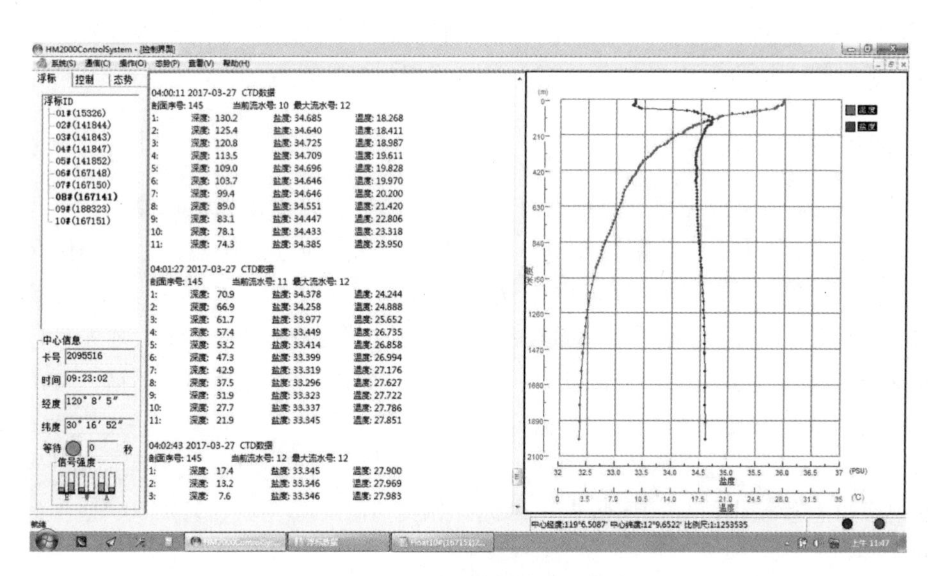

图 9　HM2000 浮标数据接收软件界面

改则要相对繁琐得多。

（3）数据的安全性。APEX 型浮标的数据均需通过国外（美国和法国）的卫星地面站接收，再分发给浮标用户，并由浮标用户各自对浮标观测数据解码，不仅数据的实时性受到影响，而且资料的完整、可靠性难以得到保证。而 HM2000 型采用国产北斗卫星导航系统传输，并由北斗剖面浮标数据服务中心统一接收、解码，既可确保数据的实时性，更可保证资料的准确和可靠性。

4 HM2000 型剖面浮标的业务化应用[13]

近 5 年来，HM2000 型浮标经过不断优化、改进，其技术性能渐趋完善，并从国内零散布放、试应用，逐渐开始成批量（5 个、10 个）布放，正式用于中国 Argo 大洋观测网建设中，同时已被国际 Argo 组织接纳，其观测资料通过世界气象组织（WMO）的全球通讯系统（GTS），以及互联网（WWW、FTP）等与 WMO 及其国际 Argo 成员国交换共享，使得 HM2000 型剖面浮标成为首个进入全球 Argo 实时海洋观测网建设、维护的国产海洋观测仪器设备。

值得指出的是，2016 年 9—11 月期间，由中国 Argo 计划采购、布放的 10 个 HM2000 型剖面浮标，正式拉开了由我国主导建设"南海 Argo 区域海洋观测网"的序幕（图 10）[14]。

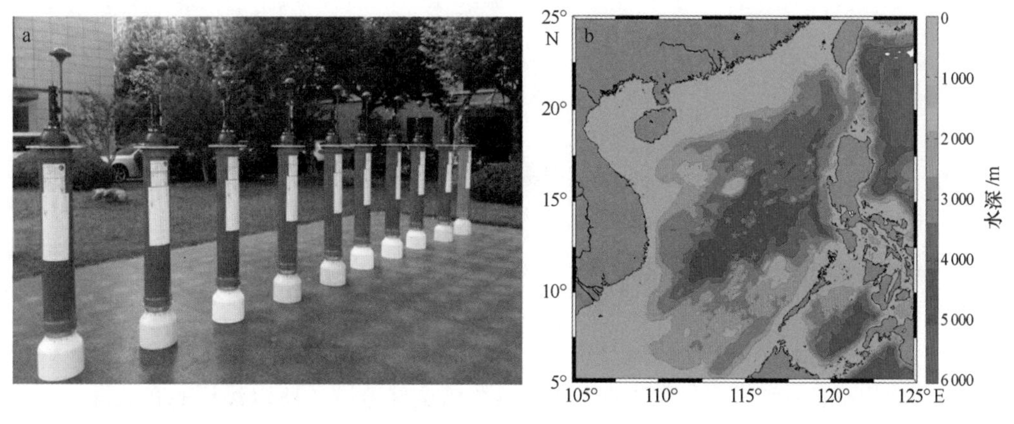

图 10　整装待发的 HM2000 浮标（a）及其在南海海域的浮标位置（b）

自 2016 年 9 月至 2017 年 3 月底，在南海业务运行的 9 个 HM2000 型浮标（另外一个因通讯故障未能获得有效观测剖面），已经获得了 700 余条 0~2 000 m 水深内的温、盐度剖面（图 11，红色线条表示）。图中灰色线条代表由美国 APEX 型浮标在 2006 年 9 月至 2016 年 12 月期间，获得的 8 306 条 0~1 500 m 水深内的温、盐度剖面。

从图 11 不难发现，HM2000 型浮标观测的温、盐度剖面资料质量较高，与 APEX 型浮标的观测结果完全吻合。关于 HM2000 型浮标与其他同类型浮标的比测、分析结果，可以参考相关文献［7］。由此可见，南海 Argo 区域海洋观测网完全可以利用 HM2000 型浮标替代 APEX 型浮标，由我国主导该区域海洋观测网的建设与维护。

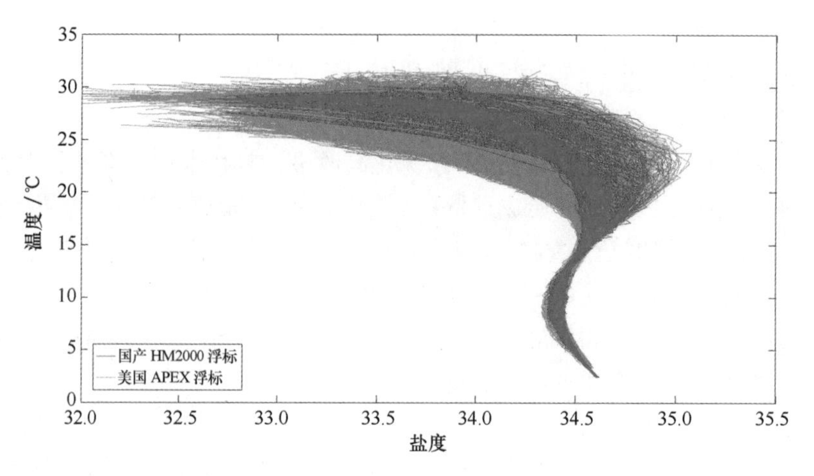

图 11　利用自动剖面浮标观测资料绘制的南海 T-S 曲线

5　讨论与结论

作为我国第一种跻身全球 Argo 实时海洋观测网的海洋观测仪器设备，HM2000 型剖面浮标至今已经历了 10 余次海上布放与试验，绝大部分都能够完成用户对剖面数、数据质量及工作稳定性等的要求，但与国外同类型产品相比仍有一定的改进空间，主要体现在以下两个方面。

（1）布放区域的局限性。国外自动剖面浮标大都采用 Iridium 或 Argos 卫星传输数据，由于 Iridium 和 Argos 卫星的通讯可以覆盖全球范围，所以浮标的布放海域不受限制，可在全球任何海区实施布放并接收数据。而 HM2000 型浮标采用的是国产北斗卫星导航系统，其通信模式只能在北斗短报文通信覆盖区域内工作，故有较大的区域有局限。因此，HM2000 型浮标也可以采用北斗卫星定位和 Iridium 或 Argos 卫星传输数据的组合方式，解决国产剖面浮标的工作区域局限性问题，使之能满足全球海洋布放的需求。目前，HM2000 型铱星浮标也已完成改进设计，即将投入海上运行，实现全球任何海区均可实施布放。

（2）布放程序相对复杂。国外剖面浮标在布放前可对全部浮标进行统一测试，且测试程序简单、方法简便，测试完成后可随时实施布放。但 HM2000 型浮标目前在布放时，还需进行卫星通信测试等工作，给海上布放带来诸多不便。为此，需要在保证设备稳定性的前提下，考虑增加布放前的测试接口，设计布放时测试装置，制定通用的测试规范，简化布放流程。

综上所述，尽管 HM2000 型剖面浮标与国外浮标相比，仍有这样那样的问题，但在北斗卫星导航系统的覆盖范围内（西北太平洋、南海和印度洋孟加拉湾海域）建设由我国主导的 Argo 区域海洋观测网，还是有明显优势的。况且，HM2000 型剖面浮标不仅是我国第一批进入全球 Argo 实时海洋观测网建设的海洋观测仪器设备，也是我国自行研制的海洋仪器设备首次用于国际海洋合作调查计划；同时，也标志着我国 BeiDou 已经正式成为服务于全球 Argo 实时海洋观测网信息和数据传输的三大卫星系统之一。但目前北斗剖面浮标在全球 Argo 实时海洋观测网中的地位微乎其微，希望能引起国家有关部门和相关项目负责人（PI）的高度重视，并能通过各种途经给予中国 Argo 计划和国产剖面浮标研制单位更大的支持和扶持，尽可能采购和布放更多的北斗剖面浮标，进一步扩大国产剖面浮标和北斗卫星系统的国际影响力，提高北斗剖面浮标在全球 Argo 实时海洋观测网中的占有率，让世界气象组织（WMO）和国际 Argo 计划成员国能通过全球通讯系统（GTS）和互联网（WWW、FTP）获得更多的来自中国北斗剖面浮标的现场观测数据，从而为各国海洋资源开发、海事安全、海洋运输、海洋渔业管理和近海工业，以及业务化海洋预测预报，更为人类应对全球气候变化做出积极贡献。

参考文献：

[1] 许建平,刘增宏.中国 Argo 大洋观测网试验[M].北京:气象出版社,2007:1-6.

[2] 许建平,刘增宏,孙朝辉,等.全球 Argo 实时海洋观测网全面建成[J].海洋技术,2008,27(1):68-70.

[3] 中国 Argo 实时资料中心.Argo 计划最新诠释[EB/OL].http://www.argo.org.cn/index,2012-12.

[4] 中国 Argo 实时资料中心.如何正确认识 Argo 计划[EB/OL].http://www.argo.org.cn/index,2007-4.

[5] Argo Steering Team.Report of the Argo Steering Team 16th Meeting[R].The Argo Steering Team 16th Meeting,IFREMER,Brest France,2015:19-25.

[6] Argo Data Management Team.Report of the Argo Data Management Team 15th Meeting[R].The Argo Data Management Team 15th Meeting,Canadian Hydrographic Service & Oceanographic Services.Ottawa,Canada,2014:5-10.

[7] 卢少磊,孙朝辉,刘增宏,等.COPEX 和 HM2000 与 APEX 型剖面浮标比测试验及资料质量评价[J].海洋技术学报,2016,30(2):94-98.

[8] 宜昌测试技术研究所.自持式剖面漂流浮标产品化技术研究验收报告[R].宜昌:宜昌测试技术研究所,2016.

[9] 张辉,张素伟,谌启伟,等.自持式剖面浮标的地形匹配控制方法[P].中国,ZL201310475441.2,2014.

[10] 宜昌测试技术研究所.HM2000 浮标用户手册 V1.2[S].宜昌:宜昌测试技术研究所,2016.

[11] Teledyne Webb Research.APEX Profiler User Manual[S].Falmouth,Massachusetts,2015.

[12] 李宏,许建平,刘增宏,等.利用逐步订正法构建 Argo 网格资料集的研究[J].海洋通报,2012,31(5):502-514.

[13] 中国 Argo 实时资料中心.航次(布放 Argo 浮标)报告(2014 年 11—12 月)[R/OL].http://www.argo.org.cn/index,2016-12.

[14] 金昶,孙朝辉,陈斯音.我国在南海布放首批国产北斗剖面浮标[N].中国海洋报,2016-9-30(1).

A domestic marine observing instrument among the Global Argo Real-time Ocean Observing Network—HM2000 Profile Float

SHEN Rui[1], WANG Deliang[1], LIU Zenghong[2,3], ZHANG Suwei[1], LU Shaolei[2,3], XU Jianping[2,3]

1. *Yichang Testing Technique Research Institute*, *Yichang* 443003, *China*
2. *State Key Laboratory of Satellite Ocean Environment Dynamics*, *Hangzhou* 310012, *China*
3. *Second Institute of Oceanography*, *State Oceanic Administration*, *Hangzhou* 310012, *China*

Abstract: HM2000 Profile Float is a domestic novel marine observation equipment. It takes advantage of the accurate positioning and two-way communication function, which provided by BeiDou satellite navigation system, HM2000 float drifts automatically and measurements the temperature, salinity and depth of seawater from sea surface to 2 000 m deep in a long term (about 2-3 years). HM2000 float has been approbated by the International Argo Project and applied to the construction and maintenance of the Global Argo Real-time Ocean Observing Network. This paper introduces the working principle, structure, function and main specifications of the float, and makes a brief comparative analysis with the APEX float, shows the important role in the construction of the South China Sea Argo Regional Ocean Observation Network. The results show that the HM2000 Profile Float has apparent functional advantages, and the profile data is credible and accurate. Therefore, HM2000 Profile Float can replace imported buoys to dominate Chinese Argo regional ocean observation network.

Key words: HM2000 Profile Float; domestic marine observing instrument; BeiDou Satellite Navigation System; South China Sea Argo Regional Ocean Observation Network; Global Argo Real-time Ocean Observing Network

HM2000 型剖面浮标的压力测量功能与性能剖析

张素伟[1]，王德亮[1]，谌启伟[1]

1. 宜昌测试技术研究所，湖北 宜昌 443003

摘要：HM2000 型剖面浮标采用双压力测量方案，具有定深漂移轨迹、温盐深剖面和海表漂移深度等多种压力测量功能。通过分析该型浮标独有的压力测量性能，进一步验证了 HM2000 型浮标采用双压力测量方案的必要性，为掌握浮标漂移深度、最大观测深度和压力传感器的测量性能等提供了现场第一手资料，为浮标改进、定型和初期的商业化应用提供了有效的反馈信息和科学依据，提高了浮标测量过程的稳定性和可靠性，更为 HM2000 型剖面浮标作为国产海洋仪器设备首批跻身全球 Argo 实时海洋观测网奠定了坚实基础。

关键词：HM2000 型剖面浮标；双压力测量；漂移深度；全球 Argo 实时海洋观测网

1 引言

全球 Argo 实时海洋观测网建设正在以惊人的速度推进，其采用的大量自持式剖面漂流浮标（因被用于国际 Argo 计划，所以也称“Argo 剖面浮标”）可以自动采集 $0 \sim 2\,000 \times 10^4$ Pa 水深内的海水温度和盐度等海洋环境要素资料，并通过卫星传送回地面接收站[1-3]。但在海上长期工作的 Argo 剖面浮标，其观测数据经常会出现偏移现象，甚至是测量误差，主要原因包括以下两种：一是由于浮标在漂移过程中观测环境逐渐变化所引起的，这是一种正常的现象。如因浮标漂移距离较远，从一个水团逐渐进入了另一个具有不同水团属性的水域中；二是浮标在海上长期漂移过程中，由于所携带的电子传感器（如 CTD）原器件老化，以及传感器受海水腐蚀或生物附着等原因引起的测量误差，通常称为“漂移”，这是一种不正常的现象。

作者简介：张素伟（1984—），男，河北省邢台市人，工程师，主要从事海洋工程装备、测控技术研究。E-mail：suwei218@ 163. com

为了满足国际 Argo 计划提出的±0.01 盐度测量精度以及±0.005℃的温度测量精度，校正由于电子原器件老化和传感器受海水腐蚀或生物附着等原因引起的测量误差，目前国际上已经提出了多种针对 Argo 剖面浮标观测数据的质量控制方法[4]，使得温、盐度资料的质量有效保证。但浮标压力测量问题，尽管没有温度尤其是盐度那么严重，却也是浮标制造商一直在致力于解决的一个关键问题，希望也能引起浮标使用者的关注。

早在 2009 年，国际上就对 Argo 剖面浮标遇到的压力测量误差问题进行专门探讨[5]。当时由于美国海鸟公司生产的 CTD 传感器，其配置的 Druck 压力传感器发生了“微泄露”问题，导致海表压力漂移，产生深度测量误差。2015 年，美国海鸟公司提交的《Argo 剖面浮标携带的 Druck 和 Kistler 压力传感器性能比较》报告中，对 2009 年以后布放的 Argo 剖面浮标进行了统计分析，并对 228 个带 Druck 压力传感器与 19 个带 Kistler 压力传感器的浮标进行了对比，发现这两种传感器产生的压力偏移或漂移均非常相似，也就是说，这两种压力传感器的海上工作性能均比较稳定，Druck 和 Kistler 压力传感器的长期漂移分别在±1.5×10^4 Pa 和±0.5×10^4 Pa 范围内。为此，海鸟公司呼吁，基于现有的数据分析结果，Kistler 传感器也完全能满足 Argo 计划对压力测量的精度要求，希望广大浮标用户能接受该型传感器，以避免延缓 Argo 剖面浮标的正常布放计划[6]。

HM2000 剖面浮标在研制阶段就已经注意到了国外浮标所遇到的压力测量问题，采用了两种压力测量方法的设计方案，以便进一步了解和掌握不同压力传感器的性能，为国产剖面浮标的定型和商品化生产提供科学依据。

2 剖面浮标及其测量过程

由宜昌测试技术研究所自主研制的 HM2000 型剖面浮标，已经在 2015 年 10 月正式被国际 Argo 组织接纳，进入全球 Argo 实时海洋观测网。这也是我国第一种被正式用于“全球 Argo”海洋观测网建设的同类型观测仪器设备，堪称名副其实的“Argo 剖面浮标”。

HM2000 型剖面浮标与国外其他同类型产品一样，可以按照设定的时间间隔定期自动沉浮，并在下沉至某一固定深度（如 1 000×10^4 Pa）处，随海流定深漂移，当即将进入上升模式进行剖面测量之前，会继续下沉至最大观测深度（如 2 000×10^4 Pa）处，然后上浮开始温、盐、深度等海洋环境要素的测量，到达海面后会通过卫星系统（如 Argos、Iridium、BeiDou、GPS 等）对浮标位置定位，并将观测数据及定位信息等发送至指定的地面接收站，再转发至浮标用户。图 1 给出了 HM2000 型剖面浮标的一个典型测量过程。

HM2000 型剖面浮标观测的温、盐度资料质量已经通过多次海上比测验证[7-8]，结果表明，该型浮标观测的温度和盐度资料是可信、可靠的，特别是盐度资料，不仅

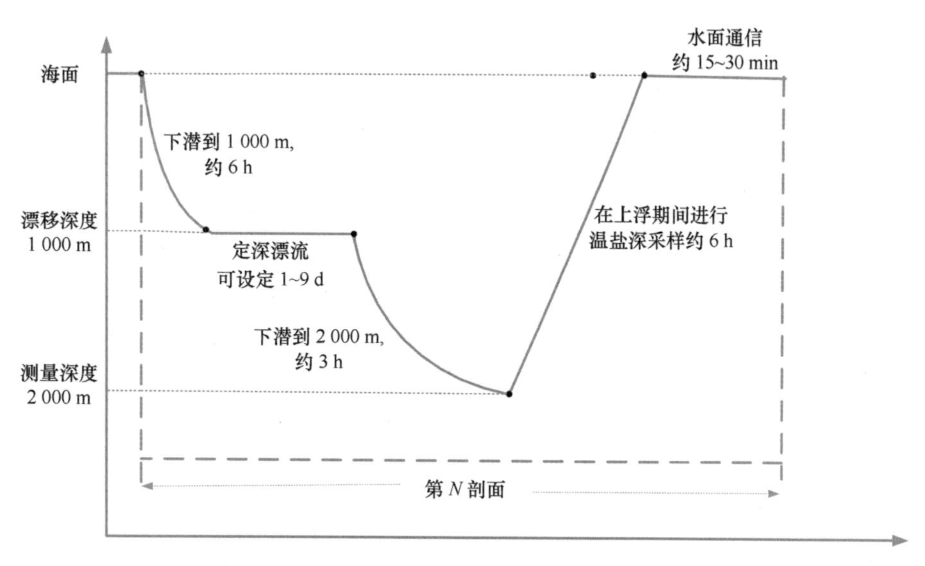

图 1 剖面浮标典型测量过程

能满足国家标准规定的盐度准确度一级标准（±0.02），而且还能满足国际Argo计划提出的±0.01的更高要求[8]。但对浮标的压力观测精度，无论是国内还是国外，比测试验都十分鲜见，主要限于比测的手段和方法比较苛刻。原因是压力传感器的测量漂移或偏移现象，往往需要在海上工作较长一段时间后才会暴露出来，而国外常规剖面浮标本身又仅携带一个压力传感器，所以也就难以开展针对压力测量的比测验证。

3 剖面浮标的压力测量方法

压力（或深度）数据不仅是剖面浮标温、盐、深度观测的重要组成部分，也是剖面浮标在海中自主深度控制的唯一依据。

剖面浮标的压力测量有以下两种方法：

（1）CTD传感器

CTD传感器本身就具备对海水温度、电导率（可以换算成盐度）和压力等3种海洋环境要素的测量功能。以SBE41型CTD传感器为例，浮标控制器向SBE41CTD发送fp、pts、fpt等不同指令，分别获取压力、温盐深和压力温度等不同组合的测量数据。当浮标控制器进行深度控制时，可通过发送fp指令，快速获取压力测量值。SBE41型CTD进行快速压力测量的时间周期为0.65 s，电流约为5 mA（12VDC供电）。在上浮阶段，浮标控制器进行温盐深数据采集时，可通过发送pts指令，获取温度、盐度和压力3种测量数据。SBE41进行温盐深测量的时间周期为3.25 s，所需能量约10 J，其中峰值电流约为0.35 A（12VDC供电）[9]。

（2）内置独立的压力传感器

通过在浮标内部安装一个独立的压力传感器，使用高压油管将其与浮标底部的油囊管路相接，将浮标外部压力传导给压力传感器。浮标控制器只需采集内置压力传感器输出信号，即可获得压力数据，作为深度控制的依据。

上述两种压力测量方法各有优缺点，主要体现在如下几个方面：

（1）偏移

使用 CTD 传感器进行压力测量时，对浮标控制器来说，无需增加额外的硬件、软件接口，但是 CTD 传感器的压力接口直接与海水接触，易受海水腐蚀和生物附着等因素的影响而发生偏移或漂移；而使用内置独立的压力传感器进行压力测量时，由于浮标油囊与海水是隔绝的，所以传感器不会受到生物附着及海水腐蚀影响，发生偏移或漂移的几率可以大幅度降低。

（2）功耗

CTD 传感器集成度较高，由温度、电导率、压力和串口通信等多个电路组成，一般选择 TTL 或者 RS232 串口作为数据输出接口，浮标控制器需要使用电压转换电路及串口通信电路，才能与 CTD 传感器进行双向通信。而内置独立压力传感器原理简单，以 H 桥电路为主，一般为 0~5 V 模拟电压输出，浮标控制器仅需进行高速 AD 采集，功耗较低。

若以浮标进行一次深度控制为例，浮标控制器一般要连续进行 3~5 次压力数据采集，并采取算术平均或者滑动平均滤波法进行处理。如果使用 CTD 进行一次快速压力测量，工作电流（含 CTD 及浮标控制器）约为 10 mA，耗时约 3~5 s；而利用内置独立压力传感器采集，工作电流（含压力传感器及浮标控制器）约为 8 mA，仅需耗时 1~2 s 即可完成。

（3）成本

从降低浮标制造成本来说，使用 CTD 传感器进行压力测量无疑是较为合适的选择；而加装内置独立的压力传感器会带来额外的成本费用，但可以确保获得高可靠性的压力资料。这对全球 Argo 实时海洋观测网而言，只要能取得有质量保证的温、盐、深度等海洋环境要素资料，额外的一点成本支出还是值得的。

4 HM2000 型浮标的压力测量功能

4.1 双压力测量方案

从可靠性来说，剖面浮标是一个单一的串联模型。在浮标内部狭小的空间内安装了电池组、控制电路板、电机驱动、气泵、气阀和 CTD 测量模块等一系列元器件，倘若其中的一个元件发生故障或功能失效，都会引起整个浮标的运行失败。

对于剖面浮标来说，尤其是在海上试验或者初期应用阶段，由于浮标一旦布放就无法回收，所以可靠的深度控制算法、准确的深度数据都是确保浮标安全的重要因素。众所周知，CTD 传感器本身以数字电路为主，而压力传感器则以模拟电路为主，前者更容易在较长的使用期内失效。在研制阶段，也曾出现过 CTD 传感器因受到震动、长期拷机测试而无数据输出，功能失效的案例。

通过加装内置独立的压力传感器，与 CTD 传感器获得的压力数据，两者有机结合，从而在硬件及软件上实现浮标冗余性设计，以便提高浮标的整体可靠性。为此，在对 HM2000 型浮标产品的初期总体设计时，就没有单独使用 CTD 传感器，或者单独使用压力传感器进行压力测量，而是将两种方式有机结合，通过特定算法及软件编程实现多种压力测量功能。

4.2 压力测量元件

HM2000 搭载的 CTD 传感器为美国海鸟公司的 SBE41/41CP 型，并在靠近浮标油囊底部安装了一个内置独立的 PM304 型高精度国产压力传感器（图 2）。

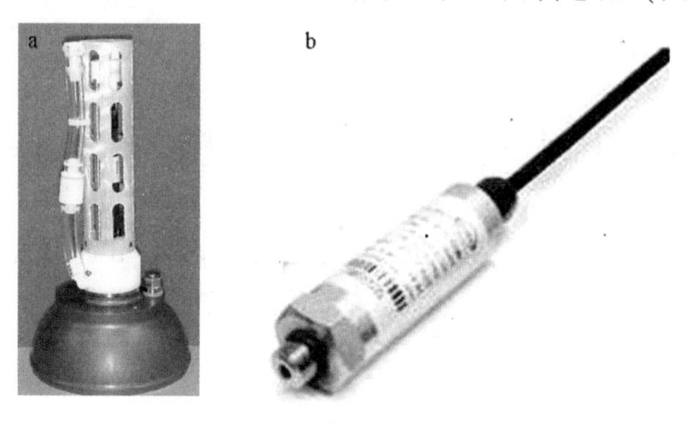

图 2 SBE41 型（a）及 PM304 型（b）压力传感器

根据美国海鸟公司给出的 SBE41 型压力传感器的技术指标为，测量范围 0~2 500 $\times10^4$ Pa，精度±2 $\times10^4$ Pa，分辨率 0. 1$\times10^4$ Pa，稳定性 0. 8$\times10^4$ Pa/a。国产 PM304 型压力传感器的技术指标则为，测量范围 0~25 MPa，综合精度优于 2‰，长期稳定性为±0. 2%FS/a。

4.3 压力测量功能

（1）浮标深度轨迹

通过定时采集内置独立压力传感器数据，待水面通信时将轨迹测量数据上传到岸站控制中心，实现浮标下潜、定深漂移、测量前再下潜和上浮测量等所处深度的全程监测（图 3）。由图 3 可见，该浮标布放到海面后，逐渐下潜到预定的 1 000$\times10^4$ Pa 深度处漂移，当接近第 10 天（预设的剖面测量周期）时，浮标又从 1 000$\times10^4$ Pa 定漂深度继续下潜至预定的 2 000$\times10^4$ Pa 最大测量深度处，并开始上浮进行温、盐、深度等海洋环境要素的观测，直至抵达海面。

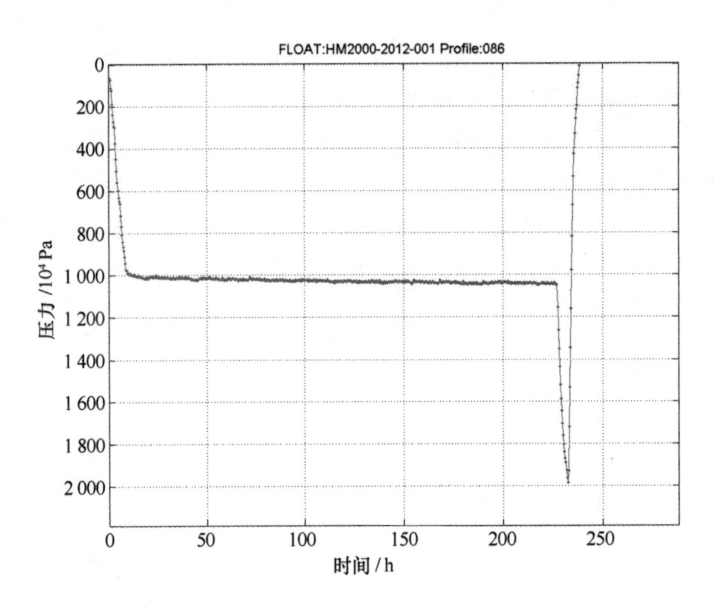

图 3　浮标在一个 10 d 周期内的深度轨迹曲线

这种全过程的浮标深度轨迹资料据，虽然不是国际 Argo 计划规定的常规观测数据，但对验证浮标水下深度控制性能以及定深漂移的稳定性等，都具有重要的实用价值。

（2）深度控制

深度控制功能是剖面浮标的一个核心技术，对准确地执行浮标下潜、定深漂移、再下潜和上浮测量功能具有至关重要的意义。

HM2000 型剖面浮标通过采集 CTD 传感器的压力数据和内置压力传感器的数据，经滤波及比较算法后，将两者混合的压力数据作为浮标深度控制的依据。

（3）温盐深测量

浮标在上浮阶段，会按照设定的深度采样间隔，控制 CTD 传感器进行温、盐、深度数据采集，并作为浮标剖面数据文件的主体部分上传给岸站控制中心。HM2000 型剖面浮标用户可以根据温盐深剖面数据，绘制某个观测剖面的 T-S 点聚图和温、盐度垂直分布曲线（图 4，图 5）等。

（4）海表压力测量

当浮标上浮到海面后，会分别采集 CTD 传感器和内置的独立压力传感器的海表压力数据，一并上传到岸站控制中心。浮标用户只要通过两种海表压力数据的对比分析，就可以方便地了解到 CTD 传感器测量的压力数据是否发生漂移。

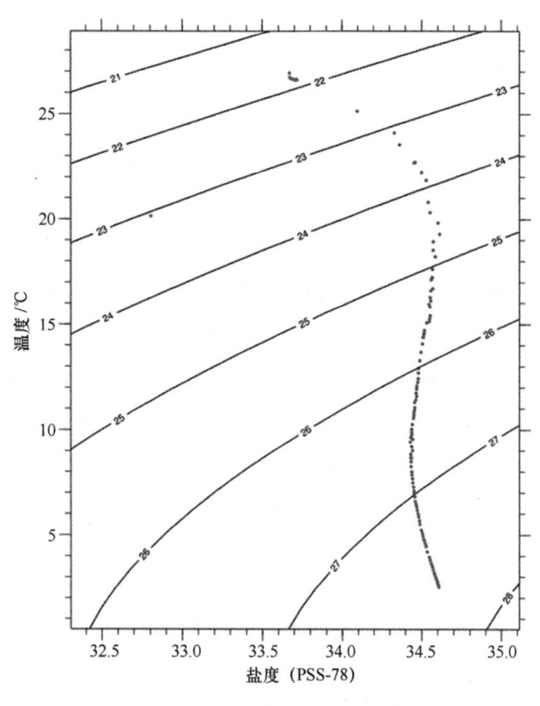

图 4　某个剖面的 T-S 点聚

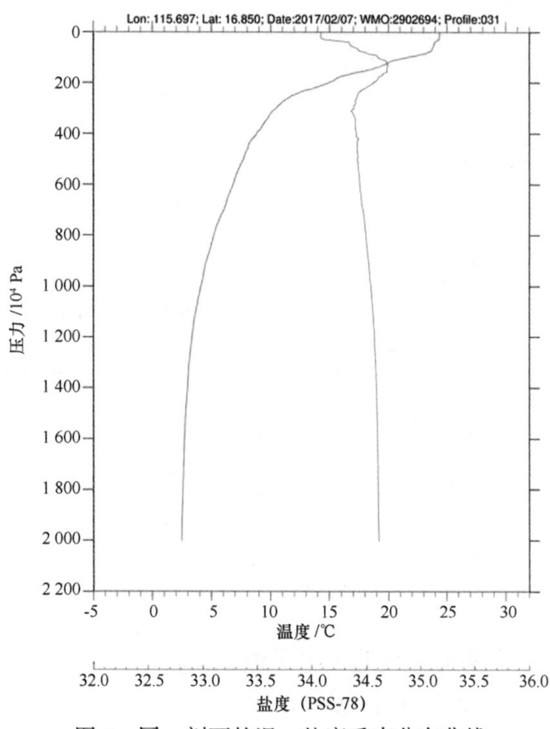

图 5　同一剖面的温、盐度垂直分布曲线

5 海表面压力数据分析

5.1 数据样本

通常，压力漂移现象在浮标长期运行后才会逐渐显现。因此，在选取浮标样本时，应尽可能挑选运行时间长、剖面数较多的浮标。但在浮标布放运行初期，也会出现浮标海表压力数据的偏移现象，故监测浮标布放初期的海表压力，对研究浮标整个生命周期内的海表压力漂移现象也有一定的指导意义。

不过，由于 HM2000 型剖面浮标的批量布放时间还比较短暂，远不及国外剖面浮标布放的时间长。为此，在选取分析样本时，我们把条件定为已经获得超过 70 个剖面或者运行时间超过 150 d 的浮标。于是获得了 4 个批次 16 个浮标的数据样本（表 1）。

表 1 选取的浮标样本信息

序号	出厂编号	WMO 编号	布放时间	工作天数/d	剖面数/个
1	15323	—	2014-10-21	449	135
2	15327	—	2014-10-21	469	97
3	15329	—	2014-10-21	333	149
4	15322	—	2014-11-21	185	85
5	167147	2902670	2015-09-09	419	213
6	167142	2902671	2015-09-09	473	132
7	167152	2902674	2015-09-09	482	107
8	15326	2902691	2016-09-06	170	33
9	141844	2902692	2016-09-07	169	33
10	141843	2902693	2016-09-08	168	33
11	141847	2902694	2016-09-09	167	34
12	141852	2902695	2016-09-12	164	34
13	167148	2902696	2016-09-22	154	31
14	167150	2902697	2016-11-15	100	95
15	167141	2902698	2016-10-29	117	116
16	167151	2902700	2016-09-21	155	151

这些浮标主要布放在南海和西北太平洋海域，其中：

（1）2014 年 10 月布放于南海海域 3 个（出厂编号为 15323、15327 和 15329）HM2000 型剖面浮标[7-8]。

（2）2014 年 11 月布放于西太平洋 15322 号浮标。该浮标参与了中国 Argo 实时资料中心组织的国内外剖面浮标现场比测试验[7-8]。

（3）2015 年 9 月布放于西太平洋 167147、167142 和 167152 号等 3 个浮标[10]。

（4）2016 年 9 月布放于南海海域 15326、141844、141843、141847、141852、167148、167150、167141 和 167151 号等 9 个浮标[11]。

特别提出的是，这些浮标使用的 CTD 传感器均为美国海鸟公司的 SBE41/41CP 型，其中的压力传感器为 Kistler 型；而浮标内置的独立压力传感器均为国产的 PM304 型。

5.2 海表压力随观测剖面数的变化

经过对所有浮标样本剖面数据文件的整理，并从中提取了每个剖面文件的浮标编号、剖面时间和剖面序号，以及两种压力传感器的水面压力值信息，分别绘制了由 Kistler 和 PM304 测量的海表压力随观测剖面数变化的曲线（图 6，图 7）。

从图 6 可以发现，所有由 Kistler 测量的表层压力的变化规律较为一致，其共同点体现在：（1）海表压力值不存在明显的毛刺现象；（2）在浮标工作期内均呈现了 0～-1.5×10^4 Pa 的负漂移趋势。

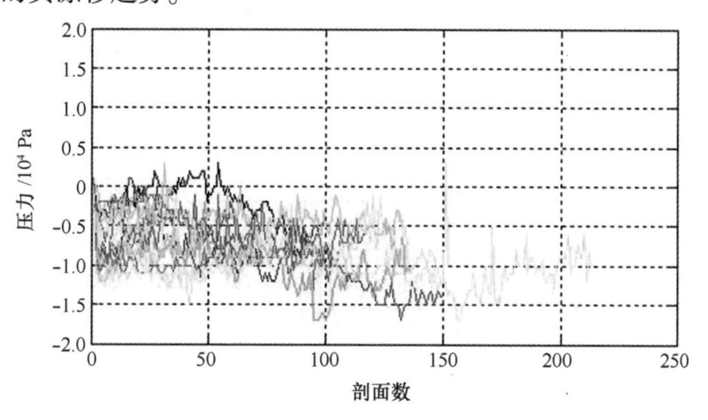

图 6　Kistler 海表压力随剖面数变化曲线

从图 7 可以看到，这些由独立安装的 PM304 型压力传感器测量的海表压力，其变化同样较为一致，具体表现在：（1）海表压力值没有出现明显的毛刺现象；（2）每个浮标呈现的海表压力值几乎在一条直线上，即没有呈现出漂移现象，且在运行期间内仅有$\pm0.5\times10^4$ Pa 的微小波动；（3）不同浮标测量的海表压力值略有不同，多数在-1×10^4～-3×10^4 Pa 之间，少数在-3×10^4～-4×10^4 Pa 之间。

5.3 海表压力随浮标运行时间的变化

由于 HM2000 浮标使用了北斗卫星系统定位和传输观测数据，其双向通讯功能使

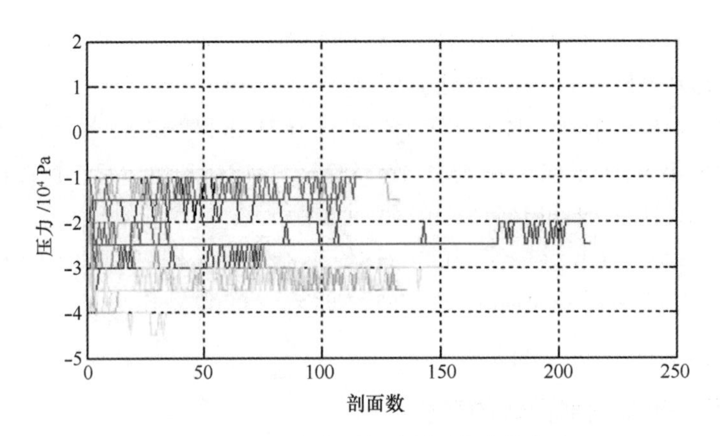

图 7　PM304 海表压力随剖面数变化曲线

得对浮标观测参数的设置和调整显得更为灵活，所以选取的这些 HM2000 浮标的剖面观测周期从 1~10 d 不等。这对压力传感器来说，每个剖面可以看成一个重复性的加压降压过程。因此，海表压力随剖面数的变化主要体现了压力传感器的重复一致性，虽然也体现了一定的时间特性，但仍有必要对海表压力随浮标运行时间（工作天数）的变化进行一番剖析。

由表 1 可知，其中序号为 1~7 号的 7 个浮标均已停止工作，运行周期大多超过 400 d；而 8~15 号的 8 个浮标仍然在海上正常工作，分析时选取了截至到 2017 年 2 月 21 日的剖面数据，其中 8~13 号的 6 个浮标运行期间获得了超过 150 d，14~15 号浮标运行时间超过了 70 个剖面；第 16 号浮标运行时间也超过了 150 d，而且获得的剖面数量同样超过了 150 个。

图 8 给出了 Kistler 海表压力随浮标运行时间的变化曲线。由图可见，在浮标布放后的前 150 d 内，这些由 Kistler 压力传感器测量的海表压力值基本上都在 $0 \sim -1\times10^4$ Pa 之间波动；之后，部分浮标的海表压力值似乎呈现了相对明显的波动或漂移。为了清晰地显示这些浮标观测的海表压力变化，剔除了其中的第 8~16 号浮标（观测时间相对较短），利用观测时间相对较长的第 1~7 号浮标的样本数据，重新绘制了一幅 Kistler 海表压力随浮标运行时间的变化曲线（图 9）。

从图 9 可以看出，经过较长运行时间后，这些由 Kistler 压力传感器测量的海表压力值逐渐呈现出波状起伏的变化趋势，浮标布放后约前 50 d 内，海表压力呈正漂移；50 d 以后则呈负漂移，在 250~300 d 后，又呈现正漂移的趋势。尽管整个漂移过程中的压力值波动并不大，大约在 $0.1\times10^4 \sim -1.6\times10^4$ Pa 之间，似乎并不影响浮标在整个生命周期内对压力的测量精度要求。但 Kistler 压力传感器的波浪状漂移趋势值得生产厂商关注，并给以必要的重视。

图 10 给出了 PM304 海表压力随浮标运行时间变化曲线。由图 10 可以看到，这些由 PM304 型压力传感器测量的海表压力值，虽然总体上压力变化范围较大，在

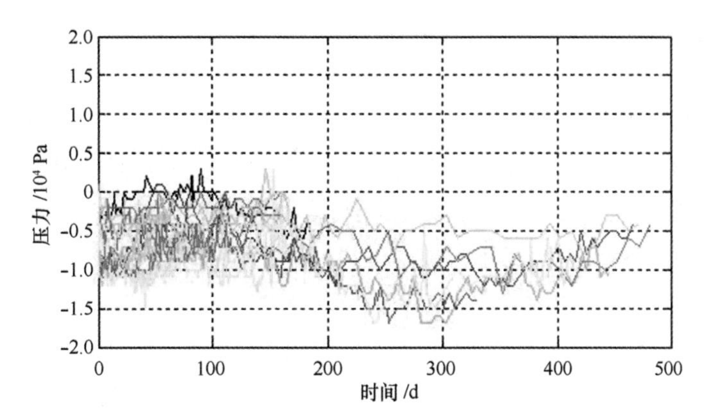

图 8　Kistler 海表压力随浮标运行时间变化曲线

（针对表 1 中的所有浮标）

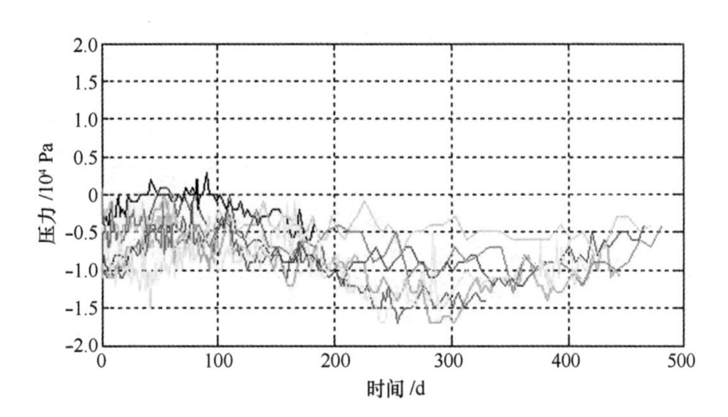

图 9　Kistler 海表压力随浮标运行时间变化曲线

（针对表 1 中第 1~7 号浮标）

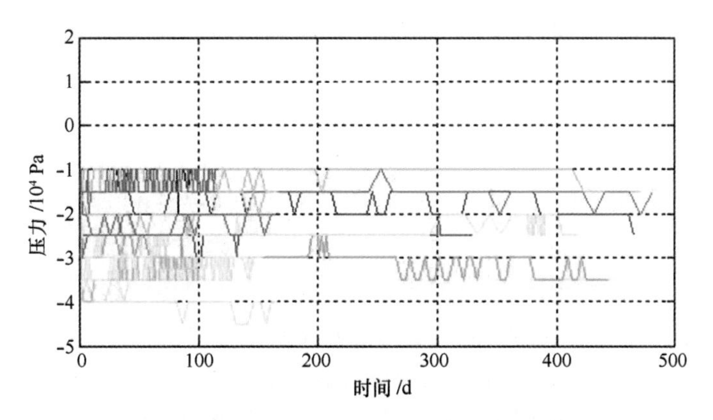

图 10　PM304 海表压力随浮标运行时间变化曲线

$-1.0\times10^4 \sim -4.5\times10^4$ Pa 之间，但就单个浮标而言，在各自的运行期内仅有$\pm0.5\times10^4$ Pa 的微小波动，明显优于 Kistler 型压力传感器，而且也不存在压力漂移。至于 PM304 型压力传感器明显存在的个体差异，同样希望能引起生产厂商关注和重视。

需要指出的是，由 PM304 型压力传感器测量的海表压力值明显存在$-1.0\times10^4 \sim -4.0\times10^4$ Pa负偏差，主要与该压力传感器安装在浮标底部有关，而 Kistler 型压力传感器安装在浮标的顶部，两者相距约 1.5×10^4 Pa。

5.4 对比分析

计算了 PM304 与 Kistler 测量的海表压力差，并绘制了一幅海表压力差随剖面数（或浮标运行时间）的变化曲线（图 11）。

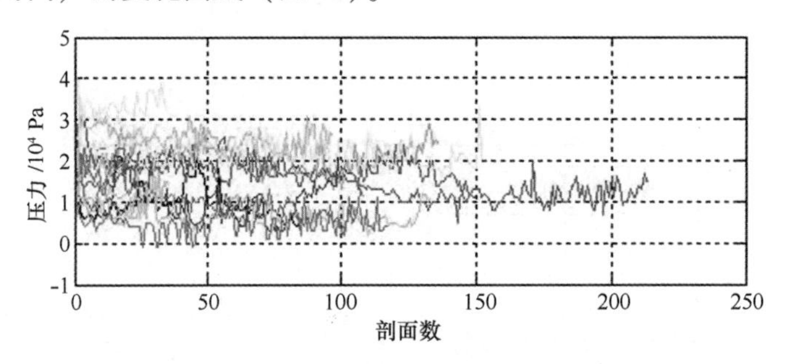

图 11 PM304 与 Kistler 海表压力差随剖面数变化曲线

仔细分析图 11，可以得出如下几点变化特征：

（1）PM304 与 Kistler 海表压力差多数分布在 $1\times10^4 \sim 2\times10^4$ Pa 之间，这主要与两种压力传感器在 HM2000 浮标上的安装部位不同有关。所以，PM304 的海表压力负偏差要明显大于 Kistler 的。

（2）PM304 与 Kistler 海表压力差呈现逐渐减小的趋势，这与 Kistler 海表压力传感器的波浪状漂移有关，而 PM304 海表压力并不存在漂移，所以两者之差随着时间的推移越来越近。

（3）Kistler 型压力传感器从偏移到漂移是一个客观存在的现象，而安装在浮标体内的 PM304 型压力传感器几乎不存在漂移，只是由于压力传感器的个体差异存在的微小偏移。不过，无论是 Kistler 存在的偏移和漂移，还是 PM304 出现的相互间偏差，都不影响国际 Argo 计划提出的压力观测精度。

由此可见，目前无论国产压力传感器，还是进口压力传感器，不同生产厂家的制造水平及工艺都已经相当成熟。而压力传感器出现的漂移现象，与使用环境有相当大的关系。PM304 型压力传感器安装在浮标壳体内部，与海水完全隔绝，通过油囊管路与外界海水压力建立平衡状态，几乎不会产生压力漂移；而 Kistler 型压力传感器安装在浮标壳体外部，直接与海水接触，面临生物附着及海水腐蚀的风险，其工作环境更为恶劣，容易产生压力偏移或漂移。

5.5 压力偏差校正探讨

通常，自动剖面浮标的压力传感器都安装在浮标壳体外部，因容易受生物附着和海水腐蚀的影响，产生压力漂移现象在所难免，必须引起浮标制造商以及浮标使用者的高度重视，除了不断改进压力传感器的生产工艺、提高其技术性能外，对当前压力传感器出现的漂移现象，可以从以下两种方法对压力偏差进行校正：

（1）利用压力传感器的零偏特性及线性变化规律，对已有的剖面压力数据进行分析，发现剖面数据中的压力异常值，并进行修正。

（2）当 Kistler 的海表压力偏差超过测量精度要求时，可通过浮标控制器重新设定 SBE41 内部的零偏值，即由浮标控制器向 SBE41 发送“resetoffset”指令，SBE41 会连续采集 1 分钟的海表压力，经计算后可以重新修订内部的零偏值。

6 结论

压力传感器出现漂移现象是剖面浮标制造及应用过程中不可忽视的问题。HM2000 型剖面浮标具有多种压力测量功能，通过携带的 SBE41 型 CTD 传感器进行温盐深剖面测量，获得深度或压力数据，还可通过安装在浮标内部的国产 PM304 型压力传感器（通过高压油管与油囊连接，实现压力测量），间接获得压力数据。前者可以确保浮标在上浮阶段连续获取温盐深剖面数据，后者则可用来验证浮标水下深度控制以及定深漂流的可靠、稳定性。而且，基于两种压力数据的深度控制，使得 HM2000 浮标的测量过程更为准确无误。

通过对 16 个 HM2000 型剖面浮标观测的 1 478 条温、盐、深度剖面数据的统计分析，可以得到以下结论：

（1）浮标经过较长时间运行后，Kistler 型压力传感器测量的海表压力会呈现波浪状变化趋势，总体上表现为负漂移，但在浮标的整个运行期内，其漂移产生的压力误差依然在国际 Argo 计划规定的压力测量精度（2.5×10^4 Pa）内，完全可以保证测量数据的准确性。

（2）浮标内部独立安装的 PM304 压力传感器几乎不存在海表漂移现象，在浮标正常运行期内仅有$\pm0.5\times10^4$ Pa 的微小波动。所以，将其作为 HM2000 型剖面浮标深度控制及深度轨迹测量的重要数据来源，其数据质量应该是可信、可靠的。

通过两种压力测量数据的对比分析，验证了 HM2000 型剖面浮标采用双压力测量方案的可靠性和正确、有效性。双压力测量方案在浮标研制及初期的商业化应用阶段，提供了许多浮标水下深度工况信息，从而为相关技术的改进积累了大量科学依据，以及为研制工作的顺利进行创造了有利条件，在一定程度上也提高了浮标的整体可靠性。同时，HM2000 型剖面浮标所具有的双压力测量功能，也可对浮标携带的各类 CTD 传感器中可能出现的压力漂移进行辅助监测及校正，对确保浮标在整个工作期内的压力测量精度具有重要意义，从而为 HM2000 型剖面浮标作为国产剖面浮标首批跻身全球 Argo 实时海洋观测网奠定了坚实基础。

致谢：感谢中国 Argo 实时资料中心提供的相关 HM2000 浮标剖面资料及许建平研究员提供的建议及帮助！

参考文献：

[1] 许建平,刘增宏.中国 Argo 大洋观测网试验[M].北京:气象出版社,2007:1-6.

[2] 许建平,刘增宏,孙朝辉,等.全球 Argo 实时海洋观测网全面建成[J].海洋技术,2008,27(1):68-70.

[3] 朱伯康,许建平.国际 Argo 计划执行现状剖析[J].海洋技术,2008,27(4):102-114.

[4] 刘增宏,许建平,孙朝辉.Argo 浮标电导率漂移误差检测及其校正方法探讨[J].海洋技术,2007,26(4):72-76.

[5] 朱伯康,刘增宏,刘仁清,等.Argo 剖面浮标压力测量误差问题剖析[J].海洋技术,2009,28(3):127-129.

[6] Com Parison of Argo Float Pressure Sensor Performance:Druck versus Kistler[R].Seb-Bird Electronics,INC,2015.2.

[7] 中国 Argo 实时资料中心.科技基础性工作专项——"西太平洋 Argo 实时海洋调查"重点项目 2014 年冬季航次报告[R/OL].http://www.argo.org.cn/index,2015-03.

[8] 卢少磊,孙朝晖,刘增宏,等.COPEX 和 HM2000 与 APEX 型剖面浮标比测试验及资料质量评价[J].海洋技术学报,2016,35(1):84-92.

[9] SBE 41CP Standard V 3.0c Command Reference Revised 12[S].Sbe-Bird Electronics,INC,2012.1.

[10] 中国 Argo 实时资料中心.科技基础性工作专项——"西太平洋 Argo 实时海洋调查"重点项目航次(布放 Argo 浮标)报告[R/OL].http://www.argo.org.cn/index,2016-1-12.

[11] 中国 Argo 实时资料中心.科技基础性工作专项——"西太平洋 Argo 实时海洋调查"重点项目西太平洋边缘海——南海布放 Argo 剖面浮标秋季航次报告[R/OL].http://www.argo.org.cn/index,2017-1-12.

Analysis of the pressure measurement function and performance in HM2000 profiling float

ZHANG Suwei[1], WANG Deliang[1], CHEN Qiwei[1]

1. *Yichang Testing Technique Research Institute*, *Yichang* 443003, *China*

Abstract: The double pressure measurement scheme was adopted by HM2000 profiling float, which was different from other type profiling float. HM2000 provided multiple pressure measurement functions, including the depth trajectory measurement, PTS measurement and sea surface pressure measurement. The pressure measurement performance of HM2000 was also analyzed to verify the correctness and validity of the double pressure measurement scheme. The first-hand information was provided to grasp the Parking depth, the maximum depth of observation and the measurement performance. The effective feedback and improved information were gained in the stage of development and initial commercial application. The stability and reliability of HM2000 had been improved based on the double pressure measurement scheme, which build the solid foundation for HM2000 ranking among in the Argo ocean observing network, as the first domestic profiling float.

Key words: HM2000 profiling float; the double pressure measurement; the parking depth; the Argo ocean observing network

北斗卫星系统在HM2000型剖面浮标中的应用

张素伟[1]，沈锐[1]

1. 宜昌测试技术研究所，湖北 宜昌 443003

摘要：本文从剖析全球Argo实时海洋观测网中各种型号自动剖面浮标占有率入手，看到了国产剖面浮标的差距，也找到了HM2000型剖面浮标的价值及其使用北斗卫星系统定位、通讯的优势所在，并展望了HM2000型剖面浮标的广阔应用前景。

关键词：北斗卫星系统；HM2000型剖面浮标；全球Argo实时海洋观测网；展望

1 引言

北斗卫星导航系统是我国自行研制的全球卫星定位与通信系统（BDS），是继美国（GPS）和俄罗斯（GLONASS）全球定位系统之后第三个成熟的卫星导航系统，可在全球范围内全天候、全天时为各类用户提供高精度、高可靠定位、导航、授时服务，并具有短报文通信能力。

利用北斗卫星系统研制具有自主知识产权的自动剖面浮标，逐渐构建采用北斗剖面浮标的实时海洋监测网，为我国海洋和大气等科学领域提供更加丰富、更高质量的海上第一手资料，是维护我国海洋权益、实现海洋强国梦的国家战略需求。

Argo是英文“Array for Real-time Geostrophic Oceanography”（地球海洋学实时观测阵）的缩写，通俗称为“全球Argo实时海洋观测网”[1]。2007年11月，该海洋观测网已经正式建成，全球大洋中的剖面浮标数量超过了3 000个，为国际社会提供了100万条以上全球海洋0~2 000 m深度范围内的温度和盐度剖面资料[2]。迄今所获剖面资料总数达到了150万条，并正以每年约12万条剖面的速度增加。随着Argo资料数量的快速增加和质量的不断提高，它们在海洋和大气等多个领域的科学研究和业务

作者简介：张素伟（1984—），男，河北省邢台市人，工程师，主要从事海洋工程装备、测控技术研究。E-mail：suwei218@163. com

活动中的应用也得到了长足的发展，正有效地改变着人们对许多重大自然环境问题的认识，提高着人们对重大海洋和天气事件的预测预报能力。

2 自动剖面浮标

自动剖面浮标，也称自持式剖面漂流浮标，可以自动采集 0~2 000 m 水深范围内的海水温度和盐度等海洋环境要素资料，并通过卫星传送回地面接收站。根据国际 Argo 信息中心（AIC）网站统计，截至 2017 年 2 月，全球 Argo 实时海洋观测网中处于业务运行的浮标数量已经达到 3 990 个。

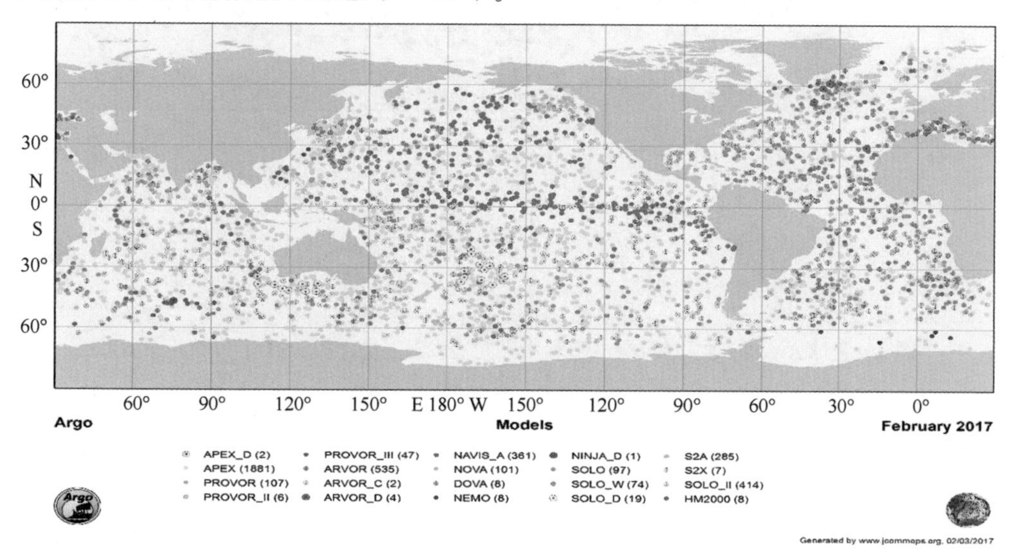

图 1 全球 Argo 实时海洋观测网中浮标分布（2017 年 2 月）

由图 1 可见，在全球 Argo 实时海洋观测网中使用的约 20 个型号剖面浮标中，美国的 APEX 型剖面浮标有 1 881 个，约占 47%；法国的 PROVOR 型和 ARVOR 型浮标共有 701 个，约占 18%；美国的 SOLO 型、NAVIS 型和 S2A 型浮标分别为 604 个、361 个和 285 个，分别约占总数的 15%、9%和 7%。也就是说，目前在全球 Argo 实时海洋观测网中运行的浮标，主要以美国和法国生产的为主，分别占 78%和 18%。国产 HM2000 型剖面浮标仅有 8 个，仅占总数的 0.2%。

图 2 给出了全球 Argo 实时海洋观测网中使用各种通讯卫星的剖面浮标的分布。可见，目前为观测网提供观测信息和数据传输服务的卫星系统主要有 4 种，分别是 Argos、Iridium、Argos3 和 BeiDou。

由图 2 可见，利用 Iridium（铱星）系统的浮标最多，达 2 168 个，占总数的 54.3%左右；其次为 Argos（含 Argos3），数量为 1 813 个，约占总数的 45.4%。同样，主要由美国和法国的卫星系统在为全球 Argo 实时海洋观测网提供浮标观测信息

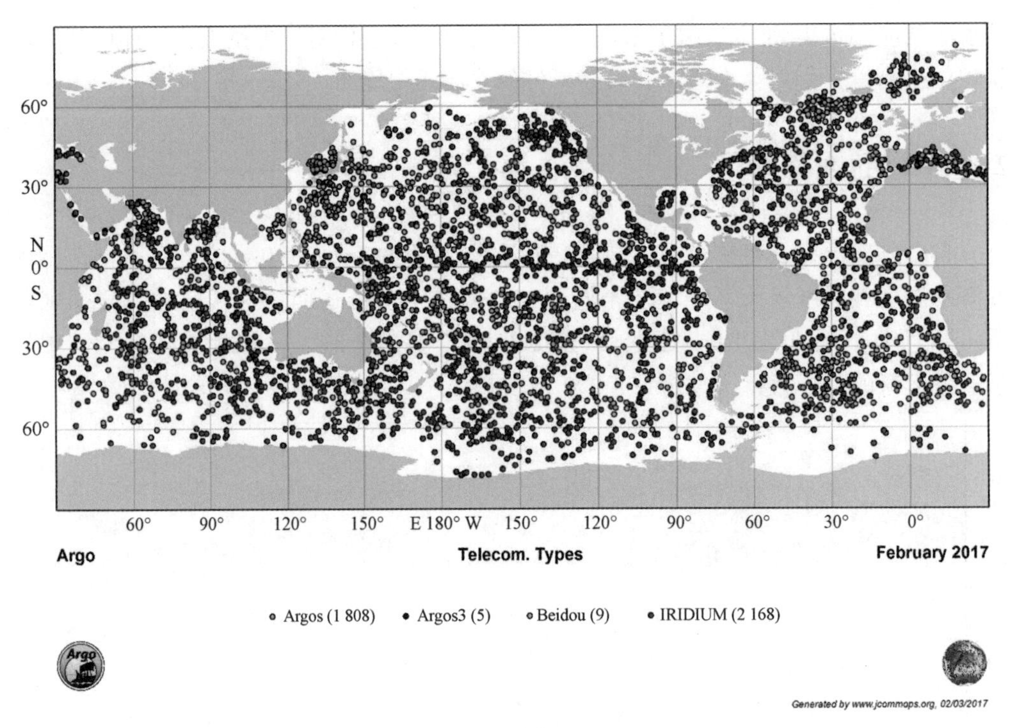

图 2　全球 Argo 实时海洋观测网中利用不同通讯卫星的浮标分布（2017 年 2 月）

和数据传输服务。而使用国产 BeiDou 卫星通讯的浮标数量仅为 9 个，仅占总数的约 0.2%。

3　HM2000 型剖面浮标

HM2000 型剖面浮标是一种新型海洋观测设备，由宜昌测试技术研究所研制生产。2015 年 10 月，该型浮标正式被国际 Argo 信息中心（AIC）接纳，进入全球 Argo 实时海洋观测网[3]。

HM2000 型剖面浮标（图 2）不仅是我国第一种进入全球 Argo 实时海洋观测网建设的剖面浮标，也是我国自行研制的海洋仪器设备首次用于国际海洋合作调查计划；同时，也标志着我国 BeiDou 卫星已经正式成为服务于全球 Argo 实时海洋观测网信息和数据传输的 4 大卫星系统之一。

中国 Argo 实时资料中心负责 HM2000 型剖面浮标的运行维护及数据接收，并将获得的实时温盐深剖面资料通过中国气象局的全球通讯系统（GTS）接口，与世界气象组织（WMO）和国际 Argo 计划成员国即时共享。

HM2000 浮标投放入水后根据预先设定参数，自动完成下潜—定深漂流—上浮 CTD 测量—水面通信—下潜的剖面循环，可在海洋中连续工作 2~3 a。

图3　HM2000型剖面浮标

HM2000浮标主要功能如下：

（1）双向通信功能：使用北斗卫星双向通信，能够在线设定剖面观测参数，实现程控漂流功能。

（2）具备北斗定位、GPS定位双重定位功能；

（3）搁浅保护功能；

（4）数据自动重传功能；

（5）完善的数据传送机制，岸站无人值守功能，并能够自动提醒浮标运行维护人员。

HM2000浮标主要技术指标如下：

（1）剖面测量深度：0~2 000×10^4 Pa；

（2）最大下潜深度：2 000×10^4 Pa；

（3）工作寿命：不少于70个剖面；

（4）测量层数：不少于100层；

（5）剖面循环周期：10~240 h任意设定；

（6）CTD型号：SBE 41/ SBE 41CP

CTD 传感器的测量范围：

温度测量范围：−5～+45℃，测量精度±0.002℃，测量分辨率 0.001℃；

压力测量范围：0～2 000×10^4 Pa，测量精度±2×10^4 Pa，测量分辨率 0.1×10^4 Pa。

盐度测量范围：2～42，测量精度±0.002，测量分辨率 0.001。

4 应用方案

自动剖面浮标不仅要获得所处的定位信息，更重要的是要将测量数据发送到岸站控制中心，因此应用在剖面浮标的上的卫星通信系统必须具有定位及通信功能，北斗卫星系统完全符合这一要求。相比而言，国外同类剖面浮标大多采用 Argos 卫星或者铱星进行通信，同时采用 GPS 进行定位。

4.1 实现方案

HM2000 浮标通过搭载嵌入式北斗卫星通信终端模块（以下简称北斗模块）实现北斗定位、北斗通信功能，同时兼备 GPS 定位功能。浮标控制器为北斗模块提供 24 VDC电源，并通过 RS232 串口与北斗模块进行通信，连接关系如图 4 所示。

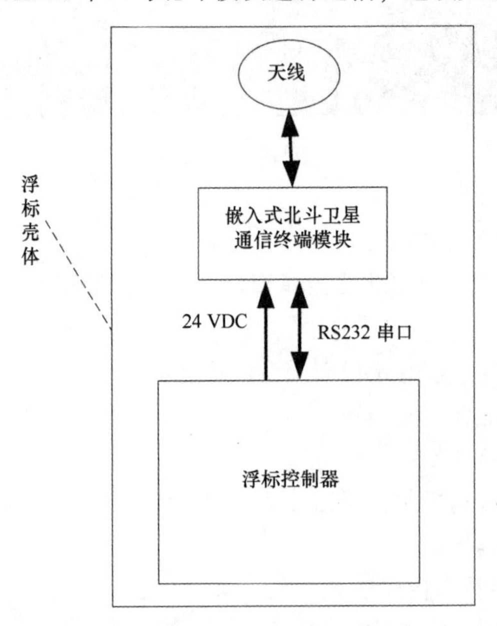

图 4 HM2000 浮标控制器与北斗模块连接关系

但要将北斗系统应用在自动剖面浮标上，首先应对使用环境进行分析，不难得出以下几点：(1) 北斗模块主机及天线必须完全密封在浮标壳体以内；(2) 在剖面浮标通信时，需将北斗天线尽可能高的托出海面以获取更好的通信效果，但高度一般不超过0.5 m；（3）浮标天线外壳须加粗加厚，以保证剖面浮标耐压25 MPa的要求，但会严重影响电磁波的传输，并容易造成频点漂移，削减北斗信号强度；（4）浮标受海浪影响，姿态摇摆，不利于卫星通信。这些因素都对北斗模块提出了更高的使用要求，在安装到浮标上之前，必须满足以下3个条件：

（1）体积小，重量轻，以利于减轻剖面浮标整体重量，并满足内部有限的安装空间；

（2）低功耗，性能稳定，以降低浮标整体功耗，尽可能的延长运行寿命；

（3）定位、通信成功率高。无效的定位及卫星通信会极大消耗浮标电量，甚至造成数据无法回传，导致浮标失去联系。

经过反复比较，HM2000浮标最终选用的北斗模块及天线如图5所示，主要技术指标见表1所示。

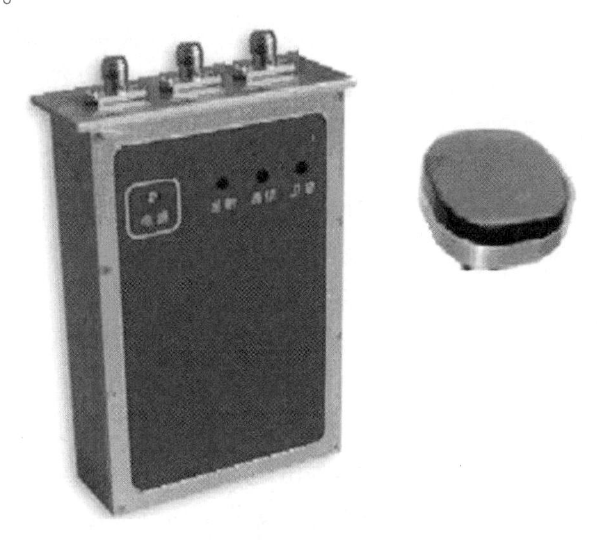

图5 北斗模块主机与天线

表1 北斗通信模块主要技术指标

主要技术指标	参数
外型尺寸	100 mm×85 mm×23 mm
质量	≤300 g
接收灵敏度	C≤-157.6 dBW
天线接口	MCX—JW3/SAM-J3
数据接口	标准RS232，19 200 bps
环境温度	-20~55℃
输入电压	+14~32 V
GPS定位精度	15 m

续表

主要技术指标	参数
北斗定位精度	100 m
首次捕获时间	≤350 ms
双通道测时精度	≤2 ns
主要功能	定位、通信、授时
定位及通信成功率	≥95%

4.2 定位及通信过程

HM2000 浮标具备多种定位方式：（1）GPS 定位；（2）北斗一代定位。浮标用户可根据实际使用需求选择不同定位模式，并通过指令下发给 HN2000 浮标。

众所周知，GPS 为无源定位，适用于全球范围，其定位精度较高，约为 15 m。北斗一代定位属于有源定位，精度约为 100 m，服务区域为 5°~55°N，70°~145°E。

HM2000 浮标的北斗一代定位过程如下：浮标内部控制器通过 RS232 串口向北斗终端模块发送定位申请指令，北斗终端模块收到指令后，自动向至少 2 颗北斗卫星发出定位申请指令，北斗卫星控制中心测出 2 个时间延迟后，计算出终端模块到 2 个卫星的距离，同时从存储在计算机内的数字化地形图上，查寻到用户高程值，从而最终计算出该终端模块所在点的三维坐标，经加密后发送给终端模块。

HM2000 浮标的通信建立在北斗一代的短报文通信功能基础上，通信频度一般在分钟级别，通信内容长度除去底层封装协议以及模块本身占用的协议占用字节，留给浮标可使用的信息长度仅为 100 个字节的 16 进制数据。因此，HM2000 浮标在进行通信设计时，充分考虑了北斗通信的低频度、短报文的特定要求，采取了数据压缩以及特定编码等技术，将每条北斗通信报文的长度限定在 100 字节以内。

HM2000 浮标的主要通信过程如下：浮标内部控制器先行读取内部存储器中的浮标控制中心北斗通信卡号，并与要发送的测量数据组合成北斗通信申请指令，通过 RS232 串口向北斗终端模块发送通信申请指令。北斗模块收到该指令后，将通信内容发送到北斗卫星控制中心。再由北斗卫星控制中心对该条报文进行识别解析，并下发到目标通信终端。

4.3 海上应用

根据中国 Argo 实时资料中心公布的数据，WMO 编号为 2902674 的 HM2000 型浮标，于 2015 年 9 月布放在西太平洋海域，剖面测量深度为 2 000×10^4 Pa，已经获得 100 多条剖面数据，数据接收成功率不小于 99%，至今仍在海上正常工作。图 6 至图 8 分别为该浮标测量的温、盐度垂直分布曲线和 T-S 点聚，以及浮标的漂移轨迹。

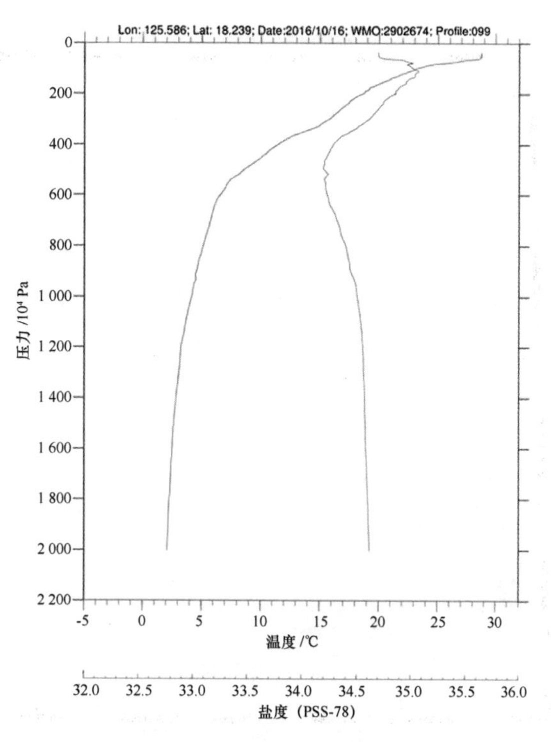

图6　温、盐度垂直分布曲线（第99条剖面）

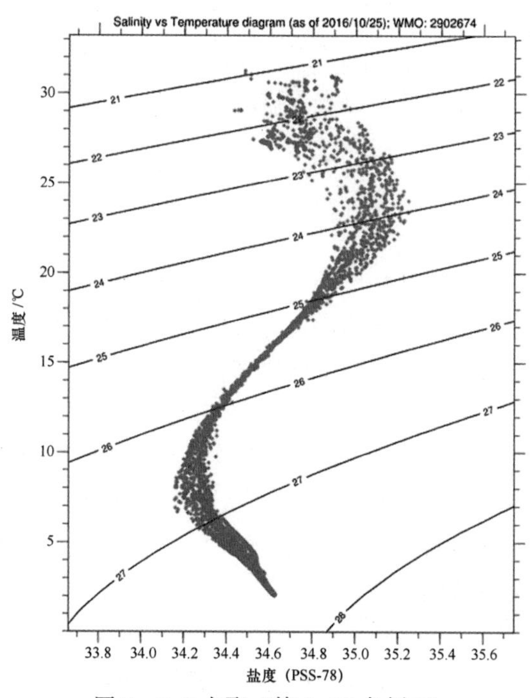

图7　T-S点聚（第1~99条剖面）

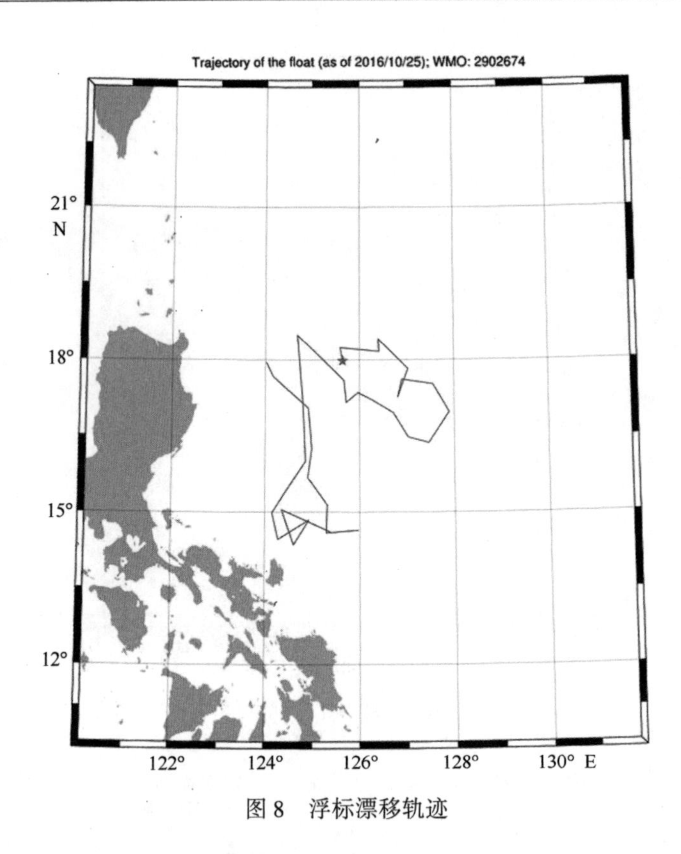

图 8 浮标漂移轨迹

图 6 至图 8 充分表明了，利用北斗卫星定位和通讯的 HM2000 型剖面浮标所提供的观测数据和漂移轨迹都是可信，也是可靠的。

5 应用优势及展望

基于北斗卫星系统的 HM2000 型剖面浮标已经完成多批次的海上应用，完整的剖面数据通过北斗卫星系统源源不断的回传，定位及数据接收成功率高于 99%，这有效证明了北斗卫星系统在海洋剖面浮标上的成功，主要优势体现在如下几个方面：

（1）双向通讯

基于北斗系统的短报文通信功能，HM2000 型剖面浮标可与岸站控制中心建立双向通信链路。岸站控制中心可根据浮标运行状态及所处海域在线对浮标进行参数更改、数据重传等操作。通过对岸站控制软件的预先参数设置，当浮标上传下一个剖面数据时，会自动将预先设置的参数下达给浮标，实现对浮标的离线参数设置功能。

（2）数据保密性强

采用 Argos、Iridium 或者 Argos3 卫星通信系统的剖面浮标，其观测的剖面数据首先由设立在美国和法国的地面站负责接收，再分发给浮标用户。

BeiDou 作为我国自主建设、独立运行的卫星导航系统，着眼于国家安全和经济社会发展需要。采用北斗系统的 HM2000 型剖面浮标直接将数据回传岸站，浮标用户将获得海上第一手资料。

（3）拥有专门的浮标数据服务中心

目前，在杭州已经建立了“北斗剖面浮标数据服务中心”，专门为利用北斗卫星系统定位和通讯的剖面浮标提供数据接收、解码和质量控制等全方位服务，是继法国 CLS（Argos 卫星地面接收站）和美国 CLS America（铱卫星地面接收站）之后，第三个有能力实时接收剖面浮标观测资料的国家中心，可为我国在“两洋一海”重要海域建立 Argo 区域海洋观测网，以及为“海上丝绸之路”沿线国家提供北斗剖面浮标数据接收、处理和分发等服务，确保浮标数据由专门机构统一进行质量控制与数据管理，以及观测数据的高质量。

（4）卫星服务能力

目前，正在运行的北斗二号系统免费向亚太地区提供公开服务。服务区为 55°S～55°N，55°E～180°区域，定位精度优于 10 m，测速精度优于 0.2 m/s，授时精度优于 50 nm。计划在 2018 年，面向“一带一路”沿线及周边国家提供基本服务；2020 年前后，完成 35 颗卫星发射组网，为全球用户提供服务。可见，北斗卫星系统完全满足我国正在逐步建立的覆盖“海上丝绸之路”的 Argo 区域海洋观测网这一发展战略要求。

（5）展望

虽然北斗卫星系统具有诸多优势，但是其短报文通信功能仅仅限于亚太范围，尚未完成全球范围覆盖。因此，在利用北斗卫星系统定位和通讯的 HM2000 型剖面浮标基础上，开发基于 Argos、Iridium 或者 Argos3 卫星通信系统的国产剖面浮标，显得尤为迫切，只要选用数据加密算法并在国内设立数据接收站进行解码，同样可以保证观测数据的保密性，从而使 HM2000 浮标具有多种卫星通信手段，以满足不同海域和不同用户的要求。

6 结束语

本文简要回顾了全球 Argo 实时海洋观测网的建设现状，以及各种型号自动剖面浮标的使用情况，看到了国产剖面浮标和北斗卫星系统在全球海洋观测网中的不足，重点介绍了 HM2000 型剖面浮标的发展历程及技术指标，以及北斗卫星系统在 HM2000 型剖面浮标上的使用方案、定位及通信过程，并分析了北斗卫星系统在 HM2000 型剖面浮标上的优势所在。

HM2000 型剖面浮标具有自主知识产权，可以替代目前只能依靠引进国外剖面浮标建立起来的中国 Argo 大洋观测网，从而为我国深远海资源开发、海洋运输、远洋渔业和海洋预报等提供更多的基础数据与信息服务，对维护我国海洋权益、实现海洋强国梦都有着重要的战略意义。

致谢：感谢中国 Argo 实时资料中心免费提供的 2902674 号 HM2000 型剖面浮标资料及许建平研究员提供的建议及帮助！

参考文献：

[1] 许建平．阿尔戈全球海洋观测大探秘[M]．北京：海洋出版社，2002.

[2] 许建平，刘增宏，孙朝辉，等．全球 Argo 实时海洋观测网全面建成[J]．海洋技术，2008，27(1)：68-70.

[3] 中国 Argo 实时资料中心．我国在北太平洋西边界流海域布放首批北斗剖面浮标[EB/OL].http://www.argo.org.cn/index，2015-10-08.

The application of the BeiDou satellite system in HM2000 profiling float

ZHANG Suwei[1], SHEN Rui[1]

1. *Yichang Testing Technique Research Institute*, *Yichang* 443003, *China*

Abstract: The different types of automatic profiling float and its market share in array for real-time geostrophic oceanography was analysed at first. The gap of the domestic HM2000 profiling float was indicated compared with the foreign products. Based on the positioning and communication advantage of the BeiDou satellite system, the value of HM2000 profiling float was also found. The wide application of HM2000 profiling float was prospected in the end.

Key words: BeiDou satellite system; HM2000 profiling float; Array for Real-Time Geostrophic Oceanography; prospect

COPEX和HM2000与APEX型剖面浮标比测试验及资料质量评价

卢少磊[1,2]，孙朝辉[1,2]，刘增宏[1,2]，许建平[1,2]

1. 卫星海洋环境动力学国家重点实验室，浙江 杭州 310012
2. 国家海洋局第二海洋研究所，浙江 杭州 310012

摘要：利用船载CTD仪、国外剖面浮标（APEX）和实验室盐度计等标准仪器设备，在西北太平洋海域对2种型号国产剖面浮标（COPEX和HM2000）进行了现场比测试验，并对观测资料质量进行了定性和定量分析与评价。结果表明：（1）COPEX和HM2000型剖面浮标观测的盐度资料均能达到国际Argo计划提出的±0.01的精度要求；（2）HM2000的最小观测深度离海面1×10^4 Pa以内，最大观测深度基本稳定在2 000×10^4 Pa左右，并能保持在1 000×10^4 Pa深度附近漂移，而COPEX的最小观测深度在8×10^4～9×10^4 Pa之间，最大观测深度则在1 800×10^4～1 900×10^4 Pa之间波动，且漂移深度都在600×10^4～800×10^4 Pa之间；（3）COPEX和HM2000都获得了70条以上有效观测剖面。总体而言，两种国产剖面浮标观测的温、盐度资料都是可信、可靠的。但试验中暴露的一些问题和不足仍有待不断改进和完善。

关键词：COPEX；HM2000；APEX；剖面浮标；比测试验；质量评价

国际Argo计划自2000年启动实施以来，35个国家和地区在全球海洋中陆续投放了约13 600多个Argo剖面浮标，目前在海上正常工作的浮标总数约在30 125个（截至2017年5月），已经成为全球海洋观测系统的重要支柱，正源源不断地为国际社会提供全球海洋0～2 000 m深度范围内的海洋温度和盐度资料，迄今所获剖面资料总数已达176万条，并正以每年约15.8万条剖面的速度增加。Argo已经成为从海盆尺度到全球尺度物理海洋学研究的主要数据源，而且也已在海洋和大气科学领域的基础研究及其业务化预测预报中得到广泛应用[1-6]。在未来两年内将最终建成由至少4 000个剖面浮标组成的“全球Argo”实时海洋观测网，每年补充布放的浮标约需

基金项目：国家科技基础性工作专项资助项目（2012FY112300）。

作者简介：卢少磊（1988—），男，河南省濮阳市人，硕士，研究实习员，主要从事物理海洋学研究。E-mail：lsl324004@163.com

1 000个[7-8]。

截至2014年底，我国已累计在太平洋和印度洋海域布放了300多个Argo剖面浮标，目前仍有190多个在海上正常工作，我国已成为国际Argo计划的重要成员国。然而，我国Argo计划布放的剖面浮标主要由美国Teledyne Webb公司研制的APEX型剖面浮标，以及由法国NKE公司研制的PROVOR型和ARVOR型剖面浮标。我国虽自"十五"计划开始，就已着手国产剖面浮标关键技术的开发工作，先后研制出了多种型号的自持式剖面漂流浮标，并采用北斗卫星导航系统定位和数据传输，进行了多次海上布放试验，但至今尚未得到国际Argo计划认可，用于全球Argo实时海洋观测网建设中[9-10]。目前，在全球Argo观测网中使用的剖面浮标除了上述3种型号外，还有美国斯克里普斯海洋研究所研制的SOLO型和SOLO-Ⅱ型剖面浮标，以及日本海洋科技中心与TSK公司共同研制的Navis型剖面浮标等。在这些型号的剖面浮标中，APEX型浮标的开发时间最早，技术性能最稳定，特别受到各Argo成员国的青睐，目前约占全球Argo观测网中浮标总数的57%。

为了帮助国产剖面浮标走出国门参与国际竞争，早日成为全球Argo大家庭中的重要一员，从而为中国Argo计划，乃至国际Argo计划的组织实施做出贡献，中国Argo实时资料中心于2014年10月发起并组织实施了一次国内外剖面浮标现场比测试验，得到了国内两家剖面浮标研制单位（国家海洋技术中心和中船重工集团公司第710研究所）的积极响应和高度重视，同时也获得了中国科学院海洋研究所承担的国家基金委开放航次的全方位支持。希望通过本次海上比测试验和观测资料质量评价，能为国产剖面浮标的定型和商业化生产，以及跻身全球Argo观测网建设行列提供科学依据。

1 试验海区及主要仪器设备

1.1 试验区域与布放浮标位置

本次比测试验任务搭载了中国科学院海洋研究所承担的国家自然科学基金委西太平洋科学考察实验研究秋季航次，由"科学一号"调查船执行完成。故剖面浮标的比测试验区域就位于西北太平洋海区，比测点选择在该航次离岸最远、最东侧的位置上，尽可能远离黑潮主干区域（图1）。浮标投放工作始于2014年11月21日，结束于11月22日。

在2个比测站（CP1站和CP2站）上共布放了5个剖面浮标（表1），其中CP1站布放了3种型号的浮标，即APEX型（编号为2901579）、COPEX型（编号为143004）和HM2000型（编号为15322），CP2站上仅有APEX型（编号为2901578）和COPEX型（编号为143003）各1个。同时，在2个比测站上还进行了准同步船载CTD仪观测，以及利用携带的玫瑰型采水器采集特定层次上的海水样品，并使用AUTOSAL 8400B型实验室盐度计进行盐度测定。

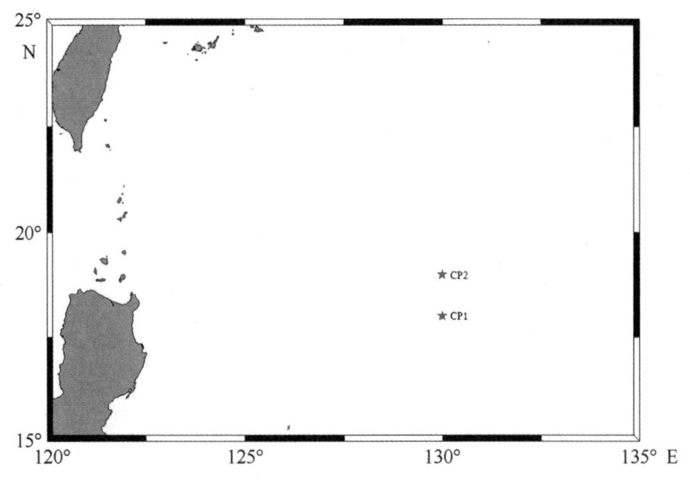

图 1　试验海区与比测站位置

表 1　2 个比测站上的剖面浮标信息及投放概位

站位	浮标类型	浮标编号	投放纬度	投放经度
CP1	APEX HM2000 COPEX	2901579 15322 143004	18.00°N	130.00°E
CP2	APEX COPEX	2901578 143003	19.00°N	130.00°E

1.2　主要仪器设备

比测试验使用了 3 种型号的剖面浮标，它们是：(1) APEX 型剖面浮标 2 个，由美国 Teledyne Webb 研究公司研制生产；(2) COPEX 型剖面浮标 2 个，由国家海洋技术中心研制；(3) HM2000 型剖面浮标 1 个，由中船重工集团公司第 710 研究所研制。它们的主要技术指标见表 2 所示[11-12]。

表 2　APEX、COPEX 和 HM2000 型剖面浮标的主要技术指标

技术参数	APEX	COPEX	HM2000
使用寿命	约 5 a	不少于 70 个剖面	不少于 70 个剖面（或 3 a）
循环周期	1~10 d 任选	1~10 d 任选	1~10 d 任选
通讯卫星	Argos（Iridium）	BeiDou	BeiDou
漂流深度	1 000×10⁴ Pa（可更改）	1 000×10⁴ Pa（可更改）	1 000×10⁴ Pa（可更改）
剖面深度	2 000×10⁴ Pa	2 000×10⁴ Pa	2 000×10⁴ Pa
温度测量范围	-3~32℃	-3~32℃	-5~45℃

续表

技术参数	APEX	COPEX	HM2000
测量精度	±0.002℃	±0.005℃	±0.002℃
分辨率	0.001℃	0.001℃	0.001℃
盐度测量范围	25~45	25~45	2~42
测量精度	±0.005	±0.005	±0.002
分辨率	0.001	0.001	0.001
压力测量范围	0~2 000×10^4 Pa	0~2 000×10^4 Pa	0~2 000×10^4 Pa
测量精度	±2.4×10^4 Pa	±2.4×10^4 Pa	±2.0×10^4 Pa
分辨率	0.1×10^4 Pa	0.1×10^4 Pa	0.1×10^4 Pa

需要说明的是，本次试验中使用的 5 个剖面浮标，均具有双向通讯功能，即在浮标观测期间能任意改变预先设计的测量参数（如观测周期、观测层次和剖面深度等）。其中 2 个 APEX 型剖面浮标采用铱卫星通讯，在 0~2 000×10^4 Pa 深度范围的测量间隔设置为 2×10^4 Pa（约 1 000 层）；两种类型的国产浮标均采用了北斗卫星系统，但它们的剖面观测间隔不尽相同，COPEX 型在 0~2 000×10^4 Pa 水深范围内可测量 52 层，而 HM2000 型约为 134 层。为了能在较短的比测时间内获得更多的观测剖面，设置的循环周期为 2~3 d，即在 2 d 或 3 d 间隔内就能获得一条 0~2 000×10^4 Pa 水深范围内温、盐度剖面资料。

除了剖面浮标之间的相互比较外，还采用了常规的标准仪器设备进行校验，主要有：（1）船载 SBE-911 型 CTD 仪，由美国海鸟公司生产，主要技术指标如表 3 所示；（2）AUTOSAL 8400B 型实验室高精度盐度计，由加拿大 Guildline 公司生产，主要技术指标如表 4 所示。

表 3 SBE-911 型 CTD 仪主要技术指标

技术参数	技术指标
电导率测量范围	0~70 mmho/cm
初始精度	0.003 mmho/cm
分辨率	0.000 4 mmho/cm
温度测量范围	-5~35℃
初始精度	0.001℃
分辨率	0.000 2℃
压力测量范围	最大至 15 000 PSIA
初始精度	测量最大值的 0.015%
分辨率	测量程的 0.001%

表 4 AUTOSAL 8400B 型实验室盐度计主要技术指标

技术参数	技术指标
测量范围	0.005~42
精确度	±0.002
最大分辨率	高于 0.000 2
水槽温度精确度	±0.02℃

1.3 比测程序与比测数据

当调查船抵达比测站后，首先利用船载 CTD 仪进行定点剖面观测，并在上升过程中利用玫瑰型采水器采集特定层次上的海水样品；然后再分别布放剖面浮标。

船载 CTD 仪的剖面观测深度为 0~4 000×10^4 Pa；采集水样从 50×10^4 Pa 到 4 000×10^4 Pa 共设 16 层。考虑到剖面浮标的最大观测深度为 2 000×10^4 Pa，且上层海洋受到外界因素的影响较大，故比测范围主要选择在 1 000×10^4~2 000×10^4 Pa 的深水区内。为此，每个比测站上仅有 1 000×10^4 Pa 和 1 500×10^4 Pa 两个采水层符合上述条件。最终，用于比较分析的现场观测数据有：（1）船载 CTD 仪观测剖面 2 个；（2）特定层上的盐度值 4 个（通过实验室高精度盐度计对采集的水样进行盐度测定获得）；（3）APEX、COPEX、HM2000 型浮标观测剖面各 1 个（与船载 CTD 仪间隔约 24 h 的准同步观测结果）；（4）APEX、COPEX、HM2000 型浮标从 2014 年 11 月 21 日至 2015 年 5 月 21 日期间（历时 6 个月）的全部观测剖面（约 70~100 条），用于检验浮标长期观测的稳定性和可靠性。

同时，中国 Argo 实时资料中心要求参与本次试验的浮标其观测剖面深度为 0~2 000×10^4 Pa，漂移深度为 1 000×10^4 Pa，且至少能提供 70 个有效观测剖面。如果按照国际 Argo 计划的要求[13-14]（每隔 10 d 观测一条温、盐度剖面），相当于浮标的工作寿命不低于 2 a。

2 试验结果分析

为了对国内外剖面浮标获得的温、盐度观测资料质量（或观测精度）有一全面了解和掌握，利用已经获取的准同步观测资料，计算并绘制了多种分析图表（如 T-S 点聚图、温盐度垂直分布图和代表性层次上的温、盐度差比对表等），以便对剖面浮标观测资料的质量做一番客观分析与评价。

需要说明的是，由于浮标的第一条观测剖面是在布放 24 h 后获得的，再加上浮标具有“随波逐流”漂移的特性，故即使是第一条观测剖面，其对应的经纬度与船载 CTD 仪观测时的位置也是不尽相同的。因此，在评价资料质量时，尽可能选择

1 000×10^4 Pa 以深的观测层次进行比较分析。此外，考虑到用于比测的采水层次（每站仅 2 个）十分有限，而实际上在本航次实施的 8 个船载 CTD 仪观测站上，均利用玫瑰型采水器采集了水样，共获得了 54 个盐度值。利用这些特定层上的盐度值首先检验了船载 CTD 仪观测剖面的可靠性和测量精度，发现船载 CTD 仪与实验室盐度计测定的特定层上的盐度（两者为准同步观测，即获得的 CTD 资料是探头下放时的观测结果，而非 CTD 探头上升时在特定层上采集水样时同步观测的盐度数据），除在一个测站的 2 000×10^4 Pa 层上两者盐度值相差（实验室盐度计测定的盐度值偏低）较大外，在其他比测站和层上均十分接近，甚至几乎重合。计算的各特定层上的盐度差均符合国家标准规定的精度要求[15]。也就是说，本航次使用的船载 CTD 仪观测剖面是可靠、也是可信的，完全可以用来验证剖面浮标观测结果的可靠性和观测精度。

2.1 T-S 点聚分布

利用 T-S 点聚图或 T-S 曲线对现场剖面观测资料进行质量控制是最常用、最直观的方法之一，也是国际 Argo 资料管理组推荐的资料质量控制方法[16—17]。

图 2 给出了两个比测站位上船载 CTD 仪与不同型号浮标观测的第 1 条深水剖面的 T-S 点聚分布。可以看出，试验海区 T-S 点聚大体呈反“S”型分布，除在温度 8～10℃和 20～25℃区间内 T-S 点聚比较分散外，其他温度区间 T-S 点聚都比较集中，尤其在 5℃以下，T-S 点聚几乎处于一条直线上，表明无论是国产剖面浮标，还是从国外引进的剖面浮标的观测资料与船载 CTD 仪的观测结果基本上是吻合的，尤其在 1 000×10^4 Pa 以下，三者几乎重合。

至于两个温度区间（大约处于 1 000×10^4 Pa 以浅水层）内 T-S 点聚比较离散，且愈往浅水层，离散似乎越明显的原因，除了上层海水容易受到风、太阳辐射等外界因素的作用和影响外，还与本海区 500×10^4～800×10^4 Pa 中层受到域外低温、低盐水团（称“北太平洋中层水”）的影响有关。而深层（1 000×10^4 Pa 水深以下）海水在某一特定区域或时间内，其水体的温、盐度性质具有相对稳定的特性，这也是在开展深海大洋调查时，无论是采用船载 CTD 仪还是剖面浮标，要求其观测深度尽可能取得大些（一般要求在 2 000×10^4 Pa，甚至更大的深度）的原因所在。一旦船载 CTD 仪或剖面浮标所携带的温、盐（电导率）、深（压力）传感器发生故障，导致观测数据出现异常或误差时，可以方便观测人员辨别真伪并校正误差，以确保观测资料的质量。

2.2 温、盐度垂直分布

上述分布特征在温、盐度垂直分布图（图 3）中也是显而易见的。以水深 1 000×10^4 Pa 为界，浮标与船载 CTD 仪观测的温、盐度分布曲线在上层的吻合程度明显要比深层差，而且由特定层上实验室盐度计测定的盐度值（图中“▲”表示）与两者的观测结果同样是吻合的。

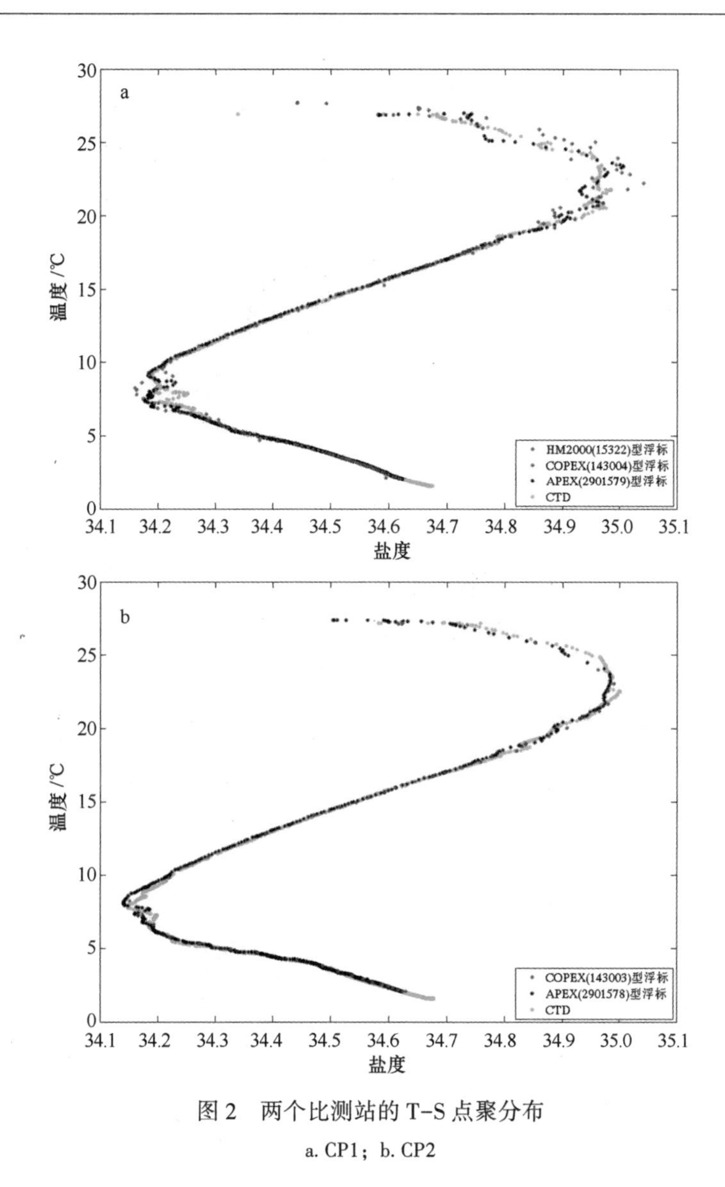

图 2　两个比测站的 T–S 点聚分布

a. CP1； b. CP2

图 4 是两个比测站上 1 000×10^4 Pa 以深的温、盐度垂直分布。可以清楚地看到，在大比例尺图中由多种仪器设备（船载 CTD 仪、剖面浮标和实验室盐度计等）获得的温、盐度剖面资料间，虽变化趋势大体一致，但对应层上的温、盐度值还是有些差异的。这与上面提到的这些仪器设备提供的数据并非同步观测有关，即使是特定层上的船载 CTD 盐度与实验室盐度计测定的，也只是准同步的观测结果。不过，采用不同仪器设备观测的盐度值相比温度还是要更接近些，充分表明了在深层海洋中，温度变化还是比较可观的。这也是国际 Argo 计划启动深海（大于 3 000×10^4 Pa）Argo 观测，以及发起研制深海 Argo 剖面浮标的重要因素，因为深层海水的变化与输送，对全球气候变化的作用和影响，甚至贡献会更大。

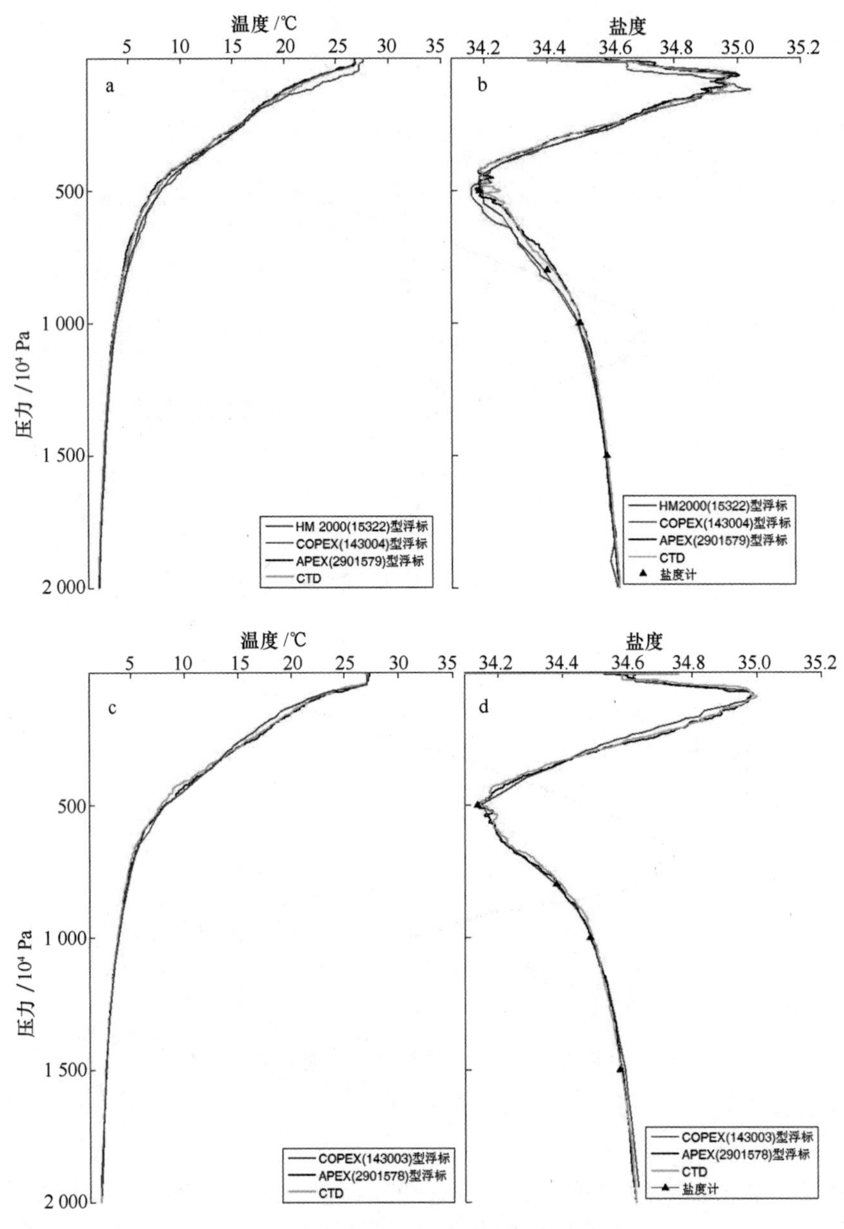

图 3 两个比测站的温、盐度垂直分布

a，b. CP1；c，d. CP2

需要指出的是，在 CP1 站上 COPEX 型浮标似乎在 1 500×10^4 Pa 深度以下存在盐度异常，即浮标盐度值要略低（或略高）于船载 CTD 仪观测的结果，显然不符合海洋深层的自然变化规律。事实上，在观测了 26 条剖面后，这种盐度异常现象已经完全消失，造成这种现象的原因将会在分析盐度时间系列分布一节中叙述。

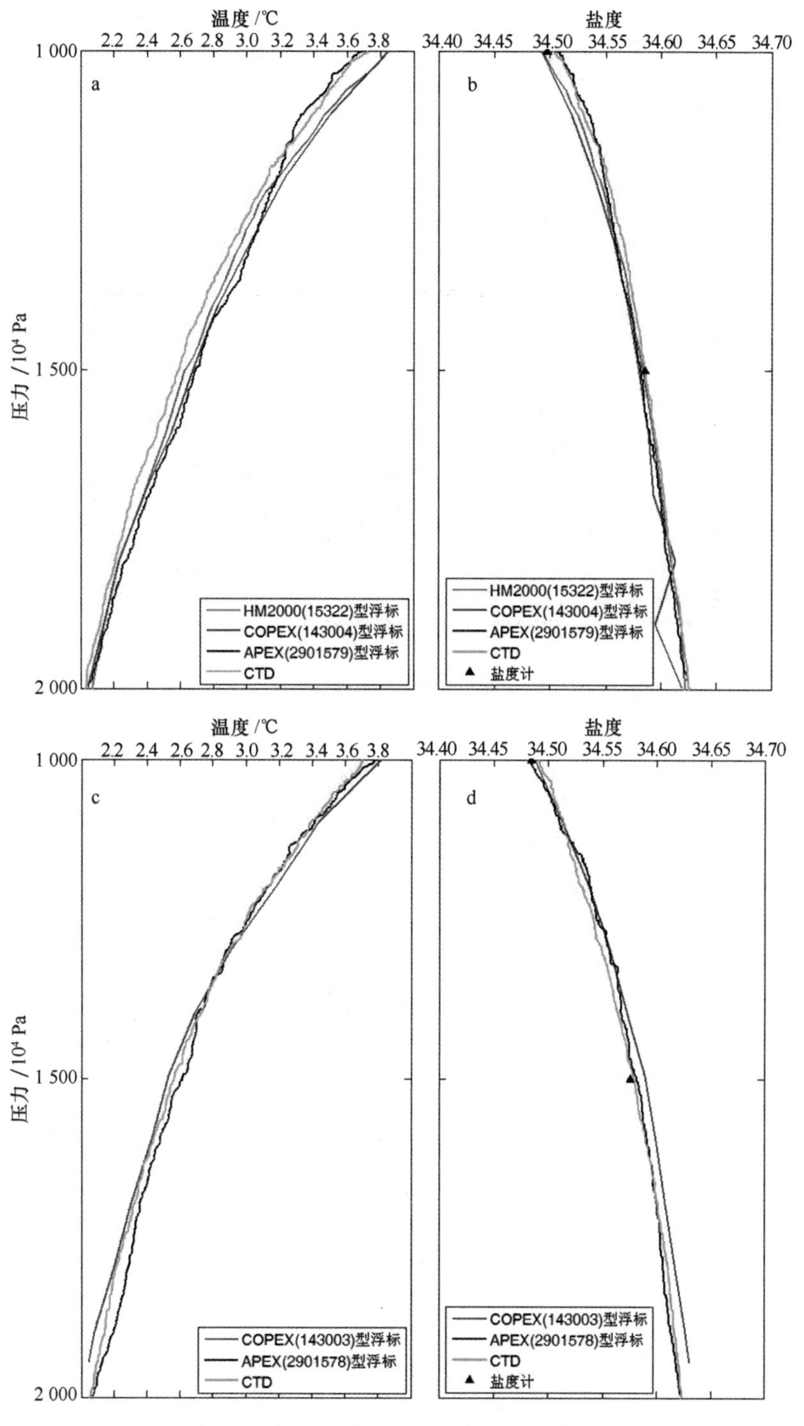

图4 两个比测站的温、盐度深层垂直分布

a，b. CP1；c，d. CP2

2.3 温、盐度时间系列分布

为了检验剖面浮标长期观测的可靠性和稳定性，选择了试验前 6 个月（2014 年 11 月 21 日至 2015 年 5 月 21 日）内的观测剖面进行比较分析。从绘制的每个浮标的漂移轨迹（图 5）中可以看到，其中 3 个浮标布放后呈曲线状向西漂移；1 个浮标则向东后又折向西漂移，而另 1 个浮标几乎在原地打转。

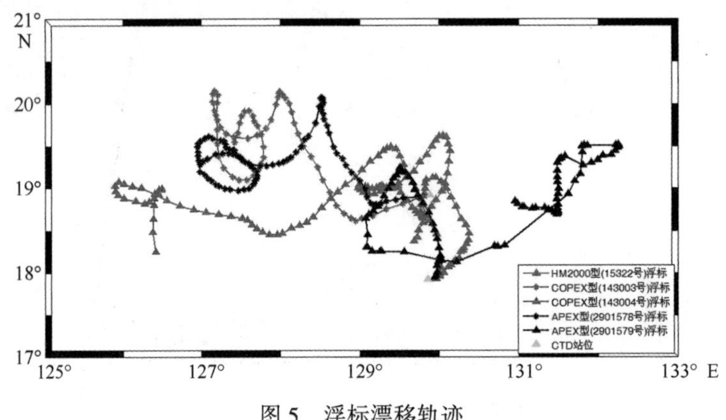

图 5 浮标漂移轨迹

图 6 给出了两个站位上 3 种型号浮标在 6 个月内全部观测剖面的 T-S 点聚分布。从图中可以看出，试验期间该海域内 T-S 点聚不仅呈反“S”型分布，而且在 12～18℃和 4℃以下两个温度区间内，除 143004 号浮标的盐度值在深层出现少许离散外，T-S 点聚几乎均聚集在一条直线上。这也充分表明了，无论是国外还是国产浮标，在长达 6 个月的试验观测期间，所提供的温、盐度资料都是稳定、可靠的。

在对 143004 号（COPEX 型）浮标的温、盐度时间系列（图 7）分析时发现，该浮标的前 26 条剖面在约 $1\ 500\times10^4$ Pa 层以下都存在盐度“尖峰”现象，之后这种异常现象几乎完全消失。是电导率传感器在高压状态下发生故障导致的观测误差，还是传感器在生产或安装过程中的某个环节存在的问题所致，建议由浮标研制单位会同传感器生产商能尽可能找出故障原因，以免在日后的浮标生产中隐藏类似问题。不过，在中国 Argo 实时资料中心引进布放的 300 多个浮标中，还没有发现此类现象。

需要指出的是，15322 号（HM2000 型）浮标在完成 40 个 $0\sim2\ 000\times10^4$ Pa 深水剖面后，根据研制单位的反馈，因浮标驱动模块发生故障，无法继续进行深水观测，故于 2015 年 2 月 13 日将最大剖面观测深度调整为 $1\ 200\times10^4$ Pa，并在 5 月 25 日后完全停止工作，累计获得了 77 条有效观测剖面。由于比测试验时，研制单位仅有一个库存 HM2000 型剖面浮标，而在此之前（2014 年 10 月 25 日），另有 4 个同类型浮标布放在南海区域，除一个（15331 号）浮标因漂移进入浅水区域而较早停止工作外，其他 3 个（15323、15327、15329 号）到 2015 年 5 月 22 日都一直在正常工作，获得

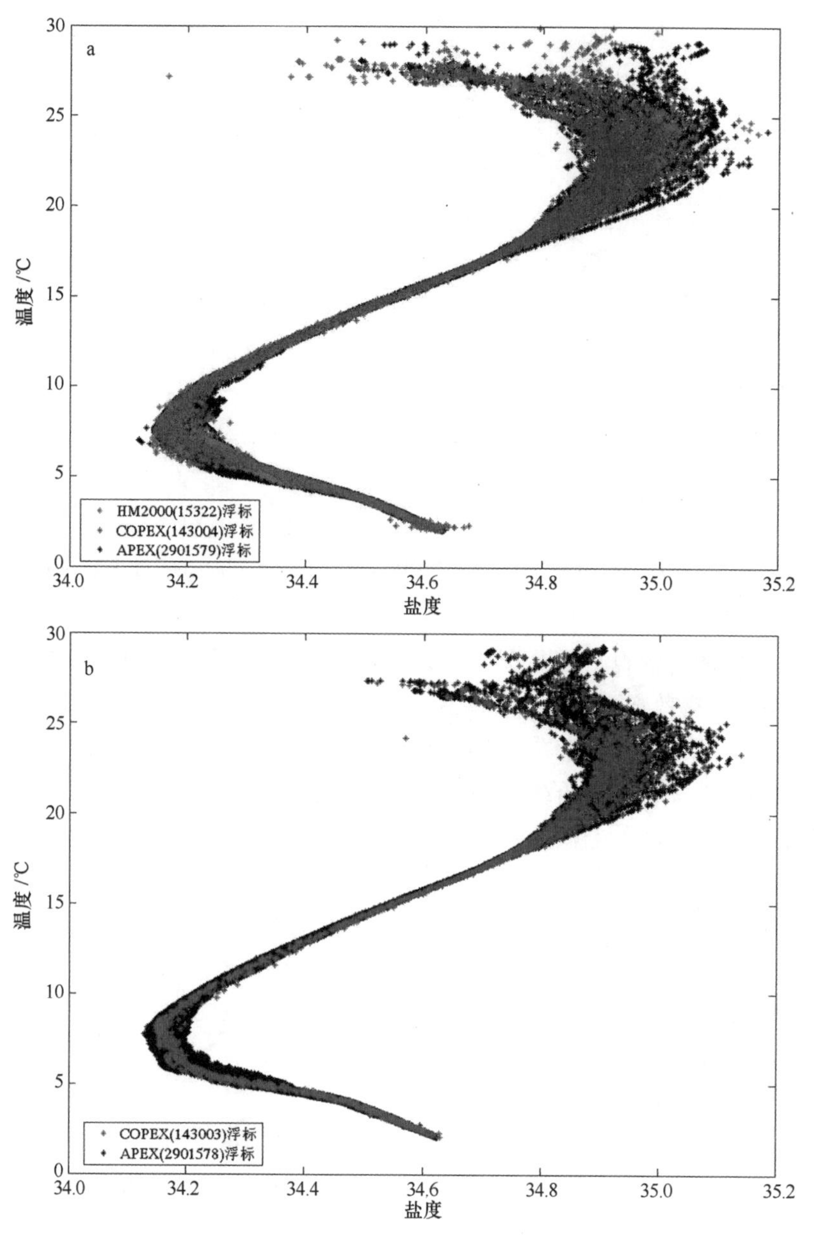

图 6　比测浮标 T-S 点聚和温、盐度垂直分布

a. CP1；b. CP2

的有效观测剖面数均已在 80 条以上。图 8 显示了其中的 15329 号浮标在 2014 年 10 月 25 日至 2015 年 5 月 22 日期间的漂移轨迹及其与历史 APEX 浮标观测结果的比较。可以看到，无论是 T-S 点聚还是温、盐度垂直分布，两者的分布趋势均十分相似，特别是在温度 5℃或 1 000×10^4 Pa 深度以下，T-S 点聚或温、盐度垂直分布几乎趋于

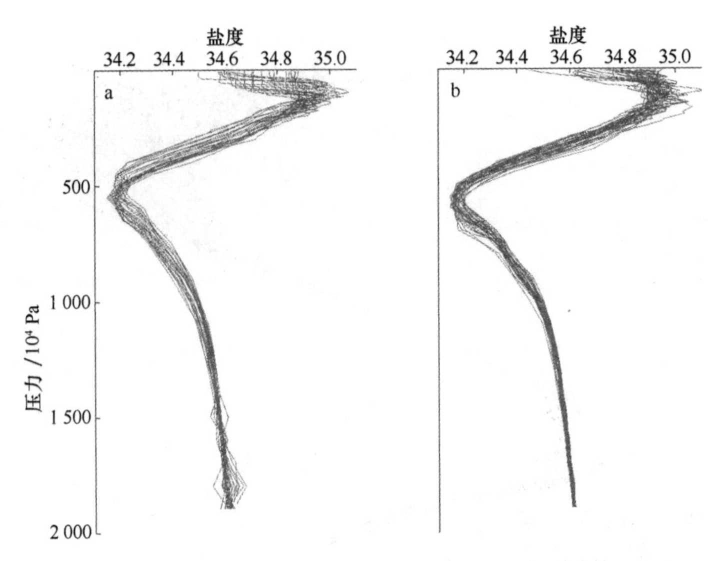

图 7 143004 号浮标在 2015 年 1 月 20 日前（a）后（b）的盐度垂直分布

一条直线，表明两者的观测结果基本吻合。由此可见，比测试验期间 HM2000 型浮标能取得 70 个以上有效观测剖面并非偶然。

综上所述，从定性分析来看，本次试验中 2 种型号国产剖面浮标的观测资料，无论与国外同类型浮标，还是船载 CTD 仪观测结果比较，T-S 点聚和温、盐度垂直分布趋势都是比较一致的，也就是说，这些浮标观测的温、盐度资料基本上是可信、可靠的。

2.4 压力（深度）分布

在比测试验之前，中国 Argo 实时资料中心要求浮标观测的剖面深度为 0~2 000×10^4 Pa，且漂移深度停留在 1 000×10^4 Pa 附近。图 9 给出了各型浮标提供的最小、最大观测深度和漂移深度的变化情况。

由图 9 可见，除个别剖面外，HM2000 和 APEX 型浮标的最小观测深度都在距海面 1×10^4 Pa 以内，而 COPEX 型浮标的最小观测深度几乎都在 8×10^4~9×10^4 Pa 之间。最大观测深度从总体上看，APEX 型浮标要优于国产浮标，基本上控制在 1 900×10^4~2 000×10^4 Pa 之间；2 个 COPEX 型浮标中，其中一个（143004 号）也能控制在 1 900×10^4~2 000×10^4 Pa 之间，但另一个则在 1 800×10^4 Pa 上下波动；HM2000 型浮标经过前期数个剖面的调整后，基本上能保持 2 000×10^4 Pa 深度，但大约 30 个剖面后，由于浮标驱动模块出现故障，最大观测深度调整为 1 200×10^4 Pa，可见其提供的剖面能始终保持在新调整的深度上。从各型浮标的漂移深度来看，APEX 始终能保持在 1 000×10^4 Pa 深度附近漂移；而 HM2000 在经过前期几条剖面的调整后，同样能保持在 1 000×10^4 Pa 深度附近漂移，但在 2015 年 4 月 20 日后则下沉到 1 100×10^4 Pa 深度附近漂移；2 个 COPEX 型浮标的漂移深度经过前期几条剖面的调整后，基本上都在 $600\times10^4\sim800\times10^4$ Pa 深度间漂移，相比之下，143004 号浮标的变化幅度要大于 143003 号，前者最大压力差可达 100×10^4 Pa。

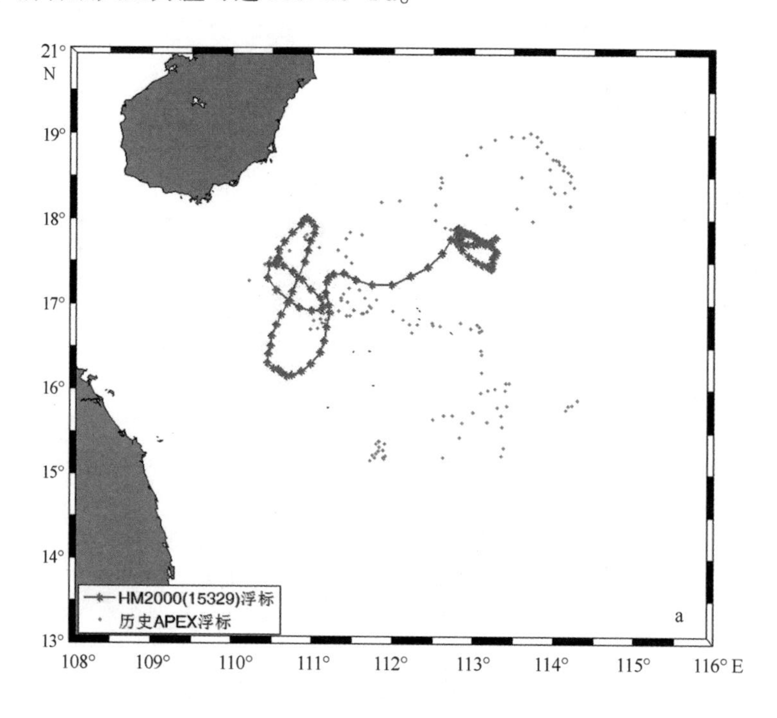

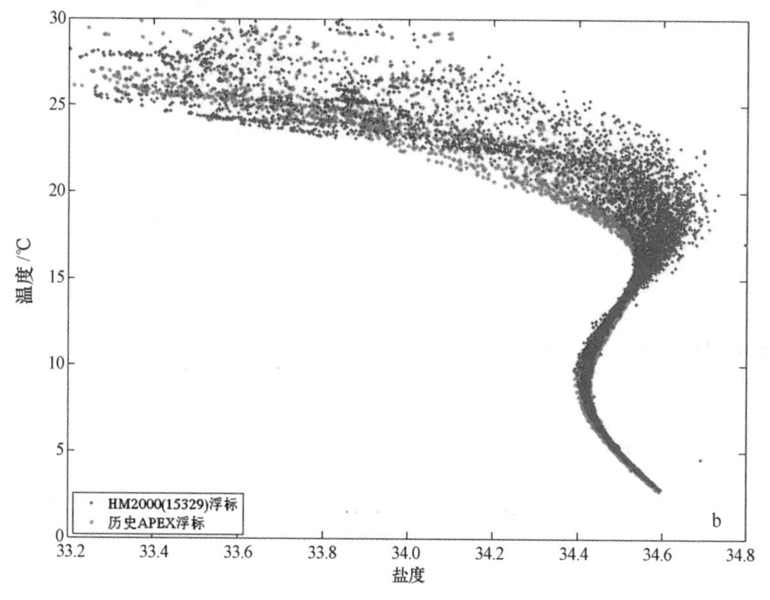

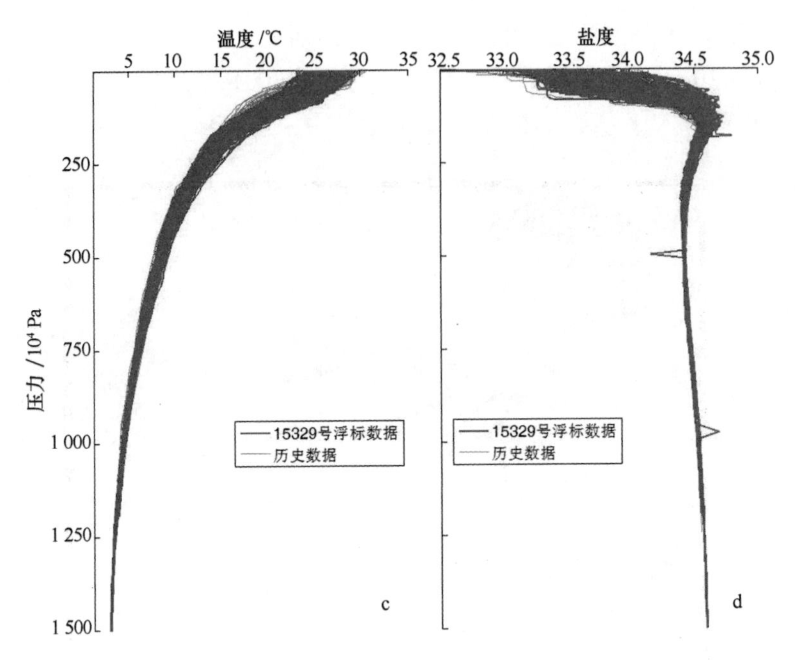

图 8　南海 HM2000 型浮标观测结果比较

a. 漂移轨迹；b. T-S 点聚；c. 温度垂直分布；d. 盐度垂直分布

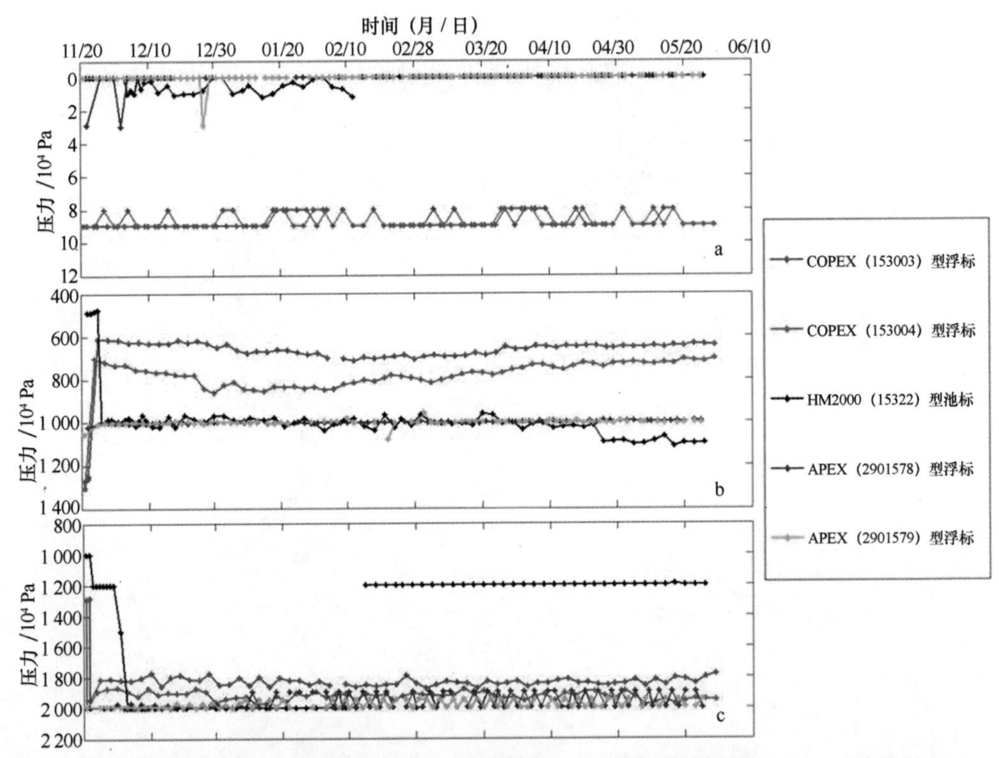

图 9　各型浮标最小观测深度（a）、漂移深度（b）及最大观测深度（c）分布曲线

3 观测资料质量评价

为了对浮标观测资料质量或观测精度有一定量了解和掌握，分别计算了船载 CTD 仪、实验室盐度计与不同型号浮标提供的第 1 条深水剖面在几个特定层上的盐、温度差，详见表 5 所示。首先由船载 CTD 仪与实验室盐度计之间的盐度差可以看出，其差值在 0~0.007 之间，符合《海洋调查规范（GB/T 12763.2—2007）——海洋水文要素调查》对盐度准确度一级标准（±0.02）的规定，以及国际 Argo 计划提出的 ±0.01的盐度精度要求。显而易见，本航次使用的船载 CTD 仪的观测精度是高的，也是值得信赖的，可以用来作为评判浮标观测资料质量的标准设备。

同样由表 5 可见，APEX 与 CTD 在各比测层上的盐度差均小于±0.01，个别层上甚至优于±0.001；HM2000 在各比测层上的盐度差也均要小于±0.01；COPEX 除个别层次上稍大于±0.01 外，在大多数比测层上也都能达到国际 Argo 计划提出的观测精度要求。

表 5　两个比测站特定层上的盐度比对结果

参数	CP1					CP2				
压力/10^4 Pa	2 000	1 800	1 500	1 200	1 000	2 000	1 800	1 500	1 200	1 000
盐度（CTD）	34.625	34.610	34.586	34.551	34.503	34.624	34.611	34.578	34.531	34.492
盐度（APEX）	34.625	34.607	34.582	34.546	34.507	34.623	34.606	34.582	34.539	34.483
盐度（HM2000）	34.624	34.609	34.584	34.544	34.493	—	—	—	—	—
盐度（COPEX）	34.620	34.613	34.580	34.540	34.492	34.634	34.617	34.589	34.537	34.487
盐度（盐度计）	—	—	34.586	—	34.498	—	—	34.575	—	34.485
盐度差（CTD-盐度计）	—	—	0.000	—	0.005	—	—	0.003	—	0.007
盐度差（CTD-APEX）	0.000	0.003	0.004	0.005	-0.004	0.001	0.005	-0.004	-0.008	-0.009
盐度差（CTD-HM2000）	0.001	0.001	0.002	0.007	0.010	—	—	—	—	—
盐度差（CTD-COPEX）	0.005	-0.003	0.005	0.011	0.011	-0.010	-0.006	-0.011	-0.006	0.004

然而，从 2 个比测站（表 6）上由 CTD 仪和浮标观测的温度值比较发现，无论是国外还是国产浮标，与 CTD 的温度差都比较大，除了在 2 000×10^4 Pa 层温度差均处于-0.0083℃至 0.011 7℃范围内，以及 1 800×10^4 Pa 层上个别温差在-0.019 5℃至 0.014 4℃间外，在大部分比测层上均要大于±0.02℃，不但没有达到《海洋调查规范

(GB/T 12763.2—2007)——海洋水文要素调查》对温度准确度一级标准(±0.02℃)的规定，且离国际 Argo 计划提出的温度观测误差小于±0.005℃要求，更是相差甚远。除了缺乏可供比测的同步温度数据外，这样的温度差也足以证明了，即使在深层海洋中，海水温度的变化也要远大于盐度变化。

表 6 两个比测站特定层上的温度比对结果

参数	CP1					CP2				
压力/10^4 Pa	2 000	1 800	1 500	1 200	1 000	2 000	1 800	1 500	1 200	1 000
温度/℃ (CTD)	2.033 2	2.210 6	2.590 2	3.121 3	3.727 7	2.053 7	2.209 2	2.563 6	3.121 4	3.705 2
温度/℃ (APEX)	2.046 0	2.235 0	2.637 0	3.180 0	3.687 0	2.062 0	2.244 0	2.616 0	3.129 0	3.782 0
温度/℃ (HM2000)	2.049 9	2.233 3	2.639 5	3.187 5	3.850 0	—	—	—	—	—
温度/℃ (COPEX)	2.043 0	2.230 1	2.675 1	3.224 9	3.845 5	2.042 0	2.194 8	2.523 0	3.180 5	3.814 2
温度差/℃ (CTD-APEX)	-0.012 8	-0.024 4	-0.045 8	-0.058 7	0.040 7	-0.008 3	-0.034 8	-0.052 4	-0.007 6	-0.076 8
温度差/℃ (CTD-HM2000)	-0.016 7	-0.022 7	-0.049 3	-0.066 2	-0.122 3	—	—	—	—	—
温度差/℃ (CTD-COPEX)	-0.009 8	-0.019 5	-0.084 9	-0.103 6	-0.117 8	0.011 7	0.014 4	-0.040 6	-0.059 1	-0.080 0

不过，通常来说，由船载 CTD 仪或剖面浮标所携带的温度和电导率（可换算成盐度）传感器，前者（温度传感器）的性能和可靠性要远优于后者，且温度测量的精确度也要明显高于盐度。所以，人们在利用上述仪器设备对深海大洋进行温、盐度测量时，往往只关注和重视电导率传感器的观测误差。值得指出的是，目前国内广泛利用的船载 CTD 仪，虽有一部分携带了玫瑰型采水器，可以通过采集水样进行实验室盐度测定，但似乎没有同时携带颠倒温度表进行温度同步测量的。所以，即使人们想要对温度进行现场同步比较观测与资料质量评价，目前仍缺少有效的比测手段。

利用在试验海域收集到的历史 CTD 和 Argo 剖面观测资料，根据客观估计方法计算得到了浮标剖面处的气候态温、盐度值，进一步比较分析了不同浮标在代表性层 1 800×10^4 Pa 上与气候态资料的差异。图 10 给出了 CP1 站 1 800×10^4 Pa 等压面上浮标与气候态温、盐度时间序列分布。由图可见，CP1 站附近深水海域的气候态温、盐度分布较为平稳，其变化范围分别在 2.289~2.311℃和 34.607~34.618 之间，而浮标观测结果的变化幅度则要大些，且温度比盐度的变化更大，其中 HM2000（15322 号）观测的温、盐度值变化范围分别为 2.233 ~ 2.398℃ 和 34.601 ~ 34.611；COPEX（143004 号）分别为 2.205~2.435℃和 34.552~34.676；APEX（2901579 号）分别为

2. 197～2. 394℃和34. 607～34. 618。比较而言，HM2000和APEX型浮标的温、盐度范围与气候态比较接近，平均温差在0. 047～0. 051℃之间，平均盐差均为0. 004。COPEX与气候态平均温差为0. 049℃，间于HM2000和APEX的平均温差之间，但平均盐差却达到了0. 021。显然，这与该浮标前期观测的26个剖面，在1 500×10⁴ Pa深度以下存在比较明显的盐度“尖峰”有关。

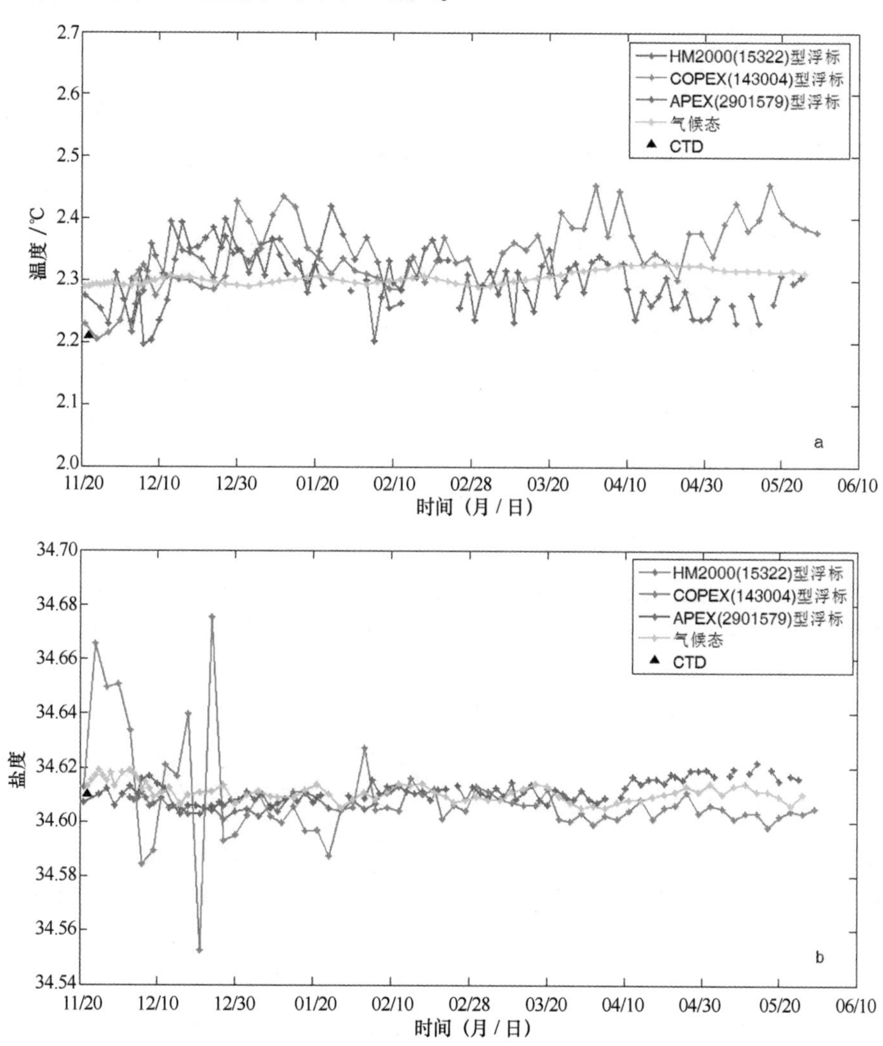

图10　CP1站1 800×10⁴ Pa等压面上浮标与气候态温、盐度时间序列分布

同样，绘制了CP2站1 800×10⁴ Pa等压面上浮标与气候态温、盐度时间序列分布（图略），并计算了平均温、盐度差，结果表明，气候态温、盐度分布与CP1站一样较为平稳，其变化范围分别在2. 224～2. 386℃和34. 604～34. 618之间。浮标观测的温度变化虽波动较大，范围在2. 195～2. 454℃之间，但变化趋势还是比较一致的，亦

与气候态变化趋势接近；浮标观测的盐度范围（34.597~34.618）似乎更接近于气候态（34.604~34.618），且变化趋势也十分相近。无论是国产浮标（143003 号），还是进口浮标（2901578 号），其与气候态的平均温差分别为 0.043℃ 和 0.049℃，两者十分接近，而且平均盐度差更要相近些，分别为 0.006 和 0.004。

4 结论

在本次比测试验中，首先利用与船载 CTD 仪同步获取的几个特定层上的盐度值（通过采集海水样品再使用高精度实验室盐度计测定），检验了船载 CTD 仪观测结果的可靠性，两者盐度差（最大为 0.007）远高于±0.01 的精度要求。为此，利用船载 CTD 仪观测的盐度作为比测标准值，来验证剖面浮标观测资料的质量及其观测精度。同时，还利用试验海区历史 Argo 数据（经全球 Argo 资料中心的严格质量控制）检验了国产剖面浮标长期观测资料的稳定性和可靠性。得到如下结论：

（1）2 种型号（COPEX 和 HM2000）国产剖面浮标观测的盐度资料是可信、可靠的，不仅能符合国家标准规定的盐度准确度一级标准（±0.02），而且能满足国际 Argo 计划提出的±0.01 的高要求。

（2）HM2000 的最小观测深度离海面 1×10^4 Pa 以内，COPEX 在 8×10^4 ~ 9×10^4 Pa 之间；最大观测深度 HM2000 基本上能保持 2 000×10^4 Pa，COPEX 则在 1 800×10^4 ~ 1 900×10^4 Pa 之间波动，极少数剖面能达到 2 000×10^4 Pa 深度；HM2000 基本上能保持在 1 000×10^4 Pa 深度附近漂移，而 COPEX 漂移深度都在 600×10^4 ~ 800×10^4 Pa 之间。

（3）COPEX 和 HM2000 都获得了 70 条以上有效观测剖面，但后者大约 40 条剖面的最大观测深度仅为 1 200×10^4 Pa；前者至今仍在海上正常工作，但后者已经停止工作。

温度观测虽然不是本次比测试验的重点，但我们依然根据船载 CTD 仪、国外剖面浮标（APEX）和历史 Argo 观测等提供的高质量温度剖面资料，经过定性比较和分析，表明国产剖面浮标观测的温度数据质量也是可信、可靠的。

试验期间，COPEX 的一个电导率传感器遇到偶发性故障，导致前期观测的 26 条剖面在深层（1 500×10^4 Pa 以下）出现异常的盐度“尖峰”；HM2000 在观测 30 条剖面后驱动模块发生故障，导致后续的最大观测深度仅有 1 200×10^4 Pa。此外，与 APEX 相比，无论是最小、最大观测深度，还是漂移深度和工作寿命等，国产剖面浮标仍有许多改进和完善的空间；同时，还面临着国际 Argo 计划规定的许多苛刻要求，如需实时提供浮标能量变化（电池的电压电流大小）、漂移时的定时温、盐度和压力值，以及内部真空度和柱塞泵位置等一系列参数，方可被国际 Argo 计划接纳并冠以“Argo 剖面浮标”的称号，正式用于全球 Argo 实时海洋观测网建设与维护。

致谢：本次比测试验任务得到了国家海洋技术中心、中船重工710研究所、中国科学院海洋研究所和国家海洋局第二海洋研究所等单位的高度重视和大力支持；海上浮标布放工作还得到了航次首席科学家周慧副研究员和全体调查队员，以及中国科学院海洋研究所船舶中心“科学一号”调查船全体船员的鼎力支持和帮助，在此一并表示谢忱！

参考文献：

[1] 许建平,刘增宏.中国Argo大洋观测网试验[M].北京:气象出版社,2007:1-6.

[2] 许建平,刘增宏,孙朝辉,等.全球Argo实时海洋观测网全面建成[J].海洋技术,2008,27(1):68-70.

[3] 朱伯康,许建平.国际Argo计划执行现状剖析[J].海洋技术,2008,27(4):102-114.

[4] Freeland H, Roemmich D, Garzoli S, et al. Argo—A Decade of Progress [M]//Proceeding of OceanObs'09:Sustained ocean observations and information for society. Venice, Italy, 2009, 21-25 September, Vol2.

[5] Roemmich D, Johnson G, Riser S, et al. The Argo program observing the global ocean with profiling floats[J].Oceanography,2009,22(2):34:43.

[6] 张人禾,朱江,许建平,等.Argo大洋观测资料的同化及其在短期气候预测和海洋分析中的应用[J].大气科学,2013,37(2):411-424.

[7] Argo Steering Team.Report of the Argo Steering Team 16th Meeting[R].The Argo Steering Team 16th Meeting,IFREMER,Brest France,2015:19-25.

[8] Argo Data Management Team.Report of the Argo Data Management Team 15th Meeting[R].The Argo Data Management Team 15th Meeting,Canadian Hydrographic Service & Oceanographic Services,Ottawa,Canada,2014:5-10.

[9] 余立中,张少永,商红梅.我国Argo浮标的设计与研究[J].海洋技术,2005,24(2):121-129.

[10] 张川,胡波,王聪,等.Argo浮标海上比测试验研究[J].海洋技术,2011,30(2):94,98.

[11] 孙朝辉,杨小欣,徐智昕.科技基础性工作专项——“西太平洋Argo实时海洋调查”重点项目2014年冬季航次报告[EB/OL].http://www.argo.org.cn/index.2015-01-18.

[12] Guidline Instruments Ltd. Technical Manual for Model 8400B "AUTOSAL" [M]. Smiths Falls, Canada,2002.

[13] Reverdin G.Correction of salinity of floats with FSI sensors[R].Maryland,American :The 1st Argo Science Team Meeting,1999.

[14] Argo Steering Team.Report of the Argo Steering Team 2nd Meeting[R].The Argo Steering Team 2nd Meeting,Southampton Oceanography Centre,Southampton U.K.,2000:7-9.

[15] GB/T 12763.2—2007,海洋调查规范:海洋水文观测[S].北京:中国标准出版社,2007.

[16] Bacon S,Centurioni L,Gould W.The evaluation of salinity measurements from PALACE floats[R]. Journal of Atmospheric and Oceanic Technology,2001,18(7):1258-1266.

[17] Wong A, Keeley R, Carval T. Argo quality control manual[S]. Seoul:The Argo Data Management Team,2013.

The comparative testing about COPEX and HM2000 with APEX profiling float and the data quality evaluation

LU Shaolei[1,2], SUN Chaohui[1,2], LIU Zenghong[1,2], XU Jianping[1,2]

1. *State Key Laboratory of Satellite Ocean Environment Dynamics, Hangzhou* 310012, *China*
2. *The Second Institute of Oceanography, State Oceanic Administration, Hangzhou* 310012, *China*

Abstract: Using CTD, imported profiling float (APEX) and laboratory salinometer, the comparative testing about two kinds of domestic profiling float (COPEX and HM2000) were carried out, and the quality of observation data was analysed qualitatively and quantitatively. The result indicated that: (1) salinity data of COPEX and HM2000 could meet the accuracy requirement of international Argo plan (± 0.01); (2) the mix observation depth of HM2000 was between 0 Pa and 1×10^4 Pa, the max observation depth steadied at 2 000×10^4 Pa, the drifting depth was about 1 000×10^4 Pa, while the mix observation depth of COPEX was between 8×10^4 Pa and 9×10^4 Pa, the max observation depth was between 1 800×10^4 Pa and 1 900×10^4 Pa, the drifting depth was between 600×10^4 Pa and 800×10^4 Pa; (3) COPEX and HM2000 both could get more than 70 effective observation profiles. In general, the temperature and salinity of two kinds of domestic profiling float were believable and reliable. But the problems exposed in the testing remained to be improved and perfected.

Key words: COPEX; HM2000; APEX; profiling float; comparative test; quality evaluation

北斗剖面浮标数据接收服务系统设计与业务运行

刘增宏[1,2]，王德亮[3]，卢少磊[1,2]，谌启伟[3]，
曹敏杰[1,2]，李莉[3]，许建平[1,2]

1. 卫星海洋环境动力学国家重点实验室，浙江 杭州 310012
2. 国家海洋局第二海洋研究所，浙江 杭州 310012
3. 宜昌测试技术研究所，湖北 宜昌 443003

摘要：北斗剖面浮标数据接收服务系统主要由北斗剖面浮标数据自动接收/监视子系统和北斗剖面浮标数据解码、处理及分发共享子系统组成，具备自动、批量、业务化接收国产北斗剖面浮标数据，以及业务化处理和分发浮标数据的能力，为我国主导建设南海或“21 世纪海上丝绸之路”Argo 区域海洋观测网提供了关键技术保障；催生的中国北斗剖面浮标数据服务中心，也为北斗剖面浮标走出国门、参与国际竞争奠定了坚实基础，成为世界上 3 个有能力为全球 Argo 实时海洋观测网提供剖面浮标观测数据接收服务的国家平台之一。

关键词：北斗剖面浮标；数据接收服务系统；区域海洋观测网；设计；业务运行

1　引言

国际 Argo 计划自 2000 年启动实施以来，30 多个国家和地区在全球海洋中陆续投放了超过 12 000 个 Argo 剖面浮标，目前在海上正常工作的浮标总数约 3 900 个，已经成为全球海洋观测系统的重要支柱，正源源不断地为国际社会提供全球海洋 0~2 000 m深度范围内的海洋温度和盐度资料，迄今所获剖面资料总数已达 150 万条，

基金项目：科技部科技基础性工作专项重点项目“西太平洋 Argo 实时海洋调查”（2012FY112300）；卫星海洋环境动力学国家重点实验室自主课题（SOEDZZ1502）。

作者简介：刘增宏（1977—），男，江苏省无锡市人，副研究员，主要从事物理海洋调查分析研究。E-mail：liuzenghong@ 139. com

并正以每年超过 12 万条剖面的速度增加[1-2]。Argo 已经成为从海盆尺度到全球尺度物理海洋学研究的主要数据源，而且已在海洋和大气科学领域的基础研究及其业务化预测预报中得到广泛应用[3-5]。在未来两年内将最终建成由 4 000 个剖面浮标组成的“全球 Argo” 实时海洋观测网，每年补充布放的浮标约需 1 000 个[6]。截至 2016 年底，我国累计在太平洋和印度洋等海域布放了 370 多个 Argo 剖面浮标，目前仍有 130 多个在海上正常工作，已成为国际 Argo 计划的重要成员国。

然而，我国 Argo 计划布放的剖面浮标主要由美国 Teledyne Webb 公司研制的 APEX 型剖面浮标，以及由法国 NKE 公司研制的 PROVOR 型和 ARVOR 型剖面浮标。在这些型号的剖面浮标中，APEX 型浮标的开发时间最早，技术性能最稳定，特别受到各 Argo 成员国的青睐，目前约占全球 Argo 观测网中浮标总数的 57%。我国虽自“十五” 计划开始，就已着手国产剖面浮标关键技术的开发工作，先后研制出了多种型号的自持式剖面漂流浮标，并采用北斗卫星导航系统定位和数据传输，已经具备批量生产的能力，但在 2015 年 10 月以前，在全球 Argo 实时海洋观测网中却还难见其身影[7]。究其原因除了国产剖面浮标提供的观测信息、数据格式和采样参数等与国际 Argo 资料管理小组的规定不符，以及剖面浮标在海上长期测量的可靠、稳定性和观测资料的精度还有待改进、提高外，利用北斗卫星导航系统定位、通讯的国产剖面浮标，缺乏如国际上 Argos 和 Iridium 卫星地面接收服务中心那样的为全球 Argo 实时海洋观测网提供剖面浮标观测信息统一接收服务的国家平台，仅仅依靠浮标生产商提供间接的、不具备专业性的观测信息接收服务，从而影响了国产剖面浮标进入全球海洋观测网的进程。

为此，有必要建立中国北斗剖面浮标数据服务中心，统一为北斗剖面浮标用户提供观测信息接收、解码和质量控制等专业服务，开发和研制北斗剖面浮标数据自动接收，以及数据解码、校正、质量控制及数据共享服务系统，使之具备自动、批量、业务化接收浮标数据，以及业务化处理和分发浮标数据的能力，从而帮助国产剖面浮标走出国门参与国际竞争，早日成为全球 Argo 大家庭中的重要一员。同时，还可为我国深远海资源开发、海洋运输、远洋渔业和海上军事活动等提供基础数据与信息服务，对捍卫国家安全和维护海洋权益都有着重要的战略和现实意义。

2 总体方案设计

北斗剖面浮标泛指利用我国自主研制的北斗卫星通信导航定位系统（BDS），进行位置定位和观测数据传输的各种类型（如 HM2000、COPEX 型）自动剖面浮标的统称，而北斗剖面浮标数据接收服务系统就是为这类使用 BDS 定位和通讯的自动剖面浮标提供浮标信息及其测量数据统一接收、解码、处理和质量控制等服务的综合管理平台，也是中国北斗剖面浮标数据服务中心的重要基础设施，可为国内外北斗剖面浮标用户提供业务化信息服务，并可拓展北斗卫星导航系统的服务领域，加速国产剖面浮标产品化，使得我国主导建设南海 Argo 区域海洋观测网有了足够的技术保障和坚实基础；同时，也可为我国倡议建设“覆盖‘海上丝绸之路’的区域 Argo 实时海洋观测网”打下基础，增进与“海上丝绸之路”沿线国家的交流与合作，扩大我国在国际合作计划中的显示度。

BDS 是继美国的 GPS 和俄罗斯的 GLONASS 两个全球定位系统之后第三个成熟的卫星导航系统，全部建成后可在全球范围内全天候、全天时为各类用户提供高精度、高可靠定位、导航、授时服务，并具有短报文通信能力。目前已经具备区域导航、定位和授时能力（图 1），定位精度优于 20 m，授时精度优于 100 ns。2012 年 12 月，北斗系统空间信号接口控制文件正式版的公开发布，开创了北斗导航业务正式对亚太地区提供无源定位、导航、授时服务的先河[8]。而且，在提供无源定位导航和授时等服务时，用户数量没有限制，还能与 GPS 兼容，特别适合集团用户大范围监控与管理和无依托地区数据采集用户数据传输应用。2012 年交通部曾发文（第 798 号文）要求加快推进北斗导航系统的示范应用，而该系统在海洋调查领域中的业务应用还十分鲜见。

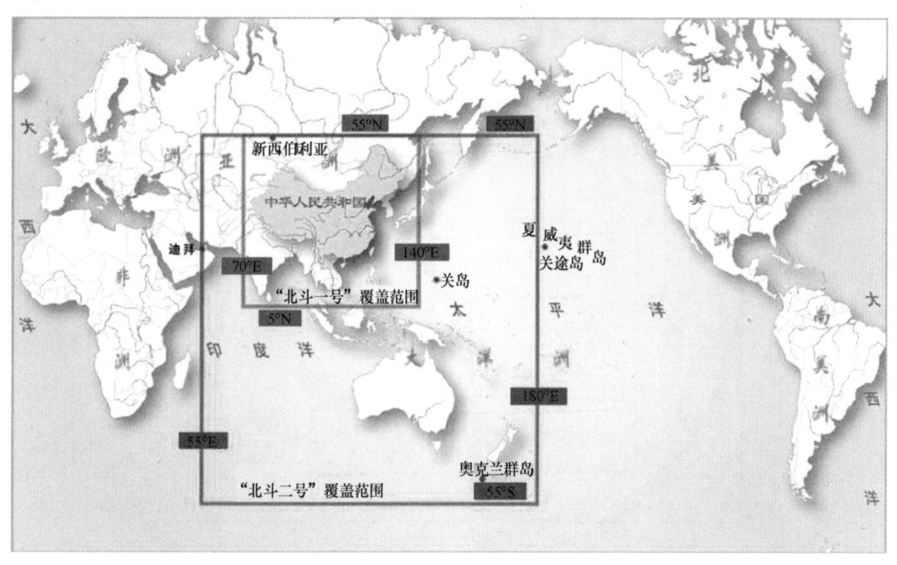

图 1　北斗系统（绿色方框指“北斗一代”，红色方框指“北斗二代”）覆盖区域

与北斗剖面浮标数据接收服务系统配套建设的“北斗剖面浮标数据服务中心（中国杭州）”，其常规服务功能（如接收、分发来自浮标的信息和剖面数据）将与国际上已有的“Argos 卫星地面接收中心（法国图卢兹）”和“Iridium 卫星地面接收中心（美国马里兰）”相同，且部分服务功能（如对浮标信息/数据解码、校正和质量控制等）应优于 Argos 和 Iridium 卫星地面接收中心，从而成为第 3 个为全球 Argo 实时海洋观测网提供剖面浮标运行及其观测数据服务的国家平台（图 2）[9]。

北斗剖面浮标数据接收服务系统主要由数据自动接收/监视子系统和数据解码、

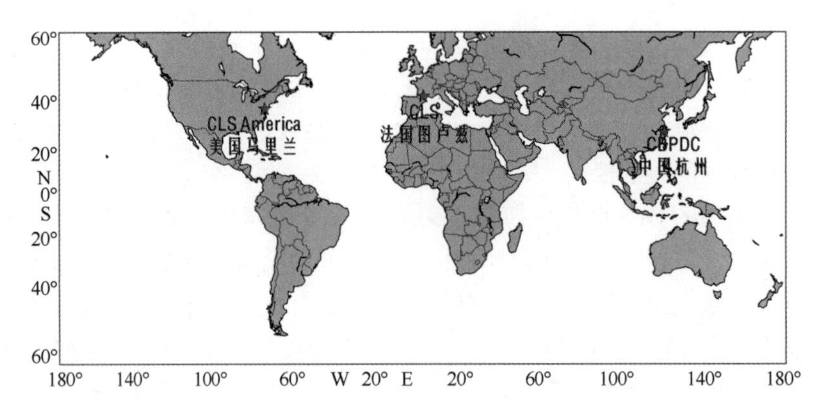

图2 国际上3个为全球Argo实时海洋观测网提供浮标数据服务的国家平台位置

处理与分发共享子系统组成。方案设计中，利用了剖面浮标研制单位已经掌握的北斗用户机通用技术，以及用户机拥有的基带数字信号处理和数据处理等功能[10]；同时针对浮标分布式海洋调查测量的具体应用需求所研制的应用软件，对接收的信息和数据进行解码和优化处理等。系统总体设计如图3所示。

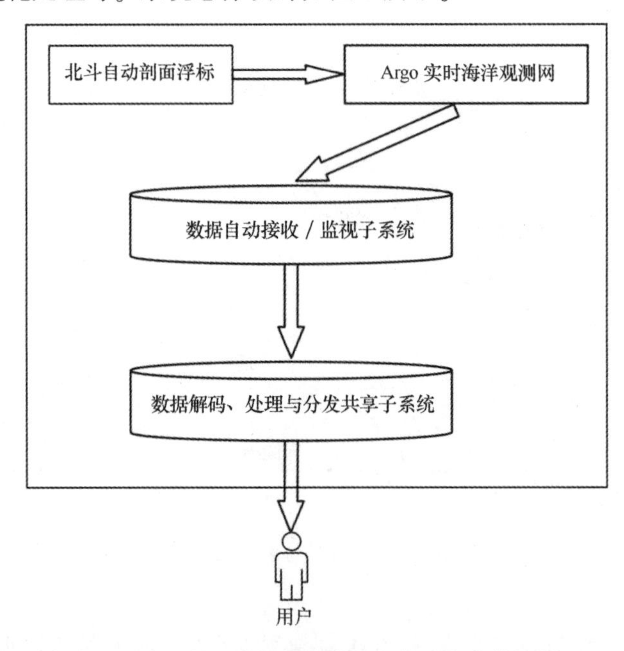

图3 北斗剖面浮标数据接收服务系统总体结构

本系统研制主要围绕国产北斗剖面浮标观测信息、数据接收、参数设置、解码，以及数据质量控制、校正、存档建库和共享服务等内容展开。包括如下3个方面：

（1）研制北斗剖面浮标数据自动接收/监视子系统，实现自动、批量、业务化接收浮标数据的目标。

（2）研制北斗剖面浮标数据解码处理与分发共享子系统，实现自动、批量、业务化处理和分发浮标数据的目标。

（3）筹建“北斗剖面浮标数据服务中心”，实现能接受国内外北斗剖面浮标用户的委托，业务化接收浮标资料，并进行必要的质量控制，快捷地为国内外用户提供高精度的北斗剖面浮标资料及其相关数据产品服务的建设目标。

3 关键技术及解决方案

北斗剖面浮标数据接收服务系统研制需要解决如下两项关键技术：

一是国产剖面浮标观测信息和数据的自动、批量和业务化接收技术。国产剖面浮标采用北斗通信系统进行观测信息和数据的传输及指令提交，其定位则使用北斗和GPS双重模式，需要通过专用设备（北斗指挥机和收发天线）接收信息、数据和发送指令，从而实现北斗剖面浮标信息和数据的自动、批量和业务化接收功能，满足业务化运行的需求。

二是国产剖面浮标观测资料自动处理及其交换共享技术。各种型号的国产剖面浮标数据编码格式各不相同，且与国外浮标也完全不同，需要针对各型浮标编写信息解码、数据处理和统一格式写入软件等，实现北斗剖面浮标信息和数据的自动解码、校正处理、质量控制和交换共享等功能，满足业务化运行的需求。

针对上述两项关键技术，主要从北斗剖面浮标数据自动接收/监视子系统和北斗剖面浮标数据解码、校正、质量控制及共享服务子系统的设计和技术路线入手。

3.1 数据接收/监视子系统

北斗剖面浮标数据接收/监视子系统主要由北斗指挥单元、大屏拼接单元和数据存储/处理单元等组成（图4）。

（1）硬件单元

首先需要建立北斗地面接收站，主要设备包括北斗指挥机专用天线、北斗指挥机主机、工控机、大屏拼接墙（46寸屏，2列2行拼接墙）、大屏拼接器、VGA矩阵和数据存储控制器等，具备管理并接收5 000个浮标的能力，硬盘容量不小于20 T。

北斗指挥单元是数据接收/监视子系统的核心，配备有北斗指挥机、工控机及GSM模块等硬件设备。北斗指挥单元通过与浮标进行通信实现对浮标状态（包括电池电压、传感器数据、沉浮调节装置和北斗通信终端等）的监测和工作参数的设定。工控机上配套安装有浮标态势显控软件，该软件采用交互式图形操作界面设计，使检测和设定工作简单快捷，并可通过GSM模块发送手机短信方式提供浮标新剖面实时提醒功能。北斗指挥单元工作流程如图5所示。

（2）软件单元

设计的北斗剖面浮标接收数据与参数操作流程如图6所示。

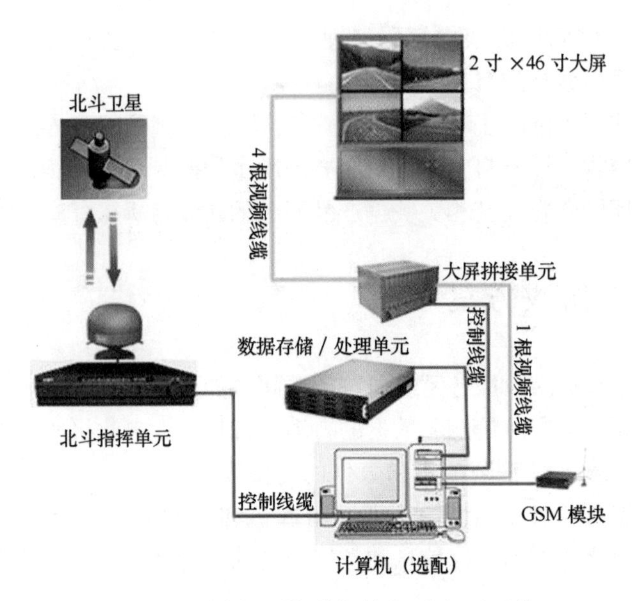

图 4　北斗剖面浮标数据接收/监视子系统

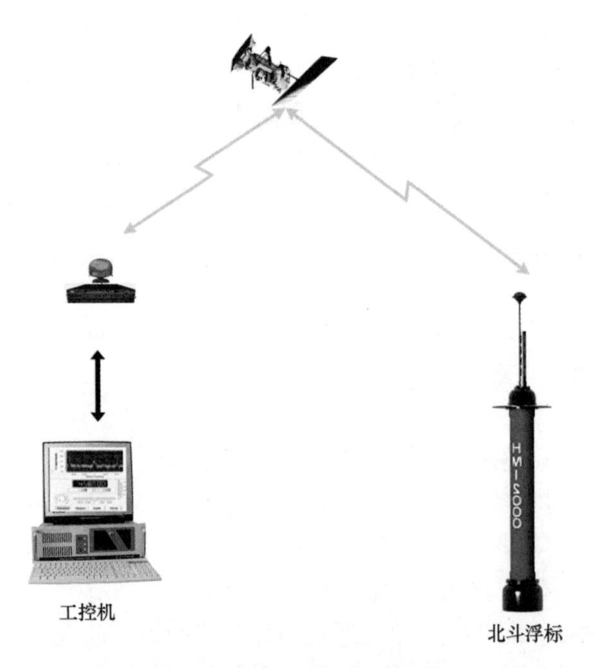

图 5　岸站指挥机工作流程

根据上述浮标数据接收流程，以及北斗剖面浮标的工作流程（图 7）和国际 Argo 资料管理小组要求提供的浮标观测信息，基于 C#编写了“HM 系列剖面浮标数据接收/监视系统”运行软件和“北斗剖面浮标数据转发”软件等，实现北斗剖面浮标数据的自动接收（包括利用北斗卫星向浮标发送指令）及数据自动转发等功能。

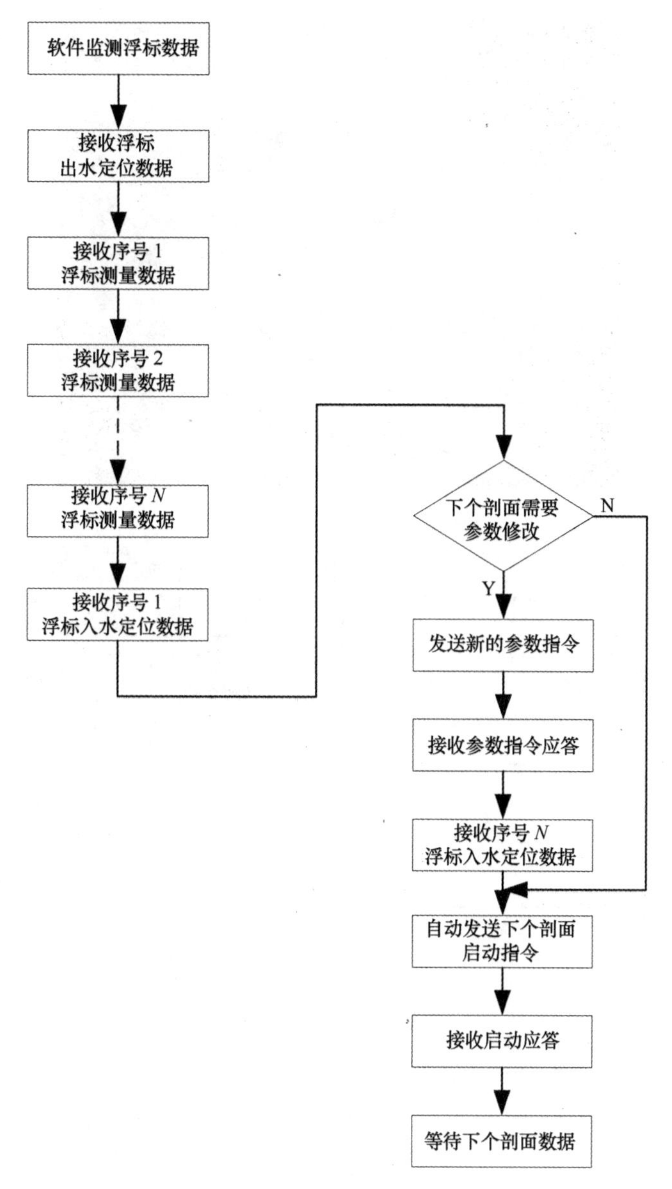

图 6　浮标数据接收流程

该子系统的主要功能包括：

（1）自动接收及数据解码功能：能自动接收多种型号（COPEX、HM 系列）的北斗剖面浮标信息，并进行数据解码。

（2）实时海图态势显示功能：接收并实时显示海上工作浮标的漂移轨迹。

（3）实时图形界面显示功能：以图形和数据方式直观显示接收到的观测参数（如温度、盐度和深度等）数据。

（4）无人值守功能：系统工作过程全由计算机自动完成，无需人员值守，浮标

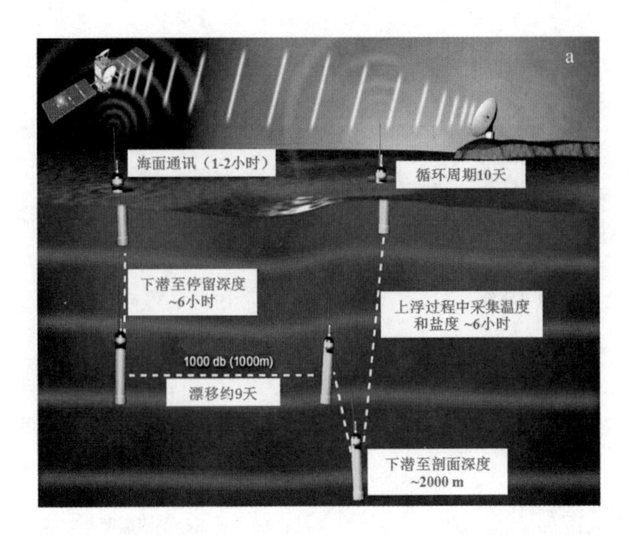

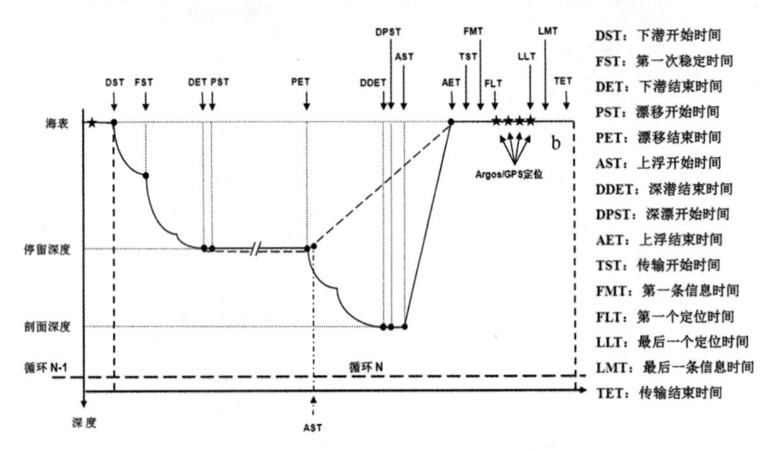

图 7　北斗剖面浮标工作流程（a）及任务时间信息（b）

浮出水面上传数据时，能够自动提醒相关操作技术人员。

（5）双向通信功能：设定或更改浮标工作参数，实现远程控制浮标工作状态功能。

3.2　数据解码、处理和分发共享子系统

基于 Linux 操作系统和 MATLAB、Linux 脚本，编写针对北斗剖面浮标数据的信息提取、校正、质量控制及共享服务子系统（图 8）软件。

所有由“北斗剖面浮标数据自动接收/监视子系统”接收到的观测数据，经信息提取（包括浮标技术信息和观测数据）后，按照国际 Argo 资料管理组规定的程序（http：//dx. doi. org/10. 13155/33951）对压力进行实时校正，并对温、盐度观测剖面和卫星定位等数据进行实时质量控制，采取的主要步骤有[11]：

（1）平台识别码（ID）：全球 Argo 资料中心要求任何一个在 GTS（全球通讯系

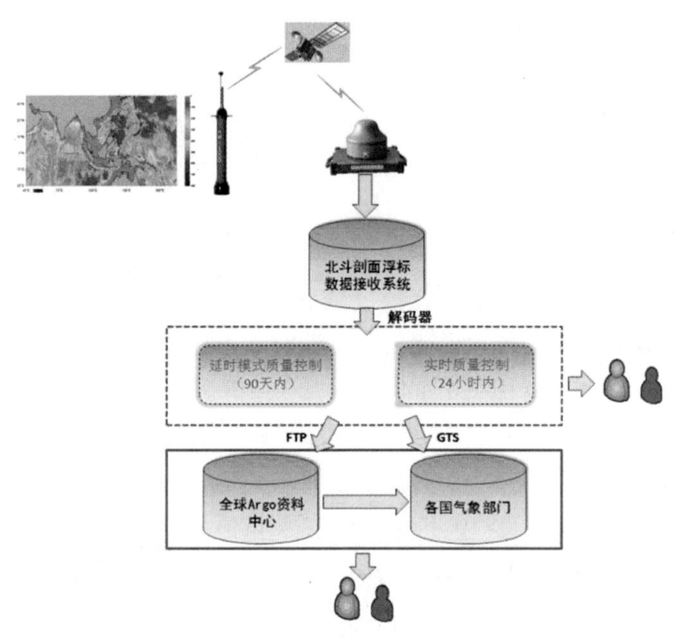

图 8　北斗剖面浮标数据解码、处理和分发共享子系统

统）上发送 Argo 数据的资料中心，都要为每个浮标准备一份表头文件。在此文件中，WMO（世界气象组织）编号要与每个浮标的 PTT（平台发射机终端）编号（ID）相对应。

（2）观测日期：浮标的观测日期和时间要求合理。明确规定年份要晚于 1997，月份要在 1 和 12 之间，日期要在 1 和 31 之间，小时则在 0 到 23 之间，分在 0 到 59 之间。

（3）浮标位置：浮标观测位置的经度和纬度要求在一个合理的范围内，即 90°S～90°N，0°E～180°～0°W。

（4）海陆界面：浮标观测的纬度和经度应该位于海洋上。利用 ETOPO5 地形数据作为标准，制作水陆点文件，剔除浮标经纬度漂移至陆地点的资料。

（5）浮标漂移速度：浮标的漂移速度可以用相近的两个剖面的位置和时间推算得到。在任何情况下，假定漂浮的漂移速度不超过 3 m/s；如果超过了，那意味着浮标的位置或时间有误，或者浮标平台识别码出现了混淆。只要查一下在正常情况下所获得的浮标的不同位置，就容易看出错误的地点或者时间。

（6）温盐度范围：全球海洋中海水温度和盐度分布范围在-2.5～40.0℃和 0.0～41.0 之间，可以利用这个范围粗略判断浮标观测值的正确与否。

（7）目标区域：这是为浮标观测设置更为严格的制约条件。例如红海的观测区域定为 10°N，40°E；20°N，50°E；30 °N，30°E；10°N，40°E 等 4 点连线范围之内；地中海则定为 30°N，40°E；40°N，35°E；42°N，20°E；50°N，15°E；40°N，5°E；

30°N，6°W 等 7 点连线范围之内。红海的温度限定在 21.7～40.0℃，盐度在 0.0～41.0。而地中海的温度在 10.0～40℃，盐度在 0.0～40.0。

（8）压力值：浮标观测剖面所反映的压力值要求单调增加，即由浅到深排列。如果出现压力值不变的情形，则除了第一个数值被保留外，其余数值都应当标上出错标志。

（9）毛刺信号：在一组采样之中，出现某个值的大小与相邻值完全不同，这个值被称为毛刺，通常出现在海水突变层（或跃层）中，也有传感器受外界干扰信号影响所致。该测试没有考虑深度的变化，而是采用一个采样点，该采样点的温、盐度值随深度而变化。该测试要求利用下面的温度和盐度剖面计算公式来完成，即：测试值=$|V_2-(V_3+V_1)/2|-|(V_3-V_1)/2|$，这里 V_2是尖峰值，V_2和 V_3是前后两次的观测值。对于温度：当压力小于 500×10^4 Pa 时，如果测试值超过 6.0，则 V_2标记为错误；当压力大于或等于 500×10^4 Pa 时，如果测试值超过 2.0，则 V_2标记为错误。对于盐度：当压力小于 500×10^4 Pa 时，如果测试值超过 0.9，则 V_2标记为错误；当压力大于或等于 500×10^4 Pa 时，如果测试值超过 0.3，则 V_2标记为错误。

（10）梯度变化：采用垂向相邻的两个观测值的差（梯度）来判别。如果梯度很大，表明观测值有误。该测试没有考虑深度的变化，而是采用一个采样点，该采样点的温、盐度值随深度而变化。该测试要求利用下面的温度和盐度剖面计算公式来完成，即：测试值=$|V_2-(V_3+V_1)/2|$，这里 V_2是尖峰值，V_2和 V_3是前后两次的观测值。对于温度：当压力小于 500×10^4 Pa 时，如果测试值超过 9.0，则 V_2标记为错误；当压力大于或等于 500×10^4 Pa 时，如果测试值超过 3.0，则 V_2标记为错误。对于盐度：当压力小于 500×10^4 Pa 时，如果测试值超过 1.5，则 V_2标记为错误；当压力大于或等于 500×10^4 Pa 时，如果测试值超过 0.5，则 V_2标记为错误。

（11）数位翻转：在剖面浮标中只有有限的数位用来存储温、盐值，而用这些有限的数位可能不足以容纳海洋中遇到的所有情况。当存储值超过该数位的区域范围时，存储值会翻转回到此区域的低端。这里定义相邻深度的温度差大于 10℃、盐度大于 5，即可检测出数位翻转。

（12）滞留值：当观测的温度或盐度值在一条剖面上没有变化时，表面观测结果有误。

（13）密度倒转：要求首先按照《UNESCO 技术手册》（SCOR Working Group 51）上的计算公式，计算出温度、盐度对应深度上的密度值。然后，对同一剖面上相邻深度处的密度进行比较。如果在压力较大处计算得到的密度值与压力较小处的密度值之间超出一定范围（0.03 kg/m^3），则表明观测的温度和盐度值有误。

（14）黑名单系列：全球 Argo 资料中心提供了一份汇总了各国布放的 Argo 浮标黑名单，列出了因传感器故障而导致观测数据无法校正的浮标编号。

（15）温盐传感器漂移：这一测试主要是为了辨别传感器是否存在突然漂移。计

算每个剖面最后 100×10^4 Pa 深度范围内的平均盐度或者温度值，并与同一地点的高质量历史 Argo 剖面对应的平均盐度或者温度值进行对比。对于盐度来说，如果两个平均值差异大于0.5，那么整个盐度剖面资料将予以剔除；对温度来说，如果两个平均值差异大于1℃，那么整个温度剖面资料将予以剔除。

（16）直观质量控制：对浮标剖面资料进行目视质量控制，由有经验的技术人员进行主观判断。

（17）“冻结类浮标”测试：这一测试可以发现浮标周而复始地产生相同的观测剖面（不同观测剖面资料存在较小偏差则定义为相同观测剖面）。一般来说，两条不同的剖面，盐度差异量级定为0.001，温度差异量级定为0.01℃。

（18）最深压力测试：这一测试要求剖面浮标的压力观测值不超过最深压力（$2\,000\times10^4$ Pa）的10%。

通过上述18个步骤的资料质量控制后，基本上能够保证原始资料的质量。最后按照国际Argo计划规定的统一格式写入并存储。然后，基于分布式数据库和Web GIS技术开发了“北斗剖面浮标数据共享服务系统”（图9），可自动接收经压力校正和实时质量控制（图10）后的浮标数据并进入数据库，为用户提供所有北斗剖面浮标观测数据的信息查询、显示和下载等共享服务，以及将经筛选的剖面数据和轨迹数据自动发送至两个全球Argo资料中心（位于法国和美国），同时以BUFR报文格式通过国家气象局设在北京的GTS节点将数据发布到GTS，供各国气象部门使用（http://ds.data.jma.go.jp/gmd/argo/data/bfrdata/repBeijing.html）。

该子系统的主要功能包括：

（1）具备管理并接收大批量浮标的能力，并能准实时（24 h内）地通过互联网和GTS进行资料交换共享等。

（2）自动接收经压力校正和延时质量控制后的浮标数据并进入数据库，为用户提供所有北斗剖面浮标观测数据的信息查询、显示和下载等共享服务。

（3）可以按浮标用户的要求，将经筛选的剖面数据和轨迹数据自动发送至两个全球Argo资料中心（位于法国和美国），同时以BUFR报文格式通过国家气象局设在北京的GTS节点将数据发布到GTS，供各国气象部门使用。

3.3 数据接收服务系统试运行

2015年10月，北斗剖面浮标数据接收服务系统开始在中国Argo实时资料中心部署，完成北斗卫星接收设备安装调试、剖面浮标观测资料接收与解码软件联机测试，并开始接收我国首批布放在西北太平洋海域的HM2000型剖面浮标观测数据，部分剖面资料通过互联网（WWW、FTP）和GTS实现了与国际Argo和世界气象组织（WMO）成员国交换共享的目标[12]。

图11至图20给出了运行HM系列北斗剖面浮标数据接收/监视系统的几种主要功能，如系统引导界面和主操作界面，以及参数设置、浮标态势观察界面、剖面数据

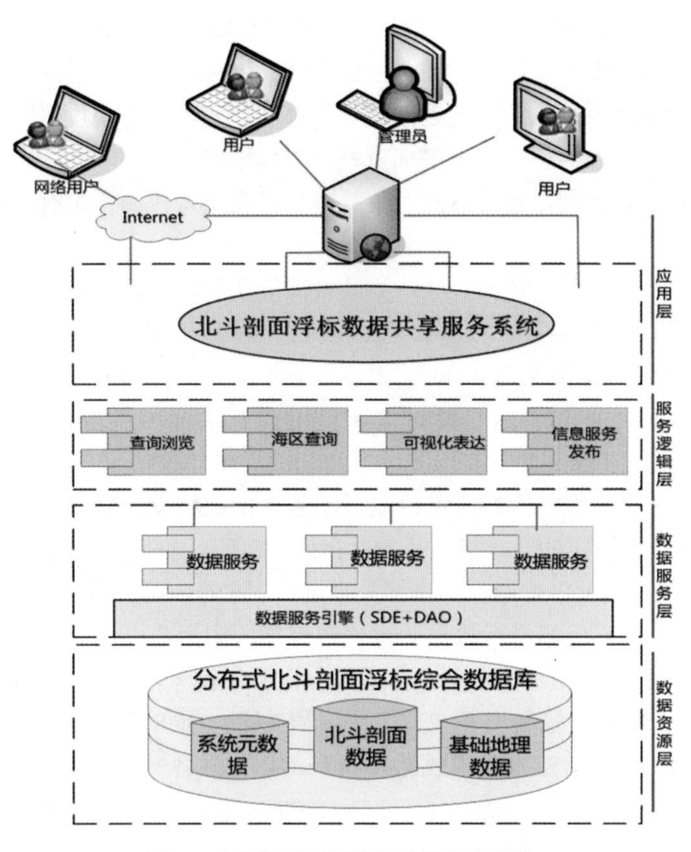

图 9 北斗剖面浮标数据共享服务系统

文件存档目录、剖面数据文件名、浮标设备信息、浮标定漂时的 CTD 采样信息、浮标在漂移及剖面测量时各时间点信息和浮标观测的温、盐、深度信息等[11]。

在数据接收/监视系统软件主界面上点击“查看” - “态势界面”，即可切换到海图上，显示浮标的地理位置、运行轨迹及所在海域的深度等（图 14）。

当北斗剖面浮标在海上结束一个 0~2 000 m 水深范围内的剖面测量，并通过北斗卫星系统和数据接收/监视系统完成数据传输后，会自动生成一个剖面数据文件（图 15）存放在本地计算机，文件名针对不同型号浮标会有所区别，如“HMArgoData”。

查看数据文件时，生成的数据文件通常会按照浮标序号—浮标卡号—剖面序号进行命名（图 16）。

每个剖面数据文件主要包含了如下各种信息：

（1）浮标的设备信息。包括设备编号、通信的 ID 号、硬件编号和传感器类型等参数信息（图 17）。

（2）浮标定漂时的 CTD 采样信息。浮标按照设定的定漂深度（如 1 000×10^4 Pa）漂移时，其携带的 CTD 传感器会以设定的时间间隔测量一组温、盐、深度数据信息

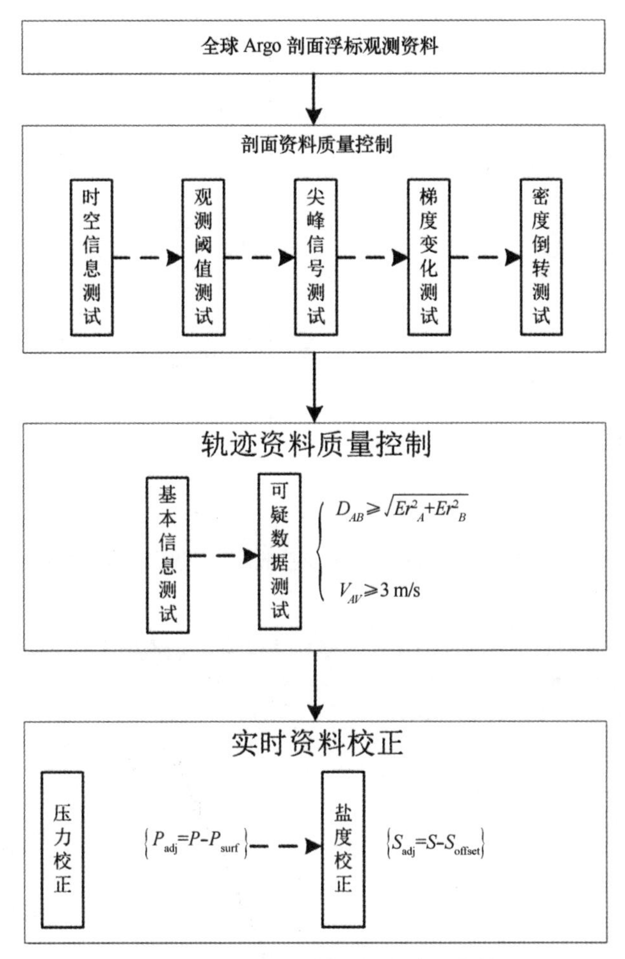

图 10　剖面浮标数据实时质量控制

图 11　北斗剖面浮标数据接收/监视系统

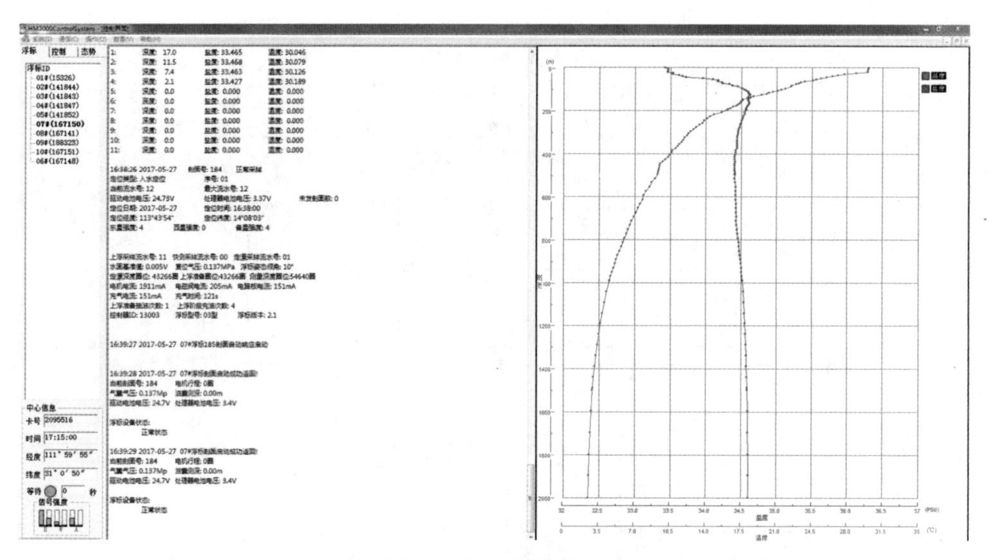

图12 HM系数北斗剖面浮标数据接收/监视系统软件主操作界面

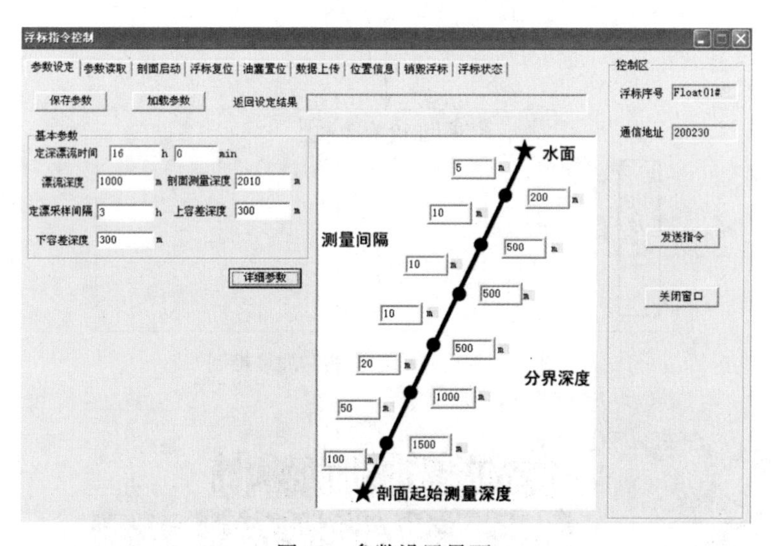

图13 参数设置界面

等（图18）。

（3）浮标的剖面时间和轨迹信息。北斗剖面浮标发送的观测信息中包含了如图7所示的浮标在水面和水下不同节点的时间信息等（图19）。

（4）浮标观测的温、盐、深度剖面信息。北斗剖面浮标按照设定的采样间隔将采集的剖面数据信息通过北斗卫星传送至地面接收中心，由于CTD传感器是在浮标上升过程中测量的，所以在数据接收/监视系统界面上看到的观测数据也是由深至浅的排列（图20）。

图 14　浮标态势观察界面

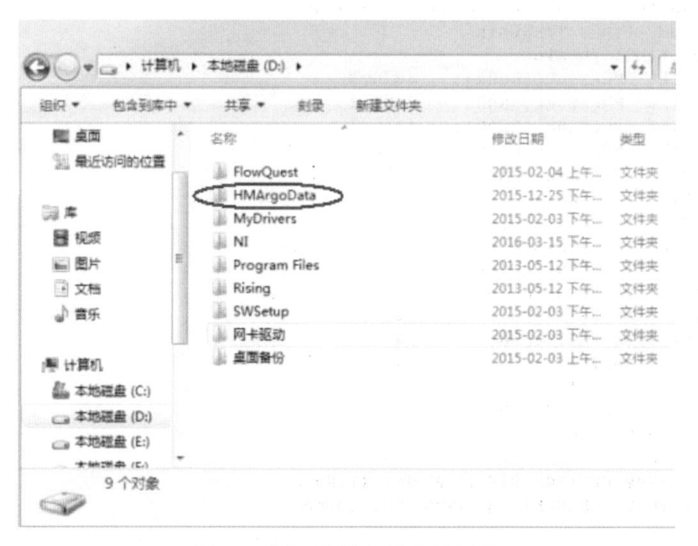

图 15　剖面数据文件存档目录

名称	大小	类型
Float64#167147-002En	5 KB	文本文档
Float64#167147-003En	6 KB	文本文档
Float64#167147-004En	6 KB	文本文档
Float64#167147-005En	5 KB	文本文档
Float64#167147-006En	5 KB	文本文档
Float64#167147-007En	5 KB	文本文档
Float64#167147-008En	5 KB	文本文档
Float64#167147-009En	5 KB	文本文档
Float64#167147-010En	5 KB	文本文档
Float64#167147-011En	5 KB	文本文档
Float64#167147-012En	5 KB	文本文档
Float64#167147-013En	5 KB	文本文档
Float64#167147-014En	5 KB	文本文档

图 16　剖面数据文件名

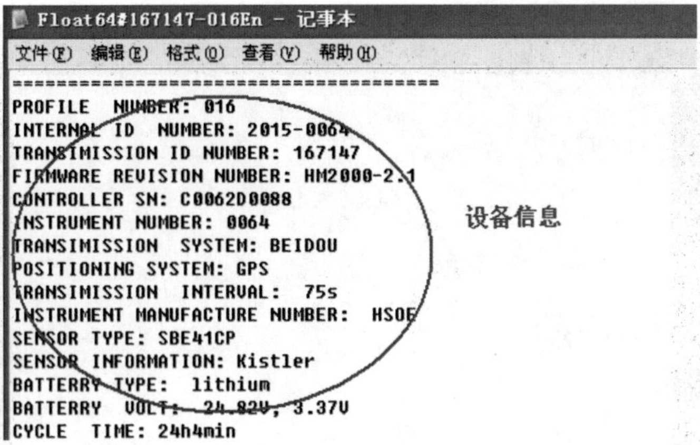

```
Float64#167147-016En - 记事本
文件(F) 编辑(E) 格式(O) 查看(V) 帮助(H)
========================================
PROFILE  NUMBER: 016
INTERNAL ID  NUMBER: 2015-0064
TRANSIMISSION ID NUMBER: 167147
FIRMWARE REVISION NUMBER: HM2000-2.1
CONTROLLER SN: C0062D0088
INSTRUMENT NUMBER: 0064
TRANSIMISSION  SYSTEM: BEIDOU
POSITIONING SYSTEM: GPS
TRANSIMISSION  INTERVAL:  75s
INSTRUMENT MANUFACTURE NUMBER:  HSOE
SENSOR TYPE: SBE41CP
SENSOR INFORMATION: Kistler
BATTERRY TYPE:  lithium
BATTERRY  VOLT:  24.82V, 3.37V
CYCLE  TIME: 24h4min
```

设备信息

图 17　浮标设备信息

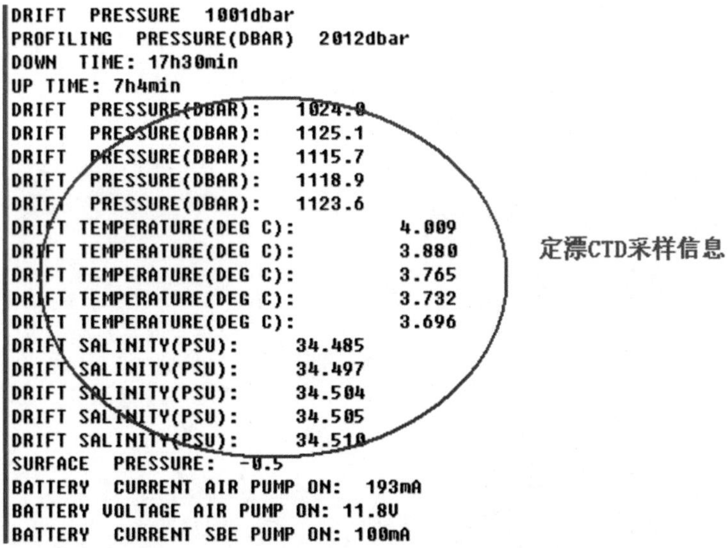

```
DRIFT  PRESSURE  1001dbar
PROFILING  PRESSURE(DBAR)  2012dbar
DOWN  TIME: 17h30min
UP TIME: 7h4min
DRIFT  PRESSURE(DBAR):    1024.0
DRIFT  PRESSURE(DBAR):    1125.1
DRIFT  PRESSURE(DBAR):    1115.7
DRIFT  PRESSURE(DBAR):    1118.9
DRIFT  PRESSURE(DBAR):    1123.6
DRIFT TEMPERATURE(DEG C):          4.009
DRIFT TEMPERATURE(DEG C):          3.880
DRIFT TEMPERATURE(DEG C):          3.765
DRIFT TEMPERATURE(DEG C):          3.732
DRIFT TEMPERATURE(DEG C):          3.696
DRIFT SALINITY(PSU):      34.485
DRIFT SALINITY(PSU):      34.497
DRIFT SALINITY(PSU):      34.504
DRIFT SALINITY(PSU):      34.505
DRIFT SALINITY(PSU):      34.510
SURFACE  PRESSURE:  -0.5
BATTERY  CURRENT AIR PUMP ON:  193mA
BATTERY VOLTAGE AIR PUMP ON: 11.8V
BATTERY  CURRENT SBE PUMP ON: 100mA
```

定漂CTD采样信息

图 18　浮标定漂时的 CTD 采样信息

在 HM 系列北斗剖面浮标数据接收/监视系统试运行过程中，也遇到了如北斗指挥机数据接收不稳定、浮标的剖面文件无法及时生成、浮标运行各阶段的时间信息缺失、个别浮标观测信息偶尔出现异常和浮标观测信息和数据文件无法自动发送等问题，进行了逐一剖析，并及时得到了圆满解决。

4　数据服务中心及业务运行

北斗剖面浮标数据接收服务系统的顺利研制及其试运行的圆满成功，为建立北斗剖面浮标数据服务中心打下了坚实基础，也就很快在中国 Argo 实时资料中心正式落

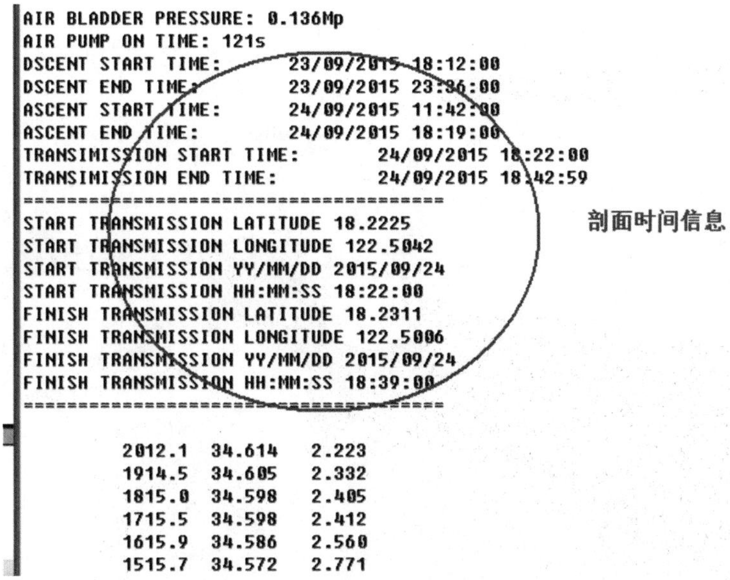

```
AIR BLADDER PRESSURE: 0.136Mp
AIR PUMP ON TIME: 121s
DSCENT START TIME:        23/09/2015 18:12:00
DSCENT END TIME:          23/09/2015 23:36:00
ASCENT START TIME:        24/09/2015 11:42:00
ASCENT END TIME:          24/09/2015 18:19:00
TRANSIMISSION START TIME:        24/09/2015 18:22:00
TRANSIMISSION END TIME:          24/09/2015 18:42:59
======================================
START TRANSMISSION LATITUDE 18.2225
START TRANSMISSION LONGITUDE 122.5042
START TRANSMISSION YY/MM/DD 2015/09/24
START TRANSMISSION HH:MM:SS 18:22:00
FINISH TRANSMISSION LATITUDE 18.2311
FINISH TRANSMISSION LONGITUDE 122.5006
FINISH TRANSMISSION YY/MM/DD 2015/09/24
FINISH TRANSMISSION HH:MM:SS 18:39:00
======================================

         2012.1  34.614   2.223
         1914.5  34.605   2.332
         1815.0  34.598   2.405
         1715.5  34.598   2.412
         1615.9  34.586   2.560
         1515.7  34.572   2.771
```

剖面时间信息

图 19 浮标在水面和水下不同节点的时间信息

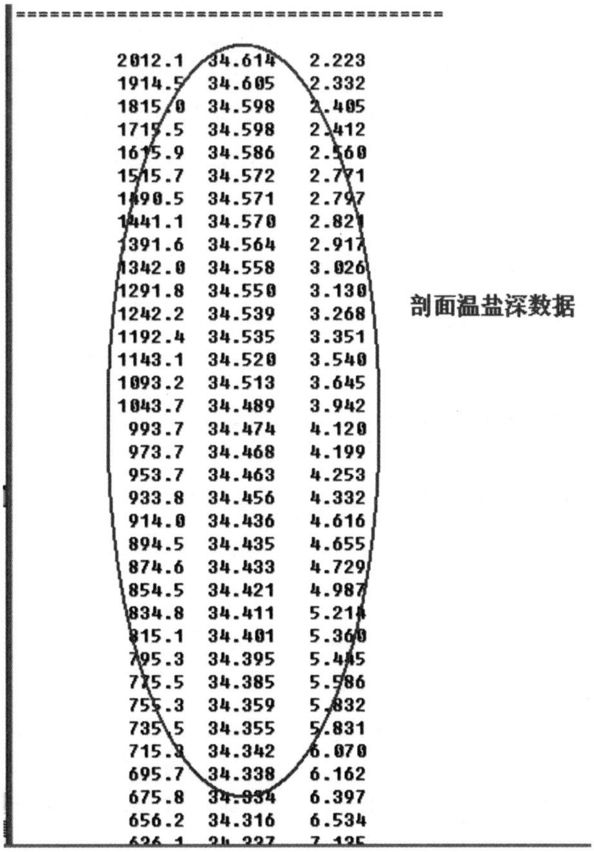

```
======================================

         2012.1   34.614   2.223
         1914.5   34.605   2.332
         1815.0   34.598   2.405
         1715.5   34.598   2.412
         1615.9   34.586   2.560
         1515.7   34.572   2.771
         1490.5   34.571   2.797
         1441.1   34.570   2.821
         1391.6   34.564   2.917
         1342.0   34.558   3.026
         1291.8   34.550   3.130
         1242.2   34.539   3.268
         1192.4   34.535   3.351
         1143.1   34.520   3.540
         1093.2   34.513   3.645
         1043.7   34.489   3.942
          993.7   34.474   4.120
          973.7   34.468   4.199
          953.7   34.463   4.253
          933.8   34.456   4.332
          914.0   34.436   4.616
          894.5   34.435   4.655
          874.6   34.433   4.729
          854.5   34.421   4.987
          834.8   34.411   5.214
          815.1   34.401   5.360
          795.3   34.395   5.445
          775.5   34.385   5.586
          755.3   34.359   5.832
          735.5   34.355   5.831
          715.3   34.342   6.070
          695.7   34.338   6.162
          675.8   34.334   6.397
          656.2   34.316   6.534
```

剖面温盐深数据

图 20 浮标观测的温、盐、深度信息

成（图 21）。

图 21　北斗剖面浮标数据服务中心（中国杭州）

为了实现“统一为北斗剖面浮标用户提供观测信息接收、解码和质量控制等专业服务，帮助国产剖面浮标走出国门参与国际竞争”的建设目标，设计并明确了 9 大服务功能及其服务宗旨，得到了国内北斗剖面浮标用户的响应和支持，使得该中心很快从试运行阶段进入正常业务运行。

4.1　服务中心的主要功能

（1）北斗剖面浮标观测信息的实时接收与监控；

（2）北斗剖面浮标工作参数的更改与调整；

（3）北斗剖面浮标观测信息的解码和实时校正处理；

（4）北斗剖面浮标实时和延时数据质量控制；

（5）北斗剖面浮标元数据和剖面数据建库、存档；

（6）北斗剖面浮标观测信息和剖面数据的格式转换，通过 GTS 和互联网及时向 WMO 成员国和全球 Argo 资料中心（GDAC）上传经浮标用户同意共享的北斗剖面浮标观测资料；

（7）对国内外北斗（COPEX 和 HM2000 系列）剖面浮标用户开展数据接收和质量控制方面的技术培训，以及提供相关技术服务等；

（8）协助编制北斗剖面浮标用户手册，以及观测资料接收、处理和共享服务手册，为培养国内外北斗剖面浮标使用技术人员，以及观测资料接收、处理和应用人才提供培训教材；

（9）协助北斗剖面浮标观测网建设与维护、浮标检测与布放方案设计等。

4.2 服务中心宗旨

北斗剖面浮标数据服务中心（中国杭州）将秉承中国 Argo 实时资料中心的建设原则和服务宗旨，坚定不移地为促进中国 Argo 计划的发展和 Argo 资料的共享，以及沟通与各 Argo 计划成员国科学家之间的合作与交流提供更有效的服务，并一如既往地为剖面浮标研制单位及其广大浮标用户提供力所能及的技术和咨询服务，协助解决系列北斗剖面浮标开发、定型和商业化生产过程中遇到的相关技术问题，提高剖面浮标的长期可靠性和稳定性，以及观测资料的质量，满足国际 Argo 资料管理小组对剖面浮标辅助参数、数据格式和质量控制的技术要求；协助编制北斗剖面浮标用户手册，以及观测资料接收、处理和共享服务手册，为培养国内外北斗剖面浮标使用技术人员，以及观测资料接收、处理和应用人才提供培训教材。同时，对国内外北斗剖面浮标用户提供数据接收、解码、校正和质量控制等方面的技术服务，进一步推动海洋观测资料在更大范围、更多领域内的交换共享。

4.3 服务中心业务运行

早在 2015 年 10 月，该中心就已接受中国科学院海洋研究所的委托，为该所承担的“中科院战略性先导科技专项”在西北太平洋西边界流区布放的 6 个 HM2000 型剖面浮标，全方位提供浮标观测资料的接收、解码、质量控制和交换共享服务等。2016 年 9 月，该中心又为国家海洋局第二海洋研究所承担的国家科技基础性工作专项“西太平洋 Argo 实时海洋调查”重点项目布放在我国南海海域的 10 个 HM2000 型剖面浮标，提供业务化接收、处理和分发等服务。图 22 给出了上述 16 个北斗剖面浮标的布放位置及其漂移轨迹，以及由国际 Argo 信息中心公布的 HM2000 型剖面浮标信息（图 23）。

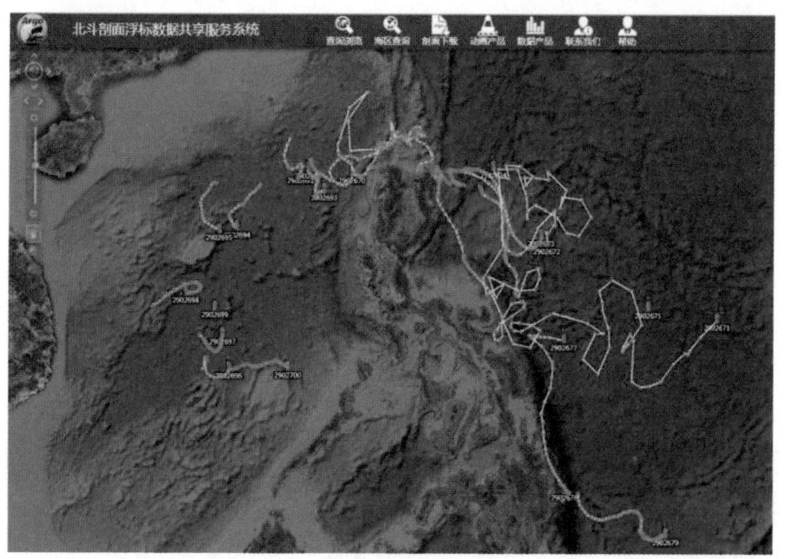

图 22 西北太平洋和南海 HM2000 型剖面浮标漂移轨迹（截至 2016 年 12 月 25 日）

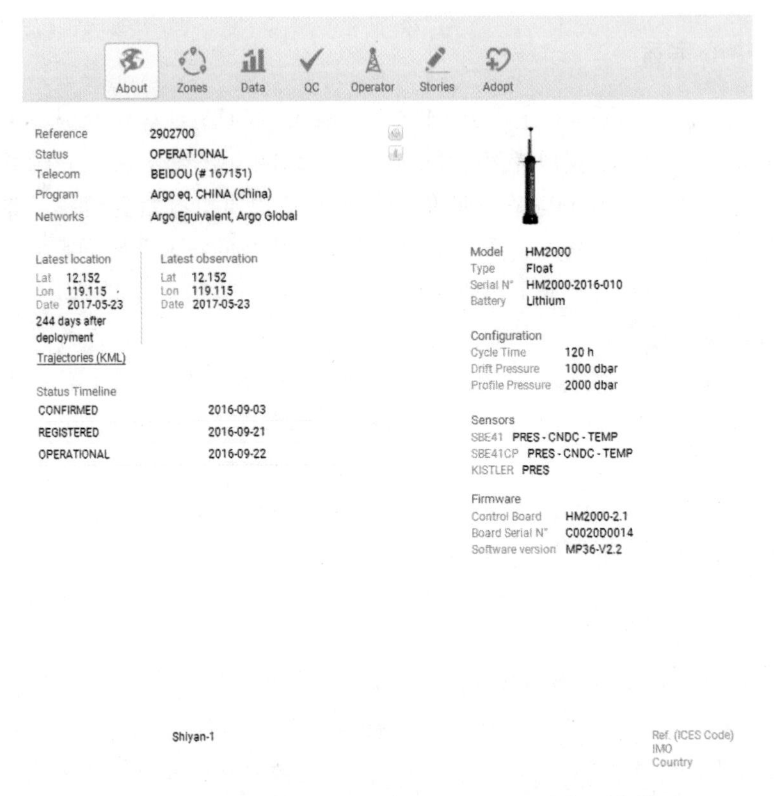

图 23 国际 Argo 信息中心公布的 HM2000 型剖面浮标信息

截至 2016 年 12 月 25 日，北斗剖面浮标数据服务中心（中国杭州）累计收集到了来自 16 个北斗剖面浮标观测的 978 条温、盐度剖面，其中 308 条按国际 Argo 组织的相关规定，与其他 Argo 和 WMO 成员国交换共享。目前还有 9 个北斗剖面浮标仍在海上正常工作。

5 结束语

北斗剖面浮标数据接收服务系统的研制和北斗剖面浮标数据服务中心（中国杭州）的落成，为北斗剖面浮标走出国门、参与国际竞争，赢得了先机，更是实现了我国海洋观测仪器设备用于国际大型海上合作调查计划“零”的突破，北斗剖面浮标数据服务中心（中国杭州）也已成为国际上 3 个有能力为全球 Argo 实时海洋观测网提供剖面浮标数据接收服务的国家平台之一，从而为我国大规模布放北斗剖面浮标，以及主导建设南海，乃至覆盖“21 世纪海上丝绸之路”Argo 区域海洋观测网打下了坚实基础。

然而，由于目前“北斗一代”或“北斗二代”的定位和通讯覆盖区域还十分有限，即使在 2020 年后可以实现全球定位，但能否实现全球通讯还尚无时间表，也许需要借助其他通讯卫星的辅助，北斗剖面浮标才能从局部海域进入全球大洋。此外，由于受到“北斗一代”报文传输速率的限制，还不能满足北斗剖面浮标垂向高分辨率采样的需求，这些问题的解决都还有待北斗导航系统的不断改进和完善。

参考文献：

[1] 刘增宏,吴晓芬,许建平,等.中国 Argo 海洋观测十五年[J].地球科学进展,2016,31(5):445-460.

[2] Stephen C R,Howard J F,Dean R,et al.Fifteen years of ocean observations with the global Argo array[J].Nature Climate Change,2016,6(1):145-153.

[3] 张人禾,殷永红,李清泉,等.利用 Argo 资料改进 ENSO 和我国夏季降水气候预测[J].应用气象学报,2006,17(5):538-547.

[4] 张人禾,朱江,许建平,等.Argo 大洋观测资料的同化及其在短期气候预测和海洋分析中的应用[J].大气科学,2013,37(2):411-424.

[5] 陈大可,许建平,马继瑞,等.全球实时海洋观测网(Argo)与上层海洋结构、变异及预测研究[J].地球科学进展,2008,23(1):1-7.

[6] Argo Steering Team.Report of the Argo Steering Team 14th Meeting[R]//The Argo Steering Team 14th Meeting,National Institute of Water and Atmospheric Research,Wellington N.Z,2013.

[7] 卢少磊,孙朝辉,刘增宏,等.COPEX 和 HM2000 与 APEX 型剖面浮标比测试验及资料质量评价[J].海洋技术学报,2016,30(2):94-98.

[8] 北斗卫星导航系统简介[EB/OL].http://www.beidou.gov.cn/2017/03/16/201703162d459b8c8df84e8d9cf9a096d1c2d77d.html.2010-01-15.

[9] 中国 Argo 实时资料中心.西太平洋边缘海——南海布放 Argo 剖面浮标秋季航次报告(2016 年 9—11 月)[EB/OL].http://www.argo.org.cn/index.php? m=content &c=index & f=show & catid=12 & contentid=566.2016-12-30.

[10] 宜昌测试技术研究所.HM2000 浮标用户手册 V1.2[S].2016.

[11] Wong A,Keeley R,Carval T.Argo quality control manual[S].Version 2.9.1.Liverpool,UK,The Argo Data Management Team,2014

[12] 卢少磊.国家海洋局二海洋研究所筹建“北斗剖面浮标数据服务中心”[N].Argo 简讯,2015,39(3):11-13.

The design and operational running for the data receiving and system of BeiDou profiling float

LIU Zenghong[1,2], WANG Deliang[3], LU Shaolei[1,2], CHEN Qiwei[3], CAO Minjie[1,2], LI Li[3], XU Jianping[1,2]

1. *State Key Laboratory of Satellite Ocean Environment Dynamics*, *Hangzhou* 310012, *China*
2. *Second Institute of Oceanography*, *State Oceanic Administration*, *Hangzhou* 310012, *China*
3. *Yichang Testing Technique Research Institute*, *Yichang* 443003, *China*

Abstract: BeiDou profiling float data receiving and servicing system mainly consists of two parts, one would deal with data automatic receiving, another one handles the data decoding, management and sharing. Such a system has the capability of receiving, managing and distributing the observational data from home-made BeiDou profilers automatically and operationally, which could give a technological guarantee for China to build up the South China Sea observing system or "21st century Marine Silk Road" regional observing network. The resulted BeiDou profiling float data receiving and servicing center is expected as the third platform which could serve for global Argo ocean observation like the other two GADCs (Global Argo Data Center) which locates in French and USA respectively, and could help the domestic-made BeiDou profiling float compete towards the world.

Key words: BeiDou profiling float; data receiving and servicing system; regional marine observation; design; the business operation

西北太平洋边缘海——南海 Argo 区域海洋观测网设计与构建

刘增宏[1,2]，曹敏杰[1,2]，卢少磊[1,2]，孙朝辉[1,2]，
吴晓芬[1,2]，许建平[1,2]

1. 卫星海洋环境动力学国家重点实验室，浙江 杭州 310012
2. 国家海洋局第二海洋研究所，浙江 杭州 310012

摘要：国际 Argo 计划由“核心 Argo”向“全球 Argo”的拓展和国产北斗剖面浮标的成功研制，为西北太平洋重要边缘海——南海 Argo 区域海洋观测网的建立提供了契机。本文介绍了南海 Argo 区域海洋观测网的总体设计，以及利用相关调查航次在南海布放了首批北斗剖面浮标，初步建立了由我国主导建设的“南海 Argo 区域海洋观测网”。此外，利用调查航次获得的船载 CTD 和实验室盐度计分析结果以及周边海域历史资料验证了国产北斗剖面浮标观测数据的可靠性。

关键词：Argo 区域海洋观测网；设计与构建；南海；边缘海；西北太平洋

1 引言

随着国际 Argo 计划的深入发展，全球 Argo 实时海洋观测网正由无冰覆盖的公共水域拓展到有冰覆盖的高纬度海域，以及边缘海区域，未来在西太平洋的典型边缘海——南海布放的自动剖面浮标，也将会是“全球 Argo”的组成部分[1-2]。虽然，在南海周边国家中，目前只有我国在参与国际 Argo 计划并布放自动剖面浮标，但不排除美国、日本和印度等对南海表示“关切”的国家，通过支援设备、技术等手段扶持如菲律宾和越南等南海周边国家主导布放自动剖面浮标或建立“南海 Argo 区域中心”的可能性。为此，尽早组织实施以我为主导的“南海 Argo 区域海洋观测网”建设，

基金项目：科技部科技基础性工作专项重点项目“西太平洋 Argo 实时海洋调查”（2012FY112300）；卫星海洋环境动力学国家重点实验室自主课题（SOEDZZ1514）。

作者简介：刘增宏（1977—），男，江苏省无锡市人，副研究员，主要从事物理海洋调查分析研究。E-mail：liuzenghong@ 139. com

并组织力量布放通过北斗导航卫星定位、通讯的国产剖面浮标，变被动为主动，更好地发挥我国在国际大型合作调查计划中的作用和影响力，乃是当务之急；同时，在南海建立 Argo 区域海洋观测网，也有着重要的科学意义和实用价值，为建设覆盖“海上丝绸之路的 Argo 区域海洋观测网”奠定基础[3]。

在国家科技基础性工作专项——“西太平洋 Argo 实时海洋调查”重点项目的资助，以及项目专家组的高度重视和大力支持下，在项目组编制完成的“南海 Argo 区域海洋观测网建设方案”基础上[4]，于 2016 年 9 月至 11 月期间，分别搭载由中国科学院南海海洋研究所“实验 1”号科学调查船执行的国家自然科学基金委南海中部海盆综合调查计划航次（简称“第一航次”），以及由国家海洋局南海分局“向阳红 14”号科学调查船执行的另一调查航次（简称“第二航次”），分别在南海中部海盆区域布放了 8 个和 2 个自动剖面浮标（HM2000 型），正式启动了由我国主导的南海 Argo 区域海洋观测网建设，并建立了中国北斗剖面浮标数据服务中心（杭州），部分观测资料通过全球通讯系统（GTS）和互联网（WWW、FTP）与世界气象组织（WMO）和国际 Argo 计划成员国交换共享，成为继法国图卢兹 Argos 卫星地面接收服务中心和美国马里兰 Iridium 卫星地面接收服务中心后，第三个为全球 Argo 实时海洋观测网提供剖面浮标观测资料接收服务的国家平台[5]。

2 南海 Argo 区域海洋观测网总体设计

2.1 设计思想

在联合国政府间海洋学委员会决议（XX-6 和 XLI-4）_Argo 计划框架下，以及在国际 Argo 组织（国际 Argo 指导组、国际 Argo 资料管理小组、国际 Argo 信息中心）的协调和指导下，中国 Argo 计划拟在南海海域建立一个 Argo 区域海洋观测网，协调本地区 Argo 浮标的布放，以及为本地区提供 Argo 资料收集、处理与质量控制和分发服务，促进本地区 Argo 资料在业务化海洋和气候预测预报，以及基础研究中的应用，并使之成为全球 Argo 实时海洋观测网的重要组成部分。

南海 Argo 区域中心和南海 Argo 区域海洋观测网建设须掌握“以我为主、共同参与、资源共享”的建设原则，即由中方负责投资建设，吸收南海周边国家参与，获得的信息、资料有限度共享[6]。

2.2 建设目标及主要任务

2.2.1 建设目标

2016—2020 年期间，利用国产北斗剖面浮标，布放在南海深水区域，构建和维持一个至少由 20 个剖面浮标组成的南海 Argo 区域海洋观测网（每年需布放 15~20 个浮标，总数为 80 个），建立南海 Argo 区域中心，协调剖面浮标布放、观测资料处理和数据产品研发等工作，为本地区提供浮标资料接收、延时模式质量控制，以及资料交换和共享服务，成为全球 Argo 实时海洋观测网中的重要组成部分，并承担起一个 Argo 成员国和一个区域海洋大国的责任和义务，为南海业务化海洋学和基础研究，以及应对气候变化提供长期观测资料。

2.2.2 主要任务

（1）在南海深水区域分批布放 80 个剖面浮标，维持一个至少由 20 个剖面浮标组成的实时海洋观测网，为开展业务化海洋学研究和海洋数据同化等提供现场观测资料。

（2）建立南海 Argo 区域中心和南海 Argo 区域资料中心，协调本地区自动剖面浮标的布放，为本地区的浮标布放计划提供建议和指导；改进自动剖面浮标资料接收、处理和分发系统，处理和分发本地区收集的 Argo 资料，并为没有能力开展 Argo 资料质量控制的国家提供质量控制服务。

（3）通过各种渠道收集本地区最新的、高质量的船载 CTD 仪观测资料，为南海自动剖面浮标观测资料的延时模式质量控制建立参考数据集；研究并寻求适合于南海区域 Argo 浮标实时数据质量控制的新方法，确保浮标观测资料能满足国际 Argo 计划的精度要求。

（4）通过产学研合作，尽快使国产北斗剖面浮标能满足国际 Argo 计划有关浮标信息、数据采集及资料交换的严格要求，并被正式接纳成为 Argo 剖面浮标大家庭中的重要一员，早日用于全球 Argo 实时海洋观测网建设和维护。

（5）举办培训班，为南海周边国家培养浮标资料处理和应用人才，帮助周边国家建立浮标资料接收与处理中心，促进北斗卫星导航系统在东南亚国家的推广应用。

2.3 观测网建设海域与资料共享范围

2.3.1 浮标布放区域及浮标数量

在南海水深超过 1 500 m 的海盆区域建立一个至少由 20 个剖面浮标组成的 Argo 区域海洋观测网（图 1）。为维持该观测网的长期运行，每年约需补充布放 15~20 个剖面浮标。

2.3.2 主要技术指标

根据南海的水深、地形和水动力状况，拟采用国产北斗剖面浮标，利用其快速和双向通讯的特点，缩短浮标在海面停留的时间，最大限度地降低海洋捕捞、海洋运输等海洋活动对浮标造成的损害。

针对各种型号（如 COPEX 型、HM2000 型）的自动剖面浮标，应满足如下技术性能（指实验室内）指标：

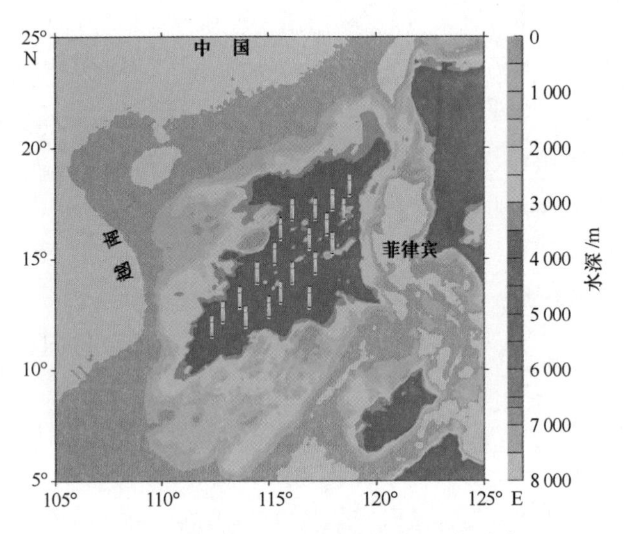

图 1　南海 Argo 区域海洋观测网浮标分布

(1) 工作寿命：不低于 2 a；

(2) 循环周期：可调（1~10 d 内），利用北斗卫星导航系统，满足双向通讯的要求；

(3) 定位精度：< 150 m；

(4) 温度测量范围：−5~45℃；

(5) 温度测量精度：0.002℃；

(6) 盐度测量范围：2~42；

(7) 盐度测量精度：0.005；

(8) 压力测量范围：0~2 000×10^4 Pa；

(9) 压力测量精度：2.4×10^4 Pa；

针对各种型号的自动剖面浮标，应达到如下现场测量精度：

1) 温度测量精度：0.005℃；

2) 盐度测量精度：0.01；

3) 压力测量精度：2.5×10^4 Pa。

2.3.3 观测内容与资料共享

(1) 观测内容：利用常规自动剖面浮标，其观测内容主要有：温度、盐度和压力。

(2) 观测深度与采样间隔：自动剖面浮标的漂移深度确定为 1 000 m，观测深度0~1 500 m（或 2 000 m）之间，测量层次约 100 层，且每隔 1~5 d 观测一个剖面（图 2）。

(3) 资料共享：提供周边国家和 Argo 成员国共享的资料有：①常规观测剖面（5 d，约 100 层，0~1 500/2 000 m）压力、温度、盐度数据；②网格化数据产品：

图 2 自动剖面浮标测量流程

时间分辨率为月、空间分辨率为 1°×1°，0～1 500/2 000 m 水深范围内约 48 层的温度和盐度数据。

3 南海 Argo 区域海洋观测网构建

受调查经费限制，构建南海 Argo 区域海洋观测网、布放第一批自动剖面浮标，采用搭载航次实施，其中第一航次由中国科学院南海海洋研究所“实验 1”号科学调查船执行，完成了 8 个国产北斗（HM2000 型）剖面浮标的投放；第二航次由国家海洋局南海分局“向阳红 14”号科学调查船执行，完成了另外 2 个国产北斗（HM2000 型）剖面浮标的投放。由于第二航次仅布放了 2 个自动剖面浮标，且受条件限制没有进行同步船载 CTD 仪比较观测。因此，下面主要描述第一航次浮标布放和资料质量控制等情况。

3.1 调查区域、测站位置与航次计划

第一航次调查海区位于南海北部及中部海盆区域，即 18.00°～22.00°N，110.0°～119°E 包围的南海北部，以及 10.00°～16.00°N，114.5°～118.5°E 包围的南海中部区域。共设置了 6 条调查断面、70 个 CTD 站位（图 3），并选择合适的 CTD 测站布放 8 个 Argo 剖面浮标（HM2000 型），以及采集水样等。而整个南海中部海盆综合调查

计划除了进行船载 CTD 仪大面观测和船载 ADCP 仪走航测量外，还布放了深水潜标进行定点长期观测，以及自动气象站全程气象观测、Turbomap 湍流观测和 GPS 探空气球观测等，期间还进行国产水下滑翔机（Glider）测试作业等。Argo 剖面浮标布放始于 2016 年 9 月 6 日，结束于 2016 年 9 月 23 日；浮标投放位置如图 4 所示。

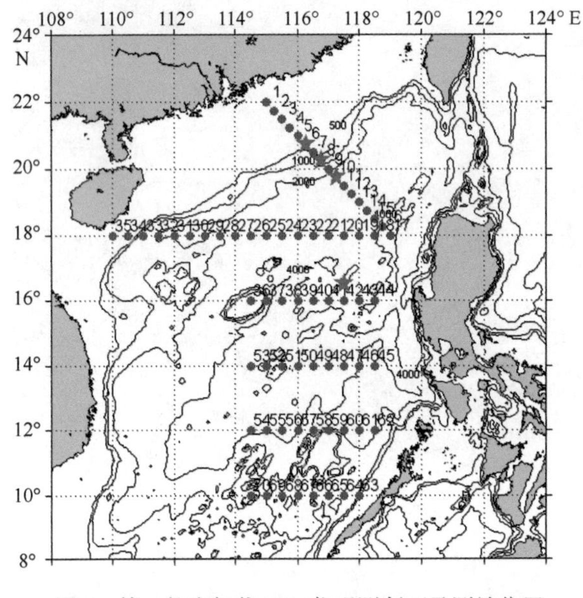

图 3 第一航次船载 CTD 仪观测断面及测站位置

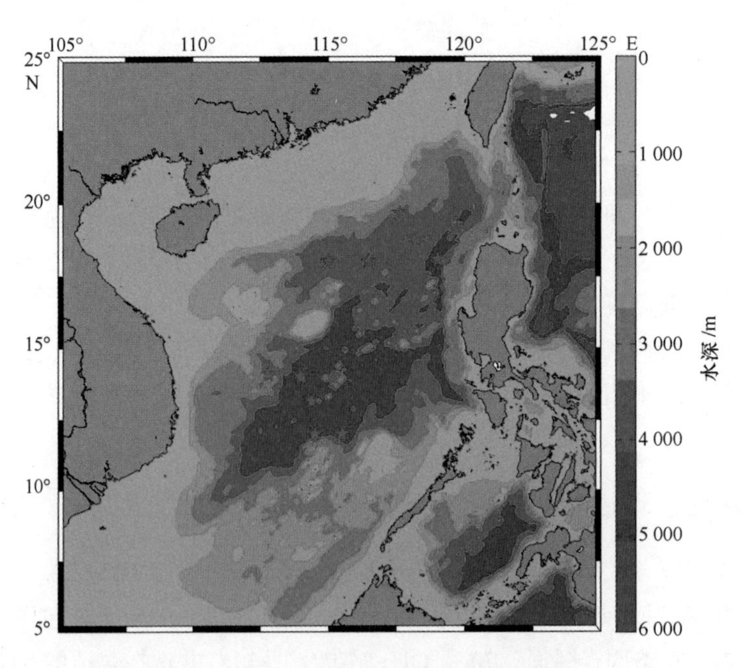

图 4 布放的 10 个 HM2000 型剖面浮标概位

3.2 调查项目及主要观测内容

调查项目主要有：布放自动剖面浮标，采用船载 CTD 仪比较观测，以及采用玫瑰型采水器采集特定层次上的水样，并进行实验室盐度测量等。

观测内容主要有：水温、电导率（盐度）、压力，以及浮标漂移轨迹等。其中自动剖面浮标的采样周期根据国际 Argo 指导组的要求，有 8 个浮标确定为 5 d 观测 1 个 0~2 000×10^4 Pa 水深的剖面，其浮标漂移深度设定为 1 000×10^4 Pa；只有 2 个浮标尝试每隔 1 d 观测 1 个 0~2 000×10^4 Pa 水深的剖面，其浮标漂移深度同样设定为 1 000×10^4 Pa，同时浮标的采样层次为 110 层，分别是海面至 200×10^4 Pa 水深内为每间隔 5×10^4 Pa 采样一次，200×10^4~500×10^4 Pa 水深内为每间隔 10×10^4 Pa 采样一次，500×10^4~1 000×10^4 Pa 水深内为每间隔 20×10^4 Pa 采样一次，1 000×10^4~1 500×10^4 Pa 水深内为每间隔 50×10^4 Pa 采样一次，1 500×10^4~2 000×10^4 Pa 水深内为每间隔 100×10^4 Pa 采样次。船载 CTD 仪的剖面观测深度为 0~4 000×10^4 Pa，而采集水样的层次则根据作业区实际情况而定，其中选择 1 000×10^4~2 000×10^4 Pa（剖面浮标最大观测深度）深水区作为比测的重点，通常会采集 5 个代表性水层上的水样，如 800×10^4、1 000×10^4、1 200×10^4、1 500×10^4、2 000×10^4 Pa。

值得指出的是，由于第一航次“实验 1”号科学调查船的船期安排十分紧张，为了缩短航程时间，在绝大部分测站上 CTD 仪的最大观测深度仅为 1 500×10^4 Pa，其中在投放剖面浮标的 8 个测站上，仅在一个测站 CTD 仪最大观测深度达到 4 000×10^4 Pa。

3.3 调查仪器设备及主要技术指标

3.3.1 自动剖面浮标

该航次布放的自动剖面浮标均是国产的 HM2000 型（图 5），由中国船舶重工集团公司第 710 研究所研制，其主要技术指标如表 1 所示[7]。这也是目前唯一被国际 Argo 组织认可并接纳用于全球 Argo 实时海洋观测网建设与维护的国产剖面浮标，可利用我国北斗导航系统提供定位和观测数据的传输服务（也称“北斗剖面浮标”），以及利用设立在杭州的“北斗剖面浮标数据服务中心”，直接接收、解码和处理来自该类型剖面浮标的观测信息和测量数据，并可按国际 Argo 资料管理组的要求进行严格质量控制，随后通过中国气象局的 GTS 接口，与 WMO 和国际 Argo 计划成员国即时共享。

3.3.2 船载 CTD 仪

该航次 CTD 大面观测采用了 SBE-911 型 CTD 仪（图 6），由美国海鸟公司生产。其主要技术指标如表 2 所示，明显高于 HM2000 型剖面浮标携带的温、盐（电导率）

和压力传感器的技术指标。

图 5 HM2000 型剖面浮标

表 1 HM2000 型剖面浮标的主要技术指标

技术要素	技术指标
使用寿命	不低于 2 a
循环周期	1~10 d，北斗卫星，可更改
漂流深度	$1\,000\times10^4$ Pa，可更改
剖面深度	$2\,000\times10^4$ Pa，可更改
温度测量范围	-5~+45℃
温度测量精度	±0.002℃
温度分辨率	0.001℃
盐度测量范围	2~42
盐度测量精度	±0.002
盐度分辨率	0.001
压力测量范围	$0\sim2\,000\times10^4$ Pa
压力测量精度	$\pm2.0\times10^4$ Pa
压力分辨率	0.1×10^4 Pa

需要指出的是，航次期间该 CTD 仪因其中一个接口发生短路而导致测量故障，经对 CTD 仪进行拆卸检查、重新布线，对该问题接口做了隔离处理后，方才排除故障，使得 CTD 仪恢复正常工作。

图 6 SBE-911 型船载 CTD 仪

表 2 SBE-9 系列 CTD 仪主要技术指标

技术要素	技术指标
电导率测量范围	0~70 mmho/cm
温度测量范围	-5~35℃
压力测量范围	最大至 15 000 PSIA
电导率初始精度	0.003 mmho/cm
温度初始精度	0.001℃
压力初始精度	测量最大值的 0.015%
电导率分辨率	0.000 4 mmho/cm
温度分辨率	0.0002℃
压力分辨率	量程的 0.001%

3.3.3 实验室盐度计

该航次项目组还自带了一台由加拿大 Guildline 公司生产的 Autosal 8400B 型实验室高精度盐度计（技术指标见表 3）上船[8]，并临时安装在“实验 1”号科学调查船的化学实验室（图 7）内，用于对由玫瑰型采水器采集的海水样品进行现场测定，以便能对船载 CTD 仪的剖面测量结果进行校证，进而验证自动剖面浮标观测结果的可靠性。

由于该盐度计早已超期使用（2003 年 1 月购置），尽管 2015 年刚送回加拿大由生产厂商进行过一次大修，更换了部分已经老化的电子原器件，但在海上现场测试过程中，仍发现盐度计水槽内的热敏感元件故障，使得水槽无法恒温，测量的海水盐度值无法稳定，导致测量结果与标准海水存在较大误差，且无备件进行现场更换、修复，故而只能将现场采集的海水样品带回陆上实验室测定。

最终，从海上带回的海水样品采用国家海洋局第二海洋研究所海洋生态中心新购置的一台 Guildline Portasal 8410A 型便携式精密盐度计（图 8）测定。该盐度计的技术指标如表 4 所示[9]。

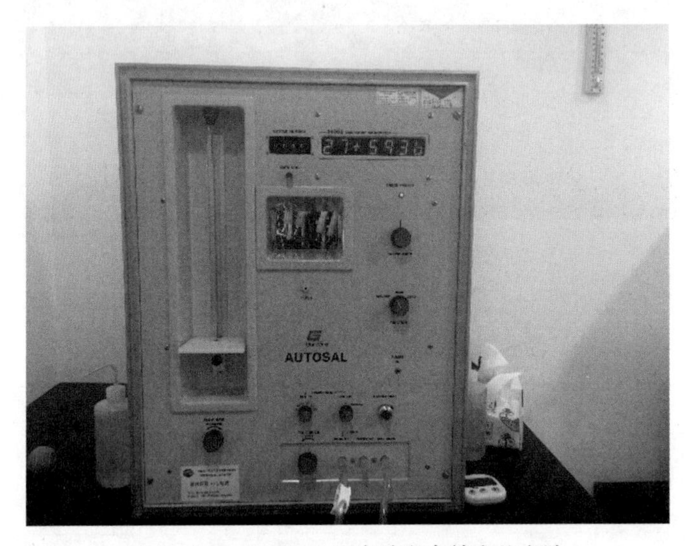

图 7　Autosal 8400B 型实验室高精度盐度计

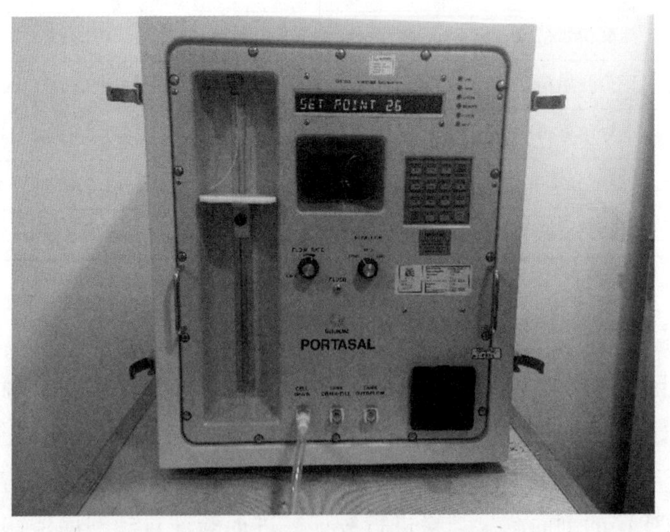

图 8　Portasal 8410A 型便携式精密盐度计

表 3 Autosal 8400B 型实验室盐度计主要技术指标

技术要素	技术指标
测量范围	2~42
精确度	±0.002
最大分辨率	高于 0.000 2
水槽温度精确度	±0.02℃

表 4 Portasal 8410A 型实验室盐度计主要技术指标

技术要素	技术指标
测量范围	2~42
精确度	±0.003
最大分辨率	0.000 3
水槽温度精确度	±0.001℃

需要指出的是，这台同样由加拿大 Guildline 公司生产的 Portasal 8410A 型便携式精密盐度计，尽管其技术指标与 Autosal 8400B 型实验室盐度计并无太大差别，但在对海水样品测定过程中，同样存在读数不稳定现象，而且测量的盐度值明显低于实际观测结果。

3.4 主要调查成果

该航次按计划顺利投放了 8 个国产北斗剖面浮标（图 9）。需要说明的是，在“实验 1”号调查船执行的第一航次期间，由于受到“201614 号”台风“莫兰蒂”影响，曾回港（三亚港）避风 1 d；此外，布放的一个 WMO 编号为“2902699”的浮标，由于发生通讯故障，投放后未能收到任何信息。也就是说，整个秋季航次布放的 10 个自动剖面浮标（HM2000 型），只有 9 个是正常的。至 2016 年 12 月 15 日，累计获得了 274 条 0~2 000×10^4 Pa 水深范围内的温、盐度剖面资料。

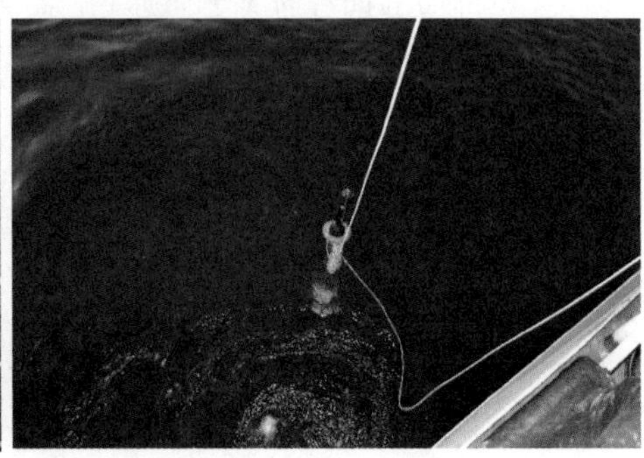

图 9 投放国产北斗（HM2000 型）剖面浮标

根据这些浮标的工作寿命和性能，预计可获得至少 900 条温、盐度剖面。此外，还获得了 8 个 0~2 000×10^4 Pa 水深范围内的船载 CTD 仪观测剖面，以及每个 CTD 站特定层次上的水样。累计采集到的海水样品为 54 个（在个别 CTD 站位上，由于玫瑰型采水器故障，未能采集到所需的比测水样）；带回陆上实验室盐度计（Guildline Portasal 8410A 型）对采集的全部水样进行了盐度测定，共获得了 54 个盐度值。

3.5 数据质量控制

为了掌握自动剖面浮标布放后所携带的 CTD 传感器的测量性能及其观测精度，根据国际 Argo 指导组（AST）和资料管理小组（ADMT）的要求，尽可能借助船载 CTD 仪对自动剖面浮标观测的温、盐度资料，特别是第一条观测剖面进行现场质量控制，以验证剖面浮标观测资料的质量[10]。为此，考虑到船载 CTD 仪在运输、安装，以及海上测量过程中，遇到恶劣海况条件和周围电子信号干扰，甚至电子原器件老化和海面油污染等因素的影响，可能会带来自身的测量误差，故利用船载 CTD 仪携带的玫瑰型采水器收集代表性层次（通常在 1 000×10^4 Pa 深度以下）上的海水样品（一般而言，深层海水的盐度相对比较保守，在一定时间和范围内基本保持恒定，且水深越大，变化越小），再利用实验室高精度盐度计测量出代表性层次上的盐度值，通过比较、确定船载 CTD 仪的观测结果正确无误后，再用来验证自动剖面浮标的观测结果。这一质量控制方法已经普遍被国际物理海洋界所认可，并被广泛应用于对自动剖面浮标观测资料质量高低的评判及其对 Argo 数据的延时模式质量控制中。

在对该航次期间获取的同步或准同步观测资料进行比较、佐证的过程中，除了已经发现的 Portasal 8410A 型便携式精密盐度计因电源电压不匹配所带来的测量误差，无法用来验证船载 CTD 仪观测结果外，发现由中国科学院南海海洋研究所提供的“南海中部海盆综合调查计划”航次中 8 个船载 CTD 仪观测的剖面数据，同样存在较明显的系统误差。在两种普遍认为较可靠的比测、验证方法在该航次中均出现问题时，不得已只能借助历史观测资料（如历史上获得的已经质量控制的船载 CTD 仪和自动剖面浮标观测的温、盐度剖面资料）进行比较分析，以此来判断 HM2000 型剖面浮标的观测质量及其可靠性，同时供校正本航次船载 CTD 仪观测资料做参考。

为此，绘制了 7 个布放剖面浮标的 CTD 站上的 T-S 曲线和温、盐度垂直分布，并分别计算了代表性层次上的温、盐度差（表 5）。需要说明的是，由于自动剖面浮标的第一条剖面资料是在布放后的 24 h 内获得的，且 Argo 浮标具有“随波逐流”漂移的特性，使得其第一条剖面资料对应的经纬度（位置）与船载 CTD 仪观测时的位置并非完全一致。因此，在评价资料质量时，尽可能选择 1 000×10^4 Pa 以深的观测层次进行比较分析。图 10 至图 13 给出了 3 个代表性测站上利用船载 CTD 仪和自动剖面浮标观测的温、盐度资料，以及历史水文观测资料绘制的 T-S 曲线和温、盐度垂直分布。

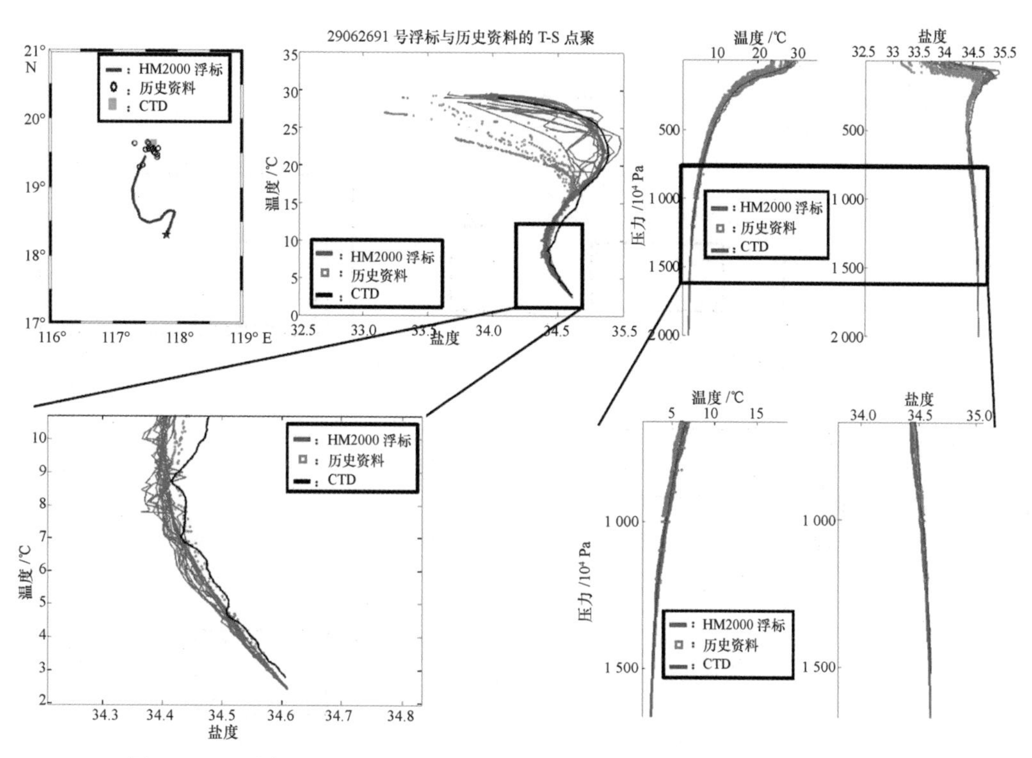

图 10　1（对应 11）号 CTD 站上 T-S 曲线（左）和温、盐度垂直分布（右）

首先，从图 10 至图 12 中的 T-S 曲线可以看出，各个测站上船载 CTD 仪与自动剖面浮标资料，甚至与历史观测资料比较，而且不管是温度还是盐度，均具有相同的分布和变化趋势，且相互之间十分接近，尤其在 $1\ 000\times10^4$ Pa 水深以下，几乎已经重合。但仔细观察它们之间的重合程度，特别是船载 CTD 仪和利用实验室盐度计测定的代表性层上的盐度值，显然有较明显的差别。由实验室盐度计测定的代表性层上的盐度值，比船载 CTD 仪的观测结果，偏离 HM2000 型浮标和历史的观测结果更大，由船载 CTD 仪观测的结果比其他手段（HM2000 型浮标和历史上收集的）观测结果都要略偏高些。也就是说，本航次布放的 HM2000 型浮标的观测结果与历史 Argo 观测结果是比较接近，而且在 $1\ 000\times10^4$ Pa 水深以下几乎完全吻合。为此，可以初步判断，本航次利用船载 CTD 仪和实验室盐度计测定的盐度值，若要作为验证自动剖面浮标的真值，都不靠谱。

值得指出的是，通常由船载 CTD 仪或剖面浮标所携带的温度和电导率（可换算成盐度）传感器，前者（温度传感器）的性能和可靠性要远优于后者，且温度测量的精确度也要明显高于盐度。所以，人们在利用上述仪器设备对深海大洋进行温、盐度测量时，往往只关注和重视电导率传感器的观测误差。此外，目前国内广泛利用的

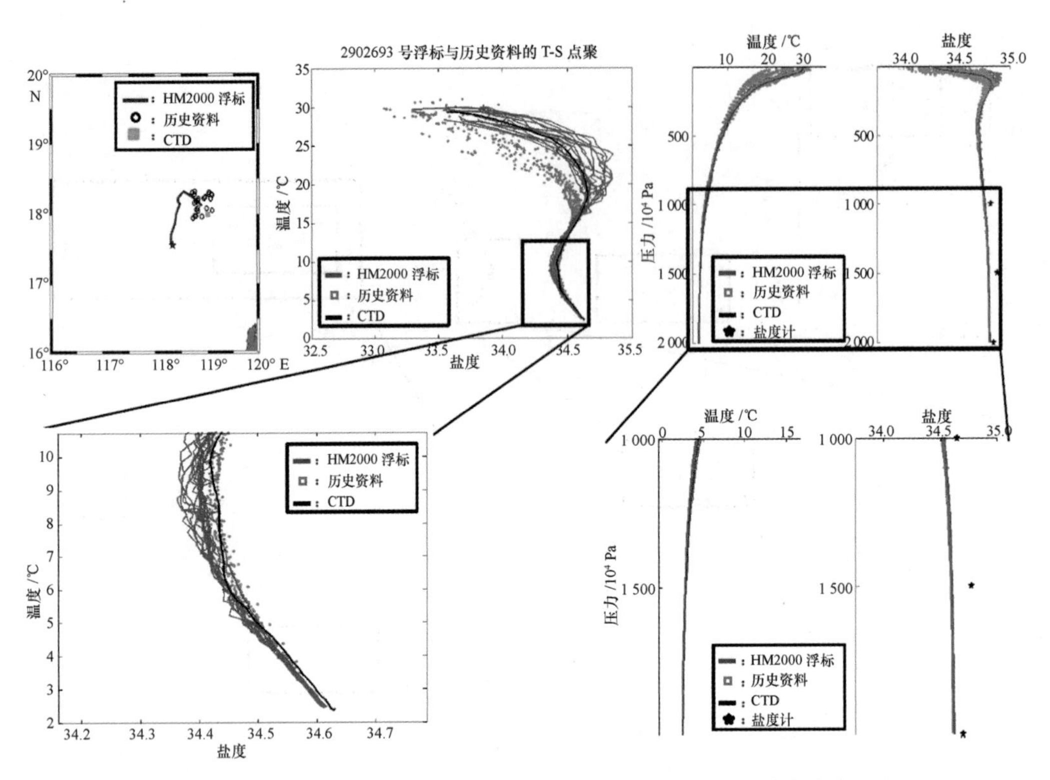

图 11 3（对应 17）号 CTD 站上 T-S 曲线（左）和温、盐度垂直分布（右）

船载 CTD 仪，虽有一部分携带了玫瑰型采水器，可以通过采集水样进行实验室盐度测定，但似乎没有同时携带颠倒温度表进行温度同步测量的。所以，即使人们想要对温度进行现场同步比较观测与资料质量评价，目前仍缺少有效的比测手段。为此，下面主要剖析和评价盐度的测量结果。

比较代表性测站上的盐度垂直分布（图 10 至图 12）曲线可以看出，CTD、HM2000 与历史浮标资料具有相同的分布趋势，曲线之间吻合度较高。然而，由采集的海水样品利用实验室盐度计测定的盐度值，不仅与 CTD 仪的测量值偏离较大，而且与 Argo 和历史收集的观测资料也有较大的偏差。由表 5 对应层次上的盐度比对结果可以发现，在 1 200×10^4 Pa 水深以下，CTD 和 Argo 观测的盐度差值在 0.004～0.027 范围内，只有个别站位、层次（如 14 号站 1 200×10^4 Pa 层上的盐度差为 0.004）上的盐度差符合国际 Argo 计划规定的盐度观测精度（0.01），而大部分比测层上的差值都在 0.01～0.02 范围内，似乎也符合《海洋调查规范（GB/T 12763.2—2007）-海洋水文要素调查》对盐度准确度一级标准（±0.02）的规定[11]。但从 CTD 与 Argo 观测的盐度差值可以看出，本航次 CTD 观测值要普遍高于 Argo 剖面浮标的观测结果，大约在 0.011～0.033 之间。而 CTD 仪与实验室盐度计之间的测量差值，除

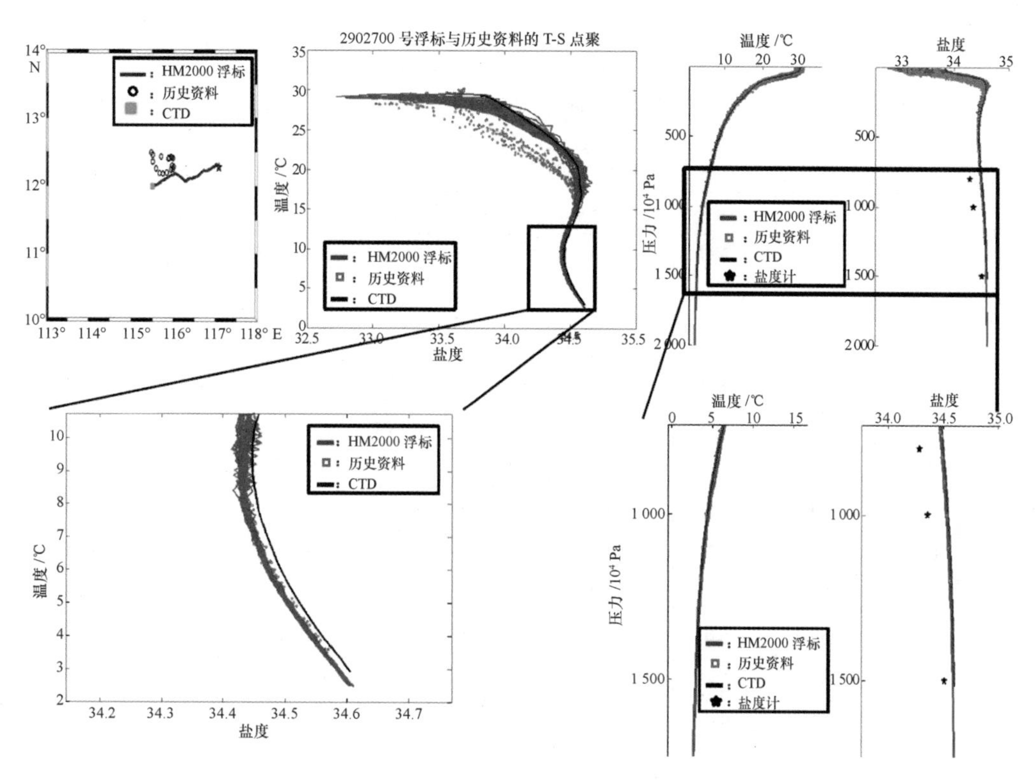

图 12　7（对应 56）号 CTD 站上 T-S 曲线（左）和温、盐度垂直分布（右）

在个别测站、层次上 CTD 偏低（-0.083～-0.206）外，大都在 0.064～0.297 之间，显然远超国标±0.02的精度要求。究其原因，与实验室盐度计（Portasal 8410A 型）因电源电压不匹配导致的盐度计读数不稳定，从而带来较大的测量误差有关。至于船载 CTD 仪产生的误差，可能与航次期间出现的 CTD 仪接口短路故障有关。虽经拆卸、重新布线处理，最终排除了故障，但应返航后立即送国家权威计量部门重新标定，并采用新标定的参数对航次期间的 CTD 仪观测资料进行重新计算。

表 5　7 个比测站特定层次上的温、盐度比对结果

站 位	压力/ 10^4 Pa	温度/℃（CTD 仪）	温度/℃（Argo）	温度差/℃（CTD_Argo）	盐度（CTD 仪）	盐度（Argo）	盐度（盐度计）	盐度差（CTD-盐度计）	盐度差（CTD_Argo）
11	1 500	2.798 1	2.746	0.052	34.604 5	34.590	/	/	0.014
	1 200	3.501 5	3.581	-0.079	34.565 8	34.547	/	/	0.019
	1 000	4.367 1	4.478	-0.111	34.531 6	34.499	/	/	0.033
	800	5.543 8	5.710	-0.166	34.492 4	34.439	/	/	0.053

续表

站位	压力/10^4 Pa	温度/℃ (CTD 仪)	温度/℃ (Argo)	温度差/℃ (CTD_Argo)	盐度 (CTD 仪)	盐度 (Argo)	盐度 (盐度计)	盐度差 (CTD-盐度计)	盐度差 (CTD_Argo)
14	1 500	2.985 6	2.838	0.148	34.595 0	34.583	34.5307	0.064	0.012
	1 200	3.807 8	3.503	0.305	34.560 7	34.557	/	/	0.004
	1 000	4.737 2	4.269	0.468	34.521 0	34.523	34.616 0	-0.095	-0.002
	800	5.633 1	5.554	0.079	34.460 5	34.472	34.666 8	-0.206	-0.011
17	2 000	2.463 4	2.476	-0.013	34.621 6	34.606	34.704 6	-0.083	0.016
	1 500	2.853 1	2.855	-0.002	34.602 1	34.587	34.777 4	-0.175	0.015
	1 200	3.462 1	3.558	-0.096	34.573 2	34.554	/	/	0.019
	1 000	4.362 6	4.337	0.026	34.534 3	34.517	34.648 3	-0.114	0.017
	800	5.774 1	5.427	0.347	34.468 6	34.457	/	/	0.012
22	1 500	2.938 8	2.873	0.066	34.601 0	34.589	34.443 4	0.158	0.012
	1 200	3.678 1	3.587	0.091	34.566 7	34.556	/	/	0.011
	1 000	4.656 2	4.546	0.110	34.526 0	34.515	34.288 5	0.238	0.011
	800	5.986 1	5.707	0.279	34.478 5	34.469	34.218 2	0.260	0.009
25	1 500	2.952 5	2.970	-0.018	34.602 7	34.576	34.306 2	0.297	0.027
	1 200	3.666 2	3.684	-0.018	34.568 7	34.542	/		0.027
	1 000	4.517 7	4.649	-0.131	34.532 0	34.500	34.288 1	0.244	0.032
	800	5.885 4	5.707	0.178	34.484 8	34.463	/	/	0.022
54	1 500	2.922 0	2.921	0.001	34.605 0	34.590	34.457 9	0.147	0.015
	1 200	3.503 8	3.546	-0.042	34.580 9	34.563	/	/	0.018
	1 000	4.408 0	4.455	-0.047	34.544 0	34.525	34.439 4	0.105	0.019
	800	5.718 6	5.868	-0.149	34.503 3	34.480	34.392 3	0.111	0.023
56	1 500	2.910 0	2.952	-0.042	34.605 8	34.583	34.510 6	0.095	0.023
	1 200	3.574 3	3.591	-0.017	34.578 6	34.556	/	/	0.023
	1 000	4.394 4	4.413	-0.019	34.545 9	34.523	34.354 5	0.191	0.023
	800	5.725 1	5.735	-0.010	34.501 0	34.476	34.282 6	0.218	0.025

为了更加直观地比较和验证各种观测资料的质量及其可信度，还收集了观测海域历史上利用船载 CTD 仪观测的、且最大观测深度大于 2 000×10^4 Pa 的剖面进行了比较分析，并将本航次船载 CTD 仪和 HM2000 型剖面浮标观测的资料，与同期 APEX 型剖面浮标观测的结果和历史船载 CTD 仪观测的结果，统一绘制在同一幅 T-S 图（图 13）上对比。不难发现，HM2000 型浮标获取的剖面资料与同期 APEX 浮标和历史船载 CTD 仪观测的结果更吻合；而本航次船载 CTD 仪的剖面观测资料同样要比同

期 APEX 浮标和历史船载 CTD 仪观测的结果偏高些，估计偏差在 0.01~0.03 之间。

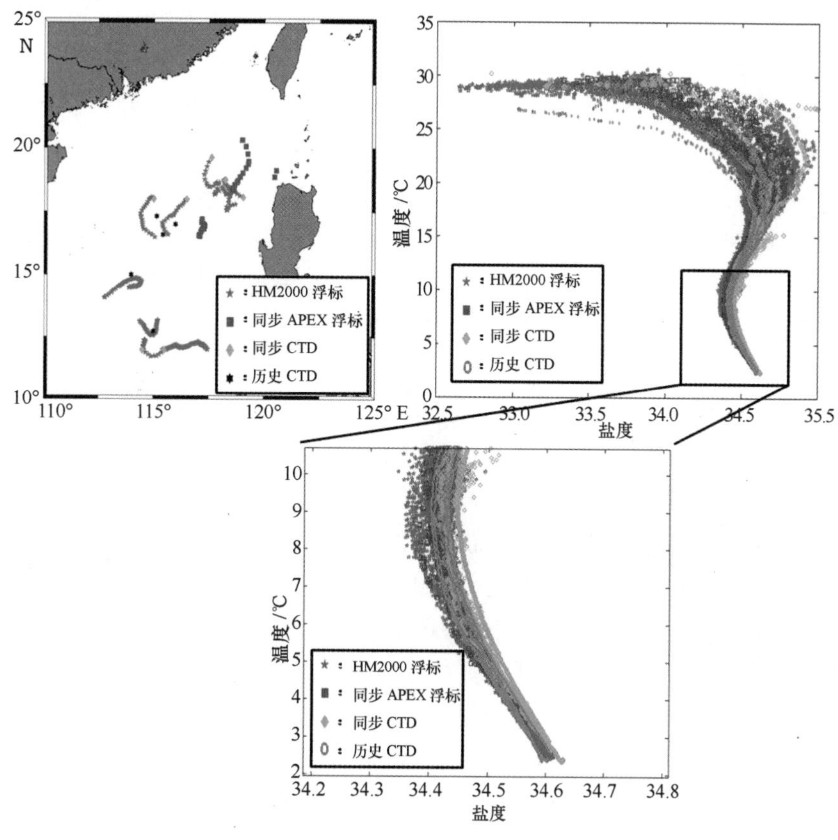

图 13 利用不同观测（本航次船载 CTD 仪、HM2000 型浮标与同期 APEX 型浮标和历史船载 CTD 仪）资料绘制的 T-S 曲线

由此可见，由该航次布放的 7 个 HM2000 型剖面浮标获取的观测资料，应该是可靠、也是可信的。

4 讨论与建议

在对深海大洋进行温、盐度剖面观测时，利用船载 CTD 仪及其玫瑰型采水器进行同步测量和采集水样（再利用实验室高精度盐度计进行现场测定）是十分重要、也是十分必要的一项基础性工作，否则就很难佐证和校正由自动剖面浮标长期在海上漂移所获得的观测资料的质量；反之，也能利用准同步获得的自动剖面浮标观测资料，甚至历史观测资料来验证船载 CTD 仪观测资料的质量和可靠性。由上述分析和对观测数据的质量控制，可以发现本航次主要存在以下几个方面的问题：

（1）国产剖面浮标的质量还有待进一步提高。虽然，整个航次布放的 10 个

HM2000 型剖面浮标，只有一个（WMO 编号为 2902699）因通讯故障没有接收到任何信息，但还是希望能引起浮标研制单位的高度重视，认真查找产生故障的可能原因，进一步提高浮标技术的可靠性和稳定性。

（2）充分认识实验室高精度盐度计在深海大洋观测中的必要性。无论是自动剖面浮标，还是船载 CTD 仪，在恶劣的海洋环境中观测难免会产生测量误差，有的可能是系统误差，有的可能是偶然误差，也有的可能是两者的合成。各种海洋观测仪器设备出现测量误差并不可怕，也是十分正常的。但可怕的是，人们对产生的测量误差麻木不仁或者对测量误差是如何产生的，甚至是什么样的测量误差都一无所知，也就无法对误差进行纠正或校正。因此，呼吁我国海洋界，从近岸浅海走向外海大洋时，务必重视实验室高精度盐度计在深海大洋观测中的重要性。对船载 CTD 仪而言，要严格遵守在航次前、后送往国家权威计量部门标定的要求，并能配备玫瑰型采水器，做到每个 CTD 站都能在 $1\ 000\times10^4$ Pa 水深以下采集 5 个以上代表性水层，对船载 CTD 仪观测结果进行现场比测、把关；同时，在从事深海大洋调查的科学调查船上，务必配备高精度实验室盐度计，并能确保其正常工作。

（3）充分认识对海上观测资料实行分级（实时模式和延时模式）质量控制的重要性。对物理海洋现象及其特征和变化规律的认识，往往需要积累较长时间序列的海洋环境要素（如海水温度和盐度等）资料。然而，在漫长的收集和积累过程中，往往会利用不同的观测仪器设备，有机械式的，也有电子感应式的，或者是遥测的，也会因各种因素产生这样那样的测量误差，需要采用一致公认的观测仪器和方法进行同步或准同步的比较测量，以便能了解和掌握各种测量手段的精度和可能产生的测量误差，并能根据不同的研究目的和要求，决定对观测资料采取实时模式质量控制（对资料精度要求较低）和延时模式质量控制（资料精度要求较高）。而目前在我国海洋界，无论是管理部门还是科研院所，大都缺乏对海上观测资料质量控制重要性的认识。普遍只重视获取某一航次的现场观测资料，而忽视对观测资料的质量控制，对同一海区不同航次的观测资料进行质量控制更是无人问津，导致观测资料的质量低劣，浪费严重。即使有朝一日得到重视，但也是回天无力，没有同步或准同步的“标准”测量数据，也就难以补救。

为此，中国 Argo 实时资料中心呼吁广大项目负责人、首席科学家和调查航次的首席科学家们，以及广大海洋科技工作者，能高度重视在深海大洋调查的观测资料质量，并能积极主动地提供在深海大洋上获得的高质量船载 CTD 仪观测资料，以便用于检验和校正广阔海洋中数以千计 Argo 剖面浮标观测资料的质量，使之在我国基础研究和业务化应用，以及应对全球气候变化中发挥更大的作用。

随着北斗卫星导航系统和剖面浮标等技术手段的突破，我国独立自主建立南海 Argo 区域海洋观测网的基本条件已经具备，但需要加强顶层设计。建议由国家海洋主管部门牵头，协调有关部门，整合资源，增加投入，设立南海 Argo 海洋观测专项，制定南海调查研究规划，建立长期稳定的支持机制。

5 结论与展望

随着由国家科技基础性工作专项“西太平洋 Argo 实时海洋调查”重点项目出资购置的首批国产北斗（HM2000 型）剖面浮标顺利放入南海中部海盆水域中，标志着由我国主导建设的“南海 Argo 区域海洋观测网”正式拉开了序幕。除了其中的 1 个浮标由于通讯故障没有获得有效观测剖面外，其他 9 个浮标均已经按预先设定的观测周期，通过北斗卫星导航系统顺利发送回海面至 2 000×10^4 Pa 水深范围内的温、盐度剖面资料；并通过国际 Argo 资料管理小组（ADMT）规定的数据质量控制程序检验，这些现场观测数据均符合国际 Argo 计划规定的观测精度（温度高于 0. 005℃、盐度高于 0. 01）要求；第一批由国产北斗剖面浮标获得的来自“南海 Argo 区域海洋观测网”的温、盐度剖面资料，目前均已通过中国气象局的 GTS 接口，与 WMO 和国际 Argo 计划成员国即时共享。

在国际 Argo 计划的框架下，通过构建南海 Argo 区域海洋观测网，积累管理和运行经验，逐步向西北太平洋的台风源地海域、印度洋孟加拉湾和阿拉伯海扩展，并适时邀请“21 世纪海上丝绸之路”沿线国家参与布放浮标和国际 Argo 事务，尽早建成一个由 400 多个自动剖面浮标（主要以北斗剖面浮标为主）组成的覆盖“海上丝绸之路”的 Argo 区域海洋观测网，使之成为“全球 Argo”的重要组成部分，以及增进与“海上丝绸之路”沿线国家交流与合作的纽带，进一步促进 Argo 资料在我国乃至沿线国家业务化预测预报和基础研究中的推广应用，不仅“将南海建设为造福地区各国人民的和平、合作、友谊之海”，还应为沿线各国海洋资源开发、海事安全、海洋运输、海洋渔业管理和近海工业，以及应对全球气候变化及防御自然灾害等肩负起一个海洋大国的责任和担当，让沿线国家和民众能够真切体验和更多享受到海上丝路建设带来的福祉。

致谢：南海 Argo 区域海洋观测网首批自动剖面浮标布放得到了中国科学院南海海洋研究所航次首席科学家毛华斌助理研究员、首席助理余凌晖博士和全体调查队员，以及“实验 1”号和“向阳红 14”号科学调查船全体船员的鼎力支持和帮助，在此深表感谢！

参考文献：

[1] Freeland H J, Roemmich D, Garzoli S L, et al. Argo—A Decade of Progress[R]. Venice, Italy: OceanObs'09 Meeting, 2009.

[2] 刘增宏，吴晓芬，许建平，等. 中国 Argo 海洋观测十五年[J]. 地球科学进展，2016，31(5)：445-460.

[3] 吴晓芬.利用北斗剖面浮标打造“海上丝绸之路”区域 Argo 海洋观测网[N].Argo 简讯,2015,39(3):14-16.
[4] 科技基础性工作专项“西太平洋 Argo 实时海洋调查”项目办公室.科技基础性工作专项重点项目召开第四次项目专家组会议[N].Argo 简讯,2016,42(2):1-3.
[5] 中国 Argo 实时资料中心.西太平洋边缘海——南海布放 Argo 剖面浮标秋季航次报告(2016 年 9—11 月)[EB/OL].http://www.argo.org.cn/index,2016-12-30.
[6] 金昶,孙朝辉,陈斯音.我国在南海布放首批国产北斗剖面浮标[N].中国海洋报,2016-9-30(1).
[7] 宜昌测试技术研究所.HM2000 浮标用户手册 V1.2[M].宜昌:宜昌测试技术研究所,2016.
[8] Guidline Instruments Ltd.Technical Manual for Model 8400B“AUTOSAL”[M].Canada,Guildline Instruments Limited,2002.
[9] Guidline Instruments Ltd.Technical Manual for Model 8410A“PORTASAL”[M].Canada,Guildline Instruments Limited,2006.
[10] 许建平,刘增宏.中国 Argo 大洋观测网试验[M].北京:气象出版社,2007:1-6.
[11] GB/T 12763.2—2007,海洋调查规范:海洋水文观测[S].北京:中国标准出版社,2007.

The design and construction of South China Sea regional Argo observing network——Marginal sea of the northwestern Pacific

LIU Zenghong[1,2],CAO Minjie[1,2],LU Shaolei[1,2],
SUN Chaohui[1,2],WU Xiaofen[1,2],XU Jianping[1,2]

1.*State Key Laboratory of Satellite Ocean Environment Dynamics*,*Hangzhou* 310012,*China*
2.*Second Institute of Oceanography*,*State Oceanic Administration*,*Hangzhou* 310012,*China*

Abstract:The extension of international Argo program from “core Argo” into “global Argo” and successful development of the home-made BeiDou profiling float provide an opportunity for constructing the South China Sea (SCS) regional Argo observing network.This paper introduces a general design of it,and the first step in its practical implementation through the first batch of BeiDou profiling floats deployment in the SCS. Moreover, a comparison analysis based on the CTD,results from the laboratory salinometer and the nearby history profiles was conducted in order to inspect the data quality from the BeiDou profiling float.

Key words:regional Argo observing network;design and construction;South China Sea;marginal sea;northwestern Pacific